图1　长平桥

图2　栈桥

图3　方弯管

图4　220kV 高压线架

图5　绝热封头

图6　贮满氨低罐群

图7　上伸缩绝热管

图8　广电大厦

图9　直弯方管

图10　炼油厂设备（1）

图11　炼油厂设备（2）

图12　制药厂贮罐

图13　水平管道阀门绝热

图14　上下楼螺旋钢梯

图15　方圆短节管

1

图 16　不锈钢浇花水壶

图 17　香山六方锥形垃圾筒

图 18　观光塔

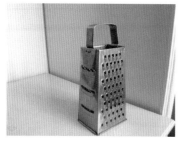

图 19　多直径切丝器

图 20　锥形拱顶贮水塔

图 21　半球封头

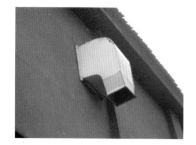

图 22　异径方弯管

图 23　装饰后球罐

图 24　白铁提水壶

图 25　不锈钢茶壶

图 26　低梁垃圾簸箕

图 27　高梁垃圾簸箕

图 28　锥形吸烟罩

图 29　拱形桥

图 30　接收塔（1）

图31 接收塔（2）

图32 90°多节白铁弯头

图33 大小口短节

图34 手工咬接白铁盆

图35 天圆地方白铁短节

图36 盘旋上升直斜钢梯

图37 调味液体壶

图38 带帽90°排烟弯头

图39 手工咬接水桶

图40 饰后半球体

图41 美丽螺旋

图42 钢水炉

图43 上、下混合型伸缩管

图44 街心饰球

图45 有中间平台的螺旋钢梯

图 46　烟囱帽

图 47　装饰后半球

图 48　贮液氧球罐群

图 49　水车

图 50　拱形桥

图 51　球缺直边封头

图 52　混凝土搅拌机

图 53　方弯头

图 54　挖土机正在工作

图 55　超高型起重机

图 56　推土机正在工作

图 57　搅拌机

图 58　超高型起重机正在工作

图 59　拱形桥钢栏杆

图 60　直斜钢梯

图 61　多节直斜钢梯

图 62　公园内火炬

图 63　装饰后的大型拱顶

图 64　大型拱形门架

图 65　多节白铁弯头拼接成 360°

图 66　不锈钢漏斗

图 67　龙门

图 68　1000t 吊车

图 69　来回弯绝热管

图 70　避开障碍物保温管

图 71　带加强筋的贮罐

图 72　水平管道阀门绝热

图 73　过门管道支架

图 74　上伸缩管

图 75　大型贮罐

图 76　气柜

图 77　下伸缩管

图 78　水平双伸缩管

图 79　管道法兰绝热

图 80　多棱锥管电缆架

图 81　污水处理拱顶罐

图 82　外带螺旋立板的烟囱

图 83　橡胶厂设备

图 84　带加强立筋的贮罐

图 85　两球罐连通的水平钢梯

图 86　与球罐等距离螺旋盘梯

图 87　玲珑塔

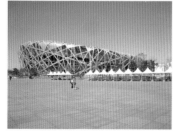

图 88　北京鸟巢

图 89　绝热后方圆排烟管

图 90　绝热后的贮水罐

图 91 绝热后拱顶盖

图 92 圆罐螺旋盘梯

图 93 水车

图 94 北京环卫簸箕

图 95 贮罐群

图 96 拱顶贮罐

图 97 化肥厂设备

图 98 塑料厂设备

图 99 高压线塔架

图 100 丙烯球罐

图 101 化肥厂设备

图 102 跨跃公路拱形桥

图 103 接收塔

图 104 氯碱厂贮罐

图 105 沥清罐群

图106 发电厂设备（1）

图107 发电厂设备（2）

图108 发电厂设备（3）

图109 发电厂设备（4）

图110 晴纶厂设备

图111 硫酸贮罐

图112 混凝土搅拌机

BANJIN JISUAN
JUERE GONGCHENG

钣金计算·绝热工程

翟纯雷　主编　　　　王振强　翟洪绪　副主编

化学工业出版社

北京·

《钣金计算·绝热工程》在《实用钣金展开计算法》的基础上进行修订、改版，增加了绝热工程等内容而编成的一部著作。本书的基本内容既包括钣金展开计算法基本知识，也包括钣金中封头、方矩锥管、弯管、方圆连接管、圆异口管、三通管、型钢、螺旋、钢梯、零片板、支座、淋降装置、补强圈和椭圆等所涉及的具体计算过程，还包括了绝热工程等方面的应用基础知识。

　　本书语言通俗易懂，插图清晰易读，案例形象生动。本书适合钣金工、铆工、管工、钳工等技术工种参考使用，也可作为大中专院校师生相关课程的学习参考用书。

图书在版编目（CIP）数据

钣金计算·绝热工程/翟纯雷主编. —北京：化学
工业出版社，2017.1
　ISBN 978-7-122-27482-3

　Ⅰ.①钣…　Ⅱ.①翟…　Ⅲ.①钣金工-计算方法
Ⅳ.①TG936

　中国版本图书馆 CIP 数据核字（2016）第 146871 号

责任编辑：袁海燕　　　　　　　　　　文字编辑：余纪军
责任校对：宋　玮　　　　　　　　　　装帧设计：王晓宇

出版发行：化学工业出版社（北京市东城区青年湖南街 13 号　邮政编码 100011）
印　　装：三河市航远印刷有限公司
787mm×1092mm　1/16　印张 30½　彩插 4　字数 823 千字　2017 年 1 月北京第 1 版第 1 次印刷

购书咨询：010-64518888（传真：010-64519686）　售后服务：010-64518899
网　　址：http://www.cip.com.cn
凡购买本书，如有缺损质量问题，本社销售中心负责调换。

定　　价：**98.00 元**

前言

《实用钣金展开计算法》自 1995 年出版后，重印 11 次，这次再版，加入了绝热工程等内容，故书名改为《钣金计算·绝热工程》，其间曾收到全国各地读者的来函来电，赞许本书是一本理论联系实际的好书，同时也提出了一个不好回答的问题，即是什么动力让你写出这么好的书的？

笔者 1962 年高中毕业后参加高考，没被大学录取，便加入了铆工行业，并对自己从事的工作产生了浓厚的兴趣，矢志不渝，一干就是 40 年。

记得有一年春节，为了赶写一篇专业论文，大年初一这一天，按当地习俗是亲友上门拜年的日子，为了抢时间，我命家人从外面反锁屋门，亲朋来拜年，一看锁着门便离去了，我就躲在屋里尽快写稿件，赶在节后把论文发表出来。

记得有一年夏天，气温高达 36 ℃以上，屋外过路人喊着："热死了！热死了！"可我坐在写字台前，奋笔书写、画图。为了防止汗水浸湿稿纸，我在手臂上缠上干毛巾以便擦汗；由于书写时间过长，食指已处于麻木状态，我便抬起食指，用中指和拇指夹笔，继续书写，直至完成写作和作图。

兴趣是最好的老师，酷爱才能出成果！本书就是这样写成并一次次修订直至再版的。

本书的特点是计算公式出自实践验证、正确可靠，下面举例说明。

例如，有一年铆工友组接了一个 11000m³ 的拱顶油罐制作，该工程的难点是拱顶的下料。拱顶，按数学的叫法即"球缺"，怎样按设计取得下料数据呢？传统的方法就是放大样，即按 1∶1 的比例在平台上放实样。铆工友组用厚度 20mm、宽 2500mm 的钢板，在地面上铺成 25 米长的平台，按设计给定的数据，认真操作，放出实样。一个平台要放出两个实样，一是拱顶的立面图，目的是求得一扇拱顶的实长和大端及各横向筋板的展开半径；二是一扇拱顶的平面图，目的是求得一扇拱顶大端和各横向筋板的弧长和弧度曲率。

为了验证铆工友组放实样的数据，趁中午回家吃饭的空隙（说实话，想以计算法代替放样法，一是不太自信，没有把握；二是会有人说三道四，所以就用中午时间来完成），我认真量取了放样的各数据，并作好记录，晚上对每一个数据进行分析，经反复计算，找出对应的计算公式共 10 个，经与放样数据相对照，其误差多在 0～3mm 之间，最大也不超过 5mm，说明了放样的方法有误差，而依计算公式计算是正确的。经我撰写正文，画出正式图样，北京的《机械工艺师》杂志编辑部认可了，二十天后便发表了，这是第一次在国家专业杂志上发表论文，很受鼓舞，心情万分激动。从此以后，我的论文就经常被一些专业杂志所采用。至退休共发表论文 25 篇，并编教材写书，至今已出版了 7 种书，有 3 种已经再版。

全国的机械制造行业，逐渐以计算法代替放样法。现在更先进了，连计算法也不大用了，用的是软件，编程序，只要输入相关数据，一按回车键，所有数据就都出来了，但其理论根据还是我的计算公式和计算法。

前几年齐鲁石化炼油厂制作了一台球罐，球的直径为 6140mm，支柱直径为 219mm，设计要求在"赤道带"处吻合接触，严防在结合处因间隙不均匀而增加应力，造成夹渣或裂纹或气孔而影响球罐质量。常规的下料方法也是放大样，但由于球罐直径太大，而管子又太细，下料精度不敢保证，用计算法又不会，听说我所在的厂对计算下料很有研究，就运来了 ϕ219mm 管子，让我们帮忙解决开出缺口。我们利用了三个公式，计算原理是：将支柱缺口段分出几个等高的截圆，求出每个截圆所对应的圆心角，再算出切去部分所对应的弧长，将支柱缺口段切出部分的各数据都计算出来了，并将缺口开出，打磨光滑，交付了该炼油厂。

五天后便从该厂反馈回信息说：经试组装，未经任何修切或打磨，一次组装成功，球皮和缺口严密吻合，间隙均匀，一点毛病也没有。计算法在钣金工程中的应用解决了放样法的费时费力和不易精准等问题，也为电算化打下了基础，这就是本书编写出版的意义和价值。

《钣金计算·绝热工程》由翟纯雷主编，王振强、翟洪绪副主编，参加编写的还有：王秀清、翟纯皎，高绍俊、张志慧、卢涛、翟艺铭、翟润雪、夏侯铸、穆若英、夏侯明震、夏侯蕴、李永麟、李亚男、任军勇、高绪明、苏莉、高岩等。本书在编写过程中，得到冯汝学（绝热高级技师）、韩红梅（封头旋压专家）等的指导，在此表示最衷心的感谢！

由于水平所限，书中难免存在不足，竭诚欢迎广大读者不吝赐教！

编者

2016.1.16 于山东淄博

| 目 录 |

第一章　钣金展开计算法最基本知识 `001`

一、板厚处理 …………………… 001
二、展开半径和纬圆半径 ………… 010

三、钣金计算的万能通用公式 ………… 024

第二章　封头 `026`

一、整料压制平顶清角封头坯料直径
　　计算 …………………………… 026
二、整料压制平顶圆角封头坯料直径
　　计算 …………………………… 027
三、整料压制平顶圆角直边封头坯料直径
　　计算 …………………………… 027
四、整料压制球缺封头坯料直径
　　计算 …………………………… 028
五、整料压制球缺直边封头坯料直径
　　计算 …………………………… 030
六、整料压制球缺平边构件坯料直径
　　计算 …………………………… 031
七、向心型瓜瓣球缺封头料计算 ……… 032
八、直线型瓜瓣球缺封头料计算 ……… 035
九、整料压制半球形封头坯料直径
　　计算 …………………………… 036
十、整料压制直边半球形封头坯料直径

　　计算 …………………………… 037
十一、整料压制半球平边构件坯料直径
　　　计算 ………………………… 038
十二、瓜瓣球形封头料计算 …………… 038
十三、小球体料计算 …………………… 040
十四、整料压制标准椭圆封头坯料直径
　　　计算 ………………………… 043
十五、瓜瓣标准椭圆封头料计算 ……… 045
十六、换热器封头管箱隔板料计算 …… 047
十七、整料压制碟形封头坯料直径
　　　计算 ………………………… 049
十八、瓜瓣碟形封头料计算 …………… 050
十九、锥形顶盖排板下料计算 ………… 052
二十、对接罐底板排板料计算 ………… 056
二十一、搭接罐底板排板料计算 ……… 057
二十二、油罐瓜瓣拱形顶盖料计算 …… 058
二十三、球壳板料计算 ………………… 060

第三章　锥管 `072`

一、正圆锥台料计算 …………………… 072
二、直角斜圆锥台料计算 ……………… 073
三、钝角斜圆锥台料计算 ……………… 075
四、锐角斜圆锥台料计算 ……………… 076
五、带斜度、锥度管类断面的计算
　　方法 …………………………… 078
六、较小展开半径圆锥台料计算和排板
　　方法 …………………………… 079

七、特大展开半径圆锥台料计算和排板
　　方法 …………………………… 083
八、波形膨胀节料计算 ………………… 086
九、正圆锥台展开料包角是定值——
　　$\omega = 360° \times \sin\alpha$ ………… 088
十、双折边锥体料计算 ………………… 092
十一、特小锥度圆锥台烟囱料计算 …… 097

第四章　弯管 `100`

一、两节任意度数圆管弯管料计算 …… 100
二、任意度数圆管弯管料计算 ………… 101
三、特殊节角度的圆管弯管料计算 …… 107

四、蛇形管料计算 ……………………… 109
五、任意度数牛角弯管料计算 ………… 110
六、斜截圆筒料计算 …………………… 114

七、三通弯管料计算 ················· 115
八、弯管支架料计算 ················· 118
九、直角方弯管料计算 ············· 120
十、多节方弯管料计算 ············· 121
十一、方来回弯管料计算 ·········· 122

十二、正十字形方弯管料计算 ··········· 124
十三、方弧面 90°弯管料计算 ··········· 127
十四、方螺旋 90°渐缩弯管料计算 ····· 128
十五、异径 90°方弯管料计算 ··········· 129
十六、等径仰头 90°方弯管料计算 ····· 133

第五章　方矩锥管　　　　　　　　136

一、正四棱锥料计算 ················· 136
二、正四棱锥管料计算 ············· 137
三、正五棱锥管料计算 ············· 139
四、正六棱锥管料计算 ············· 140
五、两端口平行单偏心正方管料
　　计算 ····························· 142
六、正心方矩锥料计算 ············· 143
七、两端口平行单偏心方矩锥管料
　　计算（之一）··················· 146
八、两端口平行单偏心方矩锥管料
　　计算（之二）··················· 148
九、两端口平行双偏心方矩锥管料
　　计算（之一）··················· 150
十、两端口平行双偏心方矩锥管料
　　计算（之二）··················· 153
十一、两端口互相垂直方矩锥管料
　　　计算 ························· 154
十二、两端口互相垂直双偏心方矩
　　　锥管料计算 ················· 156
十三、两端口相交方矩锥管料计算 ······ 158

十四、两端口相交单偏心方矩锥管料
　　　计算 ························· 161
十五、两端口相交双偏心方矩锥管料
　　　计算 ························· 162
十六、上端倾斜一侧垂直方矩锥管料
　　　计算 ························· 164
十七、两端口平行单偏心方直漏斗料
　　　计算 ························· 166
十八、上端倾斜两侧垂直方矩锥管料
　　　计算 ························· 167
十九、斜底方矩锥管料计算 ········· 169
二十、两端口扭转 45°正方锥管料
　　　计算 ························· 171
二十一、两端口扭转 45°双偏心方矩
　　　　锥管料计算 ··············· 173
二十二、正十字形方矩锥管料计算 ····· 175
二十三、双偏心十字形方矩锥管料
　　　　计算 ····················· 177
二十四、带圆角矩形盒料计算 ········· 180
二十五、油盘料计算 ················· 181

第六章　方圆连接管　　　　　　　　185

一、正心方圆连接管料计算 ············· 185
二、正心矩方圆连接管料计算 ········· 187
三、单偏心方圆连接管料计算（之一）····· 189
四、单偏心方圆连接管料计算（之二）····· 191
五、单偏心方圆连接管料计算（之三）····· 194
六、单偏心方圆连接管料计算（之四）····· 195
七、双偏心方圆连接管料计算（之一）····· 197
八、双偏心方圆连接管料计算（之二）····· 199
九、两端口互相垂直方圆连接管料
　　计算 ····························· 201
十、两端口互相垂直双偏心方圆连接

管料计算 ····························· 202
十一、圆顶斜底方圆连接管料
　　　计算 ························· 204
十二、一侧垂直多棱方圆连接管料
　　　计算 ························· 206
十三、圆斜顶矩形底双偏心连接管料
　　　计算 ························· 207
十四、裤形方圆连接管料计算 ········· 210
十五、方顶椭圆底连接管料计算 ····· 212
十六、长圆顶矩形底连接管料计算 ····· 213
十七、圆顶菱形底连接管料计算 ········ 215

第七章　圆异口管　　　　　　　　217

一、两正圆端口互相垂直连接管料

计算 ································· 217

二、两正圆端口同心相交连接管料
　　计算 …………………………… 218
三、两正圆端口偏心相交连接管料
　　计算（之一） ………………… 221
四、两正圆端口偏心相交连接管料
　　计算（之二） ………………… 224
五、偏心正圆椭圆连接管料计算 …… 226

六、顶正圆长圆底连接管料计算 …… 228
七、顶正圆长圆底偏心过渡管料计算 … 230
八、两正圆端口不规则相交过渡管料
　　计算 …………………………… 232
九、圆筒形熔化炉料计算 …………… 234
十、锥形猪嘴熔化炉料计算 ………… 235
十一、熔化炉炉勺料计算 …………… 237

第八章　三通管　239

一、气罐进口三通管料计算 ………… 239
二、切线相交三通管料计算 ………… 244
三、Y形偏心圆三通管料计算 ……… 246
四、带挡板三通管料计算 …………… 248
五、异径直交三通管（骑马式）料
　　计算 …………………………… 251
六、异径直交三通管（插入式）料
　　计算 …………………………… 252
七、等径直交三通管（插入式）料
　　计算 …………………………… 254
八、偏心直交三通管（骑马式）料
　　计算 …………………………… 256
九、偏心直交三通管（插入式）料
　　计算（之一） ………………… 259
十、偏心直交三通管（插入式）料
　　计算（之二） ………………… 261

十一、任意直径斜交三通管（骑马式）料
　　　计算 ………………………… 263
十二、异径正心斜交三通管（插入式）料
　　　计算 ………………………… 266
十三、等径正心斜交三通管（插入式）料
　　　计算 ………………………… 269
十四、带补料等径直交三通管料
　　　计算 ………………………… 272
十五、任意夹角等径三通管料计算 …… 274
十六、端口正圆裤形三通管料计算 …… 276
十七、内插外套椭圆板料计算 ……… 279
十八、圆管直交正四棱锥料计算 …… 280
十九、圆管平交正方锥管料计算 …… 282
二十、圆管直交正方锥管料计算 …… 284
二十一、圆管斜交正方锥管料计算 …… 286
二十二、方管横穿正圆锥台料计算 …… 287

第九章　型钢　290

一、内煨槽（角）钢矩形框料计算 …… 290
二、外煨角（槽）钢矩形框料计算 …… 291
三、内外煨混合型角（槽）钢矩形框料
　　计算 …………………………… 293
四、角（槽）钢内煨正多边形框料
　　计算 …………………………… 295
五、角（槽）钢外煨正多边形框料
　　计算 …………………………… 296
六、角钢内煨成带圆角矩形框料
　　计算 …………………………… 298
七、筒内型钢长度及缺口计算 ……… 299

八、锥形顶盖加强角钢料计算 ……… 300
九、内煨带圆角正三角形框料计算 …… 301
十、内煨任意角三角形角钢框料
　　计算 …………………………… 302
十一、平煨槽钢圈料计算 …………… 304
十二、内外立煨槽钢圈料计算 ……… 305
十三、内外煨角钢圈料计算 ………… 305
十四、内外煨不等边角钢圈料计算 …… 306
十五、平煨工字钢圈料计算 ………… 306
十六、立煨工字钢（或H型钢）圈料
　　　计算 ………………………… 307

第十章　螺旋　308

一、圆柱螺旋输送机叶片料计算 …… 308
二、等宽圆锥螺旋输送机叶片料计算 … 311
三、不等宽圆锥螺旋输送机叶片料

　　计算 …………………………… 312
四、旋流片料计算 …………………… 314
五、灰犁料计算 ……………………… 315

六、切线螺旋进料管料计算 …………… 316
七、气柜螺旋导轨料计算 ……………… 321
八、压制气柜螺旋导轨胎具的计算 …… 322
九、正方螺旋管料计算 ………………… 327
十、方矩螺旋管料计算（之一）……… 329
十一、方矩螺旋管料计算（之二）…… 331

第十一章　钢梯　　　　　　　　　　334

一、直斜钢梯料计算 …………… 334
二、桥式钢梯料计算 …………… 336
三、来回弯钢梯料计算 ………… 338
四、圆柱螺旋盘梯料计算 ……… 340
五、芯轴直径特小的正圆柱螺旋钢梯料
计算 …………………………… 342
六、圆柱螺旋盘梯三角支架料计算 344
七、球罐一次圆柱螺旋盘梯料计算 346
八、倾斜圆筒螺旋钢梯料计算 ……… 352

第十二章　零片板　　　　　　　　　　357

一、倾斜式、垂直式人字挡板料
计算 …………………………… 357
二、圆筒体上斜置托板料计算 … 361
三、夹套筒体料计算 ………………… 362
四、斜扁钢圈和带孔椭圆板料计算 … 365
五、管口挡板料计算 ………………… 367

第十三章　支座　　　　　　　　　　　368

一、鞍式支座（JB1167—2000）料
计算 …………………………… 368
二、倾斜鞍式支座（JB1167—2000）料
计算 …………………………… 369
三、直支承式支座（JB/T 4724—2000）料
计算 …………………………… 371
四、斜支承式支座料计算 ……… 372
五、放射状鞍式支座（JB/T 4712—2000）
料计算 ……………………………… 373
六、带倾斜、折弯鞍式支座料计算 … 374
七、角钢腿式支座（JB/T 4713—2000）
料计算 ……………………………… 375
八、钢管腿式支座（JB/T 4713—2000）
料计算 ……………………………… 377
九、球罐支柱缺口及托板料计算 …… 379
十、裙体螺栓座料计算 ……………… 382

第十四章　淋降装置　　　　　　　　　384

一、受液盘料计算 ……………… 384
二、降液板料计算 ……………… 387
三、液体分布盘料计算和直接划线的最简
方法 …………………………… 393
四、支承圈料计算 ……………… 394
五、换热器隔板料计算（球缺
封头型）…………………………… 398
六、圆筒内隔板料计算（标准
椭圆型）…………………………… 399
七、蒸汽分水器料计算 ……………… 405

第十五章　补强圈和椭圆　　　　　　　406

一、直交支管补强圈计算下料 ……… 406
二、四心法精确计算椭圆周长方法 …… 408
三、用计算法划椭圆的三大方法 ……… 409
四、接管衬里挡圈料计算 …………… 413
五、正圆筒上开孔划线计算方法 …… 415
六、内插外套椭圆板料计算 ………… 416

第十六章　绝热工程　　　　　　　　　418

一、绝热工程概述 ……………… 418
二、绝热工程举例 …………………… 421

参考文献　　　　　　　　　　　　　479

第一章 钣金展开计算法最基本知识

要想学好钣金展开计算法，其实很简单，除了应有丰富的空间概念之外，还应掌握基本的理论知识，其理论是：（1）板厚处理；（2）展开半径和纬圆半径；（3）钣金计算的万能通用公式。下面分别进行叙述。

一、板厚处理

板厚处理是机械制造业的一个专用术语，因板的厚度不同，故下料的基准也不同，从而导致了组对方法、坡口形式、加工方法和焊接方法的不同。日常生活中也存在着板厚处理，如每天早上的叠被褥，特厚的被子对折时，中间要留出较长的距离；较薄的被子对折时，中间要留出较短的距离；很薄的床单中间可不留距离，两端对折后，整体平整圆滑，有棱有角，美观大方；否则，一床大厚被子，中间不留间隙，两端对折后，中间会出个大鼓包，一厚一薄，像个楔子，很难看，什么原因呢？这就是被褥的"板厚"处理不当造成的。

板厚处理不是说只在板厚上作处理，还与其他诸多方面有关系，这些因素都处理正确了，才能确定正确的下料基准，才能下出最准确的料，才能制造出合格的产品。下面分别叙述其他诸因素。

1. 板厚因素

（1）一般来讲，板厚在 3mm 以下的板，可不作板厚处理，如槽制一个小型天圆地方连接管，按里皮或外皮下料都关系不大，圆端按中径下料或按外径、内径下料也都可以，成形后的尺度都能在允差范围，可不考虑坡口。

（2）当板厚在 6～16mm 时，如各种直径的正圆筒，可考虑按中径下料，绝不能按外径或内径下料，自身连接或上下端连接时，即使直径再大，也应考虑开外坡口，底部留 1～3mm 的钝边，因为外坡口比内坡口有利于焊接。

（3）当板厚超过 20mm 时，如球罐的球皮，有的达 40～50mm，此时应考虑开两面 X 形坡口，底部留 3～5mm 的钝边。下料时应以中径为基准，按内径或外径都是不对的（有人按内径）。

2. 坡口因素

（1）如常见的规格较小的方矩锥管、天圆地方管、三通管和弯头等，由于内部无法进入施焊，不考虑计算基准怎样，其自身的连接和与上下端构件的连接都应该开外坡口。

（2）如贮罐底板由于规格较大，只能现场铺设完成后施焊，为了保证严密的密封性（焊完后要作氨气试漏和真空试漏），故常采用搭接形式，只在上面焊搭接缝；即使是对接缝，也只是上面的单面坡口，此时底部应留较大的钝边，以防穿透。

（3）如球罐，因为板很厚，可达 40～50mm，设计要求有足够的强度和密封性，所以不管内部的焊接环境恶劣到什么程度，都应该开 X 形坡口。

3. 内部焊接空间

（1）如油罐的拱形顶盖，因规格较大，所以是在罐壁成形后，在其上分层吊装组焊成形的，为了保证其密封性和强度，尽管顶盖下有足够大的空间，但焊工无法在内部施焊且是仰焊，故采用了搭接焊缝，只焊上面不焊下面。

（2）上已述及，如天圆地方管、方矩锥管、圆筒管、弯头等，只要是内部空间很小、无法进入施焊的，不考虑其他因素，一律开外坡口。

退一步说，即使内部空间再大，因板厚只开单面坡口时，应首选开外坡口，因外侧比内侧便于施焊且焊接环境也好。

4. 加工方法

加工方法不同，板厚处理也不同，如常见的方矩锥管、天圆地方管、正方管、受液盘、分布盘和降液板等，当采用折弯连接成形时，由于所采用的折弯手段不同（手工折弯和机械折弯），其料计算基准就不同。下面叙述一下手工折弯和机械折弯。

（1）手工折弯　不管厚板薄板，板料都有它的刚性和弹性，本书所指的手工折弯是指为了折出较明显的棱角，要用气焊炬烤至樱红色，然后用人力扳折至成形的折弯方法；手工折弯时，按里皮算料长，成形后的尺寸总是偏小一点，后经长期实践验证，按里皮计，折一个直角应加 $0.23t$（t 为板厚），这是因为手工扳折折不出设计的清角，所以偏小。

（2）机械折弯　机械折弯包括：用大锤和槽弧锤在胎具上用人力折弯、在折弯机上机械折弯和在压力机上用胎具折弯三种折弯方法。机械折弯时，由于在强大的压力作用下，折弯部分单位面积所受的力特大（1000tf❶ 左右，大锤和槽弧锤的瞬间爆发力也不小于此），使板料由屈服阶段进入强化阶段，使板料产生了冷硬现象，卸压后无回弹，折线处的内外层都产生了拉伸变薄，圆角半径 r 下移，这样压制后的料长按里皮计定在允差范围，此理论名曰尖角镦压理论，已在实践中检验是正确的。

5. 严密性和强度

容器或设备的严密性和强度不同，板厚处理也不同。严密性好和强度高，在压力容器的制造中几乎是同时要求具备的，为了达到此要求，设备制造完毕后要进行各种检测，除了要求焊工的技术精湛外，还要有合理的坡口形式作保证。球罐是压力容器，要求高的严密性和强度，所以设计要求开 X 形坡口，并有 3~5mm 的钝边，一侧焊完后，再从另一侧刨掉钝边、磨光，并作磁粉检验和着色检验；成形后还要作100%射线无损检测、水压试验和气压试验等，最后作热处理，以降低罐壁板应力峰值、提高韧性。

如贮罐，也要求高强度，但更重要的是要求有好的密封性，不渗漏，所以壁板设计为各种不同厚度（下端厚、上部薄）的较厚板，开下外单 L 形坡口留钝边，成形后作装水检验和煤油渗漏检验、丁字缝射线无损检测；底板虽采用较薄板，但采用上面搭接焊缝，以保证严密性，焊完后再作氨气试漏和真空试漏。

如鞍座，只要求高强度不要求严密性，所以焊接时不要求开坡口，只需在角焊缝上加大焊肉高度就可以了。

6. 增加断面防变形

凡是搞机械制造的，都知道这样一个道理：薄板刚性小，容易变形；厚板刚性大，不容易变形。那么为了提高刚性大大地增加板厚行不行呢？可以肯定地回答：不行。例如，一个50m 的电视转播铁塔是由角钢、工字钢连接而成的，为了提高其刚性，整塔改用铸铁浇注而成，或用厚度100~200mm 的钢板焊接而成，固然这样刚性很大，也不会变形，但是这是不可能的，因为一是代价太高，二是没法安装。本来的方法已经是很合理的了，这种方法叫增加断面法，断面增加了，就是增加了厚度。下面举出常见到的增加断面防变形的例子，如图 1-1 所示。

---

❶　1tf＝9.807×10³N。

图 1-1（a）为贮罐的抗风圈，是用角钢加平板焊接而成，这样可大大增加筒体的刚性；图 1-1（b）为焊接筒体用的槽钢胀圈，加胀圈后断面增大，可大大减小环缝的变形；图 1-1（c）为筒体纵缝两端的引弧板，由于端头属于自由端，容易变形，加引弧板后变为封闭端，也属增大了断面，可大大减小纵缝两端的外张变形；图 1-1（d）为原始的平板，为了增加其刚性，在平面内压上两道鼓，它就不会颤动了，如车间的大门，为了防止出现软绵绵的颤动，在板上压鼓或点焊角钢，就是这个道理；图 1-1（e）为在平板的两边或四边折边，其刚性比平板大得多，实际上就是增加了平板的厚度；图 1-1（f）为圆筒体加鼓，如家用水桶，不加鼓时盛水后容易颤动，加鼓后盛水稳定性很强。

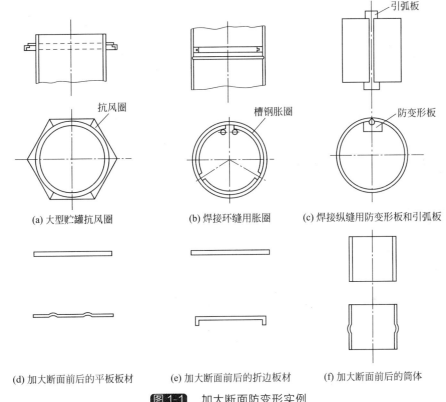

（a）大型贮罐抗风圈　　　　　（b）焊接环缝用胀圈　　　　（c）焊接纵缝用防变形板和引弧板

（d）加大断面前后的平板板材　　（e）加大断面前后的折边板材　　（f）加大断面前后的筒体

图 1-1　加大断面防变形实例

7. 板厚处理不同，下料基准也不同

下料基准与构件的空间位置、类别和板厚有着密切的关系，本文将常见构件的板厚处理原理及下料基准分析于后，举一反三，可推理出所有钣金构件的下料基准。

（1）方矩管和方矩锥管　方矩管和方矩锥管如图 1-2 所示，其板厚处理形式共六种，如图 1-3 所示，可根据强度、压力和密封要求灵活选用，图 1-3 中 I 为半搭，II 为整搭，III 为互搭，IV 为里皮连接，V 为整搭开坡口，VI 为互搭开坡口。

下料基准是：高 H 为两端口间的垂直距离；不管机械折弯还是切断连接，一律按里皮，其原理可参阅下述尖角镦压理论。

如图 1-4 所示为在 1000t 压力机上压制直角的情况，圆角半径 r 约等于板厚 t，当上下胎挤压板时，角部单位面积所受力特大，使板料由屈服阶段进入强化阶段，使板料产生了冷硬现象，卸压后无回弹，角部的内外层和中心层都产生了拉伸变薄，板厚由原来的 t_1 变为被拉伸变薄的板厚 t_2，圆角半径 r 下移，由 r_1 变为 r_2，这样加工的构件料长按里皮计算是完全可以的，只长不短。

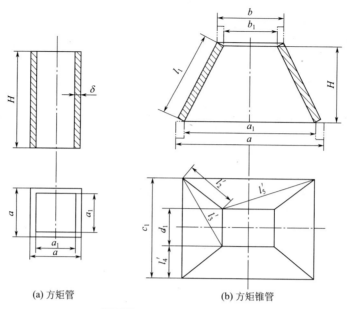

(a) 方矩管　　　　(b) 方矩锥管

图 1-2　方矩管和方矩锥管

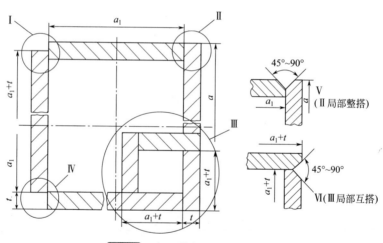

图 1-3　矩形管板厚处理节点图

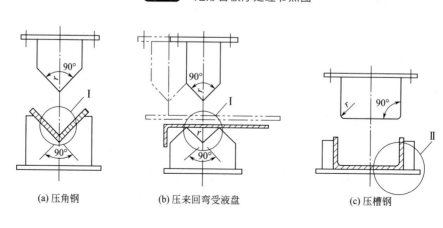

(a) 压角钢　　　　(b) 压来回弯受液盘　　　　(c) 压槽钢

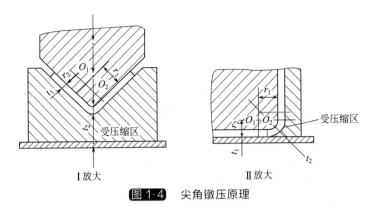

图 1-4　尖角镦压原理

（2）正圆筒　层状圆形板和圆筒件，其料长的计算基准是按中心径，其原理是：如图 1-5 所示，内层在上轴辊的挤压下被压缩变厚，外层被拉伸变薄，长度都发生了变化，只有中径不变，所以计算料长应按中径。其下料基准是：高 H 为两端口间的垂直距离；按中径算料长，料长 $L = \pi D_1$（D_1 为中径）。

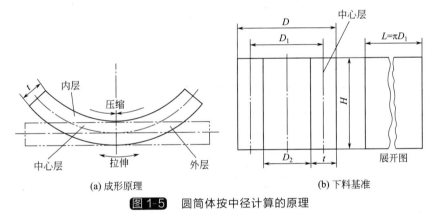

(a) 成形原理　　　　　　　(b) 下料基准

图 1-5　圆筒体按中径计算的原理

（3）天圆地方管　天圆地方管是方和圆的组合体，其下料基准即可推理而出。如图 1-6 所示为天圆地方管，其下料基准是：高 H 为方端里皮圆端中径间的垂直距离；展开料，方按里皮，圆按中径。

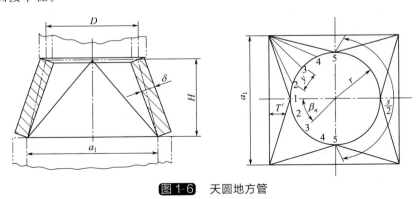

图 1-6　天圆地方管

（4）圆锥台　圆锥台的结构形式为上下皆圆形，即是说应该与正圆筒的下料基准相似。如图 1-7 所示为圆锥台管，不管是正圆锥台，还是直角、钝角、锐角斜圆锥台，下料基准是一样的，即：高 h 为两端中径点间的垂直距离；两端皆按中径算料长，即 $s = \pi D$，$s_1 = \pi a$。

（5）标准椭圆封头　如图 1-8 所示为标准椭圆封头，其下料基准如下。

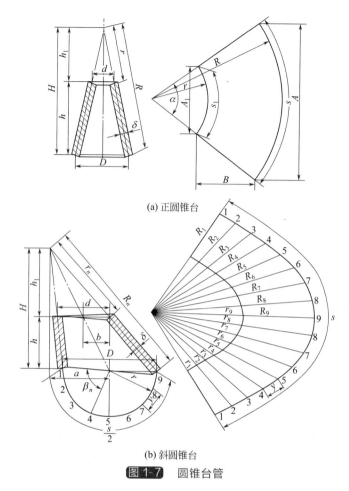

(a) 正圆锥台

(b) 斜圆锥台

图 1-7　圆锥台管

① 瓜瓣组焊，如图 1-8（a）所示。

- 高 H 为椭圆长轴线至弧顶里皮间的垂直距离。

- 展开胎料确定：按 $\dfrac{1}{n}$ 算出一扇里皮净料，大端加直边，之后在四周加 10mm 的修切余量。

- 顶圆胎料直径 $D_1 = d + 2k$（$k = 10$mm 修切余量）。

- 压制胎具样板：以封头设计内径划线，一切切出，即为上下胎内卡样板。

② 漏环热冲压，如图 1-8（b）所示。

- 高 H 为椭圆长轴线至弧顶里皮间的垂直距离。

- 展开胎料计算公式：$1.2D + 2h + k$（k 为修切余量，一般为 10mm）。

③ 冷旋压，如图 1-8（c）所示。

- 高 H 为椭圆长轴线至弧顶里皮间的垂直距离。

- 展开胎料计算公式：$1.2D + t$（t 为板厚，有修切余量）。

④ 从图 1-8 可以看出，高 H 和内径 D 皆为里皮，计算基准也是里皮，按道理可能偏小，实践不会小，其理由是：三种封头的胎料直径都加了充足的余量；三种封头在压延过程中都发生了拉伸变薄现象，特别是旋压封头。故按里皮算料长只大不小。

（6）球封头　如图 1-9 所示为球封头，其下料基准如下。

① 图 1-9（a）的坯料直径 $D_1 = \sqrt{8}R = \sqrt{2}D$（$R$，$D$ 皆为内径）。

② 图 1-9（b）的坯料直径 $D_1 = \sqrt{2D^2 + 4Dh} = 2\sqrt{2R^2 + 2Rh}$（$R$，$D$ 皆为内径）。

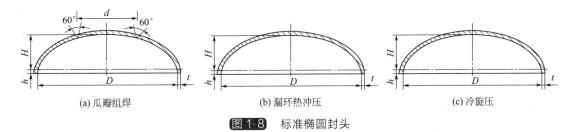

(a) 瓜瓣组焊　　　　　　　(b) 漏环热冲压　　　　　　　(c) 冷旋压

图 1-8　标准椭圆封头

说明：上两种球封头皆按里皮为计算基准，这是因为在热冲压的过程中板料产生了拉伸变薄，故按里皮为基准是不会小的。

（7）球体　如图 1-10 所示为整球体，其下料基准如下。

① 图 1-10（a）按中心径计算的计算公式请参阅本章"七、球壳板料计算"中球罐整瓜瓣的板厚处理与料计算。

② 图 1-10（b）按中心径计算的计算公式请参阅本章"七、球壳板料计算"中橘瓣球壳瓣片的板厚处理与料计算。

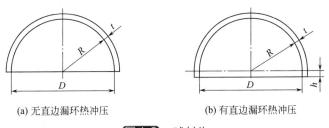

(a) 无直边漏环热冲压　　　　　　(b) 有直边漏环热冲压

图 1-9　球封头

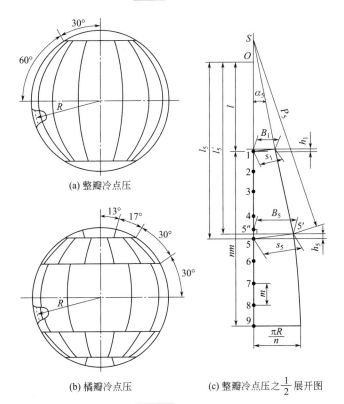

(a) 整瓣冷点压

(b) 橘瓣冷点压　　　(c) 整瓣冷点压之 $\frac{1}{2}$ 展开图

图 1-10　球体

③ 两者的顶圆直径 $D_1 = \pi R \dfrac{60°}{180°}$

说明：瓣片球体的料计算基准很不统一，有的人按内径（大多数人），有的人按中径，没有人采用外径，按内径肯定偏小，按外径肯定偏大，按中径既结合实践也符合曲面弯曲理论，故本人认为按中径为合理，这是因为壳体经点压至成形，板料肯定受挤压会变薄伸长，但焊接后诸多的焊缝收缩也不可忽视，且板越厚，收缩量越大，两者比较起来还是后者的量大，所以按中径。

根据实践经验，不管以哪个径为基准，成形后的几何尺寸都能在允差范围，故不必认真追究。

（8）弯头　弯头可分圆管弯头和方管弯头，如图 1-11 所示，其下料基准如下。

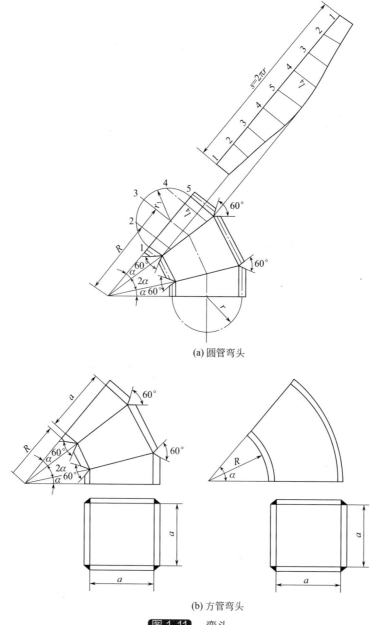

(a) 圆管弯头

(b) 方管弯头

图 1-11　弯头

① 圆管弯头

- 自身展开以中径为基准计算，自身连接根据板开外坡口或 X 形坡口，16mm 以下开单面外坡口，16mm 以上开双面 X 形坡口，留 3～4mm 钝边。
- 节与节连接同自身连接。
- 计算筒节素线长时，应以接触点的半径画断面图，从而计算出素线长，如里皮接触，就应按里皮画断面图计算，如中径接触，就应按中径画断面图计算。
- 在满足设计要求的前提下，尽量不开内坡口，因为内坡口不利于焊接，且焊接环境不好。

② 方管弯头

- 自身展开一般按里皮，也有采用半搭或整搭的，应视设计的密封要求和强度而定；自身的连接一般按里皮开外坡口。
- 节与节的连接一般按里皮开外坡口。
- 板厚大于 20mm、内部空间大于 1000mm 时才考虑开 X 形坡口。
- 在满足设定要求的情况下，尽量不开内坡口。

（9）三通管　图 1-12 所示为三种板厚处理的三通管，其下料基准如下。

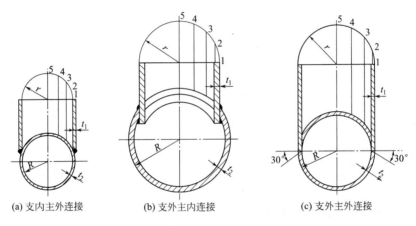

(a) 支内主外连接　　(b) 支外主内连接　　(c) 支外主外连接

图 1-12　三通管

① 支内主外连接，如图 1-12（a）所示。
- 支主管展开按中径。
- 支管的各素线长按内径。
- 主管孔实形的各素线长按外径。
- 支主管间形成自然外坡口。

② 支外主内连接，如图 1-12（b）所示。
- 支主管展开按中径。
- 支管各素线长按外径。
- 主管孔实形各素线长按外径。
- 支主管间形成自然坡口，再内外焊接。

③ 支外主外连接，如图 1-12（c）所示。
- 支主管的展开按中径。
- 支管各素线长按外径。
- 主管孔实形各素线长按外径。

• 支主管间结合后里皮平齐，主管开 30°外坡口焊接。

（10）圆异径管　所谓圆异径管，即按空间位置分，有垂直、相交和偏心，按形状分有椭圆、正圆和长圆，如图 1-13 所示为两正圆端口垂直相交的异径管，其他形式的异径管同理。其下料基准如下。

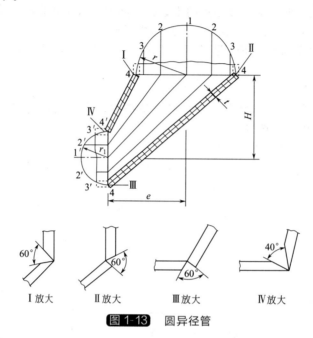

图 1-13　圆异径管

① 高 H 为一端口平面至另一端口中心线的垂直距离。

② 两端口的展开皆按中心径。

③ 自身和与上下构件的连接皆以里皮为基准开外坡口，如图 1-13 中Ⅰ、Ⅱ、Ⅲ、Ⅳ放大所示。

二、展开半径和纬圆半径

平面几何中有这么一道数学题，如图 1-14 所示，地球半径约 6370km，有一颗彗星距地面 1880km，地面上能观察到这颗彗星的最远地方离彗星有多远？这个地方在地球上的周长是多少？

根据平面几何的切线定理：过圆周上任一点与中心线的连线与过该点同圆心的连线垂直。

这道数学题实际就是求展开半径和纬圆半径，CB 是展开半径，BO_1 是纬圆半径，现解题如下：

在直角三角形 CBO 中

因为 $\angle COB = \arccos \dfrac{6370}{6370+1880} = 39.46°$

所以 $CB = 6370\text{km} \times \tan 39.46° = 5243.56\text{km}$

在直角三角形 OO_1B 中

$O_1B = 6370\text{km} \times \sin 39.46° = 4048.39\text{km}$

B 点的纬圆周长 $s = 2\pi \times 4048.39\text{km} = 25436.78\text{km}$。

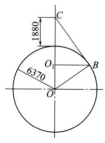

图 1-14　求展开半径的一道数学题

在钣金展开计算中，常遇到展开半径和纬圆半径的问题，如果分辨不清，使用不当，就会酿成质量事故，下面作以解释说明。

1. 展开半径

展开半径分两种，一是切线展开半径，二是累计展开半径，怎样区分呢？如图 1-15 所示。

（1）切线展开半径　上面已经叙述过，即过圆周上任一点与中心线的连线与过该点同圆心的连线垂直。与中心线的连线即为切线，这条切线即是精确的展开半径，如图 1-15（a）所示。

（2）累计展开半径　如图 1-15（b）所示，用各分点的累计长度作为展开半径，这个展开半径是近似的展开半径，误差较大，其原理如图 1-16 所示。从图中可看出，$P_切$ 为切线展开半径，$P_累$ 为累计展开半径。如图中过 A 点的展开半径，分别用两种展开半径画弧，在两弧上分别取同样的弧长，图中设为 500mm，截得点的位置便出现了 e 值和 f 值，e 值说明在宽度上瘦了一点，f 值说明在高度上低了一点。成形后，用 $P_切$ 画的弧对接处圆滑过渡，用 $P_累$ 画的弧对接处下凹、不圆滑过渡。

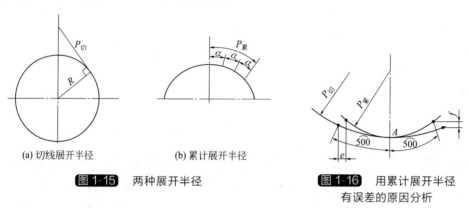

图 1-15　两种展开半径

(a) 切线展开半径　　(b) 累计展开半径

图 1-16　用累计展开半径有误差的原因分析

2. 纬圆半径

地理学上假定的沿地球表面跟赤道带平行的线叫纬线，所形成的圆周叫纬圆；从钣金的角度看，圆周上任一点作纵向直径的垂线叫纬圆半径。

下面从五种形体分析展开半径、纬圆半径。

（1）正圆锥　如图 1-17 所示为圆锥的展开半径和纬圆半径及相关的展开数据的分析图，从图中可得以下结论。

定理：正圆锥侧面展开图是一个扇形，扇形的半径 P 等于圆锥的母线长，扇形的弧长 s 等于圆锥底圆的周长 $2\pi r$，扇形的夹角 α 等于 $\dfrac{180°\times 2r}{P}$，圆锥大端的纬圆半径 r 等于圆锥底圆半径 r。

推理：异径旋转体的上下端口的展开线是曲线而不是直线。

图中作 $OB \perp CB$，与轴线交于 O，以 O 为圆心、OB 为半径画圆，CB 为切线，即展开半径，O_1B 为纬圆半径，说明正圆锥的展开半径是切线半径，纬圆半径是底圆半径。

编者通过 40 年的实践，完全证实了上述结论是千真万确的放之四海而皆准的结论。

举例：如图 1-18 所示为一正圆锥台的施工图，计算有关数据如下。

整圆锥高 $H = \dfrac{rh}{r-r_1} = \dfrac{243\times 670}{243-102.5}$ mm = 1158.8mm

上部锥台的高 $h_1 = H - h = (1158.8 - 670)$ mm = 488.8mm

整圆锥展开半径 $P = \sqrt{H^2 + r^2} = \sqrt{1158.8^2 + 243^2}$ mm = 1184mm

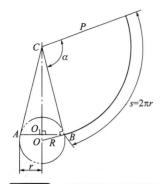

图 1·17 正圆锥展开分析图

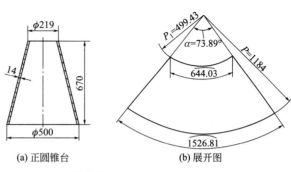

(a) 正圆锥台   (b) 展开图

图 1·18 正圆锥台及展开半径

上部圆锥展开半径 $P_1 = \dfrac{h_1 P}{H} = \dfrac{488.8 \times 1184}{1158.8}$ mm = 499.43mm

展开料夹角 $\alpha = \dfrac{360°r}{P} = \dfrac{360° \times 243}{1184} = 73.89°$

展开料大端弧长 $s = 2\pi r = 2\pi \times 243$ mm = 1526.81mm

展开料小端弧长 $s_1 = 2\pi r_1 = 2\pi \times 102.5$ mm = 644.03mm

式中 r、r_1——大、小端中半径，mm；h——圆锥台高，mm。

（2）球体

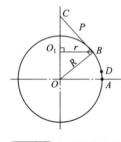

图 1·19 球体分析图

① 球封头 如图 1-19 所示为球体分析图。从正圆锥的定理中已知：CB 为展开半径，O_1B 为纬圆半径。但是，当找 D 点的展开半径时，数值特别大，无法用抢弧的方法定外轮廓点，其解决的方法是：根据此点算出的展开半径、纬圆半径求出展开料包角，从而算出过此点的弦长和弦高，用弦长的外点定轮廓线点便解决了 D 点的画弧问题，那么 A 点又怎样处理呢？其办法就是过 A 点作展开料中线的垂线，在垂线上量取 A 点所对应的弦长，便定出 A 点的外轮廓点，圆滑连接各点即得球瓜瓣的净料展开图。根据旋转体的展开形状规律分析，过 A 点的展开线肯定是曲线而不是直线，通过实践，把 A 点按直线处理，角部会出现角高现象，角高总比缺角好处理，焊接成形后在大端整体划线切成正圆即可。通过实践这种方法完全可行。如图 1-20 所示为画展开图的方法，图中双点画线范围即为角部多出的部分。

- 将图 1-20 （a）中的 AD、DB 的弧线长移植到展开图 1-20 （b）的中线上。

- 以 C 点为圆心、B 点的展开半径 P_B 为半径画弧，并在其上截取弧长 $\overset{\frown}{BB''}$，使其等于 $\pi r / m$（r——B 点纬圆半径；m——瓜瓣数）。

- 根据 D 点的纬圆弧长和展开半径求出 D 点在展开料上的包角 α_D。

- 根据 D 点的包角和展开半径求出 D 点的弦长 B_D 和弦高 h 定展开料的外轮廓点 D''。

- 过 A 点作展开料中线的垂线，截取 AA'' 等于 $\pi R / m$（R——球内半径）。

- 圆滑连接各点即得半个展开图。

举例：如图 1-21 所示为一半球形封头的施工图和展开图，计算有关数据如下。

- 半顶圆所对球心角 $\omega = \arcsin \dfrac{r_7}{R} = \arcsin \dfrac{1616}{3000} = 32.59°$。

- 一扇球形板所对球心角 $Q = 90° - \omega = 90° - 32.59° = 57.41°$。

- 一扇球形板弧长 $s = \pi R \dfrac{Q}{180°} = \pi \times 3000 \text{mm} \times \dfrac{57.41°}{180°} = 3005.83 \text{mm}$。

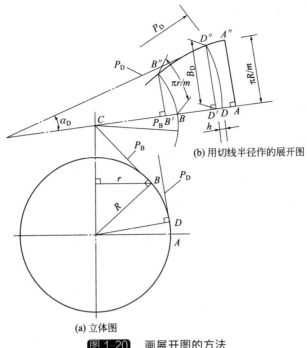

(b) 用切线半径作的展开图

(a) 立体图

图 1-20 画展开图的方法

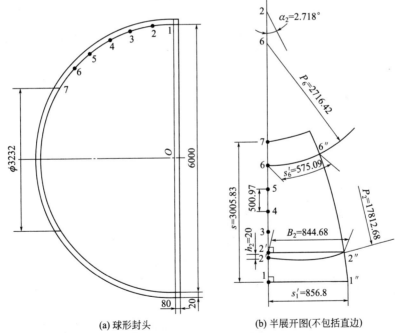

(a) 球形封头　　　　(b) 半展开图(不包括直边)

图 1-21 半球形封头及展开图

- 任一等分点的弧长 $s_1 = \dfrac{s}{n} = \dfrac{3005.83}{6} \text{mm} = 500.97 \text{mm}$。

- 一等份弧长所对球心角 $Q_1 = \dfrac{Q}{n} = \dfrac{57.41°}{6} = 9.57°$。

- 任一等分点展开半径 $P_n = R\tan(\omega + nQ_1)$
  如 $P_4 = 3000 \text{mm} \times \tan(32.59° + 3 \times 9.57°) = 5478.48 \text{mm}$

同理得：P_1 为无穷大，$P_2 = 17812.68\text{mm}$，$P_3 = 8639.09\text{mm}$，$P_5 = 3802.75\text{mm}$，$P_6 = 2716.42\text{mm}$，$P_7 = 1917.84\text{mm}$。

• 任一等分点的纬圆半径 $r_n = R\sin(\omega + nQ_1)$

如 $r_4 = 3000\text{mm} \times \sin(32.59° + 3 \times 9.57°) = 2631.44\text{mm}$

同理得：$r_1 = 3000\text{mm}$，$r_2 = 2958.34\text{mm}$，$r_3 = 2834.33\text{mm}$，$r_5 = 2355.3\text{mm}$，$r_6 = 2013.61\text{mm}$，$r_7 = 1615.87\text{mm}$。

• 一扇球形板上任一等分位置横向半弧长 $s'_n = \dfrac{\pi r_n}{m}$

如 $s'_4 = \dfrac{\pi \times 2631.44}{11}\text{mm} = 751.54\text{mm}$

同理得：$s'_1 = 856.8\text{mm}$，$s'_2 = 844.9\text{mm}$，$s'_3 = 809.49\text{mm}$，$s'_5 = 672.07\text{mm}$，$s'_6 = 575.09\text{mm}$，$s'_7 = 461.49\text{mm}$。

式中　R——球内半径，mm；m——瓜瓣数，本例为 11 等分；n——瓜瓣纵向等分数，本例为 6 等分。

近大端等分点 2 各数据计算：展开图上 2 点所对的顶角 $\alpha_2 = 180°s'_2/(\pi P_2) = 180° \times 844.9/(\pi \times 17812.68) = 2.718°$；展开图上 2 点所对应弦长 $B_2 = P_2\sin\alpha_2 = 17812.68\text{mm} \times \sin2.718° = 844.68\text{mm}$；展开图上 2 点的弦高 $h_2 = P_n(1 - \cos\alpha_2) = 17812.68\text{mm} \times (1 - \cos2.718°) = 20\text{mm}$。

② 球缺封头　在上节的球封头中，关于展开半径和纬圆半径的问题已作了详尽的叙述。

如图 1-22 所示为 11000m³ 的油罐拱形顶盖，由于规格大，用切线展开半径和累计展开半径作展开，两者误差较大，规格越小，这种误差越大。故本例的大小端及内部的各条横向加强筋都必须用切线展开半径画弧并计算纬圆半径，用累计半径是绝对不对的。

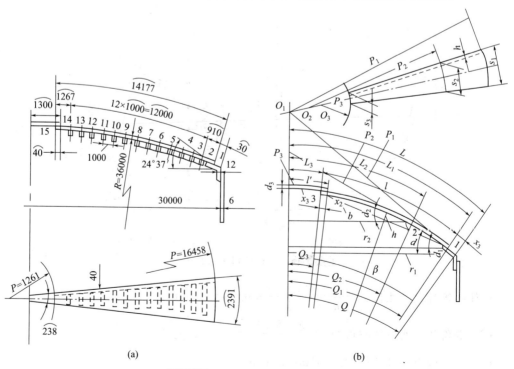

(a)　　　　　　　　　　　　　　(b)

图 1-22　球缺封头及计算原理图

（3）标准椭圆封头 通过以上对正圆锥和球体的分析，已经很明确展开半径和纬圆半径的基本原理，标准椭圆封头的展开半径和纬圆半径同理，即上端用切线展开半径，近大端用弦长定外轮廓点，最下端用大端弧长定外轮廓点，下部缺角缺宽的弊病便迎刃而解。

如图 1-23 所示为标准椭圆封头展开半径和纬圆半径计算原理图。

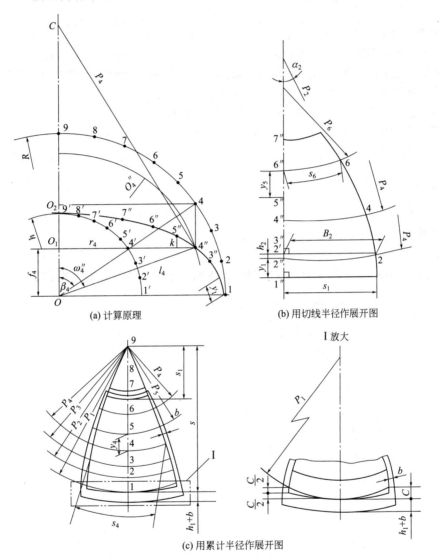

(a) 计算原理

(b) 用切线半径作展开图

(c) 用累计半径作展开图

I 放大

图 1-23 标准椭圆封头展开半径和纬圆半径计算原理图

① 画椭圆方法

• 以 O 为顶点作出直角线。

• 以 O 为圆心、R 和 h 为半径画同心圆，R 为长轴内半径，h 为短轴内半径。

• 将内外 $\frac{1}{4}$ 圆周分八等份，得各等分点为 $1'$、$2'$、$3'$、…、1、2、3…

• 分别过内圆周各等分点 $1'$、$2'$、$3'$…作横轴的平行线，与过外圆周上各等分点 1、2、3…作纵轴的平行线得各交点 $1''$、$2''$、$3''$…

• 圆滑连接 $1''$、$2''$、$3''$、…、$9''$，便得出半椭圆封头内皮轮廓线。

② 找展开半径和纬圆半径的方法 如找 $4''$ 点的展开半径和纬圆半径。

- 连接 $O4''$。
- 以 $4''$ 为顶点，作 $O4''$ 的垂线得 $C4''$。
- 直角三角形 CO_14'' 即为半个正圆锥，根据以上正圆锥已证得的理论：$C4''$ 为以 O 点为圆心、$O4''$ 为半径所画弧的切线，即是说，$C4''$ 为 $4''$ 点的切线展开半径，O_14'' 为 $4''$ 点的纬圆半径。

③ 展开半径和纬圆半径的计算原理　标准椭圆封头的展开半径，以前的习惯方法就是用累计展开半径，四周加 30～40mm 的余量，压制成形后再作立体胎划线切割，这种作法的最大缺点就是太浪费料。细追究起来，根据切线的原理，这种封头完全可以用切线展开半径配以展开料大端弦长法作展开，下面叙述编者在这方面研究的结果。

- 任一点的纬圆半径 $r_n = R\sin\beta_n$，在直角三角形 OO_24 中可证得。
- 任一点至横轴的距离 $f_n = h\cos\beta_n$，在直角三角形 OO_14' 中可证得。
- 任一点至圆心的距离 $l_n = \sqrt{f_n^2 + r_n^2}$，在直角三角形 OO_14'' 中可证得。
- 任一点的展开半径所对的圆心角 $\omega_n = \arcsin\dfrac{r_n}{l_n}$，在直角三角形 OO_14'' 中可证得。
- 任一点的展开半径 $P_n = l_n\tan\omega_n$，在直角三角形 $C4''O$ 中可证得。
- 瓜瓣中线上任两点间的弦长 $y_n = \sqrt{(r_n - r_{n+1})^2 + (f_{n+1} - f_n)^2}$，在直角三角形 $4''k5''$ 中可证得。

④ 举例　如图 1-24 所示为一标准椭圆封头的施工图，现计算有关数据如下。

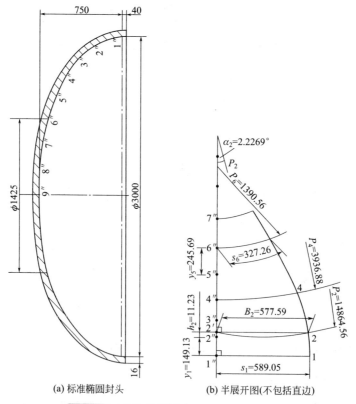

(a) 标准椭圆封头　　(b) 半展开图(不包括直边)

图 1-24　标准椭圆封头及展开图（8 等分）

下面计算 $2''$ 点的有关数据，计算时应结合图 1-23 的计算原理。

纬圆半径 $r_2 = R\sin\beta_2 = 1500\text{mm} \times \sin78.75° = 1471.18\text{mm}$；

展开料半弧长 $s_2 = 2\pi r_2/16 = 2\pi \times 1471.18\text{mm}/16 = 577.73\text{mm}$；

$2''$点至横轴的距离 $f_2 = h\cos\beta_2 = 750\text{mm} \times \cos78.75° = 146.32\text{mm}$；

$2''$至圆心的距离 $l_2 = \sqrt{f_2^2 + r_2^2} = \sqrt{146.32^2 + 1471.18^2}\ \text{mm} = 1478.44\text{mm}$；

$2''$的展开半径所对的圆心角 $\omega_2 = \arcsin\dfrac{r_2}{l_2} = \arcsin\dfrac{1471.18}{1478.44} = 84.32°$；

$2''$的展开半径 $P_2 = l_2\tan\omega_2 = 1478.44\text{mm} \times \tan84.32° = 14864.56\text{mm}$；

展开图上 $2''$点所对应的半顶角 $\alpha_2 = 180°s_2/(\pi P_2) = 180° \times 577.73/(\pi \times 14864.56) = 2.2269°$；

展开图上 $2''$的半弦长 $B_2 = P_2\sin\alpha_2 = 14864.56\text{mm} \times \sin2.2269° = 577.59\text{mm}$；

展开图上 $2''$点的弦高 $h_2 = P_2(1 - \cos\alpha_2) = 14864.56\text{mm} \times (1 - \cos2.2269°) = 11.23\text{mm}$；

$1''\sim2''$点的弦长 $y_1 = \sqrt{(r_1 - r_2)^2 + (f_2 - f_1)^2} =$
$$\sqrt{(1500 - 1471.18)^2 + (146.32 - 0)^2}\ \text{mm} = 149.13\text{mm}.$$

（4）碟形封头　碟形封头是由两个不同曲率的球半径和直边组成的，通过以上对正圆锥和球体的分析，已经很明确展开半径和纬圆半径的基本原理，碟形封头稍有差别，即：大半径区，展开半径按大区间形成的展开半径，纬圆半径按大区间形成的纬圆半径；小半径区，展开半径按小区间形成的展开半径，纬圆半径应是小区间与大区间纬圆半径之和，这个规律应严格遵守。

如图 1-25 所示为碟形封头放样和计算原理图。

① 计算原理　根据几何作图画椭圆的基本方法已经知道：
$$AO = a,\quad OC = b,$$
$$AC = \sqrt{a^2 + b^2},\quad CE = a - b,$$
$$EF = AF = \frac{AC - CE}{2},$$
$$CF = EF + CE.$$

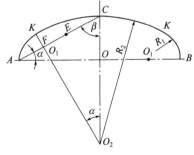

图 1-25　碟形封头放样和计算原理图

在直角三角形 AOC 中
$$\alpha = \arctan\frac{b}{a},\quad \beta = 90° - \alpha.$$

在直角三角形 AFO_1 中
$$R_1 = AO_1 = \frac{AF}{\cos\alpha}.$$

在直角三角形 O_2FC 中
$$R_2 = \frac{CF}{\cos\beta}$$

弦长 $CK = 2R_2\sin\dfrac{\alpha}{2}$（两弧必交于 K 点）。

② 举例　如图 1-26 所示为淋洗塔碟形封头施工图，计算各数据如下。

$AC = \sqrt{a^2 + b^2} = \sqrt{3100^2 + 1100^2}\ \text{mm} \approx 3289.38\text{mm}$；

$CE = a - b = (3100 - 1100)\text{mm} = 2000\text{mm}$；

$EF = AF = \dfrac{AC - CE}{2} = \dfrac{3289.38 - 2000}{2}\text{mm} = 644.69\text{mm}$；

$CF = EF + CE = (644.69 + 2000)\text{mm} = 2644.69\text{mm}$；

$$\alpha = \arctan \frac{b}{a} = \arctan \frac{1100}{3100} = 19.537°;$$

$$\beta = 90° - \alpha = 90° - 19.537° = 70.463°;$$

$$R_1 = AO_1 = \frac{AF}{\cos\alpha} = \frac{644.69\text{mm}}{\cos 19.537°} = 684\text{mm};$$

$$R_2 = \frac{CF}{\cos\beta} = \frac{2644.69\text{mm}}{\cos 70.463°} = 7908.53\text{mm};$$

$$CK = 2r_2 \sin\frac{\alpha}{2} = 2 \times 7908.53\text{mm} \times \sin\frac{19.537°}{2} = 2683.6\text{mm}。$$

③ 画碟形封头的方法　如图 1-27 所示为画碟形封头的方法，画图步骤如下：

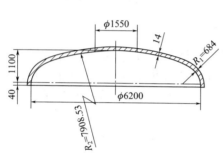

图 1-26　碟形封头

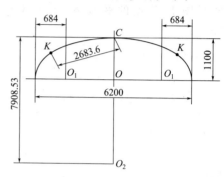

图 1-27　画碟形封头的方法

画十字线交于 O 点，使长轴等于 6200mm，半短轴等于 1100mm；

从长轴的两端点往内取 $R_1 = 684$mm，得交点 O_1，从短轴的上端点往内取 $R_2 = 7908.53$mm，得交点 O_2；

分别以 O_1、O_2 为圆心，$R_1 = 684$mm、$R_2 = 7908.53$mm 为半径画弧得交点 K，并以 C 点为圆心、2683.6mm 为半径画弧，三个圆心和三个半径所画的弧必交于 K 点，两弧在 K 点圆滑过渡。

④ 找展开半径和纬圆半径的方法　如图 1-28 所示为碟形封头展开半径和纬圆半径计算原理图。

此碟形封头分大半径区和小半径区，所以应分别叙述。

第一，小半径区：如找 $3'$ 点的展开半径和纬圆半径。

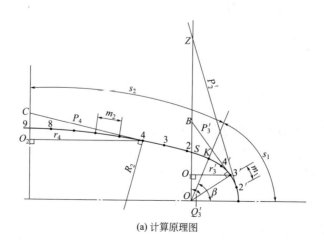

(a) 计算原理图

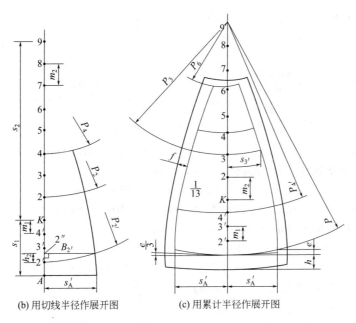

(b) 用切线半径作展开图　　　(c) 用累计半径作展开图

图 1-28　碟形封头展开半径和纬圆半径计算原理图

a. 连接 $O3'$。

b. 以 $3'$ 为顶点，作 $O3'$ 的垂线得 $B3'$。

c. 直角三角形 $BO_1 3'$ 即为半个正锥台，根据以上正圆锥已证得的结论：$B3'$ 为以 O 为圆心、$O3'$ 为半径所画弧的切线，即 $B3'$ 为 $3'$ 点的展开半径；$O_1 3'$ 为 $3'$ 点小区间的纬圆半径。

第二，大半径区：如找 4 点的展开半径和纬圆半径，与小半径区同理，$C4$ 为展开半径，$O_2 4$ 为纬圆半径。

⑤ 展开图　如图 1-29 所示为碟形封头的展开图。

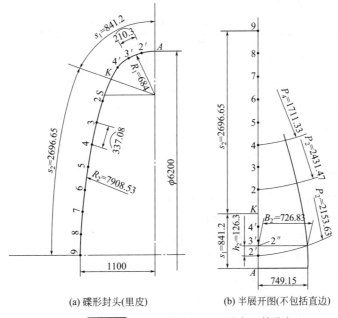

(a) 碟形封头(里皮)　　　(b) 半展开图(不包括直边)

图 1-29　碟形封头及展开图（13 等分）

第一，小半径区

a. $\frac{1}{4}$ 球面弧长 $s_0 = \frac{\pi R_1}{2} = \frac{\pi \times 684\text{mm}}{2} = 1074.42\text{mm}$。

b. 小半径区弧长 $s_1 = \frac{\pi R_1 \beta}{180°} = \frac{\pi \times 684\text{mm} \times 70.46°}{180°} = 841.2\text{mm}$。

c. 每等份弧长 $m_1 = \frac{s_1}{n} = \frac{841.2}{4}\text{mm} = 210.3\text{mm}$。

d. K 点至纵向中心线弧长 $s_K = s_0 - s_1 = (1074.42 - 841.2)\text{mm} = 233.22\text{mm}$。

e. 各等分点至纵向中心线的弧长 $s_n = s_K + nm_1$

如 $s_{3'} = s_K + 2m_1 = (233.22 + 2 \times 210.3)\text{mm} = 653.82\text{mm}$

同理得：$s_{4'} = 443.52\text{mm}$，$s_{2'} = 864.12\text{mm}$，$s_A = 1074.42\text{mm}$。

f. 各等分点所对应的球心角 $Q_n = 180° s_n / (\pi R_1)$

如 $Q_{3'} = 180° \times 653.82 / (\pi \times 684) = 54.77°$

同理得：$Q_K = 19.54°$，$Q_{4'} = 37.15°$，$Q_{2'} = 72.38°$，$Q_{A'} = 90°$。

g. 任一点所对的纬圆半径 $r_n = R_1 \sin Q_n$

如 $r_{3'} = R_1 \sin Q_{3'} = 684\text{mm} \times \sin 54.77° = 558.72\text{mm}$

同理得：$r_{K'} = 228.77\text{mm}$，$r_{4'} = 413.07\text{mm}$，$r_{2'} = 651.91\text{mm}$，$r_A = 684\text{mm}$。

h. 任一点的展开半径 $P_n = R_1 \tan Q_n$

如 $P_{3'} = 684\text{mm} \times \tan 54.77° = 968.55\text{mm}$

同理得：$P_K = 242.75\text{mm}$，$P_{4'} = 518.24\text{mm}$，$P_{2'} = 2153.63\text{mm}$，$P_A =$ **无穷大**。

i. 展开图上任一等分点横向半弧长 $s_n' = \frac{\pi r_n}{m}$

如 $s_{3'}' = \frac{\pi \times (558.72 + 2416)}{13}\text{mm} = 718.87\text{mm}$（注 $3100 - 684 = 2416$）

同理得：$s_K' = 639.14\text{mm}$，$s_{4'}' = 683.68\text{mm}$，$s_{2'}' = 741.39\text{mm}$，$s_A' = 749.15\text{mm}$。

j. 近大端等分点 $2'$ 各数据计算：

展开图上 $2'$ 点所对应的顶角 $\alpha_{2'} = \frac{180° s_{2'}'}{\pi P_{2'}} = \frac{180° \times 741.39}{\pi \times 2153.63} = 19.72°$；

展开图上 $2'$ 点所对应的弦长 $B_{2'} = P_{2'} \sin \alpha_{2'} = 2153.63\text{mm} \times \sin 19.72° = 726.83\text{mm}$；

展开图上 $2'$ 点的弦高 $h_{2'} = P_{2'}(1 - \cos \alpha_{2'}) = 2153.63\text{mm} \times (1 - \cos 19.72°) = 126.3\text{mm}$。

第二，大半径区

a. 大半径区弧长 $s_2 = \frac{\pi R_2 \alpha}{180°} = \frac{\pi \times 7908.53\text{mm} \times 19.537°}{180°} = 2696.65\text{mm}$（$\alpha$ 为同位角）。

b. 每等份弧长 $m_2 = \frac{s_2}{n} = \frac{2696.65\text{mm}}{8} = 337.08\text{mm}$。

c. 各等分点至纵向中心线弧长 $s_n = (n-1)m_2$

如 $s_5 = 4 \times 337.08\text{mm} = 1348.32\text{mm}$

同理得：$s_4 = 1685.4\text{mm}$，$s_2 = 2696.65\text{mm}$。

d. 各等分点所对应的球心角 $Q_n = 180° s_n / (\pi R_2)$

如 $Q_5 = \frac{180° \times 1348.32}{\pi \times 7908.53} = 9.768°$

同理得：$Q_4 = 12.21°$，$Q_2 = 17.09°$。

e. 任一点的纬圆半径 $r_n = R_2 \sin Q_n$

如 $r_5=7908.53\text{mm}\times\sin9.768°=1341.8\text{mm}$

同理得：$r_4=1672.62\text{mm}$，$r_2=2324.11\text{mm}$。

f. 任一点的展开半径 $P_n=R_2\tan Q_n$

如 $P_5=7908.53\text{mm}\times\tan9.768°=1361.54\text{mm}$

同理得：$P_4=1711.33\text{mm}$，$P_2=2431.47\text{mm}$。

（5）油盘　在车床下承接润滑油和润滑液的长方形敞口盘叫油盘，此盘角部由三部分组成，即锥台、球面和平面扇形。要使三者有机地结合在一起，关键就是采用正确的展开半径和纬圆半径。如图 1-30 所示为一油盘的施工图，如图 1-31 所示为油盘角部分析图。

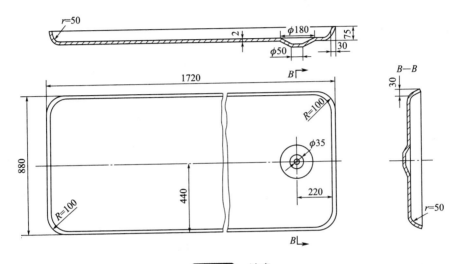

图 1-30　油盘

① 角部各数据计算

• 在直角三角形 ACB 中

因为 $\angle BAC=\arctan\dfrac{28}{73}=20.98°$

所以 $AB=\dfrac{BC}{\sin\angle BAC}=\dfrac{28\text{mm}}{\sin20.98°}=78.2\text{mm}$。

• 在直角三角形 $A'C'B$ 中

$\angle A'BC'=90°-20.98°=69.02°$。

• 在四边形 $EA'BF$ 中

因为 $\angle FEA'=69.02°$（互补角）

所以 $\angle BEA'=34.51°$（$\triangle EFB$ 与 $\triangle EA'B$ 全等）

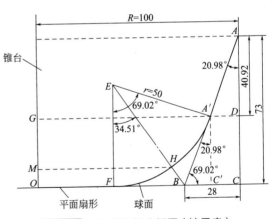

图 1-31　油盘角部分析图（按里皮）

所以 $\overset{\frown}{A'F}=\dfrac{\pi\times50\text{mm}\times69.02°}{180°}=60.23\text{mm}$。

• 在直角三角形 $EA'B$ 中

因为 $A'B=50\text{mm}\times\tan34.51°=34.38\text{mm}$

所以 $A'C'=34.38\text{mm}\times\cos20.98°=32\text{mm}$

所以 $AA'=(78.2-34.38)\text{mm}=43.82\text{mm}$。

• 在直角三角形 ADA' 中

因为 $A'D=43.82\text{mm}\times\sin20.98°=15.69\text{mm}$

所以 $AD=\dfrac{15.69\text{mm}}{\tan20.98°}=40.92\text{mm}$。

- $OF=(100-28-34.38)\text{mm}=37.62\text{mm}$。
- 圆角的累计展开半径 $R=OF+\overset{\frown}{A'F}+\overset{\frown}{AA'}=(37.62+60.23+43.82)\text{mm}=141.67\text{mm}$。
- A' 点的纬圆半径 $A'G=(100-15.69)\text{mm}=84.31\text{mm}$。
- H 点的纬圆半径 $HM=(50×\sin34.51°+37.62)\text{mm}=65.95\text{mm}$。

② 角部展开料　角部由锥台、球面和平面扇形组成，故分别叙述。

a. 锥台：如图 1-32 所示为角部形成锥台的具体尺寸，计算如下。

整圆锥高 $H=\dfrac{200×40.92}{200-168.62}\text{mm}=260.8\text{mm}$；

小圆锥高 $h=(260.8-40.92)\text{mm}=219.9\text{mm}$；

整圆锥大端展开半径 $R_1=\sqrt{260.8^2+\left(\dfrac{200}{2}\right)^2}\text{mm}=279.31\text{mm}$；

小圆锥大端展开半径 $R_2=\dfrac{219.9×279.31}{260.8}\text{mm}=235.51\text{mm}$；

大端半展开弧长 $s_1=\dfrac{\pi×200}{8}\text{mm}=78.54\text{mm}$；

小端半展开弧长 $s_2=\dfrac{\pi×168.62}{8}\text{mm}=66.22\text{mm}$；

角部锥台展开图如图 1-33 所示。

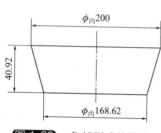

图 1-32　角部形成的锥台

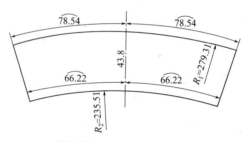

图 1-33　角部锥台展开图

b. 球面：如图 1-34 所示为角部形成球体的具体尺寸，计算如下。

大端展开半径 $R_1=50\text{mm}×\tan69.02°=130.39\text{mm}$；

大端纬圆半径 $r_1=130.39\text{mm}×\sin20.98°=46.69\text{mm}$；

大端加平面扇形部分的纬圆半径 $r'_1=(46.69+37.62)\text{mm}=84.31\text{mm}$；

中端展开半径 $R_2=50\text{mm}×\tan34.51°=34.38\text{mm}$；

中端纬圆半径 $r_2=34.38\text{mm}×\sin55.49°=28.33\text{mm}$；

中端加平面扇形部分的纬圆半径 $r'_2=(37.62+28.33)\text{mm}=65.95\text{mm}$；

角部球体展开图如图 1-35 所示，从中间剪开，以备作展开图用之。

下面计算用弦长、弦高定展开图轮廓点的有关数据：

大端半弧长 $s_1=\dfrac{\pi×84.31}{4}\text{mm}=66.22\text{mm}$；

中端半弧长 $s_2=\dfrac{\pi×65.95}{4}\text{mm}=51.8\text{mm}$；

小端半弧长 $s_3=\dfrac{\pi×37.62}{4}\text{mm}=29.55\text{mm}$；

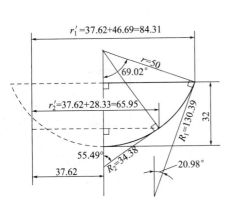

图 1-34 角部形成的球体（按里皮）

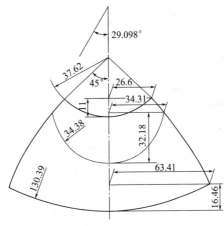

图 1-35 角部球体展开图

大端弧长所对应的展开料包角 $\alpha_1 = 180° \times 66.22/(\pi \times 130.39) = 29.098°$；

大端弧长所对应的弦长 $B_1 = 130.39\text{mm} \times \sin 29.098° = 63.41\text{mm}$；

弦长所对应的弦高 $h_1 = 130.39\text{mm} \times (1 - \cos 29.098°) = 16.46\text{mm}$；

中端弧长所对应的展开料包角 $\alpha_2 = 180° \times 51.8/(\pi \times 34.38) = 86.327°$；

中端弧长所对应的弦长 $B_2 = 34.38\text{mm} \times \sin 86.327° = 34.31\text{mm}$；

弦长所对应的弦高 $h = 34.38\text{mm} \times (1 - \cos 86.327°) = 32.18\text{mm}$；

小端弧长所对应的展开料包角 $\alpha_3 = 180° \times 29.55/(\pi \times 37.62) = 45°$；

小端弧长所对应的弦长 $B_3 = 37.62\text{mm} \times \sin 45° = 26.6\text{mm}$；

弦长所对应的弦高 $h_3 = 37.62\text{mm} \times (1 - \cos 45°) = 11\text{mm}$。

c. 平面扇形：角部结构由锥台到球体到矩形的平底，必须有一个过渡段，这个过渡段就是平面扇形，其扇形半径为 37.62mm。

d. 角部展开图：此油盘的展开可分为角部有焊缝和无焊缝两种展开形式，具体采用哪一种要视产品数量和本厂的实际条件定，下面按两种形式叙述之。

第一，角部有焊缝。如图 1-36 所示为角部有焊缝的精确展开图，用压力机压制或手工槽制出设计的弧度后焊接成形，不需要加余量，焊接成形后打磨至圆滑平整。作展开样板过程如下：

作出直角轮廓线；

在两直角边上分别截取 37.62mm、30.12mm、30.12mm 和 43.82mm，全长为 141.67mm；

用锥台的半展开样板对正直角边上的 43.82mm，画出锥台的展开图；

用球体的半展开样板对正直角边上的 37.62mm、30.12mm 和 30.12mm，画出球面的展开图；

将多余部分切掉，便作出角部展开样板。

第二，角部无焊缝。如图 1-37 所示为角部无焊缝的展开图，从图中可看出，$P_{\text{累}} = 141.67\text{mm}$ 为累计展开半径，以此展开半径下出的角部料，成形后角部上沿会出现凹下的情况，即常说的缺肉；用 $P_{\text{切}} = 279.31\text{mm}$ 为半径下出的料，成形后角部上沿会出现凸起的现象，后者比前者要好处理得多，待压制成形后，整体划线切去多余的部分、便可得到一个无焊缝的整体油槽。此油槽可用浇铸的整体胎在压力机上压出。

此展开图是累计展开半径与切线展开半径结合使用的范例。

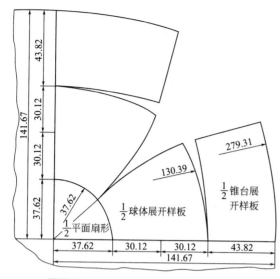

图 1-36   精确的有焊缝的角部展开图

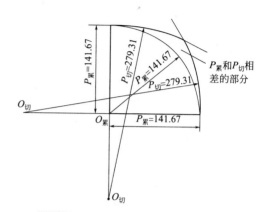

图 1-37   近似的无焊缝的角部展开图
（只大不小）（$P_切$ 为圆锥台展开半径）

三、钣金计算的万能通用公式

为了更快地掌握计算原理，实现快捷计算，编者在全面掌握钣金理论和实践的同时，总结出了一个通用计算线段实长的公式：

线段实长 $l=\sqrt{a^2+b^2+h^2}$ （平面勾股定理和立体勾股定理）

式中，a、b 为非实长线段的纵横投影长；h 为构件实高。

以上公式完全适用于天圆地方管、三通管、球体、椭圆体、碟形体、方矩锥管、圆锥管、螺旋体等。钣金展开中，最难构件不外乎上述几种，故上述公式被誉为通用公式，只要熟练地掌握和运用上述公式，就可以方便地进行钣金展开计算。

要想灵活运用上述公式，还应熟练掌握下述十个初等数学的基础公式：

① 正锥台展开料包角 $\omega=360°\times\sin\alpha$ （或 $\omega=\dfrac{180°D}{R}$，或 $\omega=360°\times\dfrac{r}{R}$）

② 展开料弦长 $A=2R\sin\dfrac{\omega}{2}$ （半包角正弦函数）

③ 展开料曲端的弧长 $s=\pi R\dfrac{\omega}{180°}$ （圆周角等于 360°）

④ 正圆锥台的展开半径 $R=\sqrt{H^2+r^2}$ （勾股定理）

⑤ 斜圆锥台、圆异口管圆周上每等份弦长 $A_1=D\sin\dfrac{180°}{m}$ （圆周角等于 360°）

式中，a 为半锥顶角；H 为圆锥高；m 为圆周等分数；r 为圆端中半径；D 为大端中直径。

⑥ 螺旋导轨任一曲面位置上近似展开半径 $P=\dfrac{B^2}{8h}+\dfrac{h}{2}$ （相交弦定理之推理）

式中，B 为弦长；h 为起拱高。

⑦ 多节弯头端节任一素线长 $l=\tan\alpha(R\pm r\sin\beta_n)$ （正弦函数并正切函数）

式中，α 为端节角度；R 为弯头的弯曲半径；± 为内侧用"－"，外侧用"＋"；r 为根据节与节的接触情况定，或为内半径，或为中半径，或为外半径；β_n 为端面圆周各等分点与同一横向半径的夹角。

⑧ 来回弯钢梯斜边长 $c = \sqrt{a^2 + b^2 - 2ab\cos C}$ （余弦定理）。

式中，a，b，c 为斜三角形的三条边；C 为 c 边所对的角。

⑨ 球、椭圆周上任一点的展开半径 $P = R\tan Q$ （切线定理并正切函数）。

⑩ 纬圆半径 $r = R\sin Q$ （正弦函数）。

式中，Q 为圆心角；R 为球或椭圆体的半径，根据接触情况定是内半径、中半径或外半径。

第二章　封　头

本章主要介绍各种封头、类封头及底板料的计算方法，其中有整料计算和分片计算，如常用的标准椭圆封头、球封头、拱形封头和罐底板的对接、搭接排版等。

整料计算方法大致有三个：一是周长法，二是等面积法，三是经验法，经不同压制方法压制后，都会有不同程度拉伸变薄，所以无需加余量，或少加余量。

一、整料压制平顶清角封头坯料直径计算

图 2-1 为整料压制平顶清角封头坯料。图 2-2 为平顶清角封头施工图，图 2-3 为计算原理图。

图 2-1　立体图

1. 板厚处理

以前的成形方法是作圆角胎、加热、锤击成形，现改为旋压法成形，因为后法拉伸变薄倾向较大，故应按里皮计算料长。

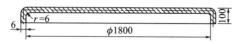

图 2-2　平顶清角封头 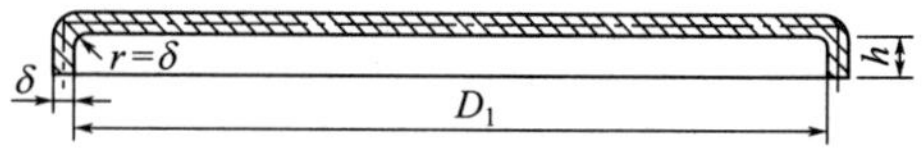　　　　　　　　　　**图 2-3　计算原理图**

2. 下料计算（见图 2-4）

（1）周长法

坯料直径 $D_周 = D_1 + 2h = (1800 + 2 \times 94)\text{mm} = 1988\text{mm}$。

（2）等面积法

坯料直径 $D = \sqrt{D_1^2 + 4D_1 h}$

表达式推导如下：

因为坯料面积 $\pi\left(\dfrac{D}{2}\right)^2$

顶圆面积 $\pi\left(\dfrac{D_1}{2}\right)^2$

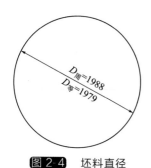

图 2-4　坯料直径

直边面积 $\pi D_1 h$

所以 $\pi\left(\dfrac{D}{2}\right)^2 = \pi\left(\dfrac{D_1}{2}\right)^2 + \pi D_1 h$

$\dfrac{D^2}{4} = \dfrac{D_1^2}{4} + \pi D_1 h$

$D_等 = \sqrt{D_1^2 + 4D_1 h} = \sqrt{1800^2 + 4 \times 1800 \times 94}\ \text{mm} = 1979\text{mm}$。

式中，D_1 为封头内直径，mm；h 为内皮直边长，mm；δ 为板厚，mm；r 为角部内皮弯曲半径，mm。

3. 说明

由于旋压板料会变薄，按上述坯料直径下料只大不小，但因为成形后又要进行平口处理，所以每边加 10mm 的切割余量就足够了。

周长法的余量大于等面积法的余量。

二、整料压制平顶圆角封头坯料直径计算

图 2-5 为这类封头坯料直径立体图。

图 2-6 所示为一平顶圆角封头的施工图，图 2-7 为计算原理图。

图 2-5 立体图

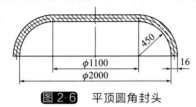

图 2-6 平顶圆角封头

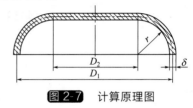

图 2-7 计算原理图

1. 板厚处理

随着科学的发达，成形方法由以前的作圆弧胎、加热、锤击成形（故按中径算料长，本例按中径），变为旋压成形，旋压成形的拉伸变薄量较大，故按里皮计算料长是不会短的。

2. 下料计算（以图 2-8 为例）

（1）周长法（按中径）

坯料直径 $D_周 = D_2 + \pi r = (1100 + \pi \times 458)\text{mm} = 2539\text{mm}$。

（2）等面积法（按中径）

坯料直径 $D = \sqrt{D_2^2 + 2\pi D_2 r + 8r^2}$

表达式推导如下：

因为坯料面积为 $\pi\left(\dfrac{D}{2}\right)^2$

顶圆面积为 $\pi\left(\dfrac{D_2}{2}\right)^2$

旋转曲面面积为 $\dfrac{\pi^2 D_2 r}{2} + 2\pi r^2$

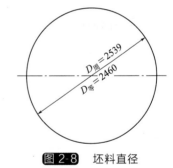

图 2-8 坯料直径

所以 $\pi\left(\dfrac{D}{2}\right)^2 = \pi\left(\dfrac{D_2}{2}\right)^2 + \dfrac{\pi^2 D_2 r}{2} + 2\pi r^2$

$\dfrac{D^2}{4} = \dfrac{D_2^2}{4} + \dfrac{\pi D_2 r}{2} + 2r^2$

所以 $D_等 = \sqrt{D_2^2 + 2\pi D_2 r + 8r^2} = \sqrt{1100^2 + 2\pi \times 1100 \times 458 + 8 \times 458^2}\ \text{mm} = 2460\text{mm}$。

式中 D_1——封头内直径，mm；D_2——顶圆直径，mm；r——圆角中半径，mm；δ——板厚，mm。

3. 说明

（1）由于旋压时的拉伸变薄，按上述坯料直径下料只大不小，但因为成形后还要进行平口切割，所以在坯料直径上每边加上 5mm 作为修切量也是可以的。

（2）周长法余量大于等面积法余量。

三、整料压制平顶圆角直边封头坯料直径计算

整料压制平顶圆角直边封头见图 2-9。图 2-10 所示为锅炉前管板施工图，图 2-11 为计

算原理图。

1. 板厚处理

以前的成形方法是作圆角弧胎、加热、锤击成形，现改为旋压成形。旋压成形的变薄量较大，故按中径计算料长是不会短的。

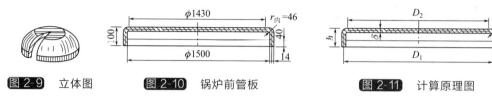

图 2-9 立体图　　图 2-10 锅炉前管板　　图 2-11 计算原理图

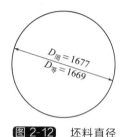

图 2-12 坯料直径

2. 下料计算（见图 2-12）

（1）周长法

坯料直径 $D_周 = D_2 + \pi r + 2h_1 = (1430 + \pi \times 53 + 2 \times 40)\text{mm} = 1677\text{mm}$。

（2）等面积法

坯料直径 $D = \sqrt{D_2^2 + 4D_1 h_1 + 2\pi D_2 r + 8r^2}$

坯料面积为 $\pi\left(\dfrac{D}{2}\right)^2$

顶圆面积为 $\pi\left(\dfrac{D_2}{2}\right)^2$

旋转曲面面积为 $\dfrac{\pi^2 D_2 r}{2} + 2\pi r^2$

直边面积为 $\pi D_1 h_1$

故 $\pi\left(\dfrac{D}{2}\right)^2 = \pi\left(\dfrac{D_2}{2}\right)^2 + \dfrac{\pi^2 D_2 r}{2} + 2\pi r^2 + \pi D_1 h$

$\dfrac{D^2}{4} = \dfrac{D_2^2}{4} + \dfrac{\pi D_2 r}{2} + 2r^2 + D_1 h_1$

$D_等 = \sqrt{D_2^2 + 4D_1 h_1 + 2\pi D_2 r + 8r^2} = \sqrt{1430^2 + 4\times1514\times40 + 2\pi\times1430\times53 + 8\times53^2}$ mm = 1669mm。

式中　D_1——封头中直径，mm；D_2——顶圆直径，mm；h_1——直边高，mm；r——圆角中半径，mm；δ——板厚，mm。

3. 说明

按上述坯料直径下料只大不小，但考虑到旋压后的缺口参差不齐，还要进行平口切割，为保险起见，在直径上每边加上 10mm 作为切割余量，也不算浪费。

四、整料压制球缺封头坯料直径计算

图 2-13 立体图

整料压制球缺封头坯料立体图见图 2-13。图 2-14 所示为再生塔内球缺封头的施工图，套入圆筒体内，图 2-15 为计算原理图，从图中可以看出，是外皮与筒体内皮接触，这样的好处是上下皆有坡口，更便于焊接。

1. 板厚处理

若按以前的作圆弧胎、加热、锤击成形应按中径算料长，本文按中径；若按旋压法成形，可按里皮。

2. 下料计算（见图 2-16）

（1）周长法

坯料直径 $D_周 = 2\pi R = \dfrac{\arcsin\dfrac{D_1}{2R}}{180°} = 2\pi \times 1200\,\text{mm} \times \dfrac{30°}{180°} = 1257\,\text{mm}$

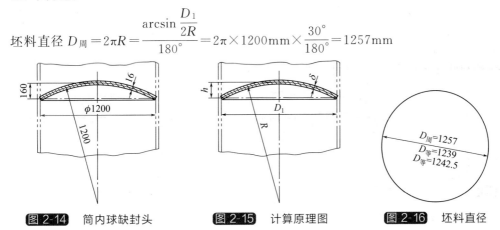

图 2-14　筒内球缺封头　　图 2-15　计算原理图　　图 2-16　坯料直径

（2）等面积法

球缺封头的坯料直径计算公式有两种：一是知道球缺的中心半径和高计算；二是知道筒体内径和高计算。因而出现了两种计算方法。下面分别叙述之。

① 坯料直径 $D_等 = \sqrt{8Rh} = \sqrt{8 \times 1200 \times 160}\,\text{mm} = 1239\,\text{mm}$。

表达式推导如下：

因为坯料面积为 $\pi\left(\dfrac{D}{2}\right)^2$

球缺面积为 $2\pi Rh$

所以 $\pi\left(\dfrac{D}{2}\right)^2 = 2\pi Rh$

$\dfrac{D^2}{4} = 2Rh$

所以 $D = \sqrt{8Rh}$。

② 坯料直径 $D_等 = \sqrt{D_1^2 + 4h^2} = \sqrt{1200^2 + 4 \times 160^2}\,\text{mm} = 1242.5\,\text{mm}$

表达式推导如下：

因为坯料直径 $D = \sqrt{8Rh}$

球缺半径 $R = \dfrac{D_1^2 + 4h^2}{8h}$（相交弦定理）

所以 $D = \sqrt{8\dfrac{D_1^2 + 4h^2}{8h}h}$

所以 $D = \sqrt{D_1^2 + 4h^2}$

式中 D_1——封头中直径（筒体内径），mm；h——两中心径点间的垂直距离，俗称球缺的高，mm；R——球缺的中半径，mm；δ——板厚，mm。

3. 说明

所有球缺封头（最大直径到 6m）的成形全都可以作上下胎在旋压机上对压成形，原理为悬空法，很方便、很高效。

由于在强大的对压压力下，板料都会不同程度的拉伸变薄，所以按上述坯料直径都不会小，而且也有平口余量，故不需另加余量。

五、整料压制球缺直边封头坯料直径计算

整料压制球缺直边封头见图 2-17。图 2-18 所示为蒸馏塔直边球缺封头施工图，图 2-19 为计算原理图。

1. 板厚处理

大端和曲面部按中径计算料长。

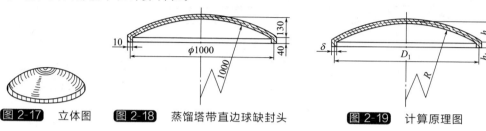

<figure>图 2-17 立体图</figure>　<figure>图 2-18 蒸馏塔带直边球缺封头</figure>　<figure>图 2-19 计算原理图</figure>

2. 下料计算（以图 2-20 为例）

（1）周长法

$$D_周 = 2\pi R \frac{\arcsin\dfrac{D_1}{2R}}{180°} + 2h_1 = \left(2\pi \times 1000 \times \frac{30°}{180°} + 2 \times 40\right)\text{mm} = 1127\text{mm}。$$

（2）等面积法（共两种）

① 坯料直径 $D_等 = 2\sqrt{2Rh + D_1 h_1} = 2 \times \sqrt{2 \times 1000 \times 130 + 1000 \times 40}\ \text{mm} = 1095\text{mm}。$

图 2-20 坯料直径

表达式推导如下：

因为坯料面积为 $\pi\left(\dfrac{D}{2}\right)^2$

球缺面积为 $2\pi Rh$

直边面积为 $\pi D_1 h_1$

所以 $\pi\left(\dfrac{D}{2}\right)^2 = 2\pi Rh + \pi D_1 h_1$

$$\frac{D^2}{4} = 2Rh + D_1 h_1$$

$D = 2\sqrt{2Rh + D_1 h_1}$。

② 坯料直径 $D_等 = \sqrt{D_1^2 + 4(h^2 + D_1 h_1)} = \sqrt{1000^2 + 4 \times (130^2 + 1000 \times 40)}\ \text{mm} = 1108\text{mm}。$

表达式推导如下：

因为 $D = 2\sqrt{2Rh + D_1 h_1}$

球缺半径 $R = \dfrac{D_1^2 + 4h^2}{8h}$（相交弦定理）

所以 $D = 2\sqrt{2\dfrac{D_1^2 + 4h^2}{8h}h + D_1 h_1} = \sqrt{D_1^2 + 4\ (h^2 + D_1 h_1)}$

式中　D_1——封头大端中直径，mm；R——球缺的中心曲率，mm；h——曲面中心点间的垂直距离，mm；h_1——直边高，mm；δ——板厚，mm。

3. 说明

同其他封头一样，此球缺封头的成形方法也是在旋压机上对压成形，原理是悬空法，曲面成形后再在内外旋压轮中旋出直边，不论哪种操作，都会使板料变薄，面积增加，所以按上述坯料直径下出的料都不会小。若不放心，每边加上 10mm 作为平口的修切余量也可以。

六、整料压制球缺平边构件坯料直径计算

整料压制球缺平边见图 2-21。

图 2-22 所示为罐底积水坑施工图，图 2-23 为计算原理图。

立体图

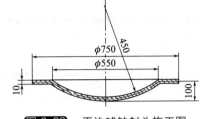

平边球缺封头施工图

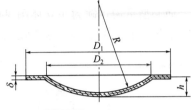

计算原理图

1. 板厚处理

球缺部分按中径计算料长。

2. 下料计算（见图 2-24）

下面介绍两种等面积法。

（1）坯料直径 $D_{等} = \sqrt{D_1^2 + 4h^2} = \sqrt{750^2 + 4 \times 100^2}$ mm $= 776$mm

表达式推导如下：

因为坯料面积为 $\pi\left(\dfrac{D}{2}\right)^2$

坯料直径

平边球缺构件面积为 $\pi\left(\dfrac{D_1^2}{4} + h^2\right)$

所以 $\pi\left(\dfrac{D}{2}\right)^2 = \pi\left(\dfrac{D_1^2}{4} + h^2\right)$

$D^2 = D_1^2 + 4h^2$

$D = \sqrt{D_1^2 + 4h^2}$。

（2）坯料直径 $D_{等} = \sqrt{8Rh + D_1^2 - D_2^2} = \sqrt{8 \times 450 \times 100 + 750^2 - 550^2} = 787$mm

表达式推导如下：

因为坯料面积 $\pi\left(\dfrac{D}{2}\right)^2$

球缺面积 $2\pi Rh$

平边面积 $\dfrac{\pi}{4}(D_1^2 - D_2^2)$

所以 $\pi\left(\dfrac{D}{2}\right)^2 = 2\pi Rh + \dfrac{\pi}{4}(D_1^2 - D_2^2)$

$D^2 = 8Rh + D_1^2 - D_2^2$

$D = \sqrt{8Rh + D_1^2 - D_2^2}$。

式中　D_1——最外沿直径，mm；D_2——球缺部分直径，mm；h——球缺高（按中径），mm；R——球缺中半径，mm；δ——板厚，mm。

3. 说明

（1）成形方法一般有两种：一是手工大锤锤击法，即在土地面上，用弧状锤配大锤，一锤一锤地冲击，然后翻身扳出直边；二是作上下胎带压边圈在压力机上对压。前法适于 1～

2 件生产，后法适于批量生产。

（2）此件由于曲率不大，变薄拉伸的情况不大，并且积水坑用尺寸要求不严，按图示尺寸下料保证能符合设计要求。

七、向心型瓜瓣球缺封头料计算

向心型瓜瓣球缺封头立体图见图 2-25。图 2-26 所示为异丁烷塔内球缺封头施工图，设计要求按向心瓜瓣下料。球罐顶图和拱顶盖顶圆也属于此类型。

图 2-25　立体图

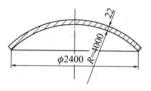

图 2-26　异丁烷塔内球缺封头

1. 板厚处理

本例的成形方法有两种：一种是在旋压机厂的压鼓上对压成形；第二种是作上下胎在压力机上对压成形。在压制的过程中板料都有不同程度的拉伸变薄，故全部按里皮计算料长是不会短的。

2. 下料计算

为了广义说明向心型下料方法，下面按两瓣和三瓣下料，说明其料计算方法。

（1）两瓣球缺封头　相等两半球缺封头，实质上也是直线型，也是向心型。如图 2-27 所示为两瓣球缺封头的施工图，图 2-28 为 $\frac{1}{2}$ 展开图，现计算各数据如下。

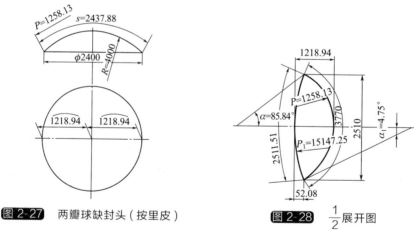

图 2-27　两瓣球缺封头（按里皮）

图 2-28　$\frac{1}{2}$ 展开图

① 封头半球心角 $Q = \arcsin \dfrac{D}{2R} = \arcsin \dfrac{2400}{2 \times 4000} = 17.46°$。

② 整封头的内皮弧长 $s = \pi R \dfrac{2Q}{180°} = \pi \times 4000\text{mm} \times \dfrac{2 \times 17.46°}{180°} = 2437.88\text{mm}$。

③ 展开半径 $P = R \tan Q = 4000\text{mm} \times \tan 17.46° = 1258.13\text{mm}$。

④ 展开图右侧弧长 $s_1 = \dfrac{\pi D}{2} = \dfrac{\pi \times 2400\text{mm}}{2} = 3770\text{mm}$。

⑤ 右侧弧所对半圆心角 $\alpha = \dfrac{s \, 180°}{2\pi P} = \dfrac{3770 \times 180°}{2\pi \times 1258.13} = 85.84°$。

⑥ 半展开料横向宽 $s_2 = \dfrac{s}{2} = \dfrac{2437.88\mathrm{mm}}{2} = 1218.94\mathrm{mm}$。

⑦ 半展开料弦长 $B = 2P\sin\alpha = 2 \times 1258.13\mathrm{mm} \times \sin85.84° = 2510\mathrm{mm}$。

⑧ 半展开料弦高 $h = \dfrac{s}{2} - P(1-\cos\alpha) = \dfrac{2437.88}{2}\mathrm{mm} - 1258.13 \times (1-\cos85.84°)\mathrm{mm} = 52.08\mathrm{mm}$。

⑨ 展开图左侧展开半径 $P_1 = \dfrac{B^2 + 4h^2}{8h} = \dfrac{2510^2 + 4 \times 52.08^2}{8 \times 52.08}\mathrm{mm} = 15147.25\mathrm{mm}$（相交弦定理）。

⑩ 左侧弧所对半圆心角 $\alpha_1 = \arcsin\dfrac{B}{2P_1} = \arcsin\dfrac{2510}{2 \times 15147.25} = 4.75°$

⑪ 左侧弧长 $s_3 = 2\pi P_1 \dfrac{\alpha_1}{180°} = 2\pi \times 15147.25\mathrm{mm} \times \dfrac{4.75°}{180°} = 2511.51\mathrm{mm}$。

式中 D——封头内直径，mm；R——球内皮半径，mm。

⑫ 说明：以上计算为净料，为了简化计算过程，可下成板宽为1218.94mm、展开半径为1258.13mm的单曲月牙板毛料。

（2）三瓣球缺封头 如图2-29所示为三瓣球缺封头施工图，各数据的计算方法同两瓣的计算方法。

① 中央板料计算 如图2-30所示为中央板计算原理图（按内径），计算数据如下：

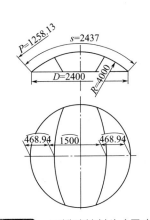

图 2-29 三瓣球缺封头（里皮）

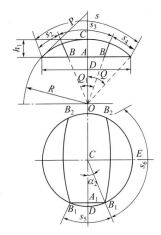

图 2-30 中央板计算原理图

- 封头半球心角 $Q = \arcsin\dfrac{D}{2R} = \arcsin\dfrac{2400}{2 \times 4000} = 17.46°$。

- 球封头的起拱高 $h = R(1-\cos Q) = 4000\mathrm{mm} \times (1-\cos17.46°) = 184.29\mathrm{mm}$。

- 球封头中央板所对球心角 $Q_1 = \dfrac{s_3 180°}{\pi R} = \dfrac{1500 \times 180°}{\pi \times 4000} = 21.49°$。

- 球封头弦心距 $OA = OC - AC = R - h_1 = (4000 - 184.29)\mathrm{mm} = 3815.71\mathrm{mm}$。

- 小端弦长 $AB = OA\tan\dfrac{Q_1}{2} = 3815.71\mathrm{mm} \times \tan\dfrac{21.49°}{2} = 724\mathrm{mm}$。

- 俯视图 $\alpha_2 = \arcsin\dfrac{A_1B_1}{B_1C} = \arcsin\dfrac{724}{1200} = 37.11°$。

- 展开料小端弧长 $s_5 = \pi D \dfrac{\alpha}{180°} = \pi \times 2400\mathrm{mm} \times \dfrac{37.11°}{180°} = 1554.46\mathrm{mm}$。

- 边板外弧长 $s_6 = \dfrac{\pi D - 2s_5}{2} = \dfrac{\pi \times 2400 - 2 \times 1554.46}{2}mm= 2215.45$mm。

如图 2-31 所示为中央板展开图，现计算各数据如下：

- 封头半球心角 $Q = \arcsin \dfrac{D}{2R} = \arcsin \dfrac{2400}{2 \times 4000} = 17.46°$。

- 中央板纵向弧长 $s = \pi R \dfrac{2Q}{180°} = \pi \times 4000mm\times \dfrac{2 \times 17.46°}{180°} = 2437.88$mm。

- 整中央板横向所对球心角 $Q_1 = 21.49°$（前已述及）。

- 展开料小端部弧长 $s_5 = 1554.46$mm（前已述及）。

- 展开料小端部所对半圆心角 $\alpha_3 = \dfrac{s_3 180°}{2\pi P} = \dfrac{1554.46 \times 180°}{2\pi \times 1258.13} = 35.4°$。

- 球缺大端展开半径 $P = 1258.13$mm（前已述及）。

- 展开料小端部弦长 $B_1 = 2P\sin\alpha_1 = 2 \times 1258.13mm\times \sin 35.4° = 1457.62$mm。

- 小弧端起拱高 $h_1 = P(1 - \cos\alpha_1) = 1258.13mm\times (1 - \cos 35.4°) = 232.6$mm。

- 大弧端起拱高 $h_2 = \dfrac{s_1 - B_1}{2} = \dfrac{1500 - 1457.62}{2}mm= 21.19$mm。

- 纵向角点间弦长 $B_2 = s - 2h_1 = (2437.54 - 2 \times 232.6)mm= 1972.34$mm。

- 大弧展开半径 $P_2 = \dfrac{B_2^2 + 4h_2^2}{8h_2} = \dfrac{1972.34^2 + 4 \times 21.19^2}{8 \times 21.19}mm= 24743.95$mm。

- 大端弧长 $s_7 = 2\pi P_2 \dfrac{\arcsin \dfrac{B}{2P_2}}{180°} = 2\pi \times 24743.95mm\dfrac{\arcsin \dfrac{1972.34}{2 \times 24743.95}}{180°} = 1972.86$mm。

② 边板料计算　如图 2-32 所示为边板展开图，现计算各数据如下：

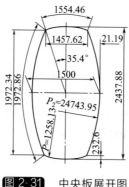

图 2-31　中央板展开图

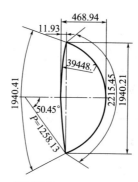

图 2-32　边板展开图

- 右侧弧长 $s_6 = 2215.45$mm（前已述及）。

- 右侧弧所对半圆心角 $\alpha_4 = \dfrac{s_6 180°}{2\pi P} = \dfrac{2215.45 \times 180°}{2\pi \times 1258.13} = 50.45°$。

- 纵向角点间弦长 $B_3 = 2P\sin\alpha_4 = 2 \times 1258.13mm\times \sin 50.45° = 1940.21$mm。

- 整边板横向宽 $s_4 = \dfrac{s - s_3}{2} = \dfrac{2437.88 - 1500}{2}mm= 468.94$mm。

- 左侧弧弦高 $h_3 = s_4 - P(1 - \cos\alpha_4) = 684.94 - 1258.13mm\times (1 - \cos 50.45°) = 11.93$mm。

- 左侧弧展开半径 $P_3 = \dfrac{B_3^2 + 4h_3^2}{8h_3} = \dfrac{1940.21^2 + 4 \times 11.93^2}{8 \times 11.93}mm= 39448.7$mm。

- 左侧弧长 $s_7 = 2\pi P_3 \dfrac{\arcsin \dfrac{B_3}{2P_3}}{180°} = 2\pi \times 39448.7\text{mm} \times \dfrac{\arcsin \dfrac{1940.21}{2 \times 39448.7}}{180°} = 1940.41\text{mm}$。

- 说明：以上计算为净料，为了简化计算过程，可下成板宽为 684.94mm、展开半径为 1258.13mm 的单曲月牙料毛料。

八、直线型瓜瓣球缺封头料计算

上例叙述了向心型瓜瓣球缺封头的计算方法，本例选出直线型瓜瓣球缺封头，因为直线型比向心型计算过程较简单，所以若设计不强调拼接类型时，一律按直线型接接。直线型瓜瓣球缺封头立体图见图 2-33。下面以图 2-34 为例叙述直线型瓜瓣球缺封头的计算过程。

1. 板厚处理

同上例一样，本例的成形方法有两种：第一种是在旋压机厂的压鼓机上对压；第二种是作上下胎在压力机上对压。在压制时，板料都会有不同程度的拉伸，使料面积增大，故按里皮计算是不会小的。

2. 下料计算

（1）施工图中有关数据的计算（以图 2-35 为例）

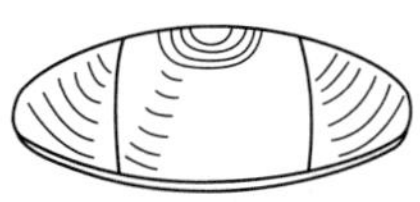

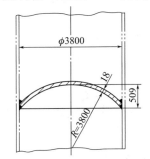

图 2-33　立体图

图 2-34　洗涤塔内球缺封头

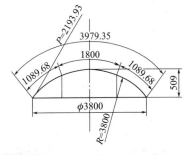

图 2-35　整封头各数据图（按里皮）

① 封头半包角 $Q = \arcsin \dfrac{D}{2R} = \arcsin \dfrac{3800}{2 \times 3800} = 30°$。

② 球缺弧展开长 $s = 2\pi R \dfrac{Q}{180°} = \pi \times 3800\text{mm} \times \dfrac{30°}{180°} = 3979.35\text{mm}$。

③ 假设中央板用板宽为 1800mm 的板，那么月牙边板宽为 $\dfrac{3979.35 - 1800}{2} = 1089.68\text{mm}$。

④ 球缺起拱高 $h = R(1 - \cos Q) = 3800\text{mm} \times (1 - \cos 30°) = 509\text{mm}$。

⑤ 球缺大端展开半径 $P = R \tan Q = 3800\text{mm} \times \tan 30° = 2193.93\text{mm}$。

（2）中央板展开计算（以图 2-36 为例）

① 端头半包角 $\alpha = \arcsin \dfrac{s_1}{2P} = \arcsin \dfrac{180°}{2 \times 2193.93} = 24.22°$。

② 端头弧长 $s_3 = \pi P \dfrac{2\alpha}{180°} = \pi \times 2193.93\text{mm} \times \dfrac{2 \times 24.22°}{180°} = 1854.74\text{mm}$。

③ 端头弦高 $h_1 = P(1 - \cos \alpha) = 2193.93\text{mm} \times (1 - \cos 24.22°) = 193.12\text{mm}$。

④ 纵向角点间弦长 $B = S - 2h_1 = (3979.35 - 2 \times 193.12)\text{mm} = 3593.11\text{mm}$。

（3）边板展开计算（见图 2-37）

① 右侧弧长 $s_4 = \dfrac{\pi D - 2s_3}{2} = \dfrac{\pi \times 3800 - 2 \times 1854.74}{2}\text{mm} = 4114.29\text{mm}$。

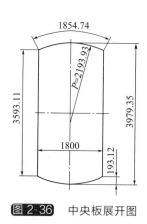

图 2-36　中央板展开图

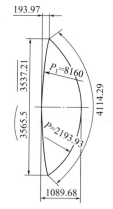

图 2-37　边板展开图

② 右侧弧半包角 $\alpha_1 = \dfrac{180°s_4}{2\pi P} = \dfrac{180° \times 4114.29}{2\pi \times 2193.93} = 53.72°$。

③ 纵向两角点间弦长 $B_1 = 2P\sin\alpha_1 = 2 \times 2193.93\text{mm} \times \sin53.72° = 3537.21\text{mm}$。

④ 左侧弧弦高 $h_2 = s_2 - P(1-\cos\alpha_1) = 1089.68\text{mm} - 2193.93\text{mm} \times (1-\cos53.72°) = 193.97\text{mm}$。

⑤ 左侧弧展开半径 $P_1 = \dfrac{B_1^2 + 4h_2^2}{8h_2} = \dfrac{3537.21^2 + 4 \times 193.97^2}{8 \times 193.97}\text{mm} = 8160\text{mm}$。

⑥ 左侧弧半包角 $\alpha_2 = \arcsin\dfrac{B_1}{2P_1} = \arcsin\dfrac{3537.21}{2 \times 8160} = 12.52°$。

⑦ 左侧弧长 $s_5 = 2\pi P_1\dfrac{\alpha_2}{180°} = 2\pi \times 8160\text{mm} \times \dfrac{12.52°}{180°} = 3565.5\text{mm}$。

九、整料压制半球形封头坯料直径计算

整料压制半球形封头见图 2-38。图 2-39 所示为软化水罐半球形封头施工图，图 2-40 为计算原理图。

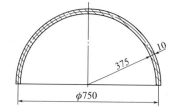

图 2-39　软化水罐半球形封头

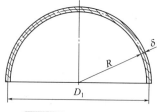

图 2-40　计算原理图

图 2-38　立体图

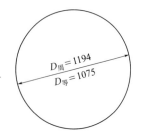

图 2-41　坯料直径

1. 板厚处理
按中径计算坯料直径。
2. 下料计算（见图 2-41）
（1）周长法
坯料直径 $D_周 = \pi R = \pi \times 380\text{mm} = 1194\text{mm}$。
（2）等面积法
坯料直径 $D_等 = \sqrt{8R^2} = \sqrt{8 \times 380^2}\text{mm} = 1075\text{mm}$

或 $D_等 = \sqrt{4D_1R} = \sqrt{4 \times 760 \times 380}\text{mm} = 1075\text{mm}$。

表达式推导如下：

因为坯料面积为 $\pi\left(\dfrac{D}{2}\right)^2$，半球面积为 $2\pi R^2$

所以 $\pi\left(\dfrac{D}{2}\right)^2=2\pi R^2$，$\dfrac{D^2}{4}=2R^2$，$D=\sqrt{8R^2}=\sqrt{4\times D_1 R}$

式中　R——球中半径，mm；D_1——球中直径，mm；δ——板厚，mm。

3. 说明

（1）半球形封头不能用旋压法成形，其成形方法有三种：$\phi 500$mm 以下可作上下胎在压力机上热压；$\phi 500\sim1500$mm 要考虑用漏环热压；$\phi 1500$ 以上就要用瓜瓣形式冷压成形。

（2）本例要用漏环热法，即上胎为球内径实形，下胎为漏环，在热状态下压制成形，成形的过程也是拉伸变厚的过程，成形后端口的折皱很多，平口时要将这些折皱部分割掉，要消耗一些尺度，有伸长又有折皱消耗，两者可抵消。为了保险起见，在坯料直径上每边加出 20mm 就足够了，加多了也是浪费！

十、整料压制直边半球形封头坯料直径计算

整料压制直边半球形封头立体图见图 2-42。图 2-43 所示为反应塔体直边半球形封头施工图，图 2-44 为计算原理图。

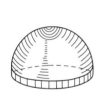

图 2-42　立体图

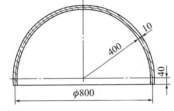

图 2-43　反应塔体直边半球形封头

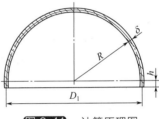

图 2-44　计算原理图

1. 板厚处理

大端、曲面皆按中径计算料长。

2. 下料计算（以图 2-45 为例）

（1）周长法

坯料直径 $D_周=\pi R+2h=(\pi\times405+2\times40)mm=1352$mm。

（2）等面积法

计算方法有两种：

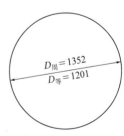

图 2-45　坯料直径

① 坯料直径 $D_等=\sqrt{2D_1^2+4D_1 h}=\sqrt{2\times810^2+4\times810\times40}mm=1201$mm。

② 坯料直径 $D_等=2\sqrt{2R^2+2Rh}=2\times\sqrt{2\times405^2+2\times405\times40}mm=1201$mm。

表达式推导如下：

因为坯料面积为 $\pi\left(\dfrac{D}{2}\right)^2$，半球面积为 $2\pi R^2$，直段面积为 $\pi D_1 h$，

所以 $\pi\left(\dfrac{D}{2}\right)^2=2\pi R^2+\pi D_1 h$，$D^2=8R^2+4D_1 h$，

故 $D=\sqrt{8R^2+4D_1 h}=\sqrt{2\times2\times R\times R+4D_1 h}=\sqrt{2D_1^2+4D_1 h}$

$D=\sqrt{8R^2+4D_1 h}=\sqrt{2\times4R^2+4\times2Rh}=2\sqrt{2R^2+2Rh}$。

式中　D_1——球中直径，mm；R——球中半径，mm；h——直边高，mm；δ——板

厚，mm。

3. 说明

① 坯料直径有两种计算结果，周长法余量过大，还是以等面积法为准。

② 此例应用漏环法在压力机上热压，成形的过程使板料产生了拉伸变薄，成形后端口起皱严重，降低了产品质量，要将这些折皱割掉，就要消耗一部分尺度，有伸长又有折皱消耗，两者基本抵消。为了保险起见，在坯料直径上每边加上 20mm 就足够了。

十一、整料压制半球平边构件坯料直径计算

整料压制半球平边构件见图 2-46。图 2-47 所示为罐底积水坑施工图，图 2-48 为计算原理图。

图 2-46　立体图

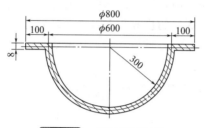

图 2-47　平边半球封头

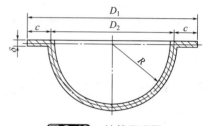

图 2-48　计算原理图

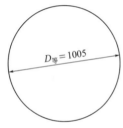

图 2-49　坯料直径

1. 板厚处理

半球部分按中径计算料长。

2. 下料计算（见图 2-49）

等面积法有两个公式。

（1）坯料直径 $D_{等}=\sqrt{D_1^2+D_2^2}=\sqrt{800^2+608^2}\ \text{mm}=1005\text{mm}$

表达式推导如下：

因为坯料面积为 $\pi\left(\dfrac{D}{2}\right)^2$，平边面积为 $\dfrac{\pi}{4}(D_1^2-D_2^2)$，半球面积为 $\dfrac{\pi D_2^2}{2}$，

所以 $\pi\left(\dfrac{D}{2}\right)^2=\dfrac{\pi}{4}(D_1^2-D_2^2)+\dfrac{\pi D_2^2}{2}$，$\dfrac{D^2}{4}=\dfrac{D_1^2-D_2^2}{4}+\dfrac{D_2^2}{2}$，$D^2=D_1^2-D_2^2+2D_2^2$，故

$D=\sqrt{D_1^2+D_2^2}$。

（2）坯料直径 $D_{等}=\sqrt{(D_2+2c)^2+D_2^2}=\sqrt{800^2+608^2}\ \text{mm}=1005\text{mm}$

表达式推导如下：

因为 $D_1=D_2+2c$

所以 $D=\sqrt{(D_2+2c)^2+D_2^2}$。

式中　D_1——最外沿直径，mm；D_2——半球中直径，mm；R——球中半径，mm；c——边宽（按中径），mm；δ——板厚，mm。

3. 说明

（1）成形方法：作上下实形胎，在压力机上热压成形，为防止起皱，下胎上应设压边圈。

（2）在热状态下压制容易拉伸变薄，成形后平板外沿还要切成正圆，两者的量基本抵消，故按计算的坯料直径下料是不会短的。

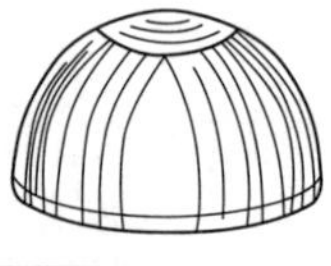

十二、瓜瓣球形封头料计算

瓜瓣球形封头见图 2-50。图 2-51 所示为一球形封头的施工图和展开图，图 2-52 为计算原理图。

图 2-50　立体图

1. 板厚处理

本例可在旋压厂压鼓机上用上胎 $R \approx 2000\text{mm}$ 的圆形胎逐点压制，拉伸变薄量较大，故下料时按里皮计算料长，最后成形后完全能够达到设计要求。

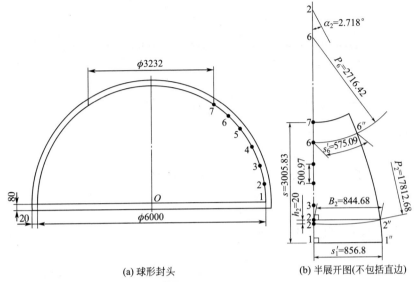

(a) 球形封头   (b) 半展开图(不包括直边)

图 2-51 球形封头及展开图

2. 下料计算（计算原理如图 2-52）

（1）半顶圆所对球心角 $\omega = \arcsin \dfrac{r_7}{R} = \arcsin \dfrac{1616}{3000} = 32.59°$。

（2）一扇球形板所对球心角 $Q = 90° - \omega = 90° - 32.59° = 57.41°$。

（3）一扇球形板弧长 $s = \pi R \dfrac{Q}{180°} = \pi \times 3000\text{mm} \times \dfrac{57.41°}{180°} = 3005.83\text{mm}$。

（4）任一等分点的弧长 $s_1 = \dfrac{s}{n} = \dfrac{3005.83}{6}\text{mm} = 500.97\text{mm}$。

（5）任一等份弧长所对球心角 $Q_1 = \dfrac{Q}{n} = \dfrac{57.41°}{6} = 9.57°$。

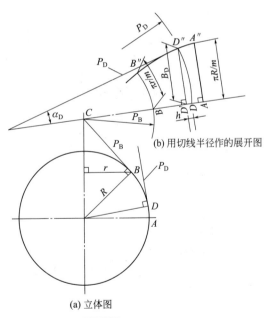

(b) 用切线半径作的展开图

(a) 立体图

图 2-52 计算原理图

（6）任一等分点展开半径 $P_n = R\tan(\omega + nQ_1)$

如 $P_4 = 3000\text{mm} \times \tan(32.59° + 3 \times 9.57°) = 5478.48\text{mm}$

同理得：P_1 为无穷大，$P_2 = 17812.68\text{mm}$，$P_3 = 8639.09\text{mm}$，$P_5 = 3802.75\text{mm}$，$P_6 = 2716.42\text{mm}$，$P_7 = 1917.84\text{mm}$。

（7）任一等分点的纬圆半径 $r_n = R\sin(\omega + nQ_1)$

如 $r_4 = 3000\text{mm} \times \sin(32.59° + 3 \times 9.57°) = 2631.44\text{mm}$

同理得：$r_1 = 3000\text{mm}$，$r_2 = 2958.34\text{mm}$，$r_3 = 2834.33\text{mm}$，$r_5 = 2355.3\text{mm}$，$r_6 =$

2013.61mm，$r_7=1615.87\text{mm}$。

（8）一扇球形板上任一等分位置横向半弧长 $s_n'=\dfrac{\pi r_n}{m}$

如 $s_4'=\dfrac{\pi\times2631.44\text{mm}}{11}=751.54\text{mm}$

同理得：$s_1'=856.8\text{mm}$，$s_2'=844.9\text{mm}$，$s_3'=809.49\text{mm}$，$s_4'=672.07\text{mm}$，$s_6'=575.09\text{mm}$，$s_7'=461.49\text{mm}$。

（9）近大端等分点 2 各数据计算

① 展开图上 2 点所对的顶角 $\alpha_2=180°s_2'/(\pi P_2)=180°\times844.9/(\pi\times17812.68)=2.718°$。

② 展开图上 2 点所对应弦长 $B_2=P_2\sin\alpha_2=17812.68\text{mm}\times\sin2.718°=844.68\text{mm}$。

③ 展开图上 2 点的弦高 $h_2=P_n(1-\cos\alpha_2)=17812.68\text{mm}\times(1-\cos2.718°)=20\text{mm}$。

式中　R——球内半径，mm；m——瓜瓣数，本例为 11 等分；n——瓜瓣纵向等分数，本例为 6 等分。

3. 说明

（1）考虑焊缝收缩，作立体画线胎时，一扇两边共加一道焊缝收缩量，如本例按一道焊缝加 3mm，周长加 33mm，放实样内径应为 6010mm。

（2）合茬板占用时间相当于组对封头瓜瓣时间，通过实践，速度最快的方法是覆盖法。该方法是将合茬板覆盖于合茬空间，调整好四方位置后，从内侧垂直画线，此线不是切割线，应从两侧向里移 x 值，$x=\pi(D_1-D_2)/2m$，其中 D_1、D_2 分别为内、外皮直径，m 为瓜瓣数，本例 $x=6\text{mm}$。按此线切割可大大提高工效。

（3）压制方法：可在旋压机厂的压鼓机上，用上胎 $R\approx2000\text{mm}$，点压成形，并随时用 $R=3000\text{mm}$ 的内卡样板检查弧度，成形原理为悬空法。

十三、小球体料计算

小型球体的下料方法大致有两种：一种是半球法，即下成圆板压成两个半球；另一种是三瓣法，即将球体下成三个瓜瓣，三瓜瓣又有整瓜瓣和半瓜瓣之分，两端配以顶圆，下面举例说明。

1. 板厚处理

（1）球半径按中径计算料长。

（2）因有板厚的因素，在内侧无法施展，只能在外侧开 60°外坡口。

2. 下料计算

（1）半球法

如图 2-53 所示为一球形结构球体，由于直径较小，下成两瓣为好。图 2-54 为半球展开图。

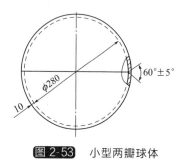

图 2-53　小型两瓣球体

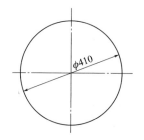

图 2-54　半球展开图（净料）

半球展开料直径 $D = \sqrt{8}R = \sqrt{8} \times 145\text{mm} = 410\text{mm}$（净料）。

（2）三瓣法

如图 2-55 所示为小型装饰用不锈钢球体，由于直径稍大，下成两半胎具受限制，故下成三瓣，三瓣又分整三和半三两种，下面分别叙述。

① $\dfrac{1}{3}$整瓜瓣（见图 2-56 和图 2-57）

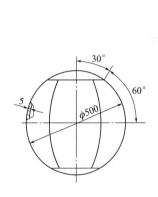

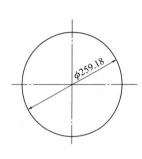

图 2-55　小型三瓣球体　　　图 2-56　$\dfrac{1}{3}$整瓜瓣展开图（净料）　　　图 2-57　顶圆展开料（净料）

a. 瓜瓣

- 展开料长 $L = \pi R \dfrac{120°}{180°} = \pi \times 247.5\text{mm} \times \dfrac{120°}{180°} = 518.36\text{mm}$；

- 顶端的展开半径 $P_1 = R\tan30° = 247.5\text{mm} \times \tan30° = 142.89\text{mm}$；

- 顶圆处纬圆半径 $r = R\sin30° = 247.5\text{mm} \times \sin30° = 123.75\text{mm}$；

- 上部 $\dfrac{1}{2}$弧长 $s_1 = \pi r / n = \pi \times 123.75\text{mm} \div 3 = 129.59\text{mm}$；

- 赤道带 $\dfrac{1}{2}$弧长 $s_2 = \pi R / n = \pi \times 247.5\text{mm} \div 3 = 259.18\text{mm}$；

- 展开料上端所对半圆心角 $\alpha_1 = \dfrac{s_1 180°}{\pi P_1} = \dfrac{129.59 \times 180°}{\pi \times 142.89} = 51.96°$；

- 上端弦高 $h = P_1(1 - \cos\alpha_1) = 142.89\text{mm} \times (1 - \cos51.96°) = 54.84\text{mm}$；

- 上端半弦长 $B' = P_1\sin\alpha = 142.89\text{mm} \times \sin51.96° = 112.64\text{mm}$；

- 两侧弧的展开半径 $P_2 = \dfrac{B^2 + 4h^2}{8h} = \dfrac{628.04 + 4 \times 146.36\text{mm}}{8 \times 146.36} = 410\text{mm}$（相交弦定理）。

式中　R——球体中半径，mm；n——球瓣等分数；B——瓜瓣纵向弦长，mm；h——瓜瓣纵向弦高，mm。

b. 顶圆净料展开直径 $D = \pi R \dfrac{60°}{180°} = \pi \times 247.5\text{mm} \times \dfrac{60°}{180°} = 259.18\text{mm}$。

② $\dfrac{1}{3}$半瓜瓣（见图 2-58）

a. 瓜瓣。为了说明 $\dfrac{1}{3}$整瓜瓣与 $\dfrac{1}{3}$半瓜瓣下料的不同，仍利用图 2-56 说明之。从两展开图可看出，虽然下料方法不同，但具体数据完全相同。实践证明：整瓜瓣下出的净料，经压

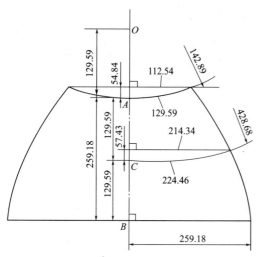

图 2-58 $\frac{1}{3}$ 半瓜瓣展开图（净料）

制后完全可以不用修切三块整板即可组成一个球，四周属于自由端，会有变薄伸长的趋势，但它伸长得对称，组成成形后直径可能变大，但能在允差范围；$\frac{1}{3}$ 半整瓜瓣就有所不同，压制成形在组对胎上组对时，两角部接触平台，中部有空隙，这是因为角部是两个自由边，中部是一个自由边，压制时变薄伸长的量就不同，角部伸长得多，中部相对伸长得就少，故中部出现间隙。处理方法是：照样组对，组对成形后，翻过来，使大端朝上，以中部为基准划出平口线，用气割割掉多出的部分，这时的半球会出现偏高的状态，因中部也伸长了一个量，但能在允差范围。

计算各数据如下：

- 半顶圆弧长 $l_1 = \pi R \dfrac{Q_1}{180°} = \pi \times 247.5\,\mathrm{mm} \times \dfrac{30°}{180°} = 129.59\,\mathrm{mm}$；

- 一扇球瓣弧长 $l_2 = \pi R \dfrac{Q_2}{180°} = \pi \times 247.5\,\mathrm{mm} \times \dfrac{60°}{180°} = 259.18\,\mathrm{mm}$；

- 一扇球瓣的半弧长 $l_3 = \dfrac{l_2}{2} = \dfrac{259.18\,\mathrm{mm}}{2} = 129.59\,\mathrm{mm}$；

- 施工图上各点所对球心角 Q_n

  A 点所对球心角 $Q_1 = 30°$（已知）

  B 点所对球心角 $Q_2 = 89.99999°$（编者有意识设这个角小于 $90°$ 但不到 $90°$，以观察大端弧长、弦长和弦高的变化规律，结果是弧长、弦长相等，弦高等于零）

  C 点所对球心角 $Q_3 = 60°$（已知）

- 各点的展开半径 $P_n = R \tan Q_n$

  A 点 $P_1 = 247.5\,\mathrm{mm} \times \tan 30° = 142.89\,\mathrm{mm}$

  B 点 $P_2 = 247.5\,\mathrm{mm} \times \tan 89.99999° = 1418070543\,\mathrm{mm}$

  C 点 $P_3 = 247.5\,\mathrm{mm} \times \tan 60° = 428.68\,\mathrm{mm}$；

- 各纬圆半径 $r_n = R \sin Q_n$

  $r_A = R \sin Q_1 = 247.5\,\mathrm{mm} \times \sin 30° = 123.75\,\mathrm{mm}$

  $r_B = R \sin Q_2 = 247.5\,\mathrm{mm} \times \sin 89.99999° = 247.5\,\mathrm{mm}$

  $r_C = R \sin Q_3 = 247.5\,\mathrm{mm} \times \sin 60° = 214.34\,\mathrm{mm}$；

- 每瓣各纬圆 $\frac{1}{2}$ 弧长 $s_n = \pi r_n / n$

  A 点 $s_A = \dfrac{\pi r_A}{3} = \dfrac{\pi \times 123.75}{3}\,\mathrm{mm} = 129.59\,\mathrm{mm}$

  B 点 $s_B = \dfrac{\pi r_B}{3} = \dfrac{\pi \times 247.5}{3}\,\mathrm{mm} = 259.18\,\mathrm{mm}$

  C 点 $s_C = \dfrac{\pi r_C}{3} = \dfrac{\pi \times 214.34}{3}\,\mathrm{mm} = 224.46\,\mathrm{mm}$；

- 展开图弧上各点所对应顶角 $\alpha_n = \dfrac{180° s_n}{\pi P_n}$

$$\alpha_A = \frac{180° \times 129.59}{\pi \times 142.89} = 51.96°$$

$$\alpha_B = \frac{180° \times 259.18}{\pi \times 1418070543} = 0.000010471°$$

$$\alpha_C = \frac{180° \times 224.46}{\pi \times 428.68} = 30°;$$

- 展开图上各点所对应弦长 $B_n = P_n \sin\alpha_n$

  $B_A = 142.89\text{mm} \times \sin 51.96° = 112.54\text{mm}$

  $B_B = 1418070543\text{mm} \times \sin 0.000010471° = 259.18\text{mm}$

  $B_C = 428.68\text{mm} \times \sin 30° = 214.34\text{mm};$

- 展开图上各弧的弦高 $h_n = P_n(1 - \cos\alpha_n)$

  $h_A = 142.89\text{mm} \times (1 - \cos 51.96°) = 54.84\text{mm}$

  $h_B = 1418070543\text{mm} \times (1 - \cos 0.000010471°) = 0$

  $h_C = 428.68\text{mm} \times (1 - \cos 30°) = 57.43\text{mm}$

b. 顶圆净料展开直径 $D = \pi R \dfrac{60°}{180°} = \pi \times 247.5\text{mm} \times \dfrac{60°}{180°} = 259.18\text{mm}$。

3. 说明

（1）半球体压制胎具的方法：作上下实形胎，带压边圈，在压力机上压制。

（2）$\frac{1}{3}$ 整瓜瓣与 $\frac{1}{3}$ 半瓜瓣压制胎具的方法：作出上下胎，上胎为小于设计半径的圆头胎，用点压法成形，原理为悬空法。

十四、整料压制标准椭圆封头坯料直径计算

整料压制标准椭圆封头见图 2-59。如图 2-60 所示为再生塔封头施工图，图 2-61 为计算原理图。

图 2-59 立体图　　图 2-60 椭圆封头　　图 2-61 计算原理图

1. 板厚处理

若手工成形，端口按中径、高按端口至上中径点间垂直距离计算料长；若旋压成形，按里皮。

2. 下料计算（见图 2-62）

计算公式有三种，即周长法、等面积法和经验法，下面分别叙述之。

（1）周长法

图 2-62 坯料直径

$$坯料直径\ D_周 = \frac{\pi}{2}\sqrt{2\left[\left(\frac{D_1}{2}\right)^2 + h^2\right] - \frac{\left(\frac{D_1}{2} - h\right)^2}{4}} + 2h_1 = \frac{\pi}{2} \times$$

$$\sqrt{2 \times (1407^2 + 707^2) - \frac{(1407 - 707)^2}{4}}\ \text{mm} + 80\text{mm} = 3535\text{mm}_\circ$$

（2）等面积法

坯料直径 $D_{等} = \sqrt{1.38(D_1+\delta)^2 + 4(D_1+\delta)(h_1+f)} =$

$$\sqrt{1.38 \times (2814+14)^2 + 4(2814+14)(40+40)}\,mm = 3456mm。$$

（3）经验法

① 漏环压制 $D_{漏} = 1.2D_1 + 2h_1 + \delta = (1.2 \times 2814 + 80 + 14)mm = 3471mm。$

② 旋压 $D_{旋} = 1.2D_2 + \delta = (1.2 \times 2800 + 14)mm = 3374mm。$

式中　D_1——大端中径；D_2——大端内径，mm；h——端口至上中径点间垂直距离，mm；h_1——直边高，mm；δ——板厚，mm；f——修切余量，本例 $f = 40mm$。

3. 说明

对 $\phi 2800 \times 14$ 漏环压制标准椭圆封头实测如下。

（1）坯料直径 $D = 3457mm$。

（2）压制方法：漏环加压边圈热压。

（3）内皮直径方向平均直径 2805mm。

（4）端口外周长 8893mm。

（5）端口外周长与设计外周长差 $8893mm - \pi \times 2828mm = 9mm$。

（6）端口至内皮高 800mm。

（7）端口修切高度（800 - 740）mm = 60mm。

（8）结论通过多次对各种规格封头实测确认：不论冷或热压，不论漏环法还是旋压法，端口被挤缩变厚（本例从被挤缩痕迹看约 230mm），其他部位皆被拉伸变薄，不管用上述哪种方法算料，成型后的高度都较设计大，皆有修切余量。

（9）下面示出旋压封头下料尺寸，见表 2-1。

表 2-1　旋压封头下料尺寸　　　　　　　　　　　　　　　　mm

板厚(内径)	6	8	10	12	14	16	18	20	22	24	26	28	30	32	34	36	38	40	42	46
700	880	880	900	910	910	920	—	—	—	—	—	—	—	—	—	—	—	—	—	—
800	990	990	1020	1020	1020	1020	1040	1050	—	—	—	—	—	—	—	—	—	—	—	—
900	1120	1120	1130	1130	1130	1130	1140	1140	—	—	—	—	—	—	—	—	—	—	—	—
1000	1240	1210	1260	1260	1260	1270	1270	1290	—	—	—	—	—	—	—	—	—	—	—	—
1100	1340	1340	1360	1360	1360	1370	1370	1400	—	—	—	—	—	—	—	—	—	—	—	—
1200	1460	1460	1480	1480	1500	1500	1500	1530	—	—	—	—	—	—	—	—	—	—	—	—
1300	1570	1570	1590	1600	1600	1620	1620	1640	—	—	—	—	—	—	—	—	—	—	—	—
1400	1700	1700	1720	1720	1720	1730	1730	1750	—	—	—	—	—	—	—	—	—	—	—	—
1500	1850	1850	1860	1870	1857	1862	1866	1891	1896	1900	1905	1910	—	—	—	—	—	—	—	—
1600	1970	1970	1980	1980	1972	1977	1981	2006	2011	2015	2020	2025	2029	—	—	—	—	—	—	—
1700	2060	2060	2100	2100	2087	2092	2096	2121	2126	2130	2135	2140	2144	—	—	—	—	—	—	—
1800	2200	2200	2250	2250	2222	2207	2211	2236	2241	2245	2250	2255	2259	2264	—	—	—	—	—	—
1900	2340	2340	2360	2350	2350	2310	2350	2351	2356	2360	2365	2370	2374	2379	—	—	—	—	—	—
2000	2450	2450	2460	2480	2462	2437	2441	2466	2471	2475	2480	2485	2489	2494	2494	2500	—	—	—	—
2100	2560	2560	2580	2590	2547	2552	2556	2581	2586	2590	2595	2600	2604	2609	2610	2610	—	—	—	—
2200	2680	2680	2700	2700	2682	2667	2671	2696	2701	2705	2710	2714	2719	2724	2730	2730	—	—	—	—
2300	2780	2770	2820	2810	2777	2782	2786	2811	2816	2820	2825	2830	2834	2839	2840	2840	—	—	—	—
2400	2900	2900	2930	2920	2900	2897	2901	2929	2931	2935	2940	2944	2949	2954	2950	2950	—	—	—	—

续表

板厚 (内径)	6	8	10	12	14	16	18	20	22	24	26	28	30	32	34	36	38	40	42	46
2500	—	3010	3040	3060	3060	3040	3016	3041	3046	3050	3054	3060	3060	3069	3070	3070	3070	3070	3070	3070
2600	—	3140	3160	3160	3140	3127	3131	3156	3161	3165	3170	3174	3179	3184	3190	3190	3190	3120	3120	3120
2700	—	3240	3260	3260	3237	3242	3246	3271	3276	3280	3285	3290	3294	3299	3300	3300	3300	3300	3300	3300
2800	—	3380	3380	3380	3360	3357	3361	3386	3391	3395	3400	3404	3409	3410	3410	3420	3420	3420	3420	3420
2900	—	3490	3500	3500	3487	3472	3476	3500	3506	3510	3515	3520	3524	3520	3530	3530	3530	3540	3540	3540
3000	—	3600	3630	3620	3600	3587	3591	3616	3621	3625	3630	3634	3640	3660	3660	3660	3660	3660	3600	3660
3100	—	3730	3730	3720	3700	3702	3706	3731	3736	3740	3745	3750	3750	3760	3760	3760	3770	3770	3770	3770
3200	—	3820	3840	3848	3840	3837	3836	3861	3866	3855	3860	3864	3870	3880	3880	3880	3880	3890	3890	3890
3300	—	—	3960	3948	3940	3937	3936	3961	3966	3970	3975	3980	3990	3990	3990	4000	4000	4000	4000	4000
3400	—	—	4070	4060	4052	4047	4051	4076	4081	4085	4090	4094	4150	4150	4160	4170	4170	4170	4170	4170
3500	—	—	4180	4170	4157	4162	4166	4191	4196	4200	4205	4210	4230	4240	4240	4240	4240	4250	4250	4250
3600	—	—	4280	4260	4272	4277	4281	4306	4311	4315	4320	4340	4340	4340	4340	4340	4340	4340	4340	4340
3700	—	—	4410	4400	4400	4392	4396	4421	4426	4430	4435	4440	4450	4460	4460	4460	4460	4460	4460	4410
3800	—	—	4530	4530	4530	4507	4511	4536	4541	4545	4550	4570	4570	4580	4580	4580	4580	4580	4580	4580
3900	—	—	4642	4643	4617	4622	4626	4651	4656	4660	4665	4670	4680	4680	4680	4680	4680	4680	4680	4700
4000	—	—	4725	4730	4735	4737	4741	4766	4771	4775	4780	4790	4790	4800	4820	4820	4820	4820	4820	4820
4200	—	—	—	4958	4962	4967	4971	4996	5001	5005	5010	5030	5030	5040	5045	5040	5040	5060	5060	5060
4400	—	—	—	5188	5192	5197	5201	5236	5241	5245	5250	5250	5270	5270	5270	5270	5270	5270	5270	5270
4500	—	—	—	5303	5307	5312	5316	5341	5346	5350	5355	5370	5370	5380	5380	5380	5380	5380	5380	5380
4600	—	—	—	5418	5422	5427	5431	5456	5461	5465	5470	5480	5480	5480	5480	5480	5480	5482	5480	5480
4800	—	—	—	5648	5652	5657	5661	5686	5691	5695	5700	5720	5720	5730	5730	5730	5730	5730	5730	5730
5000	—	—	—	—	5882	5887	5891	5916	5921	5925	5930	5930	5931	5930	5932	5932	5932	5932	5930	5930
5200	—	—	—	—	6112	6117	6121	6146	6151	6155	6160	6160	6160	6160	6160	6160	6160	6160	—	—
5400	—	—	—	—	6360	6360	6370	6390	6460	6470	6470	6480	6480	6480	6480	6480	6480	6480	—	—
5600	—	—	—	—	—	—	6560	6590	6590	6590	6600	6600	6600	6640	—	—	—	—	—	—
5800	—	—	—	—	—	—	6790	6820	6820	6820	6820	6840	6840	6840	—	—	—	—	—	—
6000	—	—	—	—	—	—	7020	7020	7030	7030	7050	7050	7050	7050	—	—	—	—	—	—
6200	—	—	—	—	—	—	7210	7210	7230	7230	7250	7250	—	—	—	—	—	—	—	—
6400	—	—	—	—	—	—	7400	7410	7430	7430	7450	7450	—	—	—	—	—	—	—	—
6500	—	—	—	—	—	—	7510	7510	7530	7530	7550	7550	—	—	—	—	—	—	—	—

注：摘自山东齐鲁石化机械厂旋压分厂。地址：山东淄博市临淄区辛化路1号。

十五、瓜瓣标准椭圆封头料计算

图 2-64 所示为标准椭圆封头施工图和展开图，图 2-65 为计算原理图。下面计算有关数据。瓜瓣标准椭圆封头见图 2-63。

图 2-63　立体图

1. 板厚处理

本例是用 $\frac{1}{8}$ 凸凹模在压力机上热压成形，拉伸变薄量较大，故全部按里皮计算料长。

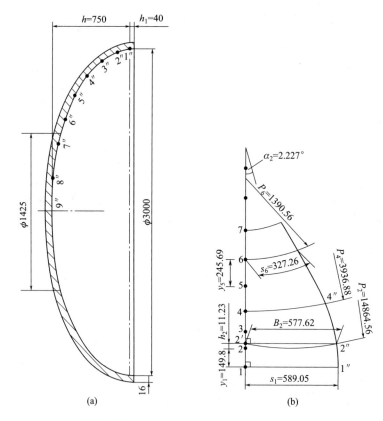

图 2-64　标准椭圆封头及展开图（8等分）

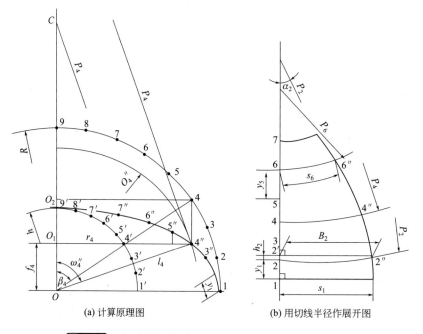

(a) 计算原理图　　　　　(b) 用切线半径作展开图

图 2-65　标准椭圆封头展开半径和纬圆半径计算原理图

2. 下料计算

下面以 2 等分点为例计算相关数据。

(1) 纬圆半径 $r_2=R\sin\beta_2=1500\text{mm}\times\sin78.75°=1471.18\text{mm}$。

(2) 展开料半弧长 $s_2=2\pi r_2/16=2\pi\times1471.18\text{mm}/16=577.73\text{mm}$。

(3) 2″点至横轴的距离 $f_2=h\cos\beta_2=750\text{mm}\times\cos78.75°=146.32\text{mm}$。

(4) 2″至圆心的距离 $l_2=\sqrt{f_2^2+r_2^2}=\sqrt{146.32^2+1471.18^2}\text{mm}=1478.44\text{mm}$。

(5) 2″的展开半径所对的圆心角 $\omega_2=\arcsin\dfrac{r_2}{l_2}=\dfrac{1471.18}{1478.44}=84.32°$。

(6) 2″的展开半径 $P_2=l_2\tan\omega_2=1478.44\text{mm}\times\tan84.32°=14864.56\text{mm}$。

(7) 展开图上 2″点所对应的顶角 $\alpha_2=180°s_2/(\pi P_2)=180°\times577.73/(\pi\times14864.56)=2.227°$。

(8) 展开图上 2″的弦长 $B_2=P_2\sin\alpha_2=14864.56\text{mm}\times\sin2.227°=577.62\text{mm}$。

(9) 展开图上 2″点的弦高 $h_2=P_2\times(1-\cos\alpha_2)=14864.56\text{mm}\times(1-\cos2.227°)=11.23\text{mm}$。

(10) 1″～2″点的弦长 $y_1=\sqrt{(r_1-r_2)^2+(f_2-f_1)^2}=\sqrt{(1500-1471.8)^2+(146.23-0)^2}\text{mm}=149.13\text{mm}$。

式中　R——椭圆长轴内半径，mm；h——椭圆短轴内半径，mm。

3. 说明

(1) 标准椭圆设计规范：$h=\dfrac{D_1}{4}$，$d\leqslant\dfrac{D_1}{2}$，h_1 一般为 25～40mm 或 40～80mm。

(2) 考虑焊后收缩，作立体划线胎时，一扇的两边共加一道焊缝收缩量，如本例按一道焊缝加 2mm，周长加 16mm，实样内径应为 3005mm。

(3) 合茬板占用时间相当于组对封头瓜瓣时间，通过实践，速度最快的方法是覆盖法。该方法是将合茬板覆盖于合茬空间，调整好四方位置后，从内侧垂直画线，此线不是切割线，应从两侧向里移 x 值，$x=\pi(D_1-D_2)/2m$，其中 D_1、D_2 分别为椭圆长轴内外皮直径，m 为瓜瓣数，本例 $x=6\text{mm}$。按此线切割可大大提高工效。

(4) 压制方法：可在旋压厂的压鼓机上对压成形，根据规格选择对应的胎具。

十六、换热器封头管箱隔板料计算

在换热器的左管箱和右管箱内，常有隔板相间，以形成多管程换热器。图 2-66 为左管箱，图 2-67 为右管箱，隔板的排列形式不同，但计算方法相同，下面叙述其计算方法。

1. 板厚处理

(1) 因在封头曲面内安装，隔板之间的距离按中心距计算，宽度实际计算后再缩小 1～2mm 为合适。

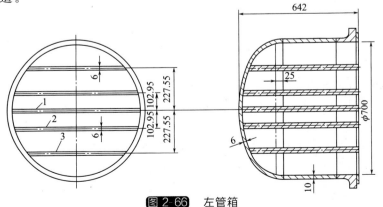

图 2-66　左管箱

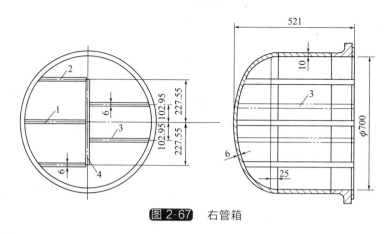

图 2-67 右管箱

（2）右管箱的两组隔板之间的连接，采用半搭结构形式连接，以形成外坡口，对焊接有利。

2. 下料计算

（1）左管箱隔板料计算　左管箱共五块隔板，归纳起来为三种结构形式，展开图如图 2-68～图 2-70 所示。为了简化叙述过程，下面仅以图 2-66 之 $3^\#$ 板为例说明其计算方法。

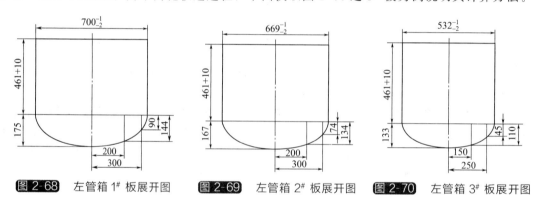

图 2-68 左管箱 $1^\#$ 板展开图　　**图 2-69** 左管箱 $2^\#$ 板展开图　　**图 2-70** 左管箱 $3^\#$ 板展开图

① 隔板宽为 $2\times\sqrt{350^2-227.55^2}$ mm＝532mm。

② 封头内曲面拱高为 532mm÷4＝133mm。

③ 直边高（642－6－700÷4）mm＝461mm。

④ 设横坐标分别为 150mm、250mm，那么纵坐标 y_n 的计算器手工计算程序是：

$$150\ \boxed{÷}\ 226\ \boxed{=}\ \boxed{INV}\ \boxed{sin}\ \boxed{cos}\ \boxed{\times}\ 133\ \boxed{=}\ 110\text{（mm）}$$

$$250\ \boxed{÷}\ 226\ \boxed{=}\ \boxed{INV}\ \boxed{sin}\ \boxed{cos}\ \boxed{\times}\ 133\ \boxed{=}\ 45\text{（mm）}。$$

（2）右管箱隔板料计算　右管箱的隔板形式较复杂，但计算方法是相同的，图 2-71～图 2-74 分别为 $1^\#$、$2^\#$、$3^\#$、$4^\#$ 板的展开实形，下面仅以图 2-67 之 $3^\#$ 板为例说明其计算方法。

① 隔板宽（$\sqrt{350^2-102.95^2}-3$）mm＝332mm。

② 封头内曲面拱高 335mm÷2＝167mm。

③ 直边高（521－6－700÷4）mm＝340mm。

④ 设横坐标分别为 200mm、300mm，那么纵坐标 y_n 的计算器手工计算程序是：

$$200\ \boxed{÷}\ 335\ \boxed{=}\ \boxed{INV}\ \boxed{sin}\ \boxed{cos}\ \boxed{\times}\ 167\ \boxed{=}\ 134\text{（mm）}$$

$$300\ \boxed{÷}\ 335\ \boxed{=}\ \boxed{INV}\ \boxed{sin}\ \boxed{cos}\ \boxed{\times}\ 167\ \boxed{=}\ 74\text{（mm）}。$$

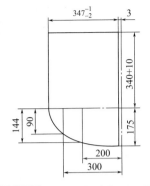

图 2-71　右管箱 1# 板展开图

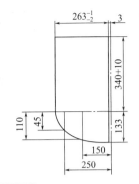

图 2-72　右管箱 2# 板展开图

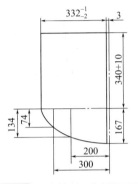

图 2-73　右管箱 3# 板展开图

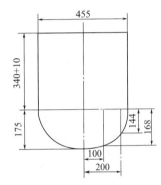

图 2-74　右管箱 4# 板展开图

十七、整料压制碟形封头坯料直径计算

碟形封头是由球面、过渡段和直段组成，其球面半径 $R \leqslant$ 筒体内径，过渡段半径 $r \geqslant \dfrac{1}{10}$ 筒体内径。半径为变量，计算公式较复杂，这里只叙述 JB/T 4746—2002 碟形封头标准，本标准只适于操作压力 $\geqslant 6.9 \times 10^4 \mathrm{Pa}$ （$0.7\mathrm{kgf/cm^2}$）的碳素钢和不锈钢化工、石油设备的碟形封头。

图 2-75　立体图

基本参数 JB/T 4746—2002

$R = D_1$	r	H	α	β
	$0.15D_1$	$0.226D_1$	$24°25'$	$65°35'$

图 2-75 为整料压制碟形封头坯料。图 2-76 为洗涤塔碟形封头施工图，图 2-77 为计算原理图。

1. 板厚处理

此例用旋压法成形，拉伸变薄量较大，故按里皮计算料长。

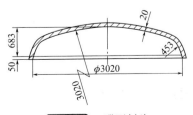

图 2-76　碟形封头

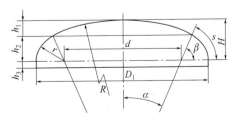

图 2-77　计算原理图（里皮）

图 2-78 坯料
直径（旋压）

$D_{\text{坯}}=3608$

2. 下料计算（展开图见图 2-78）

等面积法坯料直径 $D=\sqrt{8Rh_1+4ds+8h_2r+4D_1h_3}$

表达式推导如下：

因为坯料面积为 $\pi\left(\dfrac{D}{2}\right)^2$

球面部分面积为 $2\pi Rh_1$

过渡段面积为 $\pi(ds+2h_2r)$

直段面积为 πD_1h_3

所以 $\pi\left(\dfrac{D}{2}\right)^2=2\pi Rh_1+\pi\ (ds+2h_2r)\ +\pi D_1h_3$

简化后得：

$$D=\sqrt{8Rh_1+4ds+8h_2r+4D_1h_3}$$

式中　R——球面内半径，mm，此标准中 $R=D_1$；D_1——封头大端内直径，mm；h_1、h_2、h_3——分别为球部分、过渡段、直段高度，mm；d——D_1-2r，mm；s——过渡段内径展开长，mm；r——过渡段内半径，mm；H——不带直边封头高度，mm。

各有关数据计算结果如下：

$r=3020\text{mm}\times0.15=453\text{mm}$。

$H=3020\text{mm}\times0.226=683\text{mm}$。

$h_1=3020\text{mm}\times(1-\cos24°25')=270\text{mm}$。

$h_2=453\text{mm}\times\sin65°35'=413\text{mm}$。

$h_3=50\text{mm}$。

$d=(3020-2\times453)\text{mm}=2114\text{mm}$。

$s=\pi\times453\text{mm}\times\dfrac{65°35'}{180°}=519\text{mm}$。

$D=\sqrt{8\times3020\times270+4\times2114\times519+8\times413\times453+4\times3020\times50}\text{mm}=3608\text{mm}$。

3. 说明

用旋压法成形可不加余量，完全可以保证直径不会小。

十八、瓜瓣碟形封头料计算

瓜瓣碟形封头见图 2-79。图 2-80 所示为淋洗塔碟形封头施工图，碟形封头由三部分组成，即直段和小球面段、过渡段和大球面段，其要领是：大球面段展开半径按大球面区间形成的切线展开半径，纬圆半径按大球面区间形成的纬圆半径；小球面段展开半径按小球面段形成的切线展开半径，纬圆半径应是大球面段和小球面段纬圆半径之和。

图 2-79　立体图

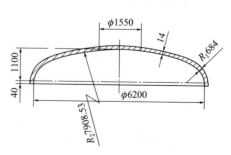

图 2-80　碟形封头

图 2-81 所示为计算原理图和展开图。

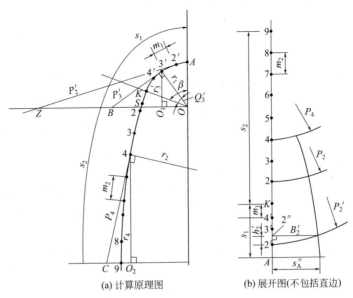

(a) 计算原理图   (b) 展开图(不包括直边)

图 2-81 碟形封头计算原理图和展开图

1. 板厚处理

本例按瓜瓣形式组焊，不论按瓜瓣还是旋压成形，板料都被拉伸变薄，故本例小球面半径 R_1、大球面半径 R_2 和端口直径皆按里皮计算之。

2. 下料计算（以图 2-82 为例）

详见第一章"二、展开半径和纬圆半径"中"碟形封头"的有关计算，此略。

3. 说明

成形方法：可在旋压厂的压鼓机上对压成形，根据规格选择对应的胎具。

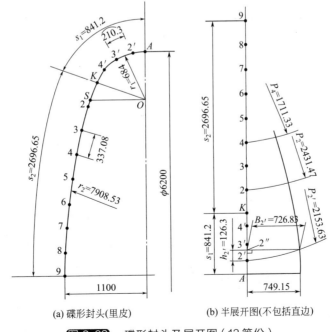

(a) 碟形封头(里皮)   (b) 半展开图(不包括直边)

图 2-82 碟形封头及展开图（13等份）

十九、锥形顶盖排板下料计算

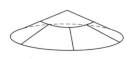

锥形顶盖的封头形式，其底角一般在 10°~15°，下面列举几种形式的排板下料方法，以供参考。锥形顶盖见图 2-83。

图 2-83　立体图

1. 板厚处理

（1）锥形顶盖所使用的板一般在 5~6mm，可不考虑板厚因素，按设计的直径和角度计算即可。

（2）为了焊接的需要，纵缝要（包括多片和整片）开 60°外坡口，留 1mm 钝边。

2. 下料计算

（1）一带多片倒颠互插排板下料方法　图 2-84 所示为腈装置进料罐锥形顶盖施工图，从图中可看出，底角较小，因而展开料包角一定会很大，大小端差也会很大，所以这种顶盖的排板，以多片倒颠互插为最节约原材料。

① 有关数据的计算：

大端展开半径 $R = \dfrac{4190\text{mm}}{2 \times \cos 12°} = 2142\text{mm}$。

小端展开半径 $r = \dfrac{508\text{mm}}{2 \times \cos 12°} = 258\text{mm}$。

整展开料包角 $\alpha = \dfrac{4190\text{mm} \times \pi \times 180°}{\pi \times 2142} = 352.1°$。

总弧长 $s = \pi \times 4190\text{mm} = 13163\text{mm}$。

② 粗确定等份瓜瓣数方法：在板宽一定的前提下（本例板宽 1220mm），确定等份数的方法是试算法，如图 2-85 所示。

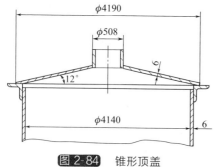

图 2-84　锥形顶盖

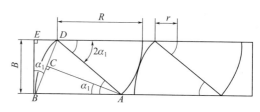

图 2-85　瓜瓣顶盖倒颠互插计算原理图

在直角三角形 ACB 和 BED 中：

$BD = 2R\sin\alpha_1$

板宽 $BE = BD\cos\alpha_1$（令 $BE = B$）

· 下面计算三个数据以确定一扇展开料包角。

按 $\alpha_1 = 16.5°$ 计算：$BD = 2 \times 2142\text{mm} \times \sin 16.5° = 1217\text{mm}$，$B = 1217\text{mm} \times \cos 16.5° = 1167(\text{mm})$。

同理得：按 $\alpha_1 = 17°$ 计算，$B = 1198\text{mm}$；按 $\alpha_1 = 17.5°$ 计算，$B = 1229\text{mm}$。

从以上的计算结果看，16.5°、17°、17.5° 离板边的距离分别为 -53mm、-23mm、+9mm，考虑到还要加刨边余量的因素，所以按 16.5° 为合理。

· 粗确定瓜瓣等份数的计算：$352.1° \div 2 \times 16.5° = 10.67$（等份）。

由此看出，根据板宽 1220mm，应分 11 等份。

③ 排版图各数据的计算（排版图见图 2-86）：

每等份包角　$2\alpha_1 = 352.1° \div 11 = 32.009°$。

每等份大端弧长 $s_1 = 13163\text{mm} \div 11 = 1197\text{mm}$。

每等份小端弧长 $s_1' = 508\text{mm} \times \pi/11 = 145\text{mm}$。

缺口大端弧长 $s_3 = (2\pi \times 2142 - \pi \times 4190)\text{mm} = 295\text{mm}$。

④ 在板上划线方法。具体方法如图 2-87 所示，叙述从略。

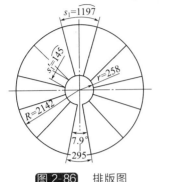

图 2-86　排版图

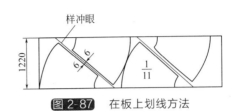

图 2-87　在板上划线方法

（2）两带板排板下料方法　如图 2-88 和图 2-89 所示为糠醛贮罐锥形顶盖施工图和排版图，从图中可看出，大端直径较大，小端直径较小，缺口大端弧长较大等于 692mm，若下成多片一带板形式，小端每等份弧长过小，造成应力集中，这是设计所不允许的，所以分成两带为宜，即下带分若干片，仍采用倒颠互插法划线，上带为整料或两半，用手工槽制成形。

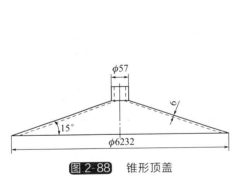

图 2-88　锥形顶盖

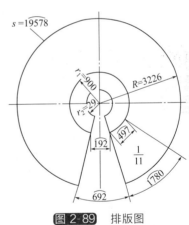

图 2-89　排版图

① 有关数据的计算。

大端展开半径 $R = \dfrac{6232\text{mm}}{2 \times \cos 15°} = 3226\text{mm}$。

小端展开半径 $r_2 = \dfrac{57\text{mm}}{2 \times \cos 15°} = 29\text{mm}$。

整展开料包角 $\alpha = \dfrac{6232 \times \pi \times 180°}{\pi \times 3226} = 348°$。

总弧长 $s = \pi \times 6232\text{mm} = 19578\text{mm}$。

② 粗确定瓜瓣等份数方法：本例用板 $-6 \times 1810\text{mm} \times 7000\text{mm}$，其确定方法同上例，即试算法，原理从略。

下面进行三个数据的试算。

按 $\alpha_1 = 15.5°$ 计算，其计算器手工计算程序是：$B = 15.5° \boxed{\sin} \boxed{\times} 2 \boxed{\times} 3226 = \boxed{\times} 15.5°$ $\boxed{\cos} \boxed{=} 1662$（mm）。

同理得：按 $\alpha_1 = 16°$ 计算，$B = 1710$mm；按 $\alpha_1 = 16.5°$ 计算，$B = 1757$mm。

从以上结果看，并考虑到加刨边余量的因素，按 $\alpha_1 = 16.5°$ 为合理。

粗确定瓜瓣等份数的计算：$348° \div 33° = 10.545$（等份），由以上计算可看出，根据板宽 1810mm，应分为 11 等份为最佳。

③ 确定上下带结合端口直径的方法：本例根据板宽达最佳节约料和上下带的匹配，所以取上带 $r_1 = 900$mm，那么结合端口的直径应为：$d = 2 \times 900$mm $\times \cos 15° = 1739$mm。

④ 排版图各数据的计算：

每等分的包角 $2\alpha_1 = 348° \div 11 = 31.636°$。

每等分大端弧长 $s_1 = \pi \times 6232$mm $\div 11 = 1780$mm。

下带上端口每等分弧长 $s_2 = \pi \times 1739$mm $\div 11 = 497$mm。

下带大端缺口弧长 $s_3 = (2\pi \times 3226 - \pi \times 6232)$mm $= 692$mm。

上带大端缺口弧长 $s_4 = (2\pi \times 900 - \pi \times 1739)$mm $= 192$mm。

（3）一带板条状排板下料方法　如图 2-90 所示为甲醛贮罐顶盖施工图，这种排板方法并不显得合理，单从雨水积雪的排泄来看就不合理，这种排板仅仅是一种排板形式而已。下面分别按跨心式和对称式排版叙述如下。

① 跨心式排板料计算（见图 2-91）：这种排板方法适用于弹性较好的薄板，只能用吊起法使对口合拢。下面进行有关数据的计算。

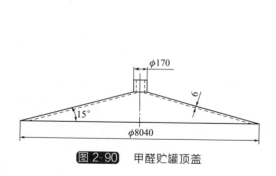

图 2-90　甲醛贮罐顶盖

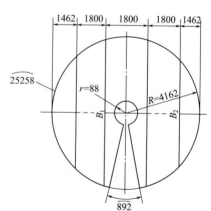

图 2-91　排版图（跨心式）

大端展开半径 $R = \dfrac{8040\text{mm}}{2 \times \cos 15°} = 4162$mm。

小端展开半径 $r = \dfrac{170\text{mm}}{2 \times \cos 15°} = 88$mm。

整展开料包角 $\alpha = \dfrac{8040 \times \pi \times 180°}{\pi \times 4162} = 347.72°$。

总弧长 $s = 8040$mm $\times \pi = 25258$mm。

大端缺口弧长 $s_1 = (2\pi \times 4162 - \pi \times 8040)$mm $= 892$mm。

小端缺口弧长 $s_2 = (2\pi \times 88 - \pi \times 170)$mm $= 19$mm。

弦长 $B_1 = 2 \times \sqrt{4162^2 - 900^2}$mm $= 4064$mm。

弦长 $B_2 = 2 \times \sqrt{4162^2 - 2700^2}$mm $= 3167$mm。

② 对称式排板料计算（见图 2-92）：这种排板方法也不合理，但可分两瓣卷制，此法适于弹性较差的厚板。上跨心式已将大部分数据计算，下面仅计算本形式所用的数据。

中半弦长 $B_1 = (4162 - 88)\text{mm} = 4074\text{mm}$。

弦长 $B_2 = 2 \times \sqrt{4162^2 + 1500^2}\ \text{mm} = 7765\text{mm}$。

弦长 $B_3 = 2 \times \sqrt{4162^2 + 3000^2}\ \text{mm} = 5770\text{mm}$。

（4）一带两半圆颠倒排板下料方法　如图 2-93 所示，为燃料油罐顶盖施工图，从图中可看出，由于底角较小，致使展开料包角过大（包角 $\alpha = 354.44°$），半扇的包角接近 $180°$，假设展开半径小于板宽 $10 \sim 20\text{mm}$ 的话，其排板宜下成两个半圆（当然小于 $180°$）为最佳排板形式；假设展开半径大于板宽，就要考虑采用前例之倒颠互插排板形式。本例属于前者，下面计算有关数据如下。

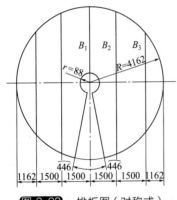

图 2-92　排板图（对称式）

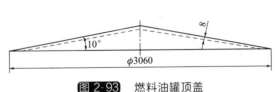

图 2-93　燃料油罐顶盖

① 大端展开半径 $R = \dfrac{3060\text{mm}}{2 \times \cos 10°} = 1554\text{mm}$。

② 整展开料包角 $\alpha = \dfrac{\pi \times 3060 \times 180°}{\pi \times 1554} = 354.44°$。

③ 总弧长 $s = \pi \times 3060\text{mm} = 9613\text{mm}$。

④ 缺口大端弧长 $s_1 = (2\pi \times 1554 - \pi \times 3060)\text{mm} = 151\text{mm}$。

本例使用 $-8\text{mm} \times 1570\text{mm} \times 6000\text{mm}$ Q235-A 板，排成两个半圆正合适，排板图如图 2-94 所示。

在板上划线方法如图 2-95 所示，这种排板方法可半扇在卷板机上卷制后组对成形，是一种巧合而又省工节料的理想排板方法。

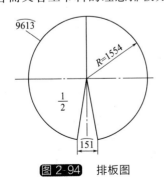

图 2-94　排板图

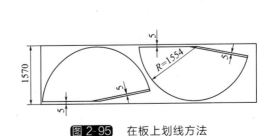

图 2-95　在板上划线方法

3. 说明

成形方法有以下几种。

（1）若上卷板机卷制，可预组焊成两大片，分片在卷板机上卷制；焊成整机是无法卷制的。此法适于弹性较小的较厚板。

（2）不上卷板机卷制时，可预组焊成一整体，以锥顶为吊点吊起，使对口合拢。此法适于弹性好的较薄板和底角较小者（底者越小缺口越小）。

（3）对于底角较小、缺口就小、板又较薄的锥顶盖，可用倒链将对口拉近后点焊成形。

（4）对于大规格、较厚板，多瓜瓣锥顶盖，可在组对支架上组对成形，根据规格的不同，组对支架的高度要加出焊接收缩量，如 $10000m^3$ 的贮罐，实际高度要比计算高度高出 $70\sim100mm$。

图 2-96　立体图

二十、对接罐底板排板料计算

本例只计算不规则边缘板和月牙板；中间板为规则矩形，其计算略。图 2-96 为对接罐底板排板料。图 2-97 为一罐底排板图，图 2-98 为计算原理图。

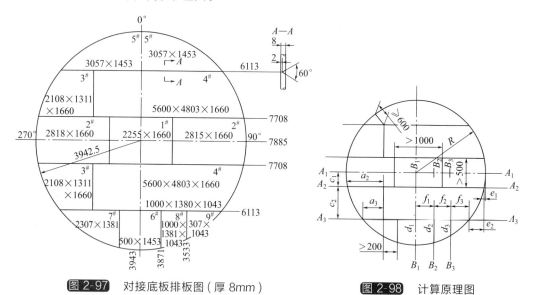

图 2-97　对接底板排板图（厚 8mm）　　　图 2-98　计算原理图

1. 板厚处理

本例的板厚处理为 60°外坡口，2mm 钝边，只从上面用大电流施焊，穿透 2mm 钝边即可。

2. 下料计算

（1）中心范围任一边缘板　如 $3^{\#}$ 板的计算。

① 大弦长 $A_2-A_2=2\sqrt{R^2-c_1^2}=2\times\sqrt{3942.5^2-830^2}$ mm$=7708$mm。

② 小弦长 $A_3-A_3=2\sqrt{R^2-(c_1+c_2)^2}=2\times\sqrt{3942.5^2-2490^2}$ mm$=6113$mm。

③ 两半弦长差 $e_2=\dfrac{(A_2-A_2)-(A_3-A_3)}{2}=\dfrac{7708-6113}{2}mm=797.5$mm。

④ 长边长 $a_2=(A_2-A_2)-l=(7708-5600)mm=2108$mm。

⑤ 短边长 $a_3=a_2-e_2=(2108-797.5)$mm$=1311$mm。

⑥ $3^{\#}$ 板尺寸为 $a_2\times a_3\times c_2=2108mm\times1311mm\times1660$mm。

（2）月牙板范围任一边缘板　如 $8^{\#}$ 板的计算。

① $A_3-A_3=2\sqrt{R^2-(nc_n)^2}=2\times\sqrt{3942.5^2-2490^2}$ mm$=6113$mm。

② $B_2 - B_2 = \sqrt{R^2 - f_1^2} = \sqrt{3942.5^2 - 750^2}$ mm $= 3871$mm。

③ $B_3 - B_3 = \sqrt{R^2 - (f_1 + f_2)^2} = \sqrt{3942.5^2 - 1750^2}$ mm $= 3533$mm。

④ $d_2 = B_2 - B_2 - (c_1 + c_2) = (3871 - 2490)$mm $= 1381$mm。

⑤ $d_3 = B_3 - B_3 - (c_1 + c_2) = (3533 - 2490)$mm $= 1043$mm。

⑥ $8^{\#}$ 板尺寸为 $f_2 \times d_2 \times d_3 = 1000$mm $\times 1381$mm $\times 1043$mm。

式中　R——按 $\dfrac{1.5 \sim 2}{1000}$ 加收缩量后底板半径，mm；c——条形板宽，mm；f——月牙板宽，mm；l——弦长上矩形板的长度，mm。

3. 说明

（1）直线部分要留出 3mm 刨边量。

（2）要注意坡口方向，如两对称的 $5^{\#}$ 板，单面坡口方向必相反。

二十一、搭接罐底板排板料计算

本例主要计算两个方面，一是条形板的计算，二是板端开缺口样板的计算。搭接罐底板排板见图 2-99。图 2-100 所示为一糠醛贮罐搭接底板。

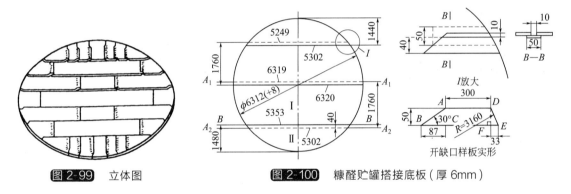

图 2-99　立体图　　　　图 2-100　糠醛贮罐搭接底板（厚 6mm）

1. 板厚处理

（1）本例底板为 6mm A3 钢板，底板铺好后，只能在上面施焊，为了能保证焊透不渗漏，采用了搭接缝。

（2）边沿 300mm 范围内，保证其平整不出现焊道，上立筒体板采用了下垫垫板，两板间隔 10mm，然后塞焊使其平整。

2. 下料计算

（1）条形板的计算　从图示的形式看，条形板较对接圆板料多了一个搭接量，实际上与对接圆板料计算完全相同，下面仅举Ⅰ板和Ⅱ板的计算说明。

① Ⅰ板的计算：

- 大弦长 $A_1 - A_1 = 2 \times \sqrt{3160^2 - 40^2}$ mm $= 6319$mm。

- 小弦长 $A_2 - A_2 = 2 \times \sqrt{3160^2 - 1720^2}$ mm $= 5302$mm。

- 板宽 $B = 1760$mm。

② Ⅱ板的计算：

- 弦长 $B - B = 2 \times \sqrt{3160^2 - 1680^2}$ mm $= 5353$mm。

- 弦高 $h = (3160 + 40 - 1720)$mm $= 1480$mm。

（2）板端缺口样板的计算

如图 2-100 中Ⅰ放大所示为板端开缺口下加垫板的布置图，下面计算各数据。

① 在直角三角形 *ACB* 中

$$BC = \frac{50\text{mm}}{\tan 30°} = 87\text{mm}。$$

② 在直角三角形 *DFE* 中

$(5302-5236)\text{mm} \div 2 = 33\text{mm}$（在 1770mm 处弦长等于 5236mm）。

D、*E* 两点确定后，用 *R* = 3160mm 的样板划弧即得端头样板。

样板放置位置口诀：样板长边与底板上板边缘重合。

3. 说明

① 两搭接板若不严贴时，可用短角钢配撬棍压下后点焊。

② 如图 2-100 中 Ⅰ 放大，边缘板由搭接到平面的过渡段可用气焊烤红后砸贴。

二十二、油罐瓜瓣拱形顶盖料计算

贮罐的拱形顶盖实际上就是球缺封头。本文主要叙述瓜瓣料计算、加强筋板料计算。图 2-101 为 11000m³ 拱顶盖施工图，分 40 等份，搭接量 40mm。图 2-102 为计算原理图。

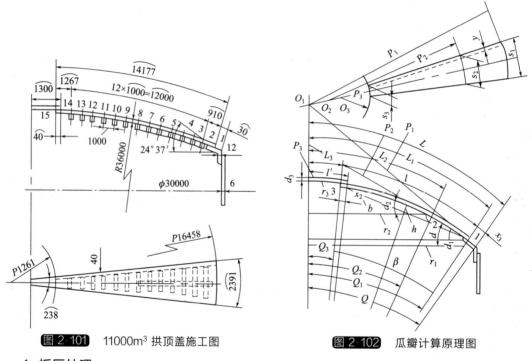

图 2-101　11000m³ 拱顶盖施工图　　　　图 2-102　瓜瓣计算原理图

1. 板厚处理

（1）本例顶盖板之间采用搭接焊，这是因为顶盖板现场组焊完毕后，内侧焊立焊难度较大，只能在外侧焊平焊。为了保证焊缝的严密性，采用搭接焊比采用对接焊要好得多，故采用搭接焊。搭接断面实际上就是一个直角形坡口，对提高焊接质量很有利。

（2）顶盖板 6mm，又加之为搭接，故可不考虑板厚因素。

2. 瓜瓣料计算

① 半拱顶弧长 $L = \frac{\pi R \alpha}{180°} = \frac{\pi \times 36000\text{mm} \times 24.617°}{180°} = 15467\text{mm}$。

② 一扇展开料长 $l = L - l' - x_1 + x_2 = (15467 - 1300 - 30 + 40)\text{mm} = 14177\text{mm}$。

③ 一扇弧长所对球心角 $\beta = \frac{l \times 180°}{\pi R} = \frac{14177 \times 180°}{\pi \times 36000} = 22.564°$。

④ 一扇弧长所对应弦长 $b = 2R\sin\dfrac{\beta}{2} = 2 \times 36000\text{mm} \times \sin\dfrac{22.564°}{2} = 14086\text{mm}$。

⑤ 一扇弧长的弦高 $h = R - R\cos\dfrac{\beta}{2} = \left(36000 - 36000 \times \cos\dfrac{22.564°}{2}\right)\text{mm} = 696\text{mm}$。

⑥ 任一点至拱顶点弧长 $L_n = L - L'_n$（$L_1 = 15437\text{mm}$，$L_6 = 10527\text{mm}$，$L_{15} = 1260\text{mm}$）。

⑦ 任一点至拱顶点弧长所对应球心角

$$Q_n = \frac{L_n 180°}{\pi R}（Q_1 = 24.569°，Q_6 = 16.754°，Q_{15} = 2.005°）。$$

⑧ 任一点纬圆半径 $r_n = R\sin Q_n$（$r_1 = 14968\text{mm}$，$r_6 = 10378\text{mm}$，$r_{15} = 1259\text{mm}$）。

⑨ 一扇展开料上任一位置横向弧长

$$s_n = \frac{2\pi r_n}{m} + y（s_1 = 2391\text{mm}，s_6 = 670\text{mm}，s_{15} = 238\text{mm}）。$$

⑩ 任一点展开半径 $P_n = R\tan Q_n$（$P_1 = 16458\text{mm}$，$P_6 = 10838\text{mm}$，$P_{15} = 1261\text{mm}$）。

式中 R——顶盖球内半径，mm；α——拱底抑角，(°)，根据互余关系，$\alpha = Q$（球心角）；l'——半顶圆弧长，mm；x_1——大端搭接量，mm；x_2——小端搭接量，mm；L'_n——任一点至拱底弧长，mm；m——顶盖等分数；y——横向搭接量，mm。

3. 简易计算法

如图 2-103 所示为一扇简易计算展开图，此计算法仅适于有搭接量的情况下使用，不适用于对接板的情况。

一扇净料的顶盖板，实形是中部圆滑起拱的扇形板，经压制达到设计的曲率后，其投影是一直线。简易下料的关键就是找出中部起凸点的位置，然后大端、中点、小端三点圆滑连线，即为简易方法作出的一扇展开料样板。下面仅计算中凸点的位置。大小端各数据同各点计算法，此从略。

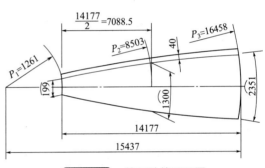

图 2-103 简易计算展开图

中段各数据的计算：

① 球心角 $Q_2 = \dfrac{\left(l_3 - \dfrac{l}{2}\right) \times 180°}{\pi R} = \dfrac{\left(15437 - \dfrac{14177}{2}\right) \times 180°}{\pi \times 36000} = 13.29°$。

② 中点纬圆半径 $r_2 = R\sin Q_2 = 36000\text{mm} \times \sin 13.29° = 8274\text{mm}$。

③ 中点横向弧长 $s_2 = \dfrac{2\pi r_2}{m} = \dfrac{2\pi \times 8274}{40}\text{mm} = 1300\text{mm}$。

④ 中点展开半径 $P_2 = R\tan Q_2 = 36000\text{mm} \times \tan 13.29° = 8503\text{mm}$。

式中 l_3——球中心至瓜瓣大端弧长，mm；l——一扇展开料长，mm；R——球内半径，mm。

连线的方法：大、中、小三点决定后，通过大、小两点打一粉线，打粉线的目的是徒手连线时作为基准线，以期使弧线更圆滑。净料线划出后，同时在一侧划出 40mm 的搭接线。

4. 展开料样板的画法

① 由于此顶盖规格特大，用油毡纸作样板要接用，接用的工具为两端为尖状的薄铁皮即可。

② 画一线段长为 14177mm，并找出其中点。

③ 用钢卷尺画弧，其小、中、大端的半径分别为 $P_1 = 1261\text{mm}$、$P_2 = 8503\text{mm}$、$P_3 = 16458\text{mm}$。

④ 在中线上以小、中、大三点，为基点，分别向两侧直线量取 $\dfrac{199}{2}\text{mm}$、$\dfrac{1300}{2}\text{mm}$、$\dfrac{2351}{2}\text{mm}$，与弧线相交得各交点，圆滑连接各点即得顶盖净料样板。

向两侧直线量取半弧长是完全可取的，原因有二：

一是由于规格太大，弧长和弦长相差甚微，可忽略不计；

二是顶盖板之间为搭接，搭接量大点小点无大碍。

⑤ 在一侧平行加出 40mm，即为搭接量。

5. 筋板料计算

如图 2-101 中所示，每扇有 13 条横向筋板和一条中筋板，其计算方法在扇形展开料的计算中已经涉及，现介绍如下。

（1）横向筋板的计算。

• 平弯半径计算。筋板的平弯半径也就是筋板所处位置的展开半径，如第六条筋板的平弯半径是：
$$P_6 = R \tan Q_6 = 36000\text{mm} \times \tan16.7543° = 10838\text{mm}。$$

• 立弯半径计算。筋板的立弯半径也就是球半径，即 36000mm。

• 筋板的长度计算。筋板的长度也就是此筋板所处位置的横向弧长减去两个搭接量，如第六条的长度是：
$$s_6 = \frac{2\pi r_6}{m} - 2y - \delta = \left(\frac{2\pi \times 10378}{40} - 80 - 10 \right)\text{mm} = 1540\text{mm}。$$

中间无纵向筋板者可不减 δ。

（2）纵向筋板的计算：如图 2-101 中所示，只在大端的中下部有中筋板，其曲率等于球半径，其长度按等分数计算便是，本例一扇的纵向长度约 7000mm。

（3）说明如下。

① 弦长 b、弦高 h 供制作胎具和安装顶盖时作验证数据用。

② 立筋也属顶盖下料范围，横向应是符合 R、P_n 的双曲立筋，纵向应是符合 R 的单曲立筋。

③ 瓜瓣成形方法：将一扇瓜瓣放于组对胎上，按设计位置周向点焊限位铁，以控制瓜瓣板的位置，放上缺口工字钢，通过绞链和楔铁将板压贴压紧，然后再点焊纵向、横向筋板，有间隙时可用压杠压贴之。

焊完后，一扇瓜瓣板的双向曲率就基本定形了。

二十三、球壳板料计算

球形贮罐按分瓣形式分为橘瓣式、足球瓣式、混合瓣式等几种，但常用的为橘瓣式；按分瓣的规格分为整瓜瓣和半瓜瓣两种形式。本节分别按橘瓣式、整瓜瓣式和半整瓜瓣式叙述，目的是为了向读者阐明三个问题：一是料的计算方法；二是整瓜瓣和半整瓜瓣料计算有何不同；三是球壳板的压制胎具和压制方法。

小型的瓜瓣球和瓜瓣封头，如网架结构的球、装饰用的球，道理同上，此略。

还有整圆形料压制的半球形（两半焊成一个球），请参见本书有关章节。

（一）橘瓣式

施工图如图 2-104 所示，计算原理图如图 2-105 所示。

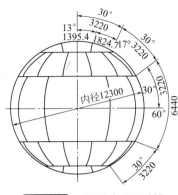

图 2-104 橘瓣式球形贮罐

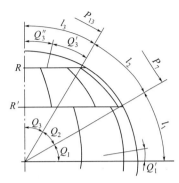

图 2-105 计算原理图

1. 赤道带

（1）展开料计算方法（见图 2-104～图 2-108）

① 半纵向长 $l_1 = \pi R \dfrac{Q_1}{180°} = \pi \times 6150\text{mm} \times \dfrac{30°}{180°} = 3220\text{mm}$。

② 纵向每等分弧长 $y = \dfrac{l_1}{n} = \dfrac{3220}{6}\text{mm} = 536.69\text{mm}$。

③ 每等分所对球心角 $Q'_1 = \dfrac{y180°}{\pi R} = \dfrac{180° \times 536.9}{\pi \times 6150} = 5°$。

④ 每等分点所处截圆半径 $R_n = R\cos nQ'_1$

如 $R_2 = 6150\text{mm} \times \cos5° = 6126.6\text{mm}$

同理得：$R_1 = 6150\text{mm}$，$R_3 = 6056.6\text{mm}$，$R_4 = 5940.4\text{mm}$，$R_5 = 5779.1\text{mm}$，$R_6 = 5573.8\text{mm}$，$R_7 = 5320.1\text{mm}$。

⑤ 各等分点横向弧长 $s_n = \pi R_n \dfrac{30°}{180°}$（赤道带分 12 瓣片，每片球心角为 30°）

如 $s_2 = \pi \times 6126.6\text{mm} \times \dfrac{30°}{180°} = 3207.9\text{mm}$

同理得：$s_1 = 3220\text{mm}$，$s_3 = 3171.2\text{mm}$，$s_4 = 3110.4\text{mm}$，$s_5 = 3025.9\text{mm}$，$s_6 = 2918.4\text{mm}$，$s_7 = 2788.7\text{mm}$。

⑥ 上口展开半径 $P_7 = R\tan(Q_2 + Q_3) = 6150\text{mm} \times \tan60° = 10652.1\text{mm}$。

⑦ 展开料上口包角 $\alpha_7 = \dfrac{s_7 180°}{\pi P_7} = \dfrac{2788.7 \times 180°}{\pi \times 10652.1} = 15°$。

⑧ 展开料上口弦高 $l_7 = P_7\left(1 - \cos\dfrac{\alpha_7}{2}\right) = 10652.1\text{mm} \times (1 - \cos7.5°) = 91.13\text{mm}$。

（2）成形后尺寸计算方法（见图 2-107）

① 端口尺寸

• 上口截圆半径 $R' = R\cos Q_1 = 6150\text{mm} \times \cos30° = 5326.1\text{mm}$。

• 上口弧长 $A_1 = \dfrac{2\pi R'}{m} = \dfrac{2\pi \times 5326.1\text{mm}}{12} = 2788.7\text{mm}$。

• 上口弦长 $C_1 = 2R'\sin\dfrac{360°}{2 \times 12} = 2 \times 5326.1\text{mm} \times \sin15° = 2757\text{mm}$。

• 上口弦高 $V_1 = R'\left(1 - \cos\dfrac{180°}{m}\right) = 5326.1\text{mm} \times (1 - \cos15°) = 181.5\text{mm}$。

② 纵向尺寸

- 弧长 $A_2 = \pi R \dfrac{2Q_1}{180°} = \pi \times 6150\text{mm} \times \dfrac{60°}{180°} = 6440\text{mm}$。

- 弦长 $C_2 = 2R\sin Q_1 = 12300\text{mm} \times \sin30° = 6150\text{mm}$。

- 弦高 $V_2 = R(1-\cos Q_1) = 6150\text{mm} \times (1-\cos30°) = 823.9\text{mm}$。

③ 对角线尺寸

- 对角线弦长 $C = \sqrt{C_1^2 + C_2^2} = \sqrt{2757^2 + 6150^2}\,\text{mm} = 6739.7\text{mm}$。

- 对角线所对球心角 $Q = 2 \times \arcsin\dfrac{C}{2R} = 2 \times \arcsin\dfrac{6739.7}{12300} = 66.452°$（由弦长公式推导而得）。

- 弧长 $A = \pi R \dfrac{Q}{180°} = \pi \times 6150\text{mm} \times \dfrac{66.452°}{180°} = 7132.8\text{mm}$。

- 弦高 $V = R\left(1-\cos\dfrac{Q}{2}\right) = 6150\text{mm} \times \left(1-\cos\dfrac{66.452°}{2}\right) = 1005.4\text{mm}$。

④ 中横向尺寸

- 弧长 $A = \dfrac{2\pi R}{m} = \dfrac{2\pi \times 6150\text{mm}}{12} = 3220\text{mm}$。

- 弧长 $C = 2R\sin\dfrac{180°}{m} = 2 \times 6150\text{mm} \times \sin15° = 3183.5\text{mm}$。

- 弦高 $V = R\left(1-\cos\dfrac{180°}{m}\right) = 6150\text{mm} \times (1-\cos15°) = 209.6\text{mm}$。

式中 Q_1——赤道带半球心角，（°）；Q_2、Q_3——温带、极带球心角，（°）；R——球内半径，mm；m——赤道带瓜瓣数，本例 $m=12$。

2. 温带

（1）展开料计算方法（见图 2-106～图 2-108）

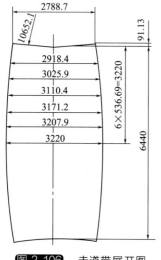

图 2-106 赤道带展开图

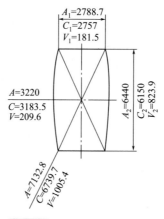

图 2-107 赤道带成形后尺寸

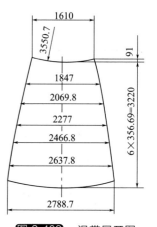

图 2-108 温带展开图

① 纵向长 $l_2 = \pi R \dfrac{Q_2}{180°} = \pi \times 6150\text{mm} \times \dfrac{30°}{180°} = 3220\text{mm}$。

② 纵向每等分弧长 $y = \dfrac{l_2}{n} = \dfrac{3220\text{mm}}{6} = 536.69\text{mm}$。

③ 每等分所对球心角 $Q'_2 = \dfrac{y \, 180°}{\pi R} = \dfrac{536.69 \times 180°}{\pi \times 6150} = 5°$。

④ 各等分点所处截圆半径 $R_n = R\cos(Q_1 + nQ'_2)$

如 $R_7 = 6150\text{mm} \times \cos 30° = 5326.1\text{mm}$

$R_8 = 6150\text{mm} \times \cos 35° = 5037.8\text{mm}$

同理得：$R_9 = 4711.2\text{mm}$，$R_{10} = 4348.7\text{mm}$，$R_{11} = 3953\text{mm}$，$R_{12} = 3527.5\text{mm}$，$R_{13} = 3075\text{mm}$。

⑤ 各等分点横向弧长 $s_n = \pi R_n \dfrac{30°}{180°}$（温带 12 等分，每等分 30°）

如 $s_7 = \pi R_7 \dfrac{30°}{180°} = \pi \times 5326.1\text{mm} \times \dfrac{30°}{180°} = 2788.7\text{mm}$

同理得：$s_8 = 2637.8\text{mm}$，$s_9 = 2466.8\text{mm}$，$s_{10} = 2277\text{mm}$，$s_{11} = 2069.8\text{mm}$，$s_{12} = 1847\text{mm}$，$s_{13} = 1610\text{mm}$。

⑥ 上口展开半径 $P_{13} = R\tan Q_3 = 6150\text{mm} \times \tan 30° = 3350.7\text{mm}$。

⑦ 展开料上端所对顶角 $\alpha_{13} = \dfrac{s_{13} \, 180°}{\pi P_{13}} = \dfrac{1610 \times 180°}{\pi \times 3350.7} = 25.98°$。

⑧ 展开料上口弦高 $e_{13} = P_{13}\left(1 - \cos\dfrac{\alpha_{13}}{2}\right) = 3550.7\text{mm} \times (1 - \cos 12.99°) = 91\text{mm}$。

(2) 成形后尺寸计算方法（见图 2-109）

① 上端口尺寸

- 截圆半径 $R'' = R\cos(Q_1 + Q_2) = 6150\text{mm} \times \cos 60° = 3075\text{mm}$。

- 弧长 $A = \dfrac{2\pi R''}{m} = \dfrac{2\pi \times 3075\text{mm}}{12} = 1610\text{mm}$。

- 弦长 $C = 2R''\sin\dfrac{180°}{m} = 2 \times 3075\text{mm} \times \sin\dfrac{180°}{2} = 1591.7\text{mm}$。

- 弦高 $V = R''\left(1 - \cos\dfrac{180°}{m}\right) = 3075\text{mm} \times (1 - \cos 15°) = 104.8\text{mm}$。

② 下端口尺寸：同赤道带端口尺寸。

③ 纵向尺寸

- 弧长 $A = \pi R \dfrac{Q_2}{180°} = \pi \times 6150\text{mm} \times \dfrac{30°}{180°} = 3220\text{mm}$。

- 弦长 $C = 2R\sin\dfrac{Q_2}{2} = 12300\text{mm} \times \sin 15° = 3183.5\text{mm}$。

- 弦高 $V = R\left(1 - \cos\dfrac{Q_2}{2}\right) = 6150\text{mm} \times (1 - \cos 15°) = 209.6\text{mm}$。

④ 对角线尺寸

- 弦长 $C = \sqrt{\left(C_3 - \dfrac{C_3 - C_1}{2}\right)^2 + C_2^2}$（计算原理见图 2-110）

$$= \sqrt{\left(2757 - \dfrac{2757 - 1591.7}{2}\right)^2 + 3183.5^2}\ \text{mm} = 3855\text{mm}$$

- 对角线所对球心角 $Q = 2\arcsin\dfrac{C}{2R}$（由弦长公式推导而得）$= 2\arcsin\dfrac{3855}{12300} = 36.53°$。

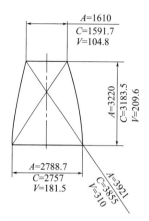

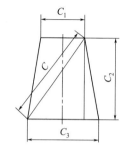

图 2-109　温带成形后尺寸　　　　　　图 2-110　对角线弦长计算原理图

- 弧长 $A = \pi R \dfrac{Q}{180°} = \pi \times 6150\text{mm} \times \dfrac{36.53°}{180°} = 3921\text{mm}$。

- 弦长 $V = R\left(1 - \cos\dfrac{Q}{2}\right) = 6150\text{mm} \times \left(1 - \cos\dfrac{36.53°}{2}\right) = 310\text{mm}$。

3. 极带

(1) 中央板（见图 2-111）

① 展开料计算方法。

- 半纵向长 $l = \pi R \dfrac{Q_3}{180°} = \pi \times 6150\text{mm} \times \dfrac{30°}{180°} = 3220\text{mm}$。

- 纵向每等分弦长 $y = \dfrac{l}{n} = \dfrac{3220\text{mm}}{6} = 536.68\text{mm}$。

- 每等分所对球心角

$$Q = \dfrac{y\,180°}{\pi R} = \dfrac{536.68 \times 180°}{\pi \times 6150} = 5°。$$

- 各等分点所处截圆半径 $R_n = R\cos(n-1)Q$

如 $R_2 = 6150\text{mm} \times \cos5° = 6126.6\text{mm}$

同理得：$R_1 = 6150\text{mm}$，$R_3 = 6056.6\text{mm}$，$R_4 = 5940.45\text{mm}$，$R_5 = 5779\text{mm}$，$R_6 = 5573.8\text{mm}$，$R_7 = 5326\text{mm}$。

- 各等分点横向弧长 $s_n = \pi R_n \dfrac{2Q''_3}{180°}$ （见图 2-104，Q''_3 等于 $13°$）

如 $s_2 = \pi \times 6126.6\text{mm} \times \dfrac{26°}{180°} = 2780.2\text{mm}$

同理得：$s_1 = 2790.8\text{mm}$，$s_3 = 2748.4\text{mm}$，$s_4 = 2695.7\text{mm}$，$s_5 = 2622.5\text{mm}$，$s_6 = 2529.3\text{mm}$，$s_7 = 2416.9\text{mm}$。

- 端口展开半径 $P_{13} = R\tan Q_3 = 6150\text{mm} \times \tan30° = 3550.7\text{mm}$。

- 边沿半弧长 $l = \pi R \dfrac{\arcsin\sqrt{1 - \left(\dfrac{\cos Q_3}{\cos Q''_3}\right)^2}}{180°} = \pi \times 6150\text{mm} \times \dfrac{\arcsin\sqrt{1 - \left(\dfrac{\cos30°}{\cos13°}\right)^2}}{180°} = 2927.8\text{mm}$。

② 极带中央板成形后尺寸计算方法（见图 2-112）。

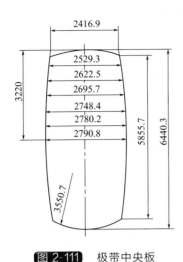

图 2-111　极带中央板

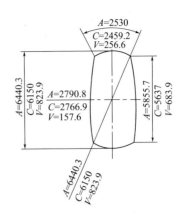

图 2-112　极带中央板成形后尺寸

- 端口尺寸：

极板截面半径 $R' = R\sin Q_3 = 6150\text{mm} \times \sin 30° = 3075\text{mm}$；

弧长 $A = \dfrac{2\pi R' - 4s'}{2} = \dfrac{2\pi \times 3075 - 4 \times 3565.2\text{mm}}{2} = 2530\text{mm}$

（s' 见图 2-114，等于 3565.2mm）；

端部所对圆心角 $\alpha = \dfrac{A\,180°}{\pi R'} = \dfrac{2530 \times 180°}{\pi \times 3075} = 47.14°$；

弦长 $C = 2R'\sin\dfrac{\alpha}{2} = 2 \times 3075\text{mm} \times \sin\dfrac{47.14°}{2} = 2459.2\text{mm}$；

弦高 $V = R'\left(1 - \cos\dfrac{\alpha}{2}\right) = 3075\text{mm} \times \left(1 - \cos\dfrac{47.14°}{2}\right) = 256.6\text{mm}$。

- 两侧角部间纵向尺寸：

弧长 $A = 2\pi R\,\dfrac{\arcsin\sqrt{1 - \left(\dfrac{\cos Q_3}{\cos Q''_3}\right)^2}}{180°} = 2\pi \times 6150\text{mm} \times \dfrac{\arcsin\sqrt{1 - \left(\dfrac{\cos 30°}{\cos 13°}\right)^2}}{180°} = $

5855.7mm；

弦长 $C = 2R\sin\alpha\left(令\ \alpha = \arcsin\sqrt{1 - \left(\dfrac{\cos 30°}{\cos 13°}\right)^2}\right) = 2 \times 6150\text{mm} \times \sin 27.28° = 5637\text{mm}$；

弦高 $V = R\ (1 - \cos\alpha) = 6150\text{mm} \times (1 - \cos 27.28°) = 683.9\text{mm}$。

- 中横向尺寸：

弧长 $A = \pi R\,\dfrac{2Q''_3}{180°} = 2 \times 6150\text{mm} \times \dfrac{26°}{180°} = 2790.8\text{mm}$；

弦长 $C = 2R\sin Q''_3 = 2 \times 6150\text{mm} \times \sin 13° = 2766.9\text{mm}$；

弦高 $V = R(1 - \cos Q''_3) = 6150\text{mm} \times (1 - \cos 13°) = 157.6\text{mm}$。

- 对角线（纵中线）尺寸：

弧长 $A = \pi R\,\dfrac{2Q_3}{180°} = \pi \times 6150\text{mm} \times \dfrac{60°}{180°} = 6440.3\text{mm}$；

弦长 $C = 2R\sin Q_3 = 12300\text{mm} \times \sin 30° = 6150\text{mm}$；

弦高 $V = R(1 - \cos Q_3) = 6150\text{mm} \times (1 - \cos 30°) = 823.9\text{mm}$。

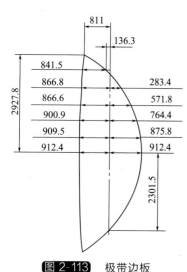

图 2-113　极带边板

（2）边板（见图 2-113）

① 边板左部分：

- 半纵向长 $l = \pi R \dfrac{\arcsin \sqrt{1 - \left(\dfrac{\cos Q_3}{\cos Q''_3}\right)^2}}{180°} = \pi \times 6150\text{mm} \times$

$\dfrac{\arcsin \sqrt{1 - \left(\dfrac{\cos 30°}{\cos 13°}\right)^2}}{180°} = 2927.8\text{mm}$。

- 每等分弧长 $y = \dfrac{l}{n} = \dfrac{2927.8\text{mm}}{6} = 487.97\text{mm}$。

- 每等分所对球心角 $Q = \dfrac{y180°}{\pi R} = \dfrac{487.97 \times 180°}{\pi \times 6150} = 4.546°$。

- 每等分点所处截圆半径 $R_n = R\cos(n-1)Q$

如 $R_2 = 6150\text{mm} \times \cos 4.546° = 6130.65\text{mm}$

同理得：$R_1 = 6150\text{mm}$，$R_3 = 6072.73\text{mm}$，$R_4 = 5976.6\text{mm}$，$R_5 = 5842.85\text{mm}$，$R_6 = 5672.35\text{mm}$，$R_7 = 5466.15\text{mm}$。

- 各等分横向弧长 $s_n = \pi R_n \dfrac{Q'_3}{2 \times 180°}$（$\dfrac{Q'_3}{2} = 8.5°$，见图 2-104）

如 $s_2 = \pi \times 6130.65\text{mm} \times \dfrac{8.5°}{180°} = 909.5\text{mm}$

同理得：$s_1 = 912.4\text{mm}$，$s_3 = 900.9\text{mm}$，$s_4 = 886.6\text{mm}$，$s_5 = 866.8\text{mm}$，$s_6 = 841.5\text{mm}$，$s_7 = 811\text{mm}$。

② 边板右部分：

- 半纵向弧长 $l = \pi R \dfrac{\arcsin \sqrt{1 - \left[\dfrac{\cos Q_3}{\cos\left(Q''_3 + \dfrac{Q'_3}{2}\right)}\right]^2}}{180°} = \pi \times 6150\text{mm} \times \dfrac{\arcsin \sqrt{1 - \left(\dfrac{\cos 30°}{\cos 21.5°}\right)^2}}{180°} = 2301.5\text{mm}$。

- 每等分弧长 y，同边板左部分的计算。
- 每等分所对球心角 Q，同边板左部分的计算。
- 各等分点所处纬圆地径 R_n，同边板左部分的计算。
- 各横向弧在其截圆上的圆心角 λ_n（左部分皆为 8.5°，而右部分各异）

$\lambda_n = \arcsin \dfrac{\sqrt{\sin^2 Q_3 - \sin^2 nQ}}{\cos nQ} - \left(Q''_3 + \dfrac{Q'_3}{2}\right)$

如 $\lambda_2 = \arcsin \dfrac{\sqrt{\sin^2 30° - \sin^2 4.5461°}}{\cos 4.5461°} - (13° + 8.5°) = 8.185°$

同理得：$\lambda_3 = 7.212°$，$\lambda_4 = 5.482°$，$\lambda_5 = 2.779°$，$\lambda_6 = -1.376°$，$\lambda_7 = -8.5°$。

式中　Q——中线一等份所对球心角，从边板左部分已知为 4.5461°；$Q''_3 + \dfrac{Q'_3}{2}$——13° + 8.5° = 21.5° 为定值。

- 各等份点横向弧长 $s_n = \pi R_n \dfrac{\lambda_n}{180°}$（$R_n$ 同边板左部分的 R_n）

如 $s_1 = \pi \times 6150\text{mm} \times \dfrac{8.5°}{180°} = 912.4\text{mm}$

同理得：$s_2 = 875.8\text{mm}$，$s_3 = 764.4\text{mm}$，$s_4 = 571.8\text{mm}$，$s_5 = 283.4\text{mm}$，$s_6 = 136.3\text{mm}$，$s_7 = 811\text{mm}$。

- 6 点与中心线的距离 $s = \pi R_n \dfrac{\lambda_6}{180°} = \pi \times 5672.35\text{mm} \times \dfrac{1.3761°}{180°} = 136.3\text{mm}$。

③ 极带边板成形后尺寸（图 2-114）。

- 左部分纵向尺寸：

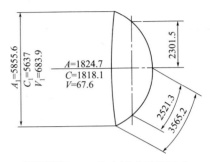

弧长 $A_1 = 2\pi R \dfrac{\arcsin\sqrt{1 - \left(\dfrac{\cos Q_3}{\cos Q''_3}\right)^2}}{180°}$

$= 2\pi \times 6150\text{mm} \times \dfrac{\arcsin\sqrt{1 - \left(\dfrac{\cos 30°}{\cos 13°}\right)^2}}{180°}$

$= 5855.6\text{mm}$；

图 2-114 极带边板成形后尺寸

弦长 $C_1 = 2R\sin\beta \left(\diamondsuit \beta = \arcsin\sqrt{1 - \left(\dfrac{\cos 30°}{\cos 13°}\right)^2}\right) =$
$2 \times 6150\text{mm} \times \sin 27.276° = 5637\text{mm}$；

弦高 $V_1 = R(1 - \cos\beta) = 6150\text{mm} \times (1 - \cos 27.276°) = 683.9\text{mm}$。

- 右部分纵向尺寸：

弧长 $A_2 = 2\pi R \dfrac{\arcsin\sqrt{1 - \left[\dfrac{\cos Q_3}{\cos\left(Q''_3 + \dfrac{Q'_3}{2}\right)}\right]^2}}{180°} = 2\pi \times 6150\text{mm} \times \dfrac{\arcsin\sqrt{1 - \left(\dfrac{\cos 30°}{\cos 21.5°}\right)^2}}{180°} =$

4603mm；

弦长 $C_2 = 2R\sin\beta \left(\diamondsuit \beta = \arcsin\sqrt{1 - \left(\dfrac{\cos 30°}{\cos 21.5°}\right)^2}\right) = 2 \times 6150\text{mm} \times \sin 21.44° = 4496\text{mm}$；

弦高 $V_2 = R(1 - \cos\beta) = 6150\text{mm} \times (1 - \cos 21.44°) = 425.6\text{mm}$。

- 横中线尺寸：

弧长 $A = \pi R \dfrac{Q'_3}{180°} = \pi \times 6150\text{mm} \times \dfrac{17°}{180°} = 1824.7\text{mm}$；

弧长 $C = 2R\sin\dfrac{Q'_3}{2} = 2 \times 6150\text{mm} \times \sin\dfrac{17°}{2} = 1818.1\text{mm}$；

弦高 $V = R\left(1 - \cos\dfrac{Q'_3}{2}\right) = 6150\text{mm} \times (1 - \cos 8.5°) = 67.6\text{mm}$。

- 右部分大小弧长：

极板的截圆半径 $R'' = R\sin Q_3 = 6150\text{mm} \times \sin 30° = 3075\text{mm}$；

大弧长 $s' = \pi R'' \dfrac{\arcsin\dfrac{C_1}{2R'}}{180°} = \pi \times 3075\text{mm} \times \dfrac{\arcsin\dfrac{5637}{2 \times 3075}}{180°} = 3565.2\text{mm}$；

小弧长 $s'' = \pi R'' \dfrac{\arcsin\dfrac{C_2}{2R''}}{180°} = \pi \times 3075\text{mm} \times \dfrac{\arcsin\dfrac{4496.3}{2 \times 3075}}{180°} = 2521.3\text{mm}$。

（二）整瓜瓣式

1. 图例名称

图 2-115 所示为一整瓜瓣贮罐的施工图，图 2-116 为计算原理图，图 2-117 为一净料的

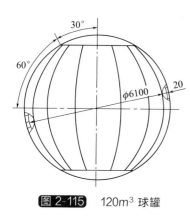

图 2-115　120m³ 球罐

整瓜瓣展开图。

2. 计算方法如下。

（1）半顶圆弧长 $l_1 = \pi R \dfrac{Q_1}{180°} = \pi \times 3060\text{mm} \times \dfrac{30°}{180°} = 1602.21\text{mm}$。

（2）各等份点至顶圆中心弧长 $l_n = l_1 + nm$

如 $l_{10} = (1602.21 + 9 \times 200)\text{mm} = 3402.21\text{mm}$

同理得：$l_2 = 1802.21\text{mm}$，$l_3 = 2002.21\text{mm}$，$l_4 = 2202.21\text{mm}$，$l_5 = 2402.21\text{mm}$，$l_6 = 2602.21\text{mm}$，$l_7 = 2802.21\text{mm}$，$l_{10} = 3402.21\text{mm}$，$l_{16} = 4602.21\text{mm}$，$l_{17} = 4806.63\text{mm}$，$l_{13} = 4002.21\text{mm}$。

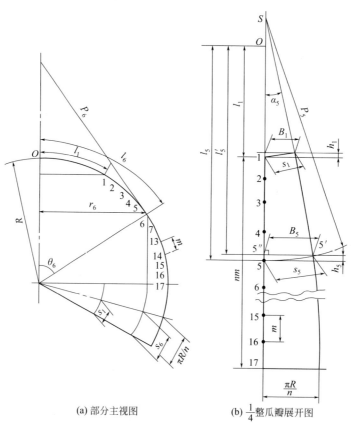

(a) 部分主视图　　　　(b) $\frac{1}{4}$ 整瓜瓣展开图

图 2-116　计算原理图

（3）各点所对球心角 $Q_n = 180° l_n / (\pi R)$

如 $Q_{10} = 180° \times 3402.21 / (\pi \times 3060) = 63.7°$

同理得：$Q_1 = 30°$，$Q_2 = 33.74°$，$Q_3 = 37.49°$，$Q_4 = 41.23°$，$Q_5 = 44.98°$，$Q_6 = 48.72°$，$Q_7 = 52.47°$，$Q_{10} = 63.7°$，$Q_{16} = 86.17°$，$Q_{17} = 90°$，$Q_{13} = 74.94°$。

（4）各点展开半径 $P_n = R \tan Q_n$

如 $P_{10} = 3060\text{mm} \times \tan 63.7° = 6191.44\text{mm}$

同理得：$P_1 = 1766.7\text{mm}$，$P_2 = 2043.85\text{mm}$，$P_3 = 2347.17\text{mm}$，$P_4 = 2681.66\text{mm}$，$P_5 = 3057.86\text{mm}$，$P_6 = 3485.58\text{mm}$，$P_7 = 3983.55\text{mm}$，$P_{16} = 45708.58\text{mm}$，$P_{17} = $ 无穷

大，$P_{13} = 11370.7$mm。

（5）纬圆半径 $r_n = R\sin Q_n$

如 $r_{10} = 3060$mm $\times \sin 63.7° = 2743.25$mm

同理得：$r_1 = 1530$mm，$r_2 = 1699.6$mm，$r_3 = 1862.39$mm，$r_4 = 2016.8$mm，$r_5 = 2162.99$mm，$r_6 = 2299.57$mm，$r_7 = 2426.69$mm，$r_{16} = 3053.17$mm，$r_{17} = 3060$，$r_{13} = 2954.9$mm。

（6）每瓣各纬圆 $\frac{1}{2}$ 弧长 $s_n = \pi r_n / n'$

如 $s_{10} = \pi \times 2743.25mm/12 = 718.18$mm

同理得：$s_1 = 400.55$mm，$s_2 = 444.95$mm，$s_3 = 487.57$mm，$s_4 = 528$mm，$s_5 = 566.27$mm，$s_6 = 602.03$mm，$s_7 = 635.31$mm，$s_{16} = 799.32$mm，$s_{17} = 801.11$mm，$s_{13} = 773.59$mm。

（7）展开图上各点所对顶角 $a_n = \dfrac{180° s_n}{\pi P_n}$

如 $\alpha_{10} = \dfrac{180° \times 718.18}{\pi \times 6191.44} = 6.65°$

同理得：$\alpha_1 = 12.99°$，$\alpha_2 = 12.47°$，$\alpha_3 = 11.9°$，$\alpha_4 = 11.28°$，$\alpha_5 = 10.61°$，$\alpha_6 = 9.896°$，$\alpha_7 = 9.14°$，$\alpha_{16} = 1.0019°$，$\alpha_{17} = 0°$，$\alpha_{13} = 3.898°$。

（8）展开图上各点所对应弦长 $B_n = P_n \sin\alpha_n$（见图 2-117）

如 $B_{10} = 6191.44$mm $\times \sin 6.65° = 716.99$mm

同理得：$B_1 = 397.12$mm，$B_2 = 441.33$mm，$B_3 = 484$mm，$B_4 = 524.54$mm，$B_5 = 563.02$mm，$B_6 = 599.03$mm，$B_7 = 632.78$mm，$B_{16} = 799.24$mm，$B_{17} = 801.11$mm，$B_{13} = 773$mm。

（9）展开图上各点弦高 $h_n = P_n(1 - \cos\alpha_n)$

如 $h_{10} = 6191.44$mm $\times (1 - \cos 6.65°) = 41.66$mm

同理得：$h_1 = 45.21$mm，$h_2 = 48.22$mm，$h_3 = 50.44$mm，$h_4 = 51.8$mm，$h_5 = 52.28$mm，$h_6 = 51.86$mm，$h_7 = 50.58$mm，$h_{16} = 6.99$mm，$h_{17} = 0$，$h_{13} = 26.3$mm。

（10）展开图上各垂足至顶圆中心长 $l'_n = l_n - h_n$

如 $l'_{10} = l_{10} - h_{10} = (3402.21 - 41.66)$mm $= 3360.55$mm

同理得：$l'_1 = 1557$mm，$l'_2 = 1753.99$mm，$l'_3 = 1951.77$mm，$l'_4 = 2150.41$mm，$l'_5 = 2349.93$mm，$l'_6 = 2550.36$mm，$l'_7 = 2751.63$mm，$l'_{16} = 4595.22$mm，$l'_{17} = 4806.63$mm，$l'_{13} = 3975.91$mm。

图中 Q_1——半顶圆所对球心角（°），设计为 $30°$；n——半整瓜瓣等分数，本例共 16 等分、17 个序号；m——每等分的弧长（mm），m_{16} 为 204.21mm，其余为 200mm；n'——球瓜瓣数，本例为 12 个整瓜瓣。

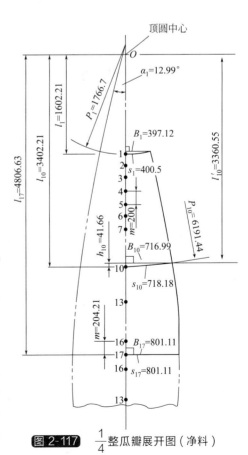

图 2-117 $\frac{1}{4}$ 整瓜瓣展开图（净料）

（三）半整瓜瓣式

为了更显明地说明整瓜瓣和半整瓜瓣料计算有何不同，仍利用上 120m³ 球罐，把它变成半球形式，下成半整瓜瓣，如图 2-118 所示为半球体，图 2-119 所示为一扇展开图。

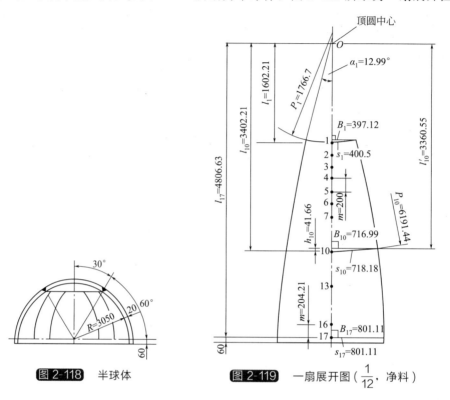

图 2-118　半球体　　**图 2-119**　一扇展开图（$\frac{1}{12}$，净料）

通过计算，两者的展开数据完全一样，展开料皆为净料，但在实践中发现，两者还是不一样，前者为净料，可不经任何修切，打出坡口，压制成形后便可组对成球，但后者根据计算数据也是净料，压制成形在组胎上组对时却不是净料，需组焊成形后二次切制，这是为什么呢？下面分析原因如下。

在分析原因之前，先明确两个术语，即封闭区域和自由边缘，如图 2-120 所示为瓜瓣壳板的封闭区域和自由边缘的分析图，1 为封闭区域，2 为自由边缘，压制时，不论是点压或上下胎对压，封闭区域的材质相互阻抗和牵制总是遵循着内层缩外层伸长的规律，但自由边缘就不同了，施压后，由于边缘部分受不到内部金属材质的阻抗和牵制，内外层皆发生了伸长变薄，幸好，这种伸长变薄是对称均匀进行的，总起来分析，这块料的总面积肯定比原始面积要大，因为四周都发生了拉伸变薄现象（封闭区域也有拉伸变薄的倾向，但量很小），由于对称、均匀，故不会影响壳板的组对、但大数据会增大，如直径和容积，但都能在允差范围。

如图 2-120 所示为半整瓜瓣展开图，即整瓜瓣料沿赤道线切断、赤道线范围由封闭区域变为自由边缘，由原来的内层缩外层伸变为内外层皆伸长，而这种伸长很不均匀，尤其是大端的角部，是两个自由边缘交汇的地方，所以这里的拉伸变薄要比赤道线中部的拉伸变薄大得多，从实践中完全可以证实这一分析，如图 2-121 所示，在平台组对时，两角接触平台而中部有间隙，即前面所说的原为净料变成了毛料。

处理方法：出现这种现象不是因为下料缺陷，而是因为压制变形造成的。整体组焊成形后，吊翻使小端朝下大端朝上，以大端中部为基点（最好量取半球体的高而定）划出端口切割线，作平口处理，即可得到无任何缺陷的半球体。

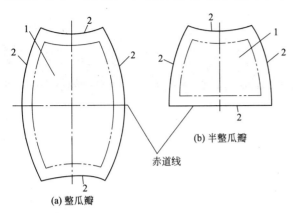

(a) 整瓜瓣

赤道线

(b) 半整瓜瓣

图 2-120　瓜瓣封闭区域和自由边缘分析图
1—封闭区域；2—自由边缘

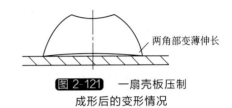

两角部变薄伸长

图 2-121　一扇壳板压制
成形后的变形情况

第三章　锥　管

本章主要介绍各类锥管料计算，如正圆锥台、双折边圆锥台、膨胀节、有斜度锥度方管等，还介绍了较大和特大展开半径圆锥台的计算和排板方法。

一、正圆锥台料计算

正圆锥台见图 3-1。图 3-2 为常见正圆锥台的施工图，图 3-3 为计算原理图。

图 3-1　立体图

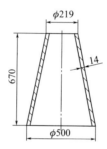

图 3-2　正圆锥台

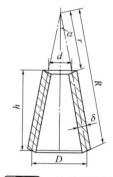

图 3-3　计算原理图

1. 板厚处理

（1）大小端皆按中径为计算基准。

（2）高为两端中心线点间的垂直距离。

（3）纵缝开 60°外坡口。

2. 下料计算（展开图见图 3-4）

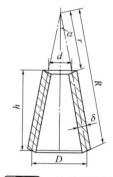

图 3-4　展开图

（1）整锥半顶角 $\alpha = \arctan \dfrac{D-d}{2h} = \arctan \dfrac{486-205}{2\times670} = 11.84°$。

（2）整锥展开半径 $R = \dfrac{D}{2\sin\alpha} = \dfrac{486\text{mm}}{2\sin11.84°} = 1184\text{mm}$。

（3）上锥展开半径 $r = \dfrac{d}{2\sin\alpha} = \dfrac{205\text{mm}}{2\sin11.84°} = 500\text{mm}$。

（4）展开料包角 $\omega = 360° \times \sin\alpha = 360° \times \sin11.84° = 73.865°$。

（5）展开料大端弧长 $s = \pi D = \pi \times 486\text{mm} = 1527\text{mm}$。

（6）展开料小端弧长 $s_1 = \pi d = \pi \times 205\text{mm} = 644\text{mm}$。

（7）展开料大端弦长 $A = 2R\sin\dfrac{\omega}{2} = 2 \times 1184\text{mm} \times \sin\dfrac{73.865°}{2} = 1423\text{mm}$。

（8）展开料小端弦长 $A_1 = 2r\sin\dfrac{\omega}{2} = 2 \times 500\text{mm} \times \sin\dfrac{73.865°}{2} = 601\text{mm}$。

（9）大小端弦心距 $B = (R - r)\cos\dfrac{\omega}{2} = (1184 - 500)\text{mm} \times \cos\dfrac{73.865°}{2} = 547\text{mm}$。

式中 D、d——大小端中直径，mm；h——两端中心径点间垂直距离，mm；α——锥台半顶角，(°)。

3. 展开图的划法

用放射线法作展开。

（1）作一线段 MN，使 $MN = A = 1423\text{mm}$。

（2）分别以 M、N 为圆心，以 $R = 1184\text{mm}$ 为半径画弧，两弧交于 O 点，$\angle OMN$ 必为 $\alpha = 73.865°$，若不是这个角度，说明计算有误。

（3）以 O 点为圆心，以 $r = 500\text{mm}$ 为半径画弧，与前轮廓线相交得交点 H、G，$MHGN$ 即为展开料。

（4）验证一下 A_1 和 B 是否等于 601mm 和 547mm，若不是，说明计算有误。

4. 说明

（1）在平板状态下，在刨边机上刨出纵缝外坡口；

（2）如果板厚超过 10mm，圆锥台的高可考虑按两端中径点间垂直距离，若在 10mm 以下，按图样标注即可，即使有点误差，也可用开外坡口补之。

二、直角斜圆锥台料计算

直角斜圆锥台见图 3-5。图 3-6 为一直角斜圆锥台的施工图，在机械制造行业常见到此锥台，大端连筒体，小端不接筒体；因上下端不同心，所以是斜的，倾斜之后的底角等于 90°，故称直角斜圆锥台。图 3-7 为计算原理图。

图 3-5 立体图

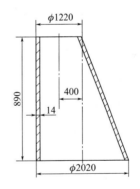

图 3-6 直角斜圆锥台

1. 板厚处理

（1）大小端皆以中径为计算基准。

（2）此例小端不接筒体，允差量较大，故高按设计即可。

（3）大端和纵缝皆开 60° 外坡口。

2. 下料计算（展开图见图 3-8）

本例大小端有 n 条展开半径，必须一条一条地计算，较正圆锥台麻烦一些。

（1）整斜圆锥高 $H = \dfrac{Dh}{D - d} = \dfrac{2006 \times 890}{2006 - 1206}\text{mm} = 2232\text{mm}$（相似三角形）。

（2）上部斜锥高 $h_1 = H - h = (2232 - 890)\text{mm} = 1342\text{mm}$。

（3）整斜圆锥任一展开半径 $R_n = \sqrt{\left(D\sin\dfrac{\beta}{2}\right)^2 + H^2}$（旋转法求实长）。

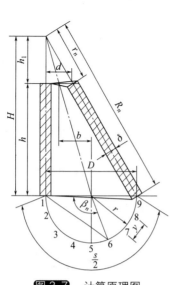

图 3-7　计算原理图

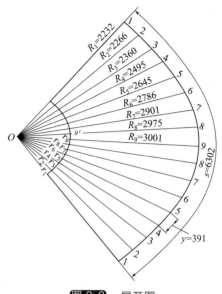

图 3-8　展开图

如 $R_6 = \sqrt{\left(2006 \times \sin\dfrac{112.5°}{2}\right)^2 + 2232^2}$ mm $= 2786$ mm

同理得：$R_1 = 2232$ mm，$R_2 = 2266$ mm，$R_3 = 2360$ mm，$R_4 = 2495$ mm，$R_5 = 2645$ mm，$R_7 = 2901$ mm，$R_8 = 2975$ mm，$R_9 = 3001$ mm；

（4）上部斜圆锥任一展开半径 $r_n = \dfrac{R_n h_1}{H}$（相似三角形），如

$$r_6 = \frac{2786 \times 1342}{2232} \text{mm} = 1675 \text{mm}$$

同理得：$r_1 = 1342$ mm，$r_2 = 1362$ mm，$r_3 = 1419$ mm，$r_4 = 1500$ mm，$r_5 = 1590$ mm，$r_7 = 1744$ mm，$r_8 = 1789$ mm，$r_9 = 1804$ mm。

（5）大端每等分弦长 $y = D \sin\dfrac{180°}{m} = 2006$ mm $\times \sin 11.25° = 391$ mm。

（6）大端展开弧长 $s = \pi D = \pi \times 2006$ mm $= 6302$ mm。

（7）小端展开弧长 $s_1 = \pi d = \pi \times 1206$ mm $= 3789$ mm。

式中　D、d——大小端中径，mm；h——设计高，mm；β_n——圆周各等分点与同一横向直径的夹角，(°)；m——大端圆周等分数，本例为 16 等分；r——大端中半径，mm。

3. 展开图的画法

用三角形法作展开。

（1）作线段 $O9 = R_9 = 3001$ mm；

（2）分别以 9、O 点为圆心，以 $y = 391$ mm、$R_8 = 2975$ mm 为半径画弧，两弧交于 8 点（两个）；

（3）同法得出大弧所有点；

（4）以 O 点为圆心，用 $r_9 = 1804$ mm 截取 $O9$，得 9′点；

（5）同法，在对应的 R_n 上截取 r_n，即得小端各点，圆滑连接大小弧上各点，即得展开图；

（6）为保证下料万无一失，可分别用钢卷尺量取大小端弧长分别为 6302mm 和 3789mm，若有误差，应重新计算。

4. 说明

（1）在平板状态下，用刨边机开出纵缝坡口；

（2）因此锥台的各素线不相等，且任一位置的曲率不同，所以不能用卷正圆锥台的方法连续滚压，应分几个区间间断卷制；

（3）也可作放射下胎、刀形上胎在压力机上从外向内一刀一刀地压制。

三、钝角斜圆锥台料计算

钝角斜圆锥台见图 3-9。图 3-10 为常见钝角斜圆锥台。施工图因为钝角斜圆锥台上下端口不同心，所以是斜的，倾斜之后的底角大于 90°，故称为钝角斜圆锥台。图 3-11 为计算原理图。

图 3-9　立体图

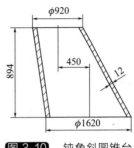

图 3-10　钝角斜圆锥台

1. 板厚处理

（1）大小端皆以中径为计算基准。

（2）高为两端中心线点间垂直距离。

（3）纵缝开 60°外坡口。

2. 下料计算（展开图见图 3-12）

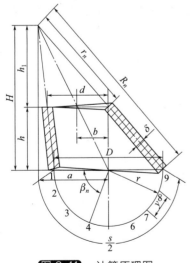

图 3-11　计算原理图

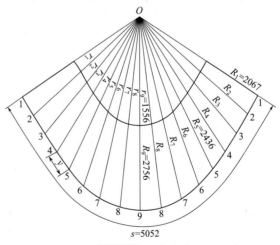

图 3-12　展开图

（1）整斜圆锥高 $H=\dfrac{Dh}{D-d}=\dfrac{1608\times894}{1608-904}\mathrm{mm}=2054\mathrm{mm}$。

（2）上部斜圆锥高 $h_1=H-h=(2054-894)\mathrm{mm}=1160\mathrm{mm}$。

（3）大端中心与锥顶偏心距 $a=\dfrac{Hb}{h}=\dfrac{2054\times450}{894}\mathrm{mm}=1034\mathrm{mm}$（相似三角形）。

（4）整斜圆锥任一展开半径 $R_n = \sqrt{a^2 + r^2 - 2ar\cos\beta_n + H^2}$ （余弦定理）

如 $R_7 = \sqrt{1034^2 + 804^2 - 2 \times 1034 \times 804 \times \cos135° + 2054^2}$ mm $= 2666$ mm

同理得：$R_1 = 2067$ mm，$R_2 = 2097$ mm，$R_3 = 2181$ mm，$R_4 = 2302$ mm，$R_5 = 2436$ mm，$R_6 = 2563$ mm，$R_8 = 2733$ mm，$R_9 = 2756$ mm。

（5）上部斜圆锥任一展开半径 $r_n = \dfrac{h_1 R_n}{H}$ （相似三角形）

如 $r_7 = \dfrac{1160 \times 2666}{2054}$ mm $= 1505$ mm

同理得：$r_1 = 1167$ mm，$r_2 = 1184$ mm，$r_3 = 1232$ mm，$r_4 = 1300$ mm，$r_5 = 1376$ mm，$r_6 = 1447$ mm，$r_8 = 1543$ mm，$r_9 = 1556$ mm。

（6）大端每等分弦长 $y = D\sin\dfrac{180°}{m} = 1608$ mm $\times \sin\dfrac{180°}{16} = 314$ mm。

（7）大端展开弧长 $s = \pi D = \pi \times 1608$ mm $= 5052$ mm。

（8）小端展开弧长 $s_1 = \pi d = \pi \times 908$ mm $= 2853$ mm。

式中　D——大端中直径，mm；d——小端中直径，mm；h——两端中径点间垂直距离，mm；b——两端口偏心距，mm；r——大端中半径，mm；β_n——大端圆周各等分点与同一横向直径的夹角，（°）；m——整圆周等分数，本例为 16。

3. 展开图的划法

用三角形法作展开。

（1）划线段 $O9 = R_9 = 2756$ mm。

（2）分别以 O、9 点为圆心，以 $y = 314$ mm、$R_8 = 2733$ mm 为半径划弧，两弧交于 8 点（两个）。

（3）同法得出大弧所有点。

（4）以 O 点为圆心，用 $r_9 = 1556$ mm 截取 $O9$，得 $9'$ 点。

（5）同法，在对应的 R_n 上截取 r_n，即得小端各点，圆滑连接大小弧上各点，即得展开图。

（6）为保证下料的准确性，可分别用钢卷尺量取大小端弧长分别为 5052mm 和 2853mm，若有误差，应重新计算。

4. 说明

（1）平板时在刨边机上开出纵缝坡口。

（2）因不是正圆锥台，各位置的曲率各异，应分几个区间分别间断卷制。

（3）也可作放射下胎、刀形上胎在压力机上从外向内压制。

四、锐角斜圆锥台料计算

锐角斜圆锥台见图 3-13。图 3-14 为工程上常见到的锐角斜圆锥台，上下端皆焊接筒体，因上下端口不同心，即谓斜，倾斜后的底角小于 90°，故称为锐角斜圆锥台，图 3-15 为计算原理图。

1. 板厚处理

（1）大小端以中径为计算基准。

（2）高按两端口中径点间的垂直距离（因两端皆与筒体连接，故允差较小）。

（3）纵缝和两端口都开 60° 外坡口。

2. 下料计算

本例的各素线不等，故展开半径也各异，必须一条一条地计算。

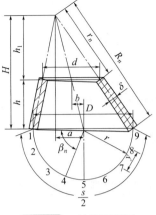

图 3-13　立体图　　　　图 3-14　锐角斜圆锥台　　　　图 3-15　计算原理图

（1）整斜圆锥高 $H = \dfrac{Dh}{D-d} = \dfrac{1806 \times 894}{1806 - 1006}$ mm $= 2018$ mm。

（2）上部斜圆锥高 $h_1 = H - h = (2018 - 894)$ mm $= 1124$ mm。

（3）大端中心与锥顶偏心距 $a = \dfrac{Hb}{h} = \dfrac{2018 \times 220}{894}$ mm $= 497$ mm。

（4）整锥任一展开半径 $R_n = \sqrt{a^2 + r^2 - 2ar\cos\beta_n + H^2}$ （余弦定理）

如 $R_2 = \sqrt{497^2 + 903^2 - 2 \times 497 \times 903 \times \cos 22.5° + 2018^2}$ mm $= 2075$ mm

同理得：$R_1 = 2058$ mm，$R_3 = 2121$ mm，$R_4 = 2189$ mm，$R_5 = 2266$ mm，$R_6 = 2341$ mm，$R_7 = 2402$ mm，$R_8 = 2442$ mm，$R_9 = 2456$ mm。

（5）上锥任一展开半径 $r_n = \dfrac{h_1 R_n}{H}$ （相似三角形）

如 $r_2 = \dfrac{1124 \times 2075}{2018}$ mm $= 1156$ mm

同理得：$r_1 = 1146$ mm，$r_3 = 1181$ mm，$r_4 = 1219$ mm，$r_5 = 1262$ mm，$r_6 = 1304$ mm，$r_7 = 1338$ mm，$r_8 = 1360$ mm，$r_9 = 1368$ mm。

（6）大端每等分弦长 $y = D\sin\dfrac{180°}{m} = 1806$ mm $\times 0.195 = 352$ mm。

（7）大端展开弧长 $s = \pi D = \pi \times 1806$ mm $= 5674$ mm。

（8）小端展开弧长 $s_1 = \pi d = \pi \times 1006$ mm $= 3160$ mm

式中　D——大端中直径，mm；h——两端中径点间垂直距离，mm；b——两端口偏心距，mm；r——大端中半径，mm；β_n——大端圆周各等分点与同一横向直径的夹角，（°）；m——整周等分数，本例为 16。

3. 展开图的划法（见图 3-16）

用三角形法划展开图。

（1）作线段 $O9 = R_9 = 2456$ mm。

（2）分别以 O、9 点为圆心，以 $y = 352$ mm、$R_8 = 2442$ mm 为半径划弧，两弧交于 8 点（两个）。

（3）同法得出大弧所有点。

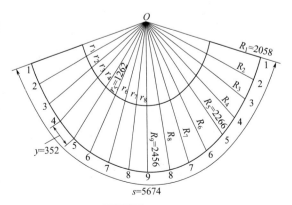

图 3-16　展开图

（4）以 O 点为圆心，用 $r_9 = 1368mm$ 截取 $O9$，得 $9'$ 点。

（5）同法，在对应的 R_n 上截取 r_n，即得小端各点，圆滑连接各点，即得展开图。

（6）为保证下料正确，可分别用钢卷尺量取大小端弧长是否分别为 5674mm 和 3160mm，若有误差，应重新计算。

4. 说明

（1）在平板状态下，在刨边机上开出纵缝坡口。

（2）此锥台的任一位置的曲率不同，所以不能用卷正圆锥台的方法连续卷制，应分区间卷制。

（3）也可作放射下胎、刀形上胎在压力机上压制。

五、带斜度、锥度管类断面的计算方法

在机械制造和安装工作中，经常会遇到要计算带斜度、锥度的管件某一断面的直径，如长为 30m 带锥度的圆管烟囱，是由很多节圆锥台连接而成的，下节的上端口必须与上节的下端口的直径相等，才能连为一体，所以计算某一断面的尺寸就显得很重要。带斜度、锥度管类断面见图 3-17。

1. 斜度和锥度概念

（1）斜度：一条直线与水平线相交的倾斜程度叫斜度，用交角的正切来表示。如斜度 $\angle 1:50$，即每 50 个长度单位缩小 1 个长度单位，常在一面倾斜的构件中见到。

（2）锥度：构件的断面向一端逐渐缩小的形式叫锥度，缩小的程度用交角的正切来表示。如锥度 $\angle 1:60$，即每 60 个长度单位缩小 1 个长度单位，常在周向缩小的构件中见到。

2. 下料计算如下

例 1　如图 3-18 所示为只有下板倾斜的排废水用方管施工图，需分三段运抵现场组焊。

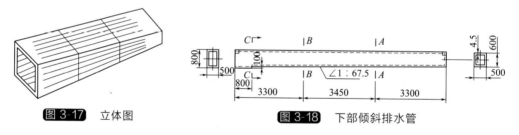

图 3-17　立体图　　　　　　　　图 3-18　下部倾斜排水管

（1）斜角 $\alpha = \arctan \dfrac{1}{67.5} = 0.85°$。

（2）高差 $f_n = l_n \tan\alpha$

$A-A$ 之 $f_1 = l_1 \tan\alpha = 3300mm \times \tan0.85° = 49mm$

$B-B$ 之 $f_2 = l_2 \tan\alpha = 6750mm \times \tan0.85° = 101mm$

$C-C$ 之 $f_3 = l_3 \tan\alpha = 9250mm \times \tan0.85° = 138mm$。

（3）高度 $h_n = h_0 + f_n$

$A-A$ 之 $h_1 = h_0 + f_1 = (600 + 49)mm = 649mm$

$B-B$ 之 $h_2 = h_0 + f_2 = (600 + 101)mm = 701mm$

$C-C$ 之 $h_3 = h_0 + f_3 = (600 + 138)mm = 738mm$。

（4）断面尺寸

$A-A$　　500mm×649mm

$B-B$　　500mm×701mm

$C-C$　　500mm×738mm

式中　l_n——每段长，mm；h_0——小端立板高，mm。

例2　如图3-19所示为排烟用方锥管施工图，是四板皆缩小的情况，设计分三段运往现场组焊。

（1）锥角 $\alpha = \arctan\dfrac{1}{24} = 2.4°$。

（2）高差 $f_n = l_n \tan\alpha$

$A-A$ 之 $f_1 = 6000\text{mm} \times \tan2.4° = 250\text{mm}$

$B-B$ 之 $f_2 = 10000\text{mm} \times \tan2.4° = 417\text{mm}$。

（3）高度 $h_n = h_0 - 2f_n$

$A-A$ 之 $h_1 = (2000-2\times250)\text{mm} = 1500\text{mm}$

$B-B$ 之 $h_2 = (2000-2\times417)\text{mm} = 1166\text{mm}$。

（4）断面尺寸

$A-A$　$1500\text{mm} \times 1500\text{mm}$

$B-B$　$1166\text{mm} \times 1166\text{mm}$

式中　h_0——大端边长，mm。

例3　如图3-20所示为粗丁醇接收罐锥体施工图，用一8mm×2000mm×6000mm16Mn钢板制作，受板宽限制，需分三个锥台和一个锥体下料制作，然后组焊成形。

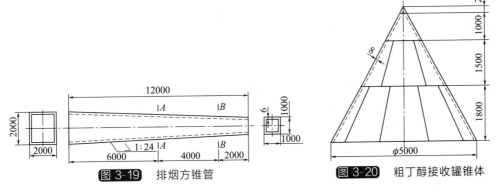

图 3-19　排烟方锥管　　　　**图 3-20**　粗丁醇接收罐锥体

（1）半顶角 $\alpha = \arctan\dfrac{2500}{4500} = 29°$。

（2）半直径差 $f_n = l_n \tan\alpha$（从大端到小端分别为 f_1、f_2、f_3）

$f_1 = 1800\text{mm} \times \tan29° = 1000\text{mm}$

$f_2 = 3300\text{mm} \times \tan29° = 1834\text{mm}$

$f_3 = 4300\text{mm} \times \tan29° = 2389\text{mm}$。

（3）任一断面直径 $D_n = D_0 - 2f_n$

断面 $D_1 = (5000-2\times1000)\text{mm} = 3000\text{mm}$

断面 $D_2 = (5000-2\times1834)\text{mm} = 1332\text{mm}$

断面 $D_3 = (5000-2\times2389)\text{mm} = 222\text{mm}$

式中　l_n——每段高，mm；D_0——大端直径，mm。

六、较小展开半径圆锥台料计算和排板方法

所谓较小展开半径，即是能用盘尺画弧作样板的锥台，此类锥台的排板分两种，即展开扇形沿板宽方向和板长方向，前者可使锥台的带数减少，片数增加；后者可使带数增加，片数减少，各有利弊，排板时可按板料规格和锥台用途决定之。下面以图3-21为例，用两种

不同的排板方法叙述之。

1. 扇形板沿板宽方向排板

（1）带板高度的确定　如图 3-22 所示为沿板宽方向排板下料的分析图，图（a）为沿板长方向顺排，图（b）为沿板长方向倒插排。若展开料的包角较小，即大小端差较小时，可用前法；若展开料的包角较大，即大小端差较大时，可用后法。对本例来说，展开料的包角较小，所以用前法，又根据本锥台的高度，所以选定 2000mm 为带板高。

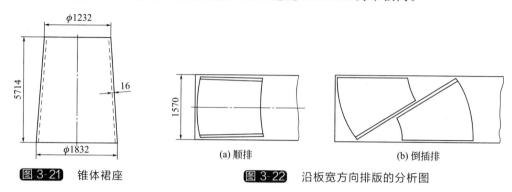

图 3-21　锥体裙座　　　　**图 3-22**　沿板宽方向排版的分析图

（a）顺排　　　　　　（b）倒插排

（2）展开所用各数据计算　每带板的高度确定后，便可进行展开用各数据的计算，如图 3-23 所示为按中径画出的分带图，现计算各数据如下。

① 底角 $\alpha=\arctan\dfrac{2\times5714}{1816-1216}=86.99458064°$

② 各带直径和展开半径

第一直径 $D_1=1816\text{mm}$

第一展开半径 $R_1=\dfrac{1816\text{mm}}{2\times\cos86.99458064°}=17318\text{mm}$；

第二直径 $D_2-\left(1816-2\times\dfrac{2000}{\tan86.99458064°}\right)\text{mm}=1606\text{mm}$

第二展开半径 $R_2=\dfrac{1606\text{mm}}{2\times\cos86.99458064°}=15316\text{mm}$

同理得：$D_3=1396\text{mm}$，$R_3=13313\text{mm}$；

$D_4=1216\text{mm}$，$R_4=11596\text{mm}$。

（3）排板用各数据计算　如图 3-24 所示为展开排板图。

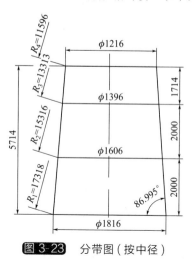

图 3-23　分带图（按中径）

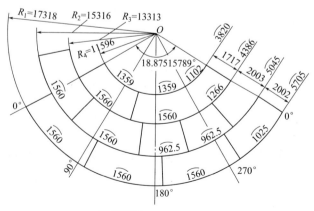

图 3-24　展开排板图

① 展开料包角 $\beta = \dfrac{\pi \times 1816 \times 180^\circ}{\pi \times 17318} = 18.87515879^\circ$。

② 第一直径展开长 $s_1 = \pi \times 1816\text{mm} = 5705\text{mm}$

同理得：$s_2 = 5045\text{mm}$，$s_3 = 4386\text{mm}$，$s_4 = 3820\text{mm}$。

③ 各带片板最大弧长的确定。确定最大弧长的目的是根据已给定的板宽达到最大限度节约板料的目的。最大弧长确定的方法很简单，即用试算的方法找出一片板的包角，以此角度算出弦长，此弦长若小于板宽 10mm，即为最理想的包角，然后以此包角求弧长，下面以第一带板为例作计算。

第一，假定包角为 5.1°，其弦长为：$17318\text{mm} \times 2 \times \sin\dfrac{5.1^\circ}{2} = 1541\text{mm}$。

第二，假定包角为 5.2°，其弦长为：$17318\text{mm} \times 2 \times \sin\dfrac{5.2^\circ}{2} = 1571\text{mm}$。

5.1° 稍小，5.2° 稍大，所以取 5.16° 为合适，其弦长为：

$17318\text{mm} \times 2 \times \sin\dfrac{5.16^\circ}{2} = 1560\text{mm}$。

所对应的弧长为：$\pi \times 17318\text{mm} \times \dfrac{5.16^\circ}{180^\circ} = 1560\text{mm}$。

④ 最上带片板小端弧长的验证。最上带片板大端弧长确定后，小端弧长也就相应确定了，其验证原理是：弧长的比等于直径的比，也等于展开半径的比。下面计算之。

$\dfrac{1560}{13313} = \dfrac{x}{11596}$　$x = 1359\text{(mm)}$

$\dfrac{1266}{13313} = \dfrac{x}{11596}$　$x = 1102\text{(mm)}$

2. 扇形板沿板长方向排板

如图 3-25 所示为沿板长方向排板下料分析图，图（a）、（b）皆为颠倒顺排，图（a）为展开料包角较小时，图（b）为展开料包角较大时，本例属于前者，所以采用图（a）进行排板计算。

（1）带板高度的确定　带板高度的确定，在板宽一定的前提下，主要计算每一小片弦高，小端弦高求得后，便可求得锥台的斜边长，然后再求高。

下面进行最下带板的高度计算。因为展开料的弧端弦高越往上越小（经计算已证明此结论）。计算出最下带板小端弦高后，上面的带板的弦高肯定比它小，其高度增加，所以应计算最下带板的高度。最下带板高度确定后，既能保证最下带板有一定余量，又可保证上面带板不致有太大的板料浪费。

① 底角 $\alpha = \arctan\dfrac{2 \times 5714}{1816 - 1216} = 86.99458064^\circ$。

② 最下带小端展开半径 $R_2 = \dfrac{1654\text{mm}}{2 \times \cos 86.99458064^\circ} = 15771\text{mm}$。

③ 展开料包角 $\beta = \dfrac{\pi \times 1816 \times 180^\circ}{\pi \times 17318} = 18.87515879^\circ$。

④ 最下带 $\dfrac{1}{4}$ 片小端弦高 $h_1 = 15771\text{mm} \times \left(1 - \cos\dfrac{18.87515879^\circ}{8}\right) = 13\text{mm}$。

⑤ 最下带锥台斜边长 $l'_1 = (1570 - 5 - 13 - 5)\text{mm} = 1547\text{mm}$。式中的 -5、-13、-5 分别为大端起割量、小端弦高、小端角部划刨边线余量。

⑥ 最下带锥台高度 $H'_1 = 1547\text{mm} \times \sin 86.99458064^\circ = 1545\text{mm}$。

（2）展开所用各数据计算　每带板的高度确定后，便可进行展开用各数据的计算，如图 3-26 所示为按中径画出的分带锥台图，现计算各数据如下。

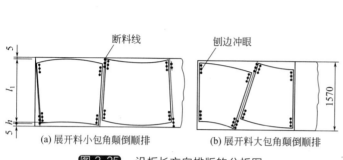

图 3-25　沿板长方向排版的分析图

图 3-26　分带图（按中径）

① 底角 $\alpha = \arctan \dfrac{2 \times 5714}{1816 - 1216} = 86.99458064°$。

② 各带直径和展开半径

第一直径 $D_1 = 1816\text{mm}$

第一展开半径 $R_1 = \dfrac{1816\text{mm}}{2 \times \cos 86.99458064°} = 17318\text{mm}$；

第二直径 $D_2 = \left(1816 - 2 \times \dfrac{1545}{\tan 86.99458064°}\right)\text{mm} = 1654\text{mm}$

第二展开半径 $R_2 = \dfrac{1654\text{mm}}{2 \times \cos 86.99458064°} = 15773\text{mm}$；

同理得：$D_3 = 1492\text{mm}$，$R_3 = 14224\text{mm}$；

　　　　　$D_4 = 1330\text{mm}$，$R_4 = 12677\text{mm}$；

　　　　　$D_5 = 1217\text{mm}$，$R_5 = 11596\text{mm}$。

（3）排板用各数据计算　如图 3-27 所示为展开排板图。

① 展开料包角 $\beta = \dfrac{\pi \times 1816 \times 180°}{\pi \times 17320} = 18.87515879°$。

② 第一直径展开长 $s_1 = \pi \times 1816\text{mm} = 5706\text{mm}$

同理得：$s_2 = 5196\text{mm}$，$s_3 = 4687\text{mm}$，$s_4 = 4175\text{mm}$，$s_5 = 3820\text{mm}$。

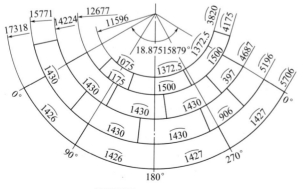

图 3-27　展开排版图

③ 小片板最大弧长的确定。以上计算带板高度时，已经决定了一整带板分四片，那么最下带一片大端弧长为：

$\pi \times 1816\text{mm} \div 4 = 1426\text{mm}$

越往上直径越小，当然每片的弧也越小。

（4）包角较大展开料沿板长方向的排板　在图 3-25（b）中提到包角较大的展开料沿板长方向颠倒顺排，编者谈谈自己的看法。

1）锥台分带高度的确定：其高度可近似用包角较小者处理，此略。

2）每带分片数：每带的分片方法难度较大，最简捷的办法是试分法，即在给定的板宽的情况下，用较大的样板覆于板上，找正位置，留出一定的切割量，然后用回缩弧线的方法，将样板上多余的部分剪掉，此样板即为一扇展开样板，并盘取其大端弧长，最后各片相加保证总弧长。

七、特大展开半径圆锥台料计算和排板方法

如图 3-28 所示为一烟囱裙座施工图。从图可看出，两端口直径差较小，展开半径特大，不便使用抢弧的方法直接划线或作样板，增加下料难度。用计算的方法解决这个难题，可确保下料质量，提高工效，节约钢材。下面叙述其方法。

1. 带板高度的确定

如图 3-29 所示为按中径画出的分带图，由于底角接近 90°，接近正圆筒，展开料接近矩形，展开料弧端弦高很小，且越往上越小（经计算已证明此结论），相应来说，用同一规格的板，其余量越往上越大，所以只要算出最下带板的高度，也就等于算出了其他各带板的高度。这样既保证了最下带板有一定余量，又保证了以上各带板不至于有太大的板料浪费，达到最大限度节约材料的目的。

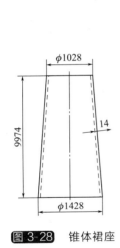

图 3-28　锥体裙座

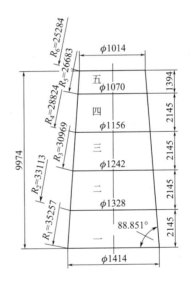

图 3-29　分带图（按中径）

下面进行第一带板下带板的高度计算（见图 3-30）。

(1) 底角 $\alpha = \arctan \dfrac{2 \times 9974}{1414 - 1014} = 88.851°$。

(2) 小端展开半径 $R_1 = \dfrac{1414\text{mm}}{2 \times \cos 88.851°} = 35257\text{mm}$。

(3) 展开料包角 $\beta = \dfrac{\pi \times 1414 \times 180°}{\pi \times 35257} = 7.219°$。

(4) 小端弦高 $h_1 = 35257\text{mm} \times \left(1 - \cos \dfrac{7.219°}{2}\right) = 70\text{mm}$。

(5) 第一带下带锥台斜边长 $l'_1 = (2220 - 5 - 70 - 5)\text{mm} = 2140\text{mm}$ [见图 3-30（b）]。

(6) 第一带下带锥台高度 $H'_1 = 2140\text{mm} \times \sin 88.851° = 2140\text{mm}$ [见图 3-30（a）中I]。

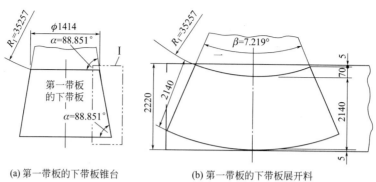

(a) 第一带板的下带板锥台　　　　(b) 第一带板的下带板展开料

图 3-30　第一带板下带板的计算确定带板高度

考虑到以上各带板，故本例各带板的高度确定为 2145mm 为最节约料。

2. 各带直径和展开半径的计算（见图 3-29）

（1）第一直径 $D_1 = 1414mm$。

（2）第一展开半径 $R_1 = \dfrac{1414mm}{2 \times \cos 88.851°} = 35257mm$。

（3）第二直径 $D_2 = \left(1414 - 2 \times \dfrac{2145}{\tan 88.851°}\right)mm = 1328mm$。

（4）第二展开半径 $R_2 = \dfrac{1328mm}{2 \times \cos 88.851°} = 33113mm$。

同理得：$D_3 = 1242mm$，$R_3 = 30969mm$；

$\quad\quad\quad D_4 = 1156mm$，$R_4 = 28824mm$；

$\quad\quad\quad D_5 = 1070mm$，$R_5 = 26680mm$；

$\quad\quad\quad D_6 = 1014mm$，$R_6 = 25284mm$。

3. 展开料的计算

（1）如图 3-31 所示为计算原理图及其计算公式。

① 大端弦长 $B = 2R_n \sin \dfrac{\beta}{2}$。

② 小端弦长 $B' = 2R_{n+1} \sin \dfrac{\beta}{2}$。

③ 大端起拱高 $h_1 = R_n \left(1 - \cos \dfrac{\beta}{2}\right)$。

④ 各等分点起拱高 $h_n = h_1 - R_n \left[1 - \cos\left(\arcsin \dfrac{nb}{R_n}\right)\right]$。

⑤ 大小端弦心距 $L = (R_n - R_{n+1})\cos \dfrac{\beta}{2}$。

式中　β——展开料包角，（°）；R_n、R_{n+1}——大、小端展开半径，mm；b——从中间向外分的等分距，mm。

（2）下面计算第一带板各数据，以示计算过程。

① 大端

- 大端弦长 $B = 35257mm \times 2 \times \sin \dfrac{7.219°}{2} = 4439mm$。

- 大端弦高 $h_1 = 35257mm \times \left(1 - \cos \dfrac{7.219°}{2}\right) = 70mm$。

- 各等分点起拱高 h_n

如 $h_2 = 70\text{mm} - 35257\text{mm} \times \left[1 - \cos\left(\arcsin\dfrac{200}{35257}\right)\right] = 69\text{mm}$

同理得：$h_3 = 68\text{mm}$，$h_4 = 65\text{mm}$，$h_5 = 61\text{mm}$，$h_6 = 56\text{mm}$，$h_7 = 50\text{mm}$，$h_8 = 42\text{mm}$，$h_9 = 34\text{mm}$，$h_{10} = 24\text{mm}$，$h_{11} = 13\text{mm}$，$h_{12} = 1.3\text{mm}$，$h_{13} = 0$。

- 大小端弦心距 $L = (35257 - 33113)\text{mm} \times \cos\dfrac{7.219°}{2} = 2133\text{mm}$。

② 小端

- 小端弦长 $B' = 33113\text{mm} \times 2 \times \sin\dfrac{7.219°}{2} = 4169\text{mm}$。

- 小端弦高 $h'_1 = 33113\text{mm} \times (1 - \cos\dfrac{7.219°}{2}) = 66\text{mm}$。

- 各等分点起拱高 h'_n

如 $h'_2 = 66\text{mm} - 33113\text{mm} \times \left[1 - \cos\left(\arcsin\dfrac{200}{33113}\right)\right] = 65\text{mm}$

同理得：$h'_3 = 64\text{mm}$，$h'_4 = 61\text{mm}$，$h'_5 = 56\text{mm}$，$h'_6 - 51\text{mm}$，$h'_7 = 32\text{mm}$，$h'_8 = 36\text{mm}$，$h'_9 = 27\text{mm}$，$h'_{10} = 17\text{mm}$，$h'_{11} = 6\text{mm}$，$h'_{12} = 0$。

4. 展开料在板上直接划线方法

如图 3-32 所示为在板上划第一带板的方法，其他各带方法相同，此从略。

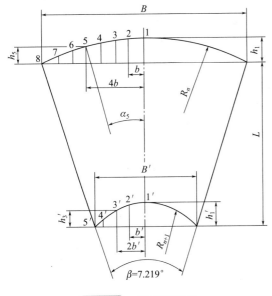

图 3-31　计算原理图　　　　图 3-32　第一带板在板上划线方法

（1）在板的一侧平行板边划一平行线 AB，距板边 75mm。

（2）作 AB 的平行线使距离等于 $(2140 + 5)$ mm（为了确保锥台高度，考虑到气割余量和焊接收缩量，所以多加 5mm，这样第一带小端正好到边，以上各带因其弦高变小就更有余量了）。

（3）以 A、B 两点为基点，用找直角的方法在 AB 的平行线上定出 C、D 两点。

（4）找出 AB、CD 线的中点 E 和 F，分别以两点为始点向左右以 200mm 为定距找出等分点。

（5）过各等分点作垂线，并在其上量取各弦高的诸点，圆滑连接各点，即得展开料实形。

八、波形膨胀节料计算

波形膨胀节的标准为 GB 16749—1997，其结构形式有：立式、卧式、内衬套式。不论哪种形式。其下料方法有两种：一是按双折边锥体的计算公式计算下料，此法适于大型允许出现纵缝的膨胀节；二是局部放实样取得展开料半径，此法适于小型 $\phi 900\text{mm}$ 以下不允许出现纵缝的膨胀节，下面分别叙述。

本书的计算公式及推导完全同"双折边锥体料计算"，请参阅。

1. 计算法

（1）计算公式   如图 3-33 所示为一膨胀节施工图，图 3-34 为计算原理图。现列出计算公式如下。

图 3-33   膨胀节

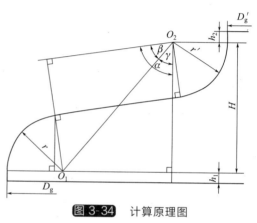

图 3-34   计算原理图

① $\beta = \arcsin \dfrac{r+r'}{\sqrt{\left(\dfrac{D_g}{2} - r - \dfrac{D_g'}{2} - r'\right)^2 + H^2}}$

② $\gamma = \arctan \dfrac{\dfrac{D_g}{2} - r - \dfrac{D_g'}{2} - r'}{H}$。

③ 锥体半顶角 $\alpha = \beta + \gamma$。

④ $\dfrac{D}{2} = \dfrac{D_g}{2} - r(1 - \cos\alpha) + \left(\dfrac{\pi r}{180°} \times \alpha + h_1\right)\sin\alpha$。

⑤ $\dfrac{d}{2} = \dfrac{D_g'}{2} + r'(1 - \cos\alpha) - \left(\dfrac{\pi r' \alpha}{180°} + h_2\right)\sin\alpha$。

⑥ 展开后锥台底角 $\lambda = 90° - \alpha$。

⑦ 展开后锥台高度 $H' = \dfrac{D-d}{2}\tan\lambda$。

⑧ 锥台展开料大端展开半径 $R_1 = \dfrac{D}{2\cos\lambda}$。

⑨ 锥台展开料小端展开半径 $R_2 = \dfrac{d}{2\cos\lambda}$。

⑩ 锥台展开料缺口大端弧长 $s = \pi(2R_1 - D)$

式中 D、d——展开后形成锥台大小端中直径，mm；D_g、D_g'、——双折边锥体大小端公称直径，为计算的需要，这里指中直径，mm；r、r'——双折边锥体大小端过渡段中半径，mm；h_1、h_2——双折边锥体大小端直边高，mm；H——双折边锥体不包括两端直边的垂直高，mm。

表达式推导见第一章双折边锥体料计算。

（2）计算举例　以图3-33为例计算如下：

① $\beta = \arcsin \dfrac{50+50}{\sqrt{(1205-50-1005-50)^2+115^2}} = 41°$。

② $\gamma = \arctan \dfrac{1205-50-1005-50}{115} = 41°$。

③ $\alpha = \beta + \gamma = 82°$。

④ $\dfrac{D}{2} = \left[1205-50\times(1-\cos 82°)+\left(\pi\times 50\times\dfrac{82°}{180°}+10\right)\times\sin 82°\right]\text{mm} = 1243\text{mm}$。

⑤ $\dfrac{d}{2} = \left[1005+50\times(1-\cos 82°)-\left(\pi\times 50\times\dfrac{82°}{180°}+10\right)\times\sin 82°\right]\text{mm} = 967\text{mm}$。

⑥ $\lambda = 90°-82° = 8°$。

⑦ $H' = \dfrac{2486-1934}{2}\text{mm}\times\tan 8° = 39\text{mm}$。

⑧ $R_1 = \dfrac{2486\text{mm}}{2\times\cos 8°} = 1255\text{mm}$。

⑨ $R_2 = \dfrac{1934\text{mm}}{2\times\cos 8°} = 976.5\text{mm}$。

⑩ $s = \pi\times(2\times 1255-2486)\text{mm} = 75\text{mm}$。

根据以上计算数据，可得出展开后圆锥台，如图3-35所示。膨胀节展开图如图3-36所示。

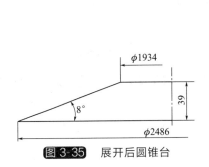

图 3-35　展开后圆锥台

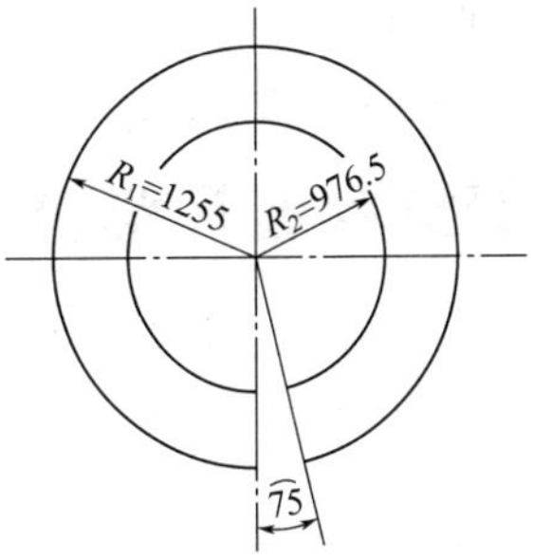

图 3-36　用计算法求得的膨胀节展开图

（3）经旋压后实测高度　设计高度135mm，实际高度145mm，增加了10mm。由此看来，若用旋压法成形，端部被拉伸变薄，下料时少加余量就足以车削平口，因为两端的10mm即已为车削余量。

2. 放样法

如图3-37所示为软化水预热器膨胀节施工图，图3-38为放局部实样求膨胀节圆环内外半径示意图，其放样步骤如下：

（1）作垂直距离等于72.5mm的平行线AA、BB。

（2）大小端中半径差 $e = \dfrac{480-320}{2}\text{mm} = 80\text{mm}$。

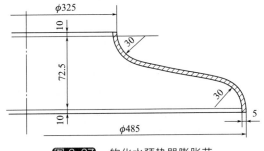

图 3-37　软化水预热器膨胀节

（3）在两平行线上分别定出 C、F 两点，并使其投影等于 80mm，然后以 32.5mm 确定 O_1 和 O_2 两圆心。

（4）分别以 O_1 和 O_2 为圆心，以 32.5mm 为半径画弧，并作两弧的切线得 GH。

（5）分别过 O_1 和 O_2 作 GH 的垂线，得垂足 E、D。

（6）分别盘取 CD、DE、EF 的弧长等于 41mm、34mm、41mm。

（7）以直段 DE 的中点 Q 为基点，分别向两端截取 $OG＝OH＝68mm$。

（8）以 O 为圆心，将 GH 转至水平位置得 $G'H'$。

（9）过 C 点作 $G'H$ 的垂线得 Z 点，实测 $G'Z$ 等于 28mm，那么内环半径则为 $(160-28)mm＝132mm$，外环半径则为 $(132+41×2+34+20)mm＝268mm$，展开图如图 3-39 所示。

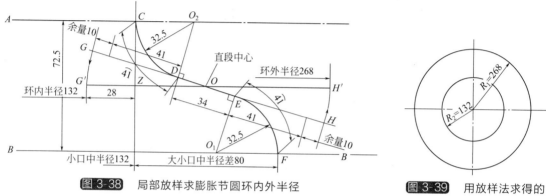

图 3-38　局部放样求膨胀节圆环内外半径

图 3-39　用放样法求得的膨胀节展开图

（10）经上下模具对压成形后实测，设计高度 92.5mm，实际为 100mm，增高了 7.5mm，说明对压后发生了拉伸变薄，下料时大小端各加 10mm 的车削余量就足够了，余量太大，翻边时会产生裂纹。

九、正圆锥台展开料包角是定值——$\omega＝360°×\sin\alpha$

正圆锥台单、双折边正锥体，其展开料是用计算方法取得的，为了更准确地计算和验证展开料的计算数据，探讨展开料的包角规律是有实用价值的。下面分别找出顶角为 60°、90°、任意角度的圆锥台的展开料包角：$\omega＝360°×\sin\alpha$（α 为半锥顶角）。

本节的计算公式及推导完全同下节"双折边锥体料计算"，请参阅。

1. 60°正锥台的展开料包角

如图 3-40 所示为 60°正锥台的计算原理图，图 3-41 为其展开图。

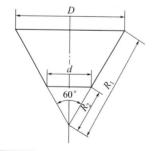

图 3-40　60°正锥台计算原理图

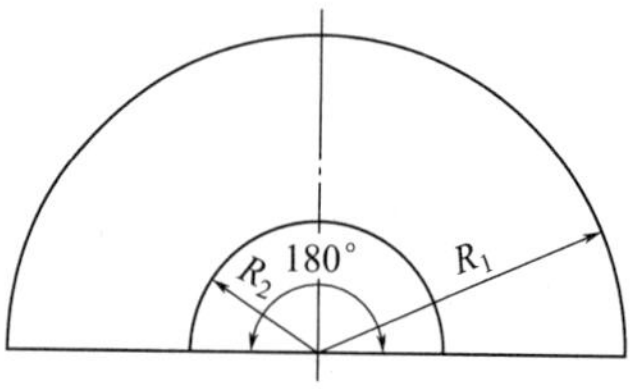

图 3-41　60°正锥台展开图

（1）展开料包角 ω

① 直径 $D＝2R_1\sin30°＝R_1$。

② 包角 $\omega = \dfrac{\pi D 180°}{\pi R_1} = \dfrac{\pi R_1 180°}{\pi R_1} = 180°$。

（2）举例　如图 3-42 所示为一 60°单折边锥体，下面计算伸直后锥台和展开料各数据。图 3-43 为伸直后锥台，图 3-44 为展开图。

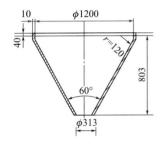

图 3-42　60°单折边锥体

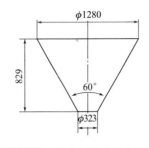

图 3-43　伸直后锥台（中径）

图 3-44　展开图

① 大端中半径 $\dfrac{D}{2} = \dfrac{D_g}{2} - r(1 - \cos\alpha) + \left(\dfrac{\pi r \alpha}{180°} + h_1\right)\sin\alpha = \big[605 - 125 \times (1 - \cos30°) +$

$\left(\dfrac{\pi \times 125 \times 30°}{180°} + 40\right) \times \sin30°\big] \text{mm} = 640\text{mm}$。

② 锥台高 $H' = \dfrac{D-d}{2} \div \tan\alpha = \dfrac{1280 - 323}{2}\text{mm} \div \tan30° = 829\text{mm}$。

③ 大端展开半径 $R_1 = \dfrac{D}{2\sin\alpha} = \dfrac{1280\text{mm}}{2 \times \sin30°} = 1280\text{mm}$。

④ 小端展开半径 $R_2 = \dfrac{d}{2\sin\alpha} = \dfrac{323\text{mm}}{2 \times \sin30°} = 323\text{mm}$。

⑤ 展开料包角 $\omega = \dfrac{\pi D 180°}{\pi R} = \dfrac{\pi \times 1280 \times 180°}{\pi \times 1280} = 180°$。

式中　D_g——单折边锥体大端中直径，mm；D、d——锥台大、小端中直径，mm；r——折边过渡段中半径，mm；h_1——直边高，mm；α——锥体半顶角，(°)。

2. 90°正锥台的展开料包角

如图 3-45 所示为 90°正锥台的计算原理图，如图 3-46 所示为其展开图。

（1）展开料包角 ω

① 直径 $D = 2R_1\sin45°$。

② 包角 $\omega = \dfrac{\pi D 180°}{\pi R_1} = \dfrac{\pi \times 2R_1 \times \sin45° \times 180°}{\pi R_1} = 360° \times \sin45° \approx 254.56°$。

（2）举例　如图 3-47 所示为一 90°单折边锥体，下面计算伸直后锥台和展开料各数据。

如图 3-48 所示为伸直后锥台，如图 3-49 所示为展开图。

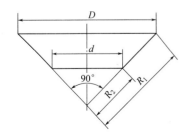

图 3-45　90°正锥台计算原理图

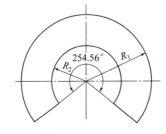

图 3-46　90°正锥台展开图

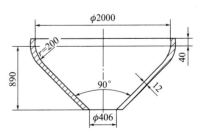

图 3-47　90°单折边锥体

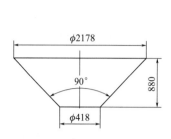

图 3-48　伸直后锥台（中径）

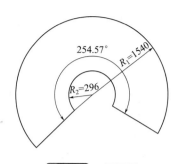

图 3-49　展开图

① 大端中半径 $\dfrac{D}{2} = \dfrac{D_{\mathrm{g}}}{2} - r(1 - \cos\alpha) + \left(\dfrac{\pi\alpha}{180°} + h_1\right)\sin\alpha = \Big[1006 - 206\times(1 - \cos45°) +$ $\left(\dfrac{\pi\times206\times45°}{180°} + 40\right)\times\sin45°\Big]\mathrm{mm} = 1089\mathrm{mm}$。

② 锥台高 $H' = \dfrac{D - d}{2} \div \tan\alpha = \dfrac{2178 - 418}{2} \div \tan45° = 880$（mm）。

③ 大端展开半径 $R_1 = \dfrac{D}{2\sin\alpha} = \dfrac{2178}{2\times\sin45°} = 1540$（mm）。

④ 小端展开半径 $R_2 = \dfrac{d}{2\sin\alpha} = \dfrac{418}{2\times\sin45°} = 296$（mm）。

⑤ 展开料包角 $\omega = \dfrac{\pi D 180°}{\pi R_1} = \dfrac{\pi\times2178\times180°}{\pi\times1540} = 254.57°$。

式中　D_{g}——单折边锥体大端中直径，mm；D、d——锥台大、小端中直径，mm；r——折边过渡段中半径，mm；h_1——直边高，mm；α——锥体半顶角，（°）。

3. 任意角度正锥台的展开料包角

如图 3-50 所示为任意角度正锥台的计算原理图，如图 3-51 所示为其展开图。

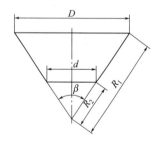

图 3-50　任意角度正锥台计算原理图

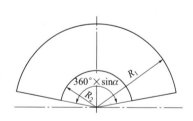

图 3-51　任意角度正锥台展开图

（1）展开料包角 ω

① 直径 $D = 2R_1\sin\alpha$。

② 包角 $\alpha = \dfrac{\pi D 180°}{\pi R_1} = \dfrac{\pi\times2R_1\times\sin\alpha\times180°}{\pi R_1} = 360°\times\sin\alpha$。

（2）举例　如图 3-52 所示为闪蒸洗涤塔双折边锥体，下面计算伸直后锥台和展开料各数据。

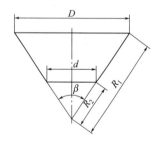

图 3-52　闪蒸洗涤塔双折边锥体

如图 3-53 所示为伸直后半锥台，如图 3-54 所示为其展开图。计算式推导见"双折边锥体料计算"。

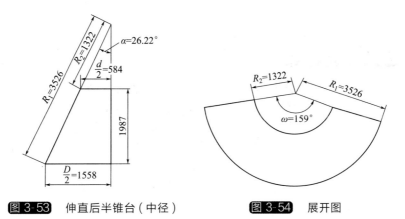

图 3-53　伸直后半锥台（中径）　　　　图 3-54　展开图

① 半顶角 α 的计算：

$$\beta = \arcsin \frac{r+r'}{\sqrt{\left(\dfrac{D_g}{2}-r-\dfrac{D'_g}{2}-r'\right)^2+H^2}} = \arcsin \frac{328+68}{\sqrt{(1508-328-608-68)^2+1920^2}} = 11.51°;$$

$$\gamma = \arctan \frac{\dfrac{D_g}{2}-r-\dfrac{D'_g}{2}-r'}{H} = \arctan \frac{1508-328-608-68}{1920} = 14.71°;$$

$\alpha = \beta + \gamma = 11.51° + 14.71° = 26.22°$。

② 大端中半径 $\dfrac{D}{2} = \dfrac{D_g}{2} - r(1-\cos\alpha) + \left(\dfrac{\pi r}{180°} \times \alpha + h_1\right)\sin\alpha = [1508 - 328 \times (1-\cos 26.22°) + \left(\dfrac{\pi \times 328 \times 26.22°}{180°} + 40\right) \times \sin 26.22°]\text{mm} = 1558\text{mm}$。

③ 小端中半径 $\dfrac{d}{2} = \dfrac{D'_g}{2} + r'(1-\cos\alpha) - \left(\dfrac{\pi r'}{180°} \times \alpha + h_1\right)\sin\alpha = [608 + 68 \times (1-\cos 26.22°) - \left(\dfrac{\pi \times 68 \times 26.22°}{180°} + 40\right) \times \sin 26.22°]\text{mm} = 584\text{mm}$。

④ 伸直后锥台高 $H' = \left(\dfrac{D}{2} - \dfrac{d}{2}\right) \div \tan\alpha = (1558-584)\text{mm} \div \tan 26.22° = 1978\text{mm}$。

⑤ 大端展开半径 $R_1 = \dfrac{D}{2} \div \sin\alpha = 1558\text{mm} \div \sin 26.22° = 3526\text{mm}$。

⑥ 小端展开半径 $R_2 = \dfrac{d}{2} \div \sin\alpha = 584\text{mm} \div \sin 26.22° = 1322\text{mm}$。

⑦ 包角 $\omega = \dfrac{\pi D 180°}{\pi R_1} = \dfrac{\pi \times 3116\text{mm} \times 180°}{\pi \times 3526\text{mm}} = 159°$。

式中　D_g、D'_g——折边锥体大小端中直径，mm；r、r'——大小端折边中半径，mm；h_1——大小端直边高，mm，本例两端高相等，故只出现一个 h_1；H——双折边锥体不包括直边的垂直高；α——伸直后的锥台半顶角。上两例其锥台顶角已给定，此例未出现顶角，故应计算，计算时应同时计算两个值，β 和 γ，因为 γ 常出现负值，所以必须要计算。

4. 结论

① 一切正锥台展开料包角 $\omega = 360° \times \sin\alpha$（$\alpha$ 为锥台半顶角）。

② 具体地说：

- 60°正锥台展开料的包角 $\omega=180°$；
- 90°正锥台展开料的包角 $\omega=254.56°$；
- 任意角正锥台的展开料包角 $\omega=360°\times\sin\alpha$。

十、双折边锥体料计算

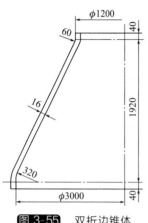

图 3-55　双折边锥体

对于双折边锥体，由于有两个过渡段，致使下料难度较大，一般采用放实样后两端再加毛料的方法处理，通过长时间的冲压和旋压实践，总结出精确的计算公式，直接下成净料。由于双折边锥体几何形状的特殊性，给下料计算带来了难度，难就难在如何分辨 γ 角的正负值，万一分辨不准，将会造成报废性重大责任事故，如何才能正确地分辨呢？通过下面两例的叙述，便可明确分辨。

（一）例 1　如图 3-55 所示为一般常见双折边锥体施工图，本例可旋压成形。

1. 板厚处理

以中心径为基准下料，自身连接和与上下管道的连接采用以里皮为基准开外坡口。

2. 下料计算（见图 3-56）

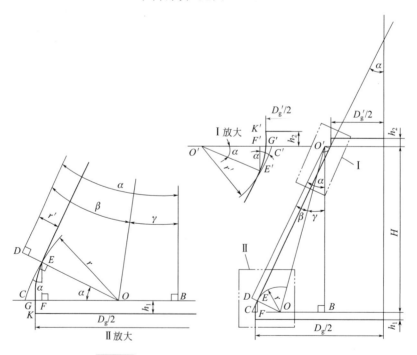

图 3-56　板厚处理及计算原理图（按中径）

① $\beta=\arcsin\dfrac{r+r'}{\sqrt{(D_\mathrm{g}/2-r-D_\mathrm{g}'/2-r')^2+H^2}}=\arcsin\dfrac{328+68}{\sqrt{(1508-328-608-68)^2+1920^2}}=$ $\arcsin\dfrac{396}{1985.05}=11.51°$。

表达式推导如下：

在直角三角形 $O'BO$ 中

因为 $OB=D_g/2-r-D'_g/2-r'$

所以 $OO'=\sqrt{(D_g/2-r-D'_g/2-r')^2+H^2}$

在直角三角形 ODO' 中

因为 $OD=r+r'$

所以 $\beta=\arcsin\dfrac{OD}{OO'}=\arcsin\dfrac{r+r'}{\sqrt{(D_g/2-r-D'_g/2-r')^2+H^2}}$

② $\gamma=\arctan\dfrac{D_g/2-r-D'_g/2-r'}{H}=\arctan\dfrac{1508-328-608-68}{1920}=14.71°$。

表达式推导如下：

在直角三角形 $O'BO$ 中

因为 $OB=D_g/2-r-D'_g/2-r'$

所以 $\gamma=\arctan\dfrac{OB}{H}=\arctan\dfrac{D_g/2-r-D'_g/2-r'}{H}$。

③ 半顶角 $\alpha=\beta+\gamma=11.51°+14.71°=26.22$。

表达式说明如下：从图 3-56 中可看出，在直角三角形 $O'DO$ 中，顶角为 β，在直角三角形 $O'BO$ 中，顶角为 γ，两个三角形为各自独立的三角形，两角的和为 α，即 $\alpha=\beta+\gamma$，具体的数字表现为 $D_g/2-r-D'_g/2-r'=(1508-328-608-68)\text{mm}=504\text{mm}$，这就是分辨 γ 角为正值的唯一方法，即例 1 的 γ 角为正值。

④ 伸直为锥台后的大端中半径 $\dfrac{D}{2}$（见图 3-57）

$$\dfrac{D}{2}=\dfrac{D_g}{2}-r(1-\cos\alpha)+\left(\dfrac{\pi r\alpha}{180°}+h_1\right)\sin\alpha=[1508-328\times(1-$$

$$\cos26.22°)+\left(\dfrac{\pi\times328\times26.22°}{180°}+40\right)\times\sin26.22°]\text{mm}=1558\text{mm}。$$

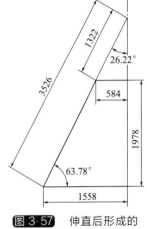

图 3-57　伸直后形成的锥台（按中径）

表达式推导说明如下：

分两步叙述（见图 3-56 中的 Ⅱ 放大）。

第一步：$r(I-\cos\alpha)$

在直角三角形 OFE 中，

因为 $OF=r\cos\alpha$

$GF=r-OF=r-r\cos\alpha$

所以 $GF=r(1-\cos\alpha)$

第二步：$(\dfrac{\pi r\alpha}{180°}+h_1)\sin\alpha$

在直角三角形 OEC 中：

$\overset{\frown}{EG}=\dfrac{\pi r\alpha}{180°}$，$GK=h_1$，即过渡段加直边的长 $\overset{\frown}{EGK}$ 为 $\dfrac{\pi r\alpha}{180°}+h_1$，$\overset{\frown}{EGK}$ 伸直后与 EC 必重合，也可能比 EC 长，也可能比 EC 短，即 C 点的位置可能在原 C 点之下或之上。

在直角三角形 EFC 中：

$CF=EC\sin\alpha=\left(\dfrac{\pi r\alpha}{180°}+h_1\right)\sin\alpha$，在 C 点不定的情况下，CF 可能在原 CF 之下或之上，但必与原 CF 平行，α 是定值，所以 $\overset{\frown}{EGK}$ 伸直后算出来的 CF 必符合计算原理，是精确数据。

⑤ 伸直为锥台后的小端中半径

$$\frac{d}{2} = \frac{D'_g}{2} + r'(1 - \cos\alpha) - \left(\frac{\pi r'\alpha}{180°} + h_2\right)\sin\alpha = \left[608 + 68 \times (1 - \cos26.22°) - \left(\frac{\pi \times 68 \times 26.22°}{180°} + 40\right) \times \sin26.22°\right]mm = 584mm$$

表达式推导原理完全同大端 $\frac{D}{2}$，只是因为内外侧的不同，所以"－、＋"号正相反。

⑥ 伸直为锥台后的底角 $\lambda = 90° - \alpha = 90° - 26.22° = 63.78°$。

⑦ 伸直为锥台后的锥台高

$$H' = \frac{D - d}{2}\tan\lambda = (1558 - 584)mm \times \tan63.78° = 1978mm。$$

⑧ 锥台展开料大端展开半径

$$R_1 = \frac{D}{2\cos\lambda} = \frac{1558mm}{\cos63.78°} = 3526mm。$$

⑨ 锥台展开料小端展开半径 $R_2 = \dfrac{d}{2\cos\lambda} = \dfrac{584mm}{\cos63.78°} = 1322mm$。

⑩ 展开料夹角 $\omega = 360° \times \sin\alpha = 360° \times \sin26.22° = 159°$。

⑪ 展开料大端弦长 $A_1 = 2R_1\sin\dfrac{\omega}{2} = 2 \times 3526mm \times \sin\dfrac{159°}{2} = 6934mm$。

⑫ 展开料小端弦长 $A_2 = 2R_2\sin\dfrac{\omega}{2} = 2 \times 1322mm \times \sin\dfrac{159°}{2} = 2600mm$。

如图 3-58 所示为展开图（按中径）。

⑬ 大小端弦心距

$$B = (R_1 - R_2)\cos\frac{\omega}{2} = (3526 - 1322)mm \times \cos\frac{159°}{2} = 402mm。$$

式中　D_g、D'_g——双折边锥体大小端公称直径，本文指中心直径，mm；r、r'——双折边锥体大小端过渡段中半径，mm；h_1、h_2——双折边锥体大小端直边高，mm；H——双折边锥体不包括两端直边的垂直高，mm；α——伸直成锥台后的半顶角，(°)。

（二）例 2　如图 3-59 所示为特大规格的双折边锥体，且板也特厚，无法在旋压机上旋压，经设计同意，双折边加直边部分切下后用胎具压制，中间部分锥体在卷板机上卷制，因而给下料增加了难度，下面叙述之。

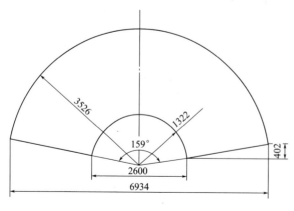

图 3-58　展开图（按中径）

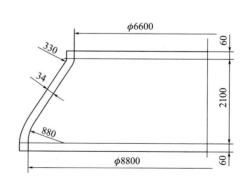

图 3-59　特大规格双折边锥体

1. 板厚处理

基本同例 1，即按中心径为基准下料，开 X 形坡口，留 3～5mm 钝边。

2. 下料计算

如图 3-60 所示为板厚处理及计算原理图。

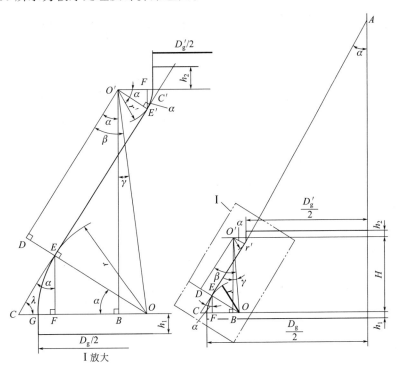

图 3-60　板厚处理及计算原理图（按中径）

① $\beta=\arcsin \dfrac{r+r'}{\sqrt{(D_{\mathrm{g}}/2-r-D_{\mathrm{g}}'/2-r')^2+H^2}}=\arcsin \dfrac{897+347}{\sqrt{(4417-897-3317-347)^2+2100^2}}=$

$36.23°$。

② $\gamma=\arctan \dfrac{D_{\mathrm{g}}/2-r-D_{\mathrm{g}}'/2-r'}{H}=\arctan \dfrac{4417-897-3317-347}{2100}=3.923°$。

③ 两顶角之差 $\alpha=\beta-\gamma=36.23°-3.923°=32.307°$。

表达式说明如下：

从图 3-60 中可看出，在直角三角形 $O'DO$ 中，顶角为 β，在直角三角形 $O'BO$ 中，顶角为 γ，后三角形顶角 γ 是前三角形顶角 β 的一部分，两角的差为 α，即 $\alpha=\beta-\gamma$，具体的数字表现为 $D_{\mathrm{g}}/2-r-D_{\mathrm{g}}'/2-r'=(4417-897-3317-347)\mathrm{mm}=-144\mathrm{mm}$，这就是分辨 γ 角为负值的唯一方法，即例 2 的 γ 角为负值。

④ 伸直为锥台后的大端中半径 $\dfrac{D}{2}=\dfrac{D_{\mathrm{g}}}{2}-r(1-\cos\alpha)+\left(\dfrac{\pi r\alpha}{180°}+h_1\right)\sin\alpha=\Big[4417-897\times(1-$

$\cos32.307°)+\left(\dfrac{\pi\times897\times32.307°}{180°}+60\right)\times\sin32.307°\Big]\mathrm{mm}=4580.53\mathrm{mm}$。

⑤ 伸直为锥台后的小端中半径 $\dfrac{d}{2}=\dfrac{D_{\mathrm{g}}'}{2}+r'(1-\cos\alpha)-\left(\dfrac{\pi r'\alpha}{180°}+h_2\right)\sin\alpha=\Big[3317+$

$347\times(1-\cos32.307°)-\left(\dfrac{\pi\times347\times32.307°}{180°}+60\right)\times\sin32.307°\Big]\mathrm{mm}=3234.08\mathrm{mm}$。

⑥ 伸直为锥台后的底角 $\lambda = 90° - \alpha = 90° - 32.307° = 57.69°$。

⑦ 伸直为锥台后的锥台高 $H' = \dfrac{D-d}{2}\tan\lambda = (4580.53 - 3234.08)\text{mm} \times \tan57.69° = 2129.05\text{mm}$。

⑧ 锥台展开料大端展开半径 $R_1 = \dfrac{D}{2\cos\lambda} = \dfrac{4580.53\text{mm}}{\cos57.69°} = 8569.75\text{mm}$。

⑨ 锥台展开料小端展开半径 $R_2 = \dfrac{d}{2\cos\lambda} = \dfrac{3234.08\text{mm}}{\cos57.69°} = 6050.67\text{mm}$。

如图 3-61 所示为伸直后形成的锥台（按中径）。

⑩ 展开料夹角 $\omega = 360° \times \sin\alpha = 360° \times \sin32.307°。= 192.40°$。

⑪ 展开料大端弦长 $A_1 = 2R_1\sin\dfrac{\omega}{2} = 2 \times 8569.75\text{mm} \times \sin\dfrac{192.40°}{2} = 17039.25\text{mm}$。

⑫ 展开料小端弦长 $A_2 = 2R_2\sin\dfrac{\omega}{2} = 2 \times 6050.67\text{mm} \times \sin\dfrac{192.40°}{2} = 12030.56\text{mm}$。

⑬ 大小端弦心距 $B = (R_1 - R_2) \times \cos\dfrac{\omega}{2} = (8569.75 - 6050.67)\text{mm} \times \cos\dfrac{192.40°}{2} = 272.06\text{mm}$。

如图 3-62 所示为展开图。

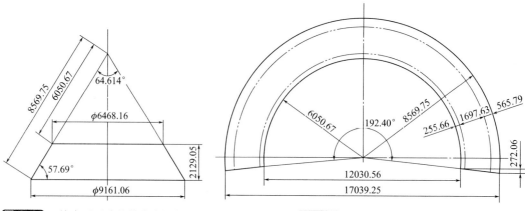

图 3-61 伸直后形成的锥台（按中径）　　　**图 3-62** 展开图（按中径）

⑭ 小端割掉长度 $l_2 = \dfrac{\pi r' \alpha}{180°} + h_2 = \left(\dfrac{\pi \times 347 \times 32.307°}{180°} + 60\right)\text{mm} = 255.66\text{mm}$。

公式推导如图 3-60 中的 I 放大所示。

⑮ 大端割掉长度 $l_1 = \dfrac{\pi r \alpha}{180°} + h_1 = \left(\dfrac{\pi \times 897 \times 32.307°}{180°} + 60\right)\text{mm} = 565.79\text{mm}$。

公式推导如图 1-58 中的 I 放大所示。

⑯ 去卷床卷制锥台的板宽 $O'D = R_1 - R_2 - l_1 - l_2 = (8569.75 - 6050.67 - 565.79 - 255.66)\text{mm} = 1697.63\text{mm}$。

式中　D_g、D'_g——双折边锥体大小端公称直径，本文指中径，mm；r、r'——双折边锥体大小端过渡段中半径，mm；h_1、h_2——双折边锥体大小端直边高，mm；H——双折边锥体下包括两端直边的垂直高，mm；α——伸直成锥台后的半顶角，(°)。

⑰ 成形方法：前已述及，小端割掉 255.66mm、大端割掉 565.79mm，作胎具压出翻边，中间部分 1697.63mm 在卷床上卷制，打 X 形坡口组对成整体。

十一、特小锥度圆锥台烟囱料计算

图 3-63 为一特小锥度圆锥台烟囱施工图。从图可看出，此烟囱两端口直径差较小，展开半径特大，不便使用抢弧的方法直接划线或作样板，增加下料难度。用计算的方法解决这个难题，可确保下料质量，提高工效，节约钢材。下面叙述其方法。

1. 带板高度的确定

（1）确定带板高度的原则。如图 3-64 所示为按中径画出的分带图，由于底角接近 90°，接近正圆筒，展开料接近矩形，展开料弧端弦高很小，且越往上越小（经计算已证明此结论），相应来说，用同一规格的板，其余量越往上越大，所以只要算出最下带板的高度，也就等于算出了其他各带板的高度。这样既保证了最下带板有一定余量，又保证了以上各带板不至于有太大的板料浪费，达到最大限度节约料的目的。

（2）下面进行第一带板下带板的高度计算（见图 3-65）。

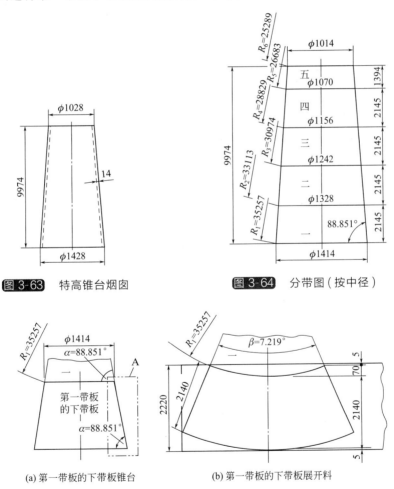

图 3-63　特高锥台烟囱

图 3-64　分带图（按中径）

(a) 第一带板的下带板锥台

(b) 第一带板的下带板展开料

图 3-65　第一带板下带板的计算确定带板高度

① 底角 $\alpha = \arctan\dfrac{2 \times 9974}{1414 - 1014} = 88.851°$。

② 小端展开半径 $R_1 = \dfrac{1414\text{mm}}{2 \times \cos 88.851°} = 35257\text{mm}$。

③ 展开料包角 $\beta = \dfrac{\pi \times 1414 \times 180°}{\pi \times 35257} = 7.219°$。

④ 小端弦高 $h_1 = 35257\text{mm} \times \left(1 - \cos\dfrac{7.219°}{2}\right) = 70\text{mm}$。

⑤ 第一带下带锥台斜边长 $l'_1 = (2220 - 5 - 70 - 5)\text{mm} = 2140\text{mm}$ ［见图 3-65 （b）］。

⑥ 第一带下带锥台高度 $H'_1 = 2140\text{mm} \times \sin 88.851° = 2140\text{mm}$ ［见图 3-65 （a） 中 A］。

考虑到以上各带板，故本例各带板的高度确定为 2145mm 为最节约料。

2. 各带直径和展开半径的计算（见图 3-64）

（1）第一直径 $D_1 = 1414\text{mm}$。

（2）第一展开半径 $R_1 = \dfrac{1414\text{mm}}{2 \times \cos 88.851°} = 35257\text{mm}$。

（3）第二直径 $D_2 = 1414\text{mm} - 2 \times \dfrac{2145\text{mm}}{\tan 88.851°} = 1328\text{mm}$。

（4）第二展开半径 $R_2 = \dfrac{1328\text{mm}}{2 \times \cos 88.851°} = 33113\text{mm}$。

同理得：$D_3 = 1242\text{mm}$，$R_3 = 30974\text{mm}$；

$\qquad D_4 = 1156\text{mm}$，$R_4 = 28829\text{mm}$；

$\qquad D_5 = 1070\text{mm}$，$R_5 = 26683\text{mm}$；

$\qquad D_6 = 1014\text{mm}$，$R_6 = 25289\text{mm}$。

3. 展开料的计算

（1）图 3-66 所示的为展开料的计算原理图及其计算公式。

① 大端弦长 $B = 2R_n \sin\dfrac{\beta}{2}$。

② 小端弦长 $B' = 2R_{n+1} \sin\dfrac{\beta}{2}$。

③ 大端起拱高 $h_1 = R_n\left(1 - \cos\dfrac{\beta}{2}\right)$。

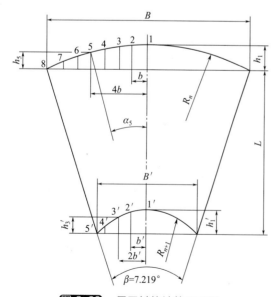

④ 各等分点起拱高 $h_n = h_1 - R_n\left[1 - \cos\left(\arcsin\dfrac{nb}{R_n}\right)\right]$。

⑤ 大小端弦心距 $L = (R_n - R_{n+1})\cos\dfrac{\beta}{2}$

式中　β——展开料包角，(°)；R_n、R_{n+1}——大、小端展开半径，mm；b——从中间向外分的等分距，mm。

（2）计算第一带板各数据，以示计算过程。

① 大端

• 大端弦长 $B = 35257\text{mm} \times 2 \times \sin\dfrac{7.219°}{2} = 4439\text{mm}$。

• 大端弦高 $h_1 = 35257\text{mm} \times \left(1 - \cos\dfrac{7.219°}{2}\right) = 70\text{mm}$。

图 3-66　展开料的计算原理图

- 各等分点起拱高 h_n。

$$h_2 = 70\text{mm} - 35257\text{mm} \times \left[1 - \cos\left(\arcsin\frac{200}{35257}\right)\right] = 69\text{mm}$$

同理得：$h_3 = 68\text{mm}$，$h_4 = 65\text{mm}$，$h_5 = 61\text{mm}$，$h_6 = 56\text{mm}$，$h_7 = 50\text{mm}$，$h_8 = 42\text{mm}$，$h_9 = 34\text{mm}$，$h_{10} = 24\text{mm}$，$h_{11} = 13\text{mm}$，$h_{12} = 1.3\text{mm}$，$h_{13} = 0$。

- 大小端弦心距 $L = (35257 - 33113)\text{mm} \times \cos\dfrac{7.219°}{2} = 2140\text{mm}$。

② 小端

- 小端弦长 $B' = 33113\text{mm} \times 2 \times \sin\dfrac{7.219°}{2} = 4169\text{mm}$。

- 小端弦高 $h_1' = 33113\text{mm} \times \left(1 - \cos\dfrac{7.219°}{2}\right) = 66\text{mm}$。

- 各等分点起拱高 h_n'

$$h_2' = 66\text{mm} - 33113\text{mm} \times \left[1 - \cos\left(\arcsin\frac{200}{33113}\right)\right] = 65\text{mm}$$

同理得：$h_3' = 64\text{mm}$，$h_4' = 61\text{mm}$，$h_5' = 56\text{mm}$，$h_6' = 51\text{mm}$，$h_7' = 32\text{mm}$，$h_8' = 36\text{mm}$，$h_9' = 27\text{mm}$，$h_{10}' = 17\text{mm}$，$h_{11}' = 6\text{mm}$，$h_{12}' = 0$。

4. 展开料在板上直接划线方法

如图 3-67 所示为在板上划第一带板的方法，其他各带方法相同，此从略。

（1）在板的一侧平行板边划一平行线 AB，距板边 75mm。

（2）作 AB 的平行线使距离等于 $(2140 + 5)$mm（为了确保锥台高度，考虑到气割余量和焊接收缩量，所以多加 5mm，这样第一带小端正到边，以上各带因其弦高变小就更有余量了）。

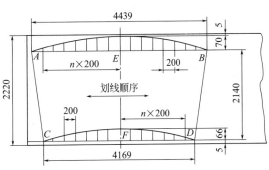

图 3-67 第一带板在板上划线的方法

（3）以 A、B 两点为基点，用找直角的方法在 AB 的平行线上定出 C、D 两点。

（4）找出 AB、CD 线的中点 E 和 F，分别以两点为始点向左右以 200mm 为定距找出等分点。

（5）过各等分点作垂线，并在其上量取各弦高的诸点，圆滑连接各点，即得展开料实形。

本章主要介绍两节无弯曲半径和多节有弯曲半径的旋转体弯管。有弯曲半径又分为不同节数、不同弯曲半径和不同节角度弯管。其中有钢板下料和成品管下料两种作样板方法，并有明显板厚处理和坡口形式。从我国弯管规范看，端节为中间节之半，只要作出端节样板，即可得出中间样板，同时，有一种可以最大限度减少流阻的特殊节角度圆管弯管，本章也作了计算介绍。

一、两节任意度数圆管弯管料计算

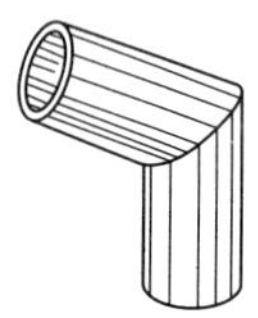

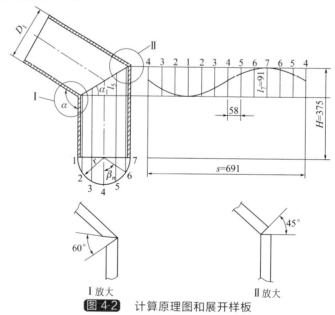

本例只有弯曲角度而无弯曲半径，与以下有弯曲半径的方法不同，所以单独叙述。此例大部分为成品管下料，所以都按外皮作展开样板。

本例适于一切两节圆管焊接弯管，如 60°、90°、135°等。

下面以一135°两节圆管弯管为例进行计算，其管外皮直径为 219mm，H 为 375mm，如图 4-2 所示为计算原理图和展开样板。两节任意度数圆管弯管见图 4-1。

图 4-1　立体图

图 4-2　计算原理图和展开样板

1. 板厚处理

本例按成品管下料，故按外皮作展开样板，内侧按图 4-2 中的Ⅰ放大，外侧按图 4-2 中的Ⅱ放大，中间部分圆滑过渡即可，从外侧施焊。

2. 下料计算

（1）斜角 $\alpha_1 = 90° - \dfrac{\alpha}{2} = 90° - \dfrac{135°}{2} = 22.5°$

（2）斜角部分素线长 $l_n = (r \pm r\sin\beta_n)\tan\alpha_1$

如 $l_2 = (109.5 - 109.5 \times \sin60°)\text{mm} \times \tan22.5° = 6\text{mm}$

$l_6 = (109.5 + 109.5 \times \sin60°)\text{mm} \times \tan22.5° = 84.64\text{mm}$

同理得：$l_1 = 0$，$l_3 = 23\text{mm}$，$l_4 = 45\text{mm}$，$l_5 = 68\text{mm}$，$l_7 = 91\text{mm}$。

（3）外皮样板展开长 s（设样板厚为 1mm）$= \pi(D_1 + t) = \pi \times (219 + 1)\text{mm} = 691\text{mm}$

式中　α——弯头夹角，（°），本例为 135°；r——管外皮半径，mm；β_n——圆周各等分点与同一纵向直径的夹角，（°）；D_1——管外皮直径，mm；t——样板厚度，mm；$+$、$-$——内侧用"$-$"、外侧用"$+$"。

3. 管外覆样板作法

（1）作一长方形，使长、宽分别等于 691mm 和 375mm。

（2）将展开长为 691mm 分为 12 等份，只在斜角部位画出素线即可，并标出素线号，每等份长 58mm。

（3）在各素线上分别截取对应的长度（如 $l_5 = 68\text{mm}$），得各点。

（4）圆滑连接各点，即得外覆样板。

（5）将样板外覆在管子上，用石笔划线后沿线切割，便得出两个管斜口。

4. 说明

（1）在成品管上划出两条素线，180°一条，并打好样冲眼。

（2）在管子上用样板划线时，正弦曲线的凸凹状应互相穿插，以充分节约用料。

（3）组对时，最短素线必须与最长素线在一条延长线上，以防错心。

（4）组对时应用 135°内卡样板检查角度。

（5）焊前应在内侧施以刚性支撑，以防变形，冷却后拆除。

（6）只焊外坡口，内侧空间小无法施焊，可不焊。

二、任意度数圆管弯管料计算

本节列举了各种形式圆管弯管，从锐角到 360°角，有内坡口，也有外坡口；有钢板下料，也有成品管下料，其素线长的计算和展开样板的计算各异，应区别对待。任意度数圆管弯管见图 4-3。

本节列举了五种形态的弯管，因为其计算原理基本相同，所以在前面先推出计算原理图（见图 4-4），以共同使用。

图 4-3　立体图

（一）例 1　图 4-5 为 50.53°二节圆管弯管施工图，用钢板下料，端节角度 $\alpha_1 = \dfrac{50.53°}{2(n-1)} \approx 12.633°(n=3)$，内坡口。

1. 板厚处理

此弯管内腔不大，在内侧施焊远不如在外侧施焊通风好且便于操作，故应安排在平板状态下开出纵环缝 60°外坡口。

2. 下料计算

（1）端节任一素线长 $l_n = \tan\alpha_1(R \pm r_2\sin\beta_n)$

如 $l_2 = \tan12.633° \times (1143 - 373 \times \sin67.5°)\text{mm} = 179\text{mm}$

$l_8 = \tan12.633° \times (1143 + 373 \times \sin67.5°)\text{mm} = 333\text{mm}$

同理得：$l_1 = 173\text{mm}$，$l_3 = 197\text{mm}$，$l_4 = 224\text{mm}$，$l_5 = 256\text{mm}$，$l_6 = 288\text{mm}$，$l_7 = 315\text{mm}$，$l_9 = 340\text{mm}$。

（2）钢板下料展开样板长 $s = \pi D_3 = \pi \times 754\text{mm} = 2369\text{mm}$。

（3）展开样板每等份长 $s_2 = 2369\text{mm} \div 16 = 148\text{mm}$。

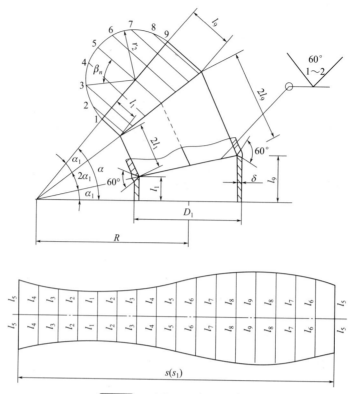

图 4-4 计算原理图及展开图

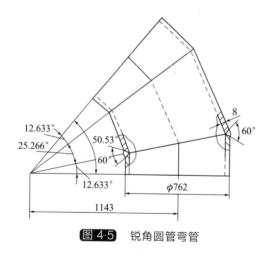

图 4-5 锐角圆管弯管

式中 α_1——端节角度；"±"——内侧用"−"、外侧用"+"；R——弯管弯曲半径；α——弯管弯曲角度；r——根据板接触情况分别为外皮半径 r_1、内皮半径 r_2、中半径 r_3；β_n——圆周各等分点与同一直径的夹角；D_3——圆管中直径；D_1——圆管外直径；t——样板厚度；n——弯管节数。

3. 作样板方法

（1）在油毡纸上划出一个长方形，使尺寸为 2369mm×680mm，并划出中线。

（2）在中线上将 2369mm 分为 16 等份，每份长 148mm。

（3）过各等分点作中线的垂线，并标出序号。

（4）在各平行线上对应截取各素线长。

（5）圆滑连接各端点，即得中间节展开样板，如图 4-6 所示。

4. 说明

（1）在平板状态下用气割开坡口。

（2）用样板划线时，正弦曲线的凹凸应互插搭配，节约用料。

（3）划端节时，用中间节样板的一半即可。

（4）对接纵缝应错开 180°布置，以防应力集中，提高焊接质量。

（5）组对时应用 155°的外卡样板检查角度。

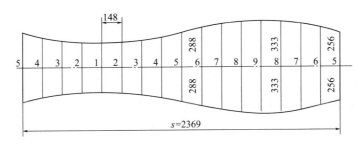

图 4-6 中间节展开图

（二）**例 2** 图 4-7 为 90°圆管弯管施工图，用钢板下料，端节角度 $\alpha_1 = \dfrac{90°}{2(n-1)} = 9°(n=6)$，内坡口。

1. 板厚处理

此弯管 $\phi2500mm$，开内坡口或外坡口皆可，但比较起来还是开内坡口好，通过翻动弯管，大部分的焊道都可以在低位置施以平焊，很方便操作，既能保证焊接质量又能保证安全，设计内坡口是很合理的。

2. 下料计算

（1）端节任一素线长 $l_n = \tan\alpha_1 (R \pm r_1 \sin\beta_n)$

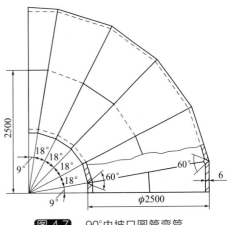

图 4-7 90°内坡口圆管弯管

如 $l_4 = \tan9° \times (2500 - 1247 \times \sin22.5°)mm = 320mm$

$l_6 = \tan9° \times (2500 + 1247 \times \sin22.5°)mm = 472mm$

同理得：$l_1 = 198mm$，$l_2 = 213mm$，$l_3 = 256mm$，$l_5 = 396mm$，$l_7 = 536mm$，$l_8 = 578mm$，$l_9 = 593mm$。

（2）钢板下料展开样板长 $s = \pi D_3 = \pi \times 2494mm = 7835mm$。

（3）展开样板每等份长 $s_2 = 7835mm \div 16 = 490mm$。

3. 作样板方法

（1）在油毡纸上划出一长方形，尺寸为 $7835mm \times (593 \times 2)mm$，并划出中线。

（2）在中线上将 $7835mm$ 分成 16 等份，每等份长 $490mm$。

（3）过各等分点作中线的垂线，并标出序号。

（4）在各平行线上对应截取各素线长。

（5）圆滑连接各端点，即得中间节展开样板，如图 4-8 所示。

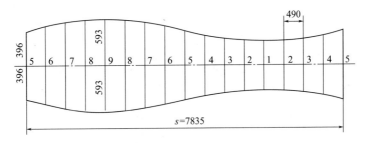

图 4-8 中间节展开图

4. 说明

（1）用样板划线时，正弦曲线的凸凹应互插搭配，以节约用料。

（2）在平板上开坡口，纵缝用刨边机，环缝用气割。

（3）纵、环缝在内侧焊完后，外侧清根盖面。

（4）对接纵缝应错 180°布置，以防应力集中。

（5）组对时应用 162°的外卡样板检查角度。

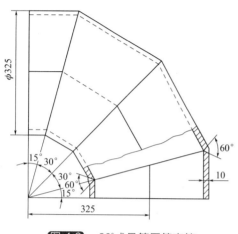

图 4-9 90°成品管圆管弯管

（三）例 3　图 4-9 为 90°圆管弯管施工图，用成品管下料。端节角度 $\alpha_1 = \dfrac{90°}{2(n-1)} = 15°(n=4)$，外坡口。

1. 板厚处理

本例直径 $\phi325\text{mm}$，有现成的成品管。由于直径较小，不能在内侧施焊，只能在外侧施焊，故开 60°外坡口。

2. 下料计算

（1）端节任一素线长 $l_n = \tan\alpha_1 (R \pm r_2 \sin\beta_n)$

如 $l_4 = \tan15° \times (325 - 162.5 \times \sin22.5°)\text{mm} = 70\text{mm}$

$l_6 = \tan15° \times (325 + 162.5 \times \sin22.5°)\text{mm} = 104\text{mm}$

同理得：$l_1 = 44\text{mm}$，$l_2 = 47\text{mm}$，$l_3 = 56\text{mm}$，$l_5 = 87\text{mm}$，$l_7 = 118\text{mm}$，$l_8 = 127\text{mm}$，$l_9 = 131\text{mm}$。

（2）成品管下料展开样板长 $s_1 = \pi(D_1 + t) = \pi(325 + 1)\text{mm} = 1024\text{mm}$。

（3）展开样板每等份长 $s_2 = 1024\text{mm} \div 16 = 64\text{mm}$。

3. 作样板方法

（1）在油毡纸上划出一长方形，尺寸为 $1024\text{mm} \times (131 \times 2)\text{mm}$，并划出中线。

（2）在中线上将 1024mm 分成 16 等份，每等份长 64mm。

（3）过各等分点作中线的垂线，并标明序号。

（4）在各平行线上对应截取各素线长。

（5）圆滑连接各端点，即得中间节展开样板，如图 4-10 所示。

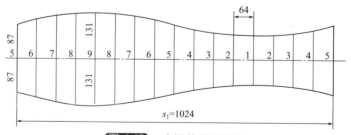

图 4-10　中间节展开样板

4. 说明

（1）在成品管上用钢直尺和钢针划出管体素线，按 180°划出两条。

（2）在管子上用样板划线时，正弦曲线的凸凹状应互相搭配，以节约用料。

（3）组对时，最短素线必须与最长素线在一条延长线上，不能出现错心。

（4）组对时应用 150° 的内卡样板检查角度。

（5）全部点焊成形后，应立于平台上用直角尺检查直角情况，如有误差应磨开焊点重新调整。

（6）焊前应在内侧施以刚性支撑，以防变形。

（7）只焊外坡口，内侧因空间小无法施焊，可不焊。

（四）例 4 图 4-11 为 180° 圆管弯管施工图，共 11 节，端节角度 $\alpha_1 = \dfrac{180°}{2(n-1)} = 9°(n = 11)$，中半径 $r_3 = 1000\text{mm}$，内外坡口。

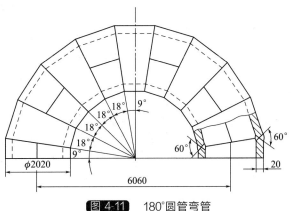

图 4-11 180° 圆管弯管

1. 板厚处理

本例 $\phi 2020\text{mm}$，板厚 20mm，开单面内或外坡口，不如两面开坡口更利于焊接，根据直径 2020mm 在内侧也可方便施焊，故设计为纵环两面开 60° 内外坡口且中间留 2mm 钝边，这是最合理的板厚处理。

2. 下料计算

（1）端节任一素线长 $l_n = \tan\alpha_1 (R \pm r_3 \sin\beta_n)$

如 $l_4 = \tan 9° \times (3030 - 1000 \times \sin 22.5°)\text{mm} = 419\text{mm}$

$l_6 = \tan 9° \times (3030 + 1000 \times \sin 22.5°)\text{mm} = 541\text{mm}$

同理得：$l_1 = 322\text{mm}$，$l_2 = 334\text{mm}$，$l_3 = 368\text{mm}$，$l_5 = 480\text{mm}$，$l_7 = 592\text{mm}$，$l_8 = 626\text{mm}$，$l_9 = 638\text{mm}$。

（2）钢板下料展开长 $s = \pi D_3 = \pi \times 2000\text{mm} = 6283\text{mm}$。

（3）展开样板每等份长 $s_2 = 6283\text{mm} \div 16 = 393\text{mm}$。

3. 作样板方法

（1）在油毡纸上划出一长方形，尺寸为 6283mm × (638 × 2)mm，并划出中线。

（2）在中线上将 6283mm 分成 16 等份，每等份长 393mm。

（3）过各等分点作中线的垂线，并标出序号。

（4）在各平行线上对应截取各素线长。

（5）圆滑连接各端点，即得中间节展开样板，如图 4-12 所示。

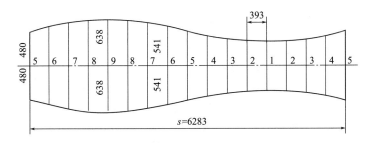

图 4-12 中间节展开图

4. 说明

（1）用样板划线时，正弦曲线的凸凹应互插搭配，以节约用料。

（2）在平板状态时开内外坡口，纵缝用刨边机，环缝用气割。

（3）对接纵缝应错开180°布置，美观且防止应力集中。

（4）组对时应用162°的外卡样板检查角度。

（5）整体组对成形后，应用钢卷尺量取两端口外皮长为（6060＋2020）mm＝8080mm，只能大不能小。

（6）施焊前在内侧应点焊型钢以防焊接收缩变形，即刚性固定法，全冷后再拆除。

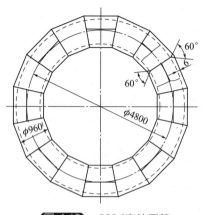

图 4-13 360°高炉围管

（五）例5 图 4-13 为一高炉围管施工图，16 大节，端节角度 $\alpha_1 = \dfrac{360°}{2n} = 11.25°$，中半径 $r_3 = 477$mm，外坡口。

1. 板厚处理

本例直径 $\phi960$mm，在内侧施焊有一定困难，而板厚 6mm，纵环缝可只开单面 60°外坡口，内侧清根盖面。

2. 下料计算

（1）端节任一素线长 $l_n = \tan\alpha_1 \ (R \pm r_2 \sin\beta_n)$

如 $l_3 = \tan 11.25° \times (2400 - 477 \times \sin 45°)$mm ＝410mm

$l_7 = \tan 11.25° \times (2400 + 477 \times \sin 45°)$mm ＝544mm

同理得：$l_1 = 383$mm，$l_2 = 390$mm，$l_4 = 441$mm，$l_5 = 477$mm，$l_6 = 514$mm，$l_8 = 565$mm，$l_9 = 572$mm。

（2）钢板下料展开长 $s = \pi D_3 = \pi \times 954$mm ＝2997mm。

（3）展开样板每等份长 $s_2 = 2997$mm $\div 16 = 187$mm。

3. 作样板方法

（1）在油毡纸上划出一长方形，尺寸为 2997mm×（572×2）mm。

（2）在中线上将 2997mm 分成 16 等份，每等份长 187mm。

（3）过各等分点作中线的垂线，并标出序号。

（4）在各平行线上对应截取各素线长。

（5）圆滑连接各端点，即得中间节展开样板，如图 4-14 所示。

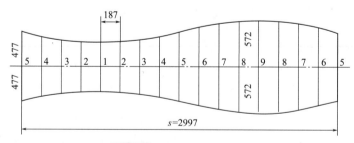

图 4-14 中间节展开样板

4. 说明

（1）应在平板状态下开坡口，纵缝用刨边机，环缝用气割。

（2）用样板划线时，正弦曲线的凸凹应互相搭配，以节约用料。

（3）在平板状态下用气割开出外坡口。

（4）对接纵缝应错开180°布置，以防应力集中，而且还美观。

（5）组对时应用157.5°的外卡样板检查角度。

（6）组对成180°一大节，应用钢卷尺量取两端口外皮长为5760mm，只能大不能小。

（7）施焊前应在内侧施以刚性固定，以防焊接收缩变形，整体组对时困难。

（8）先外侧施焊完毕，后内侧清根盖面。

三、特殊节角度的圆管弯管料计算

编者曾接到过一个日本图样的弯管，如图 4-15 所示。什么叫特殊节角度呢？我国弯管规范规定，端节角度为中间节角度的一半，只要作出端节样板，整个弯管的料就算下来了，但这个弯管却不然，为了尽量地减少流阻，端节 5°，第二节 25°，中间节 30°。编者接到这个图样后，习惯地按我国弯管规范下料，组对时，5°节和 25°节因端口周长不等，5°节钻进了 25°节里边，出了一个不大不小的笑话。特殊节角度的圆管弯管立体图见图 4-16。

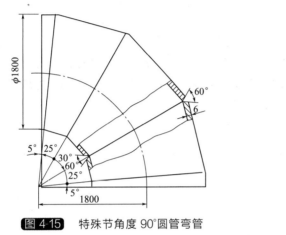

图 4-15 特殊节角度 90°圆管弯管　　**图 4-16** 立体图

1. 板厚处理

（1）本例 $\phi1800$mm，内侧空间较大，因此开内坡口或开外坡口都可以，设计开的是 60°外坡口。

（2）瓣片的展开长应以中径为基准计算。

（3）先焊外侧，内侧清根后盖面。

2. 下料计算

图 4-17 为计算原理图，图 4-18 为展开图。

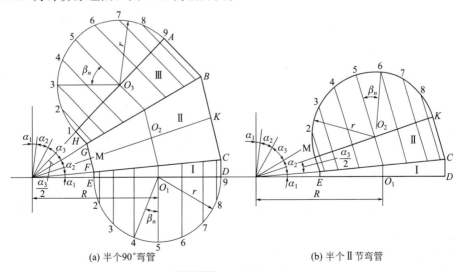

(a) 半个90°弯管　　　　　　　(b) 半个Ⅱ节弯管

图 4-17 计算原理图

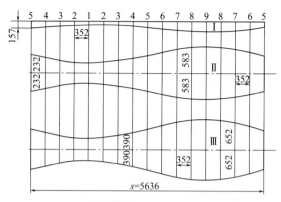

图 4-18　展开图

整个弯头为三节，Ⅰ节为5°，Ⅱ节为25°，Ⅲ节为30°，那么，Ⅰ节的计算角度为5°，Ⅱ节的计算角度为12.5°，Ⅲ节的计算角度为15°，中半径 $r=897\text{mm}$，外坡口。

(1) Ⅰ节 [见图4-17 (a)]

① 端节任一素线长 $l_n=\tan\alpha_1(R\pm r\sin\beta_n)$

如 $l_4=\tan5°\times(1800-897\times\sin22.5°)\text{mm}=127\text{mm}$

$l_6=\tan5°\times(1800+897\times\sin22.5°)\text{mm}=188\text{mm}$

同理得：$l_1=79\text{mm}$，$l_2=85\text{mm}$，$l_3=102\text{mm}$，$l_5=157\text{mm}$，$l_7=213\text{mm}$，$l_8=230\text{mm}$，$l_9=236\text{mm}$。

② 端节钢板下料展开长 $s=\pi\times1794\text{mm}=5636\text{mm}$。

③ 展开样板每等份长 $s_2=5636\text{mm}\div16=352\text{mm}$。

(2) Ⅱ节 [见图4-17 (b)]

① 半节任一素线长 $l_n=\tan\dfrac{\alpha_2}{2}(R\pm r\sin\beta_n)$

如 $l_4=\tan12.5°\times(1800-897\times\sin22.5°)\text{mm}=323\text{mm}$

$l_6=\tan12.5°\times(1800+897\times\sin22.5°)\text{mm}=475\text{mm}$

同理得：$l_1=200\text{mm}$，$l_2=215\text{mm}$，$l_3=258\text{mm}$，$l_5=399\text{mm}$，$l_7=540\text{mm}$，$l_8=583\text{mm}$，$l_9=598\text{mm}$。

② Ⅱ节钢板下料展开长 $s=\pi\times1794\text{mm}=5636\text{mm}$。

③ 展开样板每等份长 $s_2=5636\text{mm}\div16=352\text{mm}$。

(3) Ⅲ节 [见图4-17 (a)]

① 半节任一素线长 $l_n=\tan\dfrac{\alpha_3}{2}(R\pm r\sin\beta_n)$

如 $l_4=\tan15°\times(1800-897\times\sin22.5°)\text{mm}=390\text{mm}$

$l_6=\tan15°\times(1800+897\times\sin22.5°)\text{mm}=574\text{mm}$

同理得：$l_1=242\text{mm}$，$l_2=260\text{mm}$，$l_3=312\text{mm}$，$l_5=482\text{mm}$，$l_7=652\text{mm}$，$l_8=704\text{mm}$，$l_9=723\text{mm}$。

② Ⅲ节钢板下料展开长 $s=\pi\times1794\text{mm}=5636\text{mm}$。

③ 展开样板每等份长 $s_2=5636\text{mm}\div16=352\text{mm}$

式中　r——中半径，mm；R——弯头弯曲半径，mm。

3. 作样板方法

三种节角度要作三种样板，为了快捷可一次作出。

（1）在油毡纸上划出一长方形，使长度等于5636mm，宽度大于三个样板的最长素线，即（236＋598×2＋723×2)mm＝2878mm。

（2）在上下边线上将5636mm分成16等份，每等份长度为352mm，并标出序号。

（3）连接上下各等分点，得出17条平行素线。

（4）在各平行线上对应截取三个样板的素线长。

（5）圆滑连接各点，即得出三个样板。

4. 说明

（1）用样板划线时，正弦曲线的凸凹应穿插搭配，以充分节约用料。

（2）在平板状态时开出纵环缝的外坡口，纵缝可用刨边机，环缝用气割。

（3）纵缝应错180°布置，以防应力集中。

（4）组对时应用不同角度的内卡样板检查角度，Ⅰ节与Ⅱ节为162.5°，Ⅱ节与Ⅲ节为152.5°。

（5）组对成形后，应放在平台上用大于2700mm的大直角尺检查弯管的直角度，如有误差，可从两端口调整。

（6）先从外侧施焊，后内侧清根盖面。

四、蛇形管料计算

蛇形管见图4-19。如图4-20所示为分离器至煤磨的下料管，由于两端口的空间位置有偏差，故产生了偏心，本例用钢板下料，端节角度10°，外坡口。图4-21为计算原理图。

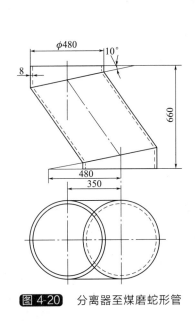

图 4-19　立体图　　图 4-20　分离器至煤磨蛇形管

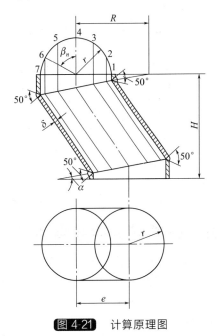

图 4-21　计算原理图

1. 板厚处理

本例ϕ480mm，板厚8mm，由于内腔较小，在内侧施焊难度较大，故设计为50°外坡口。

2. 下料计算

（1）端节任一素线 $l_n = \tan\alpha_1(R \pm r\sin\beta_n)$

如 $l_3 = \tan10° × (480 - 236 × \sin30°)$mm $= 64$mm

$l_5 = \tan 10° \times (480 + 236 \times \sin 30°)\,\text{mm} = 105\,\text{mm}$

同理得：$l_1 = 43\,\text{mm}$，$l_2 = 49\,\text{mm}$，$l_4 = 85\,\text{mm}$，$l_6 = 121\,\text{mm}$，$l_7 = 126\,\text{mm}$。

（2）中间节素线长 $L = \sqrt{(H - 2R\tan\alpha_1)^2 + e^2} = \sqrt{(660 - 2 \times 480 \times \tan 10°)^2 + 350^2}\,\text{mm} = 603\,\text{mm}$。

（3）钢板下料展开长 $s = \pi D = \pi \times 472\,\text{mm} = 1483\,\text{mm}$。

（4）料宽 $B = L + 2R\tan\alpha_1 = (603 + 2 \times 480 \times \tan 10°)\,\text{mm} = 772\,\text{mm}$

式中　α_1——端节角度，（°）；R——弯曲半径，mm；r——中半径，mm；β_n——圆管各等分点与同一纵向直径的夹角，（°）；e——偏心距，mm。

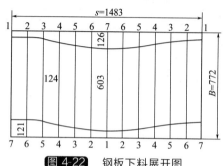

图 4-22　钢板下料展开图

3. 作样板的方法

（1）在油毡纸上划出一个长方形，尺寸为 1483mm×772mm。

（2）将 1483mm 分成 12 等份，每等份长 124mm，并在两条长边标出序号，但序号必相反，如 1 对 7，3 对 5。

（3）两条长边对应点连出 13 条素线。

（4）在各平行线上对应截取各素线长。

（5）圆滑连接各端点，即得三节的展开图，如图 4-22 所示。

4. 说明

（1）此例的特点是三节料可整体卷制。

（2）用上述样板在钢板上划线后，要打上样冲眼，以防卷制后用石笔划的线被抹掉，具体要求如下：

① 最长素线 7 和最短素线 1 上必打；

② 正弦曲线上必打，以备卷后切割。

（3）卷制成形后，用气割将三节分离。

（4）在圆形状用气割开 50°外坡口。

（5）按设计点焊成蛇形管。

（6）将蛇形状立于平台上，上端口立上钢板尺，测设计高度和两端口的平行度是否符合设计要求。

（7）先焊外坡口，后内清根盖面。

五、任意度数牛角弯管料计算

我国弯管的规范都是端节为中间之半，如圆管弯管、牛角弯管等，如图 4-24 所示的 90°五节牛角弯管也同样执行这个标准。任意度数牛角弯管见图 4-23。

这种弯管的成形思路是：将施工图的各节内外颠倒配制，便成了正锥台，正锥台用平钢板按中径下出展开料，其上的素线按外皮素线划出，圆滑连接各点，即得出各节的展开料。

在各节的轮廓线上打上样冲眼，卷制成形后按样冲眼切断，并开出外坡口，调转 180°点焊成形，便成了一端大一端小的 90°牛角弯管。

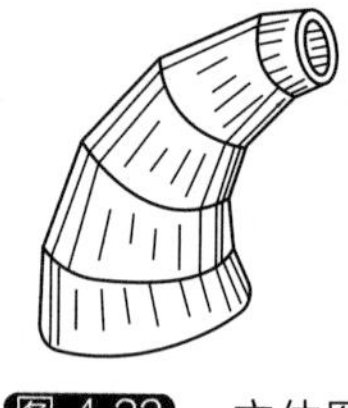

1. 板厚处理

（1）本例内腔空间不大，不便在内侧施焊，故设计为纵、环缝皆开 60°外坡口，留 1mm 钝边。

（2）正锥台的下料是用平钢板按中径下料，其上的素线按外皮计算的各素线直接划在平钢板上，卷制成形后按线切断，然后组对成形。

图 4-23　立体图

2. 下料计算

图 4-25 为计算原理图，图 4-26 为变成正锥台的计算原理图，图 4-27 为颠倒后形成的正锥台。

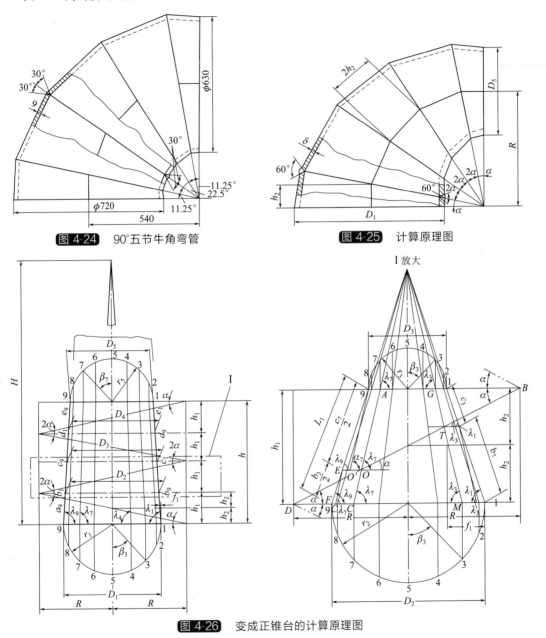

图 4-24　90°五节牛角弯管

图 4-25　计算原理图

图 4-26　变成正锥台的计算原理图

（1）各节实长素线（按外皮）

① 正圆锥台高 $h = 2(m-1)R\tan\alpha = 8 \times 540\text{mm} \times \tan 11.25° = 860\text{mm}$。

② 任一小锥台高 $h_1 = 2R\tan\alpha = 2 \times 540\text{mm} \times \tan 11.25° = 215\text{mm}$。

③ 相邻断面半径差 $f_1 = \dfrac{r_1 - r_5}{m-1} = \dfrac{360-315}{4}\text{mm} = 11.25\text{mm}$。

④ 任一小锥台实长素线 $L_1 = \sqrt{h_1^2 + f_1^2} = \sqrt{215^2 + 11.25^2}\text{mm} = 215.3\text{mm}$。

⑤ 整圆锥高 $H = \dfrac{D_1 h}{D_1 - D_5} = \dfrac{720 \times 860}{720 - 630}\text{mm} = 6880\text{mm}$。

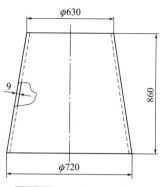

图 4-27　颠倒后的正锥台

⑥ 展开半径 $P = \sqrt{H^2 + r_1^2} = \sqrt{6880^2 + 360^2}$ mm $= 6889$mm。

⑦ 顶圆锥展开半径 $P_1 = \dfrac{PD_5}{D_1} = \dfrac{6889 \times 630}{720}$mm $= 6028$mm。

⑧ 展开料夹角 $\omega = \dfrac{180° D_1}{P} = \dfrac{180° \times 720}{6889} = 18.81°$。

⑨ 展开料大端每等份弦长 $y = 2P \sin\dfrac{\omega}{2n} = 2 \times 6889$mm $\times \sin\dfrac{18.81°}{32} = 141$mm。

⑩ 大端弦长 $B = 2P \sin\dfrac{\omega}{2} = 2 \times 6889$mm $\times \sin\dfrac{18.81°}{2} = 2252$mm。

⑪ 大端外皮弧长 $s = \pi D_1 = \pi \times 720$mm $= 2262$mm。

⑫ 实长线的求法（图 4-26 中的 I_A 放大）。

a. 任一小锥台素线被斜截后的比值

$$\frac{1}{K} = \frac{R - r_2 \text{（或 } r_3\text{）} \sin\beta_n}{R + r_3 \text{（或 } r_2\text{）} \sin\beta_n}$$

公式推导如下（见图 4-26）：

在 △AOB 和 △COD 中，$\dfrac{OC}{OA} = \dfrac{CD}{AB} = \dfrac{R - r_2 \sin\beta_n}{R + r_3 \sin\beta_n}$（相似三角形）

在 △MTD 和 △GTB 中，$\dfrac{GT}{TM} = \dfrac{BG}{DM} = \dfrac{R - r_3 \sin\beta_n}{R + r_2 \sin\beta_n}$（相似三角形）

由 O 点作底边平行线与轮廓线得交点 E。

因为四边形 EOCF 和四边形 9AOE 为相似四边形，且 $\dfrac{OC}{OA} = \dfrac{1}{K}$

所以 $\dfrac{EF}{9E} = \dfrac{1}{K}$（旋转法求实长）。

b. 同一素线被斜截后的计算（试计算第二锥台）

大端外半径 $r_2 = r_1 - f_1 = \left(\dfrac{720}{2} - 11.25\right)$mm $= 349$mm

小端外半径 $r_3 = r_1 - 2f_1 = \left(\dfrac{720}{2} - 22.5\right)$mm $= 338$mm

如计算 $\dfrac{b_3}{2}$、$\dfrac{c_7}{2}$：

$\dfrac{1}{K} = \dfrac{R - r_2 \sin 45°}{R + r_3 \sin 45°} = \dfrac{540 - 349 \times \sin 45°}{540 + 338 \times \sin 45°} = \dfrac{1}{2.66}$（即：$\dfrac{c_7}{2}$ 是 $\dfrac{b_3}{2}$ 的 2.66 倍）

$\dfrac{b_3}{2} = \dfrac{L_1}{1+K} = \dfrac{215.3}{1+2.66}$mm $= 59$mm

$\dfrac{c_7}{2} = L_1 - \dfrac{b_3}{2} = (215.3 - 59)$mm $= 156$mm

同理得：$\dfrac{b_2}{2} = 43$mm，$\dfrac{c_8}{2} = 171$mm；$\dfrac{b_1}{2} = 38$mm，$\dfrac{c_9}{2} = 177$mm；$\dfrac{b_4}{2} = 81$mm，$\dfrac{c_6}{2} = 134$mm；$\dfrac{b_5}{2} = \dfrac{c_5}{2} = 108$mm；$\dfrac{b_6}{2} = 134$mm，$\dfrac{c_4}{2} = 81$mm；$\dfrac{b_7}{2} = 155$mm，$\dfrac{c_3}{2} = 60$mm，$\dfrac{b_8}{2} =$

171mm，$\dfrac{c_2}{2}=44\text{mm}$；$\dfrac{b_9}{2}=177\text{mm}$，$\dfrac{c_1}{2}=38\text{mm}$。

同理可计算出正锥台各节的实长素线，如图 4-28 所示。

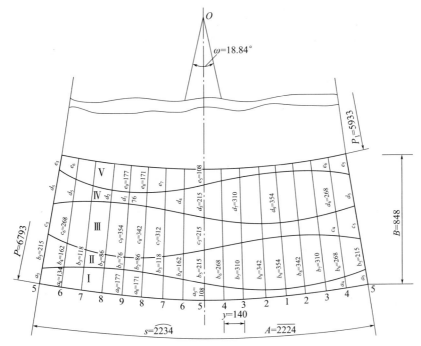

图 4-28 颠倒后形成正锥台用钢板下料展开图（展开料按中径，素线长按外皮）

式中 m——弯管节数，本例为 5 节；R——弯管的弯曲半径，mm；α——端节角度，(°)，本例为 11.25°；n——圆周等分数；D_1、D_5——正锥台大、小端外直径，mm；$r_1 \sim r_5$——正锥台从大到小各端面外半径，mm；$\dfrac{1}{K}$——小锥台同一素线被斜截后的比值，短者为 1，长者为 K。

（2）颠倒后形成的正锥台（按中径）（见图 4-28）

① 整锥台半顶角 $\beta=\arctan\dfrac{D-d}{2h}=\arctan\dfrac{711-621}{2\times860}=3°$

② 整锥展开半径 $P=\dfrac{D}{2\sin\beta}=\dfrac{711\text{mm}}{2\sin3°}=6793\text{mm}$。

③ 上锥展开半径 $P_1=\dfrac{d}{2\sin\beta}=\dfrac{621\text{mm}}{2\sin3°}=5933\text{mm}$。

④ 展开料包角 $\omega=360°\times\sin\beta=360°\times\sin3°=18.84°$。

⑤ 展开料大端弧长 $s=\pi D=\pi\times711\text{mm}=2234\text{mm}$。

⑥ 展开料小端弧长 $s_1=\pi d=\pi\times621\text{mm}=1951\text{mm}$。

⑦ 展开料大端弦长 $A=2R\sin\dfrac{\omega}{2}=2\times6793\text{mm}\times\sin\dfrac{18.84°}{2}=2224\text{mm}$。

⑧ 展开料小端弦长 $A_1=2r\sin\dfrac{\omega}{2}=2\times5933\text{mm}\times\sin\dfrac{18.84°}{2}=1942\text{mm}$。

⑨ 大小端弦心距 $B=(R-r)\cos\dfrac{\omega}{2}=(6793-5933)\text{mm}\times\cos\dfrac{18.84°}{2}=848\text{mm}$。

⑩ 展开料大端每等份弦长 $y=2R\sin\dfrac{\omega}{2n}=2\times6793\text{mm}\times\sin\dfrac{18.84°}{2\times16}=140\text{mm}$。

3. 展开图的划法

展开图如图 4-28 所示。

（1）不作油毡外覆样板，直接划线在钢板上，卷制成正锥台后再割断。

（2）在钢板上作 O 点，以 O 点为圆心，分别以 $P=6793\text{mm}$ 和 $P_1=5933\text{mm}$ 为半径划弧。

（3）在大弧上截取弦长 2224mm，与 O 点相连所形成的展开料包角必为 18.84°，大端弧长必为 2234mm，小端弦长必为 1942mm，小端弧长必为 1951mm。

（4）在大弧上将大弧分成 16 等份，每等份的弦长 $y=140\text{mm}$，等分点为 5、6、7、8、9、8、7、6、5、4、3、2、1、2、3、4、5。

（5）各等分点与 O 点相连得 17 条素线 $O1$、$O2$、…、$O9$。

（6）在三条素线 $O5$ 上，相间截取 108mm 和 215mm。

（7）继而在其他各素线上截取各节的素线长得各点，圆滑连接各点，即得五个节的钢板展开图。

（8）打好样冲眼，以备卷制成形后切断。

4. 说明

计算各素线长的诀窍：本例五节，共有素线 80 条，每条计算虽较简单，但也要过程，很费时。现介绍一个窍门，因为每个小锥台的底角、高和半径差都相等，故每个小锥台的素线都相等，等于 215.3mm，被斜截后的和仍为 215.3mm，根据这个窍门，只要计算出一个小锥台被斜截后的各素线长，通过加减便可很轻松地算出所有素线长。这是科学给我们的恩赐，很省劲，如素线 9，被斜截后的各素线必为定值，即 $a_9=177\text{mm}$，$b_1=76\text{mm}$，$c_9=354\text{mm}$，$d_1=76\text{mm}$，$e_9=177\text{mm}$，其他素线算法同理。

六、斜截圆筒料计算

如图 4-30 所示为球磨机收尘落泥筒的施工图，下端连一布袋起到收尘作用，与两节 90°弯管的计算基本相同。图 4-31 为计算原理图。斜截圆筒见图 4-29。

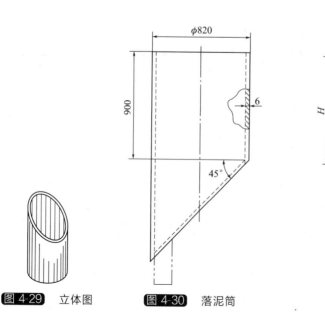

图 4-29　立体图　　图 4-30　落泥筒

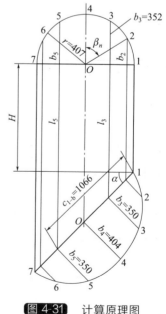

图 4-31　计算原理图

1. 板厚处理

（1）圆筒展开以中心径基准。

（2）筒斜底以内径基准。

（3）筒体纵缝不开坡口，留 2mm 间隙内外施焊。

（4）底板与筒体不开坡口，采用角焊缝。

2. 下料计算

（1）圆筒体

① 任一素线长 $l_n = H + r\ (1 + \sin\beta_n)\ \tan\alpha$

如 $l_2 = 900\text{mm} + 407\text{mm} \times (1 - \sin60°) \times \tan45° = 955\text{mm}$

$l_6 = 900\text{mm} + 407\text{mm} \times (1 + \sin60°) \times \tan45° = 1659\text{mm}$

同理得：$l_1 = 900\text{mm}$，$l_3 = 1104\text{mm}$；$l_4 = 1307\text{mm}$，$l_5 = 1511\text{mm}$；$l_7 = 1714\text{mm}$。

② 钢板下料展开长 $s = \pi \times 814\text{mm} = 2557\text{mm}$。

（2）底板　底板为椭圆板，下料方法有三种：一是覆盖法，即将整好圆的斜口盖在钢板上划出外形，然后再往里缩进一个板厚，即得底板实形；二是放样法，直接根据下方的半椭圆截取即可；三是计算法。下面详细叙述计算法。

① 椭圆端面半弦长 $b_n = r\cos\beta_n$

如 $b_2 = b_6 = 404\text{mm} \times \cos60° = 202\text{mm}$

同理得：$b_1 = b_7 = 0$；$b_3 = b_5 = 350\text{mm}$。

② 椭圆长轴上 1 点至 n 点的距离 $c_{1-n} = \dfrac{r\ (1 \pm \sin\beta_n)}{\cos\alpha}$

如 $c_{1-2} = \dfrac{404\text{mm} \times (1 - \sin60°)}{\cos45°} = 77\text{mm}$

同理得：$c_{1-3} = 286\text{mm}$，$c_{1-4} = 571\text{mm}$，$c_{1-5} = 857\text{mm}$，$c_{1-6} = 1066\text{mm}$，$c_{1-7} = 1143\text{mm}$。

式中　H——圆筒中心高，mm；r——圆筒中半径 407mm 或底板内半径 404mm；α——斜截角度，（°）；β_n——圆周各等分点与同一纵向直径的夹角，（°）；"$\pm$"——短侧用"$-$"、长侧用"$+$"。

3. 样板制作方法

（1）圆筒体

① 画一个长方形，使尺寸为 2557mm×1714mm。

② 将长边分为 12 等份，共有 13 条素线。

③ 在各素线上截取对应素线长，如 $l_6 = 1659\text{mm}$。

④ 圆滑连接各端点，即得圆筒展开图，如图 4-32（a）所示。

（2）底板

① 画一长为 1143mm 的竖线段 1—7，以 1 点为起点，分别以 $c_{1-2} = 77\text{mm} \cdots c_{1-6} = 1066\text{mm}$ 截取线段 17，得各端点 2、3、4、5、6。

② 过各点作线段 17 的垂线，并在各平行线上截取 b_n 的长度，如 $b_3 = b_5 = 350\text{mm}$。

③ 圆滑连接各截点即得底板展开图，如图 4-32（b）所示。

4. 说明

上正圆断面和下椭圆断面的半弦长 b_n 略有不同，因为前者用中半径 $r = 407\text{mm}$，后者用内半径 $r = 404\text{mm}$，故略有不同。

七、三通弯管料计算

制造入煤磨热风管三通时，会遇到如图 4-33 所示的图例，设计要求为冲压弯头，由于

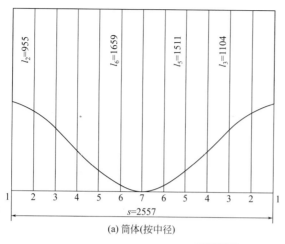

(a) 筒体(按中径)

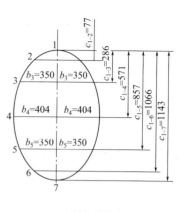

(b) 底板(按筒体内径)

图 4-32　展开图

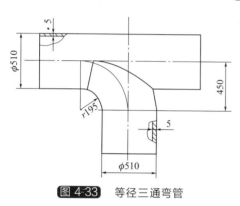

图 4-33　等径三通弯管

规格较大，无成品弯管，需用多节焊接弯管代替，两者的料计算原理相同，前者用同心圆与等分点相交求结合线得孔实形，后者用管体素线与等分点相交求结合线得孔实形。焊接弯管的料可用计算法求得，孔实形和弯管切去部分的数据需放实样求得。下面叙述其下料过程。

1. 弯管展开料计算(用多节成品管切割)

如图 4-34 所示为端节展开料计算原理和展开图。

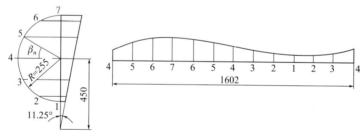

图 4-34　端节计算原理图

各素线 $l_n = (R \pm r\sin\beta_n)\tan\alpha$

式中　α——端节角度，(°)；R——弯管弯曲半径，mm；r——管外半径，mm；β_n——圆周各等分点与同一横向直径的夹角，(°)。

如 $l_2 = (450 - 255 \times \sin60°)\mathrm{mm} \times \tan11.25° = 45.6\mathrm{mm}$

$l_6 = (450 + 255 \times \sin60°)\mathrm{mm} \times \tan11.25° = 133\mathrm{mm}$

同理得：$l_3 = 46\mathrm{mm}$，$l_5 = 115\mathrm{mm}$，$l_1 = 39\mathrm{mm}$，$l_7 = 140\mathrm{mm}$，$l_4 = 90\mathrm{mm}$。

若用油毡作样板时，因包在筒体外面，样板周长上应加大 6mm，即 1608mm。

2. 结合线与孔实形

(1) 结合线的求法　如图 4-35 所示为展开原理图，通过主视图上各等分素线与左视图上各对应等分点所得交点的连线，即为弯头与主管的结合线，在作图中若有空档较大处连线不圆滑时，可视具体情况加几个点，如图中的"特"字。

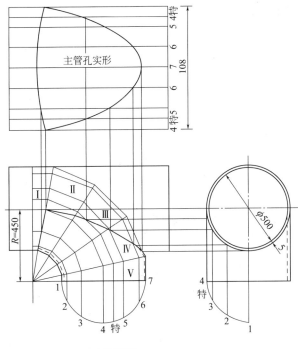

图 4-35　展开原理图

（2）孔实形的求法

① 由主、左视图可看出，结合部分的长度为半周，即 $510\text{mm} \times \pi \div 2 = 801\text{mm}$，若用油毡作样板时为 804mm。

② 将左视图正断面圆周上各等分点弧长截于展开图上得 7、6、5、特、4 各点。

③ 在展开图上截取各主管素线至结合线的距离，即得展开图上各交点，圆滑连接各点，即得主管上孔实形。

④ 主管孔实形样板也可不作出，待弯管舍去部分割掉后，用覆盖法在主管上划线也可。

3. 展开料的留舍

如图 4-36 所示为弯管留舍展开图，在展开图上量取用放实样所得的各数据得各点并连线，即得应去掉的部分。为了便于成形和组对，不要将去掉的部分先割掉，应打好样冲眼，待组焊成整弯管后再按线割去。从图中可看出，第 I 端节可不下料。

此等径三通弯管的下料完全适于异径三通弯管。

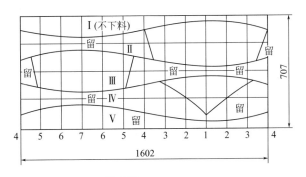

图 4-36　留舍展开图

八、弯管支架料计算

因弯管所处空间、几何尺寸、重量和刚性的需要，有时需在下部增设支架，以增加稳定性，因弯管的几何形状不同，又分焊接弯管支架、圆管弯管支架和方弯管支架，因圆管弯管的几何尺寸都比较小，所以增设支架的情况并不多，但不排除没有，故本文也叙述了。

1. 焊接弯管支架

如图 4-37 所示为焊接弯管支架施工图，在弯管支架中此类用得最多，但计算起来相对较复杂。

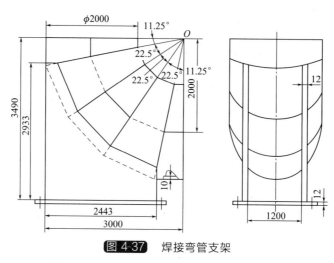

图 4-37   焊接弯管支架

（1）板厚处理   如图 4-38 所示为计算原理及板厚处理图，支架是平面，弯管是曲面，两者接触只能是里皮接触，外皮间形成小间隙的自然坡口。两面都不需开坡口，使用堆积焊，故支架按里皮为展开基准。

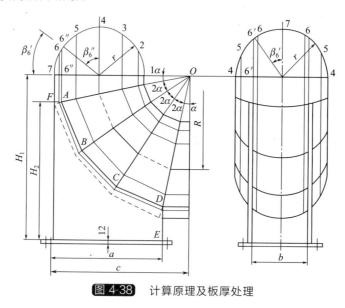

图 4-38   计算原理及板厚处理

（2）料计算

① 支架与弯管左视图包角 $\beta_{6'} = \arcsin \dfrac{600}{1000} \approx 36.87°$。

② 支架与弯管主视图包角 $\beta_{6''}=90°-36.87°=53.13°$。

③ O 点至 A 点的垂直距离 $O6''=(2000+1000×\sin53.13°)\text{mm}=2800\text{mm}$。

④ $A6''=O6''×\tan\alpha=2800\text{mm}×\tan11.25°=556.95\text{mm}$。

⑤ $OA=\dfrac{O6''}{\cos\alpha}=\dfrac{2800\text{mm}}{\cos11.25°}=2854.86\text{mm}$。

⑥ $H_2=H_1-A6''=(3490-556.95)\text{mm}=3933.05\text{mm}$。

⑦ $DE=H_1-O6''=(3490-2800)\text{mm}=690\text{mm}$。

⑧ $FA=r(1-\sin\beta_{6''})=1000\text{mm}×(1-\sin53.13°)=200\text{mm}$。

（3）展开图的画法　如图 4-39 所示为支架展开图，其画法如下：

① 以 O 点为直角顶点，画矩形，其尺度为 3000mm×3490mm，对角点为 O'。

② 以 O' 为直角点，使其两直角边分别等于 2933mm 得 F 点和 2443mm 得 E 点。

③ 以 O 为圆心、2854.86mm 为半径画弧，与以 F（E）点为圆心、200mm（690mm）为半径画弧得交点 A（D）。

④ 以 O 为圆心、2854.86mm 为半径画弧，与以 A（D）点为圆心、556.95mm×2=1113.9mm 为半径画弧得交点 B（C）。

⑤ 连接 B、C，即得支架展开实形。

2. 圆管弯管支架

如图 4-40 所示为冲压圆管弯管施工图。

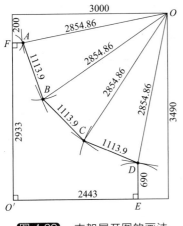

图 4-39　支架展开图的画法

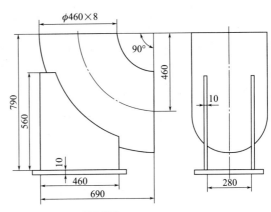

图 4-40　圆管弯管支架

（1）板厚处理　板厚处理完全同焊接弯管支架，即以里皮为基准作展开实形。

（2）料计算　如图 4-41 所示为计算原理及板厚处理图。

① 支架与弯管左视图包角 $\beta_{6'}=\arcsin\dfrac{b}{2r}=\arcsin\dfrac{280}{2×230}=37.5°$。

② 支架与弯管主视图包角 $\beta_{6''}=90°-37.5°=52.5°$。

③ $O6''=r\sin\beta_{6''}+R=(230×\sin52.5°+460)\text{mm}=642.47\text{mm}$。

（3）展开图的画法　如图 4-42 所示为支架展开图，其画法如下：

① 以 O 点为直角顶点画矩形，其尺度为 790mm×690mm，对角点为 O' 点。

② 以 O' 点为直角点，使其两直角边分别为 560mm 得 F 点和 460mm 得 E 点。

③ 以 O 点为圆心、642.47mm 为半径画弧。

④ 过 F 点作 $O'F$ 的垂线，过 E 点作 $O'E$ 的垂线，与前弧分别得交点 A 和 B。

⑤ $O'FABE$ 即为支架实形。

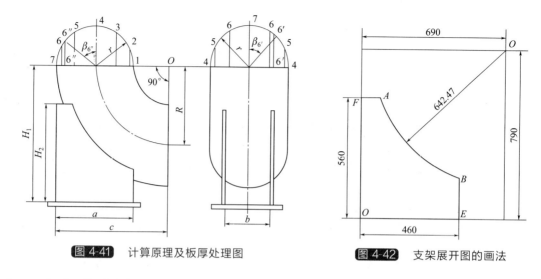

图 4-41　计算原理及板厚处理图　　　　图 4-42　支架展开图的画法

九、直角方弯管料计算

如图 4-43 所示为直角方弯管施工图及展开图。

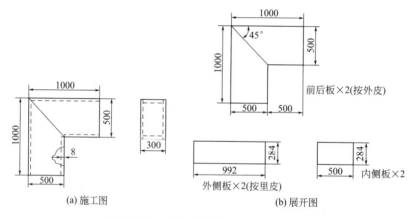

(a) 施工图　　　　(b) 展开图

图 4-43　直角方弯管施工图及展开图

从施工图看，断面为矩形的直角弯管，从计算下料到焊接成形都较简单，下料时要考虑管内压力和密封程度来决定板厚处理，下面分别分析。

1. 料计算

前后板内短边长＝（1000－500）mm＝500mm。

2. 板厚处理分析

（1）前后板按里皮接触下成一块板，内外侧板也按里皮接触，这样会有足够的焊肉，且能在外侧施焊，对焊工有利；此形式适于压力高、密封性能好的管道。

（2）前后板按外皮下成一块板，在内侧开 30°坡口，内外侧板按里皮，在长边外侧开 30°坡口，此形式也适于高压、密封性能好的管道。

（3）前后板按外皮下成一块板，不开坡口，内外侧板皆按整搭处理，即一板按里皮、一板按外皮，也不开坡口，焊接时采用穿透能力较大的电流，焊肉高于板面 1～2mm，此形式适于低压、密封性要求不高的管道。

（4）分两段下料组对。根据以上分析的板厚处理，再配以具体要求，然后决定实际的板厚处理，下料组对皆按两段进行，对口处开30°外坡口，分段组对检查无误后再两节组对为一体，组对时应严格控制直角度，并点焊限位铁，以防止焊接变形，影响与管道的连接。

十、多节方弯管料计算

如图4-44所示为一三节方弯管施工图，图4-45为计算原理图，三节和 n 节的计算原理完全相同；方弯管与圆弯管一样，也遵循我国弯管规范，即端节为中间节之半，只要作出端节样板，中间样板即可作出。端节角度 $\alpha_1 = \dfrac{90°}{2(n-1)}$（式中 n 为弯管节数），本例 $\alpha_1 = \dfrac{90°}{2\times(3-1)} = 22.5°$。

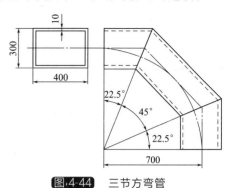

图4-44 三节方弯管

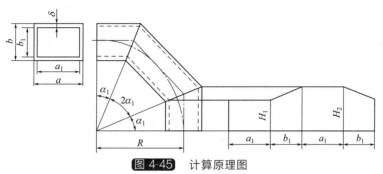

图4-45 计算原理图

1. 板厚处理

此类弯管不论厚板或薄板，一律按里皮计算，不管是薄板的整料折弯，还是厚板的分片切断，对口皆开30°外坡口，内侧大于30°，外侧小于30°，中间等于30°，这样设计的好处是便于施焊，对焊工和保证产品质量都有好处。

2. 计算方法（展开图见图4-46）

（1）内侧板高 $H_1 = \left(R - \dfrac{b}{2}\right)\tan\alpha = (700-150)\text{mm}\times\tan22.5° = 227.82\text{mm}$。

（2）外侧板高 $H_2 = \left(R + \dfrac{b}{2} - \delta\right)\tan\alpha = (700+150-10)\text{mm}\times\tan22.5° = 347.94\text{mm}$。

（3）前后板尺寸 280mm×227.82mm×347.94mm。

（4）左右板矩形尺寸 380mm×227.82mm；380mm×347.94mm。

3. 加工方法

（1）板料加工 此类弯管也有薄板和厚板之分。3mm以上应切断下料，气割或剪板机断料；3mm以下应折弯下料，即用手工或在压力机上压出折弯线，然后组对。

（2）组对

① 在平台上放外皮实样，定位焊限位铁，分别组对出两个端节，并作好中线记号，以便与中间节组对，这样作的目的是防止错心。

② 用卡直角尺法组对出中间节，也作好中线记号，以便与端节组对。

③ 在平台上按组对记号组对三节，不用放实样，只允许在前后板上点焊小疤固定，以便调整直角度，保证直角度的方法如图4-47所示，用样板法检验时，应两端检查才能保证准确无误，不能只检验一端。

④ 样板角度 α 的计算 $\alpha = (90°-\alpha_1)\times2 = (90°-22.5°)\times2 = 135°$。

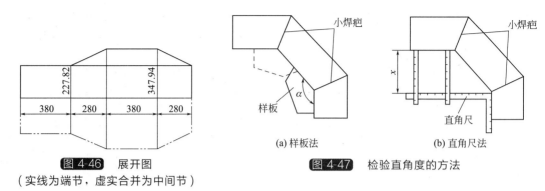

图 4-46 展开图
（实线为端节，虚实合并为中间节）

图 4-47 检验直角度的方法

（3）焊接 焊接左右板时，应立放于平台，定位焊小疤固定，施以横焊；焊接前后板时，应平放于平台施以平焊，千万不要垫木块或方铁，以防垫不平产生弯形或扭曲。

十一、方来回弯管料计算

如图 4-48 所示为方来回弯管施工图，此例可以计算下料，也可以放样下料，都较简单，下面以计算下料叙述之。

1. 板厚处理（见图 4-49）

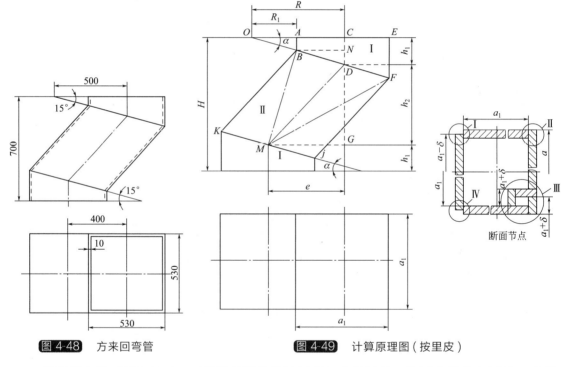

图 4-48 方来回弯管

图 4-49 计算原理图（按里皮）

单节的方框下料与组对，可根据弯管的设计压力和密封性能，按图中的节点图任意选择板厚处理，节与节的组对就稍复杂些，内侧自然形成外皮接触，外侧自然形成里皮接触，为保证能在外侧施焊和保证焊接质量，对接口一律采用里皮接触，开 40°外坡口，内侧大于40°，外侧小于40°，中间等于40°。

2. 计算方法

因为 $R=500\text{mm}$

所以 $R_1=(500-255)\text{mm}=245\text{mm}$

在直角三角形 OAB 中

$AB = R_1 \tan\alpha = 245\text{mm} \times \tan15° = 65.65\text{mm}$

在直角三角形 OCD 中

$CD = R\tan\alpha = 500\text{mm} \times \tan15° = 133.97\text{mm}$

在直角三角形 OEF 中

$EF = (R + CE)\tan\alpha = (500 + 255)\text{mm} \times \tan15° = 202.3\text{mm}$

在直角三角形 BND 中

$ND = BN\tan\alpha = 255\text{mm} \times \tan15° = 68.33\text{mm}$

$BD = DF = \dfrac{BN}{\cos\alpha} = \dfrac{255\text{mm}}{\cos15°} = 264\text{mm}$

在直角三角形 DGM 中

因为 $DG = H - 2h_1 = (700 - 2 \times 133.97)\text{mm} = 432.06\text{mm}$

$GM = e = 400\text{mm}$

所以 $DM = \sqrt{DG^2 + GM^2} = \sqrt{432.06^2 + 400^2}\text{mm} = 588.79\text{mm}$

$\angle MDG = \arctan\dfrac{MG}{DG} = \arctan\dfrac{400}{432.06} = 42.79°$

$\angle MDF = \angle MDG + \angle FDG = 42.79° + 75° = 117.79°$

$MF = \sqrt{MD^2 + DF^2 - 2MD \times DF\cos\angle MDF}$

$\quad = \sqrt{588.79^2 + 264^2 - 2 \times 588.79 \times 264 \times \cos117.79°}\text{mm} = 749.2\text{mm}$

$\angle BDM = 180° - \angle MDF = 180° - 117.79° = 62.21°$

$BM = \sqrt{MD^2 + DB^2 - 2MD \times DB\cos\angle MDB}$

$\quad = \sqrt{588.79^2 + 264^2 - 2 \times 588.79 \times 264 \times \cos62.21°}\text{mm} = 520.99\text{mm}$

通过以上计算，得出各板尺寸：

Ⅰ节前后板尺寸为 65.65mm×510mm×202.3mm×528mm

Ⅱ节前后板尺寸为平行四边形 588.79mm×528mm 配中心角 117.79°（或 62.21°）

Ⅰ节左板尺寸为 65.65mm×510mm

Ⅰ节右板尺寸为 202.2mm×510mm

Ⅱ节左右板尺寸为 588.79mm×510mm。

其展开图见图 4-50，适于切断和折弯两种结构形式。

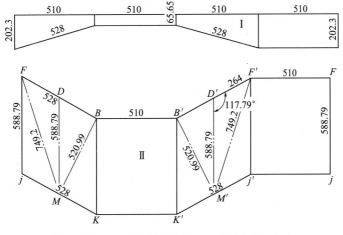

图 4-50 展开图（按里皮，适于折弯或切断）

3. 展开图的画法

Ⅰ板的画法从略。

Ⅱ板的画法如下。

（1）画线段 DM，使其等于 588.79mm。

（2）分别以 D、M 点为圆心，264mm、749.2mm 为半径画弧得交点 F。

（3）分别以 M 点和 F 点为圆心，264mm、588.79mm 为半径画弧得交点 j。

（4）延长 FD 得点 B、延长 jM 得点 K，使 $FB=jK=528$mm。

（5）用作矩形的方法得出左右侧板 $BB'K'K$ 和 $FF'j'j$。

（6）后板的画法：

① 分别以 B' 点、K' 点为圆心，520.79mm、264mm 为半径画弧得交点 M'。

② 分别以 B' 点、M' 点为圆心，264m、588.79mm 为半径画弧得交点 D'。

③ 延长 $B'D'$ 得 F'，延长 $K'M'$ 得 j'，使 $B'F'=K'j'=528$mm，连接各点即得Ⅱ板展开实形。

因按里皮计算，故适于切断下料或折弯下料。

十二、正十字形方弯管料计算

如图 4-51 所示为引风机与收尘箱连接的正十字形方弯管，经实测，两待连接的端口中心横向距离为 915mm，纵向距离为 700mm，故设计特定纵向距离 700mm 为弯管的弯曲半径，有了弯曲半径就可以分成多节，以便于计算下料或放样下料，本例分为三节处理。设定弯曲半径 700mm 后，下端连不上，加长第三节处理。

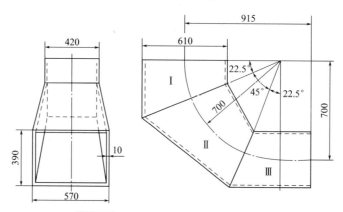

图 4-51 引风机与收尘箱连接方弯管

1. 板厚处理

如图 4-52 所示为计算原理及板厚处理的节点图，从节点图看，有整搭、半搭、交叉搭和里皮连接四种，每节的连接可根据设计要求采用连接形式，节与节的对口，为焊接方便的需要，采用里皮连接为好，开 30°外坡口。

2. 放样法

如图 4-52 所示，Ⅰ、Ⅲ节全部反映实长，可直接画出展开图，唯Ⅱ节不反映实长，需用半弦长差求得实长，从右视图可看出，CD、DH、GH 三线仅表示各板的中线长，而不表示边线长，要用半弦长差法求得实长，其半弦长差值即是图中的 K。作图步骤如图 4-53 所示。

（1）实长图的画法

① 画出直角丁字线。

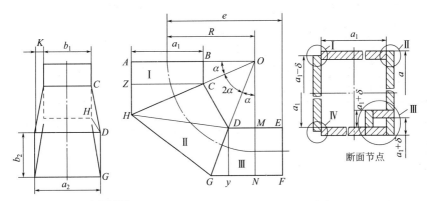

图 4-52　计算原理（按里皮）及板厚处理节点图

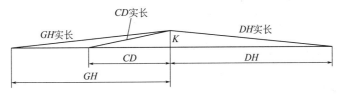

图 4-53　Ⅱ节求实长图（半弦长差法）

② 使垂线等于 K，使各水平线等于图 4-52 中的 CD、DH、GH。

③ 连接各线段的终点和垂线顶，使得各线段的实长。

（2）展开图的画法（见图 4-54）

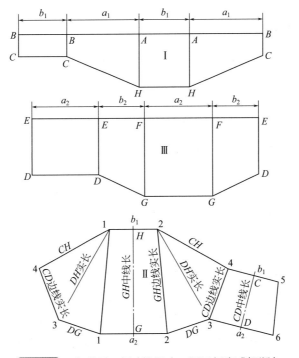

图 4-54　各节展开图（按里皮，适于折弯或切断）

① Ⅰ、Ⅲ节较简单，此处从略。

② Ⅱ节的画法如下：

作线段 GH，使其等于 GH 中线长，以此线为中线作出梯形 1221；

分别以 2、2（1、1）点为圆心、DG 和 DH 实长为半径画弧交于 3 点；

分别以 2、3（1、3）点为圆心、CH 和 CD 边线实长为半径画弧交于 4 点；

以 CD 中线长作梯形 4563，使 45 线段等于 b_1、63 线段等于 a_2；

使两图形的 34 线段重合，便完成 Ⅱ 节展开图。

3. 计算法

如图 4-52 所示，Ⅰ、Ⅲ 节各线段皆反映实长，较方便计算，唯 Ⅱ 节较麻烦，现计算如下。

（1）Ⅰ 节

① 在直角三角形 OAH 中

$$\overline{AH} = \left(R + \frac{a_1}{2}\right)\tan\alpha = (700 + 295)\text{mm} \times \tan22.5° = 412.14\text{mm}。$$

② 在直角三角形 OBC 中

$$\overline{BC} = \left(R - \frac{a_1}{2}\right)\tan\alpha = (700 - 295)\text{mm} \times \tan22.5° = 167.76\text{mm}。$$

③ 在直角三角形 CZH 中

$$\overline{CH} = \frac{a_1}{\cos\alpha} = \frac{590\text{mm}}{\cos22.5°} = 638.61\text{mm}。$$

从而得出 Ⅰ 节各板尺寸：

前后板尺寸为 295mm×167.76mm×638.61mm×412.14mm

左板尺寸为矩形 400mm×412.14mm

右板尺寸为矩形 400mm×167.76mm。

（2）Ⅱ 节

① 在直角三角形 OBC 中

$$\overline{OC} = \frac{\overline{OB}}{\cos\alpha} = \frac{R - \dfrac{a_1}{2}}{\cos\alpha} = \frac{(700 - 295)\text{mm}}{\cos22.5°} = 438.37\text{mm}。$$

② 在直角三角形 OMD 中

$$\overline{OD} = \frac{\overline{OM}}{\cos\alpha} = \frac{R - \dfrac{b_2}{2}}{\cos\alpha} = \frac{\left(700 - \dfrac{370}{2}\right)\text{mm}}{\cos22.5°} = 557.43\text{mm}。$$

③ 在直角三角形 CZH 中

$$\overline{CH} = \frac{\overline{CZ}}{\cos\alpha} = \frac{a_1}{\cos\alpha} = \frac{590\text{mm}}{\cos22.5°} = 638.61\text{mm}。$$

④ 在直角三角形 DyG 中

$$\overline{DG} = \frac{Dy}{\cos\alpha} = \frac{b_2}{\cos\alpha} = \frac{370\text{mm}}{\cos22.5°} = 400.49\text{mm}。$$

⑤ 在 $\triangle OCD$ 中

$$\overline{CD}\text{中线长} = \sqrt{\overline{OC}^2 + \overline{OD}^2 - 2\,\overline{OC} \cdot \overline{OD} \cdot \cos2\alpha}$$

$$= \sqrt{438.37^2 + 557.43^2 - 2 \times 438.37 \times 557.43 \times \cos45°}\ \text{mm} = 396.63\text{mm}。$$

$$\overline{CD}\text{边线实长} = \sqrt{396.63^2 + 75^2}\ \text{mm} = 403.66\text{mm}$$

$$\overline{DH}\text{实长} = \sqrt{\left(\overline{OH}^2 + \overline{OD}^2 - 2\,\overline{OH} \cdot \overline{OD} \cdot \cos2\alpha\right) + K^2}$$

$$= \sqrt{\left(1076.98^2 + 557.43^2 - 2 \times 1076.98 \times 557.43 \times \cos45°\right) + 75^2}\ \text{mm} = 792\text{mm}。$$

⑥ 在△OGH 中

$$\overline{GH}中线长=\sqrt{\overline{OH}^2+\overline{OG}^2-2\overline{OH}\cdot\overline{OG}\cdot\cos2\alpha}$$
$$=\sqrt{1076.98^2+957.92^2-2\times1076.98\times957.92\times\cos45°}\text{mm}=786.45\text{mm}$$

$$\overline{GH}边线实长=\sqrt{786.45^2+75^2}\text{mm}=790.02\text{mm}$$

由此得出Ⅱ节各板尺寸：

前后板尺寸为 638.61mm×403.66mm×400.49mm×790.02mm×792mm。

左板尺寸为梯形 786.45mm×400mm×550mm。

右板尺寸为梯形 396.63mm×400mm×550mm。

（3）Ⅲ节

① 在直角三角形 ONG 中

$$\overline{GN}=\left(R+\frac{b_2}{2}\right)\tan\alpha=(700+185)\text{mm}\times\tan22.5°=366.58\text{mm}。$$

② 在直角三角形 OMD 中

$$\overline{DM}=\left(R-\frac{b_2}{2}\right)\tan\alpha=(700-185)\text{mm}\times\tan22.5°=213.32\text{mm}。$$

③ 在直角三角形 DyG 中

$$\overline{DG}=\frac{Dy}{\cos\alpha}=\frac{b_2}{\cos\alpha}=\frac{370\text{mm}}{\cos22.5°}=400.49\text{mm}$$

$$\overline{EM}=\overline{FN}=e-R=(915-700)\text{mm}=215\text{mm}$$

由此得出Ⅲ节各板尺寸

前后板尺寸为 428.32mm×370mm×581.58mm×400.49mm

上板尺寸为矩形 428.32mm×570mm

下板尺寸为矩形 581.58mm×570mm

式中　a_1、b_1——Ⅰ节的里皮边长，mm；a_2、b_2——Ⅲ节的里皮边长，mm；α——弯管的端节角度，°；R——弯管的弯曲半径，两待连接管端口的纵向距离，mm；e——两待连接管端口的横向距离，mm。

4. 展开图的画法

展开图的画法完全同放样法中的叙述，如图 4-54 所示，前者用放样数据，后者用计算数据，操作方法完全相同，故此略。

十三、方弧面 90°弯管料计算

1. 板厚处理

如图 4-55 所示为一方弧面 90°弯管。此类弯管因两端断面相同，所有侧板都反映实长，计算方法很简单，这里主要说一说板厚处理。随着压力和密封程度的不同，其节点形式就不同，如图 4-56 所示，Ⅰ为半搭，即一板里皮，另板里皮加一个板厚；Ⅱ为整搭，即一板里皮，另板外皮；Ⅲ为互搭，即两板皆为里皮加一个板厚；Ⅳ为里皮顶里皮，即两板皆按里皮，本例按Ⅱ叙述。

2. 下料计算

（1）内弧半径 $R_1=1000\text{mm}$。

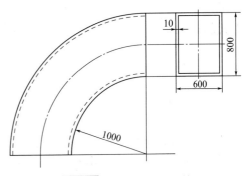

图 4-55　方弧面 90°弯管

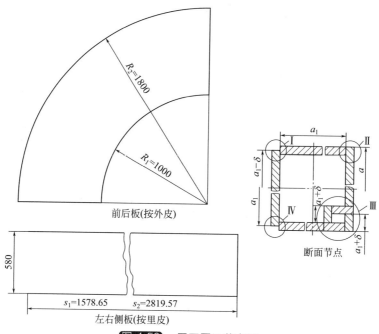

前后板(按外皮)

断面节点

左右侧板(按里皮)

图 4-56   展开图及节点图

（2）外弧半径 $R_2 = (1000+800)\mathrm{mm} = 1800\mathrm{mm}$。

（3）内侧板展开长 $s_1 = \dfrac{\pi R_1}{2} = \dfrac{\pi \times 1005\mathrm{mm}}{2} = 1578.65\mathrm{mm}$。

（4）内侧板尺寸为 $580\mathrm{mm} \times 1578.65\mathrm{mm}$。

（5）外侧板展开长 $s_2 = \dfrac{\pi R_2}{2} = \dfrac{\pi \times 1795\mathrm{mm}}{2} = 2819.57\mathrm{mm}$。

（6）外侧板尺寸为 $580\mathrm{mm} \times 2819.57\mathrm{mm}$。

十四、方螺旋 90° 渐缩弯管料计算

图 4-57   立体图

方螺旋 90°渐缩弯管见图 4-57。如图 4-58 所示为方螺旋 90°渐缩弯管施工图和展开图，其形状较特殊，又加上从大到小渐缩且螺旋上升，所以料计算难度较大。下面将计算过程叙述如下。

1. 板厚处理

（1）底板   为了组对方便的需要，底板按外皮下料，以便内外侧板立于其上。

（2）顶板   顶板与内外侧板里皮接触，故顶板按里皮下料。

（3）内外侧板   顶板与内外侧板里皮接触，故内外侧板的展开长按中径计算料长，高按里皮计算料长。

2. 计算式

（1）内侧板尺寸：$(410-145.5+\pi \times 145.5 \div 2)\mathrm{mm} = 493\mathrm{mm}$

下料尺寸：$-3\mathrm{mm} \times 197\mathrm{mm} \times 493\mathrm{mm} \times 497\mathrm{mm}$。

（2）外侧板尺寸：$(410-220.5+\pi \times 220.5 \div 2)\mathrm{mm} = 536\mathrm{mm}$

下料尺寸：$-3\mathrm{mm} \times 197\mathrm{mm} \times 536\mathrm{mm} \times 497\mathrm{mm}$。

（3）底板尺寸：底板平行于水平面，所以俯视图上的外皮范围即为底板实形，可按给定尺寸划出。

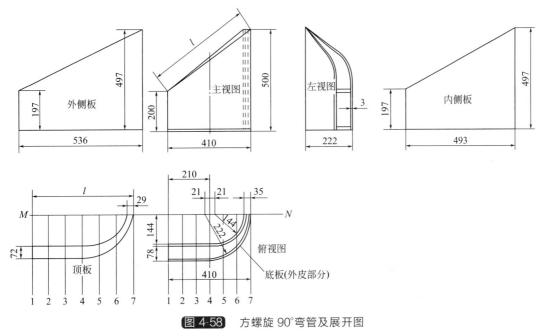

图 4-58　方螺旋 90°弯管及展开图

3. 顶板的画法

本例的顶板实形计算较复杂，用放实样方法较简单，下面叙述放实样过程。

（1）将主视图的 l 线截取至俯视图 MN 的延长线上，并将 l 长度分成与俯视图相等的等分数 1，2，…7。

（2）由俯视图 MN 线上至两里皮的各距离，分别截取至 l 的各等分垂线上，圆滑连接各点即得顶板实形。

4. 说明

底板与内外侧板的组对按常规进行，很简单，复杂的就是顶板与内外侧板的组对，因顶板在空间的状态为螺旋状，故不好组对，可用气焊炬边烤边扭曲边点焊，即可顺利成形。

十五、异径 90° 方弯管料计算

如图 4-59 所示为异径 90°方弯管，由于计算过程较烦琐，一般都是通过放实样取得实际数据组焊，编者为了突破这一空缺，实现异径 90°方弯管的计算，总结出如下公式。

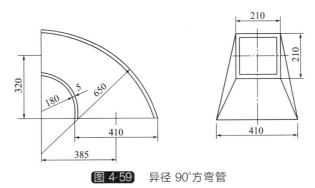

图 4-59　异径 90°方弯管

1. 板厚处理

（1）为了计算方便的需要，四板皆按里皮接触，如需要前后板整搭（或半搭）左右板时，可在按里皮下完料后另加搭接量即可，可灵活运用。

（2）计算左右弧板展开长时应按中径，因为它是曲面板。

（3）计算前后板实形时，应按里皮，因为它与左右板是里皮接触。

（4）左右板展开图中，展开长按中径，而各等分点的宽却按里皮，因为左右板与前后板是里皮接触。

2. 下料计算（见图 4-60）

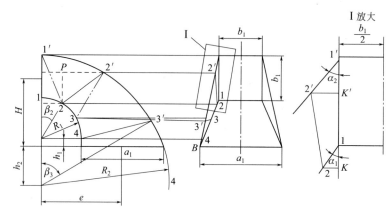

图 4-60 板厚处理及计算原理图

（1）内弧板

① $h_1 = H - \dfrac{b_1}{2} - R_1 = \left(320 - \dfrac{200}{2} - 185\right) \text{mm} = 35\text{mm}$

② 展开长 $s_1 = \dfrac{\pi R_1}{2} + h_1 = \left(\dfrac{\pi \times 182.5}{2} + 35\right) \text{mm} = 321.67\text{mm}$

③ 左视图内侧板形成顶角 $\alpha_1 = \arctan\dfrac{a_1 - b_1}{2(R_1 + h_1)} = \arctan\dfrac{400 - 200}{2 \times (185 + 35)} = 24.44°$。

④ 展开图上各半横向宽 $B_n = \dfrac{b_1}{2} + R_1 (1 - \cos\beta_n) \tan\alpha_1$

$B_1 = 100\text{mm}$

$B_2 = 100\text{mm} + 185\text{mm} \times (1 - \cos30°) \times \tan24.44° = 111.26\text{mm}$

$B_3 = 100\text{mm} + 185\text{mm} \times (1 - \cos60°) \times \tan24.44° = 142.04\text{mm}$

$B_4 = 100\text{mm} + 185\text{mm} \times (1 - \cos90°) \times \tan24.44° = 184.08\text{mm}$。

⑤ 展开图中各等分点间的展开长

$s_1 = \dfrac{\pi R_1 \beta_n}{180°} = \dfrac{\pi \times 182.5\text{mm} \times 30°}{180°} = 95.56\text{mm}$（中径）。

展开图如图 4-61 所示。

（2）外弧板

① $h_2 = R_2 - \left(H + \dfrac{b_1}{2}\right) = 645\text{mm} - (320 + 100)\text{mm} = 225\text{mm}$。

② 展开长 $s_2 = \dfrac{\pi R_2}{2} + h_2 = \left(\dfrac{\pi \times 645}{2} - 225\right) \text{mm} = 788.16\text{mm}$。

③ 左视图外侧板形成顶角

$\alpha_2 = \arctan\dfrac{a_1 - b_1}{2 \times \left(H + \dfrac{b_1}{2}\right)} = \arctan\dfrac{400 - 200}{2 \times (320 + 100)} = 13.39°$。

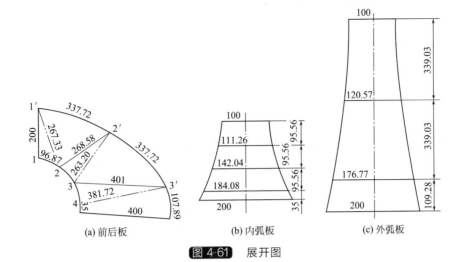

（a）前后板 （b）内弧板 （c）外弧板

图 4-61 展开图

④ 展开图上各半横向宽 $B_n = \dfrac{b_1}{2} + R_2 (1-\cos\beta_n) \tan\alpha_2$

$B_1 = 100\text{mm}$

$B_2 = 100\text{mm} + 645\text{mm} \times (1-\cos30°) \times \tan13.39° = 120.57\text{mm}$

$B_3 = 100\text{mm} + 645\text{mm} \times (1-\cos60°) \times \tan13.39° = 176.77\text{mm}$。

⑤ 展开图中各等分点的展开长

$$s_2 = \frac{\pi R_2 \beta_{n'}}{180°} = \frac{\pi \times 647.5\text{mm} \times 30°}{180°} = 339.03\text{mm}。$$

⑥ 展开图下端所对的圆心角

$$Q = \beta_{n'} - \arcsin\frac{h_2}{R_2} = 30° - \arcsin\frac{225}{647.5} = 9.67°。$$

⑦ 展开图下端弧长

$$s_{2'} = \frac{\pi R_2 Q}{180°} = \frac{\pi \times 647.5\text{mm} \times 9.67°}{180°} = 109.28\text{mm}。$$

以上三项皆按中径，因为是曲板的展开。

（3）前后板

① 各实长素线长 l_n。

$$l_n = \sqrt{[(R_2-R_1)\sin\beta_n]^2 + [(R_2-R_1)\cos\beta_n-h_1-h_2]^2 + \left\{\left[\frac{b_1}{2}+R_2(1-\cos\beta_n)\tan\alpha_2\right] - \left[\frac{b_1}{2}+R_1(1-\cos\beta_n)\tan\alpha_1\right]\right\}^2}$$

表达式推导如下：

a. 从主视图可看出，$P2' = R_2\sin30° - R_1\sin30° = (R_2-R_1)\sin30°$，

即证得 $\qquad\qquad (R_2-R_1)\sin\beta_n \qquad\qquad\qquad$ (4-1)

b. 从主视图可看出，$P2 = R_2\cos30° - R_1\cos30° - h_1 - h_2$，即证得

$$(R_2-R_1)\cos\beta_n - h_1 - h_2 \qquad\qquad (4-2)$$

c. 素线两端点至中心线的垂直距离（即俗称的山形线的高）。

作前后板的方法是用三角交规法，所用的各素线（内外侧板对应点的连线，严格来讲不应称素线，为了与另一种表面线——过渡线相区别，所以就借用了素线这个名称）和各过渡线必须求定实长后才能使用，怎样才能计算出实长呢？下面举一个例子说明，其他各点完全同理，如图 4-60 中的 Ⅰ 放大，计算 1' 点和 2 点至中心的垂直距离：

$$\alpha_2 = \arctan \frac{a_1 - b_1}{2 \times \left(H + \dfrac{b_1}{2}\right)}$$

$$1'K' = R_2 (1 - \cos 30°)$$

$$2'K' = 1'K' \tan \alpha_2$$

即证得外侧板各等分点至中线的垂直距离为 $\dfrac{b_1}{2} + R_2 (1 - \cos \beta_n) \tan \alpha_2$

$$\alpha_1 = \arctan \frac{a_1 - b_1}{2 \times (R_1 + h_1)} \tag{4-3}$$

$$1K = R_1 (1 - \cos 30°)$$

$$2K = 1K \tan \alpha_1$$

即证得内侧板各等分点至中线的垂直距离为

$$\frac{b_1}{2} + R_1 (1 - \cos \beta_n) \tan \alpha_1 \tag{4-4}$$

将式（4-1）～式（4-4）合并，即得表达式。

下面计算各实长素线 l_n

$$l_{2'-2} = \sqrt{[(R_2 - R_1)\sin\beta_n]^2 + [(R_2 - R_1)\cos\beta_n - h_1 - h_2]^2 + \left\{\left[\frac{b_1}{2} + R_2(1-\cos\beta_n)\tan\alpha_2\right] - \left[\frac{b_1}{2} + R_1(1-\cos\beta_n)\tan\alpha_1\right]\right\}^2} =$$

$$\sqrt{[(645-185)\times\sin30°]^2 + [(645-185)\times\cos30° - 35 - 225]^2 + \{[100 + 645\times(1-\cos30°)\times\tan13.39°] - [100 + 185\times(1-\cos30°)\times\tan24.44°]\}^2}\ \text{mm} =$$

268.58mm

同理得：$l_{3-3'} = 401\text{mm}$。

② 各实长过渡线长 l_n'。

$$l_n' = \sqrt{(R_2\sin\beta_n - R_1\sin\beta_{n+1})^2 + (R_2\cos\beta_n - R_1\cos\beta_{n+1} - h_1 - h_2)^2 + \left\{\left[\frac{b_1}{2} + R_2(1-\cos\beta_n)\tan\alpha_2\right] - \left[\frac{b_1}{2} + R_1(1-\cos\beta_{n+1})\tan\alpha_1\right]\right\}^2}$$

$$l_{2-3}' = \sqrt{(645\times\sin30° - 185\times\sin60°)^2 + (645\times\cos30° - 185\times\cos60° - 35 - 225)^2 + \{[100 + 645\times(1-\cos30°)\times\tan13.39°] - [100 + 185\times(1-\cos60°)\times\tan24.44°]\}^2}\ \text{mm} =$$

263.20mm

同理得：$l_{3'-4} = 381.72\text{mm}$，$l_{1'-2} = 267.33\text{mm}$。

③ 外弧每等分弧长。

$$s_2 = \frac{\pi R_2 \beta_n}{180°} = \frac{\pi \times 645\text{mm} \times 30°}{180°} = 337.72\text{mm}。$$

④ 内弧每等分弧长。

$$s_1 = \frac{\pi R_1 \beta_n}{180°} = \frac{\pi \times 185\text{mm} \times 30°}{180°} = 96.87\text{mm}。$$

⑤ 下端等分以外的弧所对的圆心角。

$$Q = \beta_n - \arcsin \frac{b_2}{R_2} = 30° - \arcsin \frac{225}{645} = 9.58°。$$

⑥ 下端等分以外的外弧长。

$$s_2' = \frac{\pi \times R_2 Q}{180°} = \frac{\pi \times 645\text{mm} \times 9.58°}{180°} = 107.89\text{mm}。$$

以上四项皆按里皮，因为四板的组对按里皮接触。

⑦ 说明：作展开图时，从小端开始，用交规法；为计算方便，内外弧按90°分三等分，不要按实际弧分三等份。

式中　H——大端口至小端中线的垂直距离，mm；R_1、R_2——内弧、外弧的里皮（或中径）半径，mm；a_1、b_1——大端口、小端口的里皮长，mm；β_n——内弧各等分点与同一纵向直径的夹角，(°)；$\beta_{n'}$——外弧各等分点与同一纵向直径的夹角，(°)。

十六、等径仰头 90° 方弯管料计算

如图 4-62 所示为等径仰头 90°方弯管的施工图，其难点是如何画出主视图，其方法如图 4-63 所示。

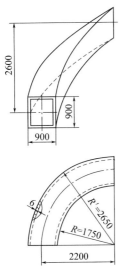

图 4-62　等径仰头 90°方弯管

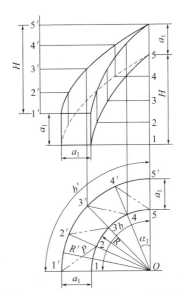

图 4-63　板厚处理及计算原理图（按里皮）

首先，按里皮画出俯视图，并将内外弧分成了 4 等份，内弧等分点为 1、2、3、4、5，外弧等份点为 $1'$、$2'$、$3'$、$4'$、$5'$。

其次，按两端口的里皮 a_1 和高 H 画出主视图的主轮廓。

再次，内侧板从下沿开始，外侧板从上沿开始，将高 H 分成与俯视图同样等份，等分点分别为 1、2、3、4、5 和 $1'$、$2'$、$3'$、$4'$、$5'$。

最后，由俯视图各等分点向上引垂线，与由主视图各等分点引水平线，得出各对应交点，过各交点圆滑连接，即得主视图。

1. 板厚处理

（1）为了计算方便的需要，自身连接一律按里皮，如需顶、底板整搭内外侧板，可在顶底板上加出搭接量即可。

（2）内外侧板的展开长应按中心径计算。

2. 料计算（见图 4-64）

（1）内侧板

① 投影长 $b = \dfrac{\pi R}{2} = \dfrac{\pi \times 1753\text{mm}}{2} = 2753.6\text{mm}$。

② 升角 $\lambda = \arctan \dfrac{H}{b} = \arctan \dfrac{2600}{2753.6} = 43.36°$。

③ 上沿（或下沿）长 $l = \dfrac{H}{\sin\lambda} = \dfrac{2600\text{mm}}{\sin43.36°} \approx 3786.89\text{mm}$。

④ 上沿（或下沿）每等份长 $l_1 = \dfrac{l}{n} = \dfrac{3786.89\text{mm}}{4} = 946.72\text{mm}$。

⑤ 下角去掉值 $C = a_1\sin\lambda = 888\text{mm} \times \sin43.36° = 609.68\text{mm}$。

⑥ 侧板宽 $h = a_1\cos\lambda = 888\text{mm} \times \cos43.36° = 645.62\text{mm}$。

（2）外侧板

① 投影长 $b' = \dfrac{\pi R'}{2} = \dfrac{\pi \times 2647\text{mm}}{2} = 4157.9\text{mm}$。

② 升角 $\lambda' = \arctan\dfrac{H}{b'} = \arctan\dfrac{2600}{4157.9} = 32.02°$

③ 上沿（或下沿）长 $l' = \dfrac{H}{\sin\lambda'} = \dfrac{2600\text{mm}}{\sin32.02°} \approx 4903.67\text{mm}$。

④ 上沿（或下沿）每等份长 $l_1' = \dfrac{l'}{n} = \dfrac{4903.67\text{mm}}{4} = 1225.92\text{mm}$。

⑤ 下沿去掉值 $C' = a_1\sin\lambda' = 888\text{mm} \times \sin32.02° = 470.83\text{mm}$。

⑥ 侧板宽 $h' = a_1\cos\lambda = 888\text{mm} \times \cos32.02° = 752.9\text{mm}$。

内外侧板、顶底板展开图如图 4-65 所示。

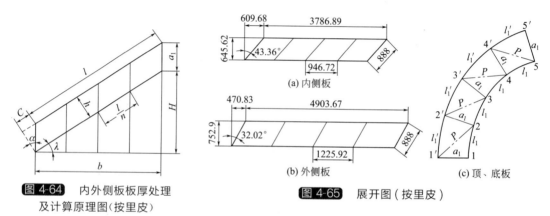

图 4-64　内外侧板板厚处理
及计算原理图（按里皮）

图 4-65　展开图（按里皮）

（3）顶、底板　顶板和底板相同，顶底板的素线如 $2'—2$，在主视图平行于大地，故反映实长，只是过渡线如 $1'—2$ 不反映实长，其 $1'$ 点和 2 点的高差为 $\dfrac{H}{n}$，只要用余弦定理求出 $1'—2$ 的投影长，再用山形线法便可求得实长。

① 过渡线 $1'—2$ 的实长。

$$P = \sqrt{R'^2 + R^2 - 2R'R\cos\alpha_1 + \left(\dfrac{H}{n}\right)^2} =$$

$$\sqrt{2647^2 + 1753^2 - 2\times2647\times1753\times\cos22.5 + \left(\dfrac{2600}{4}\right)^2}\text{mm} = 1388.58\text{mm}。$$

② $1'—2$ 等于外侧板的 C_1'，$1—2$ 等于内侧板的 l_1，$2'—2$ 等于边宽 a_1，其展开方法是交规法：

a. 画 $1'—1$ 线等于 a_1，以 $1'$ 点为圆心、P 为半径画弧，与以 1 点为圆心、内侧板的 l_1 为半径所画弧得交点 2。

b. 以 2 点为圆心、a_1 为半径画弧，与以 $1'$ 点为圆心、外侧板 l_1' 为半径画弧得交点 $2'$，同法画出其他的四边形得各点，圆滑连接各点，即得顶板（或底板）的展开图。

式中　R、R'——内、外侧板里皮半径，mm；H——两端口中心线间的垂直高，mm；a_1——正方端口里皮宽，mm；α_1——俯视图中 $\dfrac{90°}{n}$，本例为 $\dfrac{90°}{4} = 22.5°$。

3. 说明

（1）几点解释　从展开图中可看出，内外侧板的升角不一样，内外侧板的上沿（或下沿）不等长，因而内外侧板的上沿（或下沿）的每等份不等长，下端切去的部分也不等但内外侧板的各素线却等长，乍看起来不大理解，其道理如下。

① 因为内侧板的半径小，外侧板的半径大，而高相等，所以内侧板的升角就大，外侧板的升角就小。

② 因为上下端是正方形，所以内外侧板的素线必相等，若是矩形，则就不会相等。

③ 因为升角不同，内外侧板下端切去部分就不等，因而宽也就不等，上沿（或下沿）的长就不等，当然每等份的长也就不等。

（2）下料与组对的注意事项

① 从展开图中可看出，四板皆按里皮，如采用半搭或整搭时，顶底板可在原按里皮下料的基础上，每边加出半个板厚或一个板厚即成。

② 顶底板可下成净料，内外侧板在上端可外加5～10mm，从下端点焊至上端后，与顶底板微调至正断面，比下成净料要好得多。

第五章 方矩锥管

本章主要叙述各种类型的方矩锥管的料计算，按管形分，有方矩锥体和方矩锥管两种类型；按端口相对位置分，有平行、相交和垂直三种形式；按端口偏心状态分，有正心、单偏心和双偏心三种形式。

本书原版主要叙述了方矩锥管的料计算，本书又增加了很多方矩锥体的料计算，同时，对难度较大的油盘下料，也作了详细的叙述。

一、正四棱锥料计算

图 5-1 为一正四棱锥施工图，图 5-2 为计算原理图。

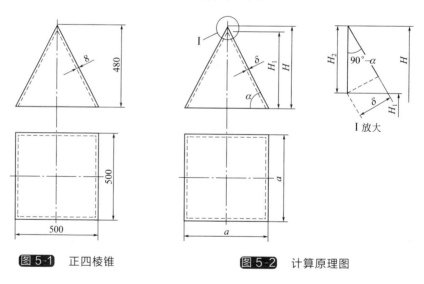

图 5-1　正四棱锥　　　　图 5-2　计算原理图

1. 计算原理

（1）实长和展开半径的计算法如图 5-3 所示，用断面法将侧板呈现实形，便得出实长和展开半径。

（2）按里皮计算，用放射线法求得展开实形。

2. 板厚处理

此类构件一般皆为薄板，但也不能排除较厚板的可能，不论板厚薄，下料一律按里皮，然后开出 30°外坡口，所以里皮高 H_1 与展开半径 R 都是按里皮算出来的；从组焊的角度看，按里皮打外坡口，从外侧施焊，对焊接提供方便也是合理的。

3. 料计算方法（展开图见图 5-4）

（1）里皮实高 H_1：

① 底角 $\alpha = \arctan \dfrac{2H}{a} = \arctan \dfrac{2 \times 480}{500} = 62.49°$。

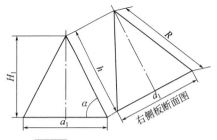

图 5-3 求实长图（按里皮）

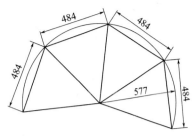

图 5-4 展开图（按里皮）

② 外皮高和里皮高的高差 H_2（见图 5-2 的 I 放大）

$$H_2 = \frac{\delta}{\sin(90° - \alpha)} = \frac{8\text{mm}}{\sin 27.51°} = 17.32\text{mm}。$$

③ $H_1 = H - H_2 = (480 - 17.32)\text{mm} \approx 463\text{mm}。$

（2）侧板里皮实高 $h = \dfrac{a_1}{2 \times \cos a} = \dfrac{484\text{mm}}{2 \times \cos 62.49°} = 524\text{mm}。$

（3）里皮展开半径 $R = \sqrt{h^2 + \left(\dfrac{a_1}{2}\right)^2} = \sqrt{524^2 + 242^2}\text{mm} = 577\text{mm}。$

式中 H——整锥高，mm；a——外皮宽，mm；δ——板厚，mm。

4. 说明

（1）用气割或剪板机断料，分片组对为好。

（2）在平台按外皮放实样，点焊限位铁，逐步组对点小疤，以便调整角度。

（3）将构件立放，下垫 $200\text{mm} \times 200\text{mm}$ 方木，从外侧施以立焊，既便于施焊，又能保证质量。

二、正四棱锥管料计算

如图 5-5 所示为一正四棱锥管施工图，用 4mm 碳钢板制作。

1. 板厚处理

为了简化计算过程，计算棱锥管外接圆形成的圆锥台的半顶角 β 和展开半径 R、r 时，皆按外皮计算，在大、小端弧上截取棱锥大、小端边长按里皮计算。

半顶角 β 和展开半径 R、r 按外皮计算虽有一定误差，但这不是关键数据，最关键的数据是棱锥大、小端边长，所以在大、小端弧上截取边长时按里皮计算，这样成形后的尺寸能在允差范围，板厚处理很巧妙！

2. 下料计算

按外接圆形成的正锥台部分数据计算如下。

（1）大、小端外接圆直径（见图 5-5 中俯视图）：

$\because$ 正四边形每扇板的圆心角为 $\dfrac{360°}{4} = 90°$

$\therefore$ 大端外接圆外皮直径 $D = \dfrac{800\text{mm}}{\sin 45°} = 1131\text{mm}$

小端外接圆外皮直径 $d = \dfrac{500\text{mm}}{\sin 45°} = 707\text{mm}。$

（2）整锥外皮半顶角

$$\beta = \arctan\frac{D - d}{2h} = \arctan\frac{1131 - 707}{2 \times 600} = 19.5°。$$

（3）整锥外皮展开半径

$$R = \frac{D}{2\sin\beta} = \frac{1131\text{mm}}{2 \times \sin19.5°} = 1694\text{mm}。$$

（4）上锥外皮展开半径

$$r = \frac{d}{2\sin\beta} = \frac{707\text{mm}}{2 \times \sin19.5°} = 1059\text{mm}。$$

（5）方端里皮实长：大端 $=(800-8)\text{mm}=792\text{mm}$，小端 $=(500-8)\text{mm}=492\text{mm}$。

（6）每一扇板的中线实长 $= \sqrt{\left(\dfrac{792}{2 \times \tan45°} - \dfrac{492}{2 \times \tan45°}\right)^2 + 600^2}\ \text{mm} = 618\text{mm}。$

式中　h——锥台高，mm。

3. 展开图的画法

（1）折弯计算　用放射线法作展开。

① 以 O 点为圆心，分别以 $R=1694\text{mm}$ 和 $r=1059\text{mm}$ 为半径画弧，在大弧上依次截取两段长为 792mm 的直线段。

② 把三个端点分别与 O 点连接，在小弧上得到的三个端点即小端端点，连接三个端点得到的两条线段的长必为 492mm，此时即得 $\dfrac{1}{2}$ 折弯展开图，如图 5-6（a）所示。

（2）切断计算　用平行线法作展开。

① 画线段 $DC=792\text{mm}$，并找定 DC 的中点 F。

② 过 F 点作线段 DC 的垂线段 $FE=618\text{mm}$。

③ 过 E 点作线段 DC 的平行线段 AB，使 $AB=492\text{mm}$，连接 A、B、C、D 四点，即得 $\dfrac{1}{4}$ 切断展开图，如图 5-6（b）所示。

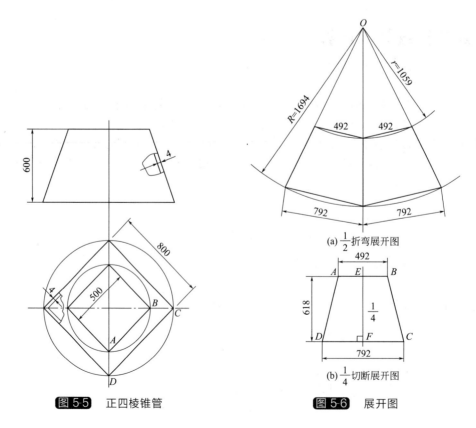

图 5-5　正四棱锥管

(a) $\dfrac{1}{2}$ 折弯展开图

(b) $\dfrac{1}{4}$ 切断展开图

图 5-6　展开图

4. 说明

正四棱锥管的展开料不能用正四棱锥管的外接圆锥台的面积分等分来作展开，应以展开半径划弧，在弧上截取方锥管的里皮边长来作展开。这是因为：圆锥台为曲面，正棱锥管侧板为平面，前者每等份的弦长肯定大于后者对应的边长，待前者卷成形后弦长才缩短到后者的边长，所以不能用圆锥台展开料的面积来作展开。

三、正五棱锥管料计算

图 5-7 为一正五棱锥管的施工图，用 5mm 的碳钢板制作。

1. 板厚处理

为了简化计算过程，计算正五棱锥管外接圆形成的圆锥台的半顶角和展开半径时，皆按外皮计算，而在大、小端弧上截取边长时应按里皮。

半顶角和展开半径按外皮计算时，对计算展开料肯定会有误差，但因其误差甚小，而最重要的尺寸是棱锥大、小端边长，所以按里皮截取大、小端边长，才能保证棱锥的几何尺寸不超差。展开半径和半顶角一律按外皮计算，而在大弧上截取边长时按里皮，通过实践，这种方法很奏效。

2. 下料计算

按外接圆形成的圆锥台计算如下。

（1）大、小端外接圆直径（见图 5-7 中俯视图）。

因为五边形每扇的圆心角为 $\dfrac{360°}{5}=72°$，大、小端外皮边长分别为 700mm 和 400mm 所以大端外皮直径 $D=\dfrac{700\text{mm}}{\sin36°}=1191\text{mm}$

小端外皮直径 $d=\dfrac{400\text{mm}}{\sin36°}=681\text{mm}$。

（2）整锥外皮半顶角 $\beta=\arctan\dfrac{D-d}{2h}=\arctan\dfrac{1191-681}{2\times650}=21.42°$。

（3）整锥外皮展开半径 $R=\dfrac{D}{2\sin\beta}=\dfrac{1191\text{mm}}{2\times\sin21.42°}=1631\text{mm}$。

（4）上锥外皮展开半径 $r=\dfrac{d}{2\sin\beta}=\dfrac{681\text{mm}}{2\times\sin21.42°}=932\text{mm}$。

（5）内（或外）皮棱长为 $(1631-932)\text{mm}=699\text{mm}$。

（6）方端每扇板内外皮差 $Q=5\text{mm}\times\tan36°=3.6\text{mm}$。

（7）方端内、外半径差 $F=\dfrac{5\text{mm}}{\cos36°}=6\text{mm}$。

（8）里皮半径：大端为 $\dfrac{1191-2\times6}{2}\text{mm}=590\text{mm}$，小端为 $\dfrac{681-2\times12}{2}\text{mm}=335\text{mm}$。

（9）方端里皮长：大端为 $(700-2\times3.6)\text{mm}=693\text{mm}$，小端为 $(400-2\times3.6)\text{mm}=393\text{mm}$。

（10）每扇板的里皮对角线投影长

$BD=\sqrt{590^2+335^2-2\times590\times335\times\cos72°}\ \text{mm}=582\text{mm}$。

BD 的实长 $=\sqrt{582^2+650^2}\ \text{mm}=872\text{mm}$。

式中　h——锥台高，mm。

3. 展开图的画法

（1）折弯展开图　用放射线法作展开。

① 以 O 点为圆心，分别以 $R=1631\text{mm}$ 和 $r=932\text{mm}$ 为半径画弧。

② 在大弧上依次截取五段长为 693mm 的直线段。

③ 分别把大弧上的六个端点与 O 点相连，在小弧上得到六个端点，即小端端点，连接小端端点得到的五条线段的长必为 393mm，此时即得折弯展开图，如图 5-8（a）所示。

（2）切断展开图　用三角形法作展开。

① 画线段 $DC=693\text{mm}$，分别以 D、C 点为圆心，以 877mm 和 699mm 为半径画弧，两弧交于 B 点。

② 分别以 B、D 点为圆心，以 393mm 和 699mm 为半径画弧，两弧交于 A 点，四边形 $ABCD$ 即为 $\frac{1}{5}$ 切断展开实形，如图 5-8（b）所示。

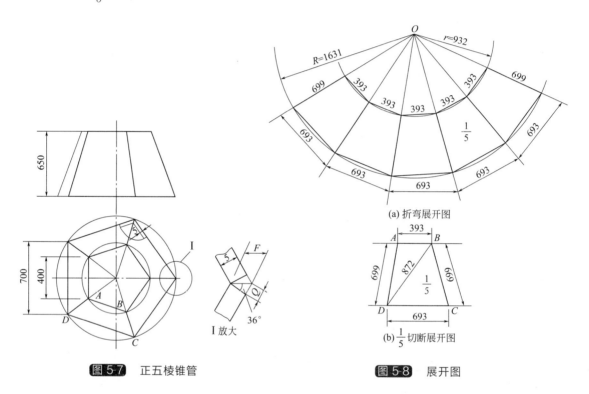

图 5-7　正五棱锥管

图 5-8　展开图

4. 说明

正五棱锥管的展开料不能用正五棱锥管的外接圆锥台的面积分等分来作展开，应以展开半径画弧，在弧上截取方锥管的里皮边长来作展开。原理是：圆锥台为曲面，正棱锥管侧板为平面，前者每等份的弦长大于后者对应的边长，待前者卷制成形后，弦长才缩短到后者的边长，故不能用外接圆锥台的面积来作展开。

四、正六棱锥管料计算

图 5-9 为一正六棱锥管的施工图，用 4mm 的碳钢板制作。

1. 板厚处理

计算棱锥管外接圆形成的圆锥台的半顶角和展开半径时皆按外皮计算，在大、小端弧上截取边长时用里皮。

半顶角和展开半径按外皮计算肯定有误差，但因误差不大，并且这不是关键数据，最关键数据是棱锥大、小端边长，所以在大、小端弧上截取边长时应按里皮，这样成形后的几何尺寸能在允差范围内。

2. 下料计算

（1）大、小端外接圆直径

因为正六边形每扇板的圆心角为 $\frac{360°}{6}=60°$，正三角形的边长等于外接圆半径，已知大、小端外皮边长分别为 320mm 和 160mm。

所以大端外皮直径 $D=640\text{mm}$，小端外皮直径 $d=160\text{mm}$。

（2）整锥外皮半顶角 $\beta=\arctan\dfrac{D-d}{2h}=\arctan\dfrac{640-320}{2\times500}=17.74°$。

（3）整锥外皮展开半径 $R=\dfrac{D}{2\sin\beta}=\dfrac{640\text{mm}}{2\times\sin17.74°}=1050\text{mm}$。

（4）上锥外皮展开半径 $r=\dfrac{d}{2\sin\beta}=\dfrac{320\text{mm}}{2\times\sin17.74°}=525\text{mm}$。

（5）内（外）皮棱长为 $(1050-525)\text{mm}=525\text{mm}$。

（6）方端每扇板内外皮差 $Q=4\times\tan30°=2.3\text{mm}$。

（7）方端里皮长：大端为 $(320-2\times2.3)\text{mm}=315\text{mm}$，小端为 $(160-2\times2.3)\text{mm}=155\text{mm}$。

（8）每扇板的里皮对角线投影长

$$BD=\sqrt{315^2+155^2-2\times315\times155\times\cos60°}\ \text{mm}=273\text{mm}$$

（9）BD 的实长为 $\sqrt{273^2+500^2}\ \text{mm}=570\text{mm}$。

式中 h——锥台高，mm。

3. 展开图的画法

（1）折弯展开图 用放射线法作展开。

① 以 O 为点圆心，分别以 $R=1050\text{mm}$ 和 $r=525\text{mm}$ 为半径画弧。

② 在大弧上依次截取三段长为 315mm 的直线段。

③ 分别把大弧上的四个端点与 O 点相连，在小弧上得到四个端点即小端端点，连接小端端点得到的三条线段长必为 155mm，此时即得 $\frac{1}{2}$ 折弯展开图，如图 5-10（a）所示。

（2）切断展开图 用三角形法作展开。

① 画线段 $DC=315\text{mm}$，分别以 D、C 点为圆心，以 570mm 和 525mm 为半径弧，两弧交于 B 点。

② 分别以 B、D 点为圆心，以 155mm 和 525mm 为半径画弧，两弧交于 A 点，四边形 $ABCD$ 即为 $\frac{1}{6}$ 切断展开实形，如图 5-10（b）所示。

4. 说明

正六棱锥管的展开料不能用正六棱锥管的外接圆锥台面积分等分来作展开，应以展开半径画弧，在弧上截取方锥管的里皮边长来作展开。

编者试着用展开料包角算出大、小边边长，但与设计边长不符，如算出大端边长为 334mm，而设计为 320mm，这是什么原因呢？这是因为：平板时弦长为 334mm，起拱后才达到 320mm，这对圆锥台来说是完全正确的，但正六棱锥管的侧板为平面。没有出现曲面，故弦长没有缩短，所以正六棱锥管的展开料不能用外接圆锥台的面积来作展开料。

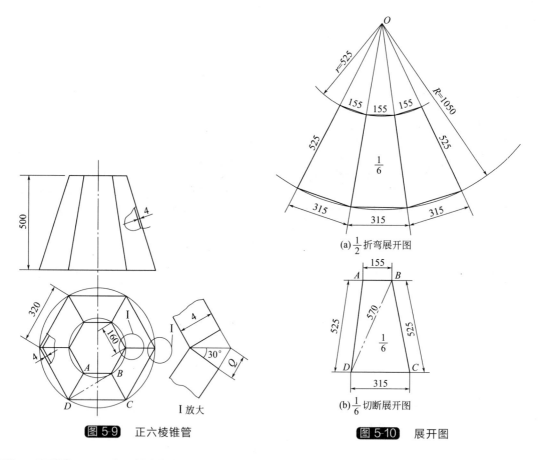

图 5-9　正六棱锥管

(a) $\frac{1}{2}$ 折弯展开图

(b) $\frac{1}{6}$ 切断展开图

图 5-10　展开图

五、两端口平行单偏心正方管料计算

图 5-11 为正方管立体图。如图 5-12 所示为一两端口平行单偏心正方管的施工图，图 5-13 为计算原理图。

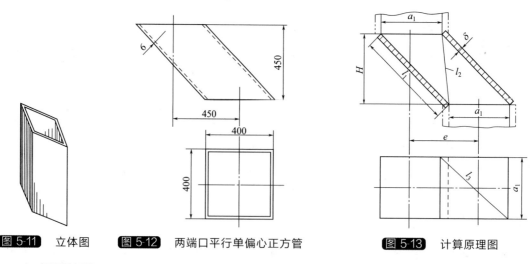

图 5-11　立体图　　图 5-12　两端口平行单偏心正方管　　图 5-13　计算原理图

1. 板厚处理

（1）折弯计算　本例用折弯机折弯，故按里皮计算料长，原理为尖角镦压理论。

（2）切断计算　本例按整搭连接，即前、后板按里皮，左、右板按外皮。

2. 下料计算

（1）折弯计算

① 左右板长 $l_1=\sqrt{e^2+H^2}=\sqrt{450^2+450^2}\,\text{mm}=636\text{mm}$。

② 前后板对角线 $l_2=\sqrt{(e-a_1)^2+H^2}=\sqrt{(450-388)^2+450^2}\,\text{mm}=454\text{mm}$。

③ 左右板对角线 $l_3=\sqrt{e^2+a_1^2+H^2}=\sqrt{450^2+388^2+450^2}\,\text{mm}=745\text{mm}$。

（2）切断展开图

① 左右板尺寸：$l_1\times l_3\times a=636\text{mm}\times745\text{mm}\times400\text{mm}$。

② 前后板尺寸：$l_1\times l_2\times a_1=636\text{mm}\times454\text{mm}\times388\text{mm}$。

式中 a_1——里皮长，mm；a——外皮长，mm；H——上下端口里皮间垂直距离，mm；e——偏心距，mm。

3. 折弯展开图的画法

（1）用三角形法作展开。

（2）以 $a_1=388\text{mm}$，$l_1=636\text{mm}$，$l_3=745\text{mm}$ 画出一个三角形，继而再画出另一个三角形，便形成了左板的长方形。

（3）同理，画出其他三板的折弯展开图，如图 5-14 所示。

4. 切断展开图的画法

切断展开图的画法同折弯展开图，即用交规法，如图 5-15 所示。

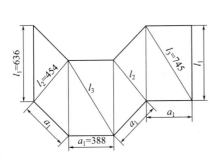

图 5-14　折弯展开图（折弯机折弯）

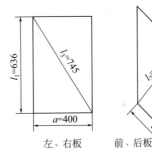

左、右板　　前、后板

图 5-15　切断展开图（整搭）

5. 说明

（1）折弯展开料的压制方法：沿棱线折弯，从外向内进行，并随时用 90°样板检查正断面角度。

（2）切断展开料的组对方法如下。

① 将一扇左板平放于平台上，再将前后板立于其上，按里皮接触点焊即可，注意点焊疤要小。

② 将右板盖于其他三板的空间上，按里皮点焊牢。

③ 用直角尺从外侧检查正断面角度，若有误差时，利用点焊小疤刚性小的原理，用压杠压长对角线，短对角线便会增长，待两对角线等长后，便符合设计要求了，便可施焊成器。

六、正心方矩锥管料计算

如图 5-17 所示为一大小口连接正心方矩锥管的施工图，图 5-18 为计算原理图。正心方矩锥管见图 5-16。

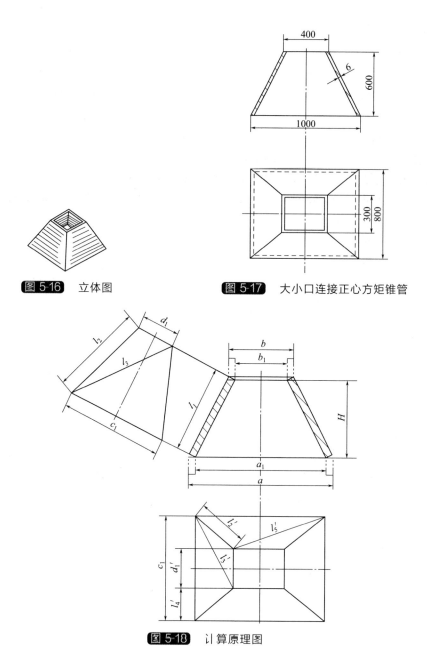

图 5-16 立体图

图 5-17 大小口连接正心方矩锥管

图 5-18 计算原理图

1. 板厚处理

（1）折弯展开料　本例用折弯机折弯，故应按里皮计算料，原理为尖角镦压理论。

（2）切断计算　本例设计前后板半搭左右板，即前后板按里皮，左右板按里皮每边加上半个板厚，点焊时焊疤点焊在这半个板厚上。

2. 下料计算

（1）折弯计算

① 左右板中线 $l_1 = \sqrt{\left(\dfrac{a_1 - b_1}{2}\right)^2 + H^2} = \sqrt{\left(\dfrac{988 - 388}{2}\right)^2 + 600^2}$ mm = 671mm。

② 左右板棱线 $l_2 = \sqrt{\left(\dfrac{c_1 - d_1}{2}\right)^2 + \left(\dfrac{a_1 - b_1}{2}\right)^2 + H^2}$（俯视图）=

$$\sqrt{\left(\dfrac{788-288}{2}\right)^2+\left(\dfrac{988-388}{2}\right)^2+600^2}\ \text{mm}=716\text{mm}。$$

③ 左右板对角线 $l_3=\sqrt{\left(c_1-\dfrac{c_1-d_1}{2}\right)^2+\left(\dfrac{a_1-b_1}{2}\right)^2+H^2}$ （俯视图）$=$

$$\sqrt{\left(788-\dfrac{788-288}{2}\right)^2+\left(\dfrac{988-388}{2}\right)^2+600^2}\ \text{mm}=860\text{mm}。$$

④ 前后板中线 $l_4=\sqrt{\left(\dfrac{c_1-d_1}{2}\right)^2+H^2}$ （俯视图）$=\sqrt{\left(\dfrac{788-288}{2}\right)^2+600^2}\ \text{mm}=650\text{mm}。$

⑤ 前后板对角线 $l_5=\sqrt{\left(a_1-\dfrac{a_1-b_1}{2}\right)^2+\left(\dfrac{c_1-d_1}{2}\right)^2+H^2}$ （俯视图）$=$

$$\sqrt{\left(988-\dfrac{988-388}{2}\right)^2+\left(\dfrac{788-288}{2}\right)^2+600^2}\ \text{mm}=947\text{mm}。$$

（2）切断计算　本例按半搭计算，即左右板半搭前后板。

① 左右板中线 $l_1=\sqrt{\left(\dfrac{a_1-b_1}{2}\right)^2+H^2}$ （俯视图）$=\sqrt{\left(\dfrac{988-388}{2}\right)^2+600^2}\ \text{mm}=$ 671mm。

左右板尺寸为 $l_1\times(c_1+\delta)\times(d_1+\delta)=671\text{mm}\times794\text{mm}\times294\text{mm}。$

② 前后板中线 $l_4=\sqrt{\left(\dfrac{c_1-d_1}{2}\right)^2+H^2}$ （俯视图）$=\sqrt{\left(\dfrac{788-288}{2}\right)^2+600^2}\ \text{mm}=650\text{mm}。$

前后板尺寸：$l_4\times a_1\times b_1=650\text{mm}\times988\text{mm}\times388\text{mm}。$

式中　a_1、b_1、c_1、d_1——前、后、左、右板大、小端里皮长，mm；H——大、小端里皮间垂直距离，mm。

3. 折弯展开图的画法

（1）前板用平行线法作展开，其他板用三角形法作展开。

（2）作两条平行线段，其间距 $l_4=650\text{mm}$，在两平行线上分中截取 $a_1=988\text{mm}$ 和 $b_1=388\text{mm}$，连接端点即得前板折弯展开图（此法叫平行线法作展开）。

（3）以前板的棱线为基线，用三角形法便可作出其他板的折弯展开图，如图 5-19 所示。

4. 切断展开图的画法

（1）用平行线法作展开。

（2）如前板折弯展开作法，画两条平行线，使其间距为 650mm，在两条平行线上分中截取 $a=1000\text{mm}$ 和 $b=400\text{mm}$，连接端点即得前后板切断展开图。

（3）同法，可画出左右板切断展开图，如图 5-20 所示。

5. 说明

（1）折弯展开料的压制方法：沿棱线折弯，必须从外向内进行，并随时用 90°样板检查端口的角度。

（2）切断展开料的组对方法

① 将一扇前板平放于平台上，将左右板立放于前板棱线处，两者留出半个板厚（即 3mm）的间隙，这就叫半搭。半搭量均匀后用小疤点焊。

② 同法与后板点焊。

③ 用量取对角线的方法检查产品是否符合要求，若有误差，可用压杠法压长对角线侧，短对角线便会变长，待两对角线等长后便符合设计要求了，这就是为什么点焊小疤的原理。

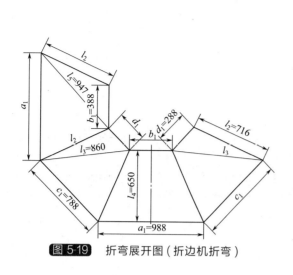

图 5-19 折弯展开图（折边机折弯）

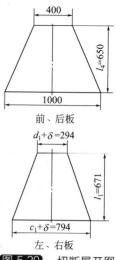

图 5-20 切断展开图
（左右板半搭前后板）

七、两端口平行单偏心方矩锥管料计算（之一）

图 5-21 为方矩锥管立体图。如图 5-22 所示为一两端口平行单偏心方矩锥管的施工图，图 5-23 为计算原理图。

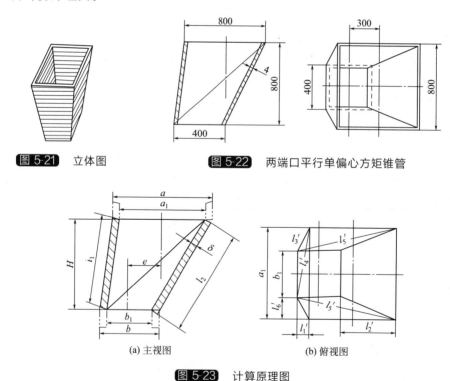

图 5-21 立体图   图 5-22 两端口平行单偏心方矩锥管

(a) 主视图   (b) 俯视图

图 5-23 计算原理图

1. 板厚处理

（1）折弯计算 本例用折边机折弯，故按里皮计算料长，原理为尖角镦压理论。

（2）切断计算 本例按排整搭连接，即左右板整搭前后板，所以左右板按外皮计算，前后板按里皮计算。

2. 下料计算

（1）折弯计算

① 左板中线 $l_1 = \sqrt{\left(e + \dfrac{b_1 - a_1}{2}\right)^2 + H^2}$（俯视图）$= \sqrt{\left(300 + \dfrac{392 - 792}{2}\right)^2 + 800^2}\ \text{mm} =$ 806mm。

② 右板中线 $l_2 = \sqrt{\left(e + \dfrac{a_1 - b_1}{2}\right)^2 + H^2}$（俯视图）$= \sqrt{\left(300 + \dfrac{792 - 392}{2}\right)^2 + 800^2}\ \text{mm} =$ 943mm。

③ 左板棱线 $l_3 = \sqrt{\left(\dfrac{a_1 - b_1}{2}\right)^2 + \left(e + \dfrac{b_1 - a_1}{2}\right)^2 + H^2}$（俯视图）$=$

$\sqrt{\left(\dfrac{792 - 392}{2}\right)^2 + \left(300 + \dfrac{392 - 792}{2}\right)^2 + 800^2}\ \text{mm} = 831\text{mm}$。

④ 左板对角线 $l_4 = \sqrt{\left(e + \dfrac{b_1 - a_1}{2}\right)^2 + \left(a_1 - \dfrac{a_1 - b_1}{2}\right)^2 + H^2}$（俯视图）$=$

$\sqrt{\left(300 + \dfrac{392 - 792}{2}\right)^2 + \left(792 - \dfrac{792 - 392}{2}\right)^2 + 800^2}\ \text{mm} = 1000\text{mm}$。

⑤ 前后板对角线 $l_5 = \sqrt{\left(e + \dfrac{a_1 + b_1}{2}\right)^2 + \left(\dfrac{a_1 - b_1}{2}\right)^2 + H^2}$（俯视图）$=$

$\sqrt{\left(300 + \dfrac{792 + 392}{2}\right)^2 + \left(\dfrac{792 - 392}{2}\right)^2 + 800^2}\ \text{mm} = 1215\text{mm}$。

（2）切断计算

① 左板中线 $l_1 = \sqrt{\left(e + \dfrac{b_1 - a_1}{2}\right)^2 + H^2}$（俯视图）$= \sqrt{\left(300 + \dfrac{392 - 792}{2}\right)^2 + 800^2}\ \text{mm} =$ 806mm。

② 右板中线 $l_2 = \sqrt{\left(e + \dfrac{a_1 - b_1}{2}\right)^2 + H^2}$（俯视图）$= \sqrt{\left(300 + \dfrac{792 - 392}{2}\right)^2 + 800^2}\ \text{mm} =$ 943mm。

③ 前后板中线 $l_6 = \sqrt{\left(\dfrac{a_1 - b_1}{2}\right)^2 + H^2}$（俯视图）$= \sqrt{\left(\dfrac{792 - 392}{2}\right)^2 + 800^2}\ \text{mm} = 825\text{mm}$。

④ 左板尺寸：$l_1 \times a \times b = 806\text{mm} \times 800\text{mm} \times 400\text{mm}$。

⑤ 右板尺寸：$l_2 \times a \times b = 943\text{mm} \times 800\text{mm} \times 400\text{mm}$。

⑥ 前后板尺寸：$l_6 \times e \times a_1 \times b_1 = 825\text{mm} \times 300\text{mm} \times 792\text{mm} \times 392\text{mm}$。

式中　a、b——外皮长，mm；a_1、b_1——里皮长，mm；H——两端里皮间垂直距离，mm；e——横向偏心距，mm。

3. 折弯展开图的画法

（1）右板用平行线法作展开，其他三板用三角形法作展开。

（2）画两条平行线，其间距 $l_2 = 943\text{mm}$，在两平行线上分中截取 $a_1 = 792\text{mm}$ 和 $b_1 = 392\text{mm}$，连接端点即得右板折弯展开图。

（3）以右板的两棱线为基线，用三角形法画出其他三板的折弯展开图，如图 5-24 所示。

4. 切断展开图的画法

（1）用平行线法作展开。

（2）画两条平行线，保证两平行线的距离为 $l_6 = 825\text{mm}$，分别在两平行线上截取 $a_1 =$

792mm 和 $b_1 = 392$mm 的线段，并保证两平行线段中点的距离为 $e = 300$mm。

（3）同右板折弯展开作法，可画出左右板的切断展开图，如图 5-25 所示。

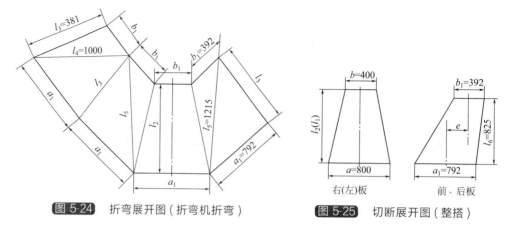

图 5-24　折弯展开图（折弯机折弯）　　　　图 5-25　切断展开图（整搭）

5. 说明

（1）折弯展开料的压制方法如下。

① 沿棱线折弯，必须从外向内进行，并随时用 90°内卡样板检查两端口的角度。

② 点焊时在外侧用小疤点焊。

③ 点焊后用卷尺量取端口对角线长是否相等，若不等时，可用压杠压对角线长的棱线，短对角线便会增长，至两对角线相等为合格。

（2）切断展开料的组对方法如下。

① 将右板平放于平台上，将前后板立于右板两侧的棱线上，使两者外沿平齐即可点焊。

② 将左板覆于前三板的空间之上，也使两者外沿平齐后点焊。

③ 量取两端口对角线是否相等，若不等，处理方法同上。

④ 焊接时两端口要刚性固定，以防变形。

八、两端口平行单偏心方矩锥管料计算（之二）

如图 5-26 所示为料仓至绞刀用的短节管，因料仓与绞刀出现了 50mm 的偏心距，因而短节管出现了偏心，是一种两端口平行单偏心方矩锥管。

1. 板厚处理

本例的板厚处理可有两种方法，一种是按里皮，其数据可适于折弯展开和切断展开；另一种是一组相对两板按里皮，另外相对两板按外皮，两法皆可。本例按前法处理。

垂直高按设计即可，因下端不连接管件，允差量很大。

2. 下料计算

（1）折弯计算　主要是求对角线和棱线实长。

① 前后板对角线 $CF = DE = \sqrt{\left(\dfrac{DC - HG}{2}\right)^2 + GE^2 + H^2} =$

$$\sqrt{\left(\frac{330 - 210}{2}\right)^2 + 230^2 + 275^2}\ \text{mm} = 363\text{mm}。$$

② 右板对角线 $AF = \sqrt{\left(EF + \dfrac{AB - EF}{2}\right)^2 + (AD - GE)^2 + H^2} =$

$$\sqrt{\left(210 + \frac{330 - 210}{2}\right)^2 + (330 - 230)^2 + 275^2}\ \text{mm} = 398\text{mm}。$$

③ 右板棱线 $AE = BF = \sqrt{(CB-HF)^2 + \left(\dfrac{AB-EF}{2}\right)^2 + H^2} =$

$$\sqrt{(330-230)^2 + \left(\dfrac{330-210}{2}\right)^2 + 275^2}\ \text{mm} = 299\text{mm}。$$

（2）切断计算　主要是求每块板的实高。

① 左板实高为 275mm。

② 右板实高 $NK = \sqrt{(CB-HF)^2 + H^2} = \sqrt{(330-230)^2 + 275^2}\ \text{mm} = 293\text{mm}$。

③ 前后板实高 $CH = DG = \sqrt{\left(\dfrac{AB-EF}{2}\right)^2 + H^2} = \sqrt{\left(\dfrac{330-210}{2}\right)^2 + 275^2}\ \text{mm} = 281\text{mm}$。

3. 展开图的画法

（1）折弯展开图　用三角形法作展开，先从左板开始。

① 作两条平行线段 GH 和 DC，使 $GH = 210$mm、$DC = 330$mm，两者的垂直距离为 275mm，上下端不偏心，连接 G 点和 D 点、H 点和 C 点即可得左板折弯展开图。

② 分别以 H、C 点为圆心，以 230mm 和 363mm 为半径画弧，两弧交于 F 点。

③ 分别以 F、C 点为圆心，以 299mm 和 330mm 为半径画弧，两弧交于 B 点，连接各点即得前板折弯展开图。

④ 同法可作出后板、右板折弯展开图，如图 5-27 所示。

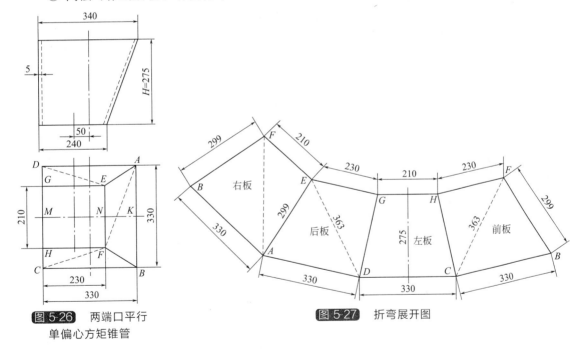

图 5-26　两端口平行
单偏心方矩锥管

图 5-27　折弯展开图

（2）切断展开图　用平行线法作展开（见图 5-28）。

① 左、右板：作两对平行线，平行线之间的垂直距离分别为 275mm 和 293mm，上下端的不偏心，且分中边长为 210mm 和 330mm。

② 前、后板：作两条平行线，平行线之间的垂直距离为 281mm，上下端偏心距离 50mm，上下端分中边长分别为 230mm 和 330mm。

4. 说明

计算对角线和棱线实长应从俯视图上找出的投影长作为勾、股，再从主视图上找出垂直高，勾、股、高的平方和再开方即得实长。

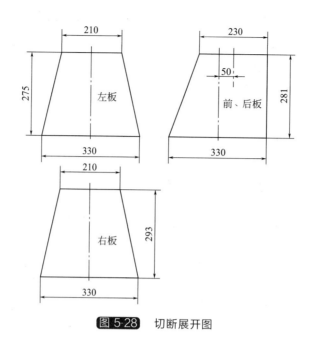

图 5-28　切断展开图

九、两端口平行双偏心方矩锥管料计算(之一)

(一) 例 1　方矩锥管见图 5-29。如图 5-30 所示为一两端口平行双偏心方矩锥管的施工图，图 5-31 为计算原理图。

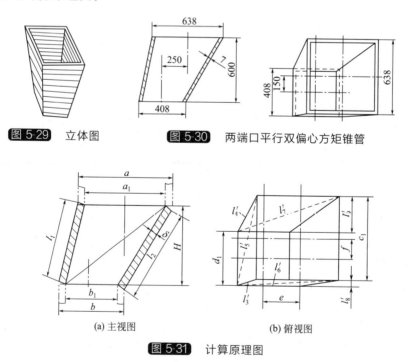

图 5-29　立体图　　　图 5-30　两端口平行双偏心方矩锥管

图 5-31　计算原理图

1. 板厚处理

(1) 折弯计算　本例不承受压力而且板较薄，故全部按里皮连接，用折边机折弯，按里皮计算料长。

（2）切断计算　因为本例设计按里皮连接，所以按里皮计算料长。

2. 下料计算

（1）折弯计算（见图5-32）

① 右板中线实长 $l_2 = \sqrt{\left(e + \dfrac{a_1 - b_1}{2}\right)^2 + H^2}$（俯视图）$=$

$$\sqrt{\left(250 + \frac{630 - 400}{2}\right)^2 + 600^2} \, mm = 702mm。$$

② 左板棱线 $l_3 = \sqrt{\left(f + \dfrac{d_1 - c_1}{2}\right)^2 + \left(e + \dfrac{b_1 - a_1}{2}\right)^2 + H^2}$（俯视图）$=$

$$\sqrt{\left(150 + \frac{400 - 630}{2}\right)^2 + \left(250 + \frac{400 - 630}{2}\right)^2 + 600^2} \, mm = 616mm。$$

③ 左板棱线 $l_4 = \sqrt{\left(f + \dfrac{c_1 - d_1}{2}\right)^2 + \left(e + \dfrac{b_1 - a_1}{2}\right)^2 + H^2}$（俯视图）$=$

$$\sqrt{\left(150 + \frac{630 - 400}{2}\right)^2 + \left(250 + \frac{400 - 630}{2}\right)^2 + 600^2} \, mm = 670mm。$$

④ 左板对角线 $l_5 = \sqrt{\left(f + \dfrac{c_1 + d_1}{2}\right)^2 + \left(e + \dfrac{b_1 - a_1}{2}\right)^2 + H^2}$（俯视图）$=$

$$\sqrt{\left(150 + \frac{630 + 400}{2}\right)^2 + \left(250 + \frac{400 - 630}{2}\right)^2 + 600^2} \, mm = 906mm。$$

⑤ 前板对角线 $l_6 = \sqrt{\left(f + \dfrac{d_1 - c_1}{2}\right)^2 + \left(e + \dfrac{a_1 + b_1}{2}\right)^2 + H^2}$（俯视图）$=$

$$\sqrt{\left(150 + \frac{400 - 630}{2}\right)^2 + \left(250 + \frac{630 + 400}{2}\right)^2 + 600^2} \, mm = 973mm。$$

⑥ 后板对角线 $l_7 = \sqrt{\left(f + \dfrac{c_1 - d_1}{2}\right)^2 + \left(e + \dfrac{a_1 + b_1}{2}\right)^2 + H^2}$（俯视图）$=$

$$\sqrt{\left(150 + \frac{630 - 400}{2}\right)^2 + \left(250 + \frac{630 + 400}{2}\right)^2 + 600^2} \, mm = 1008mm。$$

（2）切断计算（见图5-33）

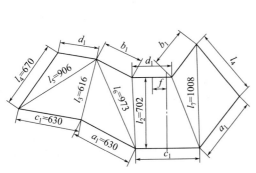

图 5-32　折弯展开图（折弯机折弯）

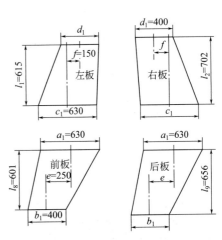

图 5-33　切断展开图（里皮连接）

① 左板中线实长 $l_1 = \sqrt{\left(e + \dfrac{b_1 - a_1}{2}\right)^2 + H^2}$ （俯视图）$= \sqrt{\left(250 + \dfrac{400 - 630}{2}\right)^2 + 600^2}$ mm $=$ 615mm。

② 右板中线实长 $l_2 = \sqrt{\left(e + \dfrac{a_1 - b_1}{2}\right)^2 + H^2}$ （俯视图）$= \sqrt{\left(250 + \dfrac{630 - 400}{2}\right)^2 + 600^2}$ mm $=$ 702mm。

③ 前板中线实长 $l_8 = \sqrt{\left(f + \dfrac{d_1 - c_1}{2}\right)^2 + H^2}$ （俯视图）$= \sqrt{\left(150 + \dfrac{400 - 630}{2}\right)^2 + 600^2}$ mm $=$ 601mm。

④ 后板中线实长 $l_9 = \sqrt{\left(f + \dfrac{c_1 - d_1}{2}\right)^2 + H^2}$ （俯视图）$= \sqrt{\left(150 + \dfrac{630 - 400}{2}\right)^2 + 600^2}$ mm $=$ 656mm。

⑤ 左板尺寸：$l_1 \times f \times c_1 \times d_1 = 615\text{mm} \times 150\text{mm} \times 630\text{mm} \times 400\text{mm}$。
⑥ 右板尺寸：$l_2 \times f \times c_1 \times d_1 = 702\text{mm} \times 150\text{mm} \times 630\text{mm} \times 400\text{mm}$。
⑦ 前板尺寸：$l_8 \times e \times a_1 \times b_1 = 601\text{mm} \times 250\text{mm} \times 630\text{mm} \times 400\text{mm}$。
⑧ 后板尺寸：$l_9 \times e \times a_1 \times b_1 = 656\text{mm} \times 250\text{mm} \times 630\text{mm} \times 400\text{mm}$。

式中 a_1、b_1、c_1、d_1——里皮长，mm；H——两端口里皮点间垂直距离，mm；e——横向偏心距，mm；f——纵向偏心距，mm。

（二）例2 如图 5-34 所示为一裤形双偏心方矩锥管的施工图。

1. 板厚处理

本例板较厚，不便折弯，应切断连接，也应按里皮连接并计算料长。

2. 下料计算

计算原理同例1。

（1）左板中线 $l_1 = \sqrt{\left(e + \dfrac{b_1 - a_1}{2}\right)^2 + H^2}$ （俯视图）$= \sqrt{\left(360 + \dfrac{280 - 730}{2}\right)^2 + 820^2}$ mm $=$ 831mm。

（2）右板中线 $l_2 = \sqrt{\left(e + \dfrac{a_1 - b_1}{2}\right)^2 + H^2}$ （俯视图）$= \sqrt{\left(360 + \dfrac{730 - 280}{2}\right)^2 + 820^2}$ mm $=$ 1007mm。

（3）前板中线 $l_8 = \sqrt{\left(f + \dfrac{d_1 - c_1}{2}\right)^2 + H^2}$ （俯视图）$= \sqrt{\left(300 + \dfrac{280 - 440}{2}\right)^2 + 820^2}$ mm $=$ 849mm。

（4）后板中线 $l_9 = \sqrt{\left(f + \dfrac{c_1 - d_1}{2}\right)^2 + H^2}$ （俯视图）$= \sqrt{\left(300 + \dfrac{440 - 280}{2}\right)^2 + 820^2}$ mm $=$ 904mm。

（5）左板尺寸：$l_1 \times f \times c_1 \times d_1 = 831\text{mm} \times 300\text{mm} \times 440\text{mm} \times 280\text{mm}$。
（6）右板尺寸：$l_2 \times f \times c_1 \times d_1 = 1007\text{mm} \times 300\text{mm} \times 440\text{mm} \times 280\text{mm}$。
（7）前板尺寸：$l_8 \times e \times a_1 \times b_1 = 849\text{mm} \times 360\text{mm} \times 730\text{mm} \times 280\text{mm}$。
（8）后板尺寸：$l_9 \times e \times a_1 \times b_1 = 904\text{mm} \times 360\text{mm} \times 730\text{mm} \times 280\text{mm}$。

3. 切断展开图的画法

以左板为例叙述之。

（1）画两条平行线，使其间距为 831mm，在两平行线上分别分中截取长为 280mm 和

440mm 的两条线段，并使两线段的中点距离（即偏心距）为 300mm。

（2）连接对应的端点，即为左板切断展开图。

（3）同理作出其他三板的切断展开图，如图 5-35 所示。

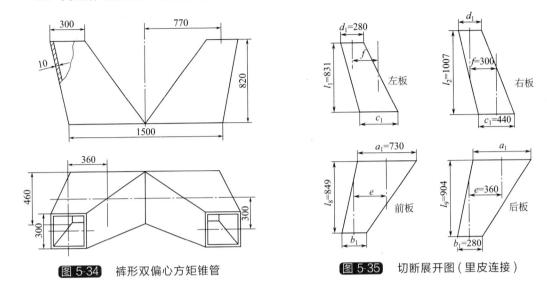

图 5-34 裤形双偏心方矩锥管

图 5-35 切断展开图（里皮连接）

4. 说明

组对方法如下。

（1）将前板平放于平台上。

（2）将左右板立于前板的两棱线上，使里皮接触。

（3）从内侧点焊小疤定位。

（4）将后板覆于前三板的上面空间中，也使里皮接触，再从外侧点焊小疤定位。

（5）用 90°样板检查两端口的角度，若有误差时，应用压杠法施压对角线长的棱线，便可得到矫正。

（6）同法组对另一"裤"脚。

（7）将两裤形管并列于平台上，使后板接触平台，量取大小端的距离符合设计要求后点焊固定。

（8）焊接时要进行刚性固定，以防变形。

十、两端口平行双偏心方矩锥管料计算（之二）

如图 5-36 所示为双管喂料机至空气输送泵短节管施工图，是一种两端口平行双偏心方矩锥管，其横向偏心 440mm，纵向偏心 70mm，用 4mm 碳钢板。由于规格较大，本例按切断计算。

1. 板厚处理

本例四板皆按里皮计算之，组对时里棱相对，外侧形成 90°坡口，从外侧施焊之，照样能满足外皮尺寸。

2. 下料计算

前例是计算板的垂直高，然后作平行线，按偏心距分别截取两端边长；本例是计算每板的中线长，再按偏心距和两端口边长画出展开实形。

（1）后板中线 $AB = \sqrt{\left(\dfrac{242}{2} + 70 - \dfrac{182}{2}\right)^2 + 440^2 + 1300^2}$ mm = 1376mm。

（2）前板中线 $CD = \sqrt{\left[\dfrac{182}{2}-\left(\dfrac{242}{2}-70\right)\right]^2+440^2+1300^2}$ mm＝1373mm。

（3）右板中线 $EF = \sqrt{\left(440-\dfrac{752}{2}+\dfrac{292}{2}\right)^2+70^2+1300^2}$ mm＝1319mm。

（4）左板中线 $GH = \sqrt{\left(440+\dfrac{752}{2}-\dfrac{292}{2}\right)^2+70^2+1300^2}$ mm＝1464mm。

3. 切断展开图的画法

此展开图的画法称为三角形法，如图 5-37 所示，画水平线段 CB＝440mm，作线段 CA 垂直线段 CB，并延长，以 B 点为圆心，以 1376mm 为半径画弧，交 CA 于 A 点，线段 AB 即为后板的中线实长；延长线段 CB，以 B 点为中点截取长为 292mm 的线段，以 A 点为中点作 CB 的平行线段，使其长为 752mm，连接四端点，即得后板切断展开图。

同法可作出其他三板的切断展开图，如图 5-37（b）、（c）、（d）所示。

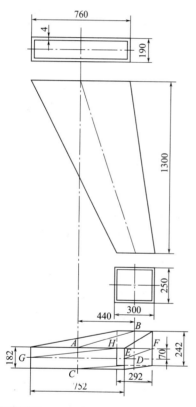

图 5-36　两端口平行双偏心方矩锥管

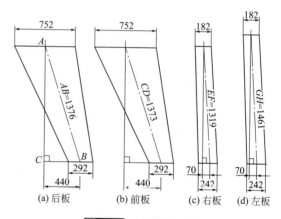

（a）后板　　（b）前板　　（c）右板　　（d）左板

图 5-37　切断展开图

十一、两端口互相垂直方矩锥管料计算

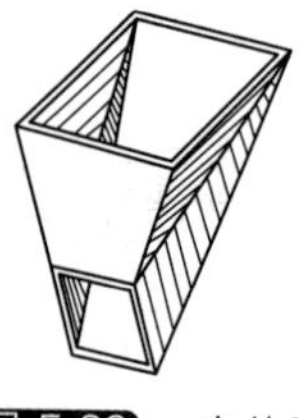

方矩锥管为图 5-38。如图 5-39 所示为一两端口垂直方矩锥管施工图，图 5-40 为计算原理图。

1. 板厚处理

本例由于板较薄，且形体较特殊，折弯和切断皆按里皮计算之。

2. 下料计算

（1）折弯计算（见图 5-41）

图 5-38　立体图

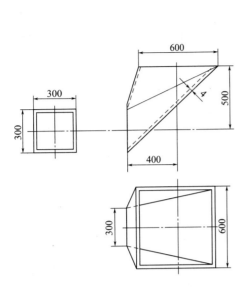

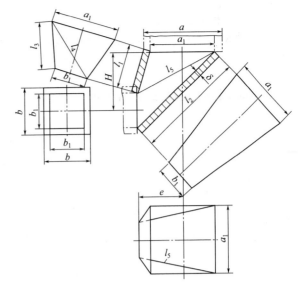

图 5-39 两端口垂直方矩锥管　　　　图 5-40 计算原理图

① 左板中线 $l_1 = \sqrt{\left(e - \dfrac{a_1}{2}\right)^2 + \left(H - \dfrac{b_1}{2}\right)^2}$（俯视图）$= \sqrt{(400-296)^2 + (500-146)^2}$ mm $=$ 369mm。

② 右板中线 $l_2 = \sqrt{\left(e + \dfrac{a_1}{2}\right)^2 + \left(H + \dfrac{b_1}{2}\right)^2}$（俯视图）$= \sqrt{(400+296)^2 + (500+146)^2}$ mm $=$ 950mm。

③ 左板棱线 $l_3 = \sqrt{\left(\dfrac{a_1 - b_1}{2}\right)^2 + l_1^2}$（俯视图）$= \sqrt{\left(\dfrac{592-292}{2}\right)^2 + 369^2}$ mm $=$ 398mm。

④ 左板对角线 $l_4 = \sqrt{\left(e - \dfrac{a_1}{2}\right)^2 + \left(a_1 - \dfrac{a_1 - b_1}{2}\right)^2 + \left(H - \dfrac{b_1}{2}\right)^2}$（俯视图）$=$

$$\sqrt{\left(400 - \frac{592}{2}\right)^2 + \left(592 - \frac{592-292}{2}\right)^2 + (500-146)^2} \text{ mm} = 576\text{mm}。$$

⑤ 前后板对角线 $l_5 = \sqrt{\left(e + \dfrac{a_1}{2}\right)^2 + \left(\dfrac{a_1 - b_1}{2}\right)^2 + \left(H - \dfrac{b_1}{2}\right)^2}$（俯视图）$=$

$$\sqrt{(400+296)^2 + 150^2 + 354^2} \text{ mm} = 795\text{mm}。$$

（2）切断计算

① 左板中线 l_1、右板中线 l_2、前后板对角线 l_5 完全同折弯计算，此略，即 $l_1 =$ 369mm，$l_2 = 950$mm，$l_5 = 795$mm。

② 左板尺寸：$l_1 \times a_1 \times b_1 = 369$mm $\times 592$mm $\times 292$mm。

③ 右板尺寸：$l_2 \times a_1 \times b_1 = 950$mm $\times 592$mm $\times 292$mm。

④ 前后板尺寸：$l_5 \times l_3 \times l_4 \times a_1 \times b_1 = 795$mm $\times 398$mm $\times 576$mm $\times 592$mm $\times 292$mm。

式中　a_1、b_1、c_1、d_1——里皮长，mm；e——大端中心至小端端面的横向距离，mm；H——大端里皮点至小端口中心的垂直距离，mm。

3. 折弯展开图的画法（见图 5-41）

（1）先从右板开始，作两条平行线段 $a_1 = 592$mm 和 $b_1 = 292$mm，间距 $l_2 = 950$mm，

两平行线同心，连接四个端点即得右板折弯展开图，此法叫平行线法。

（2）以右板的四个端点为圆心，分别以 $b_1 = 292mm$ 和 $l_5 = 795mm$ 为半径画弧得交点，便得到前后板的一个三角形，同法会得出另一个三角形，即得前后板折弯展开图，此法叫三角形法。

（3）同法会得出左板展开图

4. 切断展开图的画法（见图 5-42）

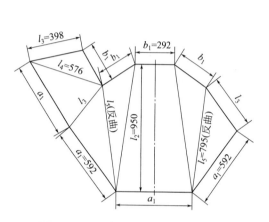

图 5-41   折弯展开图（折弯机折弯）   图 5-42   切断展开图（里皮连接）

（1）左右板用平行线法作展开。

（2）前后板用三角形法作展开，具体画法同折弯展开图的画法。

5. 说明

（1）折弯展开料的压制方法

① 由于本例空间位置的特点，前后板的四个端点不在同一平面内，折弯前应沿对角线 l_5 作一定角度的反曲折弯，具体折多少应以多次试折为准，若最后合茬发现折弯角度或大或小时，可用钝刃锤配大锤调节之。

② 沿棱线折弯时，应从外向内进行，并随时用 90°样板检查端口角度。

③ 点焊合茬棱缝时用小疤即可。

④ 点焊后用卷尺量取端口对角线长是否相等，若不等时，可用压杠压对角线长的棱线，短对角线便会增长，至两对角线等长为合格。

（2）切断展开料的组对方法

① 由于形体结构的特殊，前后板的四个端点不在同一平面内，在组对前应沿对角线 l_5 作一定角度的反曲折弯、具体折多少角度应以试折为准。

② 将右扳平放于平台上，将前后板立于两侧的棱线上，里皮接触后点焊定位。

③ 量取两端口的对角线是否相等，若不等，处理方法同上。

④ 焊接前应刚性固定，以防变形。

十二、两端口互相垂直双偏心方矩锥管料计算

方矩锥管见图 5-43。图 5-44 所示为一两端口垂直双偏心方矩锥管施工图，图 5-45 为计算原理图。

1. 板厚处理

本例由于形体的空间位置较特殊，折弯展开和切断展开全部按里皮计算。

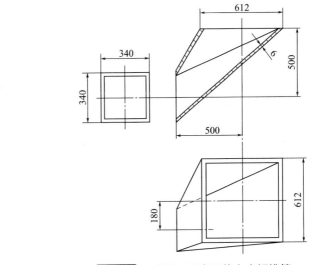

图 5-43　立体图　　图 5-44　两端口垂直双偏心方矩锥管

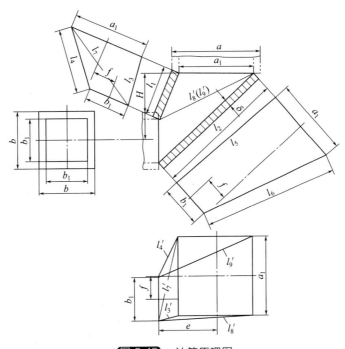

图 5-45　计算原理图

2. 下料计算

（1）折弯计算

① 左板中线 $l_1 = \sqrt{\left(e - \dfrac{a_1}{2}\right)^2 + \left(H - \dfrac{b_1}{2}\right)^2}$ （俯视图、主视图）

$$= \sqrt{(500 - 300)^2 + (500 - 164)^2}\, \text{mm} = 391\text{mm} 。$$

② 右板中线 $l_2 = \sqrt{\left(e + \dfrac{a_1}{2}\right)^2 + \left(H + \dfrac{b_1}{2}\right)^2}$ （俯视图、主视图）

$$= \sqrt{(500 + 300)^2 + (500 + 164)^2}\, \text{mm} = 1040\text{mm} 。$$

③ 左板棱线 $l_3 = \sqrt{\left(f + \dfrac{b_1 - a_1}{2}\right)^2 + \left(e - \dfrac{a_1}{2}\right)^2 + \left(H - \dfrac{b_1}{2}\right)^2}$（俯视图）$=$

$$\sqrt{(180-136)^2 + (500-300)^2 + (500-164)^2}\ \text{mm} = 393\text{mm}.$$

④ 左板棱线 $l_4 = \sqrt{\left(f + \dfrac{a_1 - b_1}{2}\right)^2 + \left(e - \dfrac{a_1}{2}\right)^2 + \left(H - \dfrac{b_1}{2}\right)^2}$（俯视图）$=$

$$\sqrt{(180+136)^2 + (500-300)^2 + (500-164)^2}\ \text{mm} = 503\text{mm}.$$

⑤ 左板对角线 $l_7 = \sqrt{\left(f + \dfrac{a_1 + b_1}{2}\right)^2 + \left(e - \dfrac{a_1}{2}\right)^2 + \left(H - \dfrac{b_1}{2}\right)^2}$（俯视图）$=$

$$\sqrt{(180+464)^2 + (500-300)^2 + (500-164)^2}\ \text{mm} = 753\text{mm}.$$

⑥ 前板对角线 $l_8 = \sqrt{\left(e + \dfrac{a_1}{2}\right)^2 + \left(f + \dfrac{b_1 - a_1}{2}\right)^2 + \left(H - \dfrac{b_1}{2}\right)^2}$（俯视图）$=$

$$\sqrt{(500+300)^2 + (180-136)^2 + (500-164)^2}\ \text{mm} = 869\text{mm}.$$

⑦ 后板对角线 $l_9 = \sqrt{\left(e + \dfrac{a_1}{2}\right)^2 + \left(f + \dfrac{a_1 - b_1}{2}\right)^2 + \left(H - \dfrac{b_1}{2}\right)^2}$（俯视图）$=$

$$\sqrt{(500+300)^2 + (180+136)^2 + (500-164)^2}\ \text{mm} = 923\text{mm}.$$

（2）切断计算

① l_1、l_2、l_8、l_9 与折弯计算相同，从略。

$l_1 = 391\text{mm}$，$l_2 = 1040\text{mm}$，$l_8 = 869\text{mm}$，$l_9 = 923\text{mm}$。

② 左板尺寸：$l_1 \times f \times a_1 \times b_1 = 391\text{mm} \times 180\text{mm} \times 600\text{mm} \times 328\text{mm}$。

③ 右板尺寸：$l_2 \times f \times a_1 \times b_1 = 1040\text{mm} \times 180\text{mm} \times 600\text{mm} \times 328\text{mm}$。

④ 前板尺寸：$l_8 \times l_3 \times l_5 \times a_1 \times b_1 = 869\text{mm} \times 393\text{mm} \times l_5 \times 600\text{mm} \times 328\text{mm}$。

⑤ 后板尺寸：$l_9 \times l_4 \times l_6 \times a_1 \times b_1 = 923\text{mm} \times 503\text{mm} \times l_6 \times 600\text{mm} \times 328\text{mm}$。

⑥ 右板棱线 l_5、l_6 用平行线法画出展开图后实际量取后再用。

式中　a_1、b_1——里皮长，mm；H——大口端面至小口中心的垂直距离，mm；e——横向偏心，mm；f——纵向偏心，mm；"$\mp$"——左板用"$-$"，右板用"$+$"。

3. **折弯展开图的画法**（见图5-46）

（1）用平行线法画出右板展开图。

（2）用三角形法画出前后板和左板展开图，具体操作方法同前例。

4. **切断展开图的画法**（见图5-47）

（1）左右板用平行线法作展开。

（2）前后板用三角形法作展开，具体操作方法同前例。

5. **说明**

此例与前例基本相同，空间位置较特殊，前后板需反曲折对角线，这一点要特别注意，其整料的压制方法和断料的组对方法完全同上例，此略。

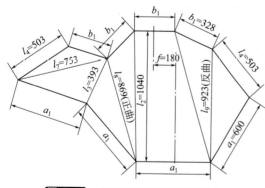

图 5-46　折弯展开图（折弯机折弯）

十三、两端口相交方矩锥管料计算

方矩锥管见图5-48。如图5-49所示为一两端口相交方矩锥管，（皮带机下料斗）的施工图，图 5-50 为计算原理图。

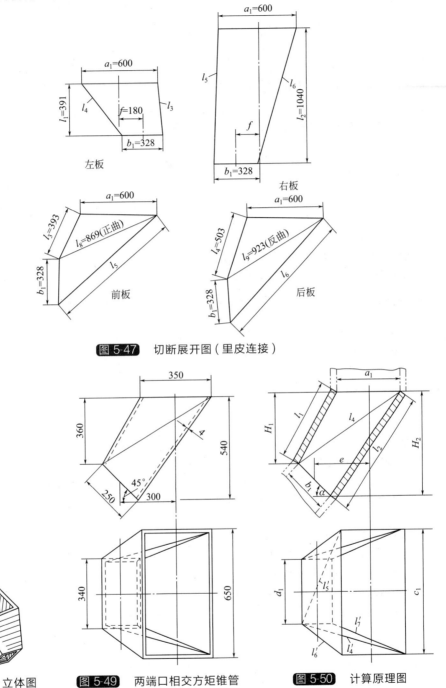

左板

右板

前板

后板

图 5-47　切断展开图（里皮连接）

图 5-48　立体图

图 5-49　两端口相交方矩锥管

图 5-50　计算原理图

1. 板厚处理

本例的空间位置较特殊，折弯展开和切断展开全部按里皮计算。

2. 下料计算

（1）折弯计算

① 右板中线 $l_2 = \sqrt{\left(\dfrac{a_1}{2} + e - \dfrac{b_1 \cos\alpha}{2}\right)^2 + H_2^2}$（俯视图）$= \sqrt{385^2 + 540^2}$ mm $= 663$mm。

② 左板棱线 $l_3 = \sqrt{\left(e + \dfrac{b_1 \cos\alpha}{2} - \dfrac{a_1}{2}\right)^2 + \left(\dfrac{c_1 - d_1}{2}\right)^2 + H_1^2}$（俯视图）$=$

$$\sqrt{(300 + 86 - 171)^2 + 155^2 + 360^2}\ \text{mm} = 447\text{mm}。$$

③ 前后板对角线 $l_4 = \sqrt{\left(\dfrac{a_1}{2} + e + \dfrac{b_1 \cos\alpha}{2}\right)^2 + \left(\dfrac{c_1 - d_1}{2}\right)^2 + H_1^2}$（俯视图）$=$

$$\sqrt{557^2 + 155^2 + 360^2}\ \text{mm} = 681\text{mm}。$$

④ 左侧板对角线 $l_5 = \sqrt{\left(\dfrac{c_1 + d_1}{2}\right)^2 + \left(e + \dfrac{b_1 \cos\alpha}{2} - \dfrac{a_1}{2}\right)^2 + H_1^2}$（俯视图）$=$

$$\sqrt{487^2 + 215^2 + 360^2}\ \text{mm} = 643\text{mm}。$$

（2）切断计算

① 左板中线 $l_1 = \sqrt{\left(e + \dfrac{b_1 \cos\alpha}{2} - \dfrac{a_1}{2}\right)^2 + H_1^2}$（俯视图）$= \sqrt{215^2 + 360^2}\ \text{mm} = 419\text{mm}。$

② 右板中线 $l_2 = 663\text{mm}$（同折弯计算）。

③ 前后板对角线 $l_4 = 681\text{mm}$（同折弯计算）。

④ 左板棱线 $l_3 = 447\text{mm}$（同折弯计算）。

⑤ 右板棱线 $l_6 = \sqrt{\left(\dfrac{c_1 - d_1}{2}\right)^2 + l_2^2}$（右板展开图）$= \sqrt{\left(\dfrac{642 - 332}{2}\right)^2 + 663^2}\ \text{mm} = 732\text{mm}。$

⑥ 左板尺寸：$l_1 \times c_1 \times d_1 = 419\text{mm} \times 642\text{mm} \times 332\text{mm}。$

⑦ 右板尺寸：$l_2 \times c_1 \times d_1 = 663\text{mm} \times 642\text{mm} \times 332\text{mm}。$

⑧ 前后板尺寸：$l_4 \times l_3 \times l_6 \times a_1 \times b_1 = 681\text{mm} \times 447\text{mm} \times 732\text{mm} \times 342\text{mm} \times 242\text{mm}。$

式中　e——横向偏心距，mm；α——下端倾斜角，(°)；a_1、b_1、c_1、d_1——里皮长，mm；H_1、H_2——左、右侧板高，mm。

3. 折弯展开图的画法（见图 5-51）

① 先从右板开始，画两条平行线段，$c_1 = 642\text{mm}$ 和 $d_1 = 332\text{mm}$，间距 $l_2 = 663\text{mm}$，此板两端口同心，连接四个端点，即得右板展开图，此法叫平行线法作展开。

② 以右板的四个端点为圆心，分别以 $l_4 = 681\text{mm}$、$b_1 = 242\text{mm}$ 和 $l_3 = 447\text{mm}$、$a_1 = 342\text{mm}$ 为半径画弧得交点。连接所得交点便画出了前后板的展开图，此法叫用三角形法作展开。

③ 同法画出左板展开图。

4. 切断展开图的画法（见图 5-52）

① 左右板用平行线法作展开。

② 前后板用三角形法作展开。

③ 具体画法完全同折弯展开图的画法。

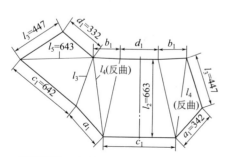

图 5-51　折弯展开图（折弯机折弯）

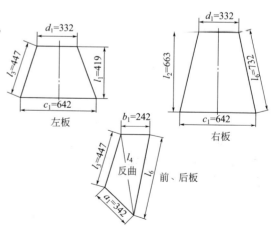

图 5-52　切断展开图（里皮连接）

5. 说明

（1）折弯展开料的折弯方法

① 在平板状态时，先将前后板的对角线 l_4 进行反曲折弯，至于折弯角度凭经验定。

② 沿棱线折弯，从外向内进行，并随时用 90°内卡样板检查端口角度。

③ 点焊时用小疤施焊，以便利于以后的矫正操作。

④ 点焊成形后用卷尺量取端口对角线是否相等，若不等，可用压杠压对角线长的棱线，短对角线便会增长，至两对角线相等为合格。

（2）切断展开料的组对方法

① 同上述的折弯操作，也应将前后板对角线进行反曲折弯。

② 将右板平放于平台上，将前后板立于两侧板的棱线上，使两者的里皮接触即可点焊。

③ 将左板覆于前三板的空间之上，也使两者里皮接触后点焊。

④ 量取两端口对角线是否相等，若有误差，处理方法同折弯压制方法。

⑤ 焊接时两端口要进行刚性定位，以防变形。

十四、两端口相交单偏心方矩锥管料计算

如图 5-53 所示为一吸尘罩施工图，是一种两端口相交单偏心方矩锥管，横向偏心 400mm，用 6mm 碳钢板制作，由于规格较大，按切断计算。

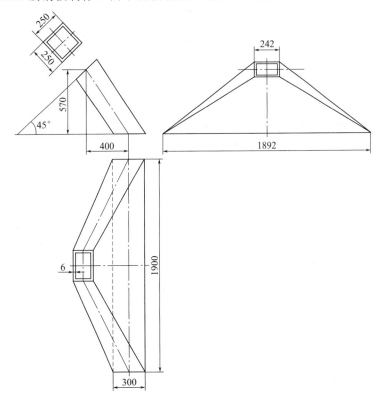

图 5-53　两端口相交单偏心方矩锥管

1. 板厚处理

本例板厚 6mm，应进行板厚处理，即按里皮下料，组对时里皮接触，坡口在外。

2. 下料计算

（1）右板中线实长 $l_1 = \sqrt{\left(400 - \dfrac{242}{2} + \dfrac{292}{2}\right)^2 + \left(570 + \dfrac{242}{2} \times \sin 45°\right)^2}$ mm＝781mm。

（2）左板中线实长 $l_2=\sqrt{\left(400+\dfrac{242}{2}-\dfrac{292}{2}\right)^2+\left(570-\dfrac{242}{2}\times\sin45°\right)^2}\,\text{mm}=612\text{mm}$。

（3）前后板中线实长 $l_3=\sqrt{400^2+\left(\dfrac{1892}{2}-\dfrac{242}{2}\right)^2+\left(570+\dfrac{242}{2}\times\sin45°\right)^2}\,\text{mm}=1127\text{mm}$。

3. 展开图的画法

（1）左右板：两平行线，使其距离为781mm 与 612mm，并在平行线上分别分中截取 242mm 和 1892mm，如图 5-54（a）、（b）所示。

（2）前后板：用三角形法作展开，如图 5-54（c）所示，画水平线段 $CB=400\text{mm}$，以 B 点为圆心，以 1127mm 为半径画弧，过 C 点作 $CA\perp CB$，交弧线于 A 点，线段 AB 即为前后板的中线实长；延长线段 CB，以 B 点为中点截取长为 292mm 的线段，过 A 点作 CB 的平行线，并以 A 点为中心截取长为 242mm 的线段，连接两条线段的四个端点，即得前后板的展开图。

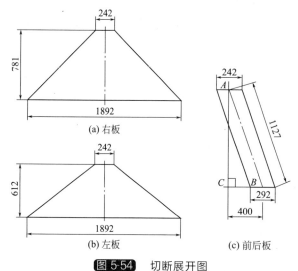

图 5-54　切断展开图

4. 说明

从左视图可看出，由于上端口的倾斜，使前后板的投影呈现三角形状，组对时必须沿对角线，外上端、内下端为对角线折弯。若上下端口平行，则不会出现这种折弯，请读者一试。

十五、两端口相交双偏心方矩锥管料计算

方矩锥管见图 5-55。如图 5-56 所示为一两端口相交双偏心方矩锥管（皮带机下料斗）施工图，图 5-57 为计算原理图。

图 5-55　立体图

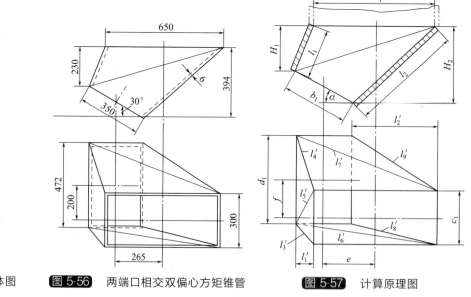

图 5-56　两端口相交双偏心方矩锥管　　图 5-57　计算原理图

1. 板厚处理

本例设计整料用折弯机折弯，故折弯和切断全部按里皮计算料长。

2. 下料计算

（1）折弯展开图

① 右板中线 $l_2 = \sqrt{\left(e + \dfrac{a_1}{2} - \dfrac{b_1\cos\alpha}{2}\right)^2 + H_2^2}$（俯视图、主视图）$=$

$\sqrt{(438^2 + 394^2)}\,\mathrm{mm} = 589\mathrm{mm}$。

② 左板棱线 $l_3 = \sqrt{\left(e + \dfrac{b_1\cos\alpha}{2} - \dfrac{a_1}{2}\right)^2 + \left(f + \dfrac{c_1 - d_1}{2}\right)^2 + H_1^2}$（俯视图）$=$

$\sqrt{(92^2 + 114^2 + 230^2)}\,\mathrm{mm} = 273\mathrm{mm}$。

③ 左板棱线 $l_4 = \sqrt{\left(e + \dfrac{b_1\cos\alpha}{2} - \dfrac{a_1}{2}\right)^2 + \left(f + \dfrac{d_1 - c_1}{2}\right)^2 + H_1^2}$（俯视图）$=$

$\sqrt{(92^2 + 286^2 + 230^2)}\,\mathrm{mm} = 378\mathrm{mm}$。

④ 左板对角线 $l_5 = \sqrt{\left(e + \dfrac{b_1\cos\alpha}{2} - \dfrac{a_1}{2}\right)^2 + \left(\dfrac{d_1}{2} - f + \dfrac{c_1}{2}\right)^2 + H_1^2}$（俯视图）$=$

$\sqrt{92^2 + 174^2 + 230^2}\,\mathrm{mm} = 303\mathrm{mm}$。

⑤ 前板对角线 $l_6 = \sqrt{\left(e + \dfrac{b_1\cos\alpha}{2} + \dfrac{a_1}{2}\right)^2 + \left(f + \dfrac{c_1 - d_1}{2}\right)^2 + H_1^2}$（俯视图）$=$

$\sqrt{730^2 + 114^2 + 230^2}\,\mathrm{mm} = 774\mathrm{mm}$。

⑥ 后板对角线 $l_7 = \sqrt{\left(e + \dfrac{b_1\cos\alpha}{2} + \dfrac{a_1}{2}\right)^2 + \left(f + \dfrac{d_1 - c_1}{2}\right)^2 + H_1^2}$（俯视图）$=$

$\sqrt{730^2 + 286^2 + 230^2}\,\mathrm{mm} = 817\mathrm{mm}$。

（2）切断计算

① 左板中线 $l_1 = \sqrt{\left(e + \dfrac{b_1\cos\alpha}{2} - \dfrac{a_1}{2}\right)^2 + H_1^2}$（俯视图）$= \sqrt{92^2 + 230^2}\,\mathrm{mm} = 248\mathrm{mm}$

② l_2、l_3、l_4、l_6、l_7 与折弯计算相同。

③ 左板尺寸：$l_1 \times f \times c_1 \times d_1 = 248\mathrm{mm} \times 200\mathrm{mm} \times 288\mathrm{mm} \times 460\mathrm{mm}$。

④ 右板尺寸：$l_2 \times f \times c_1 \times d_1 = 589\mathrm{mm} \times 200\mathrm{mm} \times 288\mathrm{mm} \times 460\mathrm{mm}$。

⑤ 前板尺寸：$l_6 \times l_3 \times l_8 \times a_1 \times b_1 = 774\mathrm{mm} \times 273\mathrm{mm} \times l_8 \times 638\mathrm{mm} \times 338\mathrm{mm}$。

l_8 在作右板时得出。

⑥ 后板尺寸：$l_7 \times l_4 \times l_9 \times a_1 \times b_1 = 817\mathrm{mm} \times 378\mathrm{mm} \times l_9 \times 638\mathrm{mm} \times 338\mathrm{mm}$。

l_9 在作右板时得出。

式中 e——横向偏心，mm；f——纵向偏心，mm；a_1、b_1、c_1、d_1——里皮长，mm；α——下端倾斜角，（°）；H_1、H_2——左、右侧高，mm。

3. 折弯展开图的画法（见图 5-58）

（1）先画右板，画两条平行线段，使 $c_1 = 288\mathrm{mm}$，$d_1 = 460\mathrm{mm}$，其间距 $l_2 = 589\mathrm{mm}$，两线段偏心距 $f = 200\mathrm{mm}$，连接四个端点，即得右板折弯展开图，此法叫平行线法。

（2）以右板的四个端点为圆心，分别以 $a_1 = 638\mathrm{mm}$、$b_1 = 338\mathrm{mm}$、$l_7 = 817\mathrm{mm}$、$l_4 = 378\mathrm{mm}$ 为半径画弧得交点，连接所得交点便画出了前后板的折弯展开图，此法叫三角形法。

（3）同法画出左板折弯展开图。

4. 切断展开图的画法（见图 5-59）

（1）左板画法：画两条平行线段，其长度为 $c_1=288$mm 和 $d_1=460$mm，两者间距 $l_1=248$mm，两线段的偏心距 $f=200$mm，连接四个端点即得左板切断展开图，此法叫平行线法。

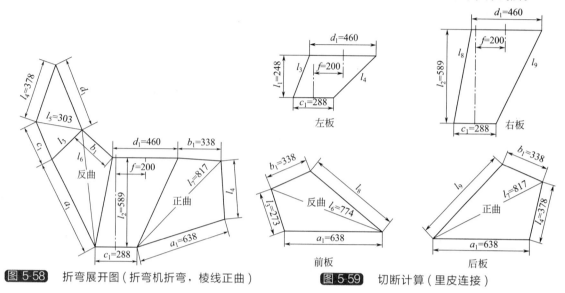

图 5-58　折弯展开图（折弯机折弯，棱线正曲）

图 5-59　切断计算（里皮连接）

（2）同上方法可画出右板切断展开图。

（3）前板画法：画一线段 $a_1=638$mm，以其两端点为圆心，分别以 $l_3=273$mm 和 $l_6=774$mm 为半径画弧相交，把交点与两端点分别相连，得出一个三角形，同法得出第二个三角形，便得到前板的切断展开图，此法叫三角形法。

（4）同上方法可画出后板切断展开图。

5. 说明

（1）折弯展开料的折弯方法

① 由于是双偏心，前、后板的对角线必折弯，但折弯方向不同，前板反曲（棱向内凸），后板正曲（棱向外凸），棱线正曲。

② 沿棱线折弯时从外向内进行，并随时用 90°内卡样板检查端口角度。

③ 点焊时用小疤，便于以后的矫正操作。

④ 点焊成形后，用卷尺量取端口对角线是否相等，若不等，可用压杠压对角线长的棱线，短对角线便会增长，待两对角线相等为合格。

（2）切断展开料的组对方法

① 同上述的折弯操作，将前板对角线反曲，后板对角线正曲。

② 将右板平放于平台上，将前后板立于右板的棱线上，按里皮接触点焊。

③ 将左板覆于上三板的空间内，里皮吻合后小疤点焊。

④ 量取两端口对角线是否相等，若有误差时可用压杠法矫正。

⑤ 焊接前要刚性固定，以防变形。

十六、上端倾斜一侧垂直方矩锥管料计算

方矩锥管见图 5-60。如图 5-61 所示为一落泥筒施工图，图 5-62 为计算原理图。

1. 板厚处理

折弯计算和切断计算全部按里皮。

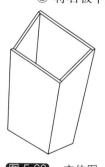

图 5-60　立体图

2. 下料计算

（1）折弯计算

① 右板中线 $l_2 = \sqrt{H^2 + (b_1 - d_1)^2}$ （主视图）$= \sqrt{1350^2 + (450 - 300)^2}$ mm $= 1358$mm。

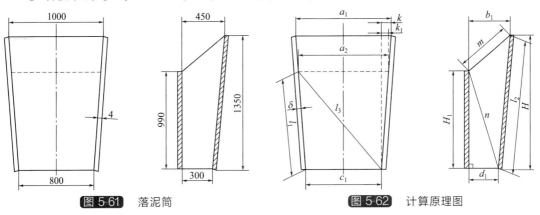

图 5-61　落泥筒　　　　　　　　　图 5-62　计算原理图

② 左板上沿 a_2

因为右板大小端半径差 $k = \dfrac{a - c}{2} = \dfrac{1000 - 800}{2}$ mm $= 100$mm。

左板大小端半径差 $k_1 = \dfrac{kH_1}{H} = \dfrac{100 \times 990}{1350}$ mm $= 73$mm

所以 $a_2 = c_1 + 2k_1 = (800 + 2 \times 73)$mm $= 947$mm。

③ 前后板对角线 $n = \sqrt{H_1^2 + d_1^2 + k_1^2}$ （主、右视图）$= \sqrt{990^2 + 300^2 + 73^2}$ mm $= 1037$mm。

④ 前后板上沿 $m = \sqrt{(H - H_1)^2 + b_1^2 + (k - k_1)^2}$ （主、右视图）

$\qquad\qquad = \sqrt{(1350 - 990)^2 + 450^2 + (100 - 73)^2}$ mm $= 577$mm。

⑤ 左板棱线 $l_1 = \sqrt{H_1^2 + \left(\dfrac{a_2 - c}{2}\right)^2}$ （主、右视图）$= \sqrt{990^2 + \left(\dfrac{947 - 800}{2}\right)^2}$ mm $= 993$mm。

⑥ 左板对角线 $l_3 = \sqrt{(a_2 - k)^2 + H_1^2}$ （右视图）$= \sqrt{(947 - 100)^2 + 990^2}$ mm $= 1303$mm。

（2）切断计算

① l_1、l_2、l_4 同折弯计算。

② 左板尺寸：$H_1 \times a_2 \times c_1 = 990mm\times 947mm\times 800$mm。

③ 右板尺寸：$l_2 \times a_1 \times c_1 = 1358mm\times 1000mm\times 800$mm。

④ 前后板尺寸：$n \times l_1 \times l_4 \times d_1 \times m = 1037mm\times 993mm\times l_4 \times 300mm\times 577$mm（$l_4$ 作右板时得出）。

式中　H_1、H——短边、长边垂直高，mm；a_1、b_1、c_1、d_1——端口里皮长，mm。

3. 折弯展开图的画法（见图 5-63）

① 用平行线法画出右板折弯展开图：画两条平行线段，其长度为 $a_1 = 1000$mm 和 $c_1 = 800$mm，间距 $l_2 = 1358$mm，两端正心，连接线段的四个端点，即得右板折弯展开图。

② 以右板的四个端点为圆心，分别以 $m = 577$mm、$n = 1037$mm、$d_1 = 300$mm、$l_1 = 993$mm 为半径，连续交规画三角形，便得出前后板折弯展开图。

③ 仍用三角形展法，画出左板折弯展开图。

4. 切断展开图的画法（见图 5-64）

① 用平行线法画出左右板切断展开图。

② 用三角形法画出前后板切断展开图。

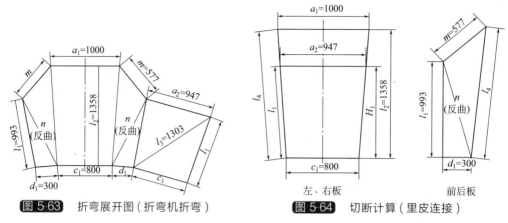

图 5-63　折弯展开图（折弯机折弯）

图 5-64　切断计算（里皮连接）

左、右板　　　　前后板

5. 说明

（1）折弯展开料的折弯方法

① 因上端口呈倾斜状，前后板的对角线必须折弯，都为反曲折弯，即棱向内凸。

② 沿棱线的折弯为正曲折线，从外向内进行，并用 90°内卡样板检查小端口角度。

③ 点焊成形后，用卷尺量取上下端口对角线是否相等，若不等，可用压杠法压对角线长的棱线，待两对角线相等为合格。

（2）切断展开料的组对方法。

① 在平板状态下，将前后板的对角线进行反曲压制。

② 将右板平放于平台上，将前后板立放于右板的棱线上，按里皮接触点焊。

③ 将左板覆于上三板上，里皮吻合后小疤点焊。

④ 量取两端口对角线是否相等，若有误差，可用压杠法压对角线长的棱线，短的对角线就会变长，待相等后为合格。

⑤ 焊接前要进行刚性固定，以防变形。

十七、两端口平行单偏心方直漏斗料计算

如图 5-65 所示为一两端口平行单偏心方直漏斗施工图，图 5-66 为计算原理图。

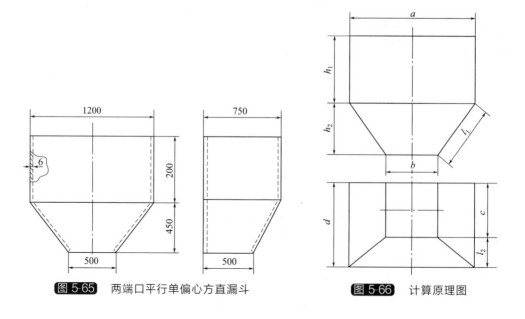

图 5-65　两端口平行单偏心方直漏斗

图 5-66　计算原理图

1. 直方筒计算

如图 5-67 所示为直方筒展开图，从展开图中可以看出直方筒是按里皮计算的。这种计算方法可折弯加工也可切断后焊接，灵活性大些。

图 5-67 直方筒展开图（按里皮）

2. 方漏斗计算（展开图见图 5-68）

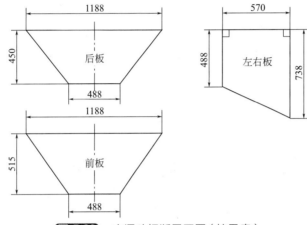

图 5-68 方漏斗切断展开图（按里皮）

本例由于规格较大，折弯加工不太方便，故方漏斗按切断计算。

（1）后板尺寸：$a \times b \times h_2 = 1188\text{mm} \times 488\text{mm} \times 450\text{mm}$。

（2）前板尺寸：

因为前板中线 $l_2 = \sqrt{(d-c)^2 + h_2^2} = \sqrt{(738-488)^2 + 450^2}\ \text{mm} = 515\text{mm}$。

所以前板尺寸为 $a \times b \times l_2 = 1188\text{mm} \times 488\text{mm} \times 515\text{mm}$。

（3）左右板尺寸：

因为左右板中线 $l_1 = \sqrt{\left(\dfrac{a-b}{2}\right)^2 + h_2^2} = \sqrt{\left(\dfrac{1188-488}{2}\right)^2 + 450^2}\ \text{mm} = 570\text{mm}$。

所以左右板尺寸为 $d \times c \times l_1 = 738\text{mm} \times 488\text{mm} \times 570\text{mm}$。

式中 a、b、c、d——皆为里皮长，mm；h_1、h_2——上、下体高，mm。

十八、上端倾斜两侧垂直方矩锥管料计算

方矩锥管见图 5-69。如图 5-70 所示为皮带机方矩下料管施工图，图 5-71 为计算原理图。

1. 板厚处理

折弯计算和切断计算全部按里皮。

2. 下料计算

（1）折弯计算

① 前后板对角线 $l_1 = \sqrt{c_1^2 + H_2^2 + \left(\dfrac{a_1 - b_1}{2}\right)^2}$ （主、右视图）$=$

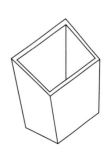

图 5-69 立体图

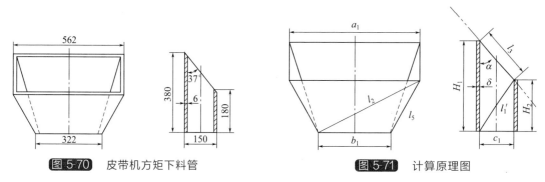

图 5-70　皮带机方矩下料管　　　　　　图 5-71　计算原理图

$$\sqrt{138^2+180^2+\left(\frac{550-310}{2}\right)^2}\,\text{mm}=257\text{mm}。$$

② 右板对角线 $l_2=\sqrt{\left(b_1+\dfrac{a_1-b_1}{2}\right)^2+H_2^2}$（右视图）$=\sqrt{\left(310+\dfrac{550-310}{2}\right)^2+180^2}\,\text{mm}=$ 466mm。

③ 上端口斜边 $l_3=\dfrac{c_1}{\sin\alpha}=\dfrac{138\text{mm}}{\sin37°}=229\text{mm}。$

④ 右板棱线 $l_5=\sqrt{H_2^2+\left(\dfrac{a_1-b_1}{2}\right)^2}=\sqrt{180^2+\left(\dfrac{550-310}{2}\right)^2}\,\text{mm}=216\text{mm}。$

（2）切断计算

① 左板棱线 $l_4=\sqrt{\left(\dfrac{a_1-b_1}{2}\right)^2+H_1^2}$（主、右视图）$=\sqrt{\left(\dfrac{550-310}{2}\right)^2+380^2}\,\text{mm}=$ 398mm。

② l_1、l_3、l_5 与折弯计算相同。

③ 左板尺寸：$H_1\times a_1\times b_1=380\text{mm}\times550\text{mm}\times310\text{mm}。$

④ 右板尺寸：$H_2\times a_1\times b_1=180\text{mm}\times550\text{mm}\times310\text{mm}。$

⑤ 前后板尺寸：$l_1\times l_4\times l_5\times c_1\times l_3=257\text{mm}\times398\text{mm}\times216\text{mm}\times138\text{mm}\times229\text{mm}。$

式中　a_1、b_1、c_1——里皮长，mm；H_1、H_2——左、右板高，mm；α——上端口倾斜角，(°)。

3. 折弯展开图的画法（见图 5-72）

（1）用平行线法画出左板展开图：画两条平行线段，使其长度为 $a_1=550\text{mm}$ 和 $b_1=310\text{mm}$，间距 $H_1=380\text{mm}$，两端口同心，连接线段的四个端点，即得左板折弯展开图。

（2）以左板的四个端点为圆心，分别以 $l_1=257\text{mm}$、$l_3=229\text{mm}$、$c_1=138\text{mm}$、$l_5=216\text{mm}$ 为半径，连续交规画三角形，即得出前后板折弯展开图。

（3）仍用三角形展开法画出右板折弯展开图。

4. 切断展开图的画法（见图 5-73）

（1）用平行线法画出左右板切断展开图。

（2）用三角形法画出前后板切断展开图。

5. 说明

（1）折弯展开料的折弯方法

① 前后板的对角线 l_1 要进行预折弯——反曲折弯，即棱线向内凸，否则不能组对成形。

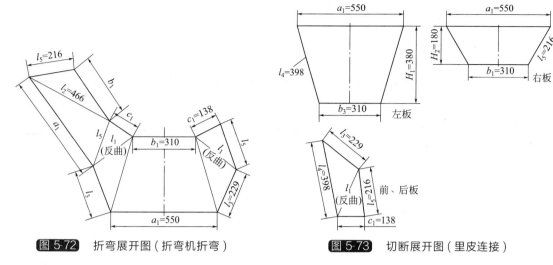

图 5-72　折弯展开图（折弯机折弯）　　　图 5-73　切断展开图（里皮连接）

② 沿棱线的折弯，皆为正曲折弯，从外向内进行，并用 90°内卡样板检查两端口的角度。

③ 点焊成形后，用卷尺量取两端口对角线是否相等，若有误差，用压杠法矫正之。

（2）切断展开料的组对方法

① 在平板时将前后板的对角线进行反曲折弯，至于折多大角度应视经验定。

② 将左板平放于平台上，将前后板立放于左板的棱线上，按里皮吻合点焊。

③ 将右板覆于前三板的空间内，里皮接触后小疤点焊。

④ 量取两端口对角线是否相等，若有误差，可用压杠法矫正之。

⑤ 焊接前应将两端口进行刚性固定，以防变形。

十九、斜底方矩锥管料计算

在生产中常遇到倾斜方法兰与水平方法兰相连接，其下料计算方法如下。

方矩锥管见图 5-74。如图 5-75 所示为一斜底方矩锥管，图 5-76 为计算原理图。

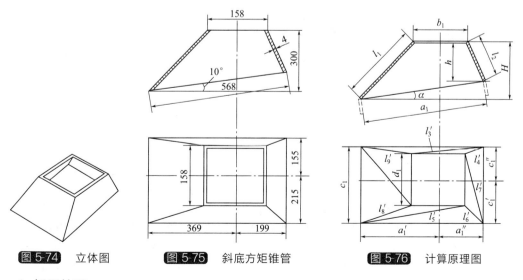

图 5-74　立体图　　　图 5-75　斜底方矩锥管　　　图 5-76　计算原理图

1. 板厚处理

不论折弯计算还是切断计算全部按里皮。

2. 下料计算

（1）折弯计算

① 左板中线 $l_1 = \sqrt{\left(a_1' - \dfrac{b_1}{2}\right)^2 + H^2}$（俯视图）$= \sqrt{\left(365 - \dfrac{150}{2}\right)^2 + 300^2}\,\text{mm} = 417\text{mm}$。

② 右板高 $h = H - a_1\sin\alpha = (300 - 560 \times \sin10°)\text{mm} = 203\text{mm}$。

③ 后板对角线 $l_3 = \sqrt{\left(a_1'' + \dfrac{b_1}{2}\right)^2 + \left(c_1'' - \dfrac{d_1}{2}\right)^2 + h^2}$（俯视图）$=$

$$\sqrt{(195+75)^2 + (151-75)^2 + 203^2}\,\text{mm} = 346\text{mm}。$$

④ 右板棱线 $l_4 = \sqrt{(c_1'' - \dfrac{d_1}{2})^2 + (a_1'' - \dfrac{b_1}{2})^2 + h^2}$（俯视图）$=$

$$\sqrt{(151-75)^2 + (195-75)^2 + 203^2}\,\text{mm} = 248\text{mm}。$$

⑤ 前板对角线 $l_5 = \sqrt{\left(a_1' + \dfrac{b_1}{2}\right)^2 + \left(c_1' - \dfrac{d_1}{2}\right)^2 + H^2}$（俯视图）$=$

$$\sqrt{(365+75)^2 + (211-75)^2 + 300^2}\,\text{mm} = 550\text{mm}。$$

⑥ 前板棱线 $l_6 = \sqrt{\left(c_1' - \dfrac{d_1}{2}\right)^2 + \left(a_1'' - \dfrac{b_1}{2}\right)^2 + h^2}$（俯视图）$=$

$$\sqrt{(211-75)^2 + (195-75)^2 + 203^2}\,\text{mm} = 272\text{mm}。$$

⑦ 右板对角线 $l_7 = \sqrt{\left(c_1' + \dfrac{d_1}{2}\right)^2 + \left(a_1'' - \dfrac{b_1}{2}\right)^2 + h^2}$（俯视图）$=$

$$\sqrt{(211+75)^2 + (195-75)^2 + 203^2}\,\text{mm} = 371\text{mm}。$$

（2）切断计算

① l_1、l_3、l_4、l_5、l_6 与折弯计算相同

$l_1 = 417\text{mm}$，$l_3 = 346\text{mm}$，$l_4 = 248\text{mm}$，$l_5 = 550\text{mm}$，$l_6 = 272\text{mm}$。

② 右板中线 $l_2 = \sqrt{\left(a_1'' - \dfrac{b_1}{2}\right)^2 + h^2} = \sqrt{(195-75)^2 + 203^2}\,\text{mm} = 236\text{mm}$。

③ 左板尺寸：$l_1 \times c_1 \times d_1 = 417\text{mm} \times 362\text{mm} \times 150\text{mm}$。

④ 右板尺寸：$l_2 \times c_1 \times d_1 = 236\text{mm} \times 362\text{mm} \times 150\text{mm}$。

⑤ 前板尺寸：$l_5 \times l_6 \times l_8 \times a_1 \times b_1 = 550\text{mm} \times 272\text{mm} \times l_8 \times 560\text{mm} \times 150\text{mm}$。

⑥ 后板尺寸：$l_3 \times l_4 \times l_9 \times a_1 \times b_1 = 346\text{mm} \times 248\text{mm} \times l_9 \times 560\text{mm} \times 150\text{mm}$。

l_8、l_9 作左板时得出。

式中　H——斜截前的方矩管高，mm；α——底部倾斜角，(°)；a_1、b_1、c_1、d_1、c_1'、c_1''、a_1'、a_1''——各边里皮长，mm。

3. 折弯展开图的画法（见图 5-77）

（1）本例下端是 $10°$ 的倾斜角度，按理来说，前后板的对角线也应有一定角度的折弯，但因角度不大，也可不折，组对时依薄板具有的弹性补偿之，若为较厚板，如 6mm 板，就要进行预折弯了。

（2）用平行线法画出左板展开图：画两条平行线段，其长度为 $d_1 = 150\text{mm}$ 和 $c_1 = 362\text{mm}$，间距 $l_1 = 417\text{mm}$，连接线段的四个端点，即得左板折弯展开图。

（3）以左板的四个端点为圆心，分别以 $l_5 = 550\text{mm}$、$a_1 = 560\text{mm}$、$b_1 = 150\text{mm}$、$l_6 = 272\text{mm}$ 为半径，连续交规画两个三角形，即得出前后板折弯展开图。

（4）同上法，用三角形法画出右板折弯展开图。

4. 切断展开图的画法（见图 5-78）

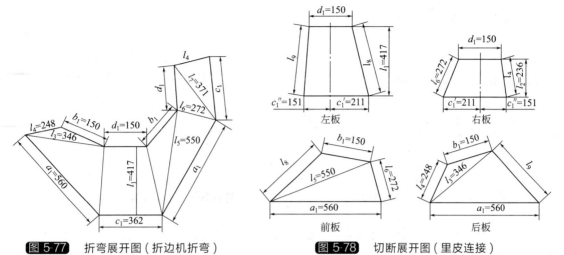

| 图 5-77 | 折弯展开图（折边机折弯） | 图 5-78 | 切断展开图（里皮连接） |

（1）用平行线法画出左右板切断展开图，与前几例不同的是大小端不同心，因而画法略有不同，如画左板切图展开图：画出两条平行线，使其间距 $l_1 = 417$mm，并作这两条平行线的垂线，与两平行线各得一交点；以上交点为原点，分中截取小端边长 $d_1 = 150$mm，以下交点为原点，向左截取 $c_1' = 211$mm，向右截取 $c_1'' = 151$mm，连接四个端点便得出左板切断展开图。

同法画出右板切断展开图。

（2）用三角形法画出前后板切断展开图，画法从略。

5. 说明

（1）折弯展开料的折弯方法

① 此例前后板对角线不需要预折弯。

② 沿棱线的折弯皆为正曲，从外向内折弯。

③ 点焊成形后用卷尺量取两端口对角线是否相等，若有误差，可用压杠法压对角线长的棱线，短对角线便会增长，至两者相等为合格。

（2）切断展开料的组对方法

① 本例前后板的对角线有微量的折弯趋势，但很小，故可忽略。

② 将左板平放于平台上，将前后板立于左板的棱线上，里皮吻合后小疤点焊。

③ 将右板覆于前三板的空间内，里皮接触后点焊。

④ 量取两端口对角线是否相等，若有误差，可用压杠法矫正之。

⑤ 焊接前要进行刚性固定，以防变形。

二十、两端口扭转 45° 正方锥管料计算

正方锥管见图 5-79。如图 5-80 所示为一两端口扭转 45° 正方锥管施工图，图 5-81 为计算原理图。

1. 板厚处理

本例折弯计算机切断计算全部按里皮。

2. 下料计算

（1）折弯计算

① 实长棱线 $l = \sqrt{\left(\dfrac{a_1}{2} - b_1 \sin 45°\right)^2 + \left(\dfrac{a_1}{2}\right)^2 + H^2}$ （俯视图）

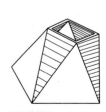

图 5-79 立体图

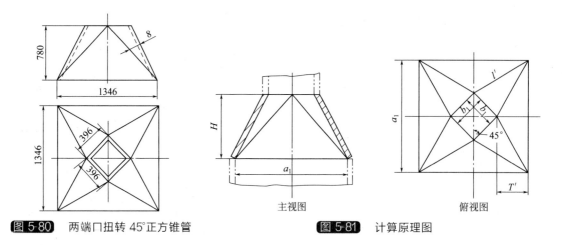

图 5-80　两端囗扭转 45°正方锥管　　　图 5-81　计算原理图

$$= \sqrt{(665-380\times\sin45°)^2+665^2+780^2} \text{ mm}=1099\text{mm}。$$

② 对口线实长 $T = \sqrt{\left(\dfrac{a_1}{2}-b_1\sin45°\right)^2+H^2}$（俯视图）$=\sqrt{(665-380\times\sin45°)^2+780^2}$ mm

$$=875\text{mm}。$$

（2）切断计算

① 大板尺寸：$l\times l\times a_1=1099\text{mm}\times1099\text{mm}\times1330\text{mm}$。

② 小板尺寸：$l\times l\times b_1=1099\text{mm}\times1099\text{mm}\times380\text{mm}$。

3. 折弯展开图的画法（见图 5-82）

本例用三角形法作展开，其画法是：

（1）作一线段 $a_1=1330\text{mm}$，分别以两端点为圆心，以 $l=1099\text{mm}$ 为半径画弧得交点，连接交点与两端点得出一个大三角形。

（2）分别以三角的三个顶点为圆心，以 $l=1099\text{mm}$ 和 $b_1=380\text{mm}$、$l=1099\text{mm}$ 和 $a_1=1330\text{mm}$、$l=1099\text{mm}$ 和 $b_1=380\text{mm}$、$\dfrac{a_1}{2}=665\text{mm}$ 和 $T=875\text{mm}$ 为半径，依次连续画弧得交点，即得到折弯展开图。

4. 切断展开图的画法（见图 5-83）

大板小板皆用三角形法画切断展开，方法从略。

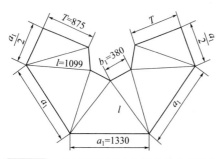

图 5-82　折弯展开图（在压力机上压制）

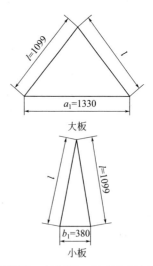

图 5-83　切断展开图（里皮连接）

5. 说明

（1）折弯展开料的压制方法

折弯机一般适于薄板，对于本例就无能为力了，要用500t以上的压力机作上下胎压制。

① 沿棱线折弯时应从外向内进行。

② 在压制过程中，随时用90°内卡样板检查两端口的角度，注意宁欠勿过，因为欠比过要好矫正得多。

③ 点焊对口时要采用小疤，以方便矫正。

④ 最取两端口对角线是否相等，若有误差，大端可用倒链从内部拉长对角线，短对角线便会增长，小端可用压杠法从外部压对角线长的平面，短对角线便会增长。

（2）切断展开料的组对方法

① 在平台放出实样，使外皮尺寸为1346mm×1346mm，并按线在外侧点焊限位铁。

② 将四大板立着斜放于限位铁内侧，并用小焊疤与限位铁相连。

③ 将四小板插于应在的空间，若间隙有误差时，可通过掀起或压下大板来调节，待四大板和四小板的间隙均匀了，便可用小焊疤点焊成形。

④ 量取大小端口的对角线是否相等，若不等，可参阅本例折弯展开料的压制方法，此略。

二十一、两端口扭转 45° 双偏心方矩锥管料计算

方矩锥管见图5-84。如图5-85所示为收尘器至绞刀短节管施工图，它是一种两端口扭转45°双偏心方矩锥管。图5-86为计算原理图。

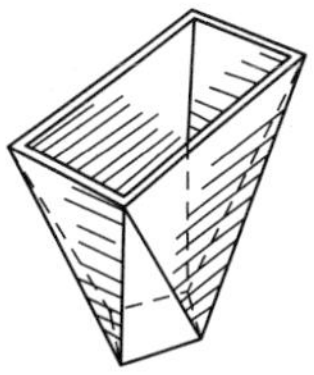

1. 板厚处理

本例折弯展开和切断展开全部按里皮处理。

2. 下料计算

（1）折弯计算

图 5-84　立体图

① $b_1 = \dfrac{200-24}{2 \times \sin 45°}\,\text{mm} = 124\,\text{mm}$。

② A 点两棱线实长 l_1、$l_2 = \sqrt{\left(\dfrac{c_1}{2} \mp f\right)^2 + \left(\dfrac{a_1}{2} - e - b_1 \sin 45°\right)^2 + H^2}$（俯视图）

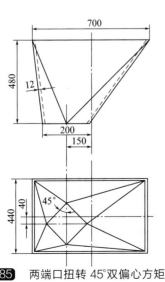

图 5-85　两端口扭转 45°双偏心方矩锥管

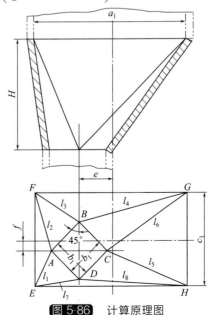

图 5-86　计算原理图

$$l_1 = \sqrt{\left(\frac{416}{2}-40\right)^2 + \left(\frac{676}{2}-150-124\times\sin45°\right)^2 + 480^2}\ \text{mm} = 518\text{mm}。$$

$$l_2 = \sqrt{\left(\frac{416}{2}+40\right)^2 + \left(\frac{676}{2}-150-124\times\sin45°\right)^2 + 480^2}\ \text{mm} = 550\text{mm}。$$

③ B 点两棱线实长 l_3、$l_4 = \sqrt{\left(\frac{c_1}{2}+f-b_1\sin45°\right)^2 + \left(\frac{a_1}{2}\mp e\right)^2 + H^2}$

$$l_3 = \sqrt{\left(\frac{416}{2}+40-124\times\sin45°\right)^2 + \left(\frac{676}{2}-150\right)^2 + 480^2}\ \text{mm} = 540\text{mm}。$$

$$l_4 = \sqrt{\left(\frac{416}{2}+40-124\times\sin45°\right)^2 + \left(\frac{676}{2}+150\right)^2 + 480^2}\ \text{mm} = 703\text{mm}。$$

④ C 点两棱线实长 l_5、$l_6 = \sqrt{\left(\frac{c_1}{2}\mp f\right)^2 + \left(e+\frac{a_1}{2}-b\sin45°\right)^2 + H^2}$

$$l_5 = \sqrt{\left(\frac{416}{2}-40\right)^2 + \left(150+\frac{676}{2}-124\times\sin45°\right)^2 + 480^2}\ \text{mm} = 647\text{mm}。$$

$$l_6 = \sqrt{\left(\frac{416}{2}+40\right)^2 + \left(150+\frac{676}{2}-124\times\sin45°\right)^2 + 480^2}\ \text{mm} = 672\text{mm}。$$

⑤ D 点两棱线实长 l_7、$l_8 = \sqrt{\left(\frac{c_1}{2}-f-b_1\sin45°\right)^2 + \left(\frac{a_1}{2}\mp e\right)^2 + H^2}$

$$l_7 = \sqrt{\left(\frac{416}{2}-40-124\times\sin45°\right)^2 + \left(\frac{676}{2}-150\right)^2 + 480^2}\ \text{mm} = 522\text{mm}。$$

$$l_8 = \sqrt{\left(\frac{416}{2}-40-124\times\sin45°\right)^2 + \left(\frac{676}{2}+150\right)^2 + 480^2}\ \text{mm} = 689\text{mm}。$$

(2) 切断计算

各棱线实长计算同折弯计算。

① 三角形 AEF 尺寸：$c_1\times l_1\times l_2 = 416\text{mm}\times518\text{mm}\times550\text{mm}$。

② 三角形 DEH 尺寸：$a_1\times l_7\times l_8 = 676\text{mm}\times522\text{mm}\times689\text{mm}$。

③ 三角形 CHG 尺寸：$c_1\times l_5\times l_6 = 416\text{mm}\times647\text{mm}\times672\text{mm}$。

④ 三角形 BGF 尺寸：$a_1\times l_3\times l_4 = 676\text{mm}\times540\text{mm}\times703\text{mm}$。

⑤ 三角形 ADE 尺寸：$b_1\times l_1\times l_7 = 124\text{mm}\times518\text{mm}\times522\text{mm}$。

⑥ 三角形 CDH 尺寸：$b_1\times l_5\times l_8 = 124\text{mm}\times647\text{mm}\times689\text{mm}$。

⑦ 三角形 BCG 尺寸：$b_1\times l_4\times l_6 = 124\text{mm}\times703\text{mm}\times672\text{mm}$。

⑧ 三角形 BAF 尺寸：$b_1\times l_2\times l_3 = 124\text{mm}\times550\text{mm}\times540\text{mm}$。

式中　a_1、b_1、c_1——各边里皮长，mm；e——横向偏心，mm；f——纵向偏心，mm；H——上下端口的垂直高，mm；$\mp$——用在 l_n 上，单序号用"-"，双序号用"+"。

3. 折弯展开图的画法(见图 5-87)

由于本例的板较厚，为 12mm，一般都不用折弯的方法成形，而是用切断的方法组对成形。

用三角形法作折弯展开。

(1) 作一线段 HG，使其长度 $c_1 = 416\text{mm}$，分别以两端点 H、G 为圆心，以 $l_5 = 647\text{mm}$、$l_6 = 672\text{mm}$ 为半径画弧得交点 C。

(2) 再以 C、H、G 点为圆心，以 $b_1 = 416\text{mm}$、$l_8 = 689\text{mm}$、$l_4 = 703\text{mm}$ 为半径画弧得交点 B、D。

(3) 同法画出其他大小三角形。

4. 切断展开图的画法（见图 5-88）

因为本例板较厚，所以常采用此法。

本例用三角形作展开，作法同折弯画法。

5. 说明

（1）折弯展开料的压制方法

① 作出上下胎，在 500t 以上压力机上压制。

② 由外向内沿棱线压制。

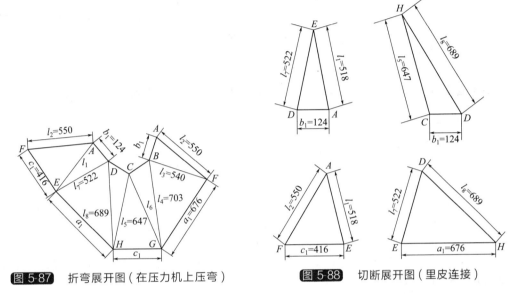

图 5-87 折弯展开图（在压力机上压弯）　　**图 5-88** 切断展开图（里皮连接）

③ 在压制过程中，随时用 90°内卡样板检查两端口的角度；不是内部两板间的角度，遵循宁欠勿过的原则，由浅入深进行。

④ 点焊对口时要用小疤，为矫正提供方便。

⑤ 量取两端口的对角线是否相等，若有误差，大端可用倒链，从内部拉长对角线，短对角线便会增长，小端可用压杠法从外部压对角线长的平面，短对角线便会增长，以两对角线等长为合格。

（2）切断展开料的组对方法

① 在平台上放出实形，使外皮尺寸为 700mm×440mm，并按线在外侧定位焊限位铁。

② 将四大板立放于限位铁内，并用小疤与限位铁点焊连接。

③ 将四小板插于应在的空间，若间隙有误差时，可通过压下或掀起大板调节，待各板间隙均匀后点焊固定。

④ 量取大小端口的对角线是否相等，若不等，可参阅上述折弯展开料的矫正方法。

⑤ 焊接前要进行刚性固定，以防变形。

二十二、正十字形方矩锥管料计算

方矩锥管见图 5-89。如图 5-90 所示为风机与收尘箱体连接管施工图，图 5-91 所示为计算原理图。

1. 板厚处理

（1）折弯计算　本例板厚 6mm，要用较大的压力才能保证棱线为清角，按里皮处理的原理为尖角镦压理论，高按两端口里皮间垂直距离计算料长。

（2）切断计算　前后板按里皮，左右板按外皮，按整搭连接。

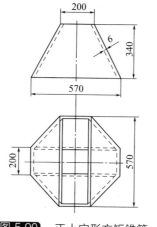

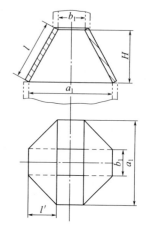

图 5-89　立体图　　图 5-90　正十字形方矩锥管　　图 5-91　计算原理图

2. 下料计算

（1）折弯计算

任一侧板中线长 $l=\sqrt{\left(\dfrac{a_1-b_1}{2}\right)^2+H^2}$（俯视图）$=\sqrt{\left(\dfrac{558-188}{2}\right)^2+340^2}\,\mathrm{mm}=395\mathrm{mm}$。

（2）切断计算

左右板尺寸：$l\times a\times b=395\mathrm{mm}\times570\mathrm{mm}\times200\mathrm{mm}$。

前后板尺寸：$l\times a_1\times b_1=395\mathrm{mm}\times558\mathrm{mm}\times188\mathrm{mm}$。

式中　a_1、b_1——里皮长，mm；a、b——外皮长，mm；H——两端口垂直高，mm。

3. 折弯展开图的画法（见图 5-92）

用平行线法作展开。

（1）作两条平行线，其间距为 $l=395\mathrm{mm}$。

（2）作两平行的垂线，此线为一侧板的中线，与平行线得交点。

（3）以上交点为原点，向右依次截取 $\dfrac{b_1}{2}$、a_1、b_1、a_1、$\dfrac{b_1}{2}$ 得各点。

（4）以下交点为原点，向右依次截取 $\dfrac{a_1}{2}$、b_1、a_1、b_1、$\dfrac{a_1}{2}$ 得各点。

（5）对应连接各点即得折弯展开图。

（6）用卷尺量取四角点的对角线，看是否相等，若不等，长者缩一点，短者增一点，至两者相等为合格。

4. 切断展开图的图法

四板皆用平行线法作展开，此略。见图 5-93。

5. 说明

（1）折弯展开料的压制方法

① 由于板较厚，要作上下胎具，在 500t 以上的压力机上进行压制。

② 在压制过程中，用 90°内卡样板检查两端口端面的角度为 90°，而不是两板内部的角度，稍欠或稍过都为不合格。

③ 点焊对口纵缝时要用小疤，为下一步矫正提供方便。

④ 最取两端口对角线是否相等，若有误差，可用倒正丝调节之，拉长的对角线，短对角线便会增长。

（2）切断展开料的组对方法

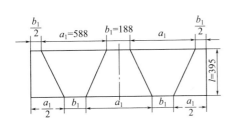

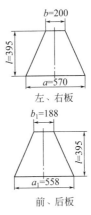

左、右板

前、后板

图 5-92 折弯展开图（折弯机折弯）

图 5-93 切断展开图（整搭）

① 在平台上放实样，使外皮尺寸为 570mm×200mm，并在线外点焊限位铁。

② 先将前后板与限位铁点焊，并量取上端口两板的外皮距离为 200mm。

③ 再将左右板放入前后板两端头，以整搭的形式盖住前后板，间隙合适后小疤点焊。

④ 量取两端口对角线是否相等，其处理方法同上，此略。

二十三、双偏心十字形方矩锥管料计算

方矩锥管见图 5-94。如图 5-95 所示为除尘器与引风机连接管施工图，图 5-96 为计算原理图。

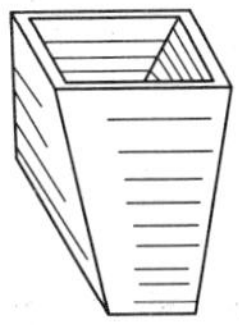

1. 板厚处理

（1）折弯计算 本例板厚 8mm，要在压力机上压制才能保证棱部的清角，按里皮计算料长，原理为尖角镦压理论，高按两端口里皮间垂直距离计算料长。

图 5-94 立体图

（2）切断计算 前后板按里皮，左右板按外皮，按整搭连接。

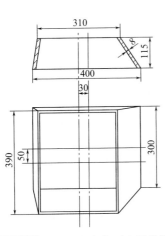

图 5-95 双偏心十字形方矩锥管

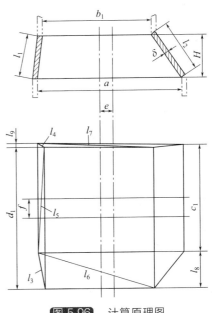

图 5-96 计算原理图

2. 下料计算

（1）折弯计算

① 左右板中线 l_1、$l_2 = \sqrt{\left(\dfrac{a_1-b_1}{2} \mp e\right)^2 + H^2}$（主视图）

$$l_1 = \sqrt{\left(\dfrac{384-294}{2}-30\right)^2 + 115^2}\,\text{mm} = 116\text{mm}$$

$$l_2 = \sqrt{\left(\dfrac{384-294}{2}+30\right)^2 + 115^2}\,\text{mm} = 137\text{mm}$$

② 左板棱线 $l_3 = \sqrt{\left(\dfrac{a_1-b_1}{2}-e\right)^2 + \left(f+\dfrac{d_1-c_1}{2}\right)^2 + H^2}$

$$= \sqrt{\left(\dfrac{384-294}{2}-30\right)^2 + \left(50+\dfrac{374-284}{2}\right)^2 + 115^2}\,\text{mm} = 150\text{mm}。$$

③ 左板棱线 $l_4 = \sqrt{\left(\dfrac{a_1-b_1}{2}-e\right)^2 + \left(f+\dfrac{c_1-d_1}{2}\right)^2 + H^2}$

$$= \sqrt{\left(\dfrac{384-294}{2}-30\right)^2 + \left(50+\dfrac{284-374}{2}\right)^2 + 115^2}\,\text{mm} = 116\text{mm}。$$

④ 左板对角线 $l_5 = \sqrt{\left(\dfrac{a_1+b_1}{2}-e\right)^2 + \left(\dfrac{d_1+c_1}{2}-f\right)^2 + H^2}$

$$= \sqrt{\left(\dfrac{384-294}{2}-30\right)^2 + \left(\dfrac{374+284}{2}-50\right)^2 + 115^2}\,\text{mm} = 302\text{mm}。$$

⑤ 前板对角线 $l_6 = \sqrt{\left(\dfrac{a_1+b_1}{2}-e\right)^2 + \left(\dfrac{d_1-c_1}{2}+f\right)^2 + H^2}$

$$= \sqrt{\left(\dfrac{384+294}{2}-30\right)^2 + \left(\dfrac{374-284}{2}+50\right)^2 + 115^2}\,\text{mm} = 343\text{mm}。$$

⑥ 后板对角线 $l_7 = \sqrt{\left(\dfrac{a_1+b_1}{2}-e\right)^2 + \left(\dfrac{c_1-d_1}{2}+f\right)^2 + H^2}$

$$= \sqrt{\left(\dfrac{384+294}{2}-30\right)^2 + \left(\dfrac{284-374}{2}+50\right)^2 + 115^2}\,\text{mm} = 330\text{mm}。$$

（2）切断计算

① 左右板中线 l_1、l_2、同折弯计算，即 $l_1 = 116\text{mm}$，$l_2 = 137\text{mm}$。

② 前板中线 $l_8 = \sqrt{\left(f+\dfrac{d_1-c_1}{2}\right)^2 + H^2} = \sqrt{\left(50+\dfrac{374-284}{2}\right)^2 + 115^2}\,\text{mm} = 149\text{mm}。$

③ 后板中线 $l_9 = \sqrt{\left(f+\dfrac{c_1-d_1}{2}\right)^2 + H^2} = \sqrt{\left(50+\dfrac{284-374}{2}\right)^2 + 115^2}\,\text{mm} = 115\text{mm}。$

④ 左板尺寸：$l_1 \times f \times c \times d = 116\text{mm} \times 50\text{mm} \times 300\text{mm} \times 390\text{mm}$。

⑤ 右板尺寸：$l_2 \times f \times c \times d = 137\text{mm} \times 50\text{mm} \times 300\text{mm} \times 390\text{mm}$。

⑥ 前板尺寸：$l_8 \times e \times a_1 \times b_1 = 149\text{mm} \times 30\text{mm} \times 384\text{mm} \times 294\text{mm}$。

⑦ 后板尺寸：$l_9 \times e \times a_1 \times b_1 = 115\text{mm} \times 30\text{mm} \times 384\text{mm} \times 294\text{mm}$。

式中　a_1、b_1——里皮长，mm；c、d——外皮长，mm；e——横向偏心，mm；f——纵向偏心，mm；H——垂直高，mm；"$\mp$"——左板用"－"，右板用"＋"。

3. 折弯展开图的画法（见图 5-97）

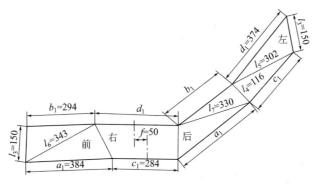

图 5-97　折弯展开图（用压力机压制）

（1）画两条平行线段，使其间距为 $l_2 = 137\text{mm}$，偏心距 $f = 50\text{mm}$，上边分中全长 $d_1 = 374\text{mm}$，下边分中全长 $c_1 = 287\text{mm}$，连四个端点便得出右板折弯展开图。

（2）再画前板：以右板左边两端点为圆心，分别以 $l_6 = 343\text{mm}$、$a_1 = 384\text{mm}$、$b_1 = 294\text{mm}$、$l_3 = 150\text{mm}$ 为半径，依次连续画弧得交点，连接交点即得前板折弯展开图。

（3）同法，用三角形法画出后板和左板折弯展开图。

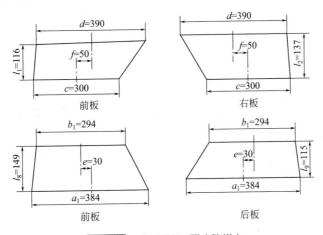

图 5-98　切断展开图（整搭）

4. 切断展开图的画法（见图 5-98）

（1）用平行线法画左板切断展开图：画两条平行线段，使其间距 $l_1 = 116\text{mm}$，两端口偏心距 $f = 50\text{mm}$，分中后的长为 $d = 390\text{mm}$ 和 $c = 300\text{mm}$，连接四个端点即得左板切断展开图。

（2）同法画出其他三板切断展开图。

5. 说明

（1）折弯展开料的压制方法

① 本例板厚 8mm，要用 500t 以上压力机在上下胎上压制。

② 全料要反曲压制，即展开料上所画的线在外面。

③ 从外两端向内进行压制。

④ 每压一条棱线，要用 90°内卡样板检查板端口的角度是否为 90°，注意不是内部角度，稍欠或稍过皆为不合格。

⑤ 点焊对口纵缝时，要用小焊疤，为下步矫正提供方便。

⑥ 量取两端口的对角线是否相等，若不等，就是端口的直角度有误差，可用压杠法压长对角线棱，短对角线便会增长，至相等为合格。

（2）切断展开料的组对方法

① 本例为整搭组对，即左右板整搭前后板，故左右板为外皮尺寸，前后板为里皮尺寸。

② 在平台上放出实样，使外皮尺寸为 400mm×300mm，在线外点焊限位铁。

③ 先将前后板放于应在的位置，并与限位铁点焊相连。

④ 再将左右板盖住前后板，间隙均匀后用小疤在外侧点焊。

⑤ 保持两端口对角线相等为合格，方法同上。

二十四、带圆角矩形盒料计算

矩形盒见图 5-99。如图 5-100 所示为球磨机下用的油盘施工图，图 5-101 为计算原理图。

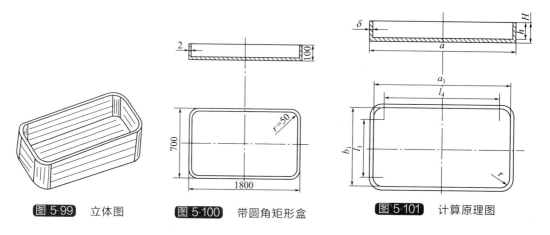

图 5-99　立体图　　　图 5-100　带圆角矩形盒　　　图 5-101　计算原理图

1. 板厚处理

本例用 2mm 的碳钢板制作，故不考虑板厚因素。

2. 下料计算

本例只按折弯下料计算

（1）短端

① 圆角内皮弧长 $s = \dfrac{\pi r}{2} = \dfrac{\pi \times 50\text{mm}}{2} = 79\text{mm}$。

② 直段长 $l_1 = b_1 - 2r = (696 - 100)\text{mm} = 596\text{mm}$。

③ 短边长 $l_2 = l_1 + s = (596 + 79)\text{mm} = 675\text{mm}$。

④ 外沿宽 $l_3 = b_1 + 2h = (696 + 2 \times 98)\text{mm} = 892\text{mm}$。

（2）长端

① 直边长 $l_4 = a_1 - 2r = (1796 - 100)\text{mm} = 1696\text{mm}$。

② 长边长 $l_5 = l_4 + s = (1695 + 79)\text{mm} = 1775\text{mm}$。

③ 外沿宽 $l_6 = a_1 + 2h = (1796 + 2 \times 98)\text{mm} = 1992\text{mm}$。

式中　　h——立边里皮高，mm；a、b——外皮尺寸，mm；a_1、b_1——里皮尺寸，mm；H——立边外皮高，mm。

3. 折弯展开图的画法（见图 5-102）

（1）画出一个矩形，尺寸为 1796mm×696mm。

（2）在四个角，用 $r = 50$mm 画出四个圆角与四边相切。

（3）在长、短边各平行加出四个矩形，使其宽度为 $h=98\text{mm}$，正分中长度分别为 $l_5=1775\text{mm}$ 和 $l_2=675\text{mm}$，即得折弯展开图。

4. 说明

折弯方法：

（1）在折弯机上将长短边的 $h=98\text{mm}$ 折至 90°。

（2）用 $r'\approx30\text{mm}$ 的圆管立于四角部作砧用，用平锤将 $\dfrac{s}{2}=39.5\text{mm}$ 段弯曲合拢并点焊。

（3）用氩弧焊将角部满焊。

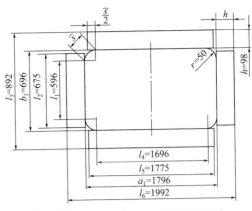

图 5-102 折弯展开图（折弯机折弯）

二十五、油盘料计算

在车床下承接润滑油和润滑液的长方形敞口盘叫油盘，此盘角部由三部分组成，即锥台、球面和平面扇形，要使三者有机地结合在一起，关键就是采用正确的展开半径和纬圆半径。如图 5-103 所示为一油盘的施工图。

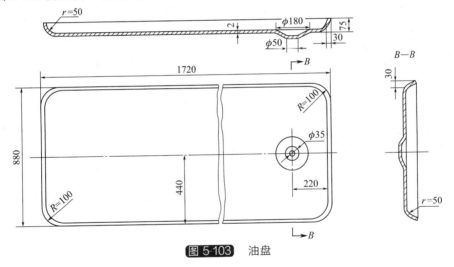

图 5-103 油盘

1. 板厚处理

本例虽然规格较大，但板很薄，只有 2mm，板厚处理可任意选用，按外、内、中皆可，图 5-103 中角部标注的都是内皮 $R=100\text{mm}$，那就全部按里皮。

如图 5-104 所示为油盘角部分析图。

2. 角部各数据计算

（1）在直角三角形 ACB 中

因为 $\angle BAC=\arctan\dfrac{28}{73}=20.98°$

所以 $AB=\dfrac{BC}{\sin\angle BAC}=\dfrac{28\text{mm}}{\sin20.98°}=78.2\text{mm}$。

（2）在直角三角形 $A'C'B'$ 中

$\angle A'BC'=90°-20.98°=69.02°$。

（3）在四边形 $EA'BF$ 中

因为 $\angle EFA'=69.02°$（互补角）

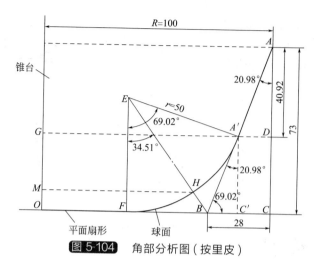

图 5-104 角部分析图（按里皮）

所以 $\angle BEA' = 34.51°$（$\triangle EFB$ 与 $\triangle EA'B$ 全等）

所以 $\overset{\frown}{A'F} = \dfrac{\pi \times 50\text{mm} \times 69.02°}{180°} = 60.23\text{mm}$。

（4）在直角三角形 $EA'B$ 中

因为 $\overline{A'B} = 50\text{mm} \times \tan 34.51° = 34.38\text{mm}$

所以 $\overline{A'C'} = 34.38\text{mm} \times \cos 20.98° = 32\text{mm}$。

所以 $\overline{AA'} = (78.2 - 34.38)\text{mm} = 43.82\text{mm}$

（5）在直角三角形 ADA' 中

因为 $\overline{A'D} = 43.82\text{mm} \times \sin 20.98° = 15.69\text{mm}$

所以 $\overline{AD} = \dfrac{15.69\text{mm}}{\tan 20.98°} = 40.92\text{mm}$。

（6）$OF = (100 - 28 - 34.38)\text{mm} = 37.62\text{mm}$。

（7）圆角的累计展开半径 $R = \overline{OF} + \overline{A'F} + \overline{AA'} = (37.62 + 60.23 + 43.82)\text{mm} = 141.67\text{mm}$。

（8）A' 点的纬圆半径 $A'G' = (100 - 15.69)\text{mm} = 84.31\text{mm}$。

（9）H 点的纬圆半径 $HM = 50\text{mm} \times \sin 34.51° + 37.62\text{mm} = 65.95\text{mm}$。

3. 角部展开料

角部由锥台、球面和平面扇形组成，故分别叙述之。

（1）锥台　如图 5-105 所示为角部形成锥台的具体尺寸，并计算如下。

① 整锥台高 $H = \dfrac{200 \times 40.92}{200 - 168.62}\text{mm} = 260.8\text{mm}$。

② 小端锥台高 $h = (260.8 - 40.92)\text{mm} = 219.9\text{mm}$。

③ 整锥台展开半径 $R_1 = \sqrt{260.8^2 + \left(\dfrac{400}{2}\right)^2}\text{mm} = 279.31\text{mm}$。

④ 小端锥台展开半径 $R_2 = \dfrac{219.9 \times 279.31}{260.8}\text{mm} = 235.51\text{mm}$。

⑤ 大端半展开弧长 $s_1 = \dfrac{\pi \times 200\text{mm}}{8} = 78.54\text{mm}$。

⑥ 小端半展开弧长 $s_2 = \dfrac{\pi \times 168.62\text{mm}}{8} = 66.22\text{mm}$。

⑦ 如图 5-106 所示为角部展开图。

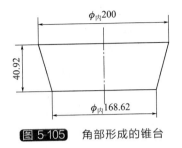

图 5-105 角部形成的锥台

图 5-106 角部锥台展开图

（2）球面 如图 5-107 所示为角部形成球体的具体尺寸，并计算如下。

① 大端展开半径 $R_1' = 50\text{mm} \times \tan 69.02° = 130.39\text{mm}$。

② 大端纬圆半径 $r_1 = 130.39\text{mm} \times \sin 20.98° = 46.69\text{mm}$。

③ 大端加平面扇形部分的纬圆半径 $r_1' = 46.69 + 37.62 = 84.31\text{mm}$。

④ 中端展开半径 $R_2' = 50\text{mm} \times \tan 34.51° = 34.38\text{mm}$。

⑤ 中端纬圆半径 $r_2 = 34.38\text{mm} \times \sin 55.49° = 28.33\text{mm}$。

⑥ 中端加平面扇形部分的纬圆半径 $r_2' = (37.62 + 28.33)\text{mm} = 65.95\text{mm}$。

⑦ 如图 5-108 所示为角部球体展开图，从中间剪开，以备作展开图用。下面计算用弦长、弦高定展开图轮廓点的有关数据：

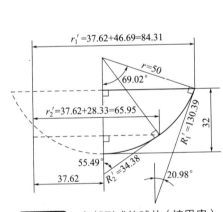

图 5-107 角部形成的球体（按里皮）

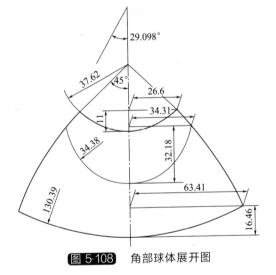

图 5-108 角部球体展开图

大端半弧长 $s_1' = \dfrac{\pi \times 84.31\text{mm}}{4} = 66.22\text{mm}$。

中端半弧长 $s_2' = \dfrac{\pi \times 69.95\text{mm}}{4} = 51.8\text{mm}$。

小端半弧长 $s_3' = \dfrac{\pi \times 37.62\text{mm}}{4} = 29.55\text{mm}$。

大端弧长所对应的展开料包角 $\alpha_1 = 180° \times 66.22/(\pi \times 130.39) = 29.098°$。

大端弧长的对应的弦长 $B_1 = 130.39\text{mm} \times \sin 29.098° = 63.41\text{mm}$。

弦长所对应的弦高 $h_1 = 130.39\text{mm} \times (1 - \cos 29.098°) = 16.46\text{mm}$。

中端弧长所对应的展开料包角 $\alpha_2 = 180° \times 51.8/(\pi \times 34.38) = 86.327°$。

中端弧长所对应的弦长 $B_2 = 34.38\text{mm} \times \sin 86.327° = 34.31\text{mm}$。

弦长所对应的弦高 $h=34.38\text{mm}\times(1-\cos86.327°)=32.18\text{mm}$。

小端弧长所对应的展开料包角 $\alpha_3=180°\times29.55/(\pi\times37.62)=45°$。

小端弧长所对应的弦长 $B_3=37.62\text{mm}\times\sin45°=26.6\text{mm}$。

弦长所对应的弦高 $h_3=37.62\text{mm}\times(1-\cos45°)=11\text{mm}$。

（3）平面扇形　角部结构由锥台到球体到矩形的平底，必须有一个过渡段，这个过渡段就是平面扇形，其扇形半径为 37.62mm。

（4）角部展开图　此油盘的展开可分为角度有焊缝和无焊缝两种展开形式，具体采用哪一种要视产品数量和本厂的实际条件定，下面按两种形式叙述之。

① 角部有焊缝：如图 5-109 所示为角部有焊缝的精确展开图，用压力机压制或手工槽制出设计的弧度后焊接成形，不需要加余量，焊接成形后打磨至圆滑平整。作展开样板过程如下。

a. 作出直角轮廓线。

b. 在两直角边上分别截取 37.62mm、30.12mm、30.12mm 和 43.82mm，全长为 141.67mm。

c. 用锥台的半展开样板对正直角边上的 43.82mm，画出锥台的展开图。

d. 用球体的半展开样板对正直角边上的 37.62mm、30.12mm 和 30.12mm，画出球面的展开图。

e. 将多余部分切掉，便作出角部展开样板。

② 角部无焊缝：如图 5-110 所示为角部无焊缝的展开图，从图中可看出，$P_{累}=141.67\text{mm}$ 为累计展开半径，以此展开半径下出的角部料，成形后角部上沿会出现凹下的情况，即常说的缺肉；用 $P_{切}=279.31\text{mm}$ 为半径下出的料，成形后角部上沿会出现凸起的现象，后者比前者要好处理得多，待压制成形后，整体划线切去多余的部分，便可得到一个无焊缝的整体油槽，此油槽可用浇铸的整体胎在压力机上压出。

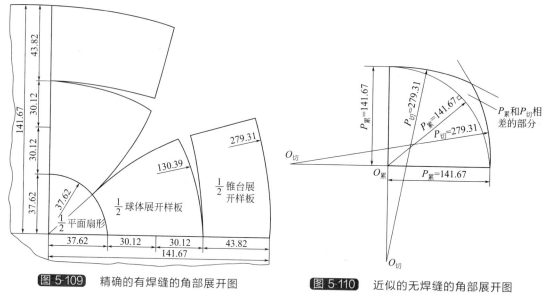

图 5-109　精确的有焊缝的角部展开图

图 5-110　近似的无焊缝的角部展开图（只大不小）（$P_{切}$ 为圆锥台展开半径）

此展开图是累计展开半径与切线展开半径结合使用的范例。

（5）矩形平板（不包括平面扇形）的展开尺寸 $(1720-4+200)\text{mm}\times(880-4+200)\text{mm}=1916\text{mm}\times1076\text{mm}$。

第六章　方圆连接管

本章主要介绍方圆连接管料计算，通过列举典型实例，如两端口平行、垂直、相交；正心、单偏心、双偏心，以启发读者了解方圆连接管料计算方法。

计算基准：方按里皮，圆按中径，高按圆端中心径点至方端里皮点间垂直距离。

前章方矩锥管按折弯计算和切断计算两种不同计算方法叙述、本章不存在四种连接形式，不存在两种展开计算，只按折弯计算叙述，如果因板较厚或大规格，可分成几瓣下料。

方圆连接管由于形体多棱、空间位置多变，一般用薄板，也有用较厚板的，但很少，所以不论折弯或切断计算料长，都按里皮，组焊出的构件几何尺寸都能在允差范围，折弯计算按里皮的原理为尖角镦压理论。

画展开图时，用交规法截取圆端弦长 y，与过渡线得交点，但 y 值是弦长而不是弧长，总弧长很可能小于实际弧长，所以截取时应稍加大为合理，最后量取总弧长以验证之。过渡线经过了曲面，投影长不是真正的投影长，实长当然也不是真正实长，所以截取过渡线时，应稍大为合理。

一、正心方圆连接管料计算

（一）**例 1**　图 6-1 所示为正心方圆连接管。图 6-2 所示为一正心锥形方圆连接管施工图，图 6-3 所示为其计算原理图。

图6-1　立体图

1. 板厚处理

计算料长时圆端按中径，方端按里皮，高按圆端中径点至方端里皮点间垂直距离计算料长。

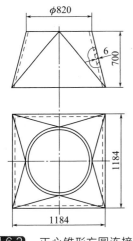

图6-2　正心锥形方圆连接管

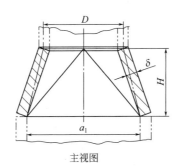

主视图　　　俯视图

图6-3　计算原理图

2. 下料计算

（1）任一实长过渡线 $l_n = \sqrt{\left(\dfrac{a_1}{2} - r\sin\beta_n\right)^2 + \left(\dfrac{a_1}{2} - r\cos\beta_n\right)^2 + H^2}$　（俯视图）

如 $l_3 = \sqrt{\left(\dfrac{1172}{2} - 407\times\sin45°\right)^2 + \left(\dfrac{1172}{2} - 407\times\cos45°\right)^2 + 700^2}$ mm = 817mm

同理得：$l_1 = 930$mm，$l_2 = 848$mm，$l_4 = 848$mm，$l_5 = 930$mm。

（2）任一平面三角形高的实长 $T = \sqrt{\left(\dfrac{a_1}{2} - r\right)^2 + H^2}$（俯视图）$= \sqrt{\left(\dfrac{1172}{2} - 407\right)^2 + 700^2}$ mm = 723mm。

（3）圆端展开长 $s = \pi D = \pi \times 814$mm = 2557mm。

（4）圆端每等分弦长 $y = D\sin\dfrac{180°}{m}$（俯视图）$= 814$mm $\times \sin\dfrac{180°}{16} = 159$mm。

式中　a_1——方端里皮长，mm；r——圆端中心半径，mm；β_n——圆周各等分点与同一横向直径的夹角，(°)；H——圆端中径点至方端里皮点间垂直距离，mm；D——圆端中直径，mm；m——圆周等分数。

3. 折弯展开图的画法（见图 6-4）

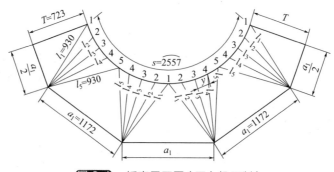

图 6-4　折弯展开图（压力机压制）

（1）本例折弯展开图用三角形法作。

（2）画一线段 $a_1 = 1172$mm，分别以两端点为圆心，以 $l_1 = 930$mm 为半径画弧，两弧交于 1 点。

（3）以此三角形的三个端点为圆心，分别以 $y = 159$mm 和 $l_2 = 848$mm 为半径画弧，得交点 2（两个）。

（4）连续用三角法作展开，便得出整个折弯展开图。

（5）最后用卷尺盘取小端总弧长 s 是否等于 2557mm，若有误差需微调之。

4. 说明

（1）折弯展开料的压制方法

① 在压力机上，作上下胎压制。

② 压制时从外向内进行。

③ 压制一小段后，小端用内卡样板 $r = 414$mm 卡试圆端弧度，切记要注意放置样板的角度；大端用 90°内卡样板，只能卡试方端口的角度为 90°，稍小于 90°为合适，因为放弧要比上弧容易得多。

④ 对接纵缝用小疤点焊。

⑤ 量取圆端外皮直径是否等于 $\phi820$mm，若有误差，可衬锤用力击打来调整。

⑥ 量取方端对角线是否相等，若有误差，可用倒链拉长对角线，短对角线便会增长，至相等为合格。

⑦ 若考虑到压制和组对有困难，可将上述展开料按 $\frac{1}{4}$ 切断，计算同折弯计算，此略。

$\frac{1}{4}$ 切断展开图如图 6-5 所示。

（2）$\frac{1}{4}$ 切断展开料的组对方法

① 在平台放出实样，外皮尺寸为 1184mm×1184mm，并按线外点焊限位铁。

② 将 $\frac{1}{4}$ 板按线立放于实样上并与限位铁点焊，同法点焊其他三板。

③ 拆离平台后，量取圆端和方端尺寸，有误差时可用同上法处理。

④ 焊前要刚性固定，以防变形。

（二）例 2　如图 6-6 所示为正心等径方圆连接管施工图。

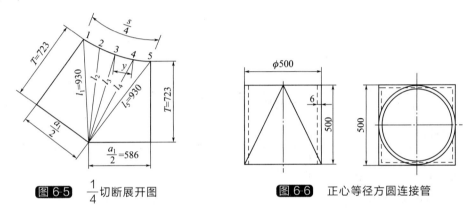

图 6-5　$\frac{1}{4}$ 切断展开图　　　　**图 6-6**　正心等径方圆连接管

1. 板厚处理

同例 1。

2. 下料计算

（1）任一实长过渡线 $l_n = \sqrt{\left(\frac{a_1}{2} - r\sin\beta_n\right)^2 + \left(\frac{a_1}{2} - r\cos\beta_n\right)^2 + H^2}$（俯视图）

如 $l_2 = \sqrt{(244-247\times\sin22.5°)^2 + (244-247\times\cos22.5°)^2 + 500^2}$ mm ＝522mm。

同理得：$l_1 = l_5 = 556$mm，$l_4 = 522$mm，$l_3 = 510$mm。

（2）任一平面三角形高的实长 $T = H = 500$mm。

（3）圆端展开长 $s = \pi D = \pi \times 494$mm ＝1552mm。

（4）圆端每等分弦长 $y = D\sin\frac{180°}{m}$（俯视图）$= 494$mm $\times \sin\frac{180°}{16} = 96.38$mm。

折弯展开图的画法同例 1。

二、正心矩方圆连接管料计算

（一）例 1　正心矩方圆连接管见图 6-7。图 6-8 所示为料仓至绞刀连接管施工图，图 6-9 为计算原理图。

1. 板厚处理

圆端按中径、方端按里皮计算料长，高按圆端中径点至方端里皮点间垂直距离计算料长。

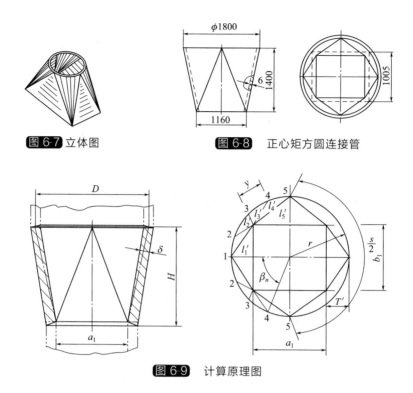

图 6-7　立体图　　　图 6-8　正心矩方圆连接管

图 6-9　计算原理图

2. 下料计算

（1）任一实长过渡线 $l_n = \sqrt{\left(\dfrac{b_1}{2} - r\sin\beta_n\right)^2 + \left(\dfrac{a_1}{2} - r\cos\beta_n\right)^2 + H^2}$

如 $l_4 = \sqrt{(496.5 - 897 \times \sin67.5°)^2 + (574 - 897 \times \cos67.5°)^2 + 1400^2}$ mm $= 1457$mm。

同理得：$l_1 = 1520$mm，$l_2 = 1431$mm，$l_3 = 1408$mm，$l_5 = 1565$mm。

（2）任一平面三角形高的实长 $T = \sqrt{\left(\dfrac{a_1}{2} - r\right)^2 + H^2}$（俯视图）

$$= \sqrt{(574 - 897)^2 + 1400^2}\ \text{mm} = 1437\text{mm}。$$

（3）圆端展开长 $s = \pi D = \pi \times 1794$mm $= 5636$mm。

（4）圆端每等分弦长 $y = D\sin\dfrac{180°}{m}$（俯视图）$= 1794$mm $\times \sin11.25° = 350$mm。

式中　a_1、b_1——里皮长，mm；r——圆端中半径，mm；β_n——圆周各等分点与同一横向直径的夹角，（°）；H——圆端中径点至方端里皮点间垂直距离，mm；D——圆端中直径，mm；m——圆周等分数。

3. 折弯展开图的画法（见图 6-10）

（1）本例用三角形法作展开。

（2）画一线段 $b_1 = 993$mm，分别以两端点为圆心，以 $l_1 = 1520$mm 为半径画一弧，两弧交于点 1，分别把 1 点与两端点相连。

（3）以上面三端点为圆心，以 $y = 350$mm、$l_2 = 1431$mm 为半径画弧，得交点 2（两个）。

（4）连续用三角形法作展开，便得出整个折弯展开图。

（5）最后用卷尺盘取弧端总长 s 是否等于 5636mm，若有误差微调之。

4. 说明

折弯展开料的压制方法如下。

（1）在压力机上用上下胎压制。

（2）压制时从外向内进行。

（3）压制一小段后，圆端用内卡样板 $r = 894\text{mm}$ 卡试弧度（要注意样板的放置角度），方端用 $90°$ 内卡样板卡试端口的角度是否为 $90°$。

（4）量取圆端外皮直径是否等于 $\phi1800\text{mm}$，若有误差，可大锤用力击打或倒链调节之。

（5）量取方端对角线是否相等，若有误差，可用倒链或倒正丝调节之，至相等为合格。

（6）若考虑到压制或组对有困难，可将上述展开料按 $\dfrac{1}{4}$ 切断。

（二）例 2　如图 6-11 所示为一矩形顶圆底下料斗施工图。

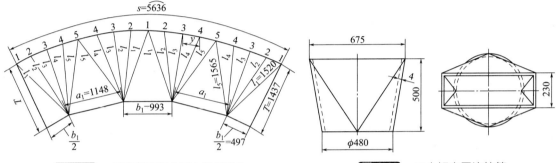

$s = \overset{\frown}{5636}$

图 6-10　折弯展开图（压力机压制）　　　图 6-11　正心矩方圆连接管

（1）任一实长过渡线 $l_n = \sqrt{\left(\dfrac{b_1}{2} - r\sin\beta_n\right)^2 + \left(\dfrac{a_1}{2} - r\cos\beta_n\right)^2 + H^2}$

如 $l_3 = \sqrt{(111 - 238\times\sin45°)^2 + (333.5 - 238\times\cos45°)^2 + 500^2}\ \text{mm} = 530\text{mm}$。

同理得：$l_1 = 521\text{mm}$，$l_2 = 513\text{mm}$，$l_4 = 566\text{mm}$，$l_5 = 614\text{mm}$。

（2）任一平面三角形高的实长 $T = \sqrt{\left(r - \dfrac{b_1}{2}\right)^2 + H^2} = \sqrt{(238 - 111)^2 + 500^2}\ \text{mm} = 516\text{mm}$。

（3）圆端展开长 $s = \pi D = \pi\times476\text{mm} = 1495\text{mm}$。

（4）圆端每等分弦长 $y = D\sin\dfrac{180°}{m} = 476\text{mm}\times\sin11.25° = 93\text{mm}$。

折弯展开图从略。

三、单偏心方圆连接管料计算（之一）

方圆连接管见图 6-12。图 6-13 所示为一单偏心方圆连接管施工图，图 6-14 为计算原理图。

1. 板厚处理

圆端按中径、方端按里皮计算料长，高按圆端中径点至方端里皮点间垂直距离计算料长。

2. 下料计算

（1）任一实长过渡线长 $l_n = \sqrt{\left(\dfrac{a_1}{2} \pm f - r\sin\beta_n\right)^2 + \left(\dfrac{a_1}{2} - r\cos\beta_n\right)^2 + H^2}$

如 $l_2 = \sqrt{(614 - 150 - 357\times\sin67.5°)^2 + (614 - 357\times\cos67.5°)^2 + 800^2}\ \text{mm} = 941\text{mm}$

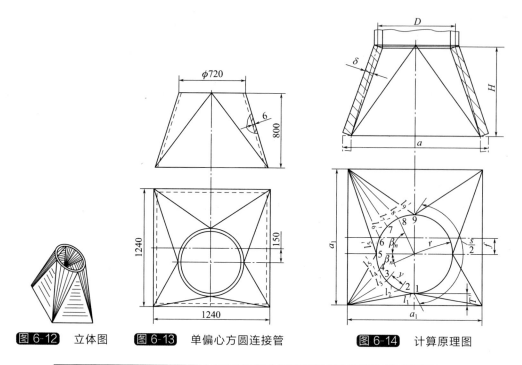

图 6-12   立体图   图 6-13   单偏心方圆连接管   图 6-14   计算原理图

$$l_8 = \sqrt{(614 + 150 - 357 \times \sin 67.5°)^2 + (614 - 357 \times \cos 67.5°)^2 + 800^2}\ \text{mm} = 1028\text{mm}$$

同理得：$l_1 = 1014\text{mm}$，$l_3 = 1016\text{mm}$，$l_4 = 1055\text{mm}$，$l_{5短} = 960\text{mm}$，$l_{5长} = 1136\text{mm}$，$l_6 = 1056\text{mm}$，$l_7 = 1016\text{mm}$，$l_9 = 1087\text{mm}$。

（2）平面三角形高的实长 $T = \sqrt{\left(\dfrac{a_1}{2} - f - r\right)^2 + H^2}$（俯视图）

$$= \sqrt{(614 - 150 - 357)^2 + 800^2}\ \text{mm} = 807\text{mm}。$$

（3）圆端展开长 $s = \pi D = \pi \times 714\text{mm} = 2243\text{mm}$。

（4）圆端每等分弦长 $y = D\sin\dfrac{180°}{m} = 714\text{mm} \times \sin\dfrac{180°}{16} = 139\text{mm}$。

式中　a_1——里皮长，mm；f——纵向偏心，mm；r——圆端中心半径，mm；β_n——圆周各等分点与同一横向直径的夹角，mm；H——圆端中径点至方端里皮点间垂直距离，mm；D——圆端中直径，mm；m——圆周等分数；$l_{5短}$、$l_{5长}$——分别指连接管偏短侧、偏长侧 l_5 的实长，mm。

3. 折弯展开图的画法（见图 6-15）

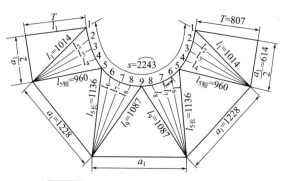

图 6-15   折弯展开图（压力机压制）

（1）本例折弯展开图采用三角形法画出。

（2）画一线段 $a_1 = 1228$mm，分别以两端点为圆心，以 $l_9 = 1087$mm 为半径画弧，两弧交于 9 点，连接 9 点与两端点。

（3）分别以上面三端点为圆心，以 $\overline{y} = 139$mm、$l_8 = 1028$mm 为半径画弧，得交点 8（两个）。

（4）向两端延伸，继续同法作图，便得出整个展开图。

（5）最后用卷尺盘取总弧长 s 是否为 2243mm，若有误差，应微调之。

4. 说明

折弯展开料的压制方法。

（1）在压力机上用上下胎压制。

（2）压制时从外向内进行。

（3）压制一小段后，圆端用内卡样板 $r = 354$mm 卡试弧度，但要注意样板的放置角度；方端用 90°内卡样板卡试端口的角度是否为 90°；

（4）量取圆端外皮直径是否等于 $\phi720$mm，若有误差，可大锤用力击打或倒链调节之。

（5）量取方端对角线是否相等，若不等，可用倒链或倒正丝调节之，至相等为合格。

（6）若考虑到压制或组对有困难，可按 $\frac{1}{4}$ 切断。

四、单偏心方圆连接管料计算（之二）

图 6-16 所示为上圆仓至下圆仓下料管施工图，图 6-17 为放大的计算原理图。

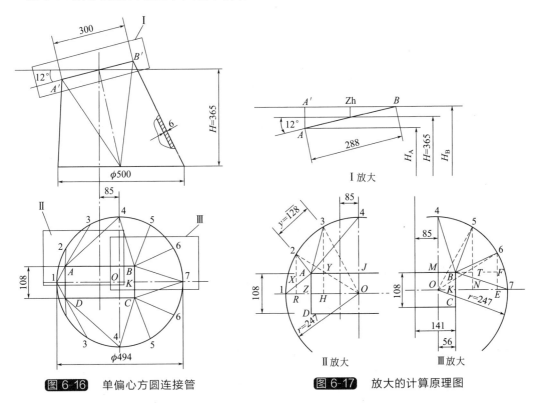

图 6-16 单偏心方圆连接管　　**图 6-17** 放大的计算原理图

1. 板厚处理

方端按里皮、圆端按中径、高按设计标注高度（虽有误差，但能在允差范围）。

2. 下料计算

（1）上端矩方口的有关数据（按里皮，见图 6-17Ⅰ放大）：

① 上端口实长为 $(300-2\times6)\mathrm{mm}=288\mathrm{mm}$

上端口实宽为 $(120-2\times6)\mathrm{mm}=108\mathrm{mm}$。

② 上端口投影长为 $288\mathrm{mm}\times\cos12°=282\mathrm{mm}$

半投影长为 $282\mathrm{mm}\div2=141\mathrm{mm}$。

③ 上端 A、B 点的实高

$H_A=(365-144\times\sin12°)\mathrm{mm}=335\mathrm{mm}$

$H_B=(365+144\times\sin12°)\mathrm{mm}=395\mathrm{mm}$

（2）过渡线 $A1\sim A4$ 的实长（见图 6-17Ⅱ放大）：用直角三角形法求实长。

① $A1$。

在直角三角形 $AZ1$ 中

因为 $OZ=(141+85)\mathrm{mm}=226\mathrm{mm}$

$Z1=(247-226)\mathrm{mm}=21\mathrm{mm}$

所以 $A1=\sqrt{Z1^2+AZ^2+H_A^2}=\sqrt{21^2+54^2+335^2}\,\mathrm{mm}=340\mathrm{mm}$。

② $A2$。

在直角三角形 $2RO$ 中

因为 $R2=O2\times\sin30°=247\mathrm{mm}\times\sin30°=124\mathrm{mm}$

$X2=R2-XR=(124-54)\mathrm{mm}=70\mathrm{mm}$

$AX=OR-OZ=247\mathrm{mm}\times\cos30°-(141+85)\mathrm{mm}=12\mathrm{mm}$

所以 $A2=\sqrt{AX^2+X2^2+H_A^2}=\sqrt{12^2+70^2+335^2}\,\mathrm{mm}=342\mathrm{mm}$。

③ $A3$。

在直角三角形 $3HO$ 中

因为 $3H=O3\times\sin60°=247\mathrm{mm}\times\sin60°=214\mathrm{mm}$

$3Y=3H-YH=(214-54)\mathrm{mm}=160\mathrm{mm}$

$OH=O3\times\cos60°=247\mathrm{mm}\times\cos60°=124\mathrm{mm}$

$AY=OZ-OH=(141+85)\mathrm{mm}-124\mathrm{mm}=102\mathrm{mm}$

所以 $A3=\sqrt{AY^2+3Y^2+H_A^2}=\sqrt{102^2+160^2+335^2}\,\mathrm{mm}=385\mathrm{mm}$。

④ $A4$。

在直角三角形 $4JA$ 中

因为 $4J=O4-OJ=(247-54)\mathrm{mm}=193\mathrm{mm}$

$AJ=(141+85)\mathrm{mm}=226\mathrm{mm}$

所以 $A4=\sqrt{4J^2+AJ^2+H_A^2}=\sqrt{193^2+226^2+335^2}\,\mathrm{mm}=448\mathrm{mm}$。

（3）过渡线 $B4\sim B7$ 的实长（见图 6-17Ⅲ放大）：用直角三角形法求实长。

① $B4$

在直角三角形 $4MB$ 中

因为 $MB=56\mathrm{mm}$，$M4=O4-OM=(247-54)\mathrm{mm}=193\mathrm{mm}$

所以 $B4=\sqrt{MB^2+M4^2+H_B^2}=\sqrt{56^2+193^2+395^2}\,\mathrm{mm}=443\mathrm{mm}$。

② $B5$

在直角三角形 $ON5$ 中

因为 $N5=O5\times\sin60°=247\mathrm{mm}\times\sin60°=214\mathrm{mm}$

$T5=N5-NT=(214-54)\mathrm{mm}=160\mathrm{mm}$

$$ON = O5 \times \cos60° = 247mm \times \cos60° = 124mm$$
$$BT = ON - OK = (124-56)mm = 68mm$$

所以 $B5 = \sqrt{T5^2 + BT^2 + H_B^2} = \sqrt{160^2 + 68^2 + 395^2}\,mm = 432mm$。

③ $B6$

在直角三角形 $OE6$ 中

因为 $E6 = O6 \times \sin30° = 247mm \times \sin30° = 124mm$

$$F6 = E6 - EF = (124-54)mm = 70mm$$
$$OE = O6 \times \cos30° = 247mm \times \cos30° = 214mm$$
$$BF = OE - OK = (214-56)mm = 158mm$$

所以 $B6 = \sqrt{F6^2 + BF^2 + H_B^2} = \sqrt{70^2 + 158^2 + 395^2}\,mm = 431mm$。

④ $B7$

在直角三角形 $BK7$ 中

因为 $K7 = O7 - OK = (247-56)mm = 191mm$

$$BK = 54mm$$

所以 $B7 = \sqrt{K7^2 + BK^2 + H_B^2} = \sqrt{191^2 + 54^2 + 395^2}\,mm = 442mm$。

（4）圆端每等分弦长 $y = 2r\sin\dfrac{180°}{m} = 494mm \times \sin\dfrac{180°}{12} = 128mm$。

（5）圆端展开长为 $2\pi r = 494mm \times \pi = 1552mm$（验证数据）。

（6）对口实长（见图 6-17 Ⅲ 放大）

$$K7 = \sqrt{(O7-OK)^2 + H_B^2} = \sqrt{(247-56)^2 + 395^2}\,mm = 439mm$$

3. 折弯展开图的画法（见图 6-18）

用三角形法作展开。

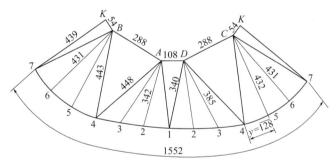

图 6-18　折弯展开图

（1）作线段 $AD = 108mm$。

（2）分别以 A、D 点为圆心，以 340mm 为半径画弧，两弧交于 1 点。

（3）分别以点 1、A 为圆心，以 128mm 和 342mm 为半径画弧，两弧交于 2 点。同法向右侧延伸得 2 点。分别以点 2、A 为圆心，以 128mm 和 385mm 为半径画弧，两弧交于 3 点。以此类推，便得到折弯展开图。

4. 说明

（1）求过渡线实长的图解诀窍：过圆周上的各等分点作横轴的垂线，便得出两个直角三角形，一个含半径，一个含投影过渡线，通过解这两个直角三角形，便能求得实长。

（2）求过渡线实长的计算诀窍：勾、股、对应高的平方和再开方，即得过渡线的实长。

五、单偏心方圆连接管料计算（之三）

方圆连接管见图 6-19。图 6-20 所示为料仓至绞刀短节管施工图，图 6-21 为计算原理图。

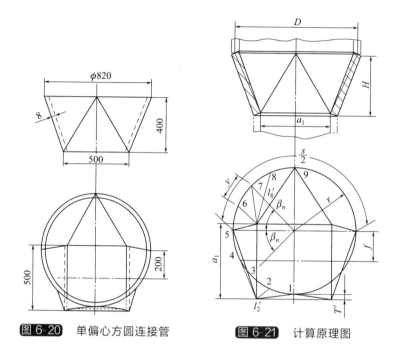

图 6-19　立体图　　图 6-20　单偏心方圆连接管　　图 6-21　计算原理图

1. 板厚处理

圆端按中径、方端按里皮计算料长，高按圆端中径点至方端里皮点间垂直距离计算料长。

2. 下料计算

（1）短侧任一实长过渡线 $l_n=\sqrt{\left(\dfrac{a_1}{2}+f-r\sin\beta_n\right)^2+\left(\dfrac{a_1}{2}-r\cos\beta_n\right)^2+H^2}$（俯视图）

如 $l_2=\sqrt{(242+200-406\times\sin67.5°)^2+(242-406\times\cos67.5°)^2+400^2}$ mm $=415$ mm
同理得：$l_1=469$ mm，$l_3=431$ mm，$l_4=510$ mm，$l_{5短}=617$ mm。

（2）长侧任一实长过渡线 $l_n=\sqrt{\left(r\sin\beta_n+f-\dfrac{a_1}{2}\right)^2+\left(\dfrac{a_1}{2}-r\cos\beta_n\right)^2+H^2}$（俯视图）

如 $l_8=\sqrt{(406\times\sin67.5°+200-242)^2+(242-406\times\cos67.5°)^2+400^2}$ mm $=528$ mm
同理得：$l_{5长}=434$ mm，$l_6=436$ mm，$l_7=471$ mm，$l_9=593$ mm。

（3）对口实长 $T=\sqrt{\left(f+\dfrac{a_1}{2}-r\right)^2+H^2}$（俯视图）$=\sqrt{\left(f+\dfrac{a_1}{2}-r\right)^2+H^2}=$
$\sqrt{(200+242-406)^2+400^2}$ mm $=402$ mm。

（4）圆端每等分弦长 $y=D\sin\dfrac{180°}{m}$（俯视图）$=812$ mm $\times\sin\dfrac{180°}{16}=158.42$ mm。

（5）圆端展开长 $s=\pi D=\pi\times812$ mm $=2551$ mm。

式中　a_1——里皮，mm；f——纵向偏心，mm；r——圆端中半径，mm；β_n——圆周各等分点与同一横向直径的夹角，(°)；H——方端里皮点至圆端中心径点间距离，mm；

$l_{5短}$、$l_{5长}$——分别指连接管偏短侧、偏长侧 l_5 的实长，mm；D——圆端中直径，mm；m——圆周等分数。

3. 展开图的画法（见图 6-22）

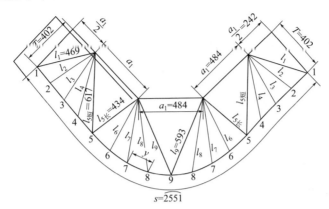

图 6-22　折弯展开图（压力机压制）

（1）画一线段 $a_1 = 484$mm，分别以两端点为圆心，以 $y = 158.42$mm，$l_9 = 593$mm 为半径画弧，两弧相交于点 9。

（2）以上面三个端点为圆心，以 $y = 158.42$mm、$l_8 = 528$mm 为半径画弧，得交点 8（两个）。

（3）向两端延伸，继续用同法作图，便得出整个展开图。

（4）最后用卷尺盘取总弧长 s 是否等于 2551mm，若有误差应微调之。

4. 说明

展开料的压制方法如下。

（1）作上下胎在压力机上压制。

（2）压制时从外向里进行。

（3）压制一小端后，圆端用内卡样板 $r = 402$mm 卡试弧度，但要注意样板的放置角度，方端用 90°内卡样板卡试端口的角度，以小于 90°为合适，因为放弧较上弧容易得多。

（4）量取圆端外皮直径是否为 $\phi 820$mm，若有误差或有不圆滑的部位，可用槽弧锤配大锤从内侧调节，本例由于圆端大于方端，也可以用压力机矫正。

（5）量取方端对角线是否相等，若有误差，可用压杠法压长的对角线，短对角线便会增长，从而得以矫正。

（6）由于本例板较厚，压制时可能难度较大，可考虑将上料切成 $\dfrac{1}{4}$。

六、单偏心方圆连接管料计算（之四）

方圆连接管见图 6-23。图 6-24 所示为提升机至除尘器短节管，图 6-25 为计算原理图。

1. 板厚处理

圆端按中径、方端按里皮计算料长，高按圆端中径点至方端里皮点间垂直距离计算料长。

2. 下料计算

（1）短侧任一实长过渡线 $l_n = \sqrt{\left(\dfrac{a_1}{2} - r\sin\beta_n\right)^2 + \left(\dfrac{a_1}{2} + e - r\cos\beta_n\right)^2 + H^2}$（俯视图）

如 $l_2 = \sqrt{(130 - 97 \times \sin 30°)^2 + (130 + 215 - 97 \times \cos 30°)^2 + 212^2}$ mm $= 346$mm

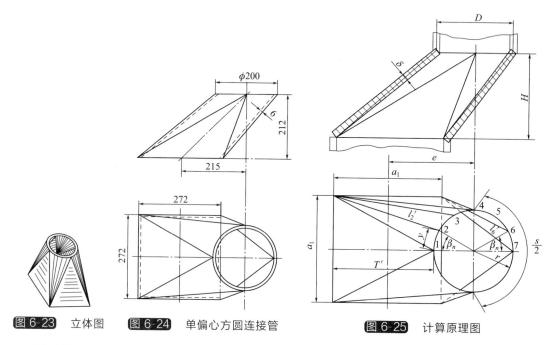

图 6-23 立体图   **图 6-24** 单偏心方圆连接管   **图 6-25** 计算原理图

同理得：$l_1 = 351\text{mm}$，$l_3 = 367\text{mm}$，$l_{4\text{短}} = 406\text{mm}$。

（2）长侧任一实长过渡线 $l_n = \sqrt{\left(\dfrac{a_1}{2} - r\sin\beta_n\right)^2 + \left(e + r\cos\beta_n - \dfrac{a_1}{2}\right)^2 + H^2}$

如 $l_6 = \sqrt{(130 - 97 \times \sin30°)^2 + (215 + 97 \times \cos30° - 130)^2 + 212^2}\ \text{mm} = 283\text{mm}$

同理得：$l_{4\text{长}} = 231\text{mm}$，$l_5 = 255\text{mm}$，$l_7 = 308\text{mm}$。

（3）平面三角形实高 $T = \sqrt{\left(e + \dfrac{a_1}{2} - r\right)^2 + H^2} = \sqrt{(215 + 130 - 97)^2 + 212^2}\ \text{mm} = 326\text{mm}$。

（4）圆端展开长 $s = \pi D = \pi \times 194\text{mm} = 610\text{mm}$。

（5）圆端每等分弦长 $y = D\sin\dfrac{180°}{m} = 194\text{mm} \times \sin15° = 50.2\text{mm}$。

式中 a_1——里皮长，mm；r——圆端中半径，mm；e——两端口横向偏心，mm；β_n——圆周各等分点与同一横向直径的夹角，（°）；H——方端里皮点至圆端中径点间距离，mm；D——圆端中直径，mm；m——圆周等分数；$l_{4\text{短}}$、$l_{4\text{长}}$——分别指连接管偏短侧、偏长侧 l_4 的实长，mm。

3. 折弯展开图的画法（见图 6-26）

（1）本例用三角形法作折弯展开。

（2）画一线段 $a_1 = 260\text{mm}$，分别以两端点为圆心，以 $l_7 = 308\text{mm}$ 为半径画弧，两弧交于点 7。

（3）分别以上面三个端点为圆心，以 $y = 50.2\text{mm}$、$l_6 = 283\text{mm}$ 为半径画弧，得交点 6（两个）。

（4）向两端延伸，继续用同法作图，便得出整个展开图。

（5）最后用卷尺盘取总弧长 s 是否等于 610mm，若有误差则加减调节之。

4. 说明

折弯展开料的槽制方法如下。

（1）本例规格较小、板又厚，不能在折弯机上折弯，只能用大锤配槽弧锤在放射胎上槽制。

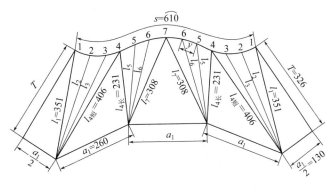

图 6-26　折弯展开图（手工槽制）

（2）槽制时由外向内进行。

（3）槽制一小段后，圆端用内卡样板 $r = 94\text{mm}$ 卡试弧度，但要注意样板放置角度，方端用 $90°$ 内卡样板试端口角度，以小于 $90°$ 为合适，因为放弧较上弧容易操作。

（4）量取圆端外皮直径是否为 $\phi200\text{mm}$，若有误差或不圆滑的部位，可将其套在 $\phi159\text{mm}$ 的管子上，用大锤在外侧击打调整之。

（5）量取方端对角线是否相等，若有误差，可用压杠法压长对角线，短对角线就会增长，至相等为合格。

七、双偏心方圆连接管料计算（之一）

方圆连接管见图 6-27。图 6-28 所示为双偏心方圆连接管的施工图，图 6-29 为计算原理图。

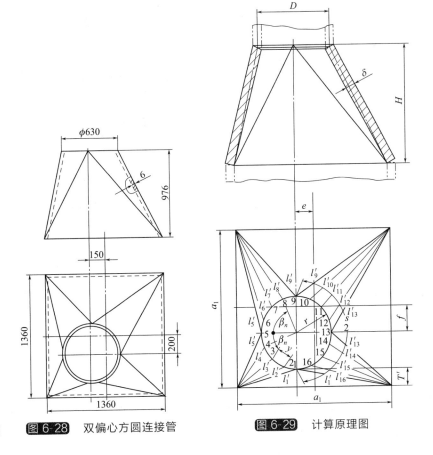

图 6-27　立体图　　**图 6-28**　双偏心方圆连接管　　**图 6-29**　计算原理图

1. 板厚处理

圆端按中径、方端按里皮计算料长，高按圆端中径点至方端里皮点间垂直距离计算料长。

2. 下料计算

（1）任一实长过渡线 $l_n = \sqrt{\left(\dfrac{a_1}{2} \pm f - r\sin\beta_n\right)^2 + \left(\dfrac{a_1}{2} \pm e - r\cos\beta_n\right)^2 + H^2}$ （俯视图）

如 $l_4 = \sqrt{(674-200-312\times\sin22.5°)^2 + (674-150-312\times\cos22.5°)^2 + 976^2}$ mm = 1065mm

$l_6 = \sqrt{(674+200-312\times\sin22.5°)^2 + (674-150-312\times\cos22.5°)^2 + 976^2}$ mm = 1256mm

$l_{12} = \sqrt{(674+200-312\times\sin22.5°)^2 + (674+150-312\times\cos22.5°)^2 + 976^2}$ mm = 1345mm

$l_{14} = \sqrt{(674-200-312\times\sin22.5°)^2 + (674+150-312\times\cos22.5°)^2 + 976^2}$ mm = 1169mm

同理得：$l_{1短}=1120$mm，$l_2=1073$mm，$l_3=1053$mm，$l_{5短}=1106$mm。

$l_{5长}=1327$mm，$l_7=1213$mm，$l_8=1208$mm，$l_{9短}=1242$mm。

$l_{9长}=1395$mm，$l_{10}=1339$mm，$l_{11}=1320$mm，$l_{13长}=1531$mm。

$l_{13短}=1407$mm，$l_{15}=1175$mm，$l_{16}=1218$mm，$l_{1长}=1288$mm。

（2）三角形高的实长 $T = \sqrt{\left(\dfrac{a_1}{2} - f - r\right)^2 + H^2}$ （俯视图）

$$= \sqrt{(674-200-312)^2 + 976^2} \text{ mm} = 989\text{mm}。$$

（3）圆端展开长 $s = \pi D = \pi \times 624$mm = 1960mm。

（4）圆端每等分弦长 $y = D\sin\dfrac{180°}{m}$ （俯视图）$= 624$mm$\times\sin11.25° = 121.74$mm。

式中　a_1——里皮长，mm；f——纵向偏心，mm；e——横向偏心，mm；r——圆端中半径，mm；β_n——圆端各等分点与同一横向直径的夹角，（°）；H——圆端中径点至方端里皮点间距离，mm；D——圆端中直径，mm；m——圆周等分数；"$\pm$"——长侧用"$+$"，短侧用"$-$"；$l_短$、$l_长$——分别指连接管偏短侧、偏长侧 l 的实长，mm。

3. 折弯展开图的画法（见图 6-30）

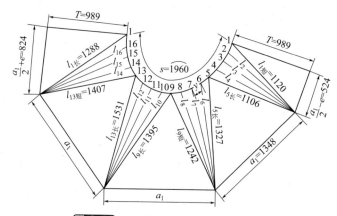

图 6-30　折弯展开图（压力机压制）

（1）本例用三角形法作折弯展开。

（2）画一线段 $a_1 = 1348$mm，分别以两端点为圆心，以 $l_{9短} = 1242$mm、$l_{9长} = 1395$mm 为半径画弧，两弧交于点9。

（3）分别以上面三个端点为圆心，以 $y = 121.74$mm、$l_8 = 1208$mm、$l_{10} = 1339$mm 为半径画弧相交得交点8、10。

（4）同法向两端延伸，继续作图，便得出整个展开图。

（5）最后用卷尺盘取总弧长 s 是否等于1960mm，若有误差则加减调节之。

4. 说明

折弯展开料的压制方法如下。

（1）作上下胎在压力机上压制。

（2）压制时从外向内进行。

（3）压制一小段后，圆端用内卡样板 $r = 309$mm 卡试弧度，但要注意样板的放置角度，方端用90°内卡样板卡试端口角度，以微小于90°为合适。

（4）量取圆端外皮直径是否为 $\phi630$mm，若有误差，原因就是局部弧欠或弧过，可用大锤从内或外锤打之，弧过则放弧，弧欠则上弧，便得以矫正。

（5）量取方端对角线是否相等，若不等，原因就是四个角有的大于90°，有的小于90°，若皆为90°，两对角线肯定相等，可用倒链拉长对角线，短对角线便会增长。

八、双偏心方圆连接管料计算（之二）

方圆连接管见图 6-31。图 6-32 所示为双偏心方圆连接管施工图，图 6-33 为计算原理图。

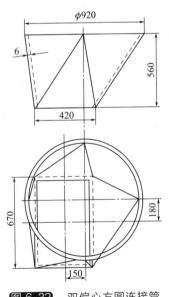

图 6-31 立体图　　**图 6-32** 双偏心方圆连接管

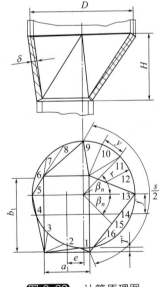

图 6-33 计算原理图

1. 板厚处理

圆端按中径、方端按里皮计算料长，高按圆端中径点至方端里皮点间垂直距离进行料计算。

2. 下料计算（见图 6-34）

（1）上右任一实长过渡线 $l_n = \sqrt{\left(r\sin\beta_n + f - \dfrac{b_1}{2}\right)^2 + \left(r\cos\beta_n + e - \dfrac{a_1}{2}\right)^2 + H^2}$ （俯视图）

如 $l_{11}=\sqrt{(457\times\sin45°+180-329)^2+(457\times\cos45°+150-204)^2+560^2}\,\text{mm}=645\text{mm}$

同理得：$l_{9上}=641\text{mm}$，$l_{10}=635\text{mm}$，$l_{12}=671\text{mm}$，$l_{13右下}=706\text{mm}$。

（2）下右任一实长过渡线 $l_n=\sqrt{\left(f+\dfrac{b_1}{2}-r\sin\beta_n\right)^2+\left(r\cos\beta_n+e-\dfrac{a_1}{2}\right)^2+H^2}$（俯视图）

如 $l_{15}=\sqrt{(180+329-457\times\sin45°)^2+(457\times\cos45°+150-204)^2+560^2}\,\text{mm}=649\text{mm}$

同理得：$l_{13右上}=857\text{mm}$，$l_{14}=741\text{mm}$，$l_{16}=579\text{mm}$，$l_{1右下}=565\text{mm}$。

（3）下左任一实长过渡线 $l_n=\sqrt{\left(f+\dfrac{b_1}{2}-r\sin\beta_n\right)^2+\left(e+\dfrac{a_1}{2}-r\cos\beta_n\right)^2+H^2}$（俯视图）

如 $l_3=\sqrt{(180+329-457\times\sin45°)^2+(150+204-457\times\cos45°)^2+560^2}\,\text{mm}=591\text{mm}$

同理得：$l_{1左下}=665\text{mm}$，$l_2=594\text{mm}$，$l_4=653\text{mm}$，$l_{5左上}=764\text{mm}$。

（4）上左任一实长过渡线 $l_n=\sqrt{\left(r\sin\beta_n+f-\dfrac{b_1}{2}\right)^2+\left(e+\dfrac{a_1}{2}-r\cos\beta_n\right)^2+H^2}$（俯视图）

如 $l_7=\sqrt{(457\times\sin45°+180-329)^2+(150+204-457\times\cos45°)^2+560^2}\,\text{mm}=587\text{mm}$

同理得：$l_{5左下}=589\text{mm}$，$l_6=565\text{mm}$，$l_8=648\text{mm}$，$l_{9左上}=731\text{mm}$。

（5）对口实长 $T=\sqrt{\left(\dfrac{b_1}{2}+f-r\right)^2+H^2}$（俯视图）$=\sqrt{(329+180-457)^2+560^2}\,\text{mm}=562\text{mm}$。

（6）圆端展开长 $s=\pi D=\pi\times914\text{mm}=2871\text{mm}$。

（7）圆端每等分弦长 $y=D\sin\dfrac{180°}{m}$（俯视图）$=914\text{mm}\times\sin11.25°=178.32\text{mm}$。

式中　r——圆端中半径，mm；f——纵向偏心，mm；e——横向偏心，mm；a_1、b_1——方端里皮长，mm；D——圆端中直径，mm；m——圆周等分数；H——圆端中径点至方端里皮点间垂直距离，mm；β_n——圆周各等分点与同一横向直径的夹角，(°)。

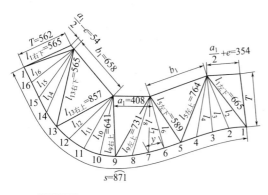

图 6-34 折弯展开图（压力机压制）

4. 说明

折弯展开料的压制方法如下。

（1）作上下胎在压力机上压制。

（2）压制时从外向内进行。

（3）压制一小段后，圆端用内卡样板 $r=454\text{mm}$ 卡试弧度，切记样板的放置角度，方端用90°内卡样板卡试端口角度，以微小于90°为合适，这是因为放弧较上弧容易得多。

3. 折弯展开图的画法（见图 6-34）

（1）本例用三角形法作折弯展开。

（2）画一线段 $a_1=408\text{mm}$，分别以两端点为圆心，以 $l_{9右上}=641\text{mm}$、$l_{9左上}=731\text{mm}$ 为半径画弧，两弧交于 9 点。

（3）分别以上面三个端点为圆心，以 $y=178.32\text{mm}$、$l_8=648\text{mm}$、$l_{10}=635\text{mm}$ 为半径画弧，得交点 8、10。

（4）同法向两端延伸继续作图，便得到整个折弯展开图。

（5）最后用卷尺盘取圆端弧长 s 是否等于 2871mm，若有误差，可加减调节之。

（4）量取圆端外皮直径 ϕ 是否等于 920mm，若有误差，可用大锤和衬锤击打近端口素线，弧过则放弧，弧欠则上弧，便得以矫正。

（5）量取方端对角线是否相等，若不等，则是因为四个直角有误差，可用倒链矫正之，若皆为 90°，两对角线必相等。

（6）焊前要进行刚性固定，以防变形。

九、两端口互相垂直方圆连接管料计算

方圆连接管见图 6-35。图 6-36 所示为一两端口互相垂直方圆连接管施工图，图 6-37 为计算原理图。

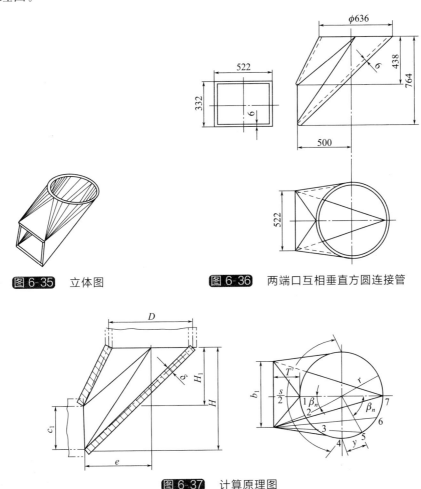

图 6-35　立体图　　　图 6-36　两端口互相垂直方圆连接管

图 6-37　计算原理图

1. 板厚处理

圆端按中径、方端按里皮计算料长，高按圆端中径点至方端里皮点间垂直距离计算料长。

2. 下料计算

（1）短侧任一实长过渡线 $l_n = \sqrt{(e - r\cos\beta_n)^2 + \left(\dfrac{b_1}{2} - r\sin\beta_n\right)^2 + H_1^2}$（俯视图）

如 $l_2 = \sqrt{(500 - 315 \times \cos30°)^2 + (255 - 315 \times \sin30°)^2 + 438^2}$ mm $= 503$mm

同理得：$l_1 = 540$mm，$l_3 = 557$mm，$l_{4短} = 667$mm。

（2）长侧任一实长过渡线 $l_n = \sqrt{(e + r\cos\beta_n)^2 + \left(\dfrac{b_1}{2} - r\sin\beta_n\right)^2 + H^2}$（俯视图）

如 $l_6 = \sqrt{(500 + 315 \times \cos30°)^2 + (255 - 315 \times \sin30°)^2 + 758^2}$ mm $= 1087$ mm

同理得：$l_{4长} = 910$ mm，$l_5 = 1004$ mm，$l_7 = 1142$ mm。

（3）短侧对口实长 $T = \sqrt{(e - r)^2 + H_1^2}$（俯视图）$= \sqrt{(500 - 315)^2 + 438^2}$ mm $= 476$ mm。

（4）圆端展开长 $s = \pi D = \pi \times 630$ mm $= 1979$ mm。

（5）圆端每等分弦长 $y = D\sin\dfrac{180°}{m}$（俯视图）$= 630$ mm $\times \sin15° = 163$ mm。

式中　e——横向偏心，mm；r——圆端中半径，mm；β_n——圆周各等分点与同一横向直径的夹角，（°）；b_1——里皮长，mm；H_1——短侧高，mm；D——中心直径，mm；m——圆周等分数；$l_{4长}$、$l_{4短}$——分别指连接管偏长侧、偏短侧 l_4 的实长，mm。

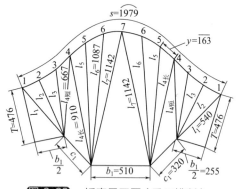

图 6-38　折弯展开图（手工槽制）

3. 折弯展开图的画法（见图 6-38）

（1）本例用三角形法作折弯展开。

（2）画一线段 $b_1 = 510$ mm，分别以两端点为圆心，以 $l_7 = 1142$ mm 为半径画弧，两弧交于点 7。

（3）分别以上面三个端点为圆心，以 $y = 163$ mm、$l_6 = 1087$ mm 为半径画弧，得交点 6（两个）。

（4）同法向两端延伸继续作图，便得到整个折弯展开图。

（5）最后用卷尺盘取圆端弧长 s 是否等于 1979 mm，若有误差可加减调节之。

4. 说明

折弯展开料的槽制方法如下。

（1）本例由于规格较小，不便用压力机压制，故采用槽弧锤配大锤在下胎为放射胎上槽制。

（2）槽制时从外向内进行。

（3）槽制一小段后，圆端用内卡样板 $r = 312$ mm 卡试弧度，注意样板的放置位置，方端用 90° 内卡样板卡试端口的角度是否为 90°，若有误差应调节之。

（4）圆端若有直段或弧过处，可用衬锤和大锤配合使用调节之。

（5）量取方端对角线是否相等，若有误差，可用倒链矫正之。

（6）焊前要进行刚性固定，以防变形。

十、两端口互相垂直双偏心方圆连接管料计算

方圆连接管见图 6-39。图 6-40 所示为两端口互相垂直双偏心方圆连接管施工图，图 6-41 为计算原理图。

1. 板厚处理

圆端按中径、方端按里皮计算料长，高按圆端中径点至方端里皮点间垂直距离计算料长。

2. 下料计算

（1）短侧任一实长过渡线 $l_n = \sqrt{(e - r\cos\beta_n)^2 + \left(\dfrac{b_1}{2} \pm f - r\sin\beta_n\right)^2 + H_1^2}$

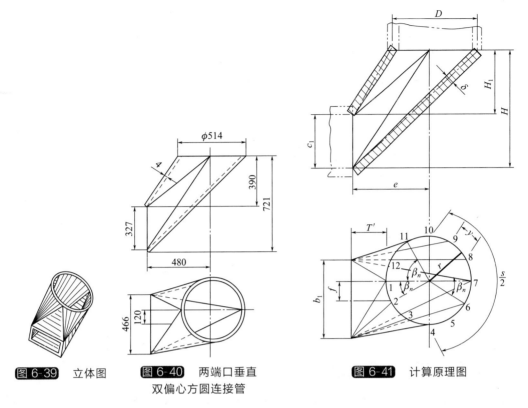

图 6-39　立体图　　图 6-40　两端口垂直双偏心方圆连接管　　图 6-41　计算原理图

如 $l_3 = \sqrt{(480 - 255 \times \cos 60°)^2 + (229 + 120 - 255 \times \sin 60°)^2 + 390^2}$ mm $= 541$ mm

$l_{11} = \sqrt{(480 - 255 \times \cos 60°)^2 + (229 - 120 - 255 \times \sin 60°)^2 + 390^2}$ mm $= 537$ mm

同理得：$l_{1下} = 570$ mm，$l_2 = 518$ mm，$l_{4左} = 723$ mm，$l_{1上} = 463$ mm，$l_{10左} = 635$ mm，$l_{12} = 469$ mm。

（2）长侧任一实长过渡线 $l_n = \sqrt{(e + r\cos\beta_n)^2 + \left(\dfrac{b_1}{2} \pm f - r\sin\beta_n\right)^2 + H^2}$

如 $l_6 = \sqrt{(480 + 255 \times \cos 30°)^2 + (229 + 120 - 255 \times \sin 30°)^2 + 717^2}$ mm $= 1027$ mm

$l_8 = \sqrt{(480 + 255 \times \cos 30°)^2 + (229 - 120 - 255 \times \sin 30°)^2 + 717^2}$ mm $= 1003$ mm

同理得：$l_{4右} = 868$ mm，$l_5 = 948$ mm，$l_{7下} = 1084$ mm，$l_{7上} = 1033$ mm，$l_9 = 946$ mm，$l_{10右} = 875$ mm。

（3）对口端实长 $T = \sqrt{(e - r)^2 + H_1^2} = \sqrt{(480 - 255)^2 + 390^2}$ mm $= 450$ mm。

（4）圆端展开长 $s = \pi D = \pi \times 510$ mm $= 1602$ mm。

（5）圆端每等分弦长 $y = D\sin\dfrac{180°}{m} = 510$ mm $\times \sin 15° = 132$ mm。

式中　e——横向偏心，mm；f——纵向偏心，mm；r——圆端中半径，mm；β_n——圆周各等分点与同一横向直径的夹角，(°)；b_1——里皮长，mm；H_1——短侧中径点至里皮点间垂直距离，mm；H——长侧中径点至里皮点间垂直距离，mm；"+、-"——偏大侧用"+"，偏小侧用"-"；D——圆端中直径，mm；m——圆周等分数。

3. 折弯展开图的画法（见图 6-42）

（1）本例用三角形法作折弯展开。

（2）画一线段 $b_1 = 458$ mm，分别以两端点为圆心，以 $l_{7下} = 1084$ mm、$l_{7上} = 1033$ mm

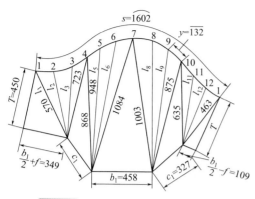

图 6-42 折弯展开图（手工槽制）

为半径画弧，两弧交于 7。

（3）分别以上面三个端点为圆心，以 $y = 132$mm、$l_6 = 1027$mm、$l_8 = 1003$mm 为半径画弧，得交点 6、8。

（4）同法向两端延伸，便得到整个折弯展开图。

（5）最后用卷尺盘取圆端弧长 s 是否等于 1602mm，若有误差，可用加减法微调之。

4. 说明

折弯展开料的槽制方法如下。

（1）本例的特点是规格较小、薄板、形状复杂，可用大锤配槽弧锤在下胎为放射胎上槽制。

（2）槽制时从外向内进行。

（3）槽制一小段后，圆弧端用内卡样板 $r = 253$mm 卡试弧度，应注意样板的卡试角度，方端用 90°内卡样板卡试端口的角度是否为 90°，若有误差应调节之。

（4）圆端若有直段或弧过处，因为板薄，所以完全可以用衬锤用力击打来矫正。

（5）量取方端对角线是否相等，若有误差，因规格小，可用压杠法矫正之。

（6）焊前应刚性固定，以防变形。

十一、圆顶斜底方圆连接管料计算

方圆连接管见图 6-43。图 6-44 所示为圆顶斜底方圆连接管的施工图，图 6-45 为计算原理图。

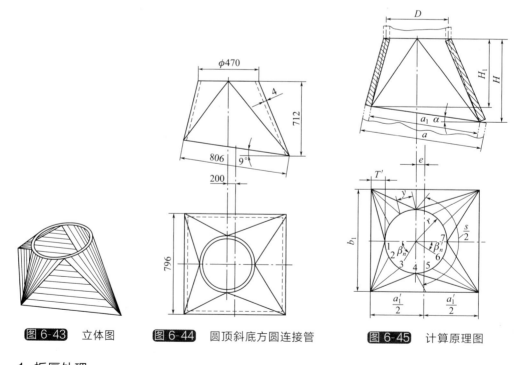

图 6-43 立体图　　**图 6-44** 圆顶斜底方圆连接管　　**图 6-45** 计算原理图

1. 板厚处理

圆端按中径、方端按里皮、高按圆端中径点至方端里皮点间的垂直距离计算料长。

2. 下料计算

（1）底边半实长投影 $\dfrac{a'}{2}=\dfrac{a_1}{2}\cos\alpha$（主视图）$=399\text{mm}\times\cos9°=394\text{mm}$。

（2）短边高 $H_1=H-a_1\sin\alpha$（主视图）$=(712-798\times\sin9°)\text{mm}=587\text{mm}$。

（3）短侧任一实长过渡线 $l_n=\sqrt{\left(\dfrac{b_1}{2}-r\sin\beta_n\right)^2+\left(\dfrac{a_{1'}}{2}-e-r\cos\beta_n\right)^2+H_1^2}$（俯视图）

如 $l_3=\sqrt{(394-233\times\sin60°)^2+(394-200-233\times\cos60°)^2+587^2}\,\text{mm}=622\text{mm}$

同理得：$l_1=708\text{mm}$，$l_2=649\text{mm}$，$l_{4短}=639\text{mm}$。

（4）长侧任一实长过渡线 $l_n=\sqrt{\left(\dfrac{b_1}{2}-r\sin\beta_n\right)^2+\left(\dfrac{a_{1'}}{2}+e-r\cos\beta_n\right)+H^2}$（俯视图）

如 $l_6=\sqrt{(394-233\times\sin30°)^2+(394+200-233\times\cos30°)^2+712^2}\,\text{mm}=859\text{mm}$

同理得：$l_{4长}=941\text{mm}$，$l_5=879\text{mm}$，$l_7=890\text{mm}$。

（5）对口实长 $T=\sqrt{\left(\dfrac{a'}{2}-e-r\right)^2+H_1^2}=\sqrt{(394-200-233)^2+587^2}\,\text{mm}=588\text{mm}$。

（6）圆端展开长 $s=\pi D=\pi\times466\text{mm}=1464\text{mm}$。

（7）圆端每等分弦长 $y=D\sin\dfrac{180°}{m}$（俯视图）$=466\text{mm}\times\sin15°=120.6\text{mm}$。

式中　r——圆端中半径，mm；H、H_1——圆端中径点至方端长短侧里皮点间垂直距离，mm；β_n——圆周各等分点与同一横向直径的夹角，（°）；α——底斜角，（°）；D——圆端中直径，mm；m——圆端等分数；$l_{4短}$、$l_{4长}$——分别指连接管偏短侧、偏长侧 l_4 的实长，mm。

3. 折弯展开图的画法（见图 6-46）

（1）本例用三角形法作折弯展开。

（2）画一线段 $b_1=788\text{mm}$，分别以两端点为圆心，以 $l_7=890\text{mm}$ 为半径画弧，两弧交于点 7。

（3）分别以上面三个端点为圆心，以 $y=120.6\text{mm}$、$l_6=859\text{mm}$ 为半径画弧，得交点 6（两个）。

（4）同法向两端延伸，便得到整个折弯展开图。

（5）最后用卷尺盘取圆端弧长 s 是否等于 1464mm，若有误差，可用加减法微调之。

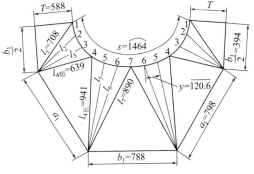

图 6-46　折弯展开图（手工槽制）

4. 说明

折弯展开料的槽制方法如下。

（1）本例由于板较薄，可用槽弧锤配大锤在下胎为放射胎上槽制。

（2）槽制时从外向内进行。

（3）槽制一小段后，圆端用内卡样板 $r=231\text{mm}$ 卡试弧度，应注意样板的卡试角度，方端用 90° 内卡样板卡试端口的角度是否为 90°，若有误差应调节之。

（4）圆端若有直段、弧过处或有椭圆情况，因为板薄，所以可以用衬锤用力击打来矫正。

（5）量取方端对角线是否相等，若有误差，则可用压杠法矫正之。

十二、一侧垂直多棱方圆连接管料计算

方圆连接管见图 6-47。图 6-48 所示为楼房檐下承接漏水用漏斗施工图,可用钢板焊接,也可用薄板咬接,相关内容参见第十二章。图 6-49 为计算原理图。

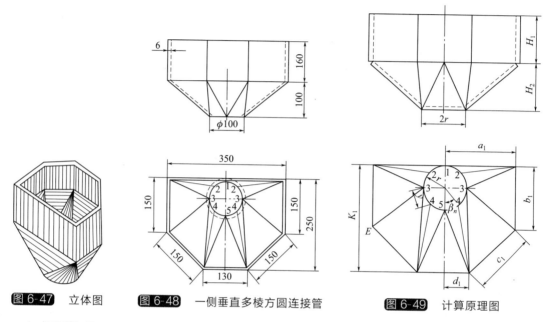

图 6-47　立体图　　图 6-48　一侧垂直多棱方圆连接管　　图 6-49　计算原理图

1. 板厚处理

本例为一侧垂直多棱方圆连接管,对于此多棱构件,按里皮折弯计算,板厚近似处理如下:两端直角减两个板厚,两端斜角减一个板厚,一端直角一端斜角减一个半板厚。

2. 下料计算

(1) 上段展开长:

$H_1=160\text{mm}$, $a_1=(175-6)\text{mm}=169\text{mm}$, $b_1=(150-9)\text{mm}=141\text{mm}$, $c_1=(150-6)\text{mm}=144\text{mm}$, $d_1=(65-3)\text{mm}=62\text{mm}$。

(2) 短侧任一实长过渡线 $l_n=\sqrt{(a_1-r\sin\beta_n)^2+(r-r\cos\beta_n)^2+H_2^2}$ (俯视图)

如 $l_2=\sqrt{(169-47\times\sin45°)^2+(47-47\times\cos45°)^2+100^2}\text{mm}=169\text{mm}$

$l_3=\sqrt{(169-47\times\sin90°)^2+(47-4\times\cos90°)^2+100^2}\text{mm}=164\text{mm}$

$l_1=\sqrt{a_1^2+H_2^2}=\sqrt{169^2+100^2}\text{mm}=196\text{mm}$。

(3) 长侧任一实长过渡线 $l_n=\sqrt{(d_1-r\sin\beta_n)^2+(K_1-r-r\cos\beta_n)^2+H_2^2}$ (俯视图)

如 $l_4=\sqrt{(62-47\times\sin45°)^2+(241-47-47\times\cos45°)^2+100^2}\text{mm}=192\text{mm}$

$l_5=\sqrt{62^2+(241-47-47)^2+100^2}\text{mm}=188\text{mm}$。

(4) 中间过渡棱线 $l_{E3}=\sqrt{(a_1-r)^2+(b_1-r)^2+H_2^2}$ (俯视图) $=$
$\sqrt{(169-47)^2+(141-47)^2+100^2}\text{mm}=184\text{mm}$。

(5) 短侧对口实长 $T=H_2=100\text{mm}$。

(6) 圆端展开长 $s=\pi D=\pi\times94\text{mm}=295\text{mm}$。

(7) 圆端每等分弦长 $y=D\sin\dfrac{180°}{m}=94\text{mm}\times\sin22.5°=36\text{mm}$。

式中 r——圆端中半径，mm；D——圆端中直径，mm；H_1、H_2——上下段上下端口垂直距离，mm；β_n——圆周各等分点与同一纵向直径的夹角，(°)；K_1——漏斗里皮宽，mm；m——圆周等分数。

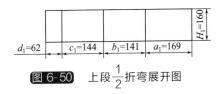

图 6-50 上段 $\frac{1}{2}$ 折弯展开图

3. 折弯展开图的画法（见图 6-50、图 6-51）

（1）上段 $\frac{1}{2}$ 折弯展开如图 6-50 所示，画法略。

（2）下段用三角形法作折弯展开。

① 画一线段 $2d_1=124$mm，分别以两端点为圆心，以 $l_5=188$mm 为半径画弧，两弧交于 5 点。

② 分别以上面三个端点为圆心，以 $y=36$mm、$l_4=192$mm 为半径画弧，得交点 4（两个）。

③ 同法向两端延伸，便得到下折弯展开图，如图 6-51 所示。

④ 最后用卷尺盘取圆端周长 s 是否等于 295mm，若有误差，可用加减法微调之。

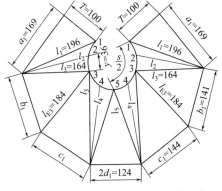

图 6-51 下段折弯展开图（手工槽制）

4. 说明

折弯展开料的槽制方法如下：

（1）本例由于是小规格，板又较薄，可用槽弧锤配大锤在下胎为放射胎上槽制。

（2）槽制时从外向内进行。

（3）槽制一小段后，圆弧端用内卡样板 $r=44$mm 卡试弧度，方端用 90°内卡样板卡试端口角度是否为 90°，若有误差应微调之。

（4）用小疤点焊纵缝。

（5）圆端若有不圆滑的情况，由于规格小，可套在 $\phi75$mm 的管体或圆钢外，用锤在外击打之，便可得以矫正。

（6）量取方端对角线是否相等，若不等，可用压杠调节之。

（7）调整上下段方端口，间隙均匀后点焊。

十三、圆斜顶矩形底双偏心连接管料计算

在实际工作中经常遇到此类方圆连接管，有的是同心正方，有的是单偏心正方，有的是单偏心矩方、形式各异，但计算原理相同，今推出具有代表性的实例，以示计算方法。

槽制时，可视具体情况整体折弯或切成两瓣、四瓣皆可。

双偏心连接管见图 6-52。图 6-53 所示为一圆斜顶矩形底双偏心连接管施工图，图 6-54 为计算原理图。

1. 板厚处理

圆端按中径、方端按里皮、高按圆端中径点至方端里皮点间垂直距离计算料长。

2. 下料计算

本例上端口为正圆形，但倾料 30°，故应计算每个等分点的横向倾斜值、纵向倾斜值和高度，所以本例的计算工作量较大，但不能嫌麻烦，下面分别计算之。

（1）过渡线横向投影 $c_n=\dfrac{a_1}{2}\pm e-r\sin\beta_n\cos\alpha$（俯视图和 I 放大）

表达式推导如下：

在直角三角形 $7BO$ 中

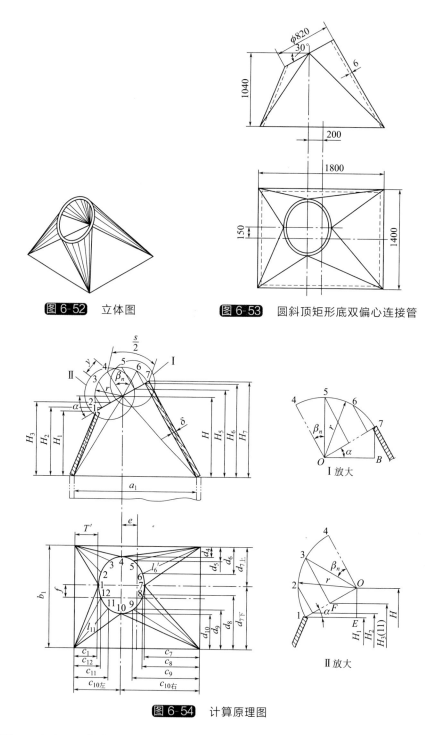

图 6-52　立体图　　　　图 6-53　圆斜顶矩形底双偏心连接管

图 6-54　计算原理图

因为 $7O = r\sin\beta_n$，$\angle 7OB = \alpha$

所以 $OB = r\sin\beta_n\cos\alpha$

如 $c_{11} = (894 - 200 - 407 \times \sin30° \times \cos30°)\mathrm{mm} = 518\mathrm{mm}$

同理可得到左侧 c_n：$c_{4左} = c_{10左} = 694\mathrm{mm}$，$c_3 = c_{11} = 518\mathrm{mm}$，$c_2 = c_{12} = 389\mathrm{mm}$，$c_1 = 342\mathrm{mm}$。

如 $c_9 = (894 + 200 - 407 \times \sin30° \times \cos30°)\mathrm{mm} = 918\mathrm{mm}$

同理可得到右侧 c_n：$c_{4右}=c_{10右}=1094$mm，$c_5=c_9=918$mm，$c_6=c_8=789$mm，$c_7=742$mm。

（2）过渡线纵向投影 $d_n=\dfrac{b_1}{2}\pm f-\gamma\cos\beta_n$（俯视图和 II 放大）

表达式推导如下：

因为 $\angle 4O3=\beta_n$　$O3=r$

所以 $3F=r\cos\beta_n$

如 $d_{11}=(694+150-407\times\cos30°)mm=492$mm

同理可得到下侧 d_n：$d_{1下}=d_{7下}=844$mm，$d_8=d_{12}=641$mm，$d_9=d_{11}=492$mm，$d_{10}=437$mm

如 $d_3=(694-150-407\times\cos30°)mm=192$mm

同理可得到上侧 d_n：$d_{1上}=d_{7上}=544$mm，$d_2=d_6=341$mm，$d_3=d_5=192$mm，$d_4=137$mm。

（3）任一过渡线高 $H_n=H\pm r\sin\beta_n\sin\alpha$（主视图和 II 放大）

表达式推导如下：

在直角三角形 $OE1$ 中

因为 $\angle O1E=\alpha$（内错角）　$O1=r\sin\beta_n$

所以 $OE=r\sin\beta_n\sin\alpha$

如 $H_3=(1040-407\times\sin30°\times\sin30°)mm=938$mm

$H_5=(1040+407\times\sin30°\times\sin30°)mm=1142$mm

同理可得到各过渡线的垂直高：$H_1=837$mm；$H_2=H_{12}=864$mm；$H_3=H_{11}=938$mm；$H_4=H_{10}=1040$mm；$H_5=H_9=1142$mm；$H_6=H_8=1216$mm；$H_7=1244$mm。

（4）任一过渡线实长 $l_n=\sqrt{c_n^2+d_n^2+H_n^2}$（俯视图）

如 $l_{11}=\sqrt{c_{11}^2+d_{11}^2+H_{11}^2}$（俯视图）$=\sqrt{518^2+492^2+938^2}mm=1179$mm

同理可得其他各过渡线实长 l_n（以左上角开始正旋）：$l_{1左上}=1055$mm，$l_2=1007$mm，$l_3=1089$mm，$l_{4左上}=1258$mm，$l_{4右上}=1516$mm，$l_5=1478$mm，$l_6=1481$mm，$l_{7右上}=1547$mm，$l_{7右下}=1676$mm，$l_8=1577$mm，$l_9=1546$mm，$l_{10右下}=1571$mm，$l_{10左下}=1324$mm，$l_{11}=1179$mm，$l_{12}=1144$mm，$l_{1左下}=1237$mm。

（5）圆端展开长 $s=\pi D=\pi\times814$mm$=2557$mm。

（6）对口处实高 $H_1=H-r\sin90°\times\sin30°=(1040-407\times\sin90°\times\sin30°)mm=837$mm。

（7）对口实长 $T=\sqrt{\left(\dfrac{a_1}{2}-e-r\sin\beta_n\cos\alpha\right)^2+H_1^2}$（俯视图）$=$

$\sqrt{(894-200-407\times\sin90°\times\cos30°)^2+837}mm=904$mm。

（8）圆端每等分弦长 $y=D\sin\dfrac{180°}{m}$（主视图）$=814$mm$\times\sin15°=211$mm。

式中　a_1、b_1——里皮长，mm；e、f——横纵向偏心距，mm；r——圆端中半径，mm；β_n——圆端各等分点与同一纵向直径的夹角，（°）；α——圆端倾斜角；"$\pm$"——偏大侧用"$+$"，偏小侧用"$-$"；D——圆端中直径，mm；m——圆周等分数。

3. 折弯展开图的画法（见图 6-55）

（1）本例折弯展开图用三角形法作。

（2）画一线段 $D_1=1388$mm，分别以两端点为圆心，以 $l_{7右上}=1547$mm 和 $l_{7右下}=1676$mm 为半径画弧，两弧相得交点 7。

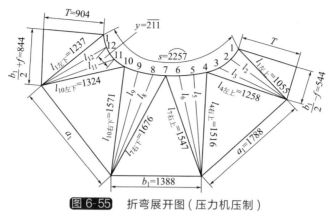

图 6-55 折弯展开图（压力机压制）

（3）分别以上面三个端点为圆心，以 $y=211mm$、$l_8=1577mm$、$l_6=1481mm$ 为半径画弧，得交点 6、8。

（4）同法向两端延伸，便得到整个折弯展开图。

（5）最后用卷尺盘取圆端周长 s 是否等于 2257mm，若有误差，可用加减法微调之。

4. 说明

折弯展开料的压制方法如下。

（1）本例规格较大，可考虑切成 $\frac{1}{2}$ 压制。

（2）作上下胎在压力机上压制。

（3）压制时从外向内进行。

（4）压制一小段后，圆端用内卡样板 $y=404mm$ 卡试弧度，以稍过为合适，因为继续压制后可能会放弧，方端用 90°内卡样板卡试端口角度，以稍小于 90°为合适。

（5）量取圆端外皮直径 ϕ 是否 820mm，若有椭圆状或直段或弧过处，可用衬锤用力击打来调节。

（6）量取方端对角线是否相等，若不等，则可用倒链拉长的对角线，短对角线便会增长，至相等为合格。

十四、裤形方圆连接管料计算

裤形方圆连接管见图 6-56。图 6-57 所示为一裤形方圆连接管施工图，图 6-58 为计算原理图。

1. 板厚处理

圆端按中径、方端按里皮、高按圆端中径点至方端里皮点间垂直距离计算料长。

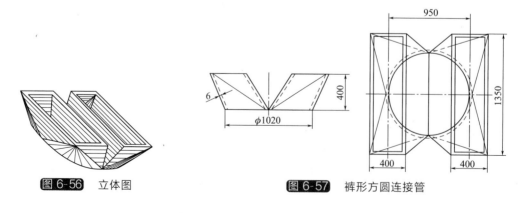

图 6-56 立体图　　　　**图 6-57** 裤形方圆连接管

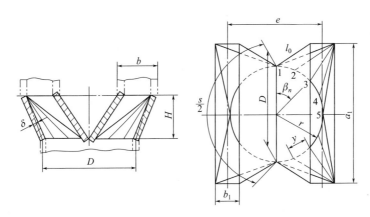

图 6-58　计算原理图

2. 下料计算

（1）外侧板任一实长过渡线 $l_n = \sqrt{\left(\dfrac{a_1}{2} - r\cos\beta_n\right)^2 + \left(\dfrac{e+b_1}{2} - r\sin\beta_n\right)^2 + H^2}$ （俯视图）

如 $l_4 = \sqrt{\left(\dfrac{1338}{2} - 507 \times \cos 67.5°\right)^2 + \left(\dfrac{950+388}{2} - 507 \times \sin 67.5°\right)^2 + 400^2}$ mm $= 653$mm

同理得：$l_1 = 796$mm，$l_2 = 653$mm，$l_3 = 594$mm，$l_5 = 796$mm。

（2）内侧板实宽 $h = \sqrt{\left(\dfrac{e-b_1}{2}\right)^2 + H^2}$ （俯视图）$= \sqrt{\left(\dfrac{950-388}{2}\right)^2 + 400^2}$ mm $=$

489mm。

（3）内侧板斜边长 $l_0 = \sqrt{\left(\dfrac{e-b_1}{2}\right)^2 + \left(\dfrac{a_1-D}{2}\right)^2 + H^2}$ （俯视图）$=$

$\sqrt{\left(\dfrac{950-388}{2}\right)^2 + \left(\dfrac{1338-1014}{2}\right)^2 + 400^2}$ mm $= 515$mm。

（4）圆端展开长 $s = \pi D = \pi \times 1014$mm $= 3186$mm。

（5）圆端每等分弦长 $y = D\sin\dfrac{180°}{m} = 1014$mm $\times \sin 11.25° = 198$mm。

式中　a_1、b_1——里皮长，mm；r——圆端中半径，mm；e——两支管中心距，mm；β_n——圆周各等分点与同一纵向直径的夹角，（°）；D——圆端中直径，mm；m——圆周等分数。

3. 切断展开的画法（见图 6-59）

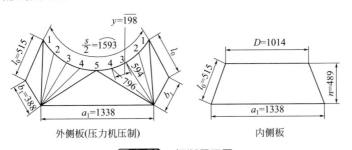

外侧板(压力机压制)　　　　　内侧板

图 6-59　切断展开图

（1）外侧板切断展开的画法。

① 用三角形法作展开。

② 画一线段 $a_1 = 1338mm$，分别以两端点为圆心，以 $l_5 = 796mm$ 为半径画弧，两弧交于点 5。

③ 分别以上面三个端点为圆心，以 $y = 198mm$、$l_4 = 653mm$ 为半径画弧得交点 4（两个）。

④ 同法向两端延伸，便得到外侧板切断展开图。

⑤ 用卷尺盘取圆端半弧长 $\dfrac{s}{2}$ 是否等于 1593mm，若有误差，可用加减法微调之。

（2）内侧板切断展开的画法略。

4. 说明

（1）本例可用压力机压制。

（2）压制时从外向内进行。

（3）压制一小段后，圆端用内卡样板 $r = 504mm$ 卡试弧度，以稍过为合适，因为弧过较弧欠更容易矫正，方端用 90°内卡样板卡试端口的角度，以稍小于 90°为合适。

（4）量取圆端外皮直径 ϕ 是否等于 1020mm，若有椭圆、直段或弧过段，可用衬锤用力击打来调节。

（5）量取方端对角线是否相等，若不等，可用倒链拉长的对角线，短对角线便会增长，至相等为合格。

十五、方顶椭圆底连接管料计算

方顶椭圆底连接管见图 6-60。图 6-61 所示为一方顶椭圆底连接管施工图，图 6-62 为计算原理图。

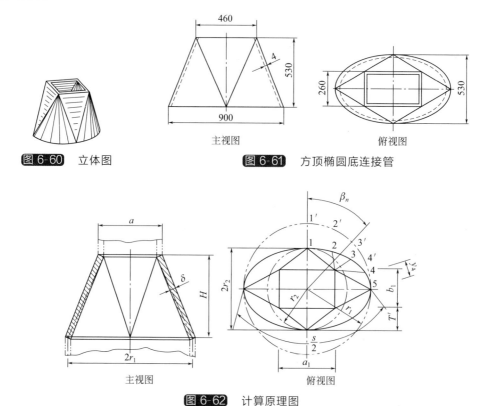

图 6-60 立体图

图 6-61 方顶椭圆底连接管

图 6-62 计算原理图

1. 板厚处理

椭圆端按中径、方端按里皮、高按椭圆端中径点至方端里皮点间垂直距离计算料长。

2. 下料计算

（1）任一实长过渡线 $l_n = \sqrt{\left(r_1\sin\beta_n - \dfrac{a_1}{2}\right)^2 + \left(r_2\cos\beta_n - \dfrac{b_1}{2}\right)^2 + H^2}$（俯视图，同心圆法）

如 $l_4 = \sqrt{(448 \times \sin67.5° - 226)^2 + (263 \times \cos67.5° - 126)^2 + 530^2}$ mm $= 563$mm

同理得：$l_1 = 592$mm，$l_2 = 546$mm，$l_3 = 541$mm，$l_5 = 588$mm。

（2）椭圆周长 $s = \pi\sqrt{2(r_1^2 + r_2^2) - \dfrac{(r_1 - r_2)^2}{4}} =$

$$\pi \times \sqrt{2 \times (448^2 + 263^2) - \frac{(448 - 263)^2}{4}}\ \text{mm} = 2290\text{mm}.$$

（3）椭圆周任一弦长 $y_n = \sqrt{[r_1(\sin\beta_{n+1} - \sin\beta_n)]^2 + [r_2(\cos\beta_n - \cos\beta_{n+1})]^2}$（俯视图）

如 $y_4 = \sqrt{[448 \times (\sin90° - \sin67.5°)]^2 + [263 \times (\cos67.5° - \cos90°)]^2}$ mm $= 106$mm。

同理得：$y_1 = 173$mm，$y_2 = 156$mm，$y_3 = 129$mm。

（4）对接口实长 $T = \sqrt{\left(r_2 - \dfrac{b_1}{2}\right)^2 + H^2} = \sqrt{(263 - 126)^2 + 530^2}$ mm $= 547$mm。

式中　a_1、b_1——里皮长，mm；r_1——长半轴径，mm；r_2——短半轴径，mm；β_n——椭圆周各分点与纵向轴的夹角，（°）。

3. 折弯展开图的画法（见图 6-63）

（1）用三角形法作展开。

（2）画一线段 $a_1 = 452$mm，分别以两端点为圆心，以 $l_1 = 592$mm，为半径画弧，两弧交于点 1。

（3）分别以上面三个端点为圆心，以 $y_1 = 173$mm、$l_2 = 546$mm 为半径画弧，得交点 2（两个）。

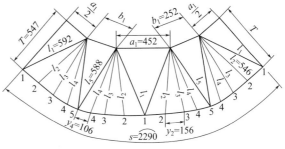

图 6-63　折弯展开图（手工槽制）

（4）同法向两端延伸，便得到整个折弯展开图，但必需注意，所有的 y 值都不一样。

（5）用卷尺盘取圆端展开长 s 是否等于 2290mm，若有误差，可用加减法微调之。

4. 说明

（1）由于本例板较薄，可用手工槽制，若考虑展开偏长，可切成 $\dfrac{1}{2}$ 后槽制。

（2）槽制时从外向内进行。

（3）槽制一小段后，椭圆端不方便卡样板检查弧度，只能凭经验决定弧度，方端用 90° 样板卡试端口的角度，以稍小于 90° 为合适。

（4）量取椭圆端的椭圆度，用眼观察以圆滑过渡为合格，若有弧欠或弧过时，可用衬锤用力击打来矫正。

（5）量取方端的对角线是否相等，若不等，可用压杠法矫正之。

十六、长圆顶矩形底连接管料计算

长圆顶矩形底连接管见图 6-64。图 6-65 所示为一长圆顶矩形底连接管施工图，图 6-66 为计算原理图。

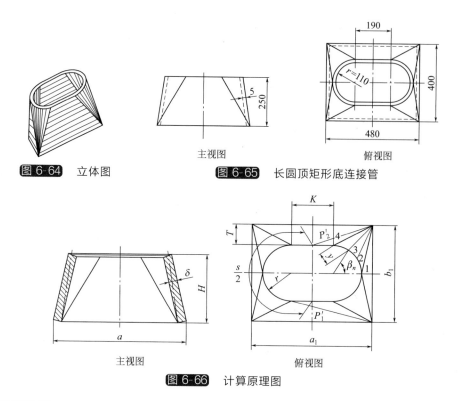

图 6-64　立体图　　图 6-65　长圆顶矩形底连接管

图 6-66　计算原理图

1. 板厚处理

长圆端按中径、方端按里皮、高按长圆端中径点至方端里皮点间垂直距离计算料长。

2. 下料计算

（1）任一实长过渡线 $l_n = \sqrt{\left(\dfrac{b_1}{2}-r\sin\beta_n\right)^2+\left(\dfrac{a_1}{2}-\dfrac{K}{2}-r\cos\beta_n\right)^2+H^2}$

如 $l_3=\sqrt{(195-112.5\times\sin60°)^2+(235-95-112.5\times\cos60°)^2+250^2}$ mm $=281$ mm

同理得：$l_1=318$ mm，$l_2=289$ mm，$l_4=298$ mm。

（2）对口实长 $T=\sqrt{\left(\dfrac{b_1}{2}-r\right)^2+H^2}$　（俯视图）

$\qquad\qquad =\sqrt{(195-112.5)^2+250^2}$ mm $=263$ mm。

（3）梯形对角线实长 $P_1=\sqrt{\left(\dfrac{a_1}{2}+\dfrac{K}{2}\right)^2+\left(\dfrac{b_1}{2}-r\right)^2+H^2}$　（俯视图）

$\qquad\qquad =\sqrt{(235+95)^2+(195-112.5)^2+250^2}$ mm $=422$ mm。

（4）半梯形对角线实长 $P_2=\sqrt{\left(\dfrac{a_1}{2}\right)^2+\left(\dfrac{b_1}{2}-r\right)^2+H^2}$　（俯视图）

$\qquad\qquad =\sqrt{235^2+(195-112.5)^2+250^2}$ mm $=353$ mm。

（5）圆端展开长 $s=2\pi r+2K=(\pi\times225+380)$ mm $=1087$ mm。

（6）圆周每等分弦长 $y=2r\sin\dfrac{180°}{m}$　（俯视图）$=225$ mm $\times\sin15°=58.23$ mm。

式中　a_1、b_1——里皮长，mm；r——圆端中半径，mm；β_n——圆周各等分点与同一横向直径的夹角，（°）；K——长圆直段长，mm；H——圆端中径点至方端里皮点间距离，mm。

3. 折弯展开图的画法（见图 6-67）

（1）本例用三角形法作展开。

（2）画一线段 $a_1 = 470$mm，分别以两端点为圆心，以 $P_1 = 422$mm、$l_4 = 298$mm 为半径画弧，两弧交于点 4。

（3）以 P_1 的两端点为圆心，分别以 $K = 190$mm、$l_4 = 298$mm 为半径画弧，两弧交于点 4，便得到直段的梯形。

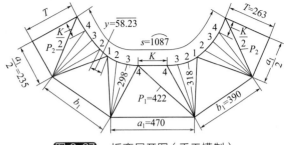

图 6-67　折弯展开图（手工槽制）

（4）分别以上面梯形的四个端点为圆心，以 $y = 58.23$mm、$l_3 = 281$mm 为半径画弧，得交点 3（两个）。

（5）同法向两端延伸，便得到整个折弯展开图。

（6）用卷尺盘取长圆端周长 s 是否等于 1087mm，若有误差，可用加减法微调之。

4. 说明

（1）本例因为板薄规格小，可用槽弧锤在下胎为放射胎上手工槽制。

（2）槽制时从外向内进行。

（3）槽制一小段后，圆端可用 $r = 110$mm 的内卡样板卡试弧度，以稍小为合适，方端用 90°样板卡试端口角度，以稍小于 90°为合适。

（4）量取长圆端的几何尺寸，观察圆端的圆滑度，若有直线或弧过段，可以用衬锤用力击打来矫正。

（5）量取方端的对角线是否相等，若不等，可用压杠法矫正之。

十七、圆顶菱形底连接管料计算

圆顶菱形底连接管见图 6-68。图 6-69 所示为一圆顶菱形底连接管施工图，图 6-70 为计算原理图。

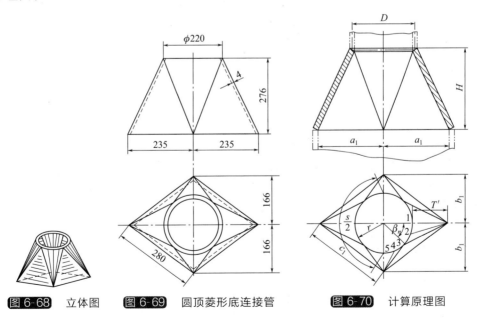

图 6-68　立体图　　图 6-69　圆顶菱形底连接管　　图 6-70　计算原理图

1. 板厚处理

圆端按中径、菱形端按里皮、高按圆端中心径点至菱形端里皮点间垂直距离计算料长；

菱形两棱角处间折角小于90°，故按减一个板厚处理。

2. 下料计算(图 6-71)

(1) 长角范围实长过渡线 $l_n = \sqrt{(r\sin\beta_n)^2 + (a_1 - r\cos\beta_n)^2 + H^2}$（俯视图）

如 $l_{3长} = \sqrt{(108 \times \sin45°)^2 + (231 - 108 \times \cos45°)^2 + 276^2}$ mm $= 325$mm

同理得：$l_1 = 302$mm，$l_2 = 319$mm。

(2) 短角范围实长过渡线 $l_n = \sqrt{(b_1 - r\sin\beta_n)^2 + (r\cos\beta_n)^2 + H^2}$（俯视图）

如 $l_4 = \sqrt{(162 - 108 \times \sin67.5°)^2 + (108 \times \cos67.5°)^2 + 276^2}$ mm $= 286$mm

同理得：$l_{3短} = 299$mm，$l_5 = 281$mm。

(3) 长角实长过渡线 $T = \sqrt{(a_1 - r)^2 + H^2}$（俯视图）$= \sqrt{(231 - 108)^2 + 276^2}$ mm $= 302$mm。

(4) 圆端展开弧长 $s = \pi D = \pi \times 216$mm $= 679$mm。

(5) 圆端每等分弦长 $y = D\sin\dfrac{180°}{m}$（俯视图）$= 216$mm $\times \sin11.25° = 42.14$mm。

式中　r——圆端中半径，mm；a_1、b_1——分别为里皮半长，mm；β_n——圆周各等分点与同一横向直径的夹角，(°)；H——圆端中径点至方端里皮点间距离；D——圆端中直径，mm；m——圆周等分数。

3. 折弯展开图的画法(见图 6-71)

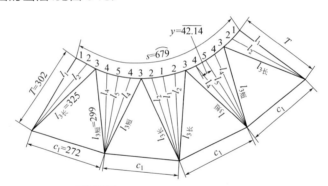

图 6-71 折弯展开图（手工槽制）

(1) 本例用三角形法作展开。

(2) 画一线段 $c_1 = 272$mm，分别以两端点为圆心，以 $l_{3短} = 299$mm、$l_{3长} = 325$mm 为半径画弧，两弧相交于点 3。

(3) 分别以上面三个端点为圆心，以 $y = 42.14$mm、$l_2 = 319$mm、$l_4 = 286$mm 为半径画弧，得交点 2、4。

(4) 同法向两端延伸，便得到整展开料。

(5) 用卷尺盘取圆端展开长 s 是否等于 679mm，若有误差，可用加减法微调之。

4. 说明

(1) 本例因板薄规格小，所以可用槽弧锤在下胎为放射胎上手工槽制。

(2) 槽制时从外向内进行。

(3) 槽制一小段后，圆端可用 $r = 106$mm 的内卡样板卡试弧度，以稍小为合适，方菱形端可放样取得内卡样板卡试端口角度。

(4) 量取圆端椭圆度和观察圆滑度，若有误差，可用衬锤用力击打来矫正。

第七章　圆异口管

本章主要介绍典型两端口为曲线的不规则曲面连接管料计算，包括垂直、相交、偏心、椭圆、长圆等，其计算原理是勾股定理，展开方法是交规法，不管素线（对于旋转体称素线，对于不规则曲面就不应称素线，但本章为叙述方便，仍称其素线）还是过渡线，因其经过了曲面，投影长不是真正的投影长，因而算出来的实长也不是真正的实长（但误差甚小），为确保构件质量，作展开样板时，应适当稍微加大一点以补之；对于圆周等分弦长 y，计算时的曲率和展开时的曲率不一致，二者也有一定误差，使用时也应适当稍微加大一点，并用总弧长 S 验证之。

一、两正圆端口互相垂直连接管料计算

连接管见图 7-1。图 7-2 为两正圆端口互相垂直连接管施工图，图 7-3 为其计算原理图。

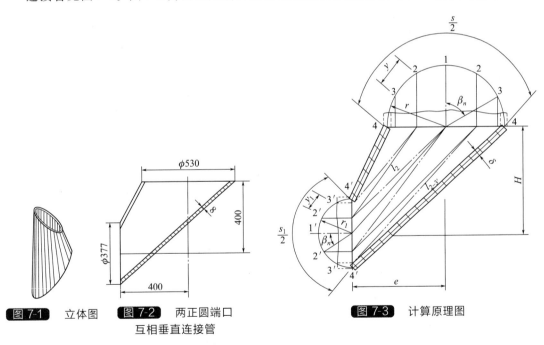

图 7-1　立体图　　图 7-2　两正圆端口互相垂直连接管　　图 7-3　计算原理图

1. 板厚处理

两圆按中径、高按两端口中点间垂直距离计算料长。

作连接管用时，短侧上下应开外坡口，长侧应开外坡口，对口纵缝开 $30°$ 外坡口。

2. 下料计算

（1）各实长素线 $l_n = \sqrt{(e \pm r\sin\beta_n)^2 + (H \pm r_1\sin\beta_n)^2 + [(r - r_1)\cos\beta_n]^2}$

式中　e——两口偏心距，mm；r、r_1——大小端中半径，mm；H——两端口中心垂

直距离，mm；β_n——两端圆周各等分点与同一直径的夹角，（°）；"±"——长侧用"+"、短侧用"-"。

按上式半弦长差法和图上给出的数据求实长：

长侧 $l_2 = \sqrt{(400+261\times\sin30°)^2+(400+184.5\times\sin30°)^2+[(261-184.5)\times\cos30°]^2}$ mm = 727mm

同理得：$l_1=571$mm，$l_3=841$mm，$l_4=882$mm；

如短侧 $l_{2'} = \sqrt{(400-261\times\sin30°)^2+(400-184.5\times\sin30°)^2+[(261-184.5)\times\cos30°]^2}$ mm = 415mm

同理得：$l_{1'}=571$mm，$l_{3'}=299$mm，$l_{4'}=256$mm。

（2）过渡线 $l_n=\sqrt{(e\pm r\sin\beta_n)^2+(H\pm r_1\sin\beta_{n+1})^2+(r\cos\beta_n-r_1\cos\beta_{n+1})^2}$（半弦长差法求实长）

如长侧 $l_{2-3'} = \sqrt{(400+261\times\sin30°)^2+(400+184.5\times\sin60°)^2+(261\times\cos30°-184.5\times\cos60°)^2}$ mm = 783mm

同理得：$l_{1-2'}=642$mm，$l_{3-4'}=866$mm。

如短侧 $l_{2-3'} = \sqrt{(400-261\times\sin30°)^2+(400-184.5\times\sin60°)^2+(261\times\cos30°-184.5\times\cos60°)^2}$ mm = 385mm

同理得：$l_{1-2'}=515$mm，$l_{3-4'}=306$mm。

（3）大端每等分弦长 $y=2r\sin\dfrac{180°}{m}=2\times261\text{mm}\times\sin15°=135$mm。

m——圆周等分数，大小端 m 必相等。

（4）大端弧长 $s=2\pi r=2\pi\times261\text{mm}=1640$mm。

（5）小端每等分弦长 $y_1=2r_1\sin\dfrac{180°}{m}=2\times184.5\text{mm}\times\sin15°=95.5$mm。

（6）小端弧长 $s_1=2\pi r_1=2\pi\times184.5\text{mm}=1159$mm。

3. 展开图的画法（见图 7-4）

（1）用三角形法作展开。

（2）画线段 $l_4=882$mm，两端点为 4、4′。

（3）分别以 4、4′点为圆心，以 $l_{3-4'}=866$mm、$y=135$mm 为半径画弧得交点 3（两个）。

（4）分别以 3、4′点为圆心，以 $l_3=841$mm、$y_1=95.5$mm 为半径画弧得交点 3′（两个）。

（5）同法画完整个展开图。

（6）用卷尺盘取大小端弧长是否与计算数据相吻合，若有误差应微调之。

4. 说明

本例规格偏小，不方便用压力机压制，可用槽弧锤配大锤在放射胎上槽制，先两端后中间。

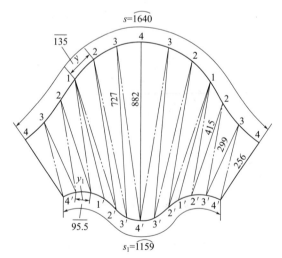

图 7-4　展开图

二、两正圆端口同心相交连接管料计算

连接管见图 7-5。图 7-6 所示为烘干机与烟道短节管施工图，图 7-7 为计算原理图。

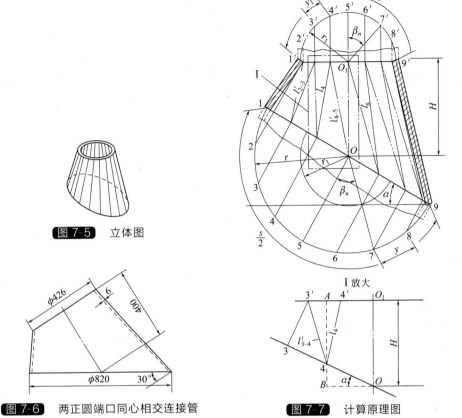

图 7-5　立体图

图 7-6　两正圆端口同心相交连接管

图 7-7　计算原理图

1. 板厚处理

两圆按中径计算料长，对口纵缝开 30°外坡口。

2. 下料计算

（1）任一实长素线 $l_n = \sqrt{(H + r\sin\beta_n \sin\alpha)^2 + (r\sin\beta_n \cos\alpha - r_1\sin\beta_n)^2 + [(r - r_1)\cos\beta_n]^2}$

（半弦长差法求实长）

式中　H——端面至中心距离，mm；r、r_1——大小端中半径，mm；α——大端倾斜角，（°）；β_n——大小端圆周各等分点与同一纵向直径的夹角，（°）；"$\pm$"——长侧用"$+$"、短侧用"$-$"。

如 $l_6 = \sqrt{(400 + 407 \times \sin22.5° \times \sin30°)^2 + (407 \times \sin22.5° \times \cos30° - 210 \times \sin22.5°)^2 + [(407 - 210) \times \cos22.5°]^2}$ mm = 514mm

$l_4 = \sqrt{(400 - 407 \times \sin22.5° \times \sin30°)^2 + (407 \times \sin22.5° \times \cos30° - 210 \times \sin22.5°)^2 + [(407 - 210) \times \cos22.5°]^2}$ mm = 374mm

同理得：$l_1 = 243$mm，$l_2 = 261$mm，$l_3 = 308$mm，$l_5 = 400$mm，$l_7 = 570$mm，$l_8 = 607$mm，$l_9 = 620$mm。

表达式推导见图 7-7 中 I 放大。

如求 l_4：

① 在直角三角形 $4BO$ 中

因为 $\angle 4OB = \alpha$

$O4 = r\sin\beta_n$

$B4 = r\sin\beta_n \sin\alpha$

所以 $A4 = H - r\sin\beta_n\sin\alpha$

② 因为 $OB = r\sin\beta_n\cos\alpha$

$O_1 4' = r_1\sin\beta_n$

所以 $A4' = r\sin\beta_n\cos\alpha - r_1\sin\beta_n$

③ 因为 l_4 的大端半弦长为 $r\cos\beta_n$，小端半弦长为 $r\cos\beta_n$

所以 l_4 的倾斜差为 $(r - r_1)\cos\beta_n$

将以上三式合并使用即得表达式。

（2）任一实长过渡线

$$l_n = \sqrt{(H \pm r\sin\beta_n\sin\alpha)^2 + (r\sin\beta_n\cos\alpha - r_1\sin\beta_{n-1})^2 + (r\cos\beta_n - r_1\cos\beta_{n-1})^2}$$（半弦长差法求实长）

如 $l_{5'-6} = \sqrt{(400 + 407\times\sin22.5°\times\sin30°)^2 + (407\times\sin22.5°\times\cos30° - 210\times\sin0°)^2 + (407\times\cos22.5° - 210\times\cos0°)^2}$ mm $= 524$mm

$l_{3'-4} = \sqrt{(400 - 407\times\sin22.5°\times\sin30°)^2 + (407\times\sin22.5°\times\cos30° - 210\times\sin45°)^2 + (407\times\cos22.5° - 210\times\cos45°)^2} = 395$mm

同理得：$l_{1'-2} = 288$mm；$l_{2'-3} = 334$mm，$l_{4'-5} = 460$mm，$l_{6'-7} = 577$mm，$l_{7'-8} = 614$mm，$l_{8'-9} = 629$mm。

表达式推导见图 7-7 中 I 放大。

如求 $l_{3'-4}$：

① 在直角三角形 $4BO$ 中

因为 $\angle 4OB = \alpha$

$O4 = r\sin\beta_n$

$B4 = r\sin\beta_n\sin\alpha$

所以 $A4 = H - r\sin\beta_n\sin\alpha$

② 因为 $BO = r\sin\beta_n\cos\alpha$

$O_1 3' = r_1\sin\beta_{n-1}$

所以 $A3' = r\sin\beta_n\cos\alpha - r_1\sin\beta_{n-1}$

③ 因为 $l_{3'-4}$ 大端半弦长为 $r\sin\beta_n$，小端半弦长为 $r_1\cos\beta_{n-1}$

所以 $l_{3'-4}$ 的倾斜差为 $r\cos\beta_n - r_1\cos\beta_{n-1}$

将以上三式合并使用即得表达式。

（3）大端弧长 $s = 2\pi r = 2\pi\times407$mm $= 2557$mm。

（4）大端每等分弦长 $y = 2r\sin\dfrac{180°}{m} = 2\times407$mm $\times\sin11.25° = 158.8$mm。

（5）小端弦长 $s_1 = 2\pi r_1 = 2\pi\times210$mm $= 1319$mm。

（6）小端每等分弦长 $y_1 = 2r_1\sin\dfrac{180°}{m} = 2\times210$mm $\times\sin11.25° = 81.94$mm；

m——圆周等分数，大小端必相等。

3. 展开图的画法（见图 7-8）

（1）用三角形法画展开图。

（2）画线段 $l_9 = 620$mm，其端点为 9、9′ 点。

（3）分别以 9 和 9′ 点为圆心，以 $l_{8'-9} = 629$mm、$y_1 = 81.94$mm 为半径画弧相交得交点 8′（两个）。

（4）分别以 8′ 和 9 点为圆心，以 $l_8 = 607$mm、$y = 158.8$mm 为半径画弧相交得交点 8（两个）。

（5）同法画完整个展开图。

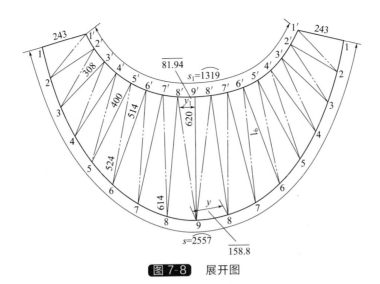

图 7-8 展开图

（6）最后用卷尺验证 $s=2557$mm 和 $s_1=1319$mm，若有误差应微调之，并注意对口线 l_1 是否相等。

4. 说明

（1）本例展开料较大，可用压力机作上下胎压制，如不方便操作，可割成两瓣，先两端后中间。

（2）也可考虑整料在卷板机上卷压，先两端后中间。

三、两正圆端口偏心相交连接管料计算（之一）

连接管见图 7-9。图 7-10 为两正圆端口偏心相交连接管施工图，图 7-11 为计算原理图。

图 7-9 立体图　　图 7-10 两正圆端口偏心相交连接管施工图

1. 板厚处理

两正圆按中径计算料长，对口纵缝可不开坡口，焊接时留 1mm 间隙即可。

2. 下料计算

（1）任一实长素线 $l_n = \sqrt{(H \pm r\sin\beta_n\sin\alpha)^2 + [r_1\sin\beta_n - (r\sin\beta_n\cos\alpha \pm e)]^2 + [(r-r_1)\cos\beta_n]^2}$ （半弦长差法求实长）

式中　H——端面至中心距离，mm；r、r_1——大小端中半径，mm；α——大端倾斜角，(°)；β_n——大小端圆周各等分点与同一纵向直径的夹角，(°)；"$\pm$"——长侧用"+"、短侧用"-"。

如 $l_4 = \sqrt{(390-508\times\sin22.5°\times\sin20°)^2 + [258\times\sin22.5°-(508\times\sin22.5°\times\cos20°-150)]^2 + [(508-258)\times\cos22.5°]^2}$ mm = 403mm

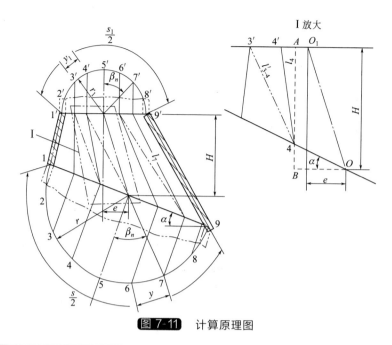

图 7-11   计算原理图

$$l_6 = \sqrt{(390+508\times\sin22.5°\times\sin20°)^2+[258\times\sin22.5°-(508\times\sin22.5°\times\cos20°+150)]^2+[(508-258)\times\cos22.5°]^2} \text{ mm} = 563\text{mm}$$

同理得：$l_1=227\text{mm}$，$l_2=254\text{mm}$，$l_3=320\text{mm}$，$l_5=487\text{mm}$，$l_7=623\text{mm}$，$l_8=661\text{mm}$，$l_9=674\text{mm}$。

表达式推导见图 7-11 中 I 放大。

如求 l_4：

① 在直角三角形 $4BO$ 中

因为 $\angle 4OB=\alpha$

$O4=r\sin\beta_n$

$4B=r\sin\beta_n\sin\alpha$

所以 $A4=H-r\sin\beta_n\sin\alpha$

② 因为 $OB=r\sin\beta_n\cos\alpha$

$O_14'=r_1\sin\beta_n$

所以 $A4'=r_1\sin\beta_n-(r\sin\beta_n\cos\alpha-e)$

③ 因为 l_4 的大端半弦长为 $r\cos\beta_n$，小端半弦长为 $r_1\cos\beta_n$

所以 l_4 的倾斜差为 $(r-r_1)\cos\beta_n$

将以上三式合并使用即得表达式。

（2）任一实长过渡线 $l_n = \sqrt{(H\pm r\sin\beta_n\sin\alpha)^2+[r_1\sin\beta_{n-1}-(r\sin\beta_n\cos\alpha\pm e)]^2+(r\cos\beta_n-r_1\cos\beta_{n-1})^2}$ （半弦长差法求实长）

如 $l_{3'-4} = \sqrt{(390-508\times\sin22.5°\times\sin20°)^2+[258\times\sin45°-(508\times\sin22.5°\times\cos20°-150)]^2+(508\times\cos22.5°-258\times\cos45°)^2}$ mm = 458mm

$l_{6'-7} = \sqrt{(390+508\times\sin45°\times\sin20°)^2+[258\times\sin22.5°-(508\times\sin45°\times\cos20°+150)]^2+(508\times\cos45°-258\times\cos22.5°)^2}$ mm = 655mm

同理得：$l_{1'-2}=302\text{mm}$，$l_{2'-3}=376\text{mm}$，$l_{4'-5}=477\text{mm}$，$l_{5'-6}=603\text{mm}$，$l_{7'-8}=686\text{mm}$，$l_{8'-9}=692\text{mm}$。

表达式推导见图 7-11 中 I 放大。

① 在直角三角形 $4BO$ 中

因为 $\angle 4OB = \alpha$

$O4 = r\sin\beta_n$

$4B = r\sin\beta_n\sin\alpha$

所以 $A4 = H - r\sin\beta_n\sin\alpha$

② 因为 $BO = r\sin\beta_n\cos\alpha$

$O_13' = r_1\sin\beta_{n-1}$

所以 $A3' = r_1\sin\beta_{n-1} - (r\sin\beta_n\cos\alpha - e)$

③ 因为 $l_{3'-4}$ 的大端半弦长为 $r\cos\beta_n$，小端半弦长为 $r_1\cos\beta_{n-1}$，

所以 $l_{3'-4}$ 的倾斜差为 $r\cos\beta_n - r_1\cos\beta_{n-1}$。

（3）大端弧长 $s = 2\pi r = 2\pi \times 508\text{mm} = 3192\text{mm}$。

（4）大端每等分弦长 $y = 2r\sin\dfrac{180°}{m} = 1016\text{mm} \times \sin 11.25° = 198\text{mm}$。

（5）小端弧长 $s_1 = 2\pi r_1 = 2\pi \times 258\text{mm} = 1621\text{mm}$。

（6）小端每等分弦长 $y_1 = 2r_1\sin\dfrac{180°}{m} = 516\text{mm} \times \sin 11.25° = 100.6\text{mm}$；

m——圆周等分数，大小端 m 必相等。

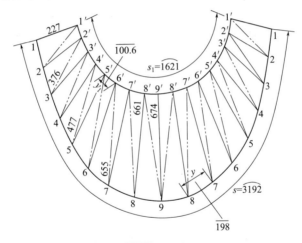

图 7-12　展开图

3. 展开图的画法（见图 7-12）

（1）用三角形法作展开图。

（2）画线段 $l_9 = 674\text{mm}$，其端点为 9、$9'$。

（3）分别以点 9 和 $9'$ 为圆心，以 $l_{8'-9} = 692\text{mm}$、$y_1 = 100.6\text{mm}$ 为半径画弧相交得交点 $8'$（两个）。

（4）分别以 $8'$ 和 9 两点为圆心，以 $l_8 = 661\text{mm}$、$y = 198\text{mm}$ 为半径画弧相交得交点 8（两个）。

（5）同法操作画出整个展开图。

（6）最后用卷尺验证大小端弧长是否与计算值相等，若有误差应微调之。

4. 说明

本例压制方法有两种。

（1）可用压力机在上下胎上压制，先两端后中间。

（2）也可在卷板机上卷、压，同样先两端后中间。

四、两正圆端口偏心相交连接管料计算（之二）

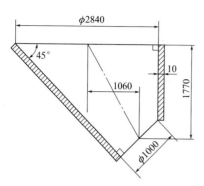

图 7-13 煤气发生炉炉底连接管施工图

图 7-13 所示为煤气发生炉炉底偏心相交的两正圆端口连接管施工图，图 7-14 为计算原理图。

1. 板厚处理

按中径计算料长。

2. 下料计算

（1）求任一实长素线

$$l_n = \sqrt{(H \pm r\sin\beta_n \sin\alpha)^2 + (e \pm r\sin\beta_n \cos\alpha \pm r\sin\beta_n)^2 + [(r-r_1)\cos\beta_n]^2}$$

式中　H——大端面至小端面中心点的垂直距离，mm；e——两端面中心点间的横向偏心距，mm；r_1、r——小、大端中半径，mm；α——大端面与外侧轮廓线的夹角，（°）；β_n——大、小端圆周各等分点与同一纵向直径夹角，（°）。

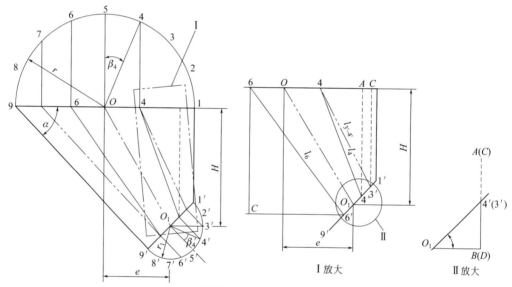

图 7-14 计算原理图

"$\pm$"的使用情况：

① H 用时：短侧用"$-$"，长侧用"$+$"。

② e 用时：短侧用"$+$"，长侧用"$-$"。

③ 大端 $r\sin\beta_n$ 用时：短侧用"$-$"，长侧用"$+$"。

表达式推导见图 7-14 中 I 放大和 II 放大。

如求 l_4（主要是求直角三角形 $4A4'$ 各数据）：

① 在直角三角形 $4'BO_1$ 中

因为 $\angle 4'O_1B = \alpha$

$O_14' = r_1\sin\beta_n$

$4'B = r_1\sin\beta_n \sin\alpha$

$O_1B = r_1\sin\beta_n \cos\alpha$

所以 $A4' = H - r_1\sin\beta_n \sin\alpha$

② 求 $A4$

因为 $O4 = r\sin\beta_n$

所以 $A4 = e + O_1B - O4 = e + r_1\sin\beta_n\cos\alpha - r\sin\beta_n$

③ 求 $44'$ 线两端头的高差

因为 $44'$ 为投影长，又因为大端 4 点的半弦长为 $r\cos\beta_n$，小端 $4'$ 点的半弦长为 $r_1\cos\beta_n$，所以高差为 $(r - r_1)\cos\beta_n$。

将上三式合并即得表达式。

如 $l_4 = \sqrt{(1760 - 505 \times \sin22.5° \times \sin45°)^2 + (1060 + 505 \times \sin22.5° \times \cos45° - 1425 \times \sin22.5°)^2 + [(1425 - 505) \times \cos22.5°]^2}$ mm = 1945mm

$l_6 = \sqrt{(1760 + 505 \times \sin22.5° \times \sin45°)^2 + (1060 - 505 \times \sin22.5° \times \cos45° + 1425 \times \sin22.5°)^2 + [(1425 - 505) \times \cos22.5°]^2}$ mm = 2545mm

同理得：$l_1 = 1403$mm，$l_2 = 1475$mm，$l_3 = 1671$mm，$l_5 = 2251$mm，$l_7 = 2788$mm，$l_8 = 2940$mm，$l_9 = 3002$mm。

（2）求任一过渡线实长 l_n

$$l_n = \sqrt{(H \pm r_1\sin\beta_{n-1}\sin\alpha)^2 + (e \pm r_1\sin\beta_{n-1}\cos\alpha \pm r\sin\beta_n)^2 + r\cos\beta_n - r_1\cos\beta_{n-1}}$$

式中符号注同上。

表达式推导如图 7-14 中 I 放大和 II 放大所示。

如求 $l_{3'-4}$（主要是求直角三角形 $4C3'$ 各数据）：

① 在直角三角形 $3'DO_1$ 中

因为 $\angle 3'O_1D = \alpha$

$O_13' = r_1\sin\beta_{n-1}$

$3'D = r_1\sin\beta_{n-1}\sin\alpha$

$O_1D = r_1\sin\beta_{n-1}\cos\alpha$

所以 $C3' = H - r_1\sin\beta_{n-1}\sin\alpha$

② 求 $C4$

因为 $O4 = r\sin\beta_n$

所以 $C4 = e + O_1D - O4 = e + r_1\sin\beta_{n-1}\cos\alpha - r\sin\beta_n$

③ 求 $3'-4$ 线两端头的高差，因为该线为投影长

又因为大端 4 点的半弦长为 $r\cos\beta_n$，小端 $3'$ 点的半弦长为 $r_1\cos\beta_{n-1}$

所以高差为 $r\cos\beta_n - r_1\cos\beta_{n-1}$

将三式合并即得表达式。

式中　n——大小端圆周等分点的序号，如 β_4 为 4 点的包角，即 $22.5°$，β_{n-1} 为 3 点的包角，即 $45°$；

"$\pm$"——同前介绍。

如 $l_{3'-4} = \sqrt{(1760 - 505 \times \sin45° \times \sin45°)^2 + (1060 + 505 \times \sin45° \times \cos45° - 1425 \times \sin22.5°)^2 + (1425 \times \cos22.5° - 505 \times \cos45°)^2}$ mm = 1946mm；

同理得：$l_{1'-2} = 1508$mm，$l_{2'-3} = 1690$mm，$l_{4'-5} = 2233$mm，$l_{5'-6} = 2518$mm，$l_{6'-7} = 2760$mm，$l_{7'-8} = 2933$mm，$l_{8'-9} = 3008$mm。

（3）大端弧长 $s = 2\pi r = \pi \times 2850$mm = 8954mm。

（4）小端弧长 $s_1 = 2\pi r_1 = \pi \times 1010$mm = 3173mm。

（5）大端每等分弦长 $y = 2r\sin\dfrac{180°}{m} = 2850\text{mm} \times \sin\dfrac{180°}{16} = 556$mm。

（6）小端弦长 $y_1 = 2r_1\sin\dfrac{180°}{m} = 1010\text{mm} \times \sin\dfrac{180°}{16} = 197$mm。

式中　m——大小端圆周等分数，两者必相等；

y、y_1——大小端每等分点间的弦长，实则为弧长，故会偏小，但差值甚微，其补救方法就是展开料成形后，量取并保证大、小端总弧长为8954mm和3173mm即可。

展开图如图7-15所示。

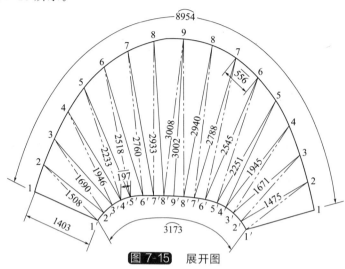

图 7-15　展开图

五、偏心正圆椭圆连接管料计算

连接管见图7-16。图7-17所示为汽车运输油罐短节管施工图，图7-18为计算原理图。

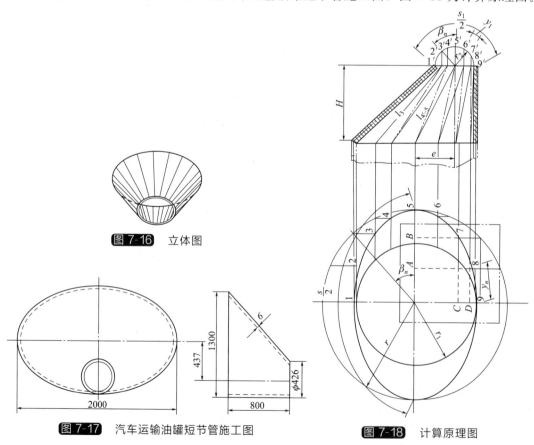

图 7-16　立体图

图 7-17　汽车运输油罐短节管施工图

图 7-18　计算原理图

1. 板厚处理

正圆椭圆皆按中径计算料长，对口纵缝开 30°外坡口。

2. 下料计算

（1）任一实长素线 $l_n = \sqrt{(e \pm r_1 \sin\beta_n \mp r_2 \sin\beta_n)^2 + H^2 + [(r - r_2)\cos\beta_n]^2}$ （半弦长差法求实长，半弦长为横向）

式中　e——偏心距，mm；r、r_1、r_2——分别为半长轴、半短轴和正圆中半径，mm；β_n——圆周各点与同一横向直径的夹角，(°)；"$\pm$"、"$\mp$"——不论素线还是过渡线，中心线以左用"+"、"−"，以右用"−"、"+"。

如　$l_4 = \sqrt{(437 + 647 \times \sin22.5° - 210 \times \sin22.5°)^2 + 800^2 + [(997 - 210) \times \cos22.5°]^2}$ mm $= 1238$mm

$l_6 = \sqrt{(437 - 647 \times \sin22.5° + 210 \times \sin22.5°)^2 + 800^2 + [(997 - 210) \times \cos22.5°]^2}$ mm $= 1114$mm

同理得：$l_1 = 1120$mm，$l_2 = 1199$mm，$l_3 = 1227$mm，$l_5 = 1204$mm，$l_7 = 989$mm，$l_8 = 925$mm，$l_9 = 800$mm。

（2）任一实长过渡线 $l_n = \sqrt{(e \pm r_1 \sin\beta_n \mp r_2 \sin\beta_{n-1})^2 + H^2 + (r\cos\beta_n - r_2\cos\beta_{n-1})^2}$ 半弦长差法求实长，半弦长为横向：

（式中字母含义同上式。）

如　$l_{2'-3} = \sqrt{(437 + 647 \times \sin45° - 210 \times \sin67.5°)^2 + 800^2 + (997 \times \cos45° - 210 \times \cos67.5°)^2}$ mm $= 1233$mm

$l_{6'-7} = \sqrt{(437 - 647 \times \sin45° + 210 \times \sin22.5°)^2 + 800^2 + (997 \times \cos45° - 210 \times \cos22.5°)^2}$ mm $= 955$mm

同理得：$l_{1'-2} = 1211$mm，$l_{3'-4} = 1235$mm，$l_{4'-5} = 1188$mm，$l_{5'-6} = 1087$mm，$l_{7'-8} = 889$mm，$l_{8'-9} = 900$mm。

（3）椭圆周任一弦长 $y_n = \sqrt{[r(\cos\beta_n - \cos\beta_{n+1})]^2 + [r_1(\sin\beta_{n+1} - \sin\beta_n)]^2}$，

如　$y_{7-8} = \sqrt{[997 \times (\cos45° - \cos67.5°)]^2 + [647 \times (\sin67.5° - \sin45°)]^2} = 353$ (mm)

同理得：$y_{1-2} = y_{8-9} = 385$mm，$y_{2-3} = y_{7-8} = 353$mm，$y_{3-4} = y_{6-7} = 301$mm，$y_{4-5} = y_{5-6} = 259$mm。

表达式推导见图 7-18 中 I 局视图。

如求 y_{7-8}

① 因为 $A8 = r_1 \sin\beta_{n+1}$

$B7 = r_1 \sin\beta_n$

所以 y_{7-8} 的勾为 $r_1(\sin\beta_{n+1} - \sin\beta_n)$

② 因为 $C7 = r\cos\beta_n$

$D8 = r\cos\beta_{n+1}$

所以 y_{7-8} 的股为 $r(\cos\beta_n - \cos\beta_{n+1})$

将以上两式用勾股定理便可求得弦长 y_{7-8}。

（4）椭圆周长 $s = \pi\sqrt{2(r^2 + r_1^2) - \dfrac{(r - r_1)^2}{4}} = \pi\sqrt{2 \times (997^2 + 647^2) - \dfrac{(997 - 647)^2}{4}}$ mm $= 5252$mm。

（5）正圆周每等分弦长 $y_1 = 2r_2 \sin\dfrac{180°}{m} = 2 \times 210$mm $\times \sin11.25° = 81.9$mm；

正圆周展开弧长 $s_1 = 2\pi r_2 = 2 \times \pi \times 210\text{mm} = 1319\text{mm}$。

式中 m——圆周等分数。

3. 展开图的画法（见图 7-19）

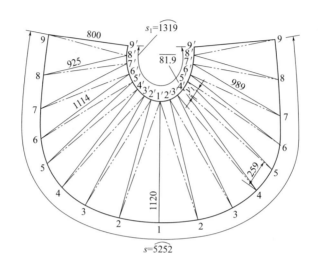

图 7-19 展开图

（1）用三角形法画展开图。

（2）画线段 $l_1 = 1120\text{mm}$，其端点为 1、1′。

（3）分别以点 1 和 1′为圆心，以 $y_{1-2} = 385\text{mm}$，$l_{1'-2} = 1211\text{mm}$ 为半径画弧得交点 2（两个）。

（4）分别以 2、1′点为圆心，以 $l_2 = 1199\text{mm}$、$y_1 = 819\text{mm}$ 为半径画弧得交点 2′（两个）。

（5）同法操作画出整个展开图。

（6）用卷尺验证大小端弧长是否与计算值相同，若有误差应微调之。

4. 说明

压制方法有两种。

（1）可用压力机在上下胎上压制，若不便操作，可割成两瓣，压制时先两端后中间。

（2）本例由于小端偏小，若在卷板机上卷、压，也只能在上轴辊约等 $\phi 300\text{mm}$ 的卷床上进行，卷、压时可在吊车配合下进行，同样先两端后中间。

六、顶正圆长圆底连接管料计算

连接管见图 7-20。图 7-21 为顶正圆长圆底连接管的施工图，图 7-22 为计算原理图。

1. 板厚处理

正圆长圆皆按中径计算料长，对口纵缝可不开坡口，焊接时留 1mm 间隙即可。

2. 下料计算

（1）任一实长素线 $l_n = \sqrt{[(r - r_1)\sin\beta_n]^2 + [e - (r - r_1)\cos\beta_n]^2 + H^2}$（俯视图，用直角三角形法求实长）

如 $l_3 = \sqrt{[(228 - 168) \times \sin 45°]^2 + [335 - (228 - 168) \times \cos 45°]^2 + 400^2}\,\text{mm} = 497\text{mm}$。

同理得：$l_1 = 525\text{mm}$，$l_2 = 510\text{mm}$，$l_4 = 489\text{mm}$，$l_5 = 485\text{mm}$。

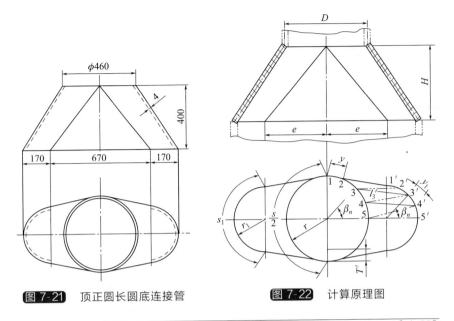

<u>图 7-20</u> 立体图   <u>图 7-21</u> 顶正圆长圆底连接管   <u>图 7-22</u> 计算原理图

（2）任一实长过渡线 $l_n = \sqrt{(r\sin\beta_n - r_1\sin\beta_{n-1})^2 + (e - r\cos\beta_n + r_1\cos\beta_{n-1})^2 + H^2}$
（俯视图，用直角三角形法求实长）

如 $l_{3'-4} = \sqrt{(228\times\sin22.5° - 168\times\sin45°)^2 + (335 - 228\times\cos22.5° + 168\times\cos45°)^2 + 400^2}$ mm $=$
469mm

同理得：$l_{1'-2} = 473$mm，$l_{2'-3} = 496$mm，$l_{4'-5} = 483$mm。

（3）小端弧长 $s = \pi D = \pi\times456$mm $= 1433$mm。

（4）小端每等分弦长 $y = D\sin\dfrac{180°}{m} = 456$mm $\times\sin11.25° = 89$mm。

（5）大端半弧长 $s_1 = \pi r_1 = \pi\times168$mm $= 528$mm。

（6）大端每等分弦长 $y_1 = 2r_1\sin\dfrac{180°}{m} = 336$mm $\times\sin11.25° = 65.6$mm。

（7）对口 $T = \sqrt{(r-r_1)^2 + H^2} = \sqrt{(228-168)^2 + 400^2}$ mm $= 405$mm。

式中　r、r_1——小大圆端中半径，mm；e——大小口横向偏心距，mm；β_n——圆周各等分点与同一横向直径的夹角，（°）；H——两端中点间距离，mm；D——小端中直径，mm；m——圆周等分数，大小端必相同。

3. 展开图的画法（见图 7-23）

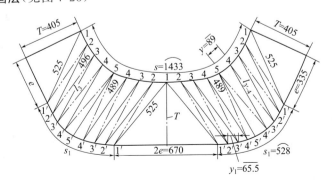

<u>图 7-23</u>　展开图

（1）用三角形法画展开图。

（2）画一横线段 $1'-1'=670mm$，其端点为 $1'$、$1'$。

（3）分别以 $1'$ 和 $1'$ 点为圆心，以 $l_1=525mm$ 为半径画弧相交得交点。

（4）分别以 $1'$ 和 1 点为圆心，以 $l_{1'-2}=473mm$、$y=89mm$ 为半径画弧相交得交点 2（两个）。

（5）同法操作画出整个展开图。

（6）用卷尺验证大小端弧长是否与计算值相等，若有误差应微调之。

4. 说明

本例的成形方法可用上轴辊直径小于 300mm 的小型卷板机卷、压，连续卷制是不可能的，就像卷斜圆锥台那样，卷和压应相结合进行，随时用样板检查两端的弧度。卷、压时先两端后中间。

七、顶正圆长圆底偏心过渡管料计算

图 7-24 所示为顶正圆长圆底偏心过渡管施工图。图 7-25 为计算原理图。

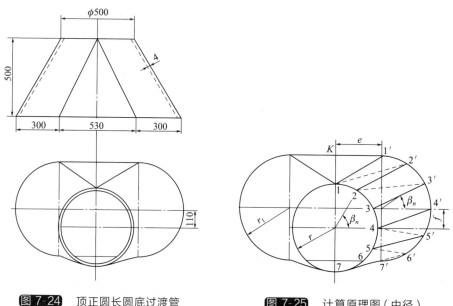

图 7-24　顶正圆长圆底过渡管　　　　**图 7-25**　计算原理图（中径）

1. 板厚处理

该构件为正圆和长圆端口，展开图应按中径画出，所以求实长的原理图应按中径画出。

2. 下料计算

（1）任一实长素线 $l_n=\sqrt{[f+(r_1-r)\sin\beta_n]^2+[e+(r_1-r)\cos\beta_n]^2+H^2}$（用直角三角形法求实长）

式中　f——纵向偏心距，mm；e——横向偏心距，mm；r、r_1——正圆和长圆端中半径，mm；β_n——圆周各等分点与同一横向直径的夹角，（°）；$(r_1-r)\sin\beta_n$——只限求 l_4 时用 2，求 l_4 以下各素线时用 $(r-r_1)\sin\beta_n$；H——上下端口垂直距离，mm。

如 $l_2=\sqrt{[110+(298-248)\sin60°]^2+[265+(298-248)\cos60°]^2+500^2}mm=598mm$

同理得：$l_1=588mm$，$l_3=602.72mm$，$l_4=601.10mm$，$l_5=593.53mm$，$l_6=581.85mm$，$l_7=570mm$。

（2）任一实长过渡线 l_n（用直角三角形法求实长）

① 适于 l_4 以上各过渡线

$$l_n = \sqrt{(f + r_1 \sin\beta_{n+1} - r\sin\beta_n)^2 + (e + r_1\cos\beta_{n+1} - r\cos\beta_n)^2 + H^2}\,;$$

② 适于 l_4 以下各过渡线

$$l_n = \sqrt{(f + r\sin\beta_n - r_1\sin\beta_{n+1})^2 + (e + r_1\cos\beta_{n+1} - r\cos\beta_n)^2 + H^2}\,;$$

如 $l_{3'-2} = \sqrt{(110 + 298 \times \sin30° - 248 \times \sin60°)^2 + (265 + 298 \times \cos30° - 248 \times \cos60°)^2 + 500^2}$ mm = 641mm

$l_{6'-5} = \sqrt{(110 + 248 \times \sin30° - 298 \times \sin60°)^2 + (265 + 298 \times \cos60° - 248 \times \cos30°)^2 + 500^2}$ mm = 538.77mm

同理得：$l_{2'-1} = 650.91$mm，$l_{4'-3} = 609.48$mm，$l_{5'-4} = 572$mm，$l_{7'-6} = 523.43$mm。

$\sin\beta_{n+1}$ 或 $\cos\beta_{n+1}$ 中的 n 代表圆周等分点序号，$n+1$ 即比 n 大一个序号。

（3）正圆端每等分弦长 $y = 2r\sin\dfrac{180°}{m} = 2 \times 248\text{mm} \times \sin\dfrac{180°}{12} = 128.37$mm。

（m 为圆周等分数，大小端 m 必相等）

（4）长圆端每等分弦长 $y_1 = 2r_1\sin\dfrac{180°}{m} = 2 \times 298\text{mm} \times \sin\dfrac{180°}{12} = 154.26$mm。

（5）正圆端弧长 $s = \pi D = \pi \times 496\text{mm} = 1558$mm。

（6）长圆端弧长 $s_1 = \pi D_1 + 4e = (\pi \times 596 + 1060)\text{mm} = 2932$mm。

（7）对口 $1 - k = \sqrt{(r_1 + f - r)^2 + H^2} = \sqrt{(298 + 110 - 248)^2 + 500^2}$ mm = 525mm。

式中　D、D_1——正圆端和长圆端中直径，mm。

3. 放样法的操作程序

本例几何尺寸不大，可在平台上按 1∶1 放实样处理。

（1）以图 7-24 的尺寸，按中径画图。

（2）画出成直角的丁字线，OO_1 为垂线，长度等于垂直高 H。

（3）以 O 为基点，分别向两侧截取，如 $7'-6$、$6'-6$…，使其长度等于图 7-22 中的 $7'-6$、$6'-6$…

（4）各点与 O_1 相连得各斜线，诸线即为实长素线和实长过渡线，此即用直角三角形法求实长，如图 7-26 所示。

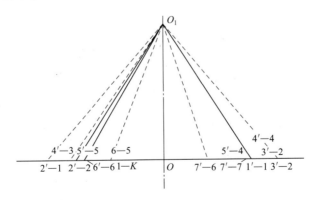

图 7-26　放样法求实长图（直角三角形法）

（5）展开图（用三角形法作展开图）如图 7-27 所示。

通过对比，两法数据基本相同，应优先采用计算数据。

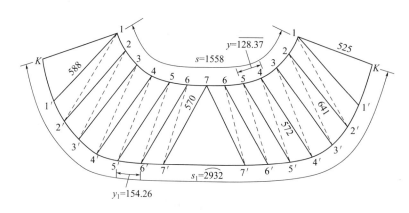

图 7-27   展开图

4. 展开图的画法(三角形法)

(1) 画水平线 $7'-7'$,使其长度等于 $2e$。

(2) 分别以两个 $7'$ 为圆心,以 $7'-7'$ 为半径画弧交于 7 点。

(3) 以 7 点为圆心、y 为半径画弧,与以 $7'$ 为圆心,$l_{7'-6}$ 为半径画弧得交点 6(两个)。

(4) 以 $7'$ 点为圆心、y_1 为半径画弧,与以 6 为圆心、l_6 为半径画弧得交点 $6'$(两个)。

(5) 依此类推得诸交点,用立曲金属直尺圆滑连接各点,即得展开图。

5. 说明

本例由于规格小,又较薄,因此可考虑分为两瓣、用槽弧锤配大锤在放射胎上槽制。

八、两正圆端口不规则相交过渡管料计算

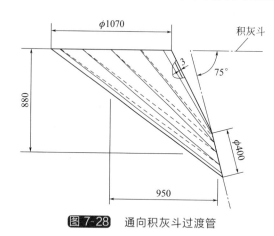

图 7-28   通向积灰斗过渡管

图 7-28 所示为通向积灰斗不规则相交短节管,积灰斗为方矩锥体,下端口与平板连接,故为直线型结合线,按常规讲,平面与锥体相交,应为不规则的椭圆,但本例不是椭圆,而是人为正圆。作展开图时,应算出两端口每等分弦长,用三角形法作出。

1. 板厚处理

(1) 下端口内侧范围为外皮接触,形成自然的 V 形坡口,外侧范围里皮接触,自然形成外坡口。

(2) 上下端口为正圆,本应按中径计算料长,但板厚为 3mm,故不考虑板厚处理,按中、外、内计算料长皆可,本例选择按外皮。

2. 计算料长

如图 7-29 所示为计算原理图。

(1) 下端口倾斜角 $\lambda = 90° - \alpha = 90° - 75° = 15°$

(2) 任一实长素线 $l_n = \sqrt{(e \pm r_1 \sin\beta_n \sin\lambda \pm r \sin\beta_n)^2 + (H \pm r_1 \sin\beta_n \cos\lambda)^2 + [(r - r_1) \cos\beta_n]^2}$ (半弦长差法求实长)

如 $l_3 = \sqrt{(950 - 200 \times \sin30° \times \sin15° - 535 \times \sin30°)^2 + (880 - 200 \times \sin30° \times \cos15°)^2 + [(535 - 200) \times \cos30°]^2}$ mm = 1063mm

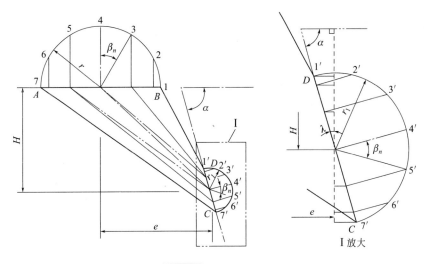

图 7-29　计算原理图

$$l_5 = \sqrt{(950 + 200 \times \sin30° \times \sin15° + 535 \times \sin30°)^2 + (880 + 200 \times \sin30° \times \cos15°)^2 + [(535 - 200) \times \cos30°]^2}\ \text{mm} = 1608\text{mm}$$

同理得：$l_1 = 777\text{mm}$，$l_7 = 1874\text{mm}$，$l_2 = 855\text{mm}$，$l_6 = 1803\text{mm}$，$l_4 = 1338\text{mm}$。

（3）任一实长过渡线

$$l_n = \sqrt{(e \pm r_1\sin\beta_{n-1}\sin\lambda \pm r\sin\beta_n)^2 + (H \pm r_1\sin\beta_{n-1}\cos\lambda)^2 + (r\cos\beta_n - r_1\cos\beta_{n-1})^2}$$

（半弦长差法求实长）

式中　e——上下端偏心距，mm；r_1——下端外皮半径，mm；β_n——圆周各等分点与同一直径的夹角（°），n 为圆周等分序号；r——上端外皮半径，mm；H——两端口中心点间垂直距离，mm；"$\pm$"——长侧用"$+$"、短侧用"$-$"。

如 $l_{5'-6} = \sqrt{(950 + 200 \times \sin30° \times \sin15° + 535 \times \sin60°)^2 + (880 + 200 \times \sin30° \times \cos15°)^2 + (535 \times \cos60° - 200 \times \cos30°)^2}\ \text{mm} = 1742\text{mm}$

同理得：$l_{1'-2} = 856\text{mm}$，$l_{2'-3} = 1023\text{mm}$，$l_{3'-4} = 1264\text{mm}$，$l_{4'-5} = 1525\text{mm}$，$l_{6'-7} = 1857\text{mm}$。

（4）大端每等分弦长 $y = 2r\sin\dfrac{180°}{m} = 2 \times 535\text{mm} \times \sin\dfrac{180°}{12} = 276.94\text{mm}$。

式中　m——圆周等分数，与小端 m 必相等。

（5）小端每等分弦长 $y = 2r\sin\dfrac{180°}{m} = 2 \times 200\text{mm} \times \sin\dfrac{180°}{12} = 103.53\text{mm}$。

（6）大端弧长 $s = 2\pi r = 2 \times \pi \times 535\text{mm} = 3362\text{mm}$。

（7）小端弧长 $s = 2\pi r_1 = 2 \times \pi \times 200\text{mm} = 1257\text{mm}$。

3. 放样法的操作程序

按缩小比例放样也行，为了更准确，还是按 1∶1 放样最好。

（1）按图 7-28 的尺寸，按外径画图。

（2）将大小端按外皮画出半断面图，并分 6 等份，过各分点作端线的垂线得各点，连接各点得出非实长素线和非实长过渡线。

（3）实长素线和实长过渡线的求法：以上连出的素线和过渡线皆为非实长线，应用半弦长差法求得（计算法即是按此理论算出），即旧时称的山形线法，如图 7-30 所示。

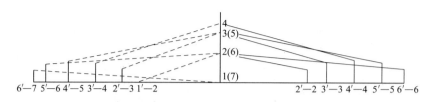

图 7-30 放样法求实长图（半弦长差法）

① 作一水平线及其垂直线。

② 在垂直线上截取各点得 1（7）、2（6）、3（5）、4，使其等于大断面图上过各等分点的垂线。

③ 在水平线上，右侧截取非实长素线得各点 $2'-2$、…、$6'-6$；左侧截取非实长过渡线得各点 $1'-2$、…、$6'-7$。

④ 过水平线上各点作垂线，并在各线上截取各长度，使其等于小断面图上过各等分点的垂线。

⑤ 连接水平线和垂直线上的各点即得实长素线和实长过渡线。

（4）展开图的作法如图 7-31 所示，此展开图应用三角形法作出。

① 画 $7'-7$ 线，使其等于图 7-29 中的 $7'-7$ 线，因为在此图中 $7'-7$ 和 $1'-1$ 两线反映实长。

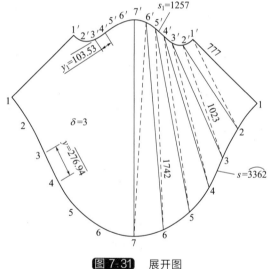

图 7-31 展开图

② 以 7 点为圆心、$l_{6'-7}$ 为半径画弧与以 $7'$ 点为圆心、y_1 为半径画弧得交点 $6'$（两个）。

③ 以 $6'$ 点为圆心、l_6 为半径画弧与以 7 点为圆心、y 为半径画弧得交点 6（两个）。

④ 依此类推得出所有交点，用曲线板圆滑连接各点，即得展开图。

⑤ 用卷尺盘取大小端的弧长，看与计算值是否吻合，有误差时微调之。

4. 说明

本例由于板薄，小端口直径偏小，不便在压力机上压制，故应采用手工方法，用槽弧锤配大锤在放射胎上进行，如操作不方便，分成两瓣会更方便些。

九、圆筒形熔化炉料计算

图 7-32 所示为熔化钢铁的一种小型熔化炉，筒体是 6mm 的碳钢板，内衬碳化硅高温材料，展开本体的目的是介绍炉嘴的下料，炉嘴的空间位置较特殊，故应用放实样的方法处理。筒体和筒底的下料从略。

1. 板厚处理

本例用 6mm 的碳钢板制作，应进行板厚处理，炉体按中径，炉嘴按里皮。

2. 下料方法

本例只叙述炉嘴的下料，用放实样法处理。

（1）画出炉嘴的主视图和俯视图如图 7-32 所示。

（2）在俯视图的上端口轮廓线上分成两等份，等分点为 1、2、3。

（3）由1、2、3各点上投至主视图的上口轮廓线上，得各点 1′、2′、3′，3′Q 线为结合线。

（4）由 3′ 点作炉嘴下轮廓线的垂线并延长，得 3″−3″，以备在此线长截取展开长。

（5）由 1′、2′、3′ 各点作炉嘴下轮廓线的平行线，得炉嘴的断面图，以找出炉嘴展开长的每一份。

（6）在 3″−3″ 线上，截取断面图轮廓线上的各线段，可得 1″、2″、3″ 各点。

（7）过上述各点作 3″−3″ 线的垂线，得若干平行线。

（8）在上述平行线上分别截取炉嘴各素线如 $l_{1内}′$、$l_{1外}′$，得端头各点、圆滑连接各点、即得炉嘴展开图。

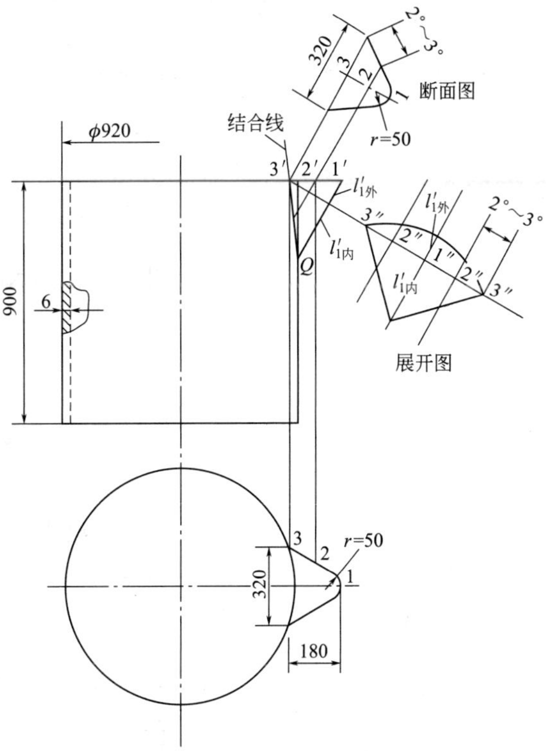

图 7-32　圆筒形熔化炉

十、锥形猪嘴熔化炉料计算

图 7-33 所示为熔化钢铁的一种小型熔化炉，外侧是碳钢板，内侧衬碳化硅之类的耐高熔点材料，此件主要由三部分组成，即炉体，炉嘴和球缺底。

1. 板厚处理

此构件用 6mm 的碳钢板，应进行板厚处理，即炉体按中径，炉嘴按里皮，炉底按里皮。

2. 下料计算

（1）炉嘴　此嘴的下料是用放实样的方法取得展开数据的。

① 画出炉嘴的主视图和俯视图（见图 7-33）。

② 在俯视图的上端口轮廓线上分出几个等份，1～2 为一等份，2～4 为两等份，4～6 为两等份。

③ 由1、2、3、4、5、6各点上投至主视图的上口轮廓线上，得各点 1′、2′、3′、4′、5′、6′，6′Q 为结合线。

④ 由 6′ 点作炉嘴下轮廓线的垂线并延长，得 6″−6″，以备作展开图用。

⑤ 由 1′、2′、3′、4′、5′、6′ 各点作炉嘴下轮廓线的平行线，得炉嘴的断面图，以找出炉嘴的展开长。

⑥ 在 6″−6″ 线上，截取断面图轮廓线上的各线段如 $3^0−4^0$，得 1″、2″、3″、4″、5″、6″ 各点。

⑦ 过上述各点作 6″−6″ 的垂线，得若干平行线。

⑧ 在上述平行线上分别截取炉嘴各素线如 $l_{3外}′$、$l_{3内}′$，得端头各点（图中未标序号），圆滑连接各点，即得炉嘴展开图。

（2）炉体（展开图见图 7-34）

① 整锥半顶角 $\alpha = \arctan \dfrac{D-d}{2h} = \arctan \dfrac{664-554}{2 \times 300} = 10.39°$。

② 整锥展开半径 $R = \dfrac{D}{2\sin\alpha} = \dfrac{664mm}{2 \times \sin 10.39°} = 1841mm$。

③ 上锥展开半径 $r = \dfrac{d}{2\sin\alpha} = \dfrac{554\,\text{mm}}{2 \times \sin 10.39°} = 1536\,\text{mm}$。

④ 展开料包角 $\omega = 360° \times \sin\alpha = 360° \times \sin 10.39° = 64.93°$。

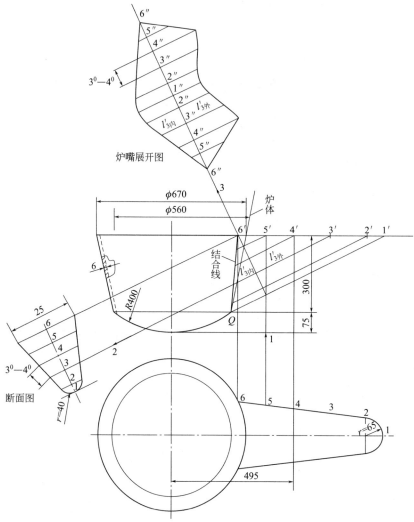

图 7-33   锥形猪嘴熔化炉与猪嘴展开图

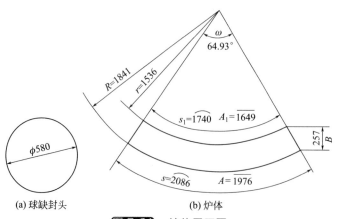

(a) 球缺封头   (b) 炉体

图 7-34   炉体展开图

⑤ 展开料大端弧长 $s = \pi D = \pi \times 664\text{mm} = 2086\text{mm}$。

⑥ 展开料小端弧长 $s_1 = \pi d = \pi \times 554\text{mm} = 1740\text{mm}$。

⑦ 展开料大端弦长 $A = 2R\sin\dfrac{\omega}{2} = 2 \times 1841\text{mm} \times \sin\dfrac{64.93°}{2} = 1976\text{mm}$。

⑧ 展开料小端弦长 $A_1 = 2r\sin\dfrac{\omega}{2} = 2 \times 1536\text{mm} \times \sin\dfrac{64.93°}{2} = 1649\text{mm}$。

⑨ 大小端弦心距 $B = (R - r)\cos\dfrac{\omega}{2} = (1841 - 1536)\text{mm} \times \cos\dfrac{64.93°}{2} = 257\text{mm}$。

⑩ 炉体的孔实形用炉嘴覆盖法取得。

式中　D、d——大小端中直径，mm；h——锥台两端口间的垂直距离，mm。

（3）球缺封底

坯料直径 $d' = \sqrt{d_1^2 + 4h^2} = \sqrt{560^2 + 4 \times 75^2}\ \text{mm} = 580\text{mm}$。

式中　d_1——小端外直径，mm。

十一、熔化炉炉勺料计算

图 7-35 为熔化钢铁的炉勺，内里衬碳化硅之类的耐高温材料，此件由三部分组成，即方柄、炉勺和底板。

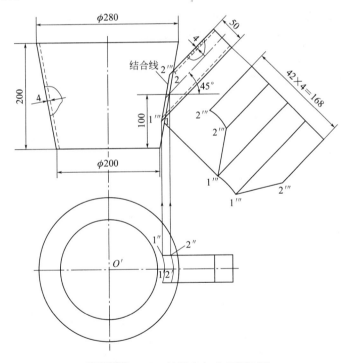

图 7-35　熔化炉炉勺与方柄展开图

1. 板厚处理

此件用 4mm 的碳钢板，本不应该进行板厚处理，但为了尽量减小板厚影响，进行板厚处理会有益无害，因此圆锥台按内径、方柄按里皮计算料长。

2. 下料计算

（1）方柄　方柄的展开采用放样和计算相结合的方法。

① 画出主观图和俯视图（见图 7-35）。

② 主视图上，锥台与方管轮廓线的交点为 1、2，往下投至俯视图与横向中心线的交点为 1′、2′。

③ 以 $O′$ 为圆心，分别以 $O′1$、$O′2′$ 为半径画弧，与方管轮廓线交于点 1″、2″，再往上投至主视图方管轮廓线，交点为 1‴、2‴，1‴2‴为结合线。

④ 方管展开图的画法（用平行线法作展开）。

作方管轮廓线的平行线，在其上截取 42mm，共四段；

以方管端面为基点至结合线为线段，移至展开图的平行线上，得端点 1‴、2‴…，即得展开图。

（2）勺体（展开图见图 7-36）

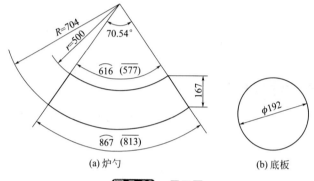

(a) 炉勺　　　　(b) 底板

图 7-36　展开图

① 锥台半顶角 $\alpha = \arctan \dfrac{D-d}{2h} = \arctan \dfrac{276-196}{2 \times 200} = 11.3°$。

② 整锥展开半径 $R = \dfrac{D}{2\sin\alpha} = \dfrac{276\text{mm}}{2 \times \sin 11.3°} = 704\text{mm}$。

③ 上锥展开半径 $r = \dfrac{d}{2\sin\alpha} = \dfrac{196\text{mm}}{2 \times \sin 11.3°} = 500\text{mm}$。

④ 展开料包角 $\omega = 360° \times \sin\alpha = 360° \times \sin 11.3° = 70.54°$。

⑤ 展开料大端弧长 $s = \pi D = \pi \times 276\text{mm} = 867\text{mm}$。

⑥ 展开料小端弧长 $s_1 = \pi d = \pi \times 196\text{mm} = 616\text{mm}$。

⑦ 展开料大端弦长 $A = 2R\sin\dfrac{\omega}{2} = 2 \times 704\text{mm} \times \sin\dfrac{70.54°}{2} = 813\text{mm}$。

⑧ 展开料小端弦长 $A_1 = 2r\sin\dfrac{\omega}{2} = 2 \times 500\text{mm} \times \sin\dfrac{70.54°}{2} = 577\text{mm}$。

⑨ 大小端弦心距 $B = (R-r)\cos\dfrac{\omega}{2} = (704-500)\text{mm} \times \cos\dfrac{70.54°}{2} = 167\text{mm}$。

式中　D、d——大小端中直径，mm；h——大小端间垂直距离，mm。

（3）底板［见图 7-36（b）］　底板直径 $\phi192$mm。

3. 说明

方柄与炉勺连接的最简捷方法是覆盖法，即将炉勺卧置于平台，下面垫稳、垫牢，将方柄覆于设计的位置，找定纵横向角度后，在下面先点焊一点，找定 45° 的角度后再在上面点焊一点，此时，纵方向已定位，然后再调横方向，横方向调正后，对称点焊一点，这样就能保证方柄与炉勺的正确结合位置了。

本章主要叙述各种类型的三通管料计算方法。按管形分，有圆形和方形；按接触形式分有骑马式和插入式；按直径分有异径和等径；按相对位置分有平行、相交和垂直三种形式。

本书在第 1 版介绍的圆形三通管的基础上，增加了方形三通管，大大丰富了三通管的内容。

一、气罐进口三通管料计算

如图 8-1 所示为气罐进口三通管施工图，因为是圆与方斜交，所以难度较大，主要难在内上板的展开上，一是不能用椭圆长轴为半径作展开，二是不能用气柜螺旋导轨展开半径的相交弦定理作展开，只能用同心圆画椭圆的方法计算下料，经实践证明，这种计算方法是完全正确的。下面计算各数据。

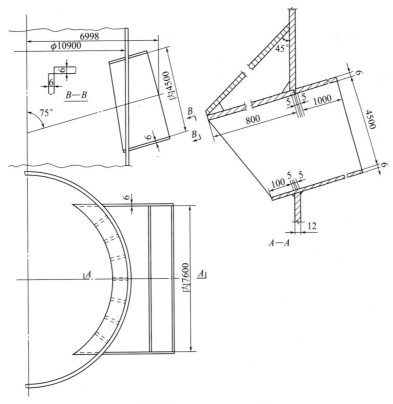

图 8-1　气罐进口三通管

1. 计算原理

如图 8-2 所示为综合计算原理图，主要计算筋板、加强弧板和内上板的中部位长度，其他如内下板，外上下板道理完全相同，故不重复，现计算图中三项之实长。

① 在直角三角形 AGB 中，$\angle B$ 已知为 $45°$，通过推理知：$\angle BCA = 105°$，$\angle BAC = 30°$，$\angle CAG = 15°$。

② 在直角三角形 ADH 中，$\angle A = 60°$，$AD = 10\text{mm} \times \cos60° = 5\text{mm}$，故 $AC = (800 - 5)\text{mm} = 795\text{mm}$。

③ 在直角三角形 AGC 中，$AG = BC = 795\text{mm} \times \cos15° = 767.91\text{mm}$，$CG = 767.91\text{mm} \times \tan15° = 205.76\text{mm}$，$BC = (767.91 - 205.76)\text{mm} = 562.15\text{mm}$，$AB = \sqrt{767.91^2 \times 2}$ mm = 1085.99mm。

通过以上计算得出筋板 ABC 的实形，如图 8-3 所示，只要知道三边，可用交规法轻松画出展开图。

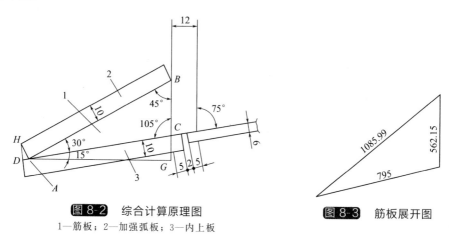

图 8-2　综合计算原理图
1—筋板；2—加强弧板；3—内上板

图 8-3　筋板展开图

2. 内上板计算原理图(同心圆法)(见图 8-4)

此推出内上板的计算原理，旨在指出所有椭圆板如内下板、加强弧板、外上下板的计算方法。下面进行内上板的计算。

（1）外椭圆

① 各长度 s_n

$$s_n = \frac{R\sin\beta_n}{\sin\alpha}$$

式中　R——气罐筒体内半径，mm；β_n——筒体内径各等分点与同一纵向直径的夹角，$(°)$；α——支管与筒体的夹角，$(°)$。

如 $s_1 = \dfrac{5450\text{mm} \times \sin90°}{\sin75°} = 5642.26\text{mm}$

同理得：$s_2 = 5212.76\text{mm}$，$s_3 = 3989.68\text{mm}$，$s_4 = 2159.20\text{mm}$。

② 各宽度 $h_n = R\cos\beta_n$

R、β_n 含义同上。按图数据计算：

如 $h_2 = R\cos67.5° = 5450\text{mm} \times \cos67.5° = 2085.62\text{mm}$

同理得：$h_3 = 3853.73\text{mm}$，$h_4 = 5035.14\text{mm}$，$h_5 = 5450\text{mm}$。

（2）内椭圆

① 内上板不含壁板下的 5mm 的投影长为 $800\text{mm} \times \cos15° = 772.74\text{mm}$。

② 内上板下端至中心线的水平距离（即内椭圆半长轴）$r = (5450 - 772.74)\text{mm} = 4677.26\text{mm}$。

③ 各长度 $s'_n = \dfrac{r\sin\beta_n}{\sin\alpha}$

式中　r——内上板下端至中心线水平距离，mm；β_n、α 注同上。

如 $s'_1 = \dfrac{4677.26\text{mm} \times \sin90°}{\sin75°} = 4842.26\text{mm}$

同理得：$s'_2 = 4473.66\text{mm}$，$s'_3 = 3423.99\text{mm}$，$s'_4 = 1853.05\text{mm}$。

④ 各宽度 $h'_n = r\cos\beta_n$

如 $h'_2 = 4677.26\text{mm} \times \cos67.5° = 1789.91\text{mm}$

同理得：$h'_3 = 3307.32\text{mm}$，$h'_4 = 4321.22\text{mm}$，$h'_5 = 4677.26\text{mm}$。

3. 内上外上板展开图（见图 8-5）

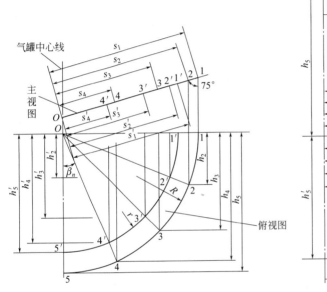

图 8-4　内上板计算原理图（同心圆法）
（内下板、外上下板、加强弧板同理）

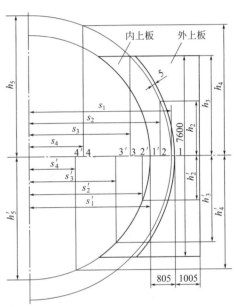

图 8-5　内上外上板展开图

上面已经指出了内上板的计算原理，并示出了展开数据，至于外上板的计算，由于内上板的右端与外上板的左端之间只有 2mm 的间隔，其实弧度完全相同，只要计算内上板的弧度就足以满足外上板的数据要求了，故内上外上板可一并画出。

4. 内下外下板展开图（见图 8-6）

内下板外下板的计算原理完全同内上板外上板的计算原理，外下板的处理方法完全同外上板的处理方法。下面进行内下板的数据计算。

（1）外椭圆

① 各长度 $s_n = \dfrac{R\sin\beta_n}{\sin\alpha}$

如 $s_1 = \dfrac{5450\text{mm} \times \sin90°}{\sin75°} = 5642.26\text{mm}$

同理得：$s_2 = 5212.76\text{mm}$，$s_3 = 3989.68\text{mm}$，$s_4 = 2159.20\text{mm}$。

② 各宽度 $h_n = R\cos\beta_n$

如 $h_2 = 5450\text{mm} \times \cos67.5° = 2085.62\text{mm}$

同理得：$h_3 = 3853.73\text{mm}$，$h_4 = 5035.14\text{mm}$，$h_5 = 5450\text{mm}$。

（2）内椭圆

① 内下板不含壁板内 5mm 的投影长为 $100mm \times \cos15° = 96.59mm$。

② 内下板下端至中心线的水平距离（即内椭圆半长轴）$r = (5450 - 96.59)mm = 5353.41mm$。

③ 各长度 $s'_n = \dfrac{r \sin\beta_n}{\sin\alpha}$

如 $s'_1 = \dfrac{5353.41mm \times \sin90°}{\sin75°} = 5542.26mm$

同理得：$s'_2 = 5120.38mm$，$s'_3 = 3918.97mm$，$s'_4 = 2120.93mm$。

④ 各宽度 $h'_n = r \cos\beta_n$

如 $h'_2 = 5353.41mm \times \cos67.5° = 2048.66mm$

同理得：$h'_3 = 3785.43mm$，$h'_4 = 4945.91mm$，$h'_5 = 5353.41mm$。

⑤ 外下板中间部位长度计算：如图 8-7 所示，筒体按外皮、支管按里皮画出，由 C 点作 AD 的垂线，得垂足 B，在直角三角形 ABC 中，$AB = \dfrac{4500mm}{\tan75°} = 1206mm$，且已知 $BD = 1000mm$，故 $AD = 2206mm$，加壁内含着的 5mm，故 AD 的全长为 2211mm。

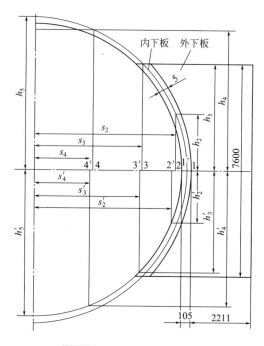

图 8-6　内下外下板展开图

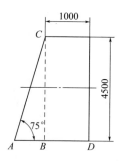

图 8-7　外下板中间部位长度计算原理图

5. 上加强弧板的展开图（见图 8-8）

上加强弧板的计算原理完全同内上板的计算原理，只是与筒体的夹角 α 不同罢了，下面计算具体数据。

（1）外椭圆

① 各长度 $s_n = \dfrac{R \sin\beta_n}{\sin\alpha}$

如 $s_1 = \dfrac{5450mm \times \sin90°}{\sin45°} = 7707.46mm$

同理得：$s_2 = 7120.77$mm，$s_3 = 5450$mm，$s_4 = 2949.52$mm。

② 各宽度 $h_n = R\cos\beta_n$

如 $h_2 = 5450$mm $\times \cos 67.5° = 2085.62$mm

同理得：$h_3 = 3853.73$mm，$h_4 = 5035.14$mm，$h_5 = 5450$mm。

（2）内椭圆

① 弧板投影长为 767.91mm（见图 8-2 中的 AG 和 BG）

② 下端至中心线的水平距离（即内椭圆半长轴）$r = (5450 - 767.91)$mm = 4682.09mm。

③ 各长度 $s_n' = \dfrac{r\sin\beta_n}{\sin\alpha}$

如 $s_1' = \dfrac{4682.09\text{mm} \times \sin 90°}{\sin 45°} = 6621.48$mm

同理得：$s_2' = 6117.45$mm，$s_3' = 4682.07$mm，$s_4' = 2533.93$mm。

④ 各宽度 $h_n' = r\cos\beta_n$

如 $h_2' = 4682.09$mm $\times \cos 67.5° = 1791.76$mm

同理得：$h_3' = 3310.74$mm，$h_4' = 4325.69$mm，$h_5' = 4682.09$mm。

加强弧板中间的宽度 1085.99mm（见图 8-2）。

6. 前后板展开图（见图 8-9）

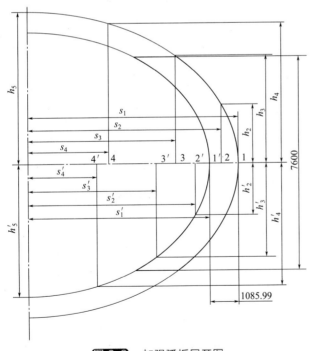

图 8-8　加强弧板展开图

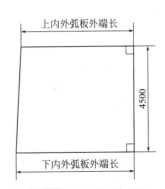

图 8-9　前后板展开图

此支管规格较大，上下的内外弧板按设计分别点焊于气罐壁上，即在气罐壁内各含 5mm，空 2mm，并将 2mm 空间塞焊完毕。

支管与气罐筒体呈正斜交状态，故前后板规格相同。

内外的上下弧板点焊完毕后，实际量取其外端长度，便可轻松地得出前后板上下端实长，完全不用费时计算。

7. 内呈弧状板展开实形的外形特征解释

以上作了几种内皆呈弧状板的实形展开，如内上下弧板、内上加强板，其外形特征是：上端（右端）宽，下端（左端）窄，随着夹角 α 的增大而更明显。初看起来，怀疑展开计算有问题，细找原因确认是合理的，通过实际安装也是合理的，以内上板的展开实形（观察时 180° 的范围一并审视，不要只看实形部分）为例说明之：假设这块椭圆板的夹角 α 较小，上下端的宽度基本相同（当然还是上宽下窄，只是不太明显罢了）；当夹角增至较大时，下端仍为原宽，但上端却骤增了很多，展开后便明显看出上端宽、下端窄。

二、切线相交三通管料计算

（一）例 1

如图 8-10 所示为猪嘴炉进风管施工图，图 8-11 为计算原理图，现计算如下。

1. 支管（展开图见图 8-10～图 8-12）

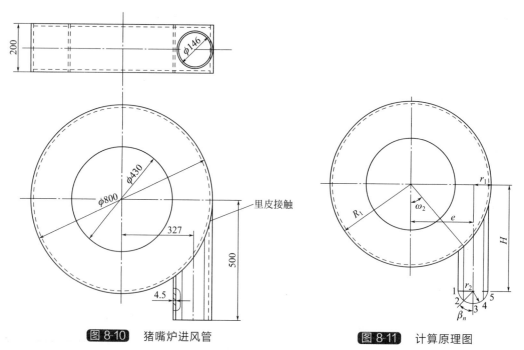

图 8-10　猪嘴炉进风管　　　　图 8-11　计算原理图

（1）偏心距 $e = R_1 - r_1 = (400 - 73)\text{mm} = 327\text{mm}$。

（2）支管各素线长 l_n

$$l_n = H - \sqrt{R_1^2 - (e \pm r_2 \sin\beta_n)^2}$$

通过计算得：$l_1 = 194.75\text{mm}$，$l_2 = 212.94\text{mm}$，$l_3 = 269.63\text{mm}$，$l_4 = 362\text{mm}$，$l_5 = 440\text{mm}$。

（3）支管外皮展开长 $s = 2\pi r_1 = \pi \times 146\text{mm} = 458.67\text{mm}$。

本节式中　H——支管端口至主管中心的距离，mm；R_1——主管外皮半径，mm；e——支、主管偏心距，mm；r_1——支管外皮半径，mm；r_2——支管内皮半径，mm；β_n——支管端面各等分点与同一纵向直径的夹角，(°)；"±"——内侧用"−"，外侧用"+"。

2. 孔实形（见图 8-13）

（1）主管纵向直径与各孔点夹角 ω_n

$$\omega_n = \arcsin\frac{e \pm r_2 \sin\beta_n}{R}$$

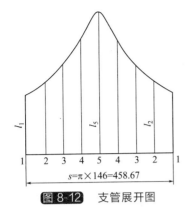

图 8-12 支管展开图

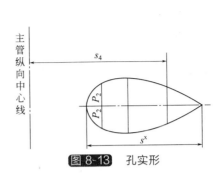

图 8-13 孔实形

通过计算得：$\omega_1 = 40.26°$，$\omega_2 = 44.14°$，$\omega_3 = 54.84°$，$\omega_4 = 69.82°$，$\omega_5 = 81.40°$。

（2）主管纵向直径与各孔点间弧长 s_n

$$s_n = \pi R_1 \frac{\omega_n}{180°}$$

通过计算得：$s_1 = 281.07\text{mm}$，$s_2 = 308.16\text{mm}$，$s_3 = 382.86\text{mm}$，$s_4 = 487.44\text{mm}$，$s_5 = 568.28\text{mm}$。

（3）孔实形横向弧长 $s^x = s_5 - s_1 = (568.28 - 281.07)\text{mm} = 287.21\text{mm}$。

（4）孔实形各纵向距离 P_n

$$P_n = r_2 \cos\beta_n$$

通过计算得：$P_1 = P_5 = 0$，$P_2 = P_4 = 48.44\text{mm}$，$P_3 = 68.5\text{mm}$。

（二）例 2

如图 8-14 所示为一脉冲除尘器下排灰阀施工图，本例的焦点是孔实形的计算。

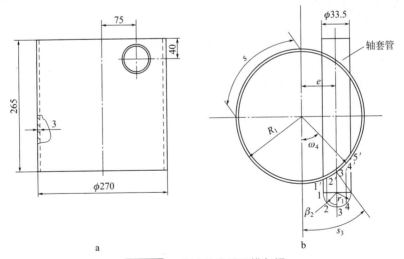

图 8-14 脉冲除尘器下排灰阀

（1）主管 $\frac{1}{4}$ 外皮长 $s = \dfrac{\pi R_1}{2} = \dfrac{\pi \times 135\text{mm}}{2} = 212.06\text{mm}$。

（2）主管纵向直径与各孔点夹角 ω_n

$$\omega_n = \arcsin \frac{e \pm r_1 \sin\beta_n}{R}$$

通过计算得：$\omega_1 = 25.56$，$\omega_2 = 27.89°$，$\omega_3 = 33.75°$，$\omega_4 = 40.04°$，$\omega_5 = 42.81°$。

（3）主管纵向直径与各孔点弧长 s_n

$$s_n = \pi R_1 \frac{\omega_n}{180°}$$

通过计算得：$s_1 = 60.22\text{mm}$，$s_2 = 65.71\text{mm}$，$s_3 = 79.52\text{mm}$，$s_4 = 94.34\text{mm}$，$s_5 = 100.87\text{mm}$。

（4）孔实形横向弧长 $s^x = s_5 - s_1 = (100.87 - 60.22)\text{mm} = 40.65\text{mm}$。

（5）孔实形各纵向距离 P_n

$P_n = r_1 \cos\beta_n$（见图 8-15）

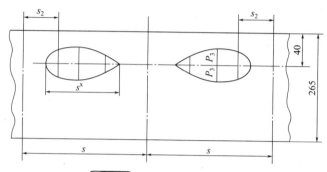

图 8-15 主管展开及孔实形

通过计算得：$P_1 = P_5 = 0$，$P_2 = P_4 = 11.84\text{mm}$，$P_3 = 16.75\text{mm}$。

式中 e——主支管偏心距，mm；r_1——支管外皮半径，mm；β_n——支管端面各等分点与同一纵向直径的夹角，（°）；R_1——主管外半径，mm；"±"——内侧用"－"，外侧用"＋"。

（6）切孔方向：不管用气割还是用氩弧焊割孔，割嘴的方向必是沿支管方向，绝对不能朝主管中心方向。

（7）确定四分之一周长的方法：由于成品管轧制的误差，$\phi270\text{mm}$ 的主管外周长不一定是 848.23mm，为了保证两孔顺利贯通，应实际盘取主管的外周长再四等分。

三、Y 形偏心圆三通管料计算

如图 8-16 所示为收尘室至排灰管三通管。从图中可看出，主管与支管偏心相交，支管是钝角斜圆锥台，根据上例的计算公式，完全可以计算出大小端的素线实长，但由于两支管相交，其难度大致有两点，一是作主视图的结合线实形，二是求顶点至各结合点的实长素线，下面叙述之。

1. 板厚处理

① 一大圆和两小圆皆按中径处理。

② 锥台的高 h 为两端口中径点间的垂直距离。

2. 求结合点及实长的方法

如图 8-17 所示为板厚处理及计算原理图，此图有两点需特别说明，即结合线轮廓的画法和求结合线点的实长。

（1）结合线轮廓实形的画法

① 在俯视图中连接 O、3 点，与结合线得交点 $3'$。

② 由 $3'$ 点引上垂线，与主视图 O、3 线得交点 $3''$。

③ 同法可以交得 $1''$、$2''$、$4''$、$5''$ 点，圆滑连接各点，即得结合线轮廓，但不是实形。

（2）求结合线点实长的方法，以求 $O3''$ 的实长为例。

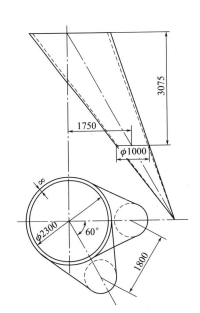

图 8-16　收尘室至排灰管三通管

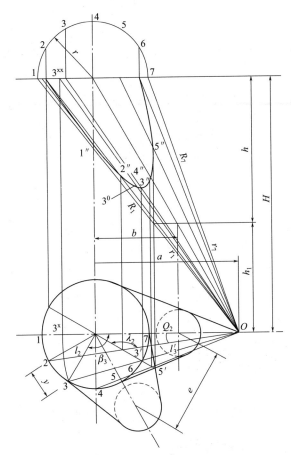

图 8-17　板厚处理及计算原理图（按中径）

① 在俯视图中，以 O 为圆心，以 $O3$ 为半径画弧与 $O1$ 得交点 3^{x}。

② 由 3^{x} 点引上垂线与主视图 17 线得交点 3^{xx}。

③ 连接 O、3^{xx} 点，$O3^{xx}$ 线即为 $O3$ 线的实长素线。

④ 由 $3''$ 点作平行线，与 $O3^{xx}$ 线得交点 3^{0}，$O3^{0}$ 即为 $O3''$ 的实长线，其计算是相似三角形对应边成比例，将在下面的计算中叙述之。

3. 料计算方法

（1）整斜圆锥高 $H = \dfrac{Dh}{D-d} = \dfrac{2292 \times 3075}{2292 - 992}$ mm = 5421.46mm。

（2）上部斜圆锥高 $h_1 = H - h = (5421.46 - 3075)$ mm = 2346.46mm。

（3）大端中心与锥顶偏心距 $a = \dfrac{Hb}{h} = \dfrac{5421.46 \times 1750}{3075}$ mm = 3085.38mm。

（4）整斜圆锥任一展开半径 $R_n = \sqrt{a^2 + r^2 - 2ar\cos\beta_n + H^2}$

如 $R_3 = \sqrt{3085.38^2 + 1146^2 - 2 \times 3085.38 \times 1146 \times \cos 120° + 5421.46^2}$ mm = 6615.21mm

同理得：$R_1 = 6877.27$mm，$R_2 = 6808.04$mm，$R_4 = 6342.33$mm，$R_5 = 6057.17$mm，$R_6 = 5839.59$mm，$R_7 = 5757.9$mm。

（5）上部斜圆锥任一展开半径 $r_n = \dfrac{h_1 R_n}{H}$

如 $r_3 = \dfrac{2346.46 \times 6615.21}{5421.46}$ mm = 2863.13mm

同理得：$r_1=2976.55\mathrm{mm}$，$r_2=2946.59\mathrm{mm}$，$r_4=2745.02\mathrm{mm}$，$r_5=2621.6\mathrm{mm}$，$r_6=2527.43\mathrm{mm}$，$r_7=2492.07\mathrm{mm}$。

（6）整斜圆锥任一素线投影长 $l_n=\sqrt{a^2+r^2-2ar\cos\beta_n}$

如 $l_3=\sqrt{3085.38^2+1146^2-2\times3085.38\times1146\times\cos120°}\,\mathrm{mm}=3790.61\mathrm{mm}$

同理得：$l_1=4231.38\mathrm{mm}$，$l_2=4117.91\mathrm{mm}$，$l_4=3291.33\mathrm{mm}$，$l_5=2701.3\mathrm{mm}$，$l_6=2169.94\mathrm{mm}$，$l_7=1939.38\mathrm{mm}$。

（7）俯视图各投影素线与中心线的夹角 Q_n

$$Q_n=\arcsin\frac{r\sin\beta_n}{l_n}$$

如 $Q_2=\arcsin\dfrac{1146\times\sin30°}{4117.91}=7.9986°$

同理得：$Q_3=15.18°$，$Q_4=20.38°$，$Q_5=21.56°$，$Q_6=15.31°$，$Q_1=Q_7=0°$。

（8）a 所对的角 $\lambda_n=180°-30°-Q_n$

$\lambda_2=142°$，$\lambda_3=134.82°$，$\lambda_4=129.62°$，$\lambda_5=128.44°$，$\lambda_6=134.69°$。

（9）俯视图圆锥顶点至各结合点的投影长 $l'_n=\dfrac{a\sin30°}{\sin\lambda_n}$（正弦定理）

如 $l'_2=\dfrac{3085.38\mathrm{mm}\times\sin30°}{\sin142°}=2505.74\mathrm{mm}$

同理得：$l'_3=2174.87\mathrm{mm}$，$l'_4=2002.74\mathrm{mm}$，$l'_5=1969.58\mathrm{mm}$，$l'_6=2169.98\mathrm{mm}$，$l'_1=3085.38\mathrm{mm}$。

（10）l'_n 的实长 $l''_n=\dfrac{R_n l'_n}{l_n}$（对应边成比例）

如 $l_2''=\dfrac{6808.04\times2505.74}{4117.91}\mathrm{mm}=4142.68\mathrm{mm}$

同理得：$l_3''=3795.49\mathrm{mm}$，$l_4''=3859.24\mathrm{mm}$，$l_5''=4416.81\mathrm{mm}$，$l_6''=5839.7\mathrm{mm}$，$l_1''=5014.67\mathrm{mm}$。

（11）大端每等分弦长 $y=D\sin\dfrac{180°}{m}=2292\mathrm{mm}\times\sin\dfrac{180°}{12}=593.21\mathrm{mm}$。

（12）大端展开弧长 $s=\pi D=\pi\times2292\mathrm{mm}=7200.53\mathrm{mm}$。

展开图如图 8-18 所示。

本节式中 D、d——大小端中心直径，mm；h——锥台的垂直高，mm；r——大端中半径，mm；β_n——俯视图中圆周各等分点与同一横向直径的夹角，（°）；b——两端口偏心距，mm；m——圆周等分数。

四、带挡板三通管料计算

图 8-18、图 8-19 为一带挡板三通管，图 8-20 为计算原理图，因为挡板设在圆锥台内，故此构件的展开难度较大，下面分析之。

1. 板厚处理

（1）圆锥台按中径展开。

（2）本三通挡板四周设密封装置，所以应按上表面的最短尺寸下料。

2. 挡板料计算

（1）圆锥台底角 $\alpha=\arctan\dfrac{H}{R-r}=\arctan\dfrac{2100}{1800-900}=66.80140949°$。

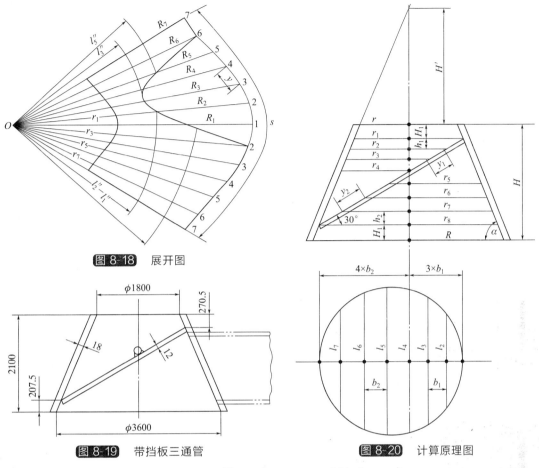

图 8-18　展开图

图 8-19　带挡板三通管

图 8-20　计算原理图

（2）挡板上端截圆半径 $r_1=r+\dfrac{H_1}{\tan\alpha}=\left(900+\dfrac{270.5}{\tan66.80140949°}\right)\text{mm}=1015.93\text{mm}$。

（3）挡板下端截圆半径 $r_8=R-\dfrac{H_1}{\tan\alpha}=\left(1800-\dfrac{270.5}{\tan66.80140949°}\right)\text{mm}=1684.07\text{mm}$。

（4）挡板上段中线长 $l_1=\dfrac{r_1}{\sin60°}=\dfrac{1015.93}{\sin60°}\text{mm}=1173.09\text{mm}$。

（5）挡板上段每等分实长 $y_1=\dfrac{l_1}{n_1}=\dfrac{1173.09}{3}\text{mm}=391.03\text{mm}$。

（6）挡板下段中线长 $l_2=\dfrac{r_8}{\sin60°}=\dfrac{1684.07}{\sin60°}\text{mm}=1944.6\text{mm}$。

（7）挡板下段每等分实长 $y_2=\dfrac{l_2}{n_2}=\dfrac{1944.6}{4}\text{mm}=486.15\text{mm}$。

（8）挡板各等分点的对应的垂直高 h

① 上段 $h_1=y_1\cos60°=391.03\text{mm}\times\cos60°=195.15\text{mm}$；

② 下段 $h_2=y_2\cos60°=486.15\text{mm}\times\cos60°=243.08\text{mm}$。

（9）过挡板上各等分点的截圆半径 r_n

① 上虚锥体的高 $H'=r\tan\alpha=900\text{mm}\times\tan66.80140949°=2100\text{mm}$；

② 挡板上各截圆半径 $r_n=\dfrac{H'+H_1+nh}{\tan\alpha}$（上段用 h_1，下段用 h_2）。

如 $r_1 = \dfrac{2100 + 270.5}{\tan 66.80140949°} \text{mm} = 1015.93\text{mm}$

同理得：$r_2 = 1099.56\text{mm}$，$r_3 = 1183.2\text{mm}$，$r_4 = 1266.84\text{mm}$，$r_5 = 1371\text{mm}$，$r_6 = 1475.19\text{mm}$，$r_7 = 1579.34\text{mm}$，$r_8 = 1683.54\text{mm}$。

（10）挡板上各等分点间所对应的水平非实长距离 b

① 上段 $b_1 = y_1 \sin 60° = 391.03\text{mm} \times \sin 60° = 338.64\text{mm}$。

② 下段 $b_2 = y_2 \sin 60° = 486.15\text{mm} \times \sin 60° = 421.02\text{mm}$。

（11）展开图上各等分点所对应的半横向长 $l_n = \sqrt{r_n^2 - (nb)^2}$（$b$——以 l_4 的交点为原点，分别往左右递增用，左边用 b_2，右边用 b_1）

如 $l_2 = \sqrt{1099.56^2 - (338.64 \times 2)^2}\,\text{mm} = 866.21\text{mm}$

同理得：$l_1 = 0$，$l_3 = 1134.06\text{mm}$，$l_4 = 1266.4\text{mm}$，$l_5 = 1305.36\text{mm}$，$l_6 = 1211.88\text{mm}$，$l_7 = 949.05\text{mm}$，$l_8 = 0$。

式中 H——锥台垂直度，mm；R、r——大、小端内半径，mm；H_1——锥台上下端口至挡板上下端的垂直距离，mm；n_1、n_2——上、下段等分数。

展开图见图 8-21。

3. 圆锥台料计算

正圆锥台料计算请参阅"正圆锥台料计算方法"。

4. 挡板展开图的画法

（1）画一线段，使其长度为（1944.6 + 1173.09）mm = 3117.69mm。

（2）将此线段分为七份，上段三等分，每等份为 338.64mm；下段四等分，每等份为 421.02mm。

（3）过各等分点作线段的垂线，得各平行线。

（4）以线段上的各点为基点，分别往上下量取各长度，如 $l_2 = 866.21\text{mm}$。

（5）圆滑连接各端点，即得挡板展开图，如图 8-21 所示。

图 8-21   挡板展开图

5. 挡板与转轴的组焊

由于此件的规格大、板较厚，给挡板、转轴和锥体的组焊带来一定的难度，根据编者的经验，下面叙述之。

（1）将圆锥台组焊完毕并在卷板机上整形至设计要求。

（2）按常规方法开出锥台上的孔。

（3）将挡板组焊完毕并整形至平整，划展开线时注意保留 l_4 线，并打好冲眼，以便组焊转轴时使用，并在 l_4 线的两侧 100mm 处点焊吊耳，以备吊挡板时用。

（4）在锥台内侧找定过转轴的锥台素线，并打好冲眼，安装挡板时使 l_4 线与此线重合。

（5）在锥台外侧找定位转轴的锥台素线，并打好冲眼，从上端口往下量取 931.25mm，并打出转轴直径的圆周冲眼。

（6）将挡板吊于平台上，并将圆锥台覆于其上。

（7）系好绳索将挡板吊起，按照上下端的 270.5mm 找定挡板倾斜位置，并经修切使挡板圆周与锥台内壁之间隙大致均匀。

（8）从锥台内外侧观察、测量转轴的准确位置后开孔。

（9）穿入转轴并与挡板塞短角钢施以间断焊接。

五、异径直交三通管(骑马式)料计算

这类三通管立体图如图 8-22 所示。

(一) 例 1

如图 8-23 所示为常压管道使用的异径直交三通管施工图，因压力不大，故采用骑马式，利用支、主管形成的天然坡口进行堆焊。

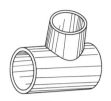

图 8-22 立体图

1. 板厚处理

(1) 支管作展开样板长度基准。

① 成品管按支管外皮加样板厚度。

② 钢板卷制按支管中径。

(2) 主管钢板卷制展开长以中径为计算基准。

(3) 主、支管纵缝采用单面 60°外坡口。

(4) 计算支管素线长时，支管按里皮，主管按外皮。

(5) 主、支管环缝采用两者形成的自然坡口外侧堆焊。

2. 下料计算

图 8-24 为计算原理图。

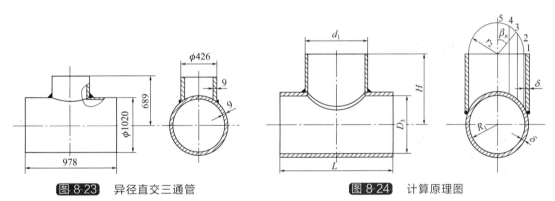

图 8-23 异径直交三通管　　　　**图 8-24** 计算原理图

(1) 支管任一素线长 $l_n = H - \sqrt{R_1^2 - (r_2 \sin\beta_n)^2}$

如 $l_3 = 689\text{mm} - \sqrt{510^2 - (204 \times \sin45°)^2}\ \text{mm} = 200\text{mm}$

同理得：$l_1 = 222\text{mm}$，$l_2 = 215\text{mm}$，$l_4 = 185\text{mm}$，$l_5 = 179\text{mm}$。

(2) 主管钢板下料展开长 $S = \pi D_3 = \pi \times 1011\text{mm} = 3176\text{mm}$。

(3) 支管展开样板长 $s = \pi (d_1 + t) = \pi \times (426 + 1)\ \text{mm} = 1341\text{mm}$。

式中　H——支管端面与主管中心线距离，mm；R_1——主管外半径，mm；r_2——支管内半径，mm；β_n——支管各等分点与同一纵向直径的夹角，(°)；D_3——主管中径，mm；d_1——支管外直径，mm；t——样板厚度，mm。

3. 支管外覆展开样板的画法

(1) 画一个长方形，其尺寸为 1341mm×222mm。

(2) 将长边分为 16 等份，等分点为 1、2、3…。

(3) 过各等分点分别作长边的垂线，得 17 条平行线。

(4) 在各平行线上对应截取各素线长，如 $l_5 = 179\text{mm}$。

(5) 圆滑连接各端点，即得支管外覆展开样板，如图 8-25 所示。

(二) 例 2

如图 8-26 所示为等径直交三通管的施工图，同例 1 一样也是骑马式连接。

1. 板厚处理

（1）支、主管展开长以中心径为基准。

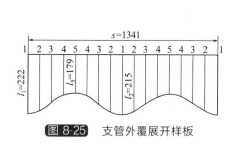

图 8-25　支管外覆展开样板

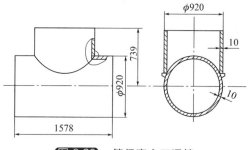

图 8-26　等径直交三通管

（2）支、主管纵缝采用单面 60°外坡口。

（3）支、主管的结合环缝采用两者形成的自然坡口施以堆焊。

2. 下料计算

（1）支管任一素线长 $l_n = H - \sqrt{R_1^2 - (r_2 \sin \beta_n)^2}$

如 $l_4 = 739 - \sqrt{460^2 - (450 \times \sin 22.5°)^2}$ mm $= 312$mm

同理得：$l_1 = 644$mm，$l_2 = 542$mm，$l_3 = 407$mm，$l_5 = 279$mm。

（2）支、主管钢板下料展开长 $s = S = \pi \times 910$mm $= 2859$mm。

（3）主管下料尺寸为 2859mm×1578mm。

3. 支管钢板下料展开样板的画法

（1）画一个长方形，其尺寸为 2859mm×644mm。

（2）将长边分为 16 等份，等分点为 1、2、3…。

（3）过各等分点作长边的垂线，得 17 条平行线。

（4）在各平行线上对应截取各素线长，如 $l_2 = 542$mm。

（5）圆滑连接各端点，即得钢板下料展开样板，如图 8-27 所示。

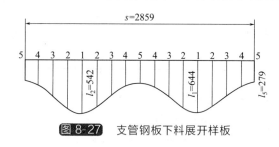

图 8-27　支管钢板下料展开样板

4. 说明

（1）主、支管上的外坡口应在平板状态下开出。

（2）孔实形画法较简单，只需将成形后的支管骑于主管，从内侧画线即为孔实形。

（3）切孔时上侧割炬应沿支管素线方向垂直切出；下侧应通过圆心切出。

（4）纵缝先外侧施焊完后，内侧清根盖面；支、主管环缝外侧堆焊。

六、异径直交三通管(插入式)料计算

图 8-28、图 8-29 分别为异径直交三通管的立体图和施工图之一种，因其为高压管道，且内侧衬里 40mm 厚，故设计支管插入主管内。

1. 板厚处理

（1）主、支管的钢板下料展开长按中径。

（2）主、支管纵缝采用单面 60°外坡口。

（3）主、支管结合环缝采用两者形成的自然坡口两面焊。

（4）计算支管各素线时，支管按外皮，主管按支管插入后形成的主管半径 R_3。

（5）孔实形：主、支管皆按外皮计算。

2. 下料计算

图 8-30 为计算原理图。

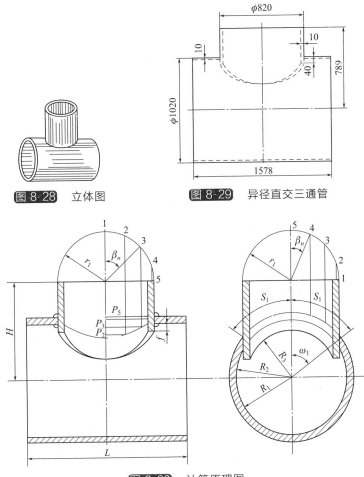

图 8-28 立体图

图 8-29 异径直交三通管

图 8-30 计算原理图

（1）支管下端半径 $R_3 = R_2 - f = 501 - 40 = 461$mm。

（2）支管各素线长 $l_n = H - \sqrt{R_3^2 - (r_1 \sin\beta_n)^2}$（左视图）

如 $l_3 = 789$mm $- \sqrt{461^2 - (410 \times \sin45°)^2}$ mm $= 431$mm

同理得：$l_1 = 578$mm，$l_2 = 526$mm，$l_4 = 356$mm，$l_5 = 328$mm。

（3）主管孔各点与同一纵向直径夹角 ω_n

$$\omega_n = \arcsin\frac{r_1 \sin\beta_n}{R_1}$$

如 $\omega_3 = \arcsin\dfrac{410 \times \sin45°}{510} = 34.65°$

同理得：$\omega_1 = 53.5°$，$\omega_2 = 47.96°$，$\omega_4 = 17.92°$，$\omega_5 = 0$。

（4）主管纵向直径至各分点弧长 $S_n = \pi R_1 \dfrac{\omega_n}{180°}$

如 $S_3 = \pi \times 510$mm $\times \dfrac{34.65°}{180°} = 308$mm

同理得：$S_1 = 476$mm，$S_2 = 427$mm，$S_4 = 160$mm，$S_5 = 0$。

（5）孔实形横向距离 $P_n = r_1 \sin\beta_n$ （见图 8-31）

如 $P_3 = 410\text{mm} \times \sin45° = 290\text{mm}$

同理得：$P_1 = 0$，$P_2 = 157\text{mm}$，$P_4 = 379\text{mm}$，$P_5 = 410\text{mm}$。

（6）支管钢板下料展开长 $s = \pi d_3 = \pi \times 811 = 2548\text{mm}$。展开图如图 8-32 所示。

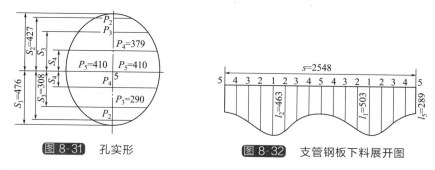

图 8-31 孔实形

图 8-32 支管钢板下料展开图

（7）主管钢板下料展开长 $S = \pi D_3 = \pi \times 1011 = 3176\text{mm}$。

（8）主管展开图尺寸：3176mm×1578mm。

式中 R_1——主管外半径，mm；R_2——主管内半径，mm；f——从内皮计插入量，mm；H——支管端面至主管中心距离，mm；r_1——支管外半径，mm；β_n——支管端面圆周各等分点与同一纵向直径的夹角，（°）；D_3——主管中直径，mm；d_3——支管中直径，mm。

3. 孔实形样板的作法

（1）作一竖直线，取一个点 5。

（2）以 5 为基点，向上向下分别截取 $S_4 = 160\text{mm}$、$S_3 = 308\text{mm}$、$S_2 = 427\text{mm}$ 和 $S_1 = 476\text{mm}$ 得各点。

（3）过各点作竖直线的垂线，在各垂线上对应截取 P_n 值，如 $P_5 = 410\text{mm}$、$P_4 = 379\text{mm}$…得各点。

（4）圆滑连接各点即得孔实形展开样板。

4. 支管钢板下料展开样板的作法

（1）画一个长方形、其尺寸为 2545mm×503mm。

（2）将长边分为 16 等份，等分点为 1、2、3…。

（3）过各等分点作长边的垂线，得 17 条平行线。

（4）在各平行线上对应截取各素线长，如 $l_2 = 463\text{mm}$，得各点。

（5）圆滑连接各端点即得支管展开样板。

5. 说明

（1）主、支管的外坡口都可以安排在平板状态时开出。

（2）开孔时割炬应沿支管素线方向垂直切割。

（3）纵缝先外侧施焊完后，再内侧清根盖面，支、主管环缝形成自然的 T 形坡口，内外施焊。

（4）若为了省事，也可以将整好形的支管骑于主管上划线，这样能省去作孔实形的麻烦。

七、等径直交三通管(插入式)料计算

图 8-33 是等径直交三通管立体图。图 8-34 所示为一等径直交三通管的施工图，因其为高压容器用、故设计支管插入主管内焊接。

1. 板厚处理

（1）主、支管钢板下料展开长以中径为基准。

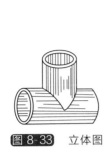

图 8-33 立体图

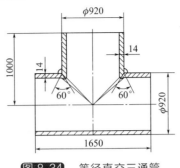

图 8-34 等径直交三通管

（2）主、支管纵缝采用单侧 60°外坡口。

（3）主、支管结合环缝，外侧按两者形成的自然 T 形坡口堆焊，内侧主、支各开 30°坡口施焊。

（4）计算支管各素线长时，支管按外半径 r_1，主管按内半径 R_2 计算。

（5）孔实形计算时，主、支管皆按外皮计算。

2. 下料计算

如图 8-35 所示为计算原理图。

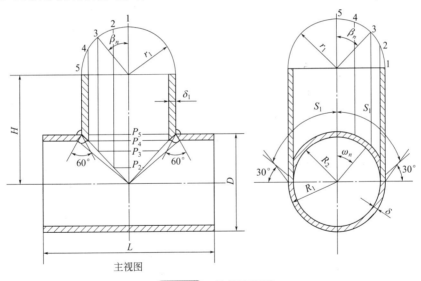

图 8-35 计算原理图

（1）支管各素线 $l_n = H - \sqrt{R_2^2 - (r_1 \sin\beta_n)^2}$

如 $l_3 = 1000 - \sqrt{446^2 - (460 \times \sin45°)^2}$ mm $= 695$mm

同理得：$l_1 = 1000$mm，$l_2 = 865$mm，$l_4 = 590$mm，$l_5 = 554$mm。

（2）支管钢板下料展开长 $s = \pi d_3 = \pi \times 906$mm $= 2846$mm。

（3）孔实形长 $s' = \pi R_1 = \pi \times 460$mm $= 1445$mm。

（4）主管各点与同一纵向直径的夹角 $\omega_n = \arcsin \dfrac{r_1 \sin\beta_n}{R_1}$

如 $\omega_3 = \arcsin \dfrac{460 \times \sin45°}{460} = 45°$

同理得：$\omega_1=90°$，$\omega_2=67.5°$，$\omega_4=22.5°$，$\omega_5=0$。

（5）主管任意点横向弧长 $S_n=\pi R_1\dfrac{\omega_n}{180°}$

如 $S_3=\pi\times460\text{mm}\times\dfrac{45°}{180°}=361\text{mm}$

同理得：$S_1=723\text{mm}$，$S_2=542\text{mm}$，$S_4=181\text{mm}$，$S_5=0$。

（6）孔实形半素线 $P_n=r_1\sin\beta_n$（见图8-35的主视图）

如 $P_n=460\text{mm}\times\sin67.5°=425\text{mm}$

同理得：$P_1=0$，$P_2=172\text{mm}$，$P_3=325\text{mm}$，$P_5=460\text{mm}$。

式中　R_1、R_2——分别为主管外半径和内半径，mm；r_1——支管外半径，mm；d_3——支管中直径，mm；β_n——圆周各等分点与同一纵向直径的夹角，(°)。

3. 支管钢板下料展开样板的画法

（1）画一个长方形，其尺寸为 2846mm×1000mm；

（2）将长边分为16等份，等分点为1、2、3…；

（3）过各等分点作长边的垂线，得17条平行线；

（4）在各平行线上对应截取各素线长，如 $l_4=590\text{mm}$；

（5）圆滑连接各端点，即得支管展开样板，如图8-36所示。

4. 孔实形样板的画法

（1）作一竖直线，取一点为5；

（2）以5为基点，向上向下分别截取 $S_4=181\text{mm}$、$S_3=361\text{mm}$、$S_2=542\text{mm}$、$S_1=723\text{mm}$，得各点；

（3）过各点作竖直线的垂线，在各垂线上对应截取 P_n 值，如 $P_5=460\text{mm}$，$P_4=425\text{mm}$ 等，得各点；

（4）圆滑连接各点，即得孔实形展开样板，如图8-37所示。

5. 说明

（1）主、支管的外坡口尽量安排在平板时开出、纵缝用刨边机，曲缝用割炬。

（2）切孔时，割炬应始终通过圆心。

（3）支管全部打30°外坡口，主管上半周打30°内坡口，下半周不打坡口，并逐渐过渡。

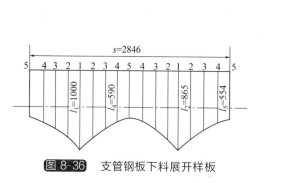

图 8-36　支管钢板下料展开样板

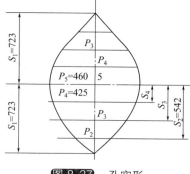

图 8-37　孔实形

八、偏心直交三通管（骑马式）料计算

（一）例1

偏心直交三通管见图8-38。如图8-39所示为常压或压力不大管道使用的偏一侧直交三通管，环缝不须打坡口，只从外侧堆焊即可。因为支管骑于主管，所以孔实形可用覆盖法划出。

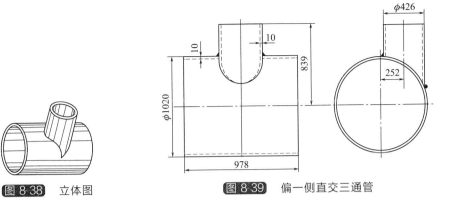

图 8-38　立体图

图 8-39　偏一侧直交三通管

1. 板厚处理

(1) 支管为成品管, 其展开样板长应以支管外皮加样板厚为基准, 主管以中径为计算基准。

(2) 主管纵缝采用单面 60°外坡口。

(3) 计算支管各素线长时, 因为是骑马式, 所以支管应按里皮计算、主管按外皮计算。

(4) 支、主管环缝采用两者形成的自然坡口外侧堆焊。

2. 下料计算

如图 8-40 所示为计算原理图。

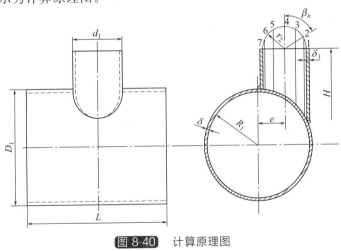

图 8-40　计算原理图

(1) 支管任一素线 $l_n = H - \sqrt{R_1^2 - (e \pm r_2 \sin\beta_n)^2}$

如 $l_2 = 839 - \sqrt{510^2 - (252 + 203 \times \sin 60°)^2}$ mm $= 561$mm。

$l_6 = 839 - \sqrt{510^2 - (252 - 203 \times \sin 60°)^2}$ mm $= 335$mm。

同理得: $l_1 = 609$mm, $l_3 = 471$mm, $l_4 = 396$mm, $l_5 = 352$mm, $l_7 = 331$mm。

(2) 支管外覆样板展开长 $s = \pi(d_1 + t) = \pi \times (426 + 1)$mm $= 1341$mm。

(3) 主管钢板下料展开长 $S = \pi D_3 = \pi \times 1010$mm $= 3173$mm。

(4) 主管下料尺寸为 3173mm×978mm。

式中　H——支管端面至主管中心距离, mm; R_1——主管外半径, mm; e——偏心距, mm; r_2——支管内半径, mm; β_n——支管圆周各等分点与同一纵向直径夹角, (°); "+、-"——不论偏于主管一侧或跨于主管中心线皆为支管中心外侧为"+", 内侧为"-"; d_1——支管外直径, mm; t——样板厚度, mm; D_3——主管中直径, mm。

3. 支管外覆展开样板的画法

（1）画一个长方形，其尺寸为 1341mm×609mm。

（2）将长边分为 12 等份，等分点为 1、2、3…。

（3）过各等分点作长边垂线，得 13 条平行线。

（4）在各平行线上对应截取各素线长，如 $l_2 = 561$mm，得各端点。

（5）圆滑连接各端点，即得支管外覆展开样板，如图 8-41 所示。

（二）例 2

如图 8-42 所示为一个在主管中心线的偏心且跨心直交三通管施工图。

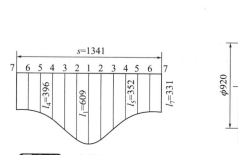

图 8-41　支管外覆展开样板

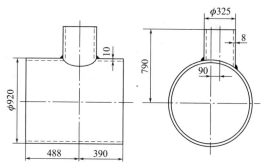

图 8-42　偏心且跨心直交三通管

1. 板厚处理

同例 1。

2. 下料计算

如图 8-40 所示为计算原理图。

（1）支管右半侧任一素线 $l_n = H - \sqrt{R_1^2 - (e + r_2 \sin\beta_n)^2}$

如 $l_3 = 790 - \sqrt{460^2 - (90 + 154.5 \times \sin30°)^2}$ mm = 361.5mm

同理得：$l_1 = 400$mm，$l_2 = 388$mm，$l_4 = 339$mm。

（2）支管左半侧任一素线长 l_n

（公式同上）

如 $l_5 = 790$mm $- \sqrt{460^2 - (90 - 154.5 \times \sin30°)^2}$ mm = 330mm

同理得：$l_6 = 332$mm，$l_7 = 335$mm。

（3）支管外覆样板展开长 s

$s = \pi(d_1 + t)$

如 $s = \pi \times (325 + 1)$mm = 1024mm。

（4）主管钢板下料展开长 S

$S = \pi D_3$

如 $S = \pi \times 910$mm = 2859mm。

（5）主管下料尺寸为 2859mm×878mm。

公式注释同例 1。

3. 支管外覆展开样板的画法

（1）画一个长方形，其尺寸为 1024mm×400mm。

（2）将长边分为 12 等份，等分点为 1、2、3…。

（3）过各等分点作长边的垂线，得 13 条平行线。

（4）在各平行线上对应截取各素线长，如 $l_5 = 330$mm，得各端点。

（5）圆滑连接各端点，即得支管外覆展开样板，如图 8-43 所示。

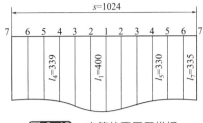

图 8-43 支管外覆展开样板

4. 说明

（1）主管上的外坡口要在平板时开出。

（2）两个三通都为骑马式，将成形后的支管骑于主管的设计位置后，再用长石笔从内侧划线即得孔实形，此法比作孔实形样板要省事得多，且准确无误。

（3）切孔时，割炬始终指向主管圆心即可。

（4）主、支管点焊后，在左上方用样板检查垂直度，有误差时应磨开焊疤调整之。

（5）主管纵缝开 60°外坡口，先焊外侧，后内侧清根盖面。

（6）主、支管环缝形成自然坡口，外侧堆焊即可。

九、偏心直交三通管(插入式)料计算(之一)

偏心直交三通管见图 8-44。图 8-45 所示为高压容器使用的偏心直交插入式三通管，故支管插入主管内开 30°外坡口施焊。支管为成品管，故用外覆样板划线。

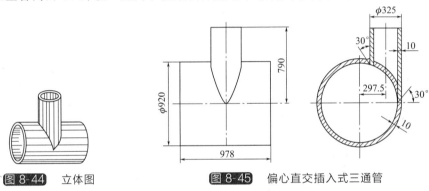

图 8-44 立体图

图 8-45 偏心直交插入式三通管

1. 板厚处理

（1）主管展开长以中径为计算基准，支管为成品管，展开样板长以外皮加样板厚度为基准。

（2）主管纵缝采用单面 60°外坡口。

（3）计算成品管素线时，支管按外皮、主管按里皮。

（4）计算孔实形时，支管按外皮、主管按里皮（因为是插入式）。

（5）支、主管结合环缝处，支、主管皆开 30°外坡口，以保证有足够的焊肉。

2. 下料计算

如图 8-46 所示为计算原理图。

（1）支管任一素线 $l_n = H - \sqrt{R_2^2 - (e + r_1 \sin\beta_n)^2}$

如 $l_4 = 790 - \sqrt{450^2 - (297.5 + 162.5 \times \sin22.5°)^2}$ mm $= 520$mm

$l_6 = 790 - \sqrt{450^2 - (297.5 - 162.5 \times \sin22.5°)^2}$ mm $= 406$mm

同理得：$l_1 = 790$mm，$l_2 = 744$mm，$l_3 = 610$mm，$l_5 = 452$mm，$l_7 = 379$mm，$l_8 = 365$mm，$l_9 = 361$mm。

（2）主管外覆样板展开长 $s = \pi(2r_1 + t) = \pi \times (325 + 1)$ mm $= 1024$mm。

（3）主管孔各点与同一纵向直径的夹角 $\omega_n = \arcsin \dfrac{e \pm r_1 \sin\beta_n}{R_1}$

如 $\omega_4 = \arcsin \dfrac{297.5 + 162.5 \times \sin22.5°}{460} = 51.44°$

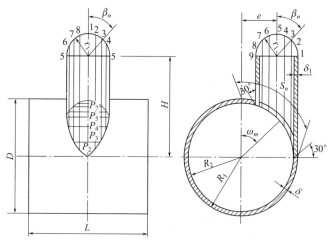

图 8-46　计算原理图

$$\omega_6 = \arcsin \frac{297.5 - 162.5 \times \sin 22.5°}{460} = 30.77°$$

同理得：$\omega_1 = 90°$，$\omega_2 = 76.7°$，$\omega_3 = 63.7°$，$\omega_5 = 40.3°$，$\omega_7 = 23.4°$，$\omega_8 = 18.7°$，$\omega_9 = 17°$。

（4）主管纵向直径至各等分点弧长 $S_n = \pi R_1 \dfrac{\omega_n}{180°}$

如 $S_4 = \pi \times 460\text{mm} \times \dfrac{51.44°}{180°} = 413\text{mm}$

$S_6 = \pi \times 460\text{mm} \times \dfrac{30.77°}{180°} = 247\text{mm}$

同理得：$S_1 = 723\text{mm}$，$S_2 = 616\text{mm}$，$S_3 = 511\text{mm}$，$S_5 = 324\text{mm}$，$S_7 = 188\text{mm}$，$S_8 = 150\text{mm}$，$S_9 = 136\text{mm}$。

（5）孔实形任一半素线长 $P_n = r_1 \sin \beta_n$（见主视图）

如 $P_4 = P_6 = 162.5\text{mm} \times \sin 67.5° = 150\text{mm}$

同理得：$P_1 = P_9 = 0$　$P_2 = P_8 = 62\text{mm}$　$P_3 = P_7 = 115\text{mm}$　$P_5 = 162.5\text{mm}$。

式中　H——支管端面与中管中心距离，mm；R_2——主管内半径，mm；e——两管偏心距，mm；r_1——支管外半径，mm；β_n——支管各等分点与同一纵向直径夹角，（°）；t——样板厚度，mm；R_1——主管外半径，mm。

3. 支管外覆样板的画法

（1）画一个长方形，其尺寸为 1024mm×790mm。

（2）将长边分为 16 等份，等分点为 1、2、3…。

（3）过各等分点作长边垂线，得 17 条平行线。

（4）在各平行线上对应截取各素线长，如 $l_5 = 452\text{mm}$，得各端点。

（5）圆滑连接各端点，即得支管外覆展开样板，如图 8-47 所示。

4. 孔实形样板的画法

（1）画一条竖直线段 $O1$，使其等于 723mm。

（2）以 O 为基点，在线段 $O1$ 上分别截取 S_n，如 $S_3 = 511\text{mm}$，$S_5 = 324\text{mm}$，$S_6 = 247\text{mm}$，得各点。

（3）过各点作线段 $O1$ 的垂线，得 7 条平行线。

（4）以线段 $O1$ 为基准，在各平行线上分别左右对应截取各 P_n，如 $P_4 = P_6 = 150\text{mm}$，得各点。

（5）圆滑连接各端点，即得孔实形，如图 8-48 所示。

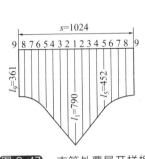

图 8-47 支管外覆展开样板

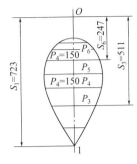

图 8-48 孔实形

5. 说明

（1）主管上的外坡口应在平板时开出。

（2）切孔时，上端割炬沿支管素线方向，下端指向主管中心，中间圆滑过渡。

（3）主、支管点焊后，应在左上方用样板检查垂直度，样板用放实样法求得，如有误差，应磨开焊疤调整之。

（4）焊主管纵缝时，先焊外侧，后内侧清根盖面。

（5）支、主管环缝只焊外侧坡口即可。

十、偏心直交三通管(插入式)料计算（之二）

偏心直交三通管见图 8-49。图 8-50 所示为有衬里的常压管道使用的偏心直交插入式三通管，内侧衬里 80mm，故设计支管插入主管内。

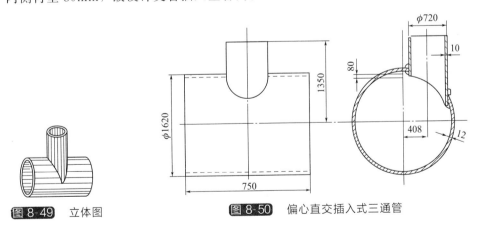

图 8-49 立体图

图 8-50 偏心直交插入式三通管

1. 板厚处理

（1）支、主管展开长以中径为计算基准。

（2）支、主管纵缝采用单面 60° 外坡口。

（3）计算支管素线长时，因是插入式，所以支管按外皮，主管按支管插入后形成的主管半径 R_3，支管无需开坡口。

（4）计算孔实形时，支、主管皆按外皮。

（5）支、主管结合环缝采用两面形成的自然坡口内外堆焊。

2. 下料计算

图 8-51 为计算原理图。

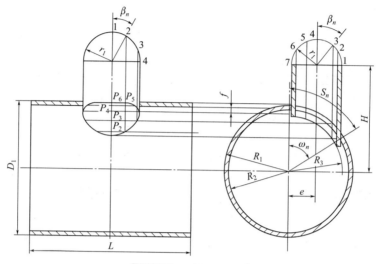

图 8-51 计算原理图

(1) 支管下端半径 $R_3 = R_2 - f = (798 - 80)\text{mm} = 718\text{mm}$。

(2) 支管各素线为 $l_n = H - \sqrt{R_3^2 - (e \pm r_1\sin\beta_n)^2}$

如 $l_5 = 1350\text{mm} - \sqrt{718^2 - (408 - 360 \times \sin30°)^2}\text{mm} = 669\text{mm}$

$l_3 = 1350\text{mm} - \sqrt{718^2 - (408 + 360 \times \sin30°)^2}\text{mm} = 938\text{mm}$

同理得：$l_7 = 634\text{mm}$，$l_1 = 1077\text{mm}$，$l_6 = 638\text{mm}$，$l_2 = 1300\text{mm}$，$l_4 = 759\text{mm}$。

(3) 主管孔各点与同一直径的夹角为 $\omega_n = \arcsin\dfrac{e \pm r_1\sin\beta_n}{R_1}$

如 $\omega_1 = \arcsin\dfrac{408 + 360}{810} = 71.5°$

$\omega_7 = \arcsin\dfrac{408 - 360}{810} = 3.4°$

同理得：$\omega_2 = 62.7°$，$\omega_3 = 46.55°$，$\omega_4 = 30.25°$，$\omega_5 = 16.35°$，$\omega_6 = 6.82°$。

(4) 主管纵向直径至各等分点弧长 $S_n = \pi R_1 \dfrac{\omega_n}{180°}$

如 $S_1 = \pi \times 810\text{mm} \times \dfrac{71.5°}{180°} = 1011\text{mm}$

$S_7 = \pi \times 810\text{mm} \times \dfrac{3.4°}{180°} = 48\text{mm}$

同理得：$S_2 = 886\text{mm}$，$S_3 = 658\text{mm}$，$S_4 = 428\text{mm}$，$S_5 = 231\text{mm}$，$S_6 = 96\text{mm}$。

(5) 孔实形任一半素线长 $P_n = r_1\sin\beta_n$（见主视图）

如 $P_6 = P_2 = 360\text{mm} \times \sin30° = 180\text{mm}$

同理得：$P_1 = P_7 = 0$；$P_3 = P_5 = 312\text{mm}$；$P_4 = 360\text{mm}$。

(6) 支管钢板下料展开长 $s = \pi d_3 = \pi \times 710\text{mm} = 2231\text{mm}$。

式中 R_1、R_2——主管外、内半径，mm；f——从内皮计插入量，mm；e——偏心距，mm；r_1——支管外半径，mm；β_n——支管圆周各等分点与同一纵向直径的夹角，(°)；d_3——支管中直径，mm；H——支管端面至主管中心的垂直距离，mm。

3. 孔实形的画法

（1）画一条竖直线段 $O1$，使其长度等于 1011mm。

（2）以 O 为基点，在线段 $O1$ 上分别截取 S_n，如 $S_3=658$mm，得各端点。

（3）过各端点作线段 $O1$ 的垂线，得五条平行线。

（4）以线段 $O1$ 为基准，在各平行线上分别左右对应截取各 P_n，如 $P_4=360$mm，得各端点。

（5）圆滑连接各端点，即得孔实形，如图 8-52 所示。

4. 支管钢板下料展开样板的画法

（1）画一个长方形，其尺寸为 2231mm×1077mm。

（2）将长边分为 12 等份，等分点为 1、2、3…。

（3）过各等分点作长边的垂线，得 13 条平行线。

（4）在各平行线上对应截取各素线长，如 $l_4=759$mm，得各端点。

（5）圆滑连接各端点，即得钢板下料展开样板，如图 8-53 所示。

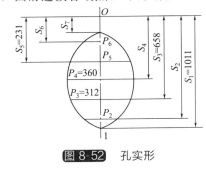

图 8-52 孔实形

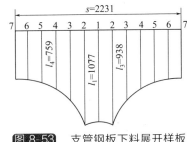

图 8-53 支管钢板下料展开样板

5. 说明

（1）主、支管的外坡口，皆可安排在平板状态下开出。

（2）切孔时，割炬始终沿支管素线方向。

（3）主、支管点焊后，应在左上方用样板检查垂直度，样板用放实样法求得，如有误差，应磨开焊疤调整之。

（4）焊主、支管纵缝时，先焊外侧，后内侧清根盖面。

（5）主、支管环缝的内外侧皆施以堆焊。

十一、任意直径斜交三通管(骑马式)料计算

（一）例 1

任意直径斜交三通管见图 8-54。如图 8-55 所示为一骑马式异径正心斜交三通管施工图，通常是常压或压力不大的管道所使用的三通管，图 8-56 为计算原理图。

1. 板厚处理

（1）支、主管展开长以中径为计算基准。

（2）支、主管纵缝采用单面 60°外坡口。

图 8-54 立体图

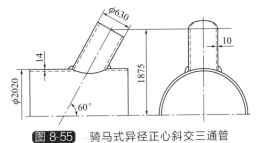

图 8-55 骑马式异径正心斜交三通管

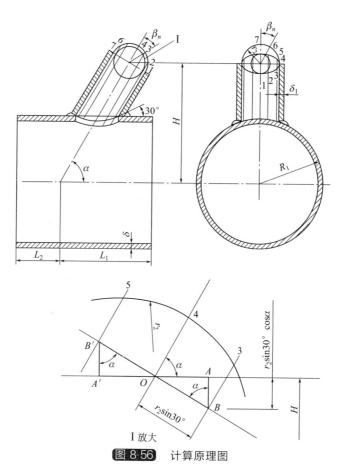

图 8-56　计算原理图

（3）计算支管素线时，支管按里皮计算，主管按外皮计算；钝角侧支管不开坡口，锐角侧支管开 30°外坡口，中间圆滑过渡。

2. 下料计算

（1）支管任一素线为 $l_n = \dfrac{H - \sqrt{R_1^2 - (r_2\sin\beta_n)^2} \pm r_2\sin\beta_n\cos\alpha}{\sin\alpha}$

表达式推导如下（见图 8-58 Ⅰ 放大）：

因为　在直角三角形 BAO 中，$OB = r_2\sin\beta_n$，$\angle ABO = \alpha$，$AB = r_2\sin30°\cos\alpha$ 在直角三角形 $B'A'O$ 中，同理可证得 $A'B' = r_2\sin30°\cos\alpha$

所以　以 l_3、l_5 为例，得

$$l_3 = \frac{H - \sqrt{R_1^2 - (r_2\sin60°)^2}\ （左视图）- r_2\sin30°\cos\alpha\ （主视图）}{\sin\alpha}$$

$$= \frac{1875 - \sqrt{1010^2 - (305\times\sin60°)^2} - 305\times\sin30°\times\cos60°}{\sin60°}\text{mm} = 952\text{mm}$$

$$l_5 = \frac{H - \sqrt{R_1^2 - (r_2\sin60°)^2}\ （左视图）+ r_2\sin30°\cos\alpha\ （主视图）}{\sin\alpha}$$

$$= \frac{1875 - \sqrt{1010^2 - (305\times\sin60°)^2} + 305\times\sin30°\times\cos60°}{\sin60°}\text{mm} = 1128\text{mm}$$

同理得：$l_1 = 822\text{mm}$，$l_2 = 860\text{mm}$，$l_4 = 1053\text{mm}$，$l_6 = 1165\text{mm}$，$l_7 = 1175\text{mm}$。

（2）支管钢板下料展开长 $s = \pi d_3 = \pi\times620\text{mm} = 1948\text{mm}$。

式中　H——支管端面中心至主管中心距离，mm；R_1——主管外半径，mm；r_2——支管内半径，mm；β_n——支管圆周各等分点与同一纵向直径的夹角，(°)；α——支管倾斜角，(°)；d_3——支管中直径，mm。

3. 支管钢板下料展开样板的画法

(1) 画一个长方形，其尺寸为 1948mm×1175mm。

(2) 将长边分为 12 等份，等分点为 1、2、3…。

(3) 过各等分点作长边的垂线，得 13 条平行线。

(4) 在各平行线上对应截取各素线长，如 l_3=952mm，得各端点。

(5) 圆滑连接各端点，即得支管钢板下料展开样板，如图 8-57 所示。

4. 说明

(1) 主、支管上的外坡口皆可安排在平板状态时开出，较卷成后再开省劲得多。

(2) 将整好圆的支管覆于主管设计位置，从外侧沿管体滑动划线，即得孔实形。

(3) 切孔时，割炬应始终沿支管素线方向。

(4) 支、主管点焊点，应在左上方用一个 120° 的外卡样板检查倾斜度，如有误差，应磨开焊疤调整之。

(5) 焊主、支管纵缝时，应先焊外侧，后内侧清根盖面。

(6) 主、支管环缝只在外侧施以堆焊即可。

(二) 例 2

如图 8-58 所示为一等径正心斜交三通管，不插入，是常压或压力不大管道使用的三通管。

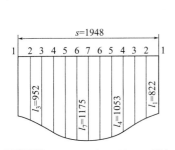

图 8-57　支管钢板下料展开样板

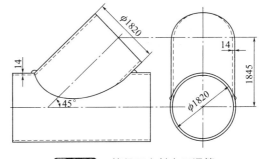

图 8-58　等径正心斜交三通管

1. 板厚处理

同例 1。

2. 下料计算

(1) 支管任一素线为 $l_n = \dfrac{H - \sqrt{R_1^2 - (r_2\sin\beta_n)^2} \pm r_2\sin\beta_n\cos\alpha}{\sin\alpha}$

表达式推导同例 1。

如 $l_2 = \dfrac{1845 - \sqrt{910^2 - (896 \times \sin30°)^2} - 896 \times \sin60° \times \cos45°}{\sin45°}mm=713$mm

$l_6 = \dfrac{1845 - \sqrt{910^2 - (896 \times \sin30°)^2} + 896 \times \sin60° \times \cos45°}{\sin45°}mm=2266$mm

同理得：l_1=426mm，l_7=2219mm；l_3=1489mm，l_5=2386mm；l_4=2384mm。

(2) 主管下料展开长 $s = \pi d_3 = \pi \times 1806mm=5674$mm，式中解释同例 1。

3. 支管钢板下料展开样板的画法

（1）画一个长方形，其尺寸为 5674mm×2386mm。

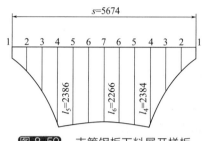

图 8-59　支管钢板下料展开样板

（2）将长边分为 12 等份，等分点为 1、2、3…。

（3）过各等分点作长边的垂线，得 13 条平行线。

（4）在各平行线上对应截取各素线长，如 $l_5 = 2386$mm，得各端点。

（5）圆滑连接各端点，即得支管钢板下料展开样板，如图 8-59 所示。

4. 说明

同例 1。

十二、异径正心斜交三通管(插入式)料计算

异径正心斜交三通管见图 8-60。图 8-61 所示为有衬里的常压管道使用的三通管，内侧衬里 50mm，故设计支管插入主管内，铺设衬里后内侧则平齐。

此例的难点为孔实形的计算，较直交的有更大的难度。

1. 板厚处理

（1）支、主管的展开长以中径为计算基准。

（2）支、主管的纵缝采用单面 60°外坡口。

（3）计算支管素线时，因为是插入主管内，故支管应按外皮，主管应按支管插入后所处的主管半径 R_3，支管下端无需开坡口。

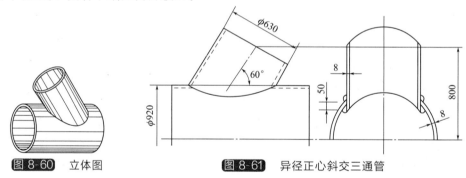

图 8-60　立体图　　　　　图 8-61　异径正心斜交三通管

（4）计算孔实形时，支、主管皆按外皮。

（5）支、主管结合环缝采用内外形成的自然坡口实施堆焊。

2. 下料计算

图 8-62 为计算原理图，图 8-63 为图 8-62 的Ⅱ、Ⅲ放大图。

（1）支管下端半径 $R_3 = R_1 - f\sin\alpha = 460$mm $- 50$mm $\times \sin60° = 417$mm。

（2）支管任一实长素线为 l_n。

$$l_n = \frac{H - \sqrt{R_3^2 - (r_1\sin\beta_n)^2}\ (\text{左视图})\ \pm r_1\sin\beta_n\cos\alpha\ (\text{主视图Ⅰ局视图})}{\sin\alpha}$$

表达式推导见图 8-63 和图 8-62 Ⅰ局视图

以 l_3、l_5 为例

$$l_3 = \frac{H - \sqrt{R_3^2 - (r_1\sin60°)^2}\ (\text{左视图})\ - r_1\sin30°\cos\alpha\ (\text{主视图Ⅰ局视图})}{\sin\alpha}$$

同理可证得　　　　$$l_5 = \frac{H - \sqrt{R_3^2 - (r_1\sin60°)^2} + r_1\sin30°\cos\alpha}{\sin\alpha}$$

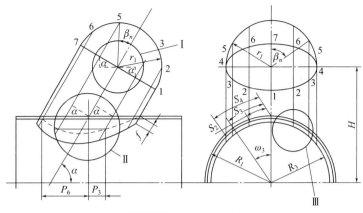

图 8-62　计算原理图

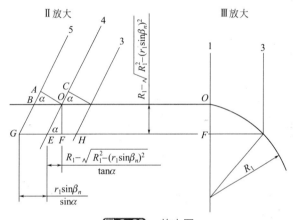

图 8-63　放大图

代入图标数据计算：

$$l_3 = \frac{800 - \sqrt{417^2 - (315 \times \sin60°)^2} - 315 \times \sin30° \times \cos60°}{\sin60°} \text{mm} = 469\text{mm}$$

$$l_5 = \frac{800 - \sqrt{417^2 - (315 \times \sin60°)^2} + 315 \times \sin30° \times \cos60°}{\sin60°} \text{mm} = 651\text{mm}$$

同理得：$l_1 = 260\text{mm}$，$l_2 = 321\text{mm}$，$l_4 = 608\text{mm}$，$l_6 = 635\text{mm}$，$l_7 = 624\text{mm}$。

（3）主管孔各等分点与同一纵向直径的夹角为 ω_n。

$$\omega_n = \arcsin \frac{r_1 \sin\beta_n}{R_1} \quad (\text{左视图})$$

如 $\omega_3 = \arcsin \dfrac{315 \times \sin60°}{460} \approx 36.37°$

同理得：$\omega_1 = \omega_7 = 0$，$\omega_2 = \omega_6 = 20°$，$\omega_5 = 36.37°$，$\omega_4 = 43.2°$。

（4）主管纵向直径至各等分点弧长为 S_n。

$$S_n = \pi R_1 \frac{\omega_n}{180°}$$

如 $S_3 = \pi \times 460\text{mm} \times \dfrac{36.37°}{180°} = 292\text{mm}$

同理得：$S_1 = S_7 = 0$；$S_2 = S_6 = 174\text{mm}$；$S_3 = S_5 = 292\text{mm}$；$S_4 = 376\text{mm}$。

（5）孔实形素线长为 P_n。

$$P_n = \frac{r_1 \sin\beta_n}{\sin\alpha} \text{（主视图）} \pm \frac{R_1 - \sqrt{R_1^2 - (r_1 \sin\beta_n)^2}}{\tan\alpha} \text{（左视图）}$$

表达式推导如下（见图 8-63 Ⅱ、Ⅲ 放大图）：

在直角三角形 OAB 中

因为 $BO = \dfrac{OA}{\sin\alpha}$，$AO = r_1 \sin\beta_n$

所以 $BO = \dfrac{r_1 \sin\beta_n}{\sin\alpha}$

但 $GF = GE + EF$，$BO = GE$

所以 $GF = \dfrac{r_1 \sin\beta_n}{\sin\alpha} + EF$ 　　　　　　　　　　　　　　　　　　　　　　　(8-1)

同理可证得 $FH = \dfrac{r_1 \sin\beta_n}{\sin\alpha} - EF$ 　　　　　　　　　　　　　　　　　　　(8-2)

因为 $OF = R_1 - \sqrt{R_1^2 - (r_1 \sin\beta_n)^2}$ 　（Ⅲ 放大）

所以 $EF = \dfrac{R_1 - \sqrt{R_1^2 - (r_1 \sin\beta_n)^2}}{\tan\alpha}$（Ⅱ 放大）　　　　　　　　　　　(8-3)

将式（8-1）、式（8-2）、式（8-3）合并即得表达式。

如 $P_3 = \left(\dfrac{315 \times \sin 30°}{\sin 60°} - \dfrac{460 - \sqrt{460^2 - (315 \times \sin 60°)^2}}{\tan 60°} \right) \text{mm} = 130\text{mm}$

$P_5 = \left(\dfrac{315 \times \sin 30°}{\sin 60°} + \dfrac{460 - \sqrt{460^2 - (315 \times \sin 60°)^2}}{\tan 60°} \right) \text{mm} = 234\text{mm}$

同理得：$P_1 = 364\text{mm}$，$P_2 = 299\text{mm}$，$P_4 = 72\text{mm}$，$P_6 = 331\text{mm}$，$P_7 = 364\text{mm}$。

（6）支管钢板下料展开长 $s = 2\pi r_3 = 2 \times \pi \times 311\text{mm} = 1954\text{mm}$。

式中　H——支管中心至主管中心距离，mm；R_1——主管外半径，mm；f——从内皮计插入量，mm；r_1——支管外半径，mm；β_n——圆周各等分点与同一纵向直径的夹角，(°)；α——支管倾斜角，(°)；r_3——支管中半径，mm。

3. 支管钢板下料展开图的画法

（1）画一个长方形，其尺寸为 1944mm×（大于 651）mm。

（2）将长边分为 12 等份，等分点为 1、2、3…。

（3）过各等分点作长边的垂线，得 13 条平行线。

（4）在各平行线上，对应截取各素线长，如 $l_4 = 608\text{mm}$，$l_3 = 469\text{mm}$。

（5）圆滑连接各端点，即得展开图实形，如图 8-64 所示。

4. 孔实形画法

（1）画一竖直线段 4—4，使其长度等于 752mm，并设定 O 为中点。

（2）以 O 为基点，分别往上下截取各 S_n 值，如 $S_2 = 172\text{mm}$，在 4—4 上得若干交点 1、2、3…。

（3）以各交点为基点，往左右横向量取各 P_n 值，如 $P_2 = 299\text{mm}$，$P_6 = 331\text{mm}$，得若干端点。

（4）圆滑连接各端点，即得孔实形，展开图如图 8-65 所示。

5. 说明

（1）支管端头的外坡口可安排在平板时用割炬开出，主管可卷制成形并开孔后开出。

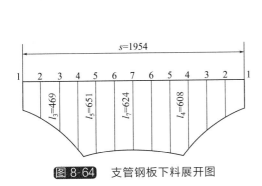

图 8-64　支管钢板下料展开图

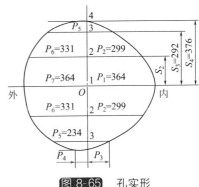

图 8-65　孔实形

（2）支、主管的纵缝坡口，可安排在平板时用刨边机刨出。

（3）主管切孔时，割炬应始终沿支管素线方向进行。

（4）支主管点焊后，应在外侧用120°的外卡样板检查倾斜度，若有误差，应磨开部分焊疤调整之。

（5）焊支主管纵缝时，先焊外侧，后内侧清根盖面。

十三、等径正心斜交三通管(插入式)料计算

等径正心斜交三通管见图 8-66。如图 8-67 所示为无衬里的高压管道使用的等径正心斜交三通管施工图，为保证三通的密封和满足压力的需要，故结合的纵环缝都要开坡口，焊完后内侧平齐。

图 8-66　立体图

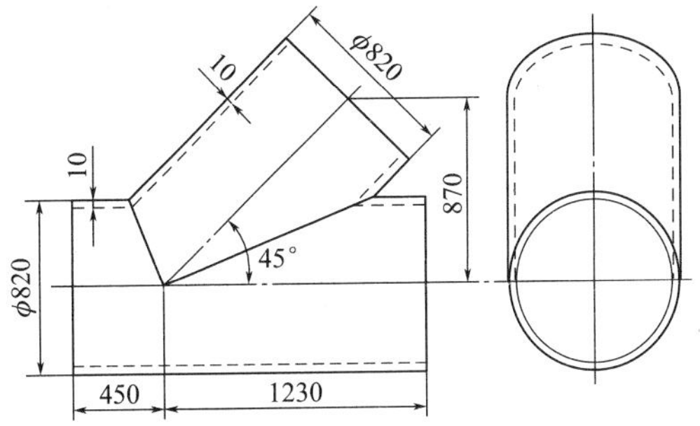

图 8-67　等径正心斜交三通管

1. 板厚处理

（1）支、主管的展开长以中径为计算基准。

（2）支、主管的纵缝采用单面60°外坡口。

（3）计算支管素线时，因为是插入式，故支管应按外皮计，主管应按里皮计。

（4）计算孔实形素线时，支、主管皆按外皮计。

（5）支管孔周向下端开30°外坡口，主管孔周向开30°外坡口。

（6）支、主管环缝应内外施焊。

2. 下料计算

如图 8-68 所示为计算原理图，图 8-69 为放大图。

（1）支管任一素线为 l_n。

$$l_n = \frac{H - \sqrt{R_2^2 - (r_1\sin\beta_n)^2}\ (\text{左视图}) \pm r_1\sin\beta_n\cos\alpha\ (\text{主视图 I 局视图})}{\sin\alpha}$$

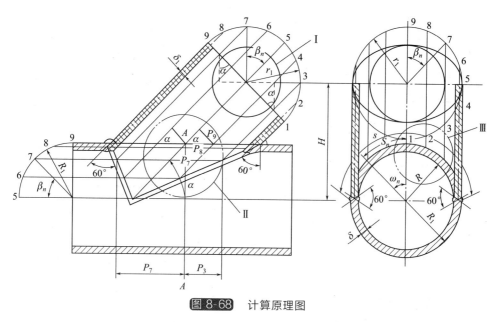

图 8-68 计算原理图

如 $l_4 = \dfrac{870 - \sqrt{400^2 - (410 \times \sin 67.5°)^2} - 410 \times \sin 22.5° \cos 45°}{\sin 45°}\,\text{mm} = 891\,\text{mm}$

$l_6 = \dfrac{870 - \sqrt{400^2 - (410 \times \sin 67.5°)^2} + 410 \times \sin 22.5° \cos 45°}{\sin 45°}\,\text{mm} = 1206\,\text{mm}$

同理得：$l_1 = 255\,\text{mm}$，$l_2 = 331\,\text{mm}$，$l_3 = 550\,\text{mm}$，$l_5 = 1245\,\text{mm}$，$l_7 = 1130\,\text{mm}$，$l_8 = 1089\,\text{mm}$，$l_9 = 1075\,\text{mm}$。

（2）支管钢板下料展开见图 8-70，其展开长 $s_1 = \pi D_3 = \pi \times 810\,\text{mm} = 2545\,\text{mm}$。

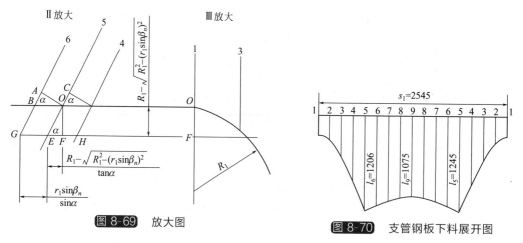

图 8-69 放大图

图 8-70 支管钢板下料展开图

（3）主管孔各点所对应圆心角为 ω_n

$$\omega_n = \arcsin \frac{r_1 \sin \beta_n}{R_1}$$

如 $\omega_4 = \omega_6 = \arcsin \dfrac{410 \times \sin 67.5°}{410} = 67.5°$

同理得：$\omega_1 = \omega_9 = 0$；$\omega_2 = \omega_8 = 22.5°$；$\omega_3 = \omega_7 = 45°$；$\omega_5 = 90°$。

（4）主管孔各点所对应弧长为 S_n

$$S_n = \pi R_1 \frac{\omega_n}{180°}$$

如 $S_2 = S_8 = \pi \times 410\text{mm} \times \dfrac{22.5°}{180°} = 161\text{mm}$

同理得：$S_1 = S_9 = 0$；$S_3 = S_7 = 322\text{mm}$；$S_5 = 644\text{mm}$；$S_4 = S_6 = 483\text{mm}$。

（5）孔实形各素线（见图 8-71）

$$P_n = \frac{r_1 \sin\beta_n}{\sin\alpha}（主视图）\pm \frac{R_1 - \sqrt{R_1^2 - (r_1 \sin\beta_n)^2}}{\tan\alpha}（左视图和主视图）$$

表达式推导如下（见图 8-69Ⅱ放大和Ⅲ放大）

在直角三角形 OAB 中

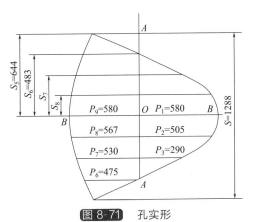

图 8-71 孔实形

因为 $BO = \dfrac{OA}{\sin\alpha}$，$AO = r_1 \sin\beta_n$

所以 $BO = \dfrac{r_1 \sin\beta_n}{\sin\alpha}$

但 $GF = GE + EF$，$BO = GE$

所以 $GF = \dfrac{r_1 \sin\beta_n}{\sin\alpha} + EF \qquad (8\text{-}4)$

同理可证得 $FH = \dfrac{r_1 \sin\beta_n}{\sin\alpha} - EF \qquad (8\text{-}5)$

因为 $OF = R_1 - \sqrt{R_1^2 - (r_1 \sin\beta_n)^2}$（Ⅲ放大）

所以 $EF = \dfrac{R_1 - \sqrt{R_1^2 - (r_1 \sin\beta_n)^2}}{\tan\alpha}$（Ⅱ放大） $\qquad (8\text{-}6)$

将式（8-4）、式（8-5）、式（8-6）合并即得表达式。

如 $P_2 = \dfrac{410 \times \sin 67.5°}{\sin 45°}\text{mm} - \dfrac{410 \times \sqrt{410^2 - (410 \times \sin 22.5°)^2}}{\tan 45°}\text{mm} = 505\text{mm}$

$P_8 = \dfrac{410 \times \sin 67.5°}{\sin 45°}\text{mm} + \dfrac{410 \times \sqrt{410^2 - (410 \times \sin 22.5°)^2}}{\tan 45°}\text{mm} = 567\text{mm}$

同理得：$P_1 = P_9 = 580\text{mm}$；$P_3 = 290\text{mm}$，$P_7 = 530\text{mm}$，$P_4 = -31\text{mm}$（距 $A-A$ 中线值，从主视图上可看出），$P_6 = 475\text{mm}$。

式中 H——支管中心至主管中心垂直距离，mm；R_2——主管内半径，mm；r_1——支管外半径，mm；β_n——圆周各等分点与同一直径的夹角，(°)；α——支管倾斜角，(°)，本例为45°；D_3——支管中直径，mm；R_1——主管外半径，mm；"＋、－"——左侧 P 用"＋"，右侧 P 用"－"。

3. 支管钢板下料展开图的画法

（1）画一个长方形，其尺寸为 1245mm×2545mm。

（2）将长边分为 16 等份，等分点为 1、2、3…。

（3）过各等分点作长边的垂线，得 17 条平行线。

（4）在各平行线上对应截取各素线长，如 $l_5 = 1245\text{mm}$，得各端点。

（5）圆滑连接各端点，即得展开图实形，如图 8-70 所示。

4. 孔实形画法

（1）画一竖直线 $A-A$，并设定 O 点为中点。

（2）以 O 点为基点，分别往上下截取各 S_n 值，如 $S_2 = S_8 = 161\text{mm}$；在 $A-A$ 上得到

若干交点（图中未示出）。

（3）以各交点为基点，往左右横向量取各 P_n 值，如 $P_2 = 505mm$，$P_8 = 567mm$，得若干端点。

（4）圆滑连接 $A-A$ 左右各端点，即得孔实形展开图，如图 8-71 所示。

5. 说明

（1）支管端头的外坡口可安排在平板时用割炬开出，主管可卷制成形并开孔后开出。

（2）支、主管的纵缝坡口可安排在平板状态时用刨边机刨出。

（3）切孔时，割炬应始终沿支管素线方向。

（4）支、主管点焊后，应在外侧用 135° 的外卡样板检查倾斜度，若有误差，应磨开部分焊疤调整。

（5）焊支、主管纵缝时，先焊外侧，后内侧清根盖面。

十四、带补料等径直交三通管料计算

带补料等径直交三通管见图 8-72。图 8-73 所示为一烟道带补料等径直交三通管施工图。常压管道为了尽量减少流阻，故设计成此形状。

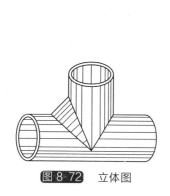
图 8-72 立体图

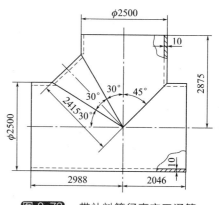
图 8-73 带补料等径直交三通管

1. 板厚处理

（1）主、支管和补料的展开长以中径为计算基准。

（2）主、支管纵缝采用单面 60° 外（或内）坡口。

（3）主管孔周边、支管下端周边和补料周边皆开 30° 外坡口。

（4）计算支管和补料各素线时，支管按外皮计，主管按里皮计。

（5）计算孔实形时，主、支管皆按外皮计。

2. 下料计算

图 8-74 为计算原理图。

（1）支管各素线。

① α_4 范围各素线为 $l_n = H - \sqrt{R_2^2 - (r_1 \sin\beta_n)^2}$ （左视图）

如 $l_7 = 2875mm - \sqrt{1240^2 - (1250 \times \sin45°)^2} mm = 2005mm$

同理得：$l_5 = 2875mm$，$l_6 = 2423mm$，$l_8 = 1731mm$，$l_9 = 1635mm$。

② α_3 范围各素线为 $l_n = H - \dfrac{r_1 \sin\beta_n}{\tan\alpha_3}$ （主视图）

如 $l_2 = 2875mm - \dfrac{1250 \times \sin67.5°}{\tan30°} mm = 875mm$

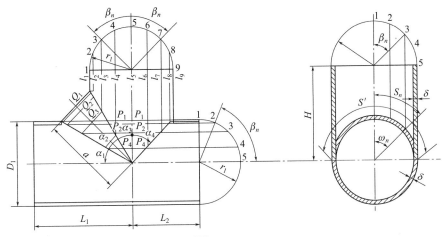

图 8-74 计算原理图

同理得：$l_1 = 710\text{mm}$，$l_3 = 1344\text{mm}$，$l_4 = 2046\text{mm}$，$l_5 = 2875\text{mm}$。

③ 支管钢板下料展开长 $s = \pi d_3 = \pi \times 2490\text{mm} = 7823\text{mm}$。

（2）补料半素线长为 $Q_n = \dfrac{r_1 \sin\beta_n}{\sin\alpha_3} \sin\dfrac{\alpha_2}{2}$（主视图）

如 $Q_2 = \dfrac{1250\text{mm} \times \sin 67.5°}{\sin 30°} \times \sin 15° - 598\text{mm}$

同理得：$Q_1 = 647\text{mm}$，$Q_3 = 458\text{mm}$，$Q_4 = 248\text{mm}$，$Q_5 = 0$。

（3）补料展开长为 $u = \dfrac{\pi}{2}\sqrt{2(a_1^2 + r_3^2) - \dfrac{(a_1 - r_3)^2}{4}}$

$$= \dfrac{\pi}{2}\sqrt{2 \times (2410^2 + 1245^2) - \dfrac{(2410 - 1245)^2}{4}}\ \text{mm} = 5956\text{mm}。$$

（4）孔实形各素线。

① 孔实形展开长 $S' = \dfrac{\pi D_1}{2} = \dfrac{\pi \times 2500\text{mm}}{2} = 3927\text{mm}$。

② 支管各素线点所对应的圆心角为 $\omega_n = \arcsin\dfrac{r_1 \sin\beta_n}{R_1}$

如 $\omega_2 = \arcsin\dfrac{1250 \times \sin 22.5°}{1250} = 22.5°$

同理得：$\omega_3 = 45°$，$\omega_4 = 67.5°$，$\omega_5 = 90°$。

③ 各圆心角所对应弧长为 $S_n = \pi R_1 \dfrac{\omega_n}{180°}$

如 $S_2 = \pi \times 1250\text{mm} \times \dfrac{22.5°}{180°} = 491\text{mm}$

同理得：$S_3 = 982\text{mm}$，$S_4 = 1473\text{mm}$，$S_5 = 1963\text{mm}$。

④ 左侧任一素线长为 $P_n = r_1 \sin\beta_n \tan(\alpha_2 + \alpha_3)$（主视图主管的断面图）。

如 $P_2 = 1250\text{mm} \times \sin 67.5° \times \tan 60° = 2000\text{mm}$

同理得：$P_1 = 2165\text{mm}$，$P_3 = 1531\text{mm}$，$P_4 = 829\text{mm}$，$P_5 = 0$。

⑤ 右侧任一素线长为 $P'_n = r_1 \sin\beta_n$（主视图支管之断面图）

如 $P'_4 = 1250\text{mm} \times \sin 22.5° = 478\text{mm}$。

同理得：$P'_3 = 884\text{mm}$，$P'_2 = 1155\text{mm}$，$P'_1 = 1250\text{mm}$。

式中 R_1、R_2——分别为主管外半径和内半径，mm；D_1——主管外直径，mm；d_3——支管中直径，mm；r_1——支管外半径，mm；β_n——圆周各等分点与同一直径的夹角，(°)；a_1——中径半长轴，mm；r_3——中径半短轴，mm。

3. 支管钢板下料展开样板的画法

（1）画一个长方形，其尺寸为 7823mm×2875mm。

（2）将长边分为 16 等份，等分点为 1、2、3…

（3）过各等分点作长边的垂线，得 17 条平行线。

（4）在各平行线上对应截取各素线长，如 $l_5 = 2875$mm，得各端点。

（5）圆滑连接各端点，即得支管钢板下料展开样板，如图 8-75 所示。

4. 补料展开样板的画法

（1）作一横线段 5—5，使其长度 u_1 为 5956mm。

（2）将上述线段分为 8 等份，并标出序号。

（3）过各等分点作 5—5 的垂线，得 7 条平行线。

（4）以线段 5—5 为基准，上下对称的在各平行线上对应截取各素线长，如 $Q_2 = 598$mm。

（5）圆滑连接各端点，即得补料展开样板，如图 8-76 所示。

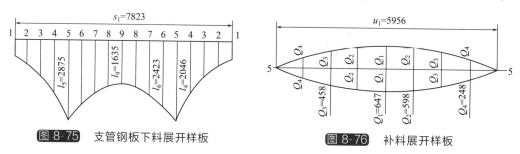

图 8-75   支管钢板下料展开样板

图 8-76   补料展开样板

5. 孔实形样板的画法

（1）作一条竖直线段 5—5，使其长度等于 3927mm，如图 8-77 所示。

（2）以中点 1 为基点，分别往上、往下量取各 S_n，如 $S_3 = 982$mm，并作好分点序号。

（3）过各分点作线段 5—5 的垂线，得 7 条平行线。

（4）以竖线段 5—5 为基准，在各平行线上分别左右对应截取 P_n 值和 P'_n 值，如 $P_1 = 2165$mm，$P'_1 = 1250$mm，得各端点。

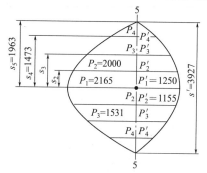

图 8-77   孔实形展开样板

（5）圆滑连接各端点，即得孔实形展开样板，如图 8-77 所示。

6. 说明

（1）主、支管和补料的外坡口，皆可安排在平板时开坡口，省劲得多。

（2）切孔时割炬应朝主管中心方向。

（3）主、支管点焊后，应用直角尺检查垂直度。

（4）纵缝先外侧焊完后，再内侧清根盖面。

（5）主、支管和补料环缝应先焊外侧、后内侧清根盖面。

十五、任意夹角等径三通管料计算

任意夹角等径三通管见图 8-78。图 8-79 所示为一不等夹角等径三通管施工图，用于常压管道中。

1. 板厚处理

（1）主、支管的展开长以中径为计算基准。

（2）主、支管的纵缝开 60° 外坡口。

（3）主、支管的环缝开 60° 外坡口。

（4）两支管的纵缝应上端开 60° 外坡口，下端开 45° 外坡口。

（5）计算主、支管素线时，以主、支管的里皮为基准。

2. 下料计算

如图 8-80 所示为计算原理图。

图 8-78 立体图

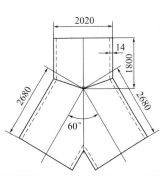

图 8-79 不等夹角等径三通管

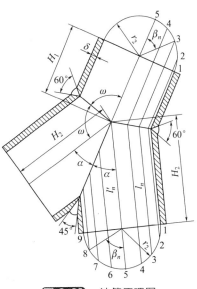

图 8-80 计算原理图

（1）主管与支管 $\frac{1}{2}$ 夹角 $\omega = \dfrac{180° - \alpha}{1} = \dfrac{180° - 30°}{2} = 75°$。

（2）主管各素线长为 L_n

$$L_n = H_1 - \frac{r_2 \sin\beta_n}{\tan\omega}$$

如 $L_3 = \left(1800 - \dfrac{996 \times \sin45°}{\tan75°}\right) \text{mm} = 1611 \text{mm}$

同理得：$L_1 = 1533\text{mm}$，$L_2 = 1553\text{mm}$，$L_4 = 1698\text{mm}$，$L_5 = 1800\text{mm}$。

（3）主、支管钢板下料展开长 $s = \pi D_3 = \pi \times 2006\text{mm} = 6302\text{mm}$。

（4）支管各素线长

① 与主管结合的各素线长 $l_n = H_2 - \dfrac{r_2 \sin\beta_n}{\tan\omega}$

如 $l_3 = \left(2680 - \dfrac{996 \times \sin45°}{\tan75°}\right)\text{mm} = 2491\text{mm}$

同理得：$l_1 = 2413\text{mm}$，$l_2 = 2433\text{mm}$，$l_4 = 2578\text{mm}$，$l_5 = 2680\text{mm}$。

② 支管与支管结合处各素线长 $l'_n = H_2 - \dfrac{r_2 \sin\beta_n}{\tan\alpha}$

如 $l'_8 = \left(2680 - \dfrac{996 \times \sin67.5°}{\tan30°}\right)\text{mm} = 1086\text{mm}$

同理得：$l'_5 = 2680\text{mm}$，$l'_6 = 2020\text{mm}$，$l'_7 = 1460\text{mm}$，$l'_9 = 955\text{mm}$。

式中 α——支管与支管的半夹角，（°）；H_1、H_2——主管端面、支管端面至中心点距离，mm；r_2——主、支管内半径，mm；β_n——圆周各等分点与同一直径的夹角，(°)；D_3——主、支管中直径，mm。

3. 主管钢板下料展开图的画法

（1）画一个长方形，其尺寸为 6302mm×1800mm。

（2）将长边分为 16 等份，并作出序号记号。

（3）过各等分点作长边的垂线，得 17 条平行线。

（4）在各平行线上对应截取各素线长 L_n，如 $L_5=1800$mm，得各端点。

（5）圆滑连接各端点，即得主管钢板下料展开图，如图 8-81 所示。

4. 支管钢板下料展开图的画法

（1）画一个长方形，其尺寸为 6302mm×2680mm。

（2）将长边分为 16 等份，并作好序号标记。

（3）过各等分点作长边的垂线，得 17 条平行线。

（4）在各平行线对应截取各素线长，如 $L_4=2578$mm、$L'_6=2020$mm，得各端点。

（5）圆滑连接各端点，即得主管钢板下料展开图，如图 8-82 所示。

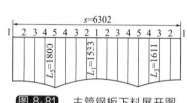

图 8-81 主管钢板下料展开图

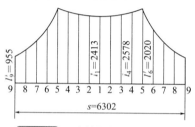

图 8-82 支管钢板下料展开图

5. 说明

（1）主、支管的外坡口，应在平板状态时开出，这样作比卷制后开坡口要省劲得多。

（2）主、支管纵缝应先外侧焊完后，再内侧清根盖面。

（3）主、支管点焊后，应用 150°的外卡样板检查角度，若有误差应磨开焊疤调整之。

（4）主、支管环缝同纵缝，此略。

十六、端口正圆裤形三通管料计算

图 8-83 是端口正圆裤形三通管的立体图。图 8-84 所示为端口正圆裤形三通管施工图，用于常压管道。

图 8-83 立体图

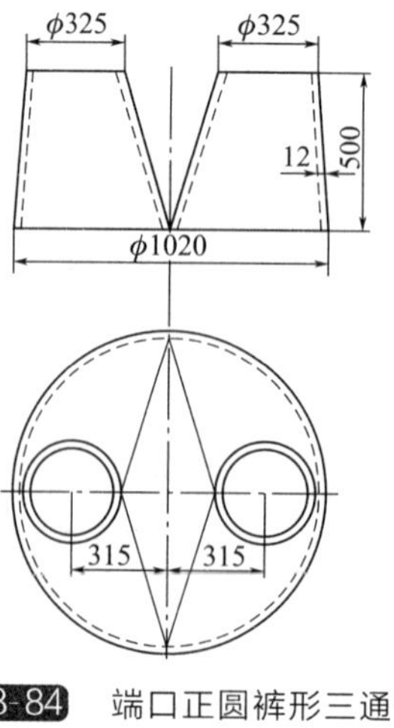

图 8-84 端口正圆裤形三通管

1. 板厚处理

（1）主、支管的展开料以中径为计算基准。

（2）两半的纵缝开60°外坡口，两半的水平缝采用两者形成的自然V形坡口，只焊外侧即可。

2. 下料计算

图 8-85 为计算原理图，图 8-86 为放大图。

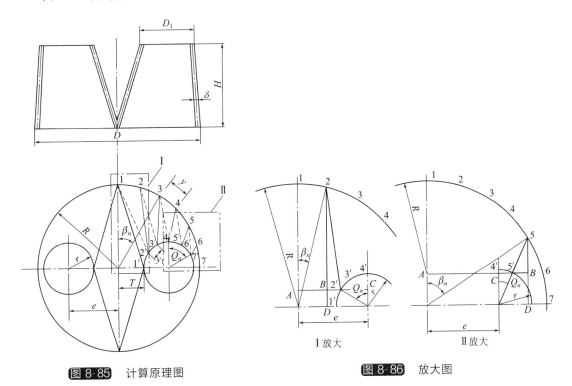

图 8-85　计算原理图　　　　图 8-86　放大图

（1）支管内侧任一实长素线为 l_n。

$$l_n = \sqrt{(e - R\sin\beta_n - r\sin Q_n)^2 + (R\cos\beta_n - r\cos Q_n)^2 + H^2}$$

表达式推导如下（见图 8-86 中 I 放大）：

以 $l_{2-2'}$ 的推导过程为例。

在直角 $\triangle 2B2'$（见图 8-86 I 放大分图）中

因为 $B2' = e - AB - 2'C$，$AB = R\sin\beta_n$，$2'C = r\sin Q_n$

所以 $B2' = e - R\sin\beta_n - r\sin Q_n$

因为 $B2 = 2D - BD$，$2D = R\cos\beta_n$，$BD = r\cos Q_n$

所以 $B2 = R\cos\beta_n - r\cos Q_n$

但 $2-2'$ 为实长的投影长，所以还要加 H^2，即可证得表达式。

如 $l_{2-2'} = \sqrt{(315 - 504\sin15° - 156.5 \times \sin60°)^2 \text{mm} + (504\cos15° - 156.5\cos60°)^2 + 500^2}\,\text{mm} = 648\text{mm}$

同理得：$l_{1-1'} = 665\text{mm}$，$l_{3-3'} = 583\text{mm}$，$l_{4-4'} = 540\text{mm}$。

（2）支管外侧任一实长素线

$$l_n = \sqrt{(R\sin\beta_n - e - r\sin Q_n)^2 + (R\cos\beta_n - r\cos Q_n)^2 + H^2}$$

表达式推导如下（见图 8-86 中 II 放大）：

以 $l_{5-5'}$ 的推导过程

在直角△5B5′中

因为 $B5'=AB-e-5'C$，$AB=R\sin\beta_n$，$5'C=r\sin Q_n$

所以 $B5'=R\sin\beta_n-e-r\sin Q_n$

因为 $B5=5D-BD$，$5D=R\cos\beta_n$，$BD=r\cos Q_n$

所以 $B5=R\cos\beta_n-r\cos Q_n$

但因为 $5-5'$ 为投影长，所以还要加 H^2，即可证得表达式。

如 $l_{5-5'}=\sqrt{(504\times\sin60°-315-156.5\sin30°)^2\,mm+(504\times\cos60°-156.5\cos30°)^2+500^2}\,mm$
$=515mm$

同理得：$l_{4-4'}=540mm$，$l_{6-6'}=504mm$，$l_{7-7'}=501mm$。

（3）支管内侧任一实长过渡线

$l_n=\sqrt{(e-R\sin\beta_n-r\sin Q_{n+1})^2+(R\cos\beta_n-r\cos Q_{n+1})^2+H^2}$（见图8-86中Ⅰ放大）

如 $l_{2-3'}=\sqrt{(315-504\times\sin15°-156.5\times\sin30°)^2+(504\cos15°-156.5\times\cos30°)^2+500^2}\,mm=620mm$

同理得：$l_{1-2'}=681mm$，$l_{3-4'}=576mm$，$l_{4-5'}=559mm$。

（4）支管外侧任一实长过渡线

$l_n=\sqrt{(R\sin\beta_n-e-r\sin Q_{n+1})^2+(R\cos\beta_n-r\cos Q_{n+1})^2+H^2}$（见图8-86中Ⅱ放大）

如 $l_{5-6'}=\sqrt{(504\times\sin60°-315-156.5\times\sin60°)^2+(504\times\cos60°-156.5\times\cos60°)^2+500^2}\,mm=530mm$

同理得：$l_{4-5'}=559mm$，$l_{6-7'}=517mm$。

（5）内侧三角形高实长 $T=\sqrt{(e-r)^2+H^2}=\sqrt{(315-156.5)^2+500^2}\,mm=525mm$。

（6）主管每等分弦长 $y=2R\sin\dfrac{180°}{m}=2\times504\,mm\times\sin\dfrac{180°}{24}=132mm$。

（7）支管每等分弦长 $y_1=2r\sin\dfrac{180°}{m}=2\times156.5\,mm\times\sin\dfrac{180°}{12}=81mm$。

（8）主管大端 $\dfrac{1}{2}$ 弧长 $S=\pi R=\pi\times504\,mm=1583mm$（验证数据）。

（9）支管小端全弧长 $s=2\pi r=2\times\pi\times156.5\,mm=983mm$（验证数据）。

式中　e——主、支管中心距，mm；R、r——主、支管中半径，mm；β_n、Q_n——主、支管圆周各等分点与同一直径的夹角，(°)；H——主、支管端面间的垂直距离，mm；m——圆周等分数。

3. 展开图的画法

（1）画一垂直线段 $7-7'$，使其等于 $501mm$。

（2）分别以 $7'$、7 点为圆心，以 $517mm$、$132mm$ 为半径画弧，两弧交于 6 点。

（3）分别以 6、$7'$ 点为圆心，以 $504mm$、$81mm$ 为半径画弧，两弧交于 $6'$ 点。

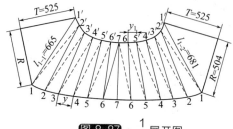

图 8-87　$\dfrac{1}{2}$ 展开图

同法作到尽头，便得出 $\dfrac{1}{2}$ 展开图，如图 8-87 所示，此作展开图方法叫三角形法。

4. 说明

（1）计算 $l_{4-4'}$ 和 $l_{4-5'}$ 时，用内或外公式都可以，其值相同，其他素线不能混用。

（2）对接纵缝的外坡口应在平板时开出。

（3）由于板较厚，应作胎在压力机上压制，下胎为放射胎，上胎为刀形胎，只压在素线上即可成形，注意随时用样板检查弧度。

（4）先将 $\frac{1}{2}$ 展开料组焊并焊牢，立于平台上，并列后量取两小口的对应外皮距离是否为 630mm，如有误差，应在大端的水平缝进行处理。

十七、内插外套椭圆板料计算

本例是三通内椭圆板，中间插入带孔筒体，作成网状过滤器，厚板可考虑坡口（即 K 值），薄板 K 值很小，可不计算。内插外套椭圆板见图 8-88。如图 8-89 所示为网状过滤器施工图，图 8-90 为计算原理图。

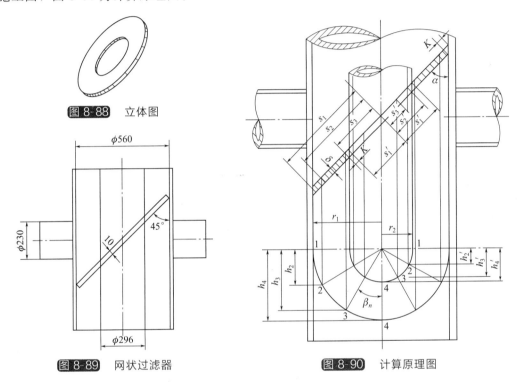

图 8-88　立体图

图 8-89　网状过滤器

图 8-90　计算原理图

1. 板厚处理

计算长轴时，上下端要显示出板厚的因素，外椭圆上端要去掉一个 K 值，内椭圆下端要增加一个 K 值，这样内外圆便形成了自然坡口，正适于焊接。

2. 下料计算

（1）外椭圆

① 长度方向 $s_n = \dfrac{r_1 \sin\beta_n}{\sin\alpha}$

如 $s_1 = \dfrac{280\text{mm} \times \sin90°}{\sin45°} = 396\text{mm}$

同理得：$s_2 = 343\text{mm}$，$s_3 = 198\text{mm}$。

② 宽度方向 $h_n = r_1 \cos\beta_n$

如 $h_2 = 280\text{mm} \times \cos60° = 140\text{mm}$

同理得：$h_3 = 242\text{mm}$，$h_4 = 280\text{mm}$。

③ $K = \dfrac{\delta}{\tan\alpha} = \dfrac{10\text{mm}}{\tan45°} = 10\text{mm}$。

（2）内椭圆

① 长度方向 $s'_n = \dfrac{r_2 \sin\beta_n}{\sin\alpha}$

如 $s'_1 = \dfrac{148\text{mm} \times \sin 90°}{\sin 45°} = 209\text{mm}$

同理得：$s'_2 = 181\text{mm}$，$s'_3 = 105\text{mm}$。

② 宽度方向 $h'_n = r_2 \cos\beta_n$

如 $h'_2 = 148\text{mm} \times \cos 60° = 74\text{mm}$

同理得：$h'_3 = 128\text{mm}$，$h'_4 = 148\text{mm}$。

③ $K = \dfrac{\delta}{\tan\alpha} = \dfrac{10\text{mm}}{\tan 45°} = 10\text{mm}$。

3. 椭圆样板的画法

（1）作一条十字线，交点为 O。

（2）以 O 为基点，向左、右分别截取 s_n 和 s'_n，如 $s_1 = 396\text{mm}$，$s_2 = 343\text{mm}$，$s'_1 = 209\text{mm}$，$s'_2 = 181\text{mm}$…，得若干交点。

（3）过各交点作长轴的垂线，得若干平行线。

（4）以长轴为基准，向上、下分别在各平行线上对应截取 h_n 和 h_n'，如 $h_3 = 242\text{mm}$，$h'_3 = 128\text{mm}$，得各交点。

（5）在外椭圆上端和内椭圆下端分别去掉和增加 10mm，得各交点。

（6）圆滑连接各交点，即得椭圆孔板展开样板，如图 8-91 所示。

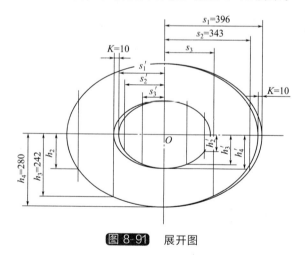

图 8-91　展开图

4. 说明

（1）在点焊椭圆板前，应将内管和椭圆板在外试组装，用 45°样板检查倾斜度是否合格。

（2）合格后再点焊椭圆板，并与外套管焊接牢固。

（3）插入内管，量取内管外壁至外管内壁的距离相等后点焊，并焊牢。

十八、圆管直交正四棱锥料计算

图 8-92 为圆管直交正四棱锥计算原理图，并设 $a = 720\text{mm}$，$H = 1040\text{mm}$；$\delta = 6\text{mm}$，$e = 240\text{mm}$，支管高 $H_3 = 960\text{mm}$，支管 $\phi_{外} = 325\text{mm} \times 8\text{mm}$。

1. 计算原理

（1）支、主管结合点的求法

① 在俯视图中，将支管外断面分成 8 等份，得各点 1、2、3、4、5，并与锥顶连线与方端得各交点 1′、2′、3′、4′、5′。

② 由 1′、2′、3′、4′、5′往上引垂线与主管底面得各交点 1″、2″、3″、4″、5″，各点与锥顶 O 连线，即得出锥平面素线 $O1″$、$O2″$、$O3″$、$O4″$、$O5″$。

③ 在俯视图中，将支管外断面各点 1、2、3、4、5 往上引垂线，得主视图支管各素线，与各锥平面素线得各交点（图中未示出），各点即为结合点。

（2）求展开半径的方法　将各结合点旋转至实长棱线上与棱线得交点，顶点 O 至各交点的长度，即为实长展开半径。

2. 板厚处理

（1）主管　不论厚板或薄板，一律按里皮处理，即展开半径和方口皆按里皮处理。

（2）孔实形　不管用计算法或用放样法，应按外皮处理。

（3）支管　本例为 $\phi325mm \times 8mm$ 的成品管，故支管长度应按外皮的结合点。

3. 计算方法

（1）主管（见图 8-93 和图 8-94）

① 底角 $\alpha = \arctan\dfrac{2H}{a} = \arctan\dfrac{2 \times 1040}{720} = 71°$。

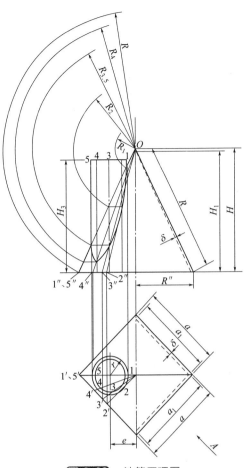

图 8-92　计算原理图

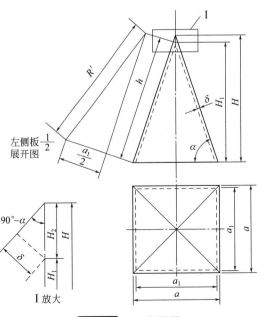

图 8-93　A 向视图

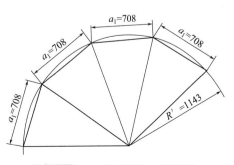

图 8-94　主管展开图（按里皮）

② 外皮高和里皮高的高差 H_2（见图 8-93 的 I 放大）

$$H_2 = \frac{\delta}{\sin(90° - \alpha)} = \frac{6\text{mm}}{\sin(90° - 71°)} = 18.43\text{mm}。$$

③ $H_1 = H - H_2 = (1040 - 18.43)\text{mm} = 1022\text{mm}$。

④ 侧板里皮高 $h = \frac{a_1}{2 \times \cos\alpha} = \frac{708\text{mm}}{2 \times \cos71°} = 1087\text{mm}$。

⑤ 里皮展开半径 $R' = \sqrt{h^2 + \left(\frac{a_1}{2}\right)^2} = \sqrt{1087^2 + 354^2}\ \text{mm} = 1143\text{mm}$。

式中　H——整锥高，mm；a——外皮宽，mm；δ——板厚，mm；a_1——里皮宽，mm。

（2）支管（见图 8-95）

① 展开长度 $s = 2\pi r = \pi \times 325\text{mm} = 1021\text{mm}$。

② 通过放实样取得各素线长 l_n：$l_1 = 64\text{mm}$，$l_2 = 400\text{mm}$，$l_3 = 720\text{mm}$，$l_4 = 864\text{mm}$，$l_5 = 720\text{mm}$。

（3）孔实形（见图 8-96，全按外皮）

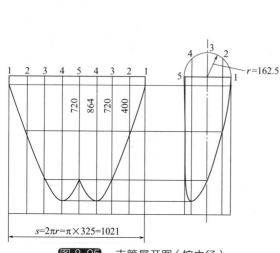

图 8-95　支管展开图（按中径）

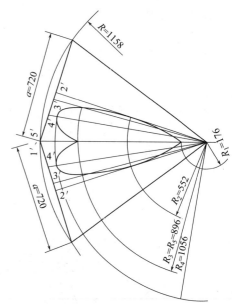

图 8-96　孔实形（按外皮）

① 棱线投影长 $R'' = \frac{720\text{mm}}{\sqrt{2}} = 509\text{mm}$。

② 棱线展开半径 $R = \sqrt{R''^2 + H^2} = \sqrt{509^2 + 1040^2}\ \text{mm} = 1158\text{mm}$。

③ 各结合点展开半径 R_n：通过放实样得知，$R_1 = 176\text{mm}$，$R_2 = 552\text{mm}$，$R_3 = R_5 = 896\text{mm}$，$R_4 = 1056\text{mm}$。

十九、圆管平交正方锥管料计算

如图 8-97 所示为圆管平交正方锥管施工图。

该构件是圆管与正方锥管水平相交，孔实形为上下对称的椭圆形，纵坐标是以 O 点为基点利用余弦函数求得，横坐标为端面过各等分点的半弦长；支管全周皆按里皮处理，下侧打出 α 角度的外坡口，各素线用正切函数求得，展开图用平行线法作出；本例用 $\phi219\text{mm} \times 8\text{mm}$ 的成品管，所以展开长应按外径展开。各素线长按内径。如图 8-98 所示为计算原理图。

1. 孔实形

图 8-99 所示为孔实形。

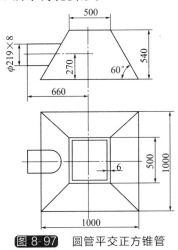

图 8-97 圆管平交正方锥管

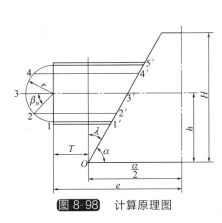

图 8-98 计算原理图

（1）支管端面与主管侧面夹角 $\lambda = 90° - \alpha = 90° - 60° = 30°$。

（2）各纵向长为 j_n

$$j_n = \frac{h \pm r \sin\beta_n}{\cos\lambda}$$

按图所给的数据计算：$j_{O-2'} = \dfrac{270 - 101.5 \times \sin45°}{\cos30°}\text{mm} = 228.89\text{mm}$

$j_{O-4'} = \dfrac{270 + 101.5 \times \sin45°}{\cos30°}\text{mm} = 394.64\text{mm}$

同理得：$j_{O-1'} = 194.57\text{mm}$，$j_{O-3'} = 311.77\text{mm}$，$j_{O-5'} = 428.97\text{mm}$。

（3）各横向长 $P_n = r\cos\alpha$

如 $P_2 = P_4 = 101.5\text{mm} \times \cos45° = 100.79\text{mm}$

同理得：$P_1 = P_5 = 0$，$P_3 = 101.5$。

式中 α——主管底角，（°）；h——支管中心线至主管底面距离，mm；β_n——支管端面各等分点与同一横向直径的夹角，（°）；r——支管内半径，mm。

2. 支管

图 8-100 所示为支管展开图。

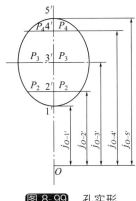

图 8-99 孔实形

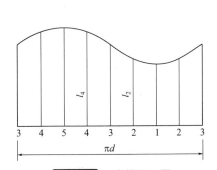

图 8-100 支管展开图

注：d 为直径，用成品管时为外径，用板卷制时为中径。

（1）支管端面至大端边线垂直距离 $T = e - \dfrac{a}{2} = (600 - 500)\,\text{mm} = 160\,\text{mm}$。

（2）各素线长为 $l_n = T + (h \pm r\sin\beta_n)\tan\lambda$

如 $l_2 = 160\,\text{mm} + (270 - 101.5 \times \sin45°)\,\text{mm} \times \tan30° = 274.45\,(\text{mm})$

$l_4 = 160\,\text{mm} + (270 + 101.5 \times \sin45°)\,\text{mm} \times \tan30° = 357.32\,(\text{mm})$

同理得：$l_1 = 257.28\,\text{mm}$，$l_5 = 374.49\,\text{mm}$，$l_3 = 315.88\,\text{mm}$。

（3）支管展开长为 $s = \pi D = \pi \times 219\,\text{mm} = 688\,\text{mm}$。

式中 e——支管端面至主管中心距离，mm；a——主管大端外边长，mm；D——支管直径，成品管中为外径，用钢板卷制时为中径，mm。

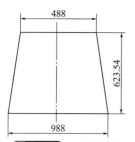

图 8-101 主管侧板展开图（按里皮）

3. 主管

（1）主管侧板高 $h_1 = \dfrac{H}{\sin60°} = \dfrac{540\,\text{mm}}{\sin60°} = 623.54\,\text{mm}$

式中 H——主管高，mm。

（2）如图 8-101 所示为主管侧板展开图（按里皮）。

二十、圆管直交正方锥管料计算

图 8-102 为圆管直交正方锥管的施工图。

该构件是圆管偏心与正方锥管相交，因为是与平面相交，故结合线必为直线，其孔实形为上下对称的椭圆形；从下端看为里皮接触，从上端看为外皮接触，但在现场的制作中，一般都按里皮接触，在上端打同底角度数的外坡口，圆滑过渡到中部位置，所以计算时按里皮处理。支管为 $\phi159\,\text{mm} \times 6\,\text{mm}$ 的成品管，故计算展开长时 D 应为外径。各素线长按内径计算。

1. 孔实形(支管不插入主管)

图 8-103 为计算原理图，图 8-104 为孔实形。

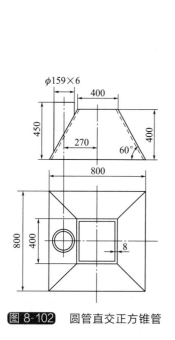

图 8-102 圆管直交正方锥管

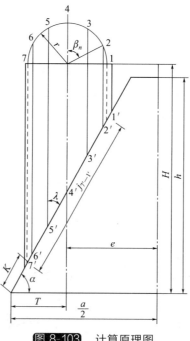

图 8-103 计算原理图

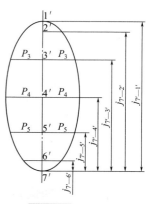

图 8-104 孔实形

（1）支管底角 $\lambda = 90° - \alpha = 90° - 60° = 30°$。

（2）各纵向长 $j_n = \dfrac{r \pm r\sin\beta_n}{\sin\lambda}$

如 $j_{7'-2'} = \dfrac{73.5 + 73.5 \times \sin60°}{\sin30°}\text{mm} = 274.31\text{mm}$

$j_{7'-6'} = \dfrac{73.5 - 73.5 \times \sin60°}{\sin30°}\text{mm} = 19.69\text{mm}$

同理得：$j_{7'-3'} = 220.5\text{mm}$，$j_{7'-4'} = 147\text{mm}$，$j_{7'-5'} = 73.5\text{mm}$，$j_{7'-1'} = 294\text{mm}$（孔实形全长）。

（3）各横向长为 P_n。

$P_n = r\cos\beta_n$

如 $P_3 = P_5 = 73.5\text{mm} \times \cos30° = 63.65\text{mm}$

同理得：$P_1 = P_7 = 0$，$P_2 = P_6 = 36.75\text{mm}$，$P_4 = 73.5\text{mm}$。

式中 α——主管底角，（°）；r——支管内半径，mm；β_n——支管端面各等分点与同一纵向直径的夹角，（°）。

2. 支管

如图 8-105 所示为支管展开图。

（1）支管中心至大端边的距离 $T = \dfrac{a}{2} - e = (400 - 270)\text{mm} = 130\text{mm}$。

（2）支管下角点至大端边距离 $K = \dfrac{T-r}{\cos\alpha} = \dfrac{130-73.5}{\cos60°}\text{mm} = 113\text{mm}$（组对时用的控制点）。

（3）支管各素线长 $l_n = H - (T \pm r\sin\beta_n)\tan\alpha$

如 $l_3 = 450\text{mm} - (130 + 73.5 \times \sin30°)\text{mm} \times \tan60° = 161.18\text{mm}$

$l_5 = 450\text{mm} - (130 - 73.5 \times \sin30°)\text{mm} \times \tan60° = 288.49\text{mm}$

同理得：$l_2 = 114.58\text{mm}$，$l_4 = 224.83\text{mm}$，$l_6 = 335.08\text{mm}$，$l_1 = 97.53\text{mm}$，$l_7 = 352.14\text{mm}$。

（4）支管展开长 $s = \pi d = \pi \times 159\text{mm} = 499.51\text{mm}$。

式中 a——主管大端外边长，mm；e——主支管偏心距，mm；H——支管上端口至大端距离，mm；d——支管直径，成品管时为外径，钢板卷制时为中径，mm。

3. 主管

（1）主管侧板高 $h_1 = \dfrac{h}{\sin\alpha} = \dfrac{400\text{mm}}{\sin\alpha} = 461.88\text{mm}$。

式中 h——主管高，mm。

（2）如图 8-106 所示为主管按里皮展开图。

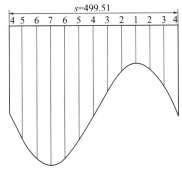

图 8-105 支管展开图

注：d 用成品管时为外径，用钢板卷制时为中径。

图 8-106 主管展开图（按里皮）

二十一、圆管斜交正方锥管料计算

如图 8-107 所示为圆管斜交正方锥管施工图。

该构件是圆管与主管斜交，大部分用于分流液体或粒状原料，所以支管插入主管结合为好，以取得里皮平齐，因此本例支管按外皮计算；孔实形为上下对称的椭圆形，纵坐标是以中点 4 为基点用正弦函数求得，横坐标为端面过各等分点的半弦长；支管为插入主管处理，故孔实形和支管皆按外皮处理；各素线长用正切函数求得，展开图用平行线法作出，本例用 $\phi530\text{mm}\times10\text{mm}$ 的成品管。

1. 孔实形

如图 8-108 所示为计算原理图，图 8-109 所示为孔实形。

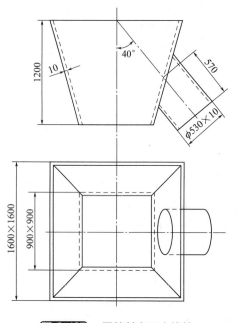

图 8-107 圆管斜交正方锥管

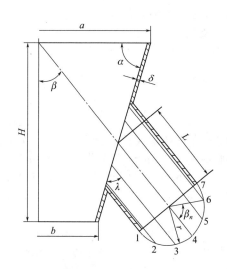

图 8-108 计算原理图

（1）主管底角 $\alpha=\arctan\dfrac{2H}{a-b}=\dfrac{2400}{1600-900}=73.74°$。

（2）支管中心线与主管侧板夹角 $\lambda=90°+\beta-\alpha=90°+40°-73.74°=56.26°$。

（3）孔实形各纵向长 $j_n=\dfrac{r\sin\beta_n}{\sin\lambda}$（以 4 点为基点）

如 $j_{4-3}=j_{4-5}=\dfrac{265\text{mm}\times\sin30°}{\sin56.26°}=159.34\text{mm}$

同理得：$j_{4-2}=j_{4-6}=275.98\text{mm}$，$j_{4-1}=j_{4-7}=318.68\text{mm}$。

（4）孔实形各横向长 $P_n=r\cos\beta_n$

$P_3=P_5=265\text{mm}\times\cos30°=229.50\text{mm}$

同理得：$P_2=P_6=132.50\text{mm}$，$P_1=P_7=0$，$P_4=265\text{mm}$。

式中　H——主管高，mm；a、b——主管大小端外皮长，mm；β——支、主管夹角，（°）；r——支管外皮半径，mm；β_n——支管端面各等分点与同一纵向直径的夹角，（°）。

2. 支管

如图 8-110 所示为支管展开图。

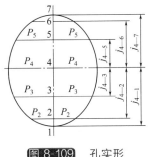

图 8-109 孔实形

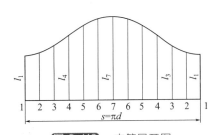

图 8-110 支管展开图

注：d 为支管直径，用成品管时为外径，
用钢板卷制时为中径。

（1）各素线长 $l_n = L \pm \dfrac{r\sin\beta_n}{\tan\lambda}$

如 $l_3 = \left(570 - \dfrac{265 \times \sin30°}{\tan56.26°}\right)\text{mm} = 481.50\text{mm}$

$l_5 = \left(570 + \dfrac{265 \times \sin30°}{\tan56.26°}\right)\text{mm} = 658.50\text{mm}$

同理得：$l_1 = 393\text{mm}$，$l_2 = 416.71\text{mm}$，$l_4 = 570\text{mm}$，$l_6 = 723.29\text{mm}$，$l_7 = 747\text{mm}$。

（2）支管展开长 $s = \pi d = \pi \times 530 = 1665$（mm）。

式中 L——支管端面至支管中心线与主管侧板交点的距离，mm；d——支管直径，用成品管时为外径，用钢板卷制时为中径，mm。

3. 主管

（1）侧板高 $h_1 = \dfrac{H}{\sin\alpha} = \dfrac{1200\text{mm}}{\sin73.74°} = 1250\text{mm}$。

（2）如图 8-111 所示为主管展开图（按里皮）。

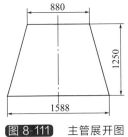

图 8-111 主管展开图
（按里皮）

二十二、方管横穿正圆锥台料计算

如图 8-112 所示为方管横穿正圆锥管的施工图，用 4mm 碳钢板制作，本例的特点是方管横穿过正圆锥台，需准确地找准对侧的孔位置，这就像矿井下的巷道打对穿一样，要在某一位置分毫不差地对接上，怎样达到目的呢？这就需要准确地确定孔实形的几何尺寸和位置，圆锥台用计算法作展开实形，孔实形用放样法求得，下面分别叙述之。

1. 板厚处理

本例用 4mm 的碳钢板，本不需板厚处理，但为了尽量减小板厚影响，还是进行板厚处理好，圆锥台按中径处理，方管按外皮处理。

2. 下料计算

（1）锥台（展开图见图 8-113）

① 整锥半顶角 $\beta = \arctan\dfrac{D-d}{2h} = \arctan\dfrac{796-216}{2\times650} = 24°$。

② 整锥展开半径 $R = \dfrac{D}{2\sin\beta} = \dfrac{796\text{mm}}{2\times\sin24°} = 979\text{mm}$。

③ 上锥展开半径 $r = \dfrac{d}{2\sin\beta} = \dfrac{216\text{mm}}{2\times\sin24°} = 266\text{mm}$。

④ 展开料半包角 $\alpha = 360° \times \sin\beta = 180° \times \sin24° = 73.21°$。

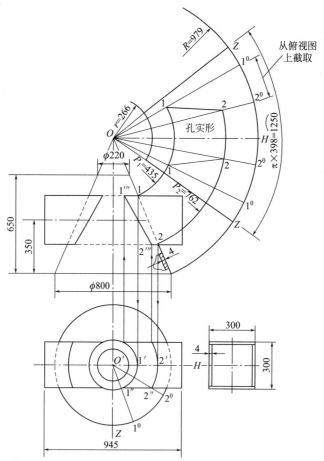

图 8-112　方管横穿正圆锥台与孔实形的展开原理

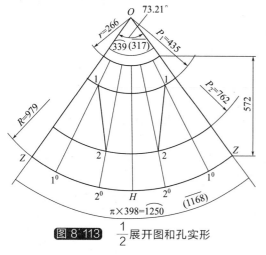

图 8-113　$\dfrac{1}{2}$ 展开图和孔实形

⑤ 展开料大端半弧长 $s' = \dfrac{\pi D}{2} = \dfrac{\pi \times 796\text{mm}}{2} = 1250\text{mm}$。

⑥ 展开料小端半弧长 $s_1 = \dfrac{\pi d}{2} = \dfrac{\pi \times 216\text{mm}}{2} = 339\text{mm}$。

⑦ 展开料大端弦长 $A = 2R\sin\dfrac{\alpha}{2} = 2 \times 979\text{mm} \times \sin\dfrac{73.21°}{2} = 1168\text{mm}$。

⑧ 展开料小端弦长 $A_1 = 2r\sin\dfrac{\alpha}{2} = 2 \times 266\text{mm} \times \sin\dfrac{73.21°}{2} = 317\text{mm}$。

⑨ 大、小端弦心距 $B = (R - r)\cos\dfrac{\alpha}{2} = (979 - 266)\text{mm} \times \cos\dfrac{73.21°}{2} = 572\text{mm}$。

⑩ 方管上板截圆半径 $r_1 = (650 - 500)\text{mm} \times \tan24° + 110\text{mm} = 177\text{mm}$。

⑪ 方管上板截圆对应的展开半径 $P_1 = \dfrac{177\text{mm}}{\sin24°} = 435\text{mm}$。

⑫ 方管下板截圆半径 $r_2 = (650 - 200)\text{mm} \times \tan 24° + 110\text{mm} = 310\text{mm}$。

⑬ 方管下板截圆对应的展开半径 $P_2 = \dfrac{310\text{mm}}{\sin 24°} = 762\text{mm}$。

式中　D、d——圆锥台大、小端中直径，mm；H——大、小端垂直距离，mm。

（2）孔实形　此例若为单方管平插，则完全可用覆盖法找定孔实形，但因为是横穿，所以两侧的孔必须开得很准确。怎样就能开得很准确呢？下面叙述之。

① 如图 8-112 所示为孔实形的展开原理，是用计算法和放样法共同实施画出展开实形的。

② 画出主视图和俯视图。

③ 主视图上，锥台与方管轮廓线的交点为 1、2；往下投至俯视图与横向中心线的交点为 $1'$、$2'$。

④ 以 O' 为圆心，分别为 $O'1'$、$O'2'$ 为半径画弧，与方管轮廓线交点为 $1''$、$2''$，往上投至主视图方管轮廓线上，交点为 $1'''$、$2'''$，线段 $1'''2'''$ 为结合线。

⑤ 俯视图上，连 $O'1'$、$O'2'$ 并延长，与锥台大端圆周的交点分别为 1^0、2^0。

⑥ 在 $\dfrac{1}{2}$ 锥台展开图的大弧上，分别截取俯视图的 $Z1^0$、$1^02^0\cdots$，并连 OZ、$O1^0\cdots$。

⑦ 在 $\dfrac{1}{2}$ 展开图上，以 O 点为圆心，分别用 $P_1 = 435\text{mm}$ 和 $P_2 = 762\text{mm}$ 画弧，与上述放射线交于 1、2、2、1 四点，实为纵横坐标法的交点，连四点即为孔实形。

3. 说明

① 为保证方管的设计空间位置，应在平板状态下开孔，一孔按正常孔径开孔，另一孔每边缩小 5mm 开孔，卷制成形后从前孔穿入，另一孔会有一定量的调节余量。

② $O1'''$、$O2'''$ 的实长为 $O1$、$O2$，其原理是旋转法求实长。

第九章 型　钢

本章主要介绍在生产中经常遇到的各种型钢构件的计算方法，按折弯计算和切断计算分别叙述。

型钢折弯展开和切断展开皆应按里皮计算料长。切断按里皮计算好理解，为什么折弯展开也按里皮呢？这是因为：不论薄板或厚板型钢，在折弯操作时，皆用气焊炬烤红后进行折弯，这样一来，便保证了折角为清角，这与板料在压力机上压制达到清角的原理是一样的，即尖角镦压理论，完全能保证设计的几何尺寸在允差范围。

若不用焊炬烤红而折弯，折后的立板圆弧很大，即不是清角，此时几何尺寸保证不了且很不美观。

展开缺口是保证折弯后为清角的有利形状，根部是三角形的顶点，折弯时在顶点平立板的支撑下，根部发生了内层挤压，外层拉伸的物理变化，但根部有平立板的支撑，内层金属被挤压时，只能往外移而不能往内移，所以根部的几何尺寸不会变小。

折弯时立板得不到支撑，其清角程度较差，其补偿方法是用钝刃锤往外击打（烤红后击打效果更明显），便会得到美观的清角的立折边。

图 9-1　立体图

一、内煨槽(角)钢矩形框料计算

内煨槽（角）钢矩形框见图 9-1。图 9-2 为平煨槽钢框的施工图，图 9-3 为计算原理图。

1. 板厚处理

折弯展开和切断展开皆按里皮计算料长。

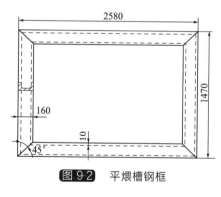

图 9-2　平煨槽钢框

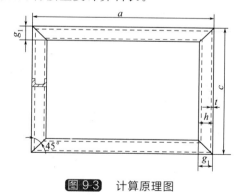

图 9-3　计算原理图

2. 下料计算

折弯计算与切断计算相同。

（1）切角尺寸 $g_1 = h - t = (160 - 10)\,\text{mm} = 150\,\text{mm}$。

（2）料长

$a_1 = a - 2t = (2580 - 20)\,\text{mm} = 2560\,\text{mm}$。

$c_1 = c - 2t = (1470 - 20)\text{mm} = 1450\text{mm}$。

（3）料全长 $l = 2(a+c) - 8t = 2 \times (2580 + 1470)\text{mm} - 80\text{mm} = 8020\text{mm}$。

式中　　h——槽钢宽，mm；t——平均腿厚，mm；a、c——外皮长，mm；a_1、c_1——里皮长，mm。

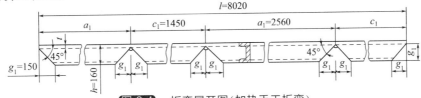

图 9-4　折弯展开图（加热手工折弯）

3. 展开料的划线方法(适用于折弯和切断)(折弯展开图见图 9-4)

（1）划线时建议每段加上 2mm，作为加热后收缩、切断和焊接后收缩的补偿。

（2）用带座直角尺在槽端头划出一个正断面。

（3）以正断面线为基线，往内量取 $a_1 = 2560\text{mm}$、$c_1 = 1450\text{mm}$，各两段。

（4）用带座直角尺划出尺寸线的正断面线。

（5）以正断面线为基线，从小面往里量取 10mm 得里皮点，另一小面往两边各量取 150mm 得两点，连接三点，即得缺口的切角尺寸线。

4. 说明

（1）折弯展开料的折弯方法

① 折弯前要将小面及其大小面的根部加热至樱红色，然后徐徐扳动槽钢，至缺口合拢。

② 将对口端用小疤点焊，只中部点一小疤。

③ 量取对角线是否相等，若不等，可用小型倒链拉长的对角线，短对角线便会增长，等长后点焊，这就是初次点焊要小疤的原因。

（2）切断展开料的组对方法

① 切断时垂直槽钢面进行切断。

② 在平台上放实形，尺寸为 1470mm×2580mm，并在外点焊限位铁。

③ 将四槽钢按线放入实样内，找定缺口间隙后便可点焊。

④ 量取对角线是否相等，若不等，可用小型倒链拉长的对角线，短对角线便会增长，相等后加大焊疤以定位。

二、外煨角(槽)钢矩形框料计算

外煨角（槽）钢矩形框见图 9-5。图 9-6 所示为一外煨角钢矩形框施工图，图 9-7 为计算原理图。

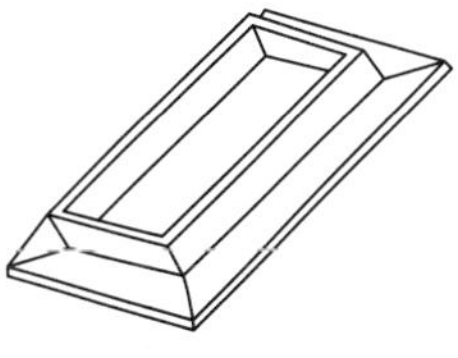

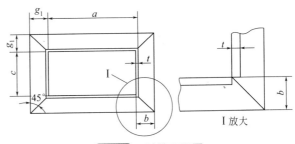

图 9-5　立体图

1. 板厚处理

不论折弯展开还是切断展开皆按里皮计算料长。

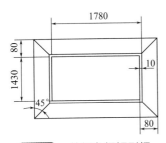

图 9-6　外煨角钢矩形框

图 9-7　计算原理图

2. 下料计算

（1）折弯计算

① 补料尺寸 $b_1 = b - t = (80 - 10)\text{mm} = 70\text{mm}$。

② 料长

$a_1 = a - 2t = (1780 - 20)\text{mm} = 1760\text{mm}$。

$c_1 = c - 2t = (1430 - 20)\text{mm} = 1410\text{mm}$。

③ 料全长 $l_1 = 2(a + c) - 8t = 2 \times (1780 + 1430)\text{mm} - 80\text{mm} = 6340\text{mm}$。

（2）切断计算

① 切角尺寸 $g_1 = b = 80\text{mm}$。

② 料长

$a_1 = a - 2t = (1780 - 20)\text{mm} = 1760\text{mm}$。

$c_1 = c - 2t = (1430 - 20)\text{mm} = 1410\text{mm}$。

③ 料全长 $l_2 = 6340\text{mm}$（同折弯计算）。

式中　a、c——外皮长，mm；a_1、c_1——里皮长，mm；b——角钢宽，mm；t——平均腿厚，mm。

3. 折弯展开料的划线方法（折弯展开图见图 9-8）

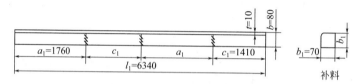

图 9-8　折弯展开图（加热手工折弯）

（1）划线时建议每一段加上 1mm，作为加热和焊接后收缩的补偿。

（2）用带座直角尺划出一正断面线。

（3）以正断面线为基线，量取 $a_1 = 1760\text{mm}$、$c_1 = 1410\text{mm}$，各两段，保证全长为 $l_1 = 6340\text{mm}$，并在尺寸线处划出正断面线。

（4）将一个面按线切断。

4. 切断展开料的划线方法（切断展开图见图 9-9）

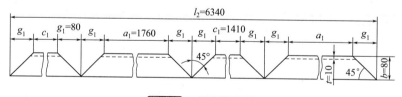

图 9-9　切断展开图

（1）划线时建议每一段加上 1mm，作为加热和焊接后收缩的补偿。

（2）用带座直角尺划出一正断面线。

（3）以正断面线为基线，量取 $a_1 + 2g_1 = (1760 + 2 \times 80)\text{mm} = 1920\text{mm}$、$c_1 + 2g_1 = (1410 + 2 \times 80)\text{mm} = 1570\text{mm}$，各两段，并划出正断面线。

（4）以正断面线为基线，两端往内回缩 80mm，即为切角线。

5. 说明

（1）折弯展开料的煨制方法

① 折弯前按尺寸线加热至樱红色，然后徐徐扳动角钢，并用 90°样板检查角度。

② 煨成后，四角便出现了四个正方形，将补料放于其中并点焊。

③ 量取四角的对角线是否相等，若不等，可用小型倒链拉长的对角线，短对角线便会增长，至相等为合格。

（2）切断展开料的组对方法

① 垂直角钢面进行切割。

② 在平台放实样，尺寸为 1940mm×1590mm，并在外、内点焊限位铁。

③ 将四角钢放入实样内，找定间隙后小疤点焊，此时立面端头形成 90° 外坡口，正适于点焊。

④ 量取对角线是否相等，若不等，可用小型倒链拉长的对角线，短对角便会增长，相等后大疤点焊固定。

三、内外煨混合型角(槽)钢矩形框料计算

图 9-11 为平台上套放设备门形角钢框的施工图，图 9-12 为计算原理图。内外煨混合型角（槽）钢矩形框见图 9-10。

1. 板厚处理

折弯展开和切断展开皆按里皮计算料长。

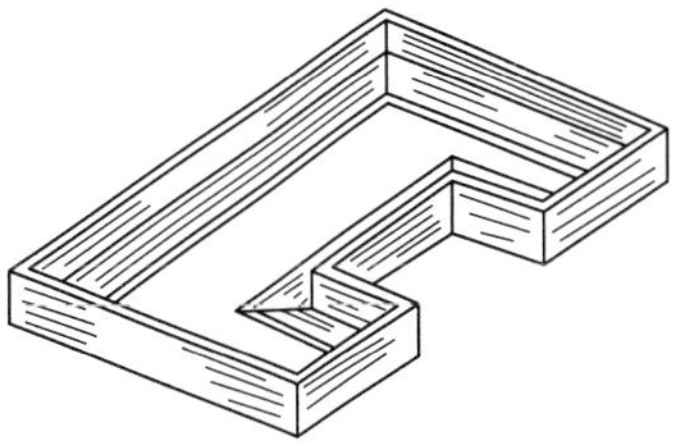

2. 下料计算

（1）外框折弯计算

① 切角尺寸 $g_1 = b - t = (63 - 6)\text{mm} = 57\text{mm}$。

② 料长：

$a_1 = a - 2t = (2200 - 12)\text{mm} = 2188\text{mm}$。

$c_1 = c - 2t = (800 - 12)\text{mm} = 788\text{mm}$。

$d_1 = d - 2t = (600 - 12)\text{mm} = 588\text{mm}$。

③ 料全长 $l_1 = a + 2(c + d) - 10t = 2200\text{mm} + 2 \times (800 + 600)\text{mm} - 60\text{mm} = 4940\text{mm}$。

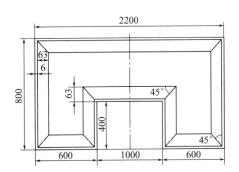

图 9-10　立体图

图 9-11　内外煨混合型角钢矩形框

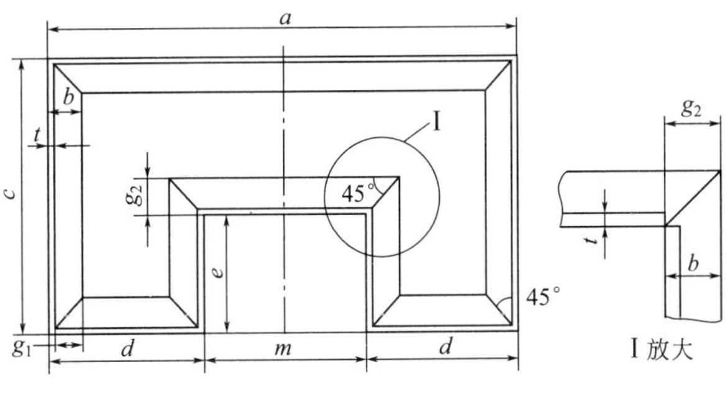

图 9-12　计算原理图

（2）内框切断计算（图 9-14）

① 切角尺寸 $g_2 = b = 63\text{mm}$。

② 料长：

$m_2 = m = 1000\text{mm}$

$e_2 = e - t = 400 - 6 = 394\text{mm}$

③ 料全长 $l_2 = m + 2e - 2t = (1000 + 800 - 12)\text{mm} = 1788\text{mm}$。

式中　a、c、d——外皮长，mm；a_1、c_1、d_1——里皮长，mm；b——角钢宽，mm；t——平均腿厚，mm。

3. 外框折弯展开料的划线方法（折弯展开图见图 9-13）

（1）划线时建议每段加 1mm，作为加热后、切断后和焊接后收缩的补偿。

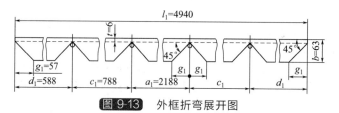

$$\boxed{\text{图 9-13}} \quad \text{外框折弯展开图}$$

（2）用带座直角尺在角钢端头划出一个正断面线。

（3）以正断面线为基线，往内交替量取 $d_1 = 588mm$ 两段、$c_1 = 788mm$ 两段、$a_1 = 2188mm$ 一段。

（4）用带座直角尺划出尺寸线的正断面线。

（5）以正断面线为基线，从棱外皮往里量取 6mm 得里皮点，另一面往两边各量取 57mm 得两点，连接三点，即得缺口的切角尺寸。

4. 内框切断展开料的划线方法（切断展开图见图 9-14）

（1）划线时建议每段加 1mm，作为加热、切断后和焊接后收缩的补偿。

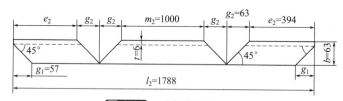

$$\boxed{\text{图 9-14}} \quad \text{内框切断展开图}$$

（2）用带座直角尺在角钢端头划出一个正断面线。

（3）以正断面线为基线，依次往内量取 $e_2 + g_2 = (394 + 63)mm = 457mm$、$m + 2g_2 = (1000 + 2 \times 63)mm = 1126mm$、$e_2 + g_2 = (394 + 63)mm = 457mm$，共三段。

（4）以正断面线为基线，m_2 段两端往内回缩 63mm，即为切角线，e_2 段反方向往内回缩 63mm 和 57mm，即为切角线。

5. 说明

（1）外框折弯展开料的煨制方法

① 折弯前按尺寸线加热至樱红色，然后徐徐扳动角钢，并用 90°样板检查角度，角度合适后在中部点焊一小疤。

② 同法煨制完毕，待与内框相组对。

（2）内框切断展开料的组对方法

① 垂直角钢面进行切割。

② 在平台上放实样，尺寸为 463mm×1126mm，并在内外点焊限位铁。

③ 将三角钢放入实样内，找定间隙后小疤点焊，此时立面形成 90°外坡口，正适合点焊。

（3）内外框的组对方法

① 在平台上放实样，尺寸为 800mm×2200mm，并内外点焊限位铁。

② 将外框放入实样定位后，再放入内框，吻合间隙合适后便可小疤点焊。

③ 量取两者的对角线是否相等，若不等，可用小型倒链拉长对角线，短对角线便会增长，至相等后大疤点焊。

④ 因几何形状较复杂，焊前应进行刚性定位，以防变形。

四、角(槽)钢内煨正多边形框料计算

角（槽）钢内煨正多边形框见图 9-15。图 9-16 所示为一正五角形内煨角钢框的施工图，图 9-17 为计算原理图。

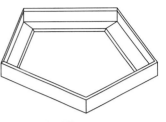

图 9-15　立体图

1. 板厚处理

折弯展开和切断展开皆按里皮计算料长。

2. 下料计算

折弯计算与切断计算相同。

（1）内角 $\beta = \dfrac{180°(n-2)}{n} = \dfrac{180°×3}{5} = 108°$。

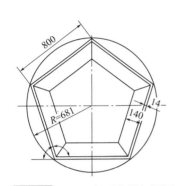

图 9-16　正五角形内煨角钢框

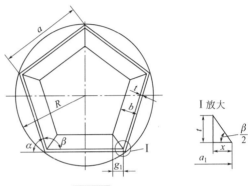

图 9-17　计算原理图

（2）缺口角度 $\alpha = 180° - \beta = 180° - 108° = 72°$。

（3）切角尺寸 $g_1 = \dfrac{b-t}{\tan\dfrac{\beta}{2}}$ （见Ⅰ放大） $= \dfrac{140-14}{\tan 54°}\text{mm} = 92\text{mm}$。

（4）料长 $a_1 = a - \dfrac{2t}{\tan\dfrac{\beta}{2}} = \left(800 - \dfrac{2×14}{\tan 54°}\right)\text{mm} = 780\text{mm}$ （见Ⅰ放大）

（5）料全长 $l = n\left(a - \dfrac{2t}{\tan\dfrac{\beta}{2}}\right) = 5×\left(800 - \dfrac{2×14}{\tan 54°}\right)\text{mm} = 3898\text{mm}$。

（6）组对用外接圆半径 $R = \dfrac{a}{2\cos\dfrac{\beta}{2}} = \dfrac{800}{2×\cos 54°}\text{mm} - 681\text{mm}$。

式中　a——外皮长，mm；a_1——里皮长，mm；b——角钢宽，mm；t——平均腿厚，mm；n——正多边形边数；l——料全长（折弯和切断同适用），mm。

3. 折弯展开料(或切断展开料)的划线方法（折弯展开图见图 9-18）

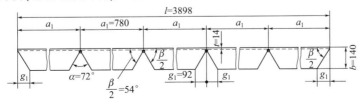

图 9-18　折弯展开（加热手工折弯）

（1）划线时建议每段加上 1mm，作为加热、切割和焊接收缩的补偿，机械切割则不加。

（2）用带座直角尺在角钢端头划出一条正断面线。

（3）以正断面线为基线，往内量取五段 $a_1=780$mm，并划出正断面线。

（4）以正断面线为基线，从棱角往里量取 14mm 得里皮点，另一面往左右各量取 92mm 得两点，连接三点，即得缺口的切角尺寸线。

4. 说明

（1）折弯展开料的折弯方法

① 折弯前沿断面线及根部加热至樱红色，然后徐徐扳动角钢，至缺口合拢。

② 将对口用小疤点焊，只中部一小疤。

③ 量取隔一角对角线是否相等，若不等，可用小型倒链拉长的对角线，短对角线便会增长，待增长到相等后用大疤点焊，这就是为什么点焊小疤的原因。

（2）切断展开料的组对方法

① 切断时应垂直角钢面进行切割。

② 在平台上放实样，以 $R=681$mm 为半径划圆。

③ 在圆周上，以 800mm 为半径截取五段，由于划圆和截取的误差，头尾不一定正相交，这不要紧，可另定圆规试之，以基本重合为好。

④ 连五角点得五边线，在边线外点焊限位铁。

⑤ 按线放入五角钢，全部调整缺陷后一并小疤点焊。

⑥ 量取隔一角对角线是否相等，若不等，可用小型倒链调整之，方法同前。

五、角(槽)钢外煨正多边形框料计算

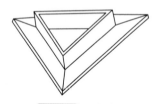

图 9-19 立体图

角（槽）钢外煨正多边形框见图 9-19。图 9-20 为一结构基础正三角形钢框的施工图，图 9-21 为计算原理图。

1. 板厚处理

本例按折弯展开和切断展开分别叙述，但皆按里皮计算料长。

2. 下料计算

（1）折弯计算

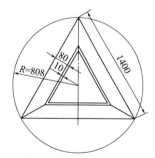

图 9-20 正三角钢框

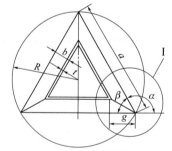

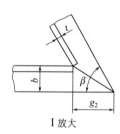

图 9-21 计算原理图

① 内角 $\beta=\dfrac{180°(n-2)}{n}=\dfrac{180°}{3}=60°$。

② 切角尺寸 $g_1=\dfrac{b-t}{\tan\dfrac{\beta}{2}}$ （见 I 放大）$=\dfrac{80-10}{\tan30°}$mm$=121$mm。

③ 边长 $a_1=a-2g_2=(1400-2\times139)mm=1122$mm。

④ 料全长 $l_1=na_1=3\times1122$mm$=3366$mm。

（2）切断计算

① 内角 $\beta=60°$（同折弯计算）。

② 缺口角度 $\alpha=180°-\beta=180°-60°=120°$。

③ 切角尺寸 $g_2=\dfrac{b}{\tan\dfrac{\beta}{2}}$ （见 I 放大）$=\dfrac{80\text{mm}}{\tan30°}=139\text{mm}$。

④ 边长 $a_2=a_1=1122\text{mm}$。

⑤ 料全长 $l_2=na=3\times1400\text{mm}=4200\text{mm}$。

⑥ 组对用外接圆半径 $R=\dfrac{a}{2\cos\dfrac{\beta}{2}}$ （见原理图）$=\dfrac{1400\text{mm}}{2\times\cos30°}=808\text{mm}$。

式中 a——外皮尺寸，mm；a_1——里皮尺寸，mm；b——角钢宽，mm；t——平均腿厚，mm；n——三角形边数。

3. 折弯展开料的划线方法（折弯展开图见图 9-22）

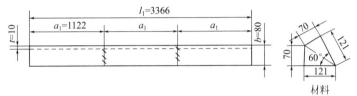

图 9-22 折弯展开图（加热手工折弯）

（1）划线时建议每一段加上 1mm，作为加热、切割和焊接收缩后的补偿。

（2）用带座直角尺在端头划出一条正断面线。

（3）以正断面线为基线，往内量取三个 $a_1=1122\text{mm}$，并划出正断面线，保证全长为 3366mm。

（4）将一个面按线切断。

4. 切断展开料的划线方法（切断展开图见图 9-23）

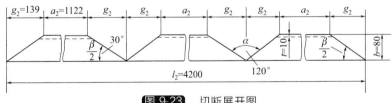

图 9-23 切断展开图

（1）划线时建议每一段加上 1mm，作为加热、切割和焊接收缩后的补偿。

（2）用带座直角尺在角钢端头划出一条正断面线。

（3）以正断面线为基线，往内量取三段 $a_2+2g_2=$ （1122＋2×139）mm＝1400mm 并划出正断面线。

（4）以正断面线为基线，两端往内回缩 $g_2=139\text{mm}$，即为切角线。

5. 说明

（1）折弯展料的煨制方法

① 折弯前按尺寸线加热至樱桃红色，然后徐徐扳动角钢，并用 60°内卡样板检查角度。

② 煨制后，三个角便出现了三个缺角的空间，将补料放于其中并点焊。

（2）切断展料的组对方法

① 切断时应垂直角钢面进行切割。

② 在平台上放实样，划一个 $R=808$mm 的圆，并将其分为三等份，得三点。

③ 连接三点即为角钢的外边线，并在外点焊限位铁。

④ 将三段角钢放入限位铁内，找定间隙后小疤点焊，此时立面端头形成 90°外坡口，正适合点焊。

六、角钢内煨成带圆角矩形框料计算

角钢内煨成带圆角矩形框见图 9-24。图 9-25 所示为一带圆角内煨矩形框的施工图，图 9-26 为计算原理图。

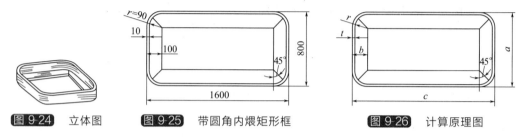

图 9-24　立体图　　图 9-25　带圆角内煨矩形框　　图 9-26　计算原理图

1. 板厚处理

本例只按折弯展开计算，按里皮计算之。

2. 下料计算

（1）圆角弧长 $s=\dfrac{\pi}{2}\left(b-\dfrac{t}{2}\right)=\dfrac{\pi}{2}(100-5)mm=149$mm。

（2）边长：

$a_1=a-2b+s=(800-200+149)$mm$=749$mm

$c_1=c-2b+s=(1600-200+149)mm=1549$mm

（3）内皮弧半径 $r=90$mm。

（4）内皮弧弦长 $e=2r\sin\dfrac{45°}{2}=2\times90mm\times\sin22.5°=69$mm。

（5）料全长 $l=2(a+c)-8b+4S=2\times(800+1600)mm-800mm+4\times149mm=4596$mm。

式中　a、c——外皮长，mm；a_1、c_1——里皮长，mm；b——角钢宽，mm；t——平均腿厚，mm。

3. 折弯展开图的划线方法（见图 9-27）

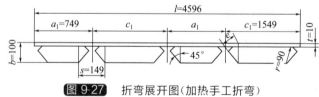

图 9-27　折弯展开图（加热手工折弯）

（1）划线时，建议每段加上 2mm，作为加热、切割和焊接收缩的补偿。

（2）用带座直角尺在角钢端头划出一条正断面线。

（3）以正断面线为基线，往内交替量取 $c_1=1549$mm、$a_1=749$mm，共四段，保证全长 $l=4596$mm，并划出正断面线。

（4）从每段的两端头正断面线，往内回缩 $\dfrac{s}{2}=74.5$mm 得交点，再作出正断面线，与棱根部和边沿各得出一交点，以此两交点为圆心，以 $e=69\text{mm}$、$r=90\text{mm}$ 为半径划弧得交点并连接，便得出一段的折弯展开图。

（5）将图中实线以外的部分切掉，即得到净料折弯展开图。

4. 说明

这里总结一下折弯展开料的煨制方法。

（1）折弯前沿第一断面线及根部 149mm 宽范围内加热至樱红色，然后徐徐扳动角钢，至缺口合拢。

（2）端头缺口的处理：用焊炬将端头立板 74.5mm 范围内加热至樱桃红色，用锤将其砸至与曲面相贴，并及时点焊。

（3）最后将对口的纵缝点焊，此时两立板是内皮接触，正好便于点焊。

七、筒内型钢长度及缺口计算

对于筒内支托或连接型钢的长度及缺口，习惯用放样法取得数据，实际用计算法最简单，下面详细叙述（按里皮直切计算）。筒内型钢长度及缺口见图 9-28。

图 9-29 为一筒内纵向横向支撑管件的角钢施工图，图 9-30 为计算原理图。

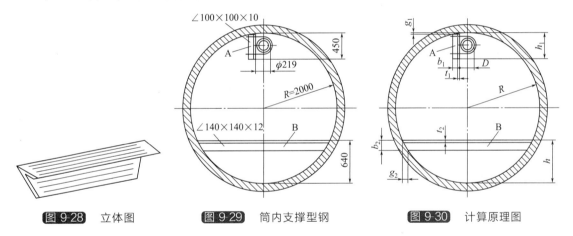

图 9-28　立体图　　　　图 9-29　筒内支撑型钢　　　　图 9-30　计算原理图

1. 板厚处理

型钢在筒内与筒壁连接，里皮接触后，外皮部位形成坡口，正便于焊接，故本例一律按里皮连接计算料长为最合适。

2. 下料计算

（1）A 角钢的计算

① 长度 $l_1=450\text{mm}$。

② 切角尺寸 $g_1=\sqrt{R^2-\left(\dfrac{D}{2}+t_1\right)^2}-\sqrt{R^2-\left(\dfrac{D}{2}+b_1\right)^2}$

$$=(\sqrt{2000^2-119.5^2}-\sqrt{2000^2-209.5^2})\text{mm}=7\text{mm}。$$

（2）B 角钢的计算

① 长度 $l_2=2\sqrt{R^2-(R-h+t_2)^2}=2\times\sqrt{2000^2-(2000-640+12)^2}\ \text{mm}=2910\text{mm}。$

② 切角尺寸 $g_2=\sqrt{R^2-(R-h+t_2)^2}-\sqrt{R^2-(R-h+b_2)^2}=(\sqrt{2000^2-(2000-640+12)^2}-$

$\sqrt{2000^2-(2000-640+140)^2}\,)\text{mm}=132\text{mm}。$

式中　R——筒内径，mm；D——附着圆管外径，mm；t_1、t_2——分别为 A 角钢和 B 角钢的平均腿厚，mm；b_1、b_2——分别为 A 角钢和 B 角钢的面宽，mm。

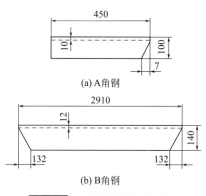

(a) A角钢

(b) B角钢

图 9-31　切断展开图（直切）

3. A角钢展开料的划线方法［见图 9-31(a)］

（1）从角钢的一端头用带座直角尺划出一正断面线。

（2）以此正断面线为基线，往另一端量取 450mm，并划出正断面线。

（3）以后正断面线为基线，棱部往里取 10mm 得里皮点，边沿往内取 7mm 得一点，连接两点，即得切角尺寸线。

4. B角钢展开料的划线方法［见图 9-31(b)］

完全同 A 角钢，略。

5. 说明

切角钢时应垂直切割。

八、锥形顶盖加强角钢料计算

图 9-32　立体图

锥形顶盖加强角钢见图 9-32。图 9-33 为带搅拌器锥形顶盖污水罐施工图，为增加其刚性，顶盖需用角钢加强，此角钢的下料以前是用放样法取得数据，现在完全可用计算法计算之。

图 9-34 为计算原理图。

1. 板厚处理

角钢按里皮计算料长，因为上下端皆与里皮接触。

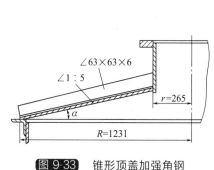

图 9-33　锥形顶盖加强角钢

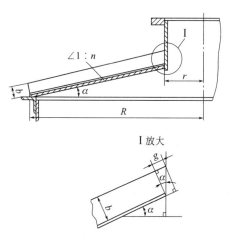

图 9-34　计算原理图

2. 下料计算

（1）底角 $\alpha = \arctan\dfrac{1}{n} = \arctan\dfrac{1}{5} = 11.3°$。

（2）角钢底面长 $l = \dfrac{R-r}{\cos\alpha} = \dfrac{1231-265}{\cos 11.3°}\text{mm} = 985\text{mm}$。

（3）切角尺寸 $g = b\tan\alpha$（见图 9-34 Ⅰ 放大）$= 63\text{mm} \times \tan 11.3° = 12.6\text{mm}$。

式中　$\dfrac{1}{n}$——设计给定，也可标注为 $1:n$，表示斜度；R——顶盖大端内半径，mm；r——顶盖上口管外皮半径，mm；b——角钢宽，mm；b_1——焊缝宽，mm，本例按 10mm 即可。

3. 展开料的划线方法

以图 9-35 为例叙述如下。

（1）用带座直角尺在角钢一端头划出一正断面线，以此正断面线为基线，往内量取 985mm，并划出正断面线，再以此正断面线为基线，从棱部边沿往内量取 12.6mm，得一点，连接两点，即得缺口切割线。

（2）上部管口与顶盖焊接后，才能覆盖加强角钢，所以会出现焊缝，只将角钢下平面割去焊缝宽即可，如图 9-35（a）所示。

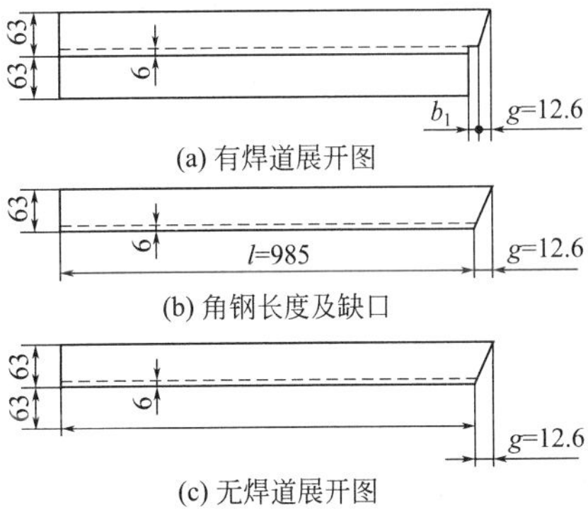

4. 说明

（1）切缺口时垂直切即可。

（2）其他型钢如不等边角钢、工字钢、槽钢等，可按同法计算。

（a）有焊道展开图

（b）角钢长度及缺口

（c）无焊道展开图

图 9-35　切断展开图（垂直切）

九、内煨带圆角正三角形框料计算

内煨带圆角正三角形框见图 9-36。图 9-37 为内煨带圆角正三角形框施工图，图 9-38 为计算原理图。

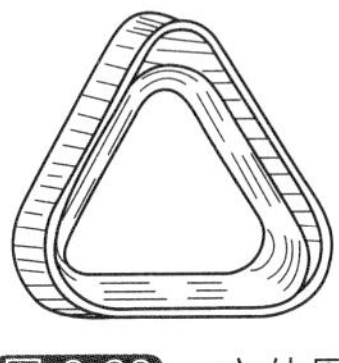

图 9-36　立体图

1. 板厚处理

此例的对口在直段的中间，三个角为弧部分，其展开料的计算以重心距离 Z_0 为计算基准，相当于板的中性层，即煨制时不变化的那一层。

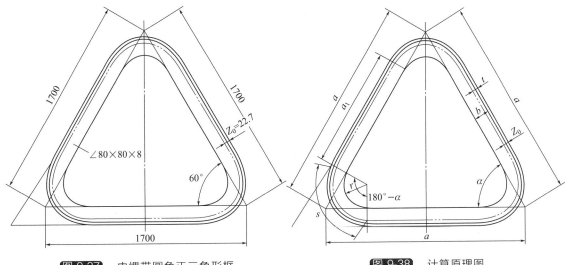

图 9-37　内煨带圆角正三角形框

图 9-38　计算原理图

2. 下料计算

（1）直段长 $a_1 = a - \dfrac{2r}{\tan\dfrac{\alpha}{2}} = \left(1700 - \dfrac{500}{\tan 30°}\right) \text{mm} = 834\text{mm}$。

（2）弧段长 $s = \pi(r + b - Z_0) \times \dfrac{180° - \alpha}{180°} = \pi \times (250 + 80 - 22.7)\ \text{mm} \times \dfrac{2}{3} = 644\text{mm}$。

（3）料全长 $l = 3(a_1 + s) = 3 \times (834 + 644)\ \text{mm} = 4434\text{mm}$。

式中　α——正三角形内角，（°）；Z_0——重心距离，mm；b——角钢宽，mm；t——角钢平均腿厚，mm；r——平面弯曲半径，mm。

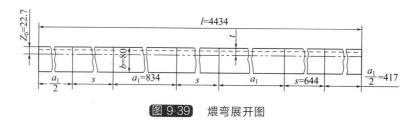

图 9-39   煨弯展开图

3. 煨弯展开图的划线方法（见图 9-39）

（1）划线时建议在 s 段加上 2mm，以作为角部加热后收缩的补偿。

（2）在角钢的一端头用带座直角尺划出一正断面线。

（3）以正断面线为基线，往内量取 $\frac{a_1}{2}=417$mm、$s=644$mm、$a_1=834$mm，并分别划出正断面线。

（4）在煨弯区的两端头打上样冲眼，以免加热后看不见折弯线。

4. 说明

（1）此类构件的煨制一般有三种方法：一是作胎，用焦炭炉加热，然后用大锤煨弯；二是在煨型钢机上煨制，但也要在焦炭炉中加热；三是在卷板机上，通过固定在轴辊上的胎具卷制成形，最好也要在热状态下卷制。

（2）加热煨制时，随着煨制程度的加深，平面部位开始起皱（内部挤缩），如果是手工加热煨制，此时应用大锤轻轻将折皱打平，在起（皱）、平的矛盾过程中使平面部位变厚，以达到煨弯的目的，这是此件成形的最关键的一点。

（3）在煨弧过程中，应用 60°样板卡试立板的弯曲情况，若无误差，即为合格。

十、内煨任意角三角形角钢框料计算

图 9-40   立体图

内煨任意角三角形角钢框见图 9-40。图 9-41 为一内煨钝角三角形框的施工图，图 9-42 为计算原理图。

1. 板厚处理

此例展开即可以作折弯，也可以作切断，皆按里皮计算料长。

2. 下料计算

（1）b 边长度 $b=\sqrt{a^2+c^2-2ac\cos\beta_2}$ （余弦定理）$=$
$\sqrt{1000^2+500^2-2\times1000\times500\times\cos100°}$ mm $=1193$mm。

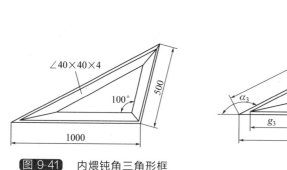

图 9-41   内煨钝角三角形框

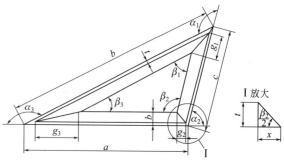

图 9-42   计算原理图

（2）求 β 角

① β_1 角

因为 $\dfrac{a}{\sin\beta_1}=\dfrac{b}{\sin\beta_2}$（正弦定理）

所以 $\beta_1=\arcsin\dfrac{a\sin\beta_2}{b}=\arcsin\dfrac{1000\times\sin100°}{1193}=55.6°$；

② $\beta_3=180°-\beta_2-\beta_1=180°-100°-55.6°=24.4°$。

（3）边实长（见图 9-42 中 I 放大）

① $a_1=a-\dfrac{t}{\tan\dfrac{\beta_3}{2}}-\dfrac{t}{\tan\dfrac{\beta_2}{2}}=\left(1000-\dfrac{4}{\tan12.2°}-\dfrac{4}{\tan50°}\right)\text{mm}=979\text{mm}$；

② $b_1=b-\dfrac{t}{\tan\dfrac{\beta_3}{2}}-\dfrac{t}{\tan\dfrac{\beta_1}{2}}=\left(1193-\dfrac{4}{\tan12.2°}-\dfrac{4}{\tan27.8°}\right)\text{mm}=1167\text{mm}$；

③ $c_1=c-\dfrac{t}{\tan\dfrac{\beta_2}{2}}-\dfrac{t}{\tan\dfrac{\beta_1}{2}}=\left(500-\dfrac{4}{\tan50°}-\dfrac{4}{\tan27.8°}\right)\text{mm}=489\text{mm}$。

（4）切角尺寸 $g=\dfrac{(b-t)}{\tan\dfrac{\beta_n}{2}}$（见图 9-42 中 I 放大）

$g_1=\dfrac{40-4}{\tan27.8°}\text{mm}=68\text{ mm}$

$g_2=\dfrac{40-4}{\tan50°}\text{mm}=30\text{mm}$

$g_3=\dfrac{40-4}{\tan12.2°}\text{mm}=167\text{mm}$。

（5）料全长 $l=a_1+b_1+c_1=(979+1167+489)\text{mm}=2635\text{mm}$。

（6）外角 α

$\alpha_1=180°-55.6°=124.4°$

$\alpha_2=180°-100°=80°$

$\alpha_3=180°-24.4°=155.6°$。

式中　a、b、c ——外皮长，mm；a_1、b_1、c_1——里皮长，mm；β——内角，（°）；α——外角，（°）。

3. 折弯展开料(或切断展开料)的划线方法

折弯展开图见图 9-43。

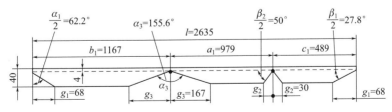

图 9-43　折弯展开图（加热手工折弯）

（1）划线时，建议每段加上 1mm。作为切割、加热和焊接后收缩的补偿。

（2）在角钢的端头，用带座直角尺划出正断面线。

（3）以正断面线为基线，往里量取 $c_1=489\text{mm}$、$a_1=979\text{mm}$、$b_1=1167\text{mm}$，并划出正断面线。

（4）从棱部往里取 4mm 得里皮点，以正断面线为基线，往内量取各自的 g 值，如 $g_1=68$mm、$g_3=167$mm、$g_2=30$mm，与棱根部里皮点连线，即得缺口切割线。

（5）用角钢的里皮宽和 g 值，可以验证外角值是否正确，若正确，说明计算的 g 值是正确的。如验证 $\dfrac{\alpha_1}{2}$、$\arctan\dfrac{68}{36}=62.2°$，说明 g_1 值正确。

4. 说明

（1）折弯料的煨制方法

折弯前按尺寸线加热至樱桃红色，然后徐徐扳动角钢，并用三种角度样板检查角度，角度合适后在中部点焊一小疤。

（2）切断料的组对方法

① 垂直角钢面进行切割。

② 在平台上放实样，尺寸为 1000mm×500mm×1193mm，可用交规法划出，并在线外点焊限位铁。

③ 将三角钢放入实样内，修正间隙后小疤点焊，此时三个角部的立面形成 90°的外坡口，正适合点焊。

十一、平煨槽钢圈料计算

各种型钢卷制或压制的圆圈，其最后对口的切角，通常是将始末端头重合，用直角尺上下一并画出切割线，此法是可以的；另一种方法是计算法，是经验计算法，下面介绍之。

平煨槽钢圈料见图 9-44。图 9-45 为一平煨槽钢圈施工图，图 9-46 为计算原理图。

图 9-44　立体图

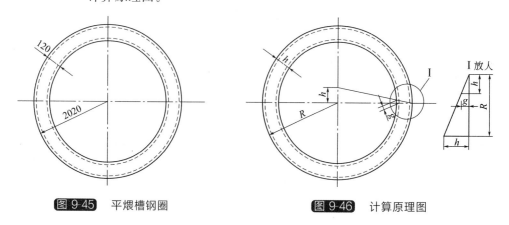

图 9-45　平煨槽钢圈　　　　　　**图 9-46**　计算原理图

1. 板厚处理

平煨槽钢圈应按大面的中径为计算基准。

2. 下料计算（见图 9-47）

图 9-47　槽钢圈切角展开图

（1）切角尺寸 g（见图9-46中的Ⅰ放大）：

因为 $\dfrac{h}{R}=\dfrac{g}{h}$（相似三角形）

所以 $\dfrac{h^2}{R}=g$

$$g=\dfrac{120^2}{2020}\mathrm{mm}=7\mathrm{mm}。$$

（2）全长 $l=\pi(2R-h)=\pi\times(4040-120)\mathrm{mm}=12315\mathrm{mm}。$

式中 R——圈外半径，mm；h——槽钢大面宽，mm。

十二、内外立煨槽钢圈料计算

内外立煨槽钢圈料见图9-48。图9-49为一内外立煨槽钢圈的施工图，图9-50为计算原理图。

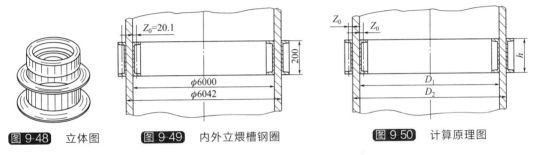

图9-48 立体图　　图9-49 内外立煨槽钢圈　　图9-50 计算原理图

1. 板厚处理

本例的计算基准为重心距离 Z_0，相当于板的中性层 X_0，即弯曲时不发生变化的那一层。

2. 下料计算

（1）内煨料长 $l_1=\pi(D_1-2Z_0)=\pi(6000-2\times20.1)\mathrm{mm}=18723\mathrm{mm}。$

（2）外煨料长 $l_2=\pi(D_2+2Z_0)=\pi(6042+2\times20.1)\mathrm{mm}=19108\mathrm{mm}。$

式中 D_1——内圈外直径，mm；D_2——外圈内直径，mm；Z_0——重心距离，mm；h——槽钢大面宽，mm。

3. 说明

（1）此类型钢圈的成形方法大致有两种：一是作上下胎在压力机上压制；二是将上下胎具套在辊轴上，在卷板机上卷制。两种成形方法都存在同一个缺陷，即两端存在直段。

（2）此类附着筒内外的加强型钢，通常的工作程序是将加工好的型钢条、逐段点焊于筒体上，最后将直段割下。

（3）预先组对成形钢圈，整体套于筒体上的工序是不可行的。

十三、内外煨角钢圈料计算

内外煨角钢圈料见图9-51。图9-52为回转窑内、外加强圈施工图，图9-53为计算原理图。

1. 板厚处理

等边角钢的计算基准为重心距离 Z_0，相当于板的中性层 X_0，即弯曲时不发生变化的那一层。

2. 下料计算

（1）内煨展开长 $l_1=\pi(D_1-2Z_0)=\pi(2500-2\times56.2)\mathrm{mm}=7501\mathrm{mm}。$

图9-51 立体图

（2）外煨展开长 $l_2=\pi(D_2+2Z_0)=\pi(2536+2\times56.2)\mathrm{mm}=8320\mathrm{mm}$。

式中 D_1——内煨角钢圈外直径，mm；D_2——外煨角钢圈内直径，mm；Z_0——重心距离，mm；b——角钢宽，mm。

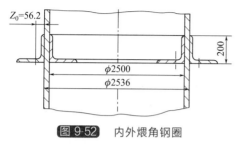

图 9-52 内外煨角钢圈

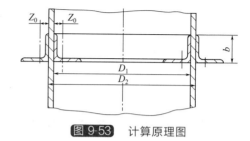

图 9-53 计算原理图

3. 说明

（1）此类附着简体内外的加强角钢圈通常的工作程序是将加工好的角钢条，逐段点焊于简体上，最后将直段割下成为圈。

（2）预先组对成角钢圈，整体套于简体上的作法是不可行的。

十四、内外煨不等边角钢圈料计算

图 9-54 立体图

内外煨不等边角钢圈见图 9-54。图 9-55 为回转窑窑头连接密封圈不等边角钢圈施工图，图 9-56 为计算原理图。

1. 板厚处理

不等边角钢的计算基准为重心距离 Z_0，相当于板的中性层 X_0，即弯曲时不发生变化的那一层。

2. 下料计算

（1）内煨展开长 $l_1=\pi(D_1-2Z_0)=\pi(4000-2\times67)\mathrm{mm}=12145\mathrm{mm}$。

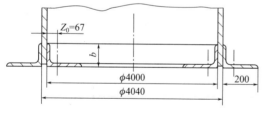

图 9-55 内外煨不等边角钢圈

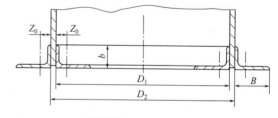

图 9-56 计算原理图

（2）外煨展开长 $l_2=\pi(D_2+2Z_0)=\pi(4040+2\times67)\mathrm{mm}=13113\mathrm{mm}$。

式中 Z_0——长边重心距离，mm；D_1——内角钢圈外直径，mm；D_2——外角钢圈内直径，mm；B——长边宽，mm。

3. 说明

（1）此类附着于简体内外的密封不等边角钢圈通常的工作程序是将加工好的角钢条，逐段点焊于简体内外，最后将直段割掉而成圈。

（2）预先组对成角钢圈的工序是不可行的。

图 9-57 立体图

十五、平煨工字钢圈料计算

平煨工字钢圈见图 9-57。图 9-58 为塔体外皮保温层承托圈施工图，图 9-59 为计算原理图。

1. 板厚处理

平煨的工字钢圈应按工字钢高的中径为计算基准。

2. 下料计算

展开料长 $l = \pi(D+h) = \pi(4800+140)\text{mm} = 15520\text{mm}$。

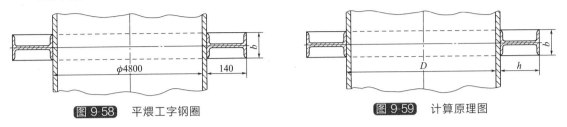

图 9-58　平煨工字钢圈　　　　图 9-59　计算原理图

式中　D——圈内直径，mm；h——工字钢高，mm；b——工字钢底座宽，mm。

3. 说明

（1）这种工字钢（或 H 型钢）由于立筋薄而高，故不能在卷板机上卷制。

（2）这种工字钢圈的成形方法是作胎在压力机上压制，由于立筋薄而高，受力时容易变形，故压制时应由轻到重、循序渐进，不能急于求成。

压制原理为悬空法，故上下胎半径应较设计半径减去一个值，如本例就应减去 500mm 左右为合适。

十六、立煨工字钢(或 H 型钢)圈料计算

立煨工字钢（或 H 型钢）圈料见图 9-60。图 9-61 为锥体托圈的施工图，图 9-62 为计算原理图。

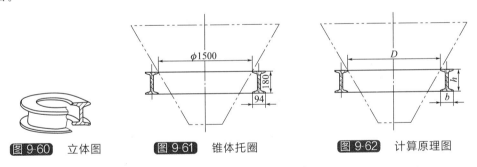

图 9-60　立体图　　　图 9-61　锥体托圈　　　图 9-62　计算原理图

1. 板厚处理

立煨工字钢（或 H 型钢）的料计算应按立筋的中径为计算基准。

2. 下料计算

展开长 $l = \pi(D+b) = \pi(1500+94)\text{mm} = 5008\text{mm}$。

式中　D——圈内直径，mm；h——工字钢高，mm；b——底座宽，mm。

3. 说明

这种立煨工字钢（或 H 型钢）圈的成形方法一般有两种：一是作上下胎在压力机上压制；二是在卷板机上卷制。这两种方法都能得到高质量的工字钢圈。

第十章 螺 旋

本章主要介绍螺旋类构件，其中包括各种螺旋叶片、切线螺旋进料管和螺旋导轨。圆锥叶片有等宽和不等宽之分；螺旋导轨主要介绍展开半径和长度的计算方法。

这里叙述一下螺旋的板厚处理，后面就不再分篇叙述了：

螺旋叶片可不考虑板厚因素；

有曲率的板，如切线进料管的内外螺旋面，就要按中径计算料长；

叶片对接时 4mm 及以下的板可不开坡口（焊接时留 1mm 的间隙即可），5mm 的板可开 30°单面坡口，6mm 及以上的板开双面 30°坡口；

叶片与壳体的单面间隙，根据规格和输送介质的不同，可在 2～5mm 之间。

一、圆柱螺旋输送机叶片料计算

图 10-1 是圆柱螺旋输送机叶片立体图。

此文列举三例，一是外螺旋叶片，二是内螺旋叶片，三是外螺旋叶片加侧板溜槽，计算方法相同，所以归一篇介绍。

1. 计算式

图 10-2 为计算原理图。

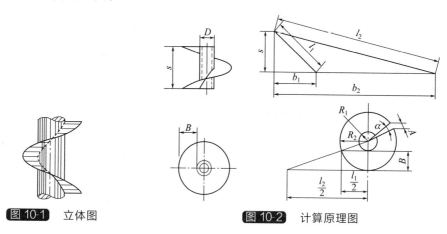

图 10-1 立体图　　　　图 10-2 计算原理图

（1）内螺旋线投影长 $b_1 = \pi D$。

（2）外螺旋线投影长 $b_2 = \pi (D + 2B)$。

（3）螺旋线实长 $l = \sqrt{s^2 + b^2}$。

（4）叶片内沿展开半径 $R_1 = \dfrac{Bl}{l_2 - l_1}$。

（5）叶片外沿展开半径 $R_2 = R_1 + B$。

（6）展开料缺口夹角 $\alpha = 360° - \dfrac{180° l_2}{\pi R_2}$ （或 $\alpha = 360° - \dfrac{180° l_1}{\pi R_1}$）。

（7）展开料缺口外螺旋线弦长 $A = 2R_2 \sin\dfrac{\alpha}{2}$。

式中 D——芯轴外径；B——叶片宽；s——导程高；l_1、l_2——分别为内外螺旋线实长。

2. 举例

例1 图 10-3 为一常见圆柱螺旋叶片展开图，$D = 108\text{mm}$，$s = 320\text{mm}$，$B = 146\text{mm}$，各数据计算如下：

（1）$b_1 = \pi D = \pi \times 108\text{mm} = 339\text{mm}$。

（2）$b_2 = \pi(D+2B) = \pi \times 400\text{mm} = 1257\text{mm}$。

（3）$l = \sqrt{s^2 + b^2}$

$l_1 = \sqrt{s^2 + b_1^2} = \sqrt{320^2 + 339^2}\,\text{mm} = 466\text{mm}$。

$l_2 = \sqrt{s^2 + b_2^2} = \sqrt{320^2 + 1257^2}\,\text{mm} = 1297\text{mm}$。

（4）$R_1 = \dfrac{Bl_1}{l_2 - l_1} = \dfrac{146 \times 466}{1297 - 466}\,\text{mm} = 82\text{mm}$。

（5）$R_2 = R_1 + B = (82 + 146)\,\text{mm} = 228\text{mm}$。

（6）$\alpha = 360° - \dfrac{180° l_2}{\pi R_2} = 360° - \dfrac{180° \times 1297}{\pi \times 228} = 34°$。

（7）$A = 2R_2 \sin\dfrac{\alpha}{2} = 2 \times 228\text{mm} \times \sin 17° = 133\text{mm}$。

例2 图 10-4 为管式螺旋输送机叶片施工图，图 10-5 为其叶片展开图。

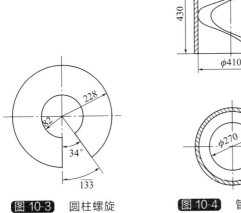

图 10-3 圆柱螺旋叶片展开图   **图 10-4** 管式圆柱螺旋输送机叶片   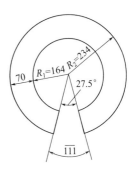

图 10-5 管式圆柱螺旋输送机叶片展开图

（1）$b_1 = \pi(D - 2B) = \pi \times 270\text{mm} = 848\text{mm}$。

（2）$b_2 = \pi D = \pi \times 410\text{mm} = 1288\text{mm}$。

（3）$l = \sqrt{s^2 + b^2}$

$l_1 = \sqrt{s^2 + b_1^2} = \sqrt{430^2 + 848^2}\,\text{mm} = 951\text{mm}$。

$l_2 = \sqrt{s^2 + b_2^2} = \sqrt{430^2 + 1288^2}\,\text{mm} = 1358\text{mm}$。

（4）$R_1 = \dfrac{Bl_1}{l_2 - l_1} = \dfrac{70 \times 951}{1358 - 951}\,\text{mm} = 164\text{mm}$。

（5）$R_2 = R_1 + B = (164 + 70)\,\text{mm} = 234\text{mm}$。

(6) $\alpha=360°-\dfrac{180°l_2}{\pi R_2}=360°-\dfrac{180°\times1358}{\pi\times234}=27.5°$。

(7) $A=2R_2\sin\dfrac{\alpha}{2}=2\times234\text{mm}\times\sin\dfrac{27.5°}{2}=111\text{mm}$。

例 3 图 10-6 为一块煤防碎螺旋溜槽一导程施工图，侧板宽 350mm，图 10-7 为展开图。

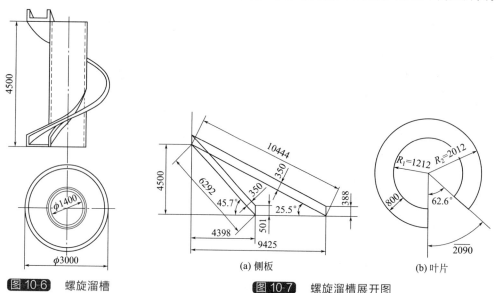

图 10-6 螺旋溜槽   (a) 侧板   (b) 叶片

图 10-7 螺旋溜槽展开图

(1) $b_1=\pi D=\pi\times1400\text{mm}=4398\text{mm}$。

(2) $b_2=\pi(D+2B)=\pi\times3000\text{mm}=9425\text{mm}$。

(3) $l=\sqrt{s^2+b^2}$

$l_1=\sqrt{s^2+b_1^2}=\sqrt{4500^2+4398^2}\text{mm}=6292\text{mm}$。

$l_2=\sqrt{s^2+b_2^2}=\sqrt{4500^2+9425^2}\text{mm}=10444\text{mm}$。

(4) $R_1=\dfrac{Bl_1}{l_2-l_1}=\dfrac{800\times6292}{10444-6292}\text{mm}=1212\text{mm}$。

(5) $R_2=R_1+B=(1212+800)\text{mm}=2012\text{mm}$。

(6) $\alpha=360°-\dfrac{180°l_1}{\pi R_1}=360°-\dfrac{180°\times6292}{\pi\times1212}=62.6°$。

(7) $A=2R_2\sin\dfrac{\alpha}{2}=2\times2012\text{mm}\times\sin31.3°=2090\text{mm}$。

(8) 升角 $\lambda=\arctan\dfrac{s}{b}$

① 内 $\lambda_1=\arctan\dfrac{s}{b_1}=\arctan\dfrac{4500}{4398}=45.7°$。

② 外 $\lambda_2=\arctan\dfrac{s}{b_2}=\arctan\dfrac{4500}{9425}=25.5°$。

(9) 侧板上下切角尺寸 h

① 内 $h_1=\dfrac{350}{\sin(90°-\lambda_1)}=\dfrac{350\text{mm}}{\sin44.3°}=501\text{mm}$。

② 外 $h_2=\dfrac{350}{\sin(90°-\lambda_2)}=\dfrac{350\text{mm}}{\sin64.5°}=388\text{mm}$。

3. 说明

若干叶片相连时，缺口部分可不割去，一是便于外沿加工，二是超过一个导程能错开焊缝，使结构更合理。

叶片和芯轴组成螺旋轴的方法大致有以下四种。

（1）用模具在压力机上热压　模具由上下胎、螺旋面、内外套筒、芯轴、模座和筋板组成，将下成净料的叶片在加热炉中加热至750～800℃，然后放入下模芯轴中，上下模在压力机上对压即成一个导程的螺旋叶片。

在芯轴上画出螺旋线，将成形的叶片套入芯轴按线点焊，即组焊成螺旋轴。

（2）用模具用手工锤击热压　模具只需下胎即可，同上述，将加热至樱红色的叶片放于下胎上，经压、靠、平等操作工序，使之圆滑靠胎，冷至300℃以下时经撬动、旋转取出。

（3）用吊车冷拉成形

① 用卡具分别固定叶片两端，下端固定于平台，上端用吊车施以拉力，叶片便初步成形。

② 将初步成形的叶片相焊接，即头接尾，尾接头，三至五片或更多。

③ 将组合叶片套入芯轴，始端焊牢于芯轴和法兰上，彼端以卡具固定后用吊车施以拉力，边拉边点焊，直至终点，输送机轴成形。

（4）多个平板带缺口叶片焊接为一体，用拉力成形

① 将多个平板带缺口叶片头尾相连焊接为一体。

② 将焊完后的多片叶片在加热炉中加热至750～800℃，取出后套入芯轴，在吊车的拉力下，叶片内沿随之与芯轴上预先画好的螺旋线重合，此时点焊于芯轴成形。

二、等宽圆锥螺旋输送机叶片料计算

等宽圆锥螺旋输送机叶片料见图10-8。图10-9为计算原理图，$D_1 = 1000\text{mm}$，$d_1 = 700\text{mm}$，$s = 500\text{mm}$，$B = 100\text{mm}$，图10-10为螺旋线实长图，图10-11为展开半径图。

图 10-8　立体图

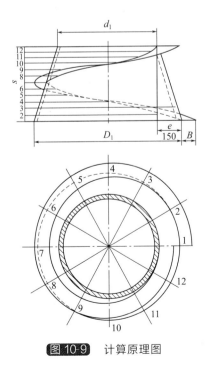

图 10-9　计算原理图

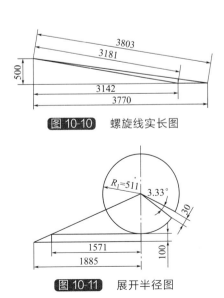

图 10-10　螺旋线实长图

图 10-11　展开半径图

1. 下料计算

（1）将大端按圆柱螺旋叶片计算

① 内螺旋线投影长 $b_1 = \pi D_1 = \pi \times 1000\text{mm} = 3142\text{mm}$。

② 外螺旋线投影长 $b_2 = \pi(D_1 + 2B) = \pi \times 1200\text{mm} = 3770\text{mm}$。

③ 螺旋线长 $l = \sqrt{s^2 + b^2}$（见图 10-10）。

内螺旋线实长 $l_1 = \sqrt{s^2 + b_1^2} = \sqrt{500^2 + 3142^2}\text{mm} = 3181\text{mm}$。

外螺旋线实长 $l_2 = \sqrt{s^2 + b_2^2} = \sqrt{500^2 + 3770^2}\text{mm} = 3803\text{mm}$。

④ 内螺旋线展开半径 $R_1 = \dfrac{Bl_1}{l_2 - l_1} = \dfrac{100 \times 3181}{3801 - 3181}\text{mm} = 513\text{mm}$。

⑤ 展开料内螺旋线缺口夹角 $\alpha = 360° - \dfrac{180°l_1}{\pi R_1} = 360° - \dfrac{180° \times 3181}{\pi \times 511} = 3.33°$。

⑥ 展开料缺口部分弦长 $A_1 = 2R_1 \sin \dfrac{\alpha}{2} = 2 \times 511\text{mm} \times \sin \dfrac{3.33}{2} = 30\text{mm}$。

⑦ 展开料内螺旋线每等分弦长 $A = 2R_1 \sin \dfrac{360° - \alpha}{2m} = 2 \times 511\text{mm} \times \sin 14.8612° = 262\text{mm}$。

（2）大小端半径差 $e = \dfrac{D_1 - d_1}{2} = \dfrac{1000 - 700}{2}\text{mm} = 150\text{mm}$。

（3）一等分半径差 $e_1 = \dfrac{e}{m} = \dfrac{150\text{mm}}{12} = 12.5\text{mm}$。

式中 D_1——大端外直径，mm；d_1——小端外直径，mm；B——叶片宽，mm；s——导程高，mm；m——内螺旋线等分数和一导程等分数，两者必相等。

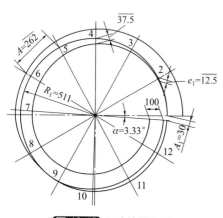

图 10-12 叶片展开图

2. 一导程叶片展开图的画法

（1）按展开半径 $R_1 = 511\text{mm}$ 画圆。

（2）在圆周上量取每等分弦长 $A = 262\text{mm}$ 和缺口部分弦长 $A_1 = 30\text{mm}$，与圆心相连并延长。

（3）在每个等分点上往内量取 $(m-1)e_1$ 得各点，如 4 点 $e_4 = 3 \times 12.5\text{mm} = 37.5\text{mm}$，圆滑连接各点，即得展开内螺旋线。

（4）从内螺旋线各点以 $B = 100\text{mm}$ 长往外量取得各点，并圆滑连接，即得展开外螺旋线，中间部分为叶片展开图，如图 10-12 所示。

3. 说明

此例的成形方法完全同圆柱螺旋输送机叶片和芯轴的成形方法，此略。

三、不等宽圆锥螺旋输送机叶片料计算

不等宽圆锥螺旋输送机叶片料见图 10-13。图 10-14 为计算原理图，$D_1 = 237\text{mm}$，$D_3 = 97\text{mm}$，$d = 57\text{mm}$，$s = 180\text{mm}$。

1. 下料计算

（1）任相邻导程直径差 $K = \dfrac{D_1 - D_3}{n} = \dfrac{237 - 97}{2}\text{mm} = 70\text{mm}$。

（2）任一导程直径 $D_n = D_1 - (n-1)K$

如 $D_2 = D_1 - K = (237 - 70)\text{mm} = 167\text{mm}$。

（3）将大端按圆柱螺旋输送机叶片计算

① 内螺旋线实长 $l_1=\sqrt{s^2+(\pi d)^2}=\sqrt{180^2+(\pi\times57)^2}\,\mathrm{mm}=254\mathrm{mm}$。

② 外螺旋线实长 $l_2=\sqrt{s^2+(\pi D_1)^2}=\sqrt{180^2+(\pi\times237)^2}\,\mathrm{mm}=766\mathrm{mm}$。

③ 大端叶片宽 $B_1=\dfrac{D_1-d}{2}=\dfrac{237-57}{2}\,\mathrm{mm}=90\mathrm{mm}$。

④ 内螺旋线展开半径 $R_1=\dfrac{B_1 l_1}{l_2-l_1}=\dfrac{90\times254}{766-254}\,\mathrm{mm}=45\mathrm{mm}$。

⑤ 外螺旋线展开半径 $R_2=R_1+B_1=(45+90)\,\mathrm{mm}=135\mathrm{mm}$。

⑥ 外螺旋线缺口夹角 $\alpha=360°-\dfrac{180°l_2}{\pi R_2}=360°-\dfrac{180°\times766}{\pi\times135}=34°$。

⑦ 外螺旋线缺口弦长 $A=2R_2\sin\dfrac{\alpha}{2}=2\times135\mathrm{mm}\times\sin17°=79\mathrm{mm}$。

⑧外螺旋线展开部分每等分弦长 $A_1=2R_2\sin\dfrac{360°-\alpha}{2m}=2\times135\mathrm{mm}\times\sin\dfrac{326°}{24}=63\mathrm{mm}$。

（4）小端叶片宽 $B_2=\dfrac{D_2-d}{2}=\dfrac{167-57}{2}\,\mathrm{mm}=55\mathrm{mm}$。

（5）相邻大小端叶片宽差 $e=B_1-B_2=(90-55)\,\mathrm{mm}=35\mathrm{mm}$。

（6）每等分叶片渐缩量 $e_1=\dfrac{e}{m}=\dfrac{35\mathrm{mm}}{12}=2.92\mathrm{mm}$。

式中　D_1——大端叶片外直径，mm；D_3——小端叶片外直径，mm；n——导程数；d——芯轴直径，mm；m——外螺旋线等分数。

2. 展开图画法（见图 10-15）

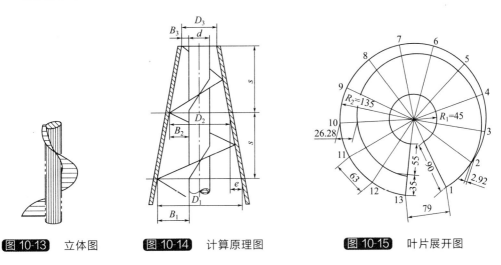

图 10-13　立体图　　图 10-14　计算原理图　　图 10-15　叶片展开图

（1）以 $R_1=45\mathrm{mm}$，$R_2=135\mathrm{mm}$ 为半径画同心圆。

（2）在外圆周上量取缺口弦长 $A=79\mathrm{mm}$ 和展开弦长 $A_1=63\mathrm{mm}$，并与圆心相连。

（3）在每个等分点上往内量取 $(m-1)e_1$ 得各点，如 10 点 $e_{10}=9\times2.92=26.28(\mathrm{mm})$，圆滑连接各点即得叶片外螺旋线。

（4）外螺旋线与 R_1 范围为叶片展开图。

3. 说明

本例的成形方法完全同圆柱螺旋输送机叶片的成形方法，此略。

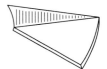

图 10-16　立体图

四、旋流片料计算

旋流片料见图 10-16。图 10-17 为再吸收塔旋流片施工图，其技术特性是：

（1）叶片走向为外向；（2）外端倾角 $\alpha=25°$；（3）径向角 $\beta=34.25°$；（4）叶片外直径 $D=700\text{mm}$；（5）叶片内直径 $d=394\text{mm}$；（6）罩外高 $h_1=42\text{mm}$；（7）罩内高 $h_2=16\text{mm}$；（8）叶片数 $n=24$。

图 10-18 为旋流片计算原理图。

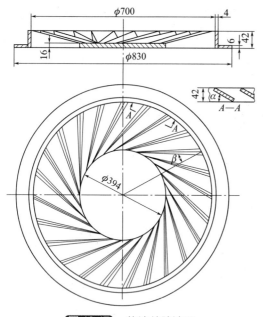

图 10-17　旋流片除沫器

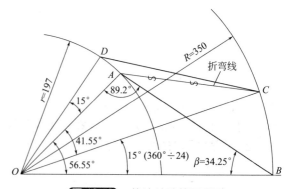

图 10-18　旋流片计算原理图

1. 下料计算

（1）实长 AB

在三角形 OAB 中

$$\because \frac{OA}{\sin\beta}=\frac{OB}{\sin A}$$

$$\therefore \angle A=\arcsin\frac{OB\times\sin\beta}{OA}=\arcsin\frac{350\times\sin34.25°}{197}=89.2°$$

$$\because \frac{AB}{\sin O}=\frac{OA}{\sin\beta}$$

$$\therefore AB=\frac{OA\times\sin O}{\sin\beta}=\frac{197\text{mm}\times\sin56.55°}{\sin34.25°}=292\text{mm}。$$

（2）实长 $BC=\sqrt{\left(\dfrac{\pi D}{n}\right)^2+h_1^2}=\sqrt{\left(\dfrac{\pi\times700}{24}\right)^2+42^2}\text{ mm}=100.8\text{mm}。$

（3）实长 $AD=\sqrt{\left(\dfrac{\pi d}{n}\right)^2+h_2^2}=\sqrt{\left(\dfrac{\pi\times394}{24}\right)^2+16^2}\text{ mm}=54\text{mm}。$

（4）实长 AC。

① 投影长 $A'C'$

在三角形 AOC 中

$$\angle AOC = 56.55° - 15° = 41.55°$$

$$A'C' = \sqrt{OC^2 + AO^2 - 2OC \times AO \times \cos\angle AOC} =$$

$$\sqrt{350^2 + 197^2 - 2 \times 350 \times 197 \times \cos 41.55°} \text{mm} = 241\text{mm}。$$

② 实长 $AC = \sqrt{A'C'^2 + h_1^2} = \sqrt{241^2 + 42^2}\text{mm} = 245\text{mm}。$

（5）实长 CD

因为，$AB = C'D' = 292\text{mm}$，所以 $CD = \sqrt{C'D'^2 + (h_1 - h_2)^2} = \sqrt{292^2 + (42-16)^2}\text{mm} =$ 293mm。

2. 旋流片展开图的画法（见图 10-19）

（1）画线段 $AB = 292\text{mm}$。

（2）分别以 A、B 两点为圆心，以 $AC = 245\text{mm}$、$BC = 101\text{mm}$ 为半径画弧，两弧相交于 C 点。

（3）分别以 A、C 两点为圆心，以 $AD = 54\text{mm}$、$CD = 293\text{mm}$ 为半径画弧，两弧相交于 D 点，连接以上四点即得旋流片展开图。

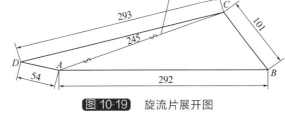

图 10-19 旋流片展开图

3. 说明

旋流片成形方法：沿 AC 线在折弯机上折弯即可成形。

五、灰犁料计算

灰犁料见图 10-20。图 10-21 为两段式煤气发生炉排灰部位的叶片，故名曰"灰犁"，实际上是正锥台内部分正螺旋面。计算原理同正螺旋面计算原理（见本章"一、圆柱螺旋输送机叶片料计算"）。

1. 下料计算

（1）内螺旋线投影长 $b_1 = \pi R_1 \dfrac{\alpha}{180°} = \pi \times 1020\text{mm} \times \dfrac{60°}{180°} = 1068\text{mm}。$

（2）外螺旋线投影长 $b_2 = \pi R_2 \dfrac{\alpha}{180°} = \pi \times 2040\text{mm} \times \dfrac{60°}{180°} = 2136\text{mm}。$

（3）内螺旋线实长 $l_1 = \sqrt{s^2 + b_1^2} = \sqrt{1200^2 + 1068^2}\text{mm} = 1606\text{mm}。$

（4）外螺旋线实长 $l_2 = \sqrt{s^2 + b_2^2} = \sqrt{1200^2 + 2136^2}\text{mm} = 2450\text{mm}。$

图 10-20 灰犁立体图

（5）内螺旋线展开半径 $P_1 = \dfrac{Bl_1}{l_2 - l_1} = \dfrac{1020 \times 1606}{2450 - 1606}\text{mm} = 1941\text{mm}。$

（6）外螺旋线展开半径 $P_2 = P_1 + B = (1941 + 1020)\text{mm} = 2961\text{mm}。$

（7）展开料包角 $\beta = \dfrac{l_2 \times 180°}{\pi \times P_2} = \dfrac{2450 \times 180°}{\pi \times 2961} = 47.4°。$

（8）展开图上各保留素线实长：螺旋面投影图不反映实形，但其上的各素线却反映实长，故可在整螺旋面宽 1020mm 的基础上每隔一等份递减 70mm，即得各素线实长。

式中　α——灰犁包角，(°)；R_1、R_2——灰犁小大端投影半径，mm；s——设计导程高，mm。

2. 展开图的画法（见图 10-22）

（1）以 O 点为圆心、$P_2 = 2961\text{mm}$ 为半径画弧，截取弧长 $AB = 2450\text{mm}$，得扇形 OAB，再以 O 点为圆心、$P_1 = 1941\text{mm}$ 为半径画弧，与扇形 OAB 相交。

（2）将 $\overset{\frown}{AB}$ 分成 12 等份，每等份弧长 $S = 204.2\text{mm}$，得各分点，并与 O 点连线。

（3）以 A 点为始点，每隔一等分弧长素线减去 70mm，得各点，圆滑连接各点，即得灰犁展开图。

3. 说明

沿展开料上各素线在折弯机上折弯，即可成形。

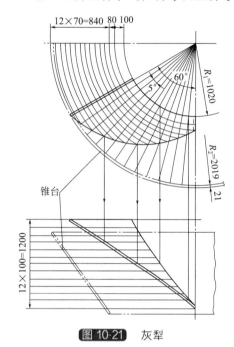

图 10-21 　灰犁

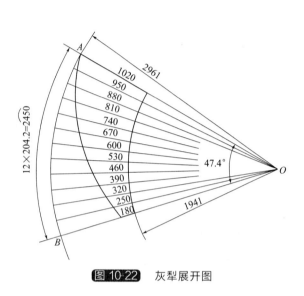

图 10-22 　灰犁展开图

六、切线螺旋进料管料计算

图 10-23 　立体图

切线螺旋进料管见图 10-23。闪蒸塔中段有一切线进料管，如图 10-24 所示，从图中可看出，上端为平板箱形结构，各板反映实形；下端为螺旋箱形结构，从下料到组装难度较大。下面叙述计算方法，顺便也叙述一些组焊方面的知识。

1. 螺旋面的基本概念

形成螺旋面的母线可以是直线，也可以是曲线。根据母线与导圆柱轴线相对位置的不同，螺旋面可分为正螺旋面、阿基米德螺旋面、渐开线螺旋面和延长渐开线螺旋面四种。前一种的母线垂直于导圆柱轴线，后三种总称为斜螺旋面，即母线不垂直于导圆柱轴线。

从本例上下螺旋板分析，形成螺旋板之母线反映实长，说明母线垂直于导圆柱轴线，故本例应属于右旋正螺旋面。

正螺旋面的展开螺旋线为直线，斜螺旋面的展开螺旋线为曲线（用计算法或放样法都可证得这一结论）。

2. 各板分析

（1）内螺旋板 　如图 10-25 所示为内螺旋板施工图，从图中可看出轴辊在板上的放置方向，卷制卡样板时必与此方向垂直。如图 10-26 所示为形成原理分析图，从图中可看出，在一个－10×ϕ3000（mm）的圆筒体上，从上端素线上量取 590mm，定出两螺旋线的起点，上、下螺旋线各沿 90°－43°和 90°－50.59°的螺旋角往下盘旋，其投影包角为 42°，最下端素线长必为 903mm。

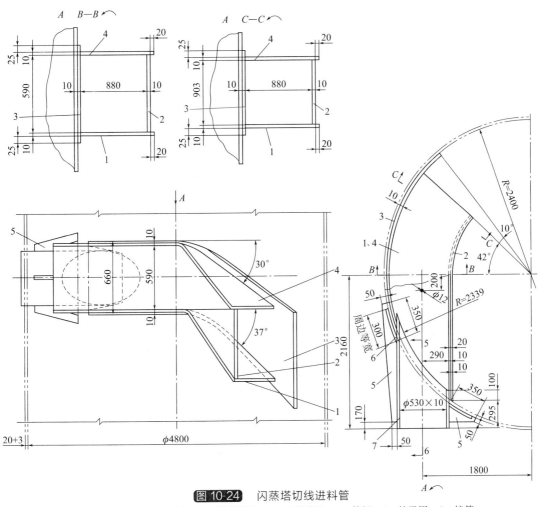

图 10-24 闪蒸塔切线进料管

1—下螺旋板；2—内螺旋板；3—外螺旋板；4—上螺旋板；5—筋板；6—补强圈；7—接管

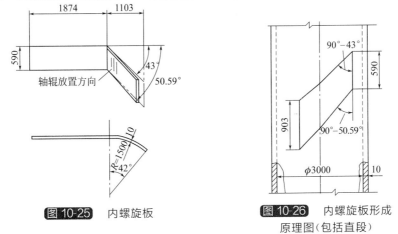

图 10-25 内螺旋板

图 10-26 内螺旋板形成原理图（包括直段）

（2）外螺旋板 如图 10-27 所示为外螺旋板施工图，从图中可看出轴辊在板上的放置位置，卷制卡样板时必与此方向垂直。如图 10-28 所示为外螺旋板形成原理分析图，从图中可看出，在一个－10×φ4780（mm）的圆筒体上，从上端素线上量取 660mm，定出两螺旋线的起点，上、下螺旋线各按 90°－30°和 90°－37°的螺旋角往下盘旋，其投影包角为 42°，下端必为 973mm（为便于计算，10°的引板部分最后加出为好）。

（3）上螺旋板　如图 10-29 所示为上螺旋板施工图，从图中可看出，主视图的压弯方向必为对角压制，且必为一直线，这是因为，任何其他方向的压制都破坏了两端线为直线，两弧状线的投影为近似直线。图 10-30 为上螺旋板形成原理分析图，从图中可看出，内弧的导圆柱 ϕ2960mm，升角为 43°；外弧的导圆柱 ϕ4780mm，升角为 30°，内外弧线的展开半径可用相交弦定理求得（将在下面叙述）。

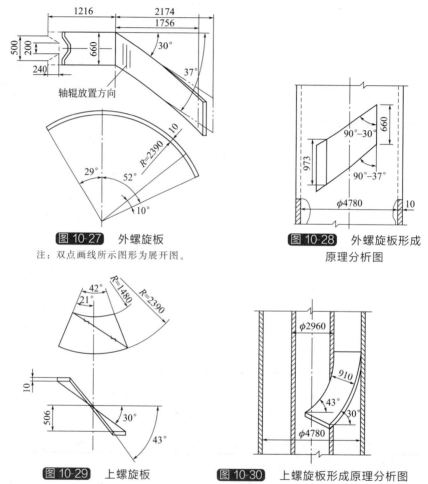

图 10-27　外螺旋板

注：双点画线所示图形为展开图。

图 10-28　外螺旋板形成
原理分析图

图 10-29　上螺旋板

图 10-30　上螺旋板形成原理分析图

（4）下螺旋板　如图 10-31 所示为下螺旋板施工图，图 10-32 为形成原理分析图，压弯方向和展开半径计算方法，完全同上螺旋板，此略。

3. 各板料计算

（1）内螺旋板　如图 10-25 所示，双点画线范围为展开实形，其计算程序是：

① 投影长 $b = \pi \times 1505\text{mm} \times \dfrac{42°}{180°} = 1103\text{mm}$。

② 上螺旋线实长 $l_1 = \dfrac{1103\text{mm}}{\cos 43°} = 1508\text{mm}$。

③ 下螺旋线实长 $l_2 = \dfrac{1103\text{mm}}{\cos 50.59°} = 1737\text{mm}$。

④ 对角线实长 $l_3 = \sqrt{590^2 + 1508^2 - 2 \times 590 \times 1508 \times \cos 47°}\ \text{mm} = 1187\text{mm}$。

⑤ 下端宽等于 903mm。

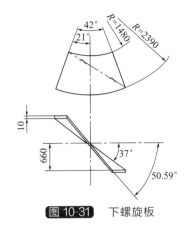

图 10-31　下螺旋板

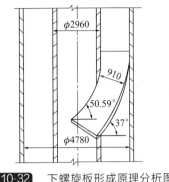

图 10-32　下螺旋板形成原理分析图

根据以上数据可用三角形法作出展开图。

（2）外螺旋板　如图 10-27 所示，双点画线范围为展开实形，其计算程序是：

① 投影长 $b = \pi \times 2395\text{mm} \times \dfrac{42°}{180°} = 1756\text{mm}$（为便于作展开图，不包括 10°引板）。

② 上螺旋线实长 $l_1 = \dfrac{1756\text{mm}}{\cos 30°} = 2027\text{mm}$。

③ 下螺旋线实长 $l_2 = \dfrac{1756\text{mm}}{\cos 37°} = 2199\text{mm}$。

④ 对角线实长 $l_3 = \sqrt{660^2 + 2027^2 - 2 \times 660 \times 2027 \times \cos 60°}\ \text{mm} = 1791\text{mm}$。

⑤ 下端宽等于 973mm（不包括 10°引板）。

根据以上数据可用三角形法作展开图。

（3）上螺旋板　参照图 10-25、图 10-27 和图 10-29 所示的数据计算如下。

① 内螺旋线投影长 $b_1 = \pi \times 1480\text{mm} \times \dfrac{42°}{180°} = 1085\text{mm}$。

② 内螺旋线实长 $l_1 = \dfrac{1085\text{mm}}{\cos 43°} = 1483\text{mm}$。

③ 外螺旋线投影长 $b_2 = \pi \times 2390\text{mm} \times \dfrac{42°}{180°} = 1752\text{mm}$。

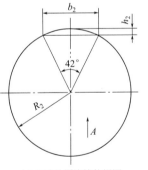

（a）内或外螺旋线俯视图

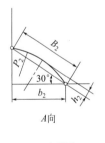

（b）A 向视图

图 10-33　求展开半径原理图

④ 外螺旋线实长 $l_2 = \dfrac{1752\text{mm}}{\cos 30°} = 2023\text{mm}$。

⑤ 板宽 $B = (2390 - 1480)\ \text{mm} = 910\text{mm}$。

⑥ 外弧展开半径 P_2：如图 10-33 所示为展开半径计算原理图。

• 外弧投影弦高 $h_2 = 2390\text{mm} \times \left(1 - \cos \dfrac{42°}{2}\right) = 159\text{mm}$。

• 外弧投影弦长 $b_2 = 2 \times 2390\text{mm} \times \sin \dfrac{42°}{2} = 1713\text{mm}$。

• 外弧投影弦长的实长 $B_2 = \dfrac{1713}{\cos 30°}\text{mm} = 1978\text{mm}$。

• 外弧展开半径 $P_2 = \dfrac{1978^2 + 4 \times 159^2}{8 \times 159}\text{mm} = 3155\text{mm}$。

⑦ 内弧展开半径 $P_1 = (3155 - 910)\text{mm} = 2245\text{mm}$。

（4）下螺旋板　参照图 10-25、图 10-27 和图 10-31 所示的数据计算如下。

① 内螺旋线的投影长 $b_1 = \pi \times 1480\text{mm} \times \dfrac{42°}{180°} = 1085\text{mm}$。

② 内螺旋线实长 $l_1 = \dfrac{1085\text{mm}}{\cos 50.59°} = 1709\text{mm}$。

③ 外螺旋线的投影长 $b_2 = \pi \times 2390\text{mm} \times \dfrac{42°}{180°} = 1752\text{mm}$。

④ 外螺旋线实长 $l_2 = \dfrac{1752\text{mm}}{\cos 37°} = 2194\text{mm}$。

⑤ 板宽 $B = (2390 - 1480)\ \text{mm} = 910\text{mm}$。

⑥ 外弧展开半径 P_2。根据图 10-33 所示的计算原理计算如下：

- 外弧投影弦高 $h_2 = 2390\text{mm} \times \left(1 - \cos\dfrac{42°}{2}\right) = 159\text{mm}$。

- 外弧投影弦长 $b_2 = 2 \times 2390\text{mm} \times \sin\dfrac{42°}{2} = 1713\text{mm}$。

- 外弧投影弦长的实长 $B_2 = \dfrac{1713\text{mm}}{\cos 37°} = 2145\text{mm}$。

- 外弧展开半径 $P_2 = \dfrac{2145^2 + 4 \times 159^2}{8 \times 159}\text{mm} = 3697\text{mm}$。

⑦ 内弧展开半径 $P_1 = (3697 - 910)\text{mm} = 2787\text{mm}$。

4. 各板的预制方法

（1）内螺旋板　根据图 10-25 所示的轴辊放置方向在卷板机上找正后，用内卡 $R1500\text{mm}$ 样板垂直轴辊卡试卷制。

（2）外螺旋板　根据图 10-27 所示的轴辊放置方向在卷板机上找正后，用内卡 $R2390\text{mm}$ 样板垂直轴辊卡试卷制。

（3）上、下螺旋板　为了结合的需要，其预制原则有两点：

① 必须保证两端边线为直线，两弧状线的投影为近似直线；

② 如图 10-29 和图 10-31 所示的折弯线，必须对角布置，且只有一条，在压力机上压制时，宁使其稍过不要使其欠，这是因为放弧远比上弧省劲得多。

5. 组对方法

卧置筒体，将进料装置转至便于组对的正下方，先将平板箱形结构组对完，然后组对螺旋箱形结构。

（1）紧接平板箱形结构的外螺旋板的位置，在筒体上组对螺旋箱形结构的外螺旋板。

（2）紧接平板箱形结构的内螺旋板的位置，点焊螺旋箱形结构的内螺旋板的上端，下端用临时支架支起。

（3）将上螺旋板放于两者之间，观察吻合情况，若折角过时，可就地平放用大锤放弧；若折角欠时，可在上螺旋板上点焊吊耳用倒链拉。先与外螺旋板点焊，后与内螺旋板点焊。

（4）同法将下螺旋板点焊固定。

以上组对顺序，主要考虑到当上下螺旋板折弯欠时，便于点焊吊耳用倒链拉近之。

（5）上、下螺旋板与外螺旋板两端有间隙时，可用吊车和绳索将筒体托吊起，间隙便会缩小；中部有间隙时，可在筒体下部用千斤顶顶起缩小间隙。

（6）内螺旋板与上下螺旋板组对时，若内螺旋板偏低，可用千斤顶顶起；若偏高，可用压马配斜铁压低。

6. 结论

通过多次组焊螺旋切线进料管，得出如下结论。

（1）上、下螺旋板必须进行折弯，正确的折弯方向为对角线方向，如图 10-29 和图 10-31 所示；错误的折弯方向见图 10-34。

（2）上、下螺旋板的外弧展开半径，正确的计算方法是用相交弦定理，如图 10-34 所示；错误的计算方法是用正螺旋面的计算方法。

（3）内、外螺旋板的卷弧素线方向，必与内端边平行，其卡样板半径即为用相交弦定理算出的展开半径，如图 10-34 所示。

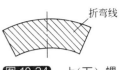

图 10-34　上（下）螺旋板错误的压弯方向

七、气柜螺旋导轨料计算

气柜的螺旋导轨必须先按展开半径卷制或压制成形，气柜筒体较薄，刚性极差；导轨刚性特强，曲率过大或过小，都会影响组对。筒体服从了导轨，直接影响着气柜的外观，且影响了导轨的正常使用。这里主要介绍两个问题，一是展开半径计算，二是长度计算。气柜螺旋导轨见图 10-35。

1. 板厚处理

计算展开半径和导轨长度皆应按筒外垫板外直径为基准。

2. 计算式

（1）展开半径 R（见图 10-36）：

① 螺旋导轨投影长 $b = \dfrac{\pi D}{n}$。

② 包角 $\alpha = \dfrac{180° b}{\pi r}$。

③ 导轨弦长投影 $b_1 = 2r \sin \dfrac{\alpha}{2}$。

④ 弦心距 $c = r \cos \dfrac{\alpha}{2}$。

⑤ 弦高 $h = r - c$。

⑥ 弦长之实长 $B = \sqrt{H^2 + b_1{}^2}$。

⑦ 展开半径 $R = \dfrac{B^2}{8h} + \dfrac{h}{2}$。

表达式推导如图 10-36（b）所示（相交弦定理）。

（2）长度 $l = \dfrac{b}{\cos \lambda}$（见图 10-37）。

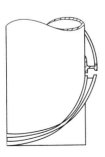

图 10-35　立体图

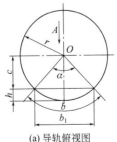

(a) 导轨俯视图

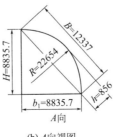

(b) A向视图

图 10-36　求展开半径图

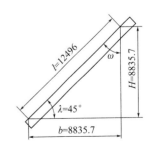

图 10-37　螺旋导轨长度计算图

式中　D——筒外垫板外直径，mm；n——圆周上导轨根数；b——圆周上 n 分之一根导轨投影长，mm；λ——设定给定展开后角度，一般为 $45°$。

3. 举例

如图 10-36 所示为气柜钟罩壁一导轨俯视图，全周八条导轨，筒外垫板外直径 $D=22500$mm，展开后升角 $\lambda=45°$，展开高度 $H=8835.7$mm。

（1）展开半径 R：

① $b=\dfrac{\pi D}{n}=\dfrac{\pi\times 22500\text{mm}}{8}=8835.7\text{mm}$。

② $\alpha=\dfrac{180°b}{\pi r}=\dfrac{180°\times 8835.7}{\pi\times 11250}=45°$。

③ $b_1=2r\sin\dfrac{\alpha}{2}=2\times 11250\text{mm}\times\sin 22.5°=8610\text{mm}$。

④ $c=r\cos\dfrac{\alpha}{2}=11250\text{mm}\times\cos 22.5°=10394\text{mm}$。

⑤ $h=r-c=（11250-10394）\text{mm}=856\text{mm}$。

⑥ $B=\sqrt{H^2+b_1^2}=\sqrt{8835.7^2+8610^2}\text{mm}=12337\text{mm}$。

⑦ $R=\dfrac{B^2}{8h}+\dfrac{h}{2}=\left(\dfrac{12337^2}{8\times 856}+\dfrac{856}{2}\right)\text{mm}=22654\text{mm}$。

（2）展开长 $l=\dfrac{b}{\cos\lambda}=\dfrac{8835.7\text{mm}}{\sin 45°}=12496\text{mm}$。

4. 说明

成形方法见本章"八、压制气柜螺旋导轨胎具的计算"。

八、压制气柜螺旋导轨胎具的计算

螺旋导轨的制作成形质量，对气柜能否顺利升降关系极大。螺旋导轨既沿塔体的圆柱面弯曲，又按着螺旋角而扭曲上升。成形导轨前必须制备一个精确的导轨胎具，作为校验导轨曲率的标准。制备胎具需经放样或计算出胎具各模板高度和间距。常用的计算法又分弦长等分法和弧长等分法，后法具有独到的好处，即计算 S 形曲线较准确，故本文只就弧长等分法计算，同时也配以放样法验证。

1. 板厚处理

计算导轨胎具与计算导轨料长同样都与曲率半径和导轨长度有关，故也应按筒外垫板外直径为计算基准。

2. 胎具的计算和放样

如图 10-38 所示为一气柜钟罩壁一导轨的俯视图，如图 10-39 所示为其展开图，全周八条导轨，垫板外半径 $R=11250$mm，升角 $\lambda=45°$，展开高度 $H=8835.7$mm。

图 10-38　导轨俯视图

图 10-39　导轨立面展开图

如图 10-40 所示为计算原理图。

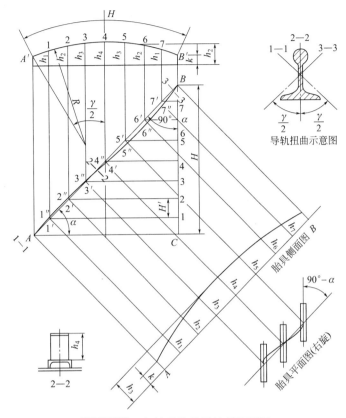

$\boxed{\text{图 }10\text{-}40}$ 螺旋导轨胎具计算原理图

(1) 空间导轨的投影弧长 $\overset{\frown}{A'B'} = H = \dfrac{22500\text{mm} \times \pi}{8} = 8835.7\text{mm}$。

(2) $\overset{\frown}{A'B'}$ 所对的圆心角 $\gamma = \dfrac{360°}{8} = 45°$。

(3) 每等分弧所对的圆心角 $\gamma' = \dfrac{45°}{8} = 5.625°$。

(4) $\overline{A'B'} = 2R\sin\dfrac{\gamma}{2} = 22500\text{mm} \times \sin 22.5° = 8610\text{mm}$。

(5) 空间导轨投影两端点连线 $\overline{AB}$ 的倾斜角 $\alpha = \arctan\dfrac{H}{AC} = \arctan\dfrac{8835.7}{8610} = 45.74°$。

(6) 各模板高度 h_n：考虑到最高模板和最低模板便于操作，本文定最低模板高度为 $K = 300\text{mm}$。

① 最高模板 $h_4 = R\left(1 - \cos\dfrac{\gamma}{2}\right) + K = 11250\text{mm} \times (1 - \cos 22.5°) + 300\text{mm} = 1156\text{mm}$。

② 其余各模板高度计算

$h_n = h_4 - R[1 - \cos(n\gamma')]$

$h_3 = h_5 = 1156\text{mm} - 11250\text{mm} \times (1 - \cos 5.625°) = 1102\text{mm}$

同理得：$h_2 = h_6 = 940\text{mm}$，$h_1 = h_7 = 672\text{mm}$。

(7) S曲线的画法：S形曲线为导轨中心线在胎具底平面上的实际投影线，也就是胎具的各直立模板中心位置点的集合，可用计算法或放样法求得，下面分别叙述之。

① 计算法。

a. 每等分高度 $H' = \dfrac{H}{n} = \dfrac{8835.7\text{mm}}{8} = 1104.5\text{mm}$。

b. 以 A 点为直角坐标系的原点，S 曲线上各点的坐标值计算如下：

横坐标的计算公式 $x = \dfrac{AC}{2} \pm R\sin(n\gamma')$

纵坐标的计算公式 $y = nH'$

各点的坐标如下：4″（4305，4418），3″（3202，3313），5″（5408，5522），2″（2110，2209），6″（6500，6627），1″（1039，1104.5），7″（7571，7731），A（0，0），B（8610，8835.7）。

② 放样法。

a. 在钟罩壁垫板外圆周上取 $\overset{\frown}{A'B'} = H$，因升角 $\lambda = 45°$，八等分 $\overset{\frown}{A'B'}$ 得各分点为 1、2、3……

b. 作直角三角形 ABC，使 $\overline{BC}$ 等于 H，$\overline{AC} = \overline{A'B'}$，令 $\angle BAC = \alpha$；

c. 过 $\overline{A'B'}$ 各等分点作一组垂直于 $\overline{A'B'}$ 的平行线，与 $\overline{AB}$ 相交得各点 1′、2′、3′…、7′；

d. 八等分 $\overline{BC}$，得各分点 1、2、3…过各分点作平行线与上述各平行线相交，得各对应线的交点 1″、2″、3″…、7″；

e. 连接 1″、2″、…、7″ 得 S 形曲线，此曲线即是螺旋导轨中心在胎具底平面上的投影曲线。

（8）螺旋导轨的投影长（也即拱形胎具的投影长）$\overline{AB} = \dfrac{H}{\sin\alpha} = \dfrac{8835.7\text{mm}}{\sin 45.74°} = 12337$（mm）。

（9）螺旋导轨展开实长 $s = \sqrt{\overline{A'B'}^2 + H^2} = \sqrt{2 \times 8835.7^2}\,\text{mm} = 12496\text{mm}$。

3. 胎具的制作方法

胎具的制作如图 10-40 所示。

（1）在平台上作一直角三角形 ABC，使 $AC = 8610\text{mm}$，$BC = 8835.7\text{mm}$，并验证 $\overline{AB}$ 的长度是否等于 12337mm。

（2）用上述的计算法或放样法，找出 S 曲线上的各点 1″、2″、…、7″，除 4″ 点外，其他各点皆不在 $\overline{AB}$ 线上。

（3）过上述各点 1″、2″、…作与 $\overline{AB}$ 线的夹角为 $90° - \alpha = 90° - 45.74° = 44.26°$，安装模板时，模板的大面与角度线重合，模板的中点与 1″、2″…各点重合，并点焊牢固。

模板按 S 曲线和等高斜置进行安装是保证导轨扭曲的关键。

4. 模板中心线为 S 曲线的基本原理

以前不管用计算法或放样法制备胎具时，皆将中心线定为直线，然后再与其成 45° 画出模板的斜置线。在实践中发现，成形后的导轨总是扭曲不够，究其原因，除了因导轨的断面形状和导轨成形时造成的误差外，还与模板的中心线为直线有关。通过有关方法验证，更说明了这一点，其验证方法如下。

（1）计算角度验证

① 按直线计算 $\overline{AB}$ 的倾斜角 $\alpha = \arctan\dfrac{H}{AC} = \arctan\dfrac{8835.7}{8610} = 45.74°$。

② 按坐标点计算 4″ 点的倾斜角 $\alpha = \arctan\dfrac{4418}{4305} = 45.74°$。

按直线计算，其上任意点的倾斜角 α 都应该是 45.74°，但通过各点坐标值的计算，各点的角度皆不相等，请看下面部分点的计算。

③ 2″点的倾斜角 $\alpha_2 = \arctan\dfrac{2209}{2110} = 46.31°$。

④ 6″点的倾斜角 $\alpha_6 = \arctan\dfrac{6627}{6500} = 45.55°$。

其他各点从略，从而证明模板中心线是一条曲线而不是直线。

（2）放样法验证　放样法验证与上述的计算角度法验证相似，基本原理是利用坐标，前者求角度，后者求点。在大平台上放实样验证表明确是一条曲线而不是直线。

5. 导轨成形的基本原理和方法

导轨的成形方法，可在大炉中加热后放于胎具上锤击成形，也可在压力机上压制成形，如卷板机的升起高度大于所煨导轨高度，也可在卷板机上卷制成形。三种方法可根据具体情况选用。现以在卧式压力机上压制，然后放于检验胎具上进行检验并微调为例，叙述在压力机上成形的基本原理和方法。

如图 10-41 所示为在吊车配合下，在 120t 的卧式压力机上压制的示意图，压制的关键是上下胎的放置位置，上下胎与导轨所夹锐角必是 $90° - \alpha = 90° - 45.74° = 44.26°$，而绝不是 $45°$（卷板机卷制同理）。

（1）成形原理　卷正圆筒时，轴辊外轮廓线必与板端平行，卷出的筒体才不会错口；否则，若板端与轴辊不平行，即有一个夹角，卷出的筒体必错口，这个锐角就是螺旋体的螺旋角，卷板机卷制螺旋体和用胎具压制螺旋体，道理是一样的，故胎具必倾斜一个角度。

此螺旋导轨就相当于厚度等于 h 的一块板被压制成螺旋体。

（2）卡样板曲率的计算　不论是压力机压制或卷板机卷制还是下火煨制，都要用样板检查成形后的曲率，所以样板的曲率计算也很重要，下面计算之。

计算原理见图 10-42。

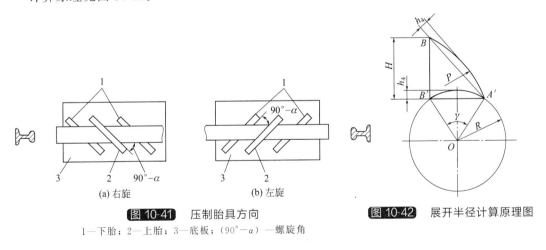

图 10-41　压制胎具方向
1—下胎；2—上胎；3—底板；$(90° - \alpha)$—螺旋角

图 10-42　展开半径计算原理图

① 弦高 $h_4 = R\left(1 - \cos\dfrac{\gamma}{2}\right) = 11250\text{mm} \times (1 - \cos22.5°) = 856\text{mm}$。

② 展开半径 $P = \dfrac{A'B^2 + 4h_4^2}{8h_4} = \dfrac{12337^2 + 4 \times 856^2}{8 \times 856}\text{mm} = 22654\text{mm}$（相交弦定理）。

（3）操作方法　在吊车的配合下，本着宁欠勿过的原则，逐杠压出，并随时卡样板检查导轨底面的弧底。但有一点要提醒注意，随着立弯和扭曲的逐渐形成，被压部分上翘，导致整导轨与胎具的螺旋角变小，压出的扭曲也会随之变小。预防措施是：随着压制的继续进行，观察未被压部分是否与大地平行，若出现偏差，可通过吊钩的升降或左右移动，或用 F

形圆钢拨之,使之与大地平行,便可压出设计的立弯和扭曲。

6. 提高成形质量的方法

除了压制时应注意的事项外,还有下列几方面的因素及处理方法。

(1) 检验胎具的模板必须按 S 曲线上的点和角度线点焊固定,螺旋角为 $90°-\alpha$,而不是 $45°$,只有这样才能产生出设计的立弯和扭曲。

(2) 模板是矩形,而不是一侧高另一侧低。

(3) 扭曲不够的处理方法如下。

① 对于螺旋体卡样板,可用计算法或放样法求得,但因其断面是椭圆,任一处的曲率都不等,所以求出的展开半径也是近似的,压出的立弯和扭曲当然也是近似的,直径越小,误差越大。

② 还有一个问题要说及,当导轨底面弧度与样板吻合时,由于导轨有个窄腹板的立面,这个立面很难将扭曲力传至导轨顶部,致使导轨顶部产生扭曲不够,会影响塔节的正常升降。

增加顶部扭曲的方法。

一是如本例,螺旋角为 $44.26°$,安装压制胎具和组焊检验胎具时,可适当缩小此螺旋角,或宁小勿大。

二是采用导轨腹板加热法。如图 10-43 所示为使导轨顶部增加扭曲的胎具和方法,将龙门架 1 落于槽钢模板 4 的大面并用螺栓 2 固定之。用斜铁 6 将导轨底面与槽钢模板压紧,在导轨腹板中部纵向加热至 $600\sim700℃$,目的是使之塑性增加,同时用斜铁 6 塞于导轨顶部并施以击力,从中部分,使导轨顶部一端朝左扭曲,另端朝右扭曲(根据旋向决定扭曲方向),用肉眼观察在局部范围内顶面与底面平行,即为达到设计的扭曲程度。

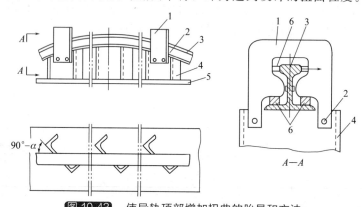

图 10-43 使导轨顶部增加扭曲的胎具和方法
1—龙门架;2—螺栓;3—导轨;4—斜置槽钢;5—平台;6—斜铁

用此法增加扭曲有独到的好处,能保证立弯不变,除此之外,加热任何处都会引起另一种变形。

7. 成形螺旋导轨的规律

通过实践,总结出成形螺旋导轨的规律如下。

(1) 上下胎与导轨锐角方向的夹角为螺旋角,等于 $90°-\alpha$,而不是设计图上给定的升角 $45°$。

(2) 一种旋向的导轨,不分上下头,可任意调头使用。

(3) 成形时只有胎具的倾斜方向决定旋向,导轨从哪头插入无关。

(4) 气柜有多层塔节时,相邻塔节的旋向必相反,胎具的倾斜方向必相反。

(5) 从立面图上看,导轨可见线的上升方向是向右的为右旋,导轨可见线的上升方向是向左的为左旋。

九、正方螺旋管料计算

1. 板厚处理

（1）内外侧板的投影长按中径计算料长。

（2）角部为半搭结构，如图 10-45 中 I 放大，即上下螺旋板半搭左右螺旋板。

2. 计算式

正方螺旋管见图 10-44。图 10-45 所示为计算原理图。

（1）内侧板（见图 10-46）

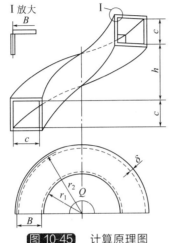

图 10-44　立体图

图 10-45　计算原理图

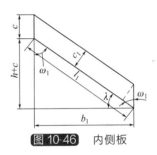

图 10-46　内侧板

① 投影长 $b_1 = \pi r_1 \dfrac{Q}{180°}$。

② 实长 $l_1 = \sqrt{b_1^2 + (h+c)^2}$。

③ 螺旋角 $\omega_1 = \arctan \dfrac{b_1}{h+c}$。

④ 侧板宽 $c_1 = c \sin \omega_1$。

（2）外侧板（见图 10-47）

① 投影长 $b_2 = \pi r_2 \dfrac{Q}{180°}$。

② 实长 $l_2 = \sqrt{b_2^2 + (h+c)^2}$。

③ 螺旋角 $\omega_2 = \arctan \dfrac{b_2}{h+c}$。

④ 侧板宽 $c_2 = c \sin \omega_2$。

（3）上下螺旋板（见图 10-48）

① 内展开半径 $R_1 = \dfrac{Bl_1}{l_2 - l_1}$。

② 外展开半径 $R_2 = \dfrac{Bl_2}{l_2 - l_1}$。

③ 展开料夹角 $\alpha = \dfrac{180° l_1}{\pi R_1}$（或 $\alpha = \dfrac{180° l_2}{\pi R_2}$）。

④ 展开小端弦长 $A_1 = 2R_1 \sin \dfrac{\alpha}{2}$。

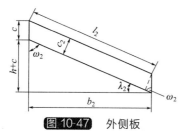

图 10-47　外侧板

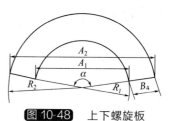

图 10-48　上下螺旋板

⑤ 展开料大端弦长 $A_2 = 2R_2 \sin \dfrac{\alpha}{2}$。

式中　Q——包角，(°)。

3. 举例

如图 10-45 所示为一鼓风机螺旋管施工图，$r_1 = 743\text{mm}$，$r_2 = 1337\text{mm}$，$c = 588\text{mm}$，$h = 1140\text{mm}$，$B = 594\text{mm}$，$\delta = 6\text{mm}$，$Q = 180°$。

（1）内侧板

① $b_1 = \pi r_1 \dfrac{Q}{180°} = \pi \times 743\text{mm} = 2334\text{mm}$。

② $l_1 = \sqrt{b_1^2 + (h+c)^2} = \sqrt{2334^2 + (1140+588)^2}\,\text{mm} = 2904\text{mm}$。

③ $\omega_1 = \arctan \dfrac{b_1}{h+c} = \arctan \dfrac{2334}{1728} = 53.48°$。

④ $c_1 = c \sin \omega_1 = 588\text{mm} \times \sin 53.48° = 473\text{mm}$。

（2）外侧板

① $b_2 = \pi r_2 \dfrac{Q}{180°} = \pi \times 1337\text{mm} = 4200\text{mm}$。

② $l_2 = \sqrt{b_2^2 + (h+c)^2} = \sqrt{4200^2 + 1728^2}\,\text{mm} = 4542\text{mm}$。

③ $\omega_2 = \arctan \dfrac{b_2}{h+c} = \arctan \dfrac{4200}{1728} = 67.64°$。

④ $c_2 = c \sin \omega_2 = 588\text{mm} \times \sin 67.64° = 544\text{mm}$。

（3）上下螺旋板

① $R_1 = \dfrac{Bl_1}{l_2 - l_1} = \dfrac{594 \times 2904}{4542 - 2904}\,\text{mm} = 1053\text{mm}$。

② $R_2 = \dfrac{Bl_2}{l_2 - l_1} = \dfrac{594 \times 4542}{4542 - 2904}\,\text{mm} = 1647\text{mm}$。

③ $\alpha = \dfrac{180° l_1}{\pi R_1} = \dfrac{180° \times 2904}{\pi \times 1053} = 158°$。

④ $A_1 = 2R_1 \sin \dfrac{\alpha}{2} = 2 \times 1053\text{mm} \times \sin \dfrac{158°}{2} = 2067\text{mm}$。

⑤ $A_2 = 2R_2 \sin \dfrac{\alpha}{2} = 2 \times 1647\text{mm} \times \sin \dfrac{158°}{2} = 3233\text{mm}$。

4. 展开图的画法

（1）内外侧板

① 用交规法画出下边的直角三角形。

② 用平行线法画出上边的平行四边形。

（2）上下螺旋板

① 以 O 为圆心，以 $R_1 = 1053\text{mm}$、$R_2 = 1647\text{mm}$ 为半径画两个同心圆。

② 以 $A_2 = 3233$ 为定长，在大圆上截取此弦长，得 A、B 两点，连 OA、OB 即得上下螺旋板展开图。

5. 说明

（1）内外侧板的成形方法

① 素线：平行上下端边的线皆为素线。

② 在卷板机上沿素线卷制成形。

③ 用槽弧锤配大锤在平行下胎上沿素线用手工槽制成形。

（2）上下螺旋板的成形方法

① 作上下胎在压力机上热压成形。

② 作下胎用手工热压成形。

十、方矩螺旋管料计算（之一）

本例为内外侧板端边不等宽、上下板端边等宽方矩螺旋管。

1. 板厚处理

① 内外侧板的投影长按中径计算料长。

② 角部为半搭结构，如图 10-50 中的 Ⅰ 放大，即上下螺旋板半搭内外侧板。

方矩螺旋管见图 10-49。图 10-50 所示为计算原理图。

图 10-49　立体图

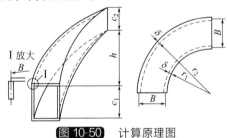

图 10-50　计算原理图

2. 计算式

（1）内侧板（见图 10-51）

① 投影长 $b_1 = \pi r_1 \dfrac{Q}{180°}$

式中　Q——包角（°）。

② 下沿实长 $l_1 = \sqrt{b_1^2 + (h + c_1)^2}$

③ 上沿实长 $l_1' = \sqrt{b_1^2 + (h + c_2)^2}$

（2）外侧板（见图 10-52）

① 投影长 $b_2 = \pi r_2 \dfrac{Q}{180°}$

② 下沿实长 $l_2 = \sqrt{b_2^2 + (h + c_1)^2}$

③ 上沿实长 $l_2' = \sqrt{b_2^2 + (h + c_2)^2}$

（3）上螺旋板（见图 10-53）

① 内展开半径 $R_1' = \dfrac{B l_1'}{l_2' - l_1'}$

② 外展开半径 $R_2' = \dfrac{B l_2'}{l_2' - l_1'}$

③ 展开料夹角 $\alpha_1 = \dfrac{180°l_1'}{\pi R_1'}$ （或 $\alpha_1 = \dfrac{180°l_2'}{\pi R_2'}$）

④ 大端弦长 $A_2' = 2R_2' \sin \dfrac{\alpha_1}{2}$

（4）下螺旋板（见图 10-54）

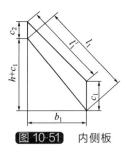 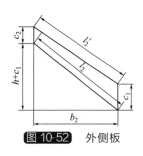 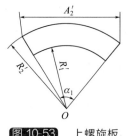 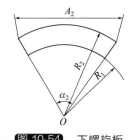

图 10-51　内侧板　　图 10-52　外侧板　　图 10-53　上螺旋板　　图 10-54　下螺旋板

① 内展开半径 $R_1 = \dfrac{Bl_1}{l_2 - l_1}$

② 外展开半径 $R_2 = \dfrac{Bl_2}{l_2 - l_1}$

③ 展开料夹角 $\alpha_2 = \dfrac{180°l_1}{\pi R_1}$ （或 $\alpha_2 = \dfrac{180°l_2}{\pi R_2}$）

④ 大端弦长 $A_2 = 2R_2 \sin \dfrac{\alpha_2}{2}$

3. 举例

图 10-50 中，$r_1 = 672\text{mm}$，$r_2 = 1076\text{mm}$，$c_1 = 500\text{mm}$，$c_2 = 300\text{mm}$，$h = 770\text{mm}$，$\delta = 4\text{mm}$，$Q = 90°$。

（1）内侧板

① $b_1 = \pi r_1 \dfrac{Q}{180°} = \pi \times 672\text{mm} \times \dfrac{1}{2} = 1056\text{mm}$。

② $l_1 = \sqrt{b_1^2 + (h + c_1)^2} = \sqrt{1056^2 + (770 + 500)^2}\ \text{mm} = 1652\text{mm}$。

③ $l_1' = \sqrt{b_1^2 + (h + c_2)^2} = \sqrt{1056^2 + (770 + 300)^2}\ \text{mm} = 1503\text{mm}$。

（2）外侧板

① $b_2 = \pi r_2 \dfrac{Q}{180°} = \pi \times 1076\text{mm} \times \dfrac{1}{2} = 1690\text{mm}$。

② $l_2 = \sqrt{b_2^2 + (h + c_1)^2} = \sqrt{1690^2 + (770 + 500)^2}\ \text{mm} = 2114\text{mm}$。

③ $l_2' = \sqrt{b_2^2 + (h + c_2)^2} = \sqrt{1690^2 + (770 + 300)^2}\ \text{mm} = 2000\text{mm}$

（3）上螺旋板

① $R_1' = \dfrac{Bl_1'}{l_2' - l_1'} = \dfrac{404 \times 1503}{2000 - 1503}\ \text{mm} = 1222\text{mm}$

② $R_2' = \dfrac{Bl_2'}{l_2' - l_1'} = \dfrac{404 \times 2000}{2000 - 1503}\ \text{mm} = 1626\text{mm}$

③ $\alpha_1 = \dfrac{180°l_1'}{\pi R_1'} = \dfrac{180° \times 1503}{\pi \times 1222} = 70.47°$

④ $A_2' = 2R_2' \sin \dfrac{\alpha_1}{2} = 2 \times 1626\text{mm} \times \sin \dfrac{70.47°}{2} = 1876\text{mm}$

（4）下螺旋板

① $R_1 = \dfrac{Bl_1}{l_2 - l_1} = \dfrac{404 \times 1652}{2114 - 1652} \text{mm} = 1445 \text{mm}$

② $R_2 = \dfrac{Bl_2}{l_2 - l_1} = \dfrac{404 \times 2114}{2114 - 1652} \text{mm} = 1849 \text{mm}$

③ $\alpha_2 = \dfrac{180° l_1}{\pi R_1} = \dfrac{180° \times 1652}{\pi \times 1445} = 65.5°$

④ $A_2 = 2R_2 \sin \dfrac{\alpha_2}{2} = 2 \times 1849 \text{mm} \times \sin \dfrac{65.5°}{2} = 2001 \text{mm}$

4. 展开图的画法

（1）内外侧板

① 用交规法画出下边的直角三角形。

② 用平行线法画出上边的四边形。

（2）上下螺旋板

① 上螺旋板

- 以 O 点为圆心，以 $R'_1 = 1222 \text{mm}$、$R'_2 = 1626 \text{mm}$ 为半径画同心圆。

- 以 $A'_2 = 1876 \text{mm}$ 为定长，在外圆弧上截取此弦长得 A、B 两点。

- 连接 OA、OB，即得上螺旋板展开图。

② 下螺旋板：完全同上螺旋板，此略。

5. 说明

（1）内外侧板的成形方法

① 素线的概念：平行上下端边的任一位置的线皆为素线。

② 在卷板机上沿素线卷制成形。

③ 在平行下胎上沿素线用手工槽制成形。

（2）上下螺旋板的成形方法

① 作上下胎在压力机上热压成形。

② 作下胎用手工热压成形。

十一、方矩螺旋管料计算（之二）

本例为内外侧板端边等宽、上下板端边不等宽的方矩螺旋管。方矩螺旋管见图 10-55。

1. 板厚处理

① 内外侧板的投影长按中心径计算长度。

② 角部为半搭结构，见图 10-56 中的 I 放大，即上下螺旋板半搭左右侧板。

2. 计算式

图 10-56 为计算原理图。

（1）内侧板（见图 10-57）

① 投影长 $b_1 = \pi r_1 \dfrac{Q}{180°}$

式中　Q——包角。

② 实长 $l_1 = \sqrt{b_1^2 + (h+c)^2}$

③ 螺旋角 $\omega_1 = \arctan \dfrac{b_1}{h+c}$

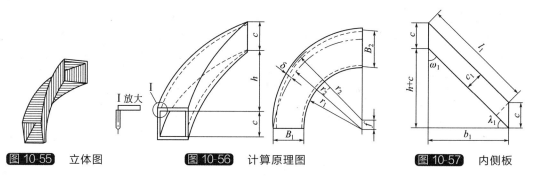

图 10-55　立体图　　　图 10-56　计算原理图　　　图 10-57　内侧板

④ 侧板宽 $c_1 = c \sin \omega_1$

（2）外侧板（见图 10-58）

① 投影长 $b_2 = \pi r_2 \dfrac{Q}{180°} + f$

式中　f——偏心差。

② 实长 $l_2 = \sqrt{b_2^2 + (h+c)^2}$

③ 螺旋角 $\omega_2 = \arctan \dfrac{b_2}{h+c}$

④ 侧板宽 $c_2 = c \sin \omega_2$

（3）上下螺旋板（见图 10-59）

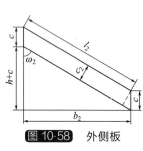

图 10-58　外侧板

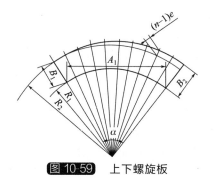

图 10-59　上下螺旋板

按 B_1 端计算：

① 假外侧板投影长 $b_2' = \pi r_2' \dfrac{Q}{180°}$

② 假外侧板实长 $l_2' = \sqrt{b_2'^2 + (h+c)^2}$

③ 内展开半径 $R_1 = \dfrac{B_1 l_1}{l_2' - l_1}$

④ 外展开半径 $R_2 = R_1 + R_1$

⑤ 展开料夹角 $\alpha = \dfrac{180° l_1}{\pi R_1}$

⑥ 展开料小端弦长 $A_1 = 2R_1 \sin \dfrac{\alpha}{2}$

⑦ 大小端每等分渐缩差 $e = \dfrac{B_2 - B_1}{n}$。

式中　n——展开料等分数，可任取整数值。

3. 举例

图 10-56 中，$r_1 = 803\text{mm}$，$r_2 = 1197\text{mm}$，$c = 388\text{mm}$，$h = 820\text{mm}$，$B_1 = 394\text{mm}$，

$B_2=504\text{mm}$，$\delta=6\text{mm}$，$f=110\text{mm}$，$Q=90°$。

（1）内侧板

① $b_1=\pi r_1 \dfrac{Q}{180°}=\pi\times 803\text{mm}\times\dfrac{1}{2}=1261\text{mm}$

② $l_1=\sqrt{b_1^2+(h+c)^2}=\sqrt{1261^2+(820+388)^2}\ \text{mm}=1746\text{mm}$

③ $\omega_1=\arctan\dfrac{b_1}{h+c}=\arctan\dfrac{1261}{1208}=46.23°$

④ $c_1=c\sin\omega_1=388\text{mm}\times\sin46.23°=280\text{mm}$

（2）外侧板

① $b_2=\pi r_2 \dfrac{Q}{180°}+f=\pi\times 1197\text{mm}\times\dfrac{1}{2}+110=1990\text{mm}$

② $l_2=\sqrt{b_2^2+(h+c)^2}=\sqrt{1990^2+(820+388)^2}\ \text{mm}=2328\text{mm}$

③ $\omega_2=\arctan\dfrac{b_2}{h+c}=\arctan\dfrac{1990}{1208}=58.74°$

④ $c_2=c\sin\omega_2=388\text{mm}\times\sin58.74°=332\text{mm}$

（3）上下螺旋板

① $b_2'=\pi r_2'\dfrac{Q}{180°}=\pi\times 1197\text{mm}\times\dfrac{1}{2}=1880\text{mm}$

② $l_2'=\sqrt{b_2'^2+(h+c)^2}=\sqrt{1880^2+(820+388)^2}\ \text{mm}=2235\text{mm}$

③ $R_1=\dfrac{B_1 l_1}{l_2'-l_1}=\dfrac{394\times 1746}{2235-1746}\text{mm}=1407\text{mm}$

④ $R_2=R_1+B_1=(1407+394)\ \text{mm}=1801\text{mm}$

⑤ $\alpha=\dfrac{l_1 180°}{\pi R_1}=\dfrac{1746\times 180°}{\pi\times 1407}=71.1°$

⑥ $A_1=2R_1\sin\dfrac{\alpha}{2}=2\times 1407\text{mm}\times\sin\dfrac{71.1°}{2}=1636\text{mm}$

⑦ $e=\dfrac{B_2-B_1}{n}=\dfrac{(504-394)\ \text{mm}}{10}=11\text{mm}$

4. 展开图的画法

（1）内外侧板　用交规法画出下边的直角三角形；用平行线法画出上边的平行四边形。

（2）上下螺旋板

① 以 O 为圆心，分别以 $R_1=1407\text{mm}$、$R_2=1801\text{mm}$ 为半径画同心圆。

② 以 $A_1=1636\text{mm}$ 为定长，在内弧上截取此定长，得 A、B 两点，连接 OA、OB。

③ 将内弧分成 10 等分并延长。

④ 从 OA 延长线交于外弧的点往右，每遇一个等分加 11mm，得各点，圆滑连接各点即得外轮廓线。

5. 说明

（1）内外侧板的成形方法。

① 素线：平行上下端线的任一位置的线皆为素线。

② 在卷板机上沿素线卷制成形。

③ 在平行胎上沿素线用手工槽制成形。

（2）上下螺旋板的成形方法同内外侧扳的成形方法，此略。

第十一章 钢 梯

钢梯分为直钢梯、斜钢梯和螺旋钢梯等几种，不论哪种钢梯，一个最基本的准则是安装后踏步板必须与大地平行。要做到这一点，其方法有两种：放样法和计算法。放样法即按 1∶1 比例放实样，如果操作没有失误，定能使踏步板与大地平行，若不平行，不仅上下行动受限，外观上也不好看。

一、直斜钢梯料计算

直斜钢梯见图 11-1。图 11-2 为常见直斜钢梯的施工图，用平钢板为侧板；图 11-3 为计算原理图。

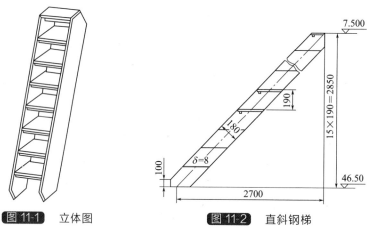

图 11-1　立体图　　　　　图 11-2　直斜钢梯

1. 板厚处理

本例用平钢板下料，不受板厚限制。

2. 下料计算（参见图 11-4）

（1）升角 $\lambda = \arctan \dfrac{H}{b} = \arctan \dfrac{2850}{2700} = 46.5°$。

（2）切角尺寸

① $V = \dfrac{u}{\sin\lambda} = \dfrac{100\text{mm}}{\sin 46.5°} = 138\text{mm}$；

② $c = \dfrac{h}{\sin\lambda} = \dfrac{180\text{mm}}{\sin 46.5°} = 248\text{mm}$；

③ $m = \sqrt{H^2 + b^2} = \sqrt{2850^2 + 2700^2}\ \text{mm} = 3926\text{mm}$；

④ $g = \dfrac{h}{2\sin\lambda} = \dfrac{180\text{mm}}{2 \times \sin 46.5°} = 124\text{mm}$；

⑤ $d = \dfrac{h}{2\cos\lambda} = \dfrac{180\text{mm}}{2 \times \cos 46.5°} = 131\text{mm}$。

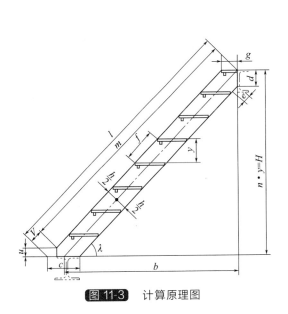

图 11-3 计算原理图

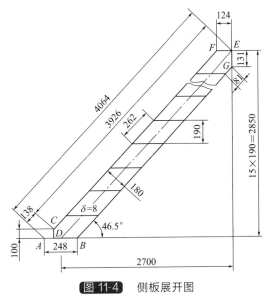

图 11-4 侧板展开图

（3）踏步位置

① $f = \dfrac{y}{\sin\lambda} = \dfrac{190\text{mm}}{\sin 46.5°} = 262\text{mm}$；

② $e = \dfrac{y-d}{\sin\lambda} = \dfrac{(190-131)\ \text{mm}}{\sin 46.5°} = 81\text{mm}$。

（4）料全长 $l = m + V = (3926 + 138)\text{mm} = 4064\text{mm}$。

式中 H——垂直高度，mm；b——侧板中线投影长，mm；u——梯脚切角高，mm，设计给定。

3. 直接在侧板上画线的方法

（1）画钢梯线要先从下端开始（侧板展开图见图 11-4）。

（2）找一条长度大于 4064mm 的板条，画两条平行线（即上沿、下沿），使其间距为 180mm。

（3）A 为上沿下端头的一点，以 A 为基点，沿上沿往上量取 15 个 262mm，得 F 点，需要注意的是要用累计加法量取，不要用单个 262mm 量取，以避免集累误差。

（4）以 A 为圆心，$C = 248$mm 为半径画弧，交下沿于 B 点，连接 AB。

（5）从 B 点沿下沿往上也量取 15 个 262mm，方法同上。

（6）连接侧板上下沿对应点，即为踏步板的上沿线。

（7）以 A 为基点，沿上沿往上量取 138mm 得 C 点。

（8）由 C 点作 AB 的垂线得 D 点，$\angle COB$ 即为下端头实形。

（9）过 F 点的踏步板上沿线交钢梯中线于 E 点，以 E 点为圆心，$d = 131$mm 为半径画弧，交下沿于 G 点，$\angle FEG$ 即为上端头实形。

4. 说明

（1）侧板与踏步板的定位焊方法如下。

① 将一扇侧板平放于平台上，按踏步板上沿线位置定位焊各踏步板，并卡直角尺以验证两者为直角状态。

② 将两侧板下沿朝下立于平台上。

③ 先定位焊上两端头的两块踏步板，焊疤要尽量小，以便于矫正两侧板对应点的对角

线长度。

④ 量取上下端对应点对角线是否相等，若相等，说明踏步板与侧板垂直，若不等，说明两者的夹角不是 90°，应微调。

⑤ 对角线相等后，再点焊其他踏步板。

⑥ 矫正各种缺陷后全梯焊牢。

（2）侧板可用角钢、槽钢、工字钢等，计算方法相同。

（3）因焊后收缩，料全长可按 1～2/1000 加收缩量。

二、桥式钢梯料计算

1. 板厚处理

（1）本例不管用折弯展开下料，还是用切断展开下料，皆按里皮计算料长。

（2）踏步线位置按外皮计算。

2. 下料计算

桥式钢梯见图 11-5。图 11-6 所示为常见桥式钢梯的施工图，图 11-7 为计算原理图，图 11-8 为折弯、切断 展开计算原理图。

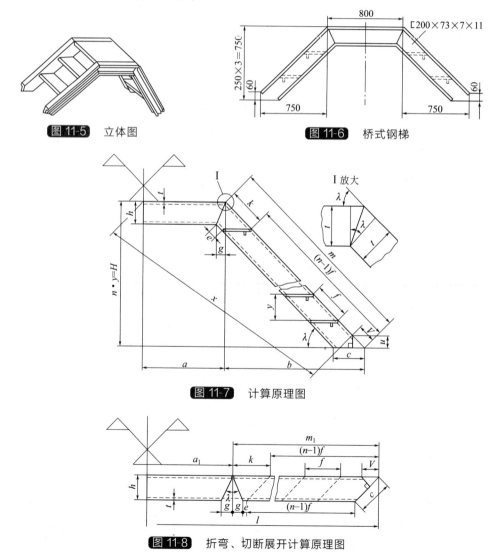

图 11-5 立体图

图 11-6 桥式钢梯

图 11-7 计算原理图

图 11-8 折弯、切断展开计算原理图

（1）升角 $\lambda = \arctan \dfrac{H}{b} = \arctan \dfrac{75°}{75°} = 45°$。

（2）各段长：

① $a_1 = a - 2t\tan\dfrac{\lambda}{2} = (800 - 2\times11\times\tan22.5°)\text{mm} = 791\text{mm}$。

② 实长 $m_1 = \sqrt{H^2 + b^2} - t\tan\dfrac{\lambda}{2} = (\sqrt{750^2\times2} - 11\times\tan22.5°)\text{mm} = 1056\text{mm}$。

（3）切角尺寸：

① $g = (h - t)\tan\dfrac{\lambda}{2} = (200 - 11)\text{mm}\times\tan22.5° = 78\text{mm}$。

② $c = \dfrac{h}{\sin\lambda} = \dfrac{200\text{mm}}{\sin45°} = 283\text{mm}$。

③ $V = \dfrac{u}{\sin\lambda} = \dfrac{60\text{mm}}{\sin45°} = 85\text{mm}$。

（4）踏步位置：

① $f = \dfrac{y}{\sin\lambda} = \dfrac{250\text{mm}}{\sin45°} = 354\text{mm}$。

② $k = f - t\tan\dfrac{\lambda}{2} = (354 - 11\times\tan22.5°)\text{mm} = 349\text{mm}$。

③ $e = \dfrac{y - h}{\sin\lambda} = \dfrac{(250 - 200)\text{mm}}{\sin45°} = 71\text{mm}$。

（5）料全长 $l = a_1 + 2m_1 = (791 + 2\times1056)\text{mm} = 2903\text{mm}$。

（6）成形后 $x = \sqrt{(\dfrac{a}{2})^2 + (m - V)^2 - 2\times\dfrac{a}{2}(m - V)\cos(180° - \lambda)}$（余弦定理）=

$\sqrt{400^2 + 976^2 - 2\times400\times976\times\cos135°}\text{mm} = 1290\text{mm}$。

式中　H——梯高，mm；b——梯身投影，mm；u——梯脚切角高，mm，设计给定，本例为 60mm。

3. 直接在槽钢面上画线的方法（见图 11-9）

（1）找出一根长度大于 2903mm 的槽钢。

（2）从端头找一点 A，以 A 点为基点，往内量取 $2\times354\text{mm} = 708\text{mm}$，继续往内量一个 349mm，即得切角的里及点位置，即点 E。

（3）以 A 点为基点，以 $c = 283\text{mm}$ 为径画弧，交下沿于 B 点，沿上沿方向往内量取 85mm 得 C 点，由 C 点作 AB 的垂线得 D 点，$\angle CDB$ 即为下端切角实形。

（4）以 B 点为基点，往内量取 $2\times354\text{mm} = 708\text{mm}$，上下沿对应点连线，即得踏步板上沿线。

（5）以 E 点为基点，用带座直角尺作槽钢大面的垂直线，再从 E 点的对面外沿量取两个反向 78mm，并与 E 点连线，即得缺口的切角线。

4. 说明

（1）侧板与踏步板的加工方法（按折弯展开叙述）如下。

① 用氧乙炔焰加热缺口处的侧板小面，使其达到樱红色，然后弯曲，缺口合拢后点焊。

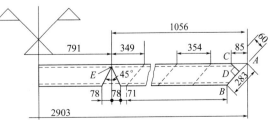

图 11-9　折弯、切断展开图

② 量取对角线 x 值是否等于1290mm，若不等于，应切开缺口重新调整至等于。

③ 先将一侧板大面朝上平放于平台上，按线用小疤点焊所有踏步板，并用直角尺卡试直角度。

④ 将两条弓形侧板立放于平台上，用小焊疤只点焊上下端踏步板（指一侧板）。

⑤ 量取侧板上下端对应点的对角线是否相等，若相等，说明踏步板与侧板垂直，若不等，可用小型倒链调节之。

⑥ 点焊其他踏步板，最后全梯焊牢。

（2）考虑到焊后收缩，应在有踏步段加一个 $1\sim2/1000$ 的收缩量。

（3）侧板可用角钢、工字钢、钢板等，计算方法相同。

三、来回弯钢梯料计算

来回弯钢梯见图11-10。图11-11所示为一来回弯钢梯施工图，图11-12为计算原理图。

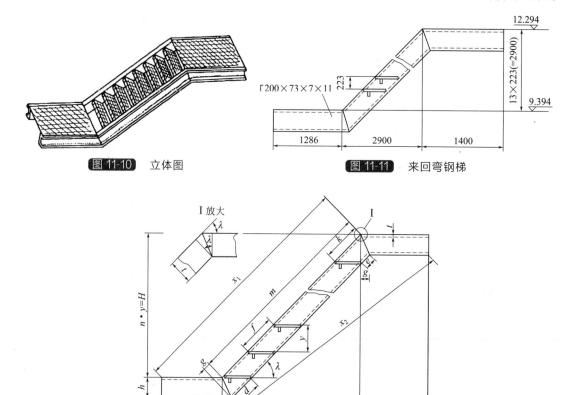

图 11-10 立体图

图 11-11 来回弯钢梯

图 11-12 计算原理图

1. 板厚处理

（1）槽钢侧板展开料按里皮计算料长。

（2）踏步线位置按槽钢外皮计算。

2. 下料计算

（1）升角 $\lambda = \arctan\dfrac{H}{b} = \arctan\dfrac{2900}{2900} = 45°$。

（2）切角尺寸 $g = (h-t)\tan\dfrac{\lambda}{2} = (200-11)\text{mm} \times \tan22.5° = 78\text{mm}$。

（3）$m_1 = m - t\tan\dfrac{\lambda}{2}\sqrt{H^2+b^2} - t\tan\dfrac{\lambda}{2} = (\sqrt{2900^2 \times 2} - 11 \times \tan22.5°)\text{mm} = 4097\text{mm}$。

（4）$c_1 = c - t\tan\dfrac{\lambda}{2} = \left(1400 - 11 \times \tan\dfrac{45°}{2}\right)\text{mm} = 1395\text{mm}$。

（5）$a_1 = a = 1286\text{mm}$。

（6）踏步位置：

① $d_1 = \dfrac{h}{\tan\lambda} + h\tan\dfrac{\lambda}{2} = \tan\dfrac{200}{\tan45°} + 200 \times \tan\dfrac{45°}{2}\ \text{mm} = 283\text{mm}$（推导见展开图）。

② $e = \dfrac{y-h}{\sin\lambda} = \dfrac{(223-200)\ \text{mm}}{\sin45°} = 33\text{mm}$（按外皮）。

③ $f = \sqrt{H^2+b^2}/n = \sqrt{2900^2 \times 2}/13 = 316\text{mm}$。

④ $k_1 = f - t\tan\dfrac{\lambda}{2} = (316 - 11 \times \tan22.5°)\text{mm} = 311\text{mm}$。

（7）料全长 $l = a_1 + m_1 + c_1 + 2g = (1286 + 4097 + 1395 + 2 \times 78)\text{mm} = 6934\text{mm}$。

（8）成形后对角线 x（余弦定理）：

① $x_1 = \sqrt{a^2+m^2-2am\cos(180°-\lambda)} = $
$\sqrt{1286^2+4101^2-2\times1286\times4101\times\cos(180°-45°)}\ \text{mm} = 5092\text{mm}$。

② $x_2 = \sqrt{(c-g)^2+m^2-2(c-g)m\cos(180°-\lambda)} = $
$\sqrt{1322^2+4101^2-2\times1322\times4101\times\cos135°}\ \text{mm} = 5122\text{mm}$。

式中　H——梯高，mm；b——梯身投影，mm；h——槽钢大面宽，mm；t——槽钢小面腿厚，mm；n——踏步档数；y——相邻踏步高，mm。

3. 直接在槽钢面上画线的方法（展开图见图 11-13）

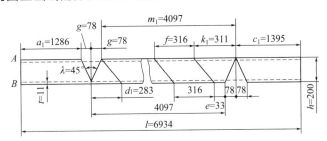

图 11-13　折弯、切断展开图

（1）钢梯画线要先从下端开始。

（2）从上沿找一点 A，过 A 点用带座直角尺画出大面正断面线 AB，B 为下沿外皮点。

（3）以 A 点为基点，用计算器连加法往上计算各数据得各点。

（4）以 B 点为基点，同上法计算各数据得各点。

（5）上下沿各对应点连线，即得缺口切割线和踏步线。

4. 说明

（1）侧板与踏步板的连接方法如下。

① 按切断展开叙述。

② 在平台上放实样，只放出侧板的弓形实样，踏步线位置可不画出。

③ 量取对角线是否为 $x_1 = 5092\text{mm}$、$x_2 = 5122\text{mm}$，若不是，说明放实样有误差，应进行调整。

④ 在侧板上下沿点焊限位铁，将侧板放入其中，找定间隙后点焊固定。

⑤ 将一扇的踏步板点焊，用直角尺检验直角度。

⑥ 将两扇呈弓形状的侧板立放于平台上，下端点焊于平台上，上端用支架支起。

⑦ 先点焊上、下端的两个踏步板，然后量取两中间段的侧板对角线是否相等，若不等，说明侧板与踏步板的垂直度有误差，应进行调整。

⑧点焊其他踏步板，并点焊上下 a 段和 c 段的平台板，这样就完全定位了，最后焊牢。

（2）侧板可用角钢、钢板、工字钢等，计算方法相同。

（3）x_1、x_2 有两个作用：一是成形后作检验用；二是作栏杆时可得出侧板上沿线，省去放大样。

（4）考虑到焊后收缩，料中段长可按 $1\sim2/1000$ 加收缩量。

四、圆柱螺旋盘梯料计算

圆柱螺旋盘梯见图 11-14。图 11-15 为常见圆柱螺旋盘梯的施工图（俯视图），图 11-16 为计算原理图（俯视图）。

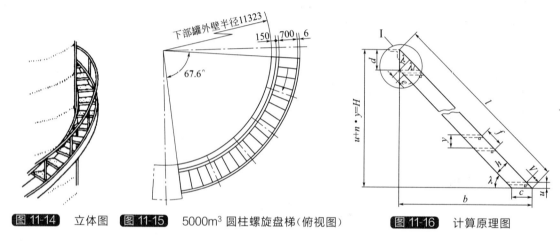

图 11-14　立体图　　图 11-15　5000m³ 圆柱螺旋盘梯（俯视图）　　图 11-16　计算原理图

1. 板厚处理

（1）化工行业的螺旋盘梯侧板一般长 $6\sim8$mm，故应按中径计算投影长，本例厚为 6mm。

（2）为补偿板厚因素、焊后收缩因素和安装误差因素，习惯在侧板的上端头加一个值，一般在 $100\sim200$mm 间，在净料线上打上样冲眼，安装至上平台时，据情切割。

2. 下料计算

（1）内侧板

① $b_1 = \pi\left(R + z + \dfrac{t}{2}\right)\dfrac{\alpha}{180°} = \pi \times (11323 + 153)\text{mm} \times \dfrac{67.6°}{180°} = 13540\text{mm}$。

② 料全长 $l_1 = \sqrt{H^2 + b_1^2} = \sqrt{14026^2 + 13540^2}\ \text{mm} = 19495\text{mm}$。

③ 升角 $\lambda_1 = \arctan\dfrac{H}{b_1} = \arctan\dfrac{14026}{13540} = 46°$。

④ 切角尺寸：

$$c_1 = \dfrac{h}{\sin\lambda_1} = \dfrac{150\text{mm}}{\sin 46°} = 209\text{mm}；$$

$$d_1 = \dfrac{h}{\cos\lambda_1} = \dfrac{150\text{mm}}{\cos 46°} = 216\text{mm}。$$

⑤ 踏步位置：

$$V_1 = \frac{u}{\sin\lambda_1} = \frac{26\text{mm}}{\sin46°} = 36\text{mm};$$

$$f_1 = \frac{y}{\sin\lambda_1} = \frac{250\text{mm}}{\sin46°} = 348\text{mm};$$

$$e_1 = \frac{y-d}{\sin\lambda_1} = \frac{(250-216)\ \text{mm}}{\sin46°} = 47\text{mm}。$$

（2）外侧板

① $b_2 = \pi(R+z+B+1.5t)\dfrac{\alpha}{180°} = \pi \times (11323+150+700+9)\text{mm} \times \dfrac{67.6°}{180°} = 14373\text{mm}。$

② $l_2 = \sqrt{H^2+b_2^2} = \sqrt{14026^2+14373^2}\ \text{mm} = 20083\text{mm}。$

③ $\lambda_2 = \arctan\dfrac{H}{b_2} = \arctan\dfrac{14026}{14373} = 44.3°。$

④ 切角尺寸：

$$c_2 = \frac{h}{\sin\lambda_2} = \frac{150\text{mm}}{\sin44.3°} = 215\text{mm};$$

$$d_2 = \frac{h}{\cos\lambda_2} = \frac{150\text{mm}}{\cos44.3°} = 209\text{mm}。$$

⑤ 踏步位置：

$$V_2 = \frac{u}{\sin\lambda_2} = \frac{26\text{mm}}{\sin44.3°} = 37\text{mm};$$

$$f_2 = \frac{y}{\sin\lambda_2} = \frac{250\text{mm}}{\sin44.3°} = 358\text{mm};$$

$$e_2 = \frac{y-d_2}{\sin\lambda_2} = \frac{(250-209)\ \text{mm}}{\sin44.3°} = 59\text{mm}。$$

式中 R——罐下部外皮半径，mm；z——罐下部外皮至内侧板内沿距离，mm；B——踏步宽，mm；t——侧板厚，mm；α——盘梯包角，（°），设计给定。

3. 在侧板上直接划展开线的方法（展开图见图 11-17）

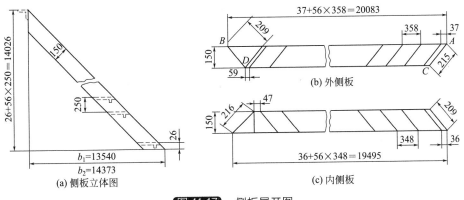

图 11-17 侧板展开图

因内外侧板所处位置的不同，故俯视图尺也不同，因而内外侧板的展开数据也不同，应分别叙述。

下面以外侧板为例叙述之。

（1）侧板划线要先从下端开始。

（2）从右端上沿找一点 A，以 A 点为基点，往左量取 37mm，之后为 55 个 358mm，得

B 点。

（3）以 *A* 为基点，以 215mm 为半径画弧，与下边沿线交于点 *C*，以 *C* 点为基点，往左量取 37mm，之后为 55 个 358mm 和 1 个 59mm 得 *D* 点，*ABCD* 范围为外侧板展开料。

（4）上下沿对应点的连线即为切割线或踏步线。

内侧板的划线方法同外侧板。

4. 说明

（1）两侧板与踏步板的组对方法如下。

① 将内侧板平放于平台上，点焊所有的踏步板，点焊时应用直角尺检验垂直度。

② 将外侧板立放于内侧板的外侧，平行而立，从下端开始，逐个往上点焊所有踏步板至上端，由于外侧的踏步间距大于内侧，点焊完后便形成了曲状。

③ 点焊完毕后，由于盘梯较长，为了便于运输和吊装，应错开 500mm 并斜 45°切断，作好相对记号，以便对接。

④ 最后全梯焊牢。

（2）盘梯的安装方法：盘梯的安装应在筒外还没有拆除脚手架的情况下进行。

① 因为盘梯的下端搁置在盘梯基础上，所以计算盘梯支架的基准应以侧板下端头为准。

② 从俯视图中可看出，该梯有四个支架五个档，只要确定了罐外皮的支架的纵横坐标，即可确定了支架的位置。

③ 以下端盘梯基础上平面与罐外皮的交点为基点，沿罐外皮量取横坐标 x_n，过各点往上画出罐外皮素线（以各带纵焊缝为参照线更省事），在此素线上往上量取各纵坐标 y_n，此点即为支架的上平面中点，按此点点焊即可。

④ 将焊接完毕的盘梯（整梯或分段）吊于支架上，找定位置后即可点焊，安装顺序应由下而上，上端预加的余量待最后定位后切掉。

（3）用手工计算器连加法量踏步线，不要用单尺法，以免出现积累误差。

（4）为补偿焊后收缩或其他原因误差，侧板总长可多加 150mm，并在净料线上打上样冲眼，以备修割。

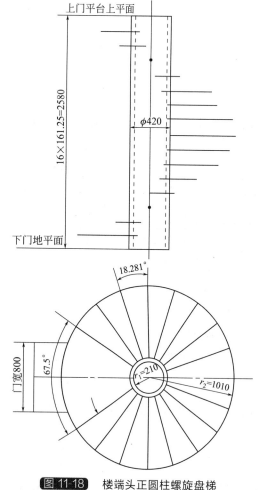

图 11-18　楼端头正圆柱螺旋盘梯

五、芯轴直径特小的正圆柱螺旋钢梯料计算

图 11-18 为办公楼端头圆柱螺旋盘梯的施工图，全高 10m，踏步内端直接与芯轴焊接，外端不设外侧板，栏杆立柱直接焊在踏步板端头。

1. 板厚处理

（1）因踏步板是与芯轴外皮接触，故芯轴应按外径展开。

（2）踏步的折弯在压力机上进行，应按里皮计算料长。

2. 设计原则

（1）导程的确定。此盘梯是设在楼端头供上下人使用，每层楼都有一个门，应根据上下门上沿间的垂直高为基数，再考虑踏步间的垂直高，便可算出精确的导程和踏步间的垂直距离，如本例上下门上沿间的垂直距离为2580mm，设入门的平台包角为67.5°，那么踏步的包角即为292.5°，通过试算，16 个踏步，踏步间距为 161.25mm，各项数据都是比较合理的。

（2）相邻踏步板的垂直高的确定。本例踏步板内侧的升角 λ 为 67.44°，坡度显得较大，其垂直间距应小一些，约在 150mm 为较理想，迫于定导程又有上下平台，通过试算，在161.25mm 也是勉强可以的。若升角 λ 在 45°时，可考虑 200mm，若升角 λ 在 30°左右时，可考虑250mm。

（3）踏步俯视图是按升角为零度时画出的，即上踏步板的前沿与下踏步板的后沿重合，随着升角的加大，上踏步板前沿与下踏步板后沿的覆盖量也随之加大，这倒不是坏事，对安全更有利。

（4）导程、踏步数、踏步间距的实质。如图 11-19 所示，导程 2580mm，实际不够一个导程，是包角 292.5°的垂直高；踏步数不是一个导程的踏步数，是包角为 292.5°的踏步数；踏步间距不是一个导程的间距，是包角 292.5°、垂直高 2580mm 的踏步间距。

3. 踏步板尺寸计算

从图 11-18 可看出，俯视图踏步板为升角 λ＝0°时的具体尺寸，前面已叙述过，随着升角的加大，会出现覆盖量，对安全更有利。

如图 11-20 所示为踏步尺寸计算图。

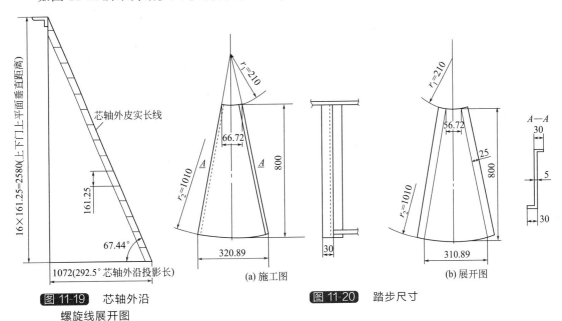

图 11-19　芯轴外沿螺旋线展开图

图 11-20　踏步尺寸
(a) 施工图　(b) 展开图

（1）每一个踏步的包角 $\alpha = 292.5° \div 16 = 18.281°$。

（2）踏步长 $l = r_2 - r_1 = (1010 - 210)\ mm = 800mm$。

（3）踏步小端弦长 $A_1 = 2r_1 \sin\dfrac{\alpha}{2} = 2 \times 210mm \times \sin\dfrac{18.281°}{2} = 66.72mm$。

（4）踏步大端弦长 $A_2 = 2r_2 \sin\dfrac{\alpha}{2} = 2 \times 1010mm \times \sin\dfrac{18.281°}{2} = 320.89mm$。

4. 在芯轴上画踏步中心点的方法

如图 11-21 所示为找芯轴上踏步板中心点的方法。

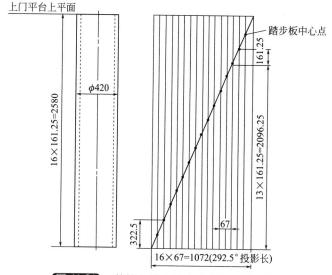

图 11-21　芯轴上踏步板中心点的画线方法

（在平面状态下各点在一直线上）

（1）在芯轴上打出一条真正的圆管素线。

（2）以此素线为基准，用分数和法，如 14 点的分数和尺寸为 $13×67mm=871mm$，在两端分别得 1、2、……各点。

（3）在各线上量取对应踏步点的高，如 3 点的高为 $2×161.25mm=322.5mm$。

5. 说明

定位焊踏步板的方法如下。

（1）在踏步板上打出一中线，以备与芯轴上的对应点相重合。

（2）两中线点重合后，小焊疤点焊一点，用直角尺卡正直角度后再大疤点焊。

（3）检验踏步中心线是否通过圆心的方法：在踏步板上方 500～600mm 的中线上任意一定点，以此点为基点，量取与大端两角点间的距离，若相等说明通过中心，若不等微调后至相等，再大疤点焊。

六、圆柱螺旋盘梯三角支架料计算

圆柱螺旋盘梯三角支架见图 11-22。图 11-23 为 11000m³ 油罐盘梯支架施工图，图 11-24 为计算原理图。

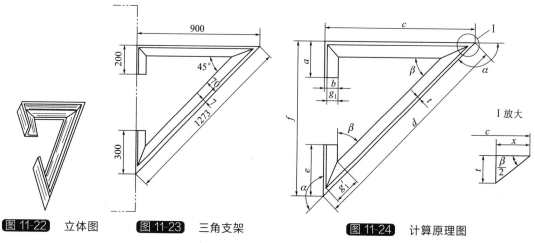

图 11-22　立体图　　　**图 11-23**　三角支架　　　**图 11-24**　计算原理图

1. 板厚处理

本例折弯展开和切断展开皆按里皮计算料长。

2. 下料计算

（1）折弯计算

① 切角尺寸 g_n。

直角 $g_1=b-t=(70-7)\mathrm{mm}=63\mathrm{mm}$。

锐角 $g_1'=\dfrac{b-t}{\tan\dfrac{\beta}{2}}$（见图 11-24 Ⅰ 放大）$=\dfrac{(70-7)\mathrm{mm}}{\tan22.5°}=152\mathrm{mm}$。

② 边长。

- $a_1=a-t=(200-7)\mathrm{mm}=193\mathrm{mm}$。

- $c_1=c-t-\dfrac{t}{\tan\dfrac{\beta}{2}}$（见 Ⅰ 放大）$=\left(900-7-\dfrac{7}{\tan22.5°}\right)\mathrm{mm}=876\mathrm{mm}$。

- $d_1=d-\dfrac{2t}{\tan\dfrac{\beta}{2}}=\left(1273-\dfrac{14}{\tan22.5°}\right)\mathrm{mm}=1239\mathrm{mm}$。

- $e_1=e-\dfrac{t}{\tan\dfrac{\beta}{2}}=\left(300-\dfrac{7}{\tan22.5°}\right)\mathrm{mm}=283\mathrm{mm}$。

③ 料全长 $l_1=a_1+c_1+d_1+e_1=(193+876+1239+283)\mathrm{mm}=2591\mathrm{mm}$。

（2）切断计算

完全同折弯计算，略。

式中　a、c、d、e——外皮长，mm；a_1、c_1、d_1、e_1——里皮长，mm；b——角钢宽，mm；t——平均腿厚，mm；β——设计时给定，一般为 45°。

3. 折弯展开料与切断展开料的画法（见图 11-25）

图 11-25　折弯展开图（加热手工折弯）

（1）划线时建议每段加上 1mm，作为加热、切割和焊接收缩的补偿，机械切割可不加。

（2）用带座直角尺在角钢端头划出一正断面线。

（3）以正断面线为基线，往内量取 $e_1=283\mathrm{mm}$、$d_1=1239\mathrm{mm}$、$c_1=876\mathrm{mm}$、$a_1=193\mathrm{mm}$，保证全长 $l_1=2591\mathrm{mm}$，并划出正断面线。

（4）在断面线上，从棱角往里量取 7mm 得里皮点，过断面线与边沿线的交点往左、右各量取 152mm 得两点，连接三点，即得锐角缺口的切角尺寸线。

（5）同理，往外量取 63mm，即得直角缺口的切角尺寸线。

4. 说明

（1）折弯展开料的煨制方法

① 折弯前沿断面线及其根部加热至樱桃红色，然后徐徐扳动角钢，至缺口合拢。

② 将对口用小疤点焊，只中部一小疤。

③ 全部煨完后，检查直角和锐角的角度是否合格，若不合格，要切开小疤调整之。

（2）切断展开料的绝对方法

① 切断时应垂直角钢面切割。

② 在平台上放实样，并在线外点焊限位铁。

③ 按线放入角钢，全部调正缺陷后一并点焊牢固。

④ 检查直角和锐角的角度是否合格，尤其是直角的合格与否会影响到盘梯的安装质量，若不合格，应切开小疤调整之。

七、球罐一次圆柱螺旋盘梯料计算

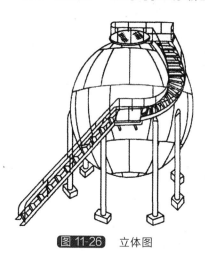

图 11-26　立体图

球罐盘梯形式基本有两种，即按螺旋形式分为假想圆柱螺旋盘梯和球螺旋盘梯，由于后者从计算到踏步制作（一个踏步一个规格）较复杂，一般用前者；按盘旋次数分，有一次和二次之分，即一次到顶还是二次到顶（二次到顶在温带再设一平台），本例按一次圆柱螺旋盘梯介绍。球罐一次圆柱螺旋盘梯见图 11-26。

1. 板厚处理

（1）本例的侧板厚为 8mm，故应按中径计算投影长。

（2）为补偿各种因素的影响，在成形后的侧板上端加出 200~300mm 余量，并打好净料样冲眼，据实际情况切割之。

（3）压制的踏步板应按里皮下料。

2. 下料计算

如图 11-27 所示为计算原理图。

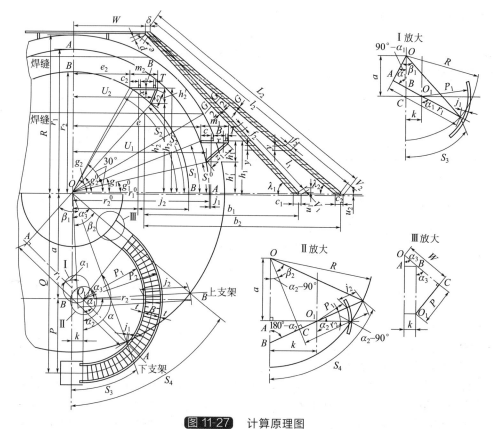

图 11-27　计算原理图

以 M—FB—701A 球罐（$\phi14240$mm）盘梯为例计算，如图 11-27 中，球外皮半径 $R = 7120$mm，球心至假设圆柱圆心纵向距离 $a = 4630$mm，球心至盘梯中心 $Q = 7896$mm，盘梯中心半径 $P = 3266$mm，球心至假设圆柱圆心横向距离 $k = 500$mm，盘梯包角 $\alpha = 140.7°$，支架包角 α_1、$\alpha_2 = 46.9°$、$93.8°$，上接平台中心与球纵向直径夹角 $\alpha_3 = 50.7°$，第一支架与中间平台距离 $h_1 = 2363$mm，第一支架高 $h_1' = 900$mm，第二支架与中间平台距离 $h_2 = 4727$mm，第二支架高 $h_2' = 700$mm，盘梯高 $H = 7215$mm，侧板切角 $u = 100$mm，侧板宽 $G = 200$mm，支架外托量 $T = 100$mm，踏步宽 $B = 750$mm，踏步板厚 $t = 8$mm，侧板厚 $t = 8$mm。

（1）侧板投影长 b（展开图见图 11-28）：

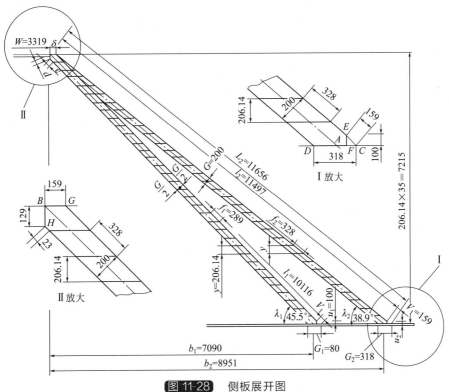

图 11-28　侧板展开图

① 内 $b_1 = \pi\left(P - \dfrac{B+t}{2}\right)\dfrac{\alpha}{180°} = \pi \times (3266 - 379)\,\text{mm} \times \dfrac{140.7°}{180°} = 7090\,\text{mm}$。

② 外 $b_2 = \pi\left(P + \dfrac{B+t}{2}\right)\dfrac{\alpha}{180°} = \pi \times (3266 + 379)\,\text{mm} \times \dfrac{140.7°}{180°} = 8951\,\text{mm}$。

（2）侧板中心长 $l = \sqrt{H^2 + b^2}$：

① 内 $l_1 = \sqrt{H^2 + b_1^2} = \sqrt{7215^2 + 7090^2}\,\text{mm} = 10116\,\text{mm}$。

② 外 $l_2 = \sqrt{H^2 + b_2^2} = \sqrt{7215^2 + 8951^2}\,\text{mm} = 11497\,\text{mm}$。

（3）升角 $\lambda = \arctan\dfrac{H}{b}$

① 内 $\lambda_1 = \arctan\dfrac{H}{b_1} = \arctan\dfrac{7215}{7090} = 45.5°$。

② 外 $\lambda_2 = \arctan\dfrac{H}{b_2} = \arctan\dfrac{7215}{8951} = 38.9°$。

式中 P——梯中心半径，mm；B——踏步宽，mm；t——侧板厚，mm；α——包角，(°)；H——梯高，mm。

（4）切角尺寸

① 内 $V_1 = \dfrac{u}{\sin\lambda_1} = \dfrac{100\text{mm}}{\sin45.5°} = 140\text{mm}$

外 $V_2 = \dfrac{u}{\sin\lambda_2} = \dfrac{100\text{mm}}{\sin38.9°} = 159\text{mm}$。

② 内 $c_1 = \dfrac{G}{\sin\lambda_1} = \dfrac{200\text{mm}}{\sin45.5°} = 280\text{mm}$

外 $c_2 = \dfrac{G}{\sin\lambda_2} = \dfrac{200\text{mm}}{\sin38.9°} = 318\text{mm}$。

③ $u_1 = V_1\sin\lambda_1 = 140\text{mm} \times \sin45.5° = 100\text{mm}$

$u_2 = V_2\sin\lambda_2 = 159\text{mm} \times \sin38.9° = 100\text{mm}$。

④ 内 $\delta_1 = \dfrac{G}{2\sin\lambda_1} = \dfrac{200\text{mm}}{2 \times \sin45.5°} = 140\text{mm}$

外 $\delta_2 = \dfrac{G}{2\sin\lambda_2} = \dfrac{200\text{mm}}{2 \times \sin38.9°} = 159\text{mm}$。

⑤ 内 $d_1 = \dfrac{G}{2\cos\lambda_1} = \dfrac{200\text{mm}}{2 \times \cos45.5°} = 143\text{mm}$

外 $d_2 = \dfrac{G}{2\cos\lambda_2} = \dfrac{200\text{mm}}{2 \times \cos38.9°} = 129\text{mm}$。

（5）踏步位置

① 内 $f_1 = \dfrac{y}{\sin\lambda_1} = \dfrac{206.14\text{mm}}{\sin45.5°} = 289\text{mm}$

外 $f_2 = \dfrac{y}{\sin\lambda_2} = \dfrac{206.14\text{mm}}{\sin38.9°} = 328\text{mm}$。

② 内 $e_1 = \dfrac{y - d_1}{\sin\lambda_1} = \dfrac{(206.14 - 143)\ \text{mm}}{\sin45.5°} = 88.5\text{mm}$

外 $e_2 = \dfrac{y - d_2}{\sin\lambda_2} = \dfrac{(206.14 - 129)\ \text{mm}}{\sin38.9°} = 123\text{mm}$。

③ 侧板料全长 $L = l + V$

内 $L_1 = l_1 + V_1 = (10052 + 140)\text{mm} = 10192\text{mm}$

外 $L_2 = l_2 + V_2 = (11497 + 159)\text{mm} = 11656\text{mm}$。

（6）支架截圆半径 r_n

① $r_1 = \sqrt{R^2 - [\,(a - k\cot\alpha_1)\ \sin\alpha_1\,]^2} =$
$\sqrt{7120^2 - [\,(4630 - 500 \times \cot46.9°)\ \times \sin46.9°\,]^2} = 6439\ (\text{mm})$。

式中 R——球外半径，mm；α_1——下部支架包角，(°)；a——球心至盘梯圆心距离，mm；k——两心之横向偏心，mm。

表达式推导见图 11-27 中 I 放大。

在直角三角形 O_1CB 中

$BC = k\cot\alpha_1$

在直角三角形 OAB 中

因为 $OB = a - k\cot\alpha_1$

所以 $OA = (a - k\cot\alpha_1)\sin\alpha_1$

② $r_2 = \sqrt{R^2 - \{[a+k\cot(180°-\alpha_2)]\sin(180°-\alpha_2)\}^2} =$

$\sqrt{7120^2 - \{[4630-500\times\cot(180°-93.8°)]\times\sin(180°-93.8°)\}^2}$ mm $=5437$mm。

式中　α_2——上部支架包角，(°)。

表达式推导见图 11-27 中 Ⅱ 放大。

在直角三角形 O_1AB 中

$AB = k\cot(180°-\alpha_2)$

在直角三角形 OCB 中

因为 $OB = a+AB = a+k\cot(180°-\alpha_2)$

所以 $OC = [a+k\cot(180°-\alpha_2)]\sin(180°-\alpha_2)$

（7）支架平梁长度 m_n

① 内侧板内沿至球皮投影长 j_1

$j_1 = r_1 - [(a-k\cot\alpha_1)\cos\alpha_1 + \dfrac{k}{\sin\alpha_1} + P_1 - t] = 6439 - [(4630-500\times\cot46.9°)\times\cos46.9° +$

$\dfrac{500}{\sin46.9°} + 2908]$mm $=2$mm。

式中　P_1——踏步内端半径，mm，为已知。

表达式推导见图 11-27 中 Ⅰ 放大。

在直角三角形 O_1CB 中

因为 $BC = k\cot\alpha_1$，$O_1B = \dfrac{k}{\sin\alpha_1}$

所以 $OB = a-k\cot\alpha_1$

在直角三角形 OAB 中

因为 $AB = (a-k\cot\alpha_1)\cos\alpha_1$

所以 $j_1 = r_1 - (AB+O_1B+P_1-t) = r_1 - [(a-k\cot\alpha_1)\cos\alpha_1 + \dfrac{k}{\sin\alpha_1} + P_1 - t]$。

② 内侧板内沿至球心投影长 $r_1^0 = r_1 + j_1 = (6439+2)$mm $=6441$mm。

③ 内侧板内沿至球皮距离 $c_1 = r_1^0 - \sqrt{r_1^2 - h_1^2} = (6441 - \sqrt{6439^2 - 2363^2})$ mm $=451$mm。

式中　h_1——下部支架上平面高，mm。

④ 内侧板内沿至球皮投影长 $j_2 = r_2 - \left\{\dfrac{k}{\sin(180°-\alpha_2)} - [a+k\cot(180°-\alpha_2)]\times\cos\right.$

$(180°-\alpha_2)\} - P_1 + t = 5437$mm $- \left\{\dfrac{500}{\sin86.2°} - [4630+500\times\cot86.2°]\times\cos86.2°\right\}$mm $-$

2908mm $=2337$mm。

表达式推导见图 11-27 中 Ⅱ 放大。

在直角三角形 O_1AB 中

$O_1B = \dfrac{k}{\sin(180°-\alpha_2)}$

$AB = k\cot(180°-\alpha_2)$

在直角三角形 OCB 中

$BC = [a+k\cot(180°-\alpha_2)]\cos(180°-\alpha_2)$

所以 $j_2 = r_2 - O_1C - P_1 + t = r_2 - \left\{\dfrac{k}{\sin(180°-\alpha_2)} - [a+k\cot(180°-\right.$

$\alpha_2)]\cos(180°-\alpha_2)\} - P_1 + t$。

⑤ 内侧板内沿至球心投影长 $r_2^0 = r_2 - j_2 = (5437 - 2337)$mm $= 3100$mm。

⑥ 内侧板内沿至球皮距离 $c_2 = r_2^0 - \sqrt{r_2^2 - h_2^2}) = (3100 - \sqrt{5437^2 - 4727^2})$mm $= 414$mm。

式中 h_2——上部支架上平面高，mm。

⑦ $m_n = c_n + B + 2t + T$

$m_1 = c_1 + B + 2t + T = (451 + 750 + 16 + 100)$mm $= 1317$mm

$m_2 = c_2 + B + 2t + T = (414 + 750 + 16 + 100)$mm $= 1280$mm。

式中 T——支架外支托量，mm。

(8) 支架斜撑长度 z_n

① 上平面所在截圆半弦长 $e_n = \sqrt{r_n^2 - h_n^2}$

$e_1 = \sqrt{r_1^2 - h_1^2} = \sqrt{6439^2 - 2363^2}$mm $= 5990$mm

$e_2 = \sqrt{r_2^2 - h_2^2} = \sqrt{5437^2 - 4727^2}$mm $= 2686$mm。

② 下角点所在截圆半弦长 $U_n = \sqrt{r_n^2 - h_n^2}$

$U_1 = \sqrt{r_1^2 - h_1^2} = \sqrt{6439^2 - 1463^2}$mm $= 6271$mm

$U_2 = \sqrt{r_2^2 - h_2^2} = \sqrt{5437^2 - 4027^2}$mm $= 3653$mm。

③ $z_n = \sqrt{(e_n + m_n - U_n)^2 + (h_n' - x)^2}$

$z_1 = \sqrt{(e_1 + m_1 - U_1)^2 + (h_1' - x)^2} = \sqrt{(5990 + 1317 - 6271)^2 + (900 - 75)^2}$ mm $= 1324$mm

$z_2 = \sqrt{(e_2 + m_2 - U_2)^2 + (h_2' - x)^2} = \sqrt{(2686 + 1280 - 3653)^2 + (700 - 75)^2}$ mm $= 699$mm。

式中 h_n'——支架高，mm；x——支架角钢宽，mm。

(9) 上接圆平台半径 $W = \dfrac{k}{\sin\alpha_3} + P\cot\alpha_3 = (\dfrac{500}{\sin 50.7°} + 3266 \times \cot 50.7°)$mm $= 3319$mm。

式中 α_3——上接平台中心与球纵向直径的夹角，(°)。

表达式推导见图 11-27 中 Ⅲ 放大。

因为在直角三角形 OAB 中

$$OB = \frac{k}{\sin\alpha_3}$$

在直角三角形 O_1CB 中

$$BC = P\cot\alpha_3$$

所以证得表达式。

(10) 支架位置的确定

① 支架在赤道线弧长 S_n（从平台中点开始）

a. 下部支架 S_3。

因为 $\beta_1 = \arcsin\dfrac{r_1}{R} = \arcsin\dfrac{6439}{7120}$，所以 $\beta_1 = 64.7°$

因为 $S_3 = \pi R\dfrac{\beta_1 - (90° - \alpha_1)}{180°} = \pi \times 7120$mm $\times \dfrac{64.7° - (90° - 46.9°)}{180°} = 2684$mm。

式中 β_1——下部截圆所对半球心角，(°)。

表达式推导见图 11-27 中 Ⅰ 放大。

b. 上部支架 S_4。

因为 $\beta_2 = \arcsin \dfrac{r_2}{R} = \arcsin \dfrac{5437}{7120}$，所以 $\beta_2 = 49.8°$

所以 $S_4 = \pi R \dfrac{\beta_2 + (\alpha_2 - 90°)}{180°} = \pi \times 7120\text{mm} \times \dfrac{49.8° + (93.8° - 90°)}{180°} = 6661\text{mm}$。

式中　β_2——上部截圆所对半球心角，(°)。

表达式推导见图 11-27 中 II 放大。

② 支架在截圆上纵向弧长 S_n

a. S_1。

因为 $g_1 = \arcsin \dfrac{h_1}{r_1} = \arcsin \dfrac{2363}{6439}$，所以 $g_1 = 21.5°$

所以 $S_1 = \pi r_1 \dfrac{g_1}{180°} = \pi \times 6439\text{mm} \times \dfrac{21.5°}{180°} = 2416\text{mm}$。

b. S_1^0。

因为 $g_1^0 = \arcsin \dfrac{h_1^0}{r_1} = \arcsin \dfrac{1463}{6439}$，所以 $g_1^0 = 13.1°$

所以 $S_1^0 = \pi r_1 \dfrac{g_1^0}{180°} = \pi \times 6439\text{mm} \times \dfrac{13.1°}{180°} = 1472\text{mm}$。

c. S_2。

因为 $g_2 = \arcsin \dfrac{h_2}{r_2} = \arcsin \dfrac{4727}{5437}$，所以 $g_2 = 60.4°$

所以 $S_2 = \pi r_2 \dfrac{g_2}{180°} = \pi \times 5437\text{mm} \times \dfrac{60.4°}{180°} = 5732\text{mm}$。

d. S_2^0。

因为 $g_2^0 = \arcsin \dfrac{h_2^0}{r_2} = \arcsin \dfrac{4027}{5437}$，所以 $g_2^0 = 47.8°$

所以 $S_2^0 = \pi r_2 \dfrac{g_2^0}{180°} = \pi \times 5437\text{mm} \times \dfrac{47.8°}{180°} = 4536\text{mm}$。

（11）踏步数据（展开图见图 11-29）

两端弧长 $S_n = \pi P_n \dfrac{\alpha}{180°n}$

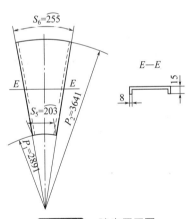

图 11-29　踏步展开图

① $S_5 = \pi P_1 \dfrac{140.7°}{180° \times 35} = \pi \times 2891\text{mm} \times \dfrac{140.7°}{180° \times 35} = 203\text{mm}$。

② $S_6 = \pi P_2 \dfrac{140.7°}{180° \times 35} = \pi \times 3641\text{mm} \times \dfrac{140.7°}{180° \times 35} = 255\text{mm}$。

式中　P_n——内外侧板靠踏步侧半径，mm；n——踏步数。

3. 在侧板上直接划线的方法

因内外侧板俯视图半径 R 的不同，因而展开数据也不同，故应分别叙述。

以外侧板为例叙述之。

（1）侧板划线要先从下端开始。

（2）画一线段 AB，A 为下端点，B 为上端点，使其等于 $l_2 = 11497\text{mm}$，此线即为外侧板的中线。

（3）以 AB 为基线，以 100mm 为定长，于 AB 线的两侧划出 AB 的平行线。

（4）以 A 点为基点，以 $318/2 = 159\text{mm}$ 为定长划弧，于外沿交于 C 点，于内沿交于 D 点。

（5）以 C 点为基点，以 159mm 为定长，在外沿上划弧交外沿于 E 点。

（6）过 E 点作 CD 的垂线与 CD 交于 F 点，$ECFAD$ 即为下端头切角实形。

（7）以 B 点为基点，以 159mm 为半径画弧，交外沿于 G 点，以 129mm 为半径画弧，交内沿于 H 点，GBH 即为上端头切角实形。

在切角实形轮廓线上打上样冲眼，然后再加上 200mm，现场安装时另作处理。

（8）以 C 点为基点，以 328mm 为定长，用计算器连加法在上沿画出 35 个点，终点为 G 点。

（9）以 D 为基点，以 328mm 为定长，同法在下沿上划出 35 个点，最后还剩 123mm 到 H 点。

（10）连接内外沿各点，即为踏步板的上沿线。

同法可划出内侧板的各尺寸线。

4. 说明

（1）两侧板与踏步板的组对方法如下。

① 将内侧板平放于平台上，点焊所有踏步板，点焊时应用直角尺检验直角度。

② 将外侧板立放于内侧板的外侧，从下端开始，逐个往上点焊所有踏步板至上端。

③ 点焊完毕后，由于梯身较长，为了便于运输和安装，应错开 500mm 并斜 45°斜切，作好相对记号，以便对接。

④ 最后全梯焊牢。

（2）盘梯的安装方法：盘梯的安装应在球外还没有拆除脚手架时进行。

如下支架（上支架同理）：

① 从赤道带球皮的中点起，横向量取 $S_3 = 2684$mm，并作好记号，与上极带中心点连一直线。

② 在上直线上分别量取 $S_1 = 2416$mm，$S_1^0 = 1472$mm，此两点即为下支架的位置。

③ 钢梯的安装，虽然找出了支架的位置，为了安装时省工省力，支架安装前只进行点焊或只点焊一端，横梁上的限位铁也不要焊上，将弯曲的钢梯吊起落于支架后，根据具体情况再确定支架的位置，并点焊牢固，再调两侧板的位置后点焊两限位铁固定，不要拘泥于原设计的位置上，只要能上下人就达到目的了。

（3）量踏步线时，要用计算器连加法计算各点数据，不要用单尺法，以免出现积累误差。

（4）为保险起见，侧板上端可多加 200mm，在净料线上打上样冲眼，据现场实际情况修切。

八、倾斜圆筒螺旋钢梯料计算

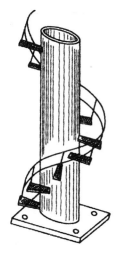

图 11-30　立体图

某厂承接了一排气筒的制作，高 100m，为了保证其稳定性，用了三根 ϕ1220mm 的圆筒体与其组焊为一体，为了检修的方便，在一圆筒体上需安装钢梯，但此筒是倾斜状的，因而给下料组焊增加了难度。其难度主要表现如下：

- 各踏步板下的支撑板尺寸不同；
- 各踏步板与筒体的夹角不同；
- 为方便施工并保证安全，必须卧式组焊，组焊后立起来，必须保证踏步板与大地平行，栏杆与大地垂直，圆筒与大地倾斜。

1. 板厚处理

（1）踏步板与圆筒体外皮接触，故圆筒体应按外皮展开。

（2）压制的踏步板应按里皮。

2. 下料计算

如图 11-30 所示为立体图，如图 11-31 所示为排气筒三腿之一的盘梯施工图，全高 100m；如图 11-32 所示为计算原理图，每个踏步的平面投影角度为 18°。

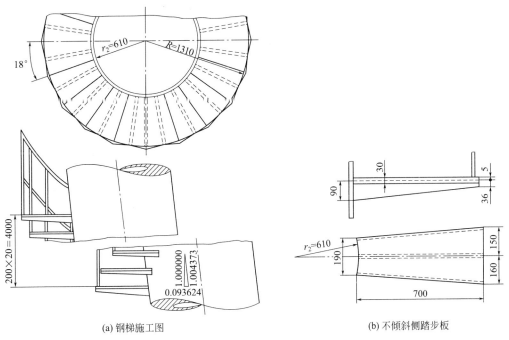

(a) 钢梯施工图　　　　　　　　　　　(b) 不倾斜侧踏步板

图 11-31　排气筒螺旋梯

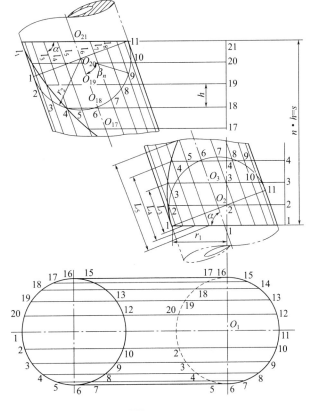

图 11-32　计算原理图

（1）筒体的倾斜角 $\alpha=\arctan\dfrac{1}{0.093624}=84.6514°$（施工图给定）。

（2）上下端形成斜角各素线 $l_n=\dfrac{r_2\pm(r_2\sin\beta_n)}{\tan\alpha}$

如 $l_4=\dfrac{610+610\times\sin36°}{\tan84.6514°}\text{mm}=91\text{mm}$

$l_8=\dfrac{610-610\times\sin36°}{\tan84.6514°}\text{mm}=24\text{mm}$

同理得：$l_1=114.22\text{mm}$，$l_{2\text{、}20}=111.42\text{mm}$，$l_{3\text{、}19}=103\text{mm}$，$l_{4\text{、}18}=90.68\text{mm}$，$l_{5\text{、}17}=74\text{mm}$，$l_{6\text{、}16}=57\text{mm}$，$l_{7\text{、}15}=39\text{mm}$，$l_{8\text{、}14}=23\text{mm}$，$l_{9\text{、}13}=10\text{mm}$，$l_{10\text{、}12}=2.8\text{mm}$，$l_{11}=0$。

（3）从下端起任一螺旋点的长 $L_n=\dfrac{h_n}{\sin\alpha}$（一个导程内，$h=200\text{mm}$）

如 $L_{10}=\dfrac{1800\text{mm}}{\sin84.6514°}=1808\text{mm}$

同理得：$L_1=0$，$L_2=200.87\text{mm}$，$L_3=401.75\text{mm}$，$L_4=602.62\text{mm}$，$L_5=803.5\text{mm}$，$L_{16}=3013.12\text{mm}$，$L_{17}=3214\text{mm}$，$L_{18}=3415\text{mm}$，$L_{19}=3616\text{mm}$，$L_{20}=3817\text{mm}$。

（4）任一踏步与对应素线的夹角 φ_n。

① 特殊夹角：倾斜内侧 $\varphi_1=\alpha=84.6514°$，倾斜外侧 $\varphi_{11}=180°-\alpha=180°-84.6514°=95.3486°$，不倾斜侧 $\varphi_{6\text{、}16}=90°$。

② 其他夹角：其他夹角用渐缩差法确定，其计算公式为渐缩量 $e=\dfrac{90°-\alpha}{n}$（n——90°范围踏步挡数，本例为 5）

$$e=\frac{90°-84.6514°}{5}=1.0697°$$

如 $\varphi_{2\text{、}20}=84.6514°+1.0697°=85.72°$

同理得：$\varphi_{3\text{、}19}=86.79°$，$\varphi_{4\text{、}18}=87.86°$，$\varphi_{5\text{、}17}=88.93°$，$\varphi_{6\text{、}16}=90°$，$\varphi_{7\text{、}15}=91.07°$，$\varphi_{8\text{、}14}=92.14°$，$\varphi_{9\text{、}13}=93.21°$，$\varphi_{10\text{、}12}=94.28°$，$\varphi_{11}=95.35°$。

（5）踏步计算。图 11-33 为踏步计算原理图。

① 内侧弧弦高 $k=r_2-\sqrt{r_2^2-\left(\dfrac{A}{2}\right)^2}=610-\sqrt{610^2-95^2}=7.4$（mm）。

② 加强筋内端头切去长度 g_n（见图 11-34）。

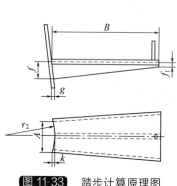

图 11-33 踏步计算原理图

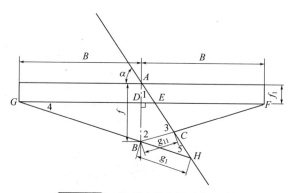

图 11-34 倾斜内外侧踏步加强筋内端切去长度计算原理图

从图中可看出，不倾斜侧端头（6、16 两踏步）为 90°，$g_{6、16}=0$。

a. 倾斜外侧 g_{11}（即 11 踏步）。

在直角三角形 ADE 中，$\angle 1=90°-\alpha=90°-84.6514°=5.3486°$

在直角三角形 FDB 中，$\angle 2=\arctan\dfrac{DF}{DB}=\arctan\dfrac{B}{f-f_1}=\arctan\dfrac{700}{54}=85.59°$

$\angle 3=180°-\angle 1-\angle 2=180°-5.3486°-85.59°=89.06°$

在三角形 ABC 中

因为 $\dfrac{g_1}{\sin(90°-\alpha)}=\dfrac{f}{\sin\angle 3}$（正弦定理）

所以 $g_{11}=\dfrac{f\sin(90°-\alpha)}{\sin\angle 3}=\dfrac{90\text{mm}\times\sin 5.3486°}{\sin 89.06°}=8.4\text{mm}$。

b. 倾斜内侧 g_1（即 1 踏步）。

在直角三角形 GDB 中，$\angle 4=\arctan\dfrac{BD}{DG}=\arctan\dfrac{f-f_1}{B}=\arctan\dfrac{90-36}{700}=4.41°$

在三角形 GEH 中，$\angle 5=\alpha-\angle 4=84.6514°-4.41°=80.24°$

在三角形 ABH 中

因为 $\dfrac{g_1}{\sin(90°-\alpha)}=\dfrac{f}{\sin\angle 5}$（正弦定理）

所以 $g_1=\dfrac{f\sin(90°-\alpha)}{\sin\angle 5}=\dfrac{90\text{mm}\times\sin 5.3486°}{\sin 80.24°}=8.5\text{mm}$。

c. 其他位置 g_n。

求其他位置的 g，是利用两相邻踏步的 g 的差求得的，其差的计算公式是 $z=\dfrac{g}{n}$（n 为 90° 范围踏步挡数）。

外侧 $z_1=\dfrac{g_{11}}{n}=\dfrac{8.4\text{mm}}{5}=1.68\text{mm}$

如 $g_{10、12}=(8.4-1.68)\text{mm}=6.72\text{mm}$

同理得：$g_{9、13}=5.04\text{mm}$，$g_{8、14}=3.36\text{mm}$，$g_{7、15}=1.68\text{mm}$，$g_{6、16}=0$。

内侧 $z_2=\dfrac{g_1}{n}=\dfrac{8.5\text{mm}}{5}=1.7\text{mm}$

如 $g_{2、20}=(8.5-1.7)\text{mm}=6.8\text{mm}$

同理得：$g_{3、19}=5.1\text{mm}$，$g_{4、18}=3.4\text{mm}$，$g_{5、17}=1.7\text{mm}$，$g_{6、16}=0$。

式中　α——倾斜角，（°）；r_2——支腿圆筒外半径，mm；β_n——圆周各等分点与纵向直径的夹角，（°）；h_n——任一螺旋点的垂直高，mm；f、f_1——加强筋在不倾斜侧时大、小端高，mm；B——加强筋长，mm。

3. 说明

下面主要说一说在圆筒体上划线方法和定位焊踏步板、栏杆的方法。

在组焊过程中所采取的方法、措施、工具都是为了保证组对后的踏步板，整体立起后都与大地平行，下面叙述之。

（1）根据图示的下料尺寸，下出踏步板，在油压机上按里皮压制成形。

（2）根据踏步板下部不同尺寸筋板，组焊出各种不同规格踏步板，对号待用。

（3）将两个导程 8m 长的筒体横放在两辊轴支架上，以备转动。

（4）在筒体上划出 20 条素线，并明确彰显出倾斜外侧 11 线、倾斜内侧 1 线和不倾斜侧的 6、16 两线，使素线间距为 1220mm÷20＝61mm。

（5）在筒体下端按照下端切成斜角的各数据切出斜角。

（6）从下端起，量出各踏步点的位置，如 $L_{10}＝1808$mm。

（7）利用水准仪测定筒体水平度在允差范围。

（8）在定位焊踏步板前，应架设两台经纬仪，纵向经纬仪 A 和横向经纬仪 B，A 测踏步板的中心线是否通过筒体中心线，即称同心度，B 测踏步板与筒体的夹角 φ_n。

（9）对号点焊踏步板，使筒体上的螺旋点对正踏步板上的中心，在踏步板的内侧点焊一小疤，利用 A 测同心，利用 B 测角度，得 $\varphi_6＝90°$，$\varphi_{11}＝95.3486°$，$\varphi_{12}＝94.28°$，$\varphi_{18}＝87.86°$，测定后用大疤点焊定位。

在测角的过程中，可能牵扯到筋板端头 g 的多或少，多了可用气割一扫即成，少了就较麻烦了，所以在下筋板料时，有意识长一点，宁多不要欠，对施工进度和质量都有好处。

（10）各几何尺寸符合设计后可在内端头施焊，焊前应对踏步板采用刚性固定，以防变形，主要是角度的变形，全冷后拆除刚性固定。

（11）全冷后用水准仪复查筒体水平度，用经纬仪复查踏步板与筒体的倾斜度，若有误差，可用火烤或机械法（如千斤顶）矫正。

（12）点焊立柱和栏杆，对立柱的要求是垂直踏步板，上已校核了踏步板与筒体的倾斜度，所以只要用直角尺检测立柱与踏步板的垂直度就可以了。

（13）最后点焊并焊接栏杆和围裙扁钢，便完成一个或两个导程的盘梯施工。

（14）整排气筒组装顺序是：先吊起中心排气筒，用拖拉绳并用地脚螺栓固定，然后再分别吊装三支腿同法固定，最后排气筒与三支腿通过拉撑、螺栓连接成整体。

第十二章 零片板

本章叙述各种零片板的计算方法，如人字挡板、圆筒体上斜置托板、夹套筒体、斜扁钢圈和管口挡板等。

一、倾斜式、垂直式人字挡板料计算

倾斜式、垂直式人字挡板见图 12-1。圆筒内设置的人字挡板有倾斜式和垂直式两种，挡板包括支承板、挡板和衬里挡板。施工图见图 12-2。

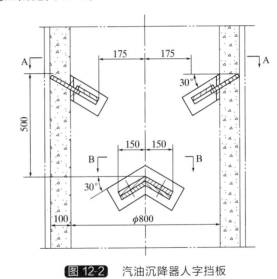

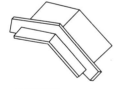

图 12-1　立体图　　　　　图 12-2　汽油沉降器人字挡板

（一）倾斜人字挡板

如图 12-2 之 A-A，为倾斜人字挡板施工图，图 12-3 为计算原理图。图 12-4 为展开图。

1. 支承板

（1）支承板投影宽 $B'=R-e=500-175=325(\mathrm{mm})$

（2）实宽 $B=\dfrac{B'}{\cos\alpha}=\dfrac{325}{\cos30°}=375(\mathrm{mm})$

（3）每等分投影长 $l'=\dfrac{B'}{n}=\dfrac{325}{4}=81.25(\mathrm{mm})$

（4）外弧每等分半弦长 $B_n=\sqrt{R^2-(e+nl')^2}$

$B_1=\sqrt{500^2-175^2}=468(\mathrm{mm})$

同理：

$B_2=429\mathrm{mm}$，$B_3=369\mathrm{mm}$，$B_4=273\mathrm{mm}$。

（5）内弧投影半径 $r=R-190\times\cos\alpha=500-190\times\cos30°=335$（mm）

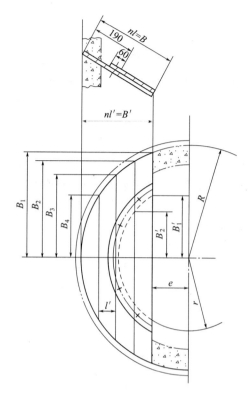

图 12-3 倾斜支承板、挡板计算原理图

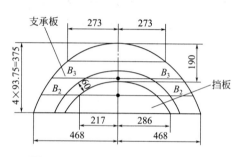

图 12-4 倾斜支承板、挡板展开图

（6）内弧每等分投影长 $l''=\dfrac{r-e}{n}=\dfrac{335-175}{2}=80$（mm）

（7）内弧每等分实长 $l'''=\dfrac{80}{\cos30°}=92$（mm）

（8）内弧每等分半弦长 $B_n'=\sqrt{r^2-(e+nl'')^2}$

$B_1'=\sqrt{335^2-175^2}=286$(mm)

$B_2'=\sqrt{335^2-(175+80)^2}=217$(mm)

式中　R——圆筒内半径；e——支承板下沿偏心距；α——支承板倾斜角；n——等分数。

2. 挡板

展开图见图 12-4 在支承板的内弧上平行上移 60mm 即得实线范围月牙挡板。

3. 衬里挡板

如图 12-5 所示，为倾斜衬里挡板施工图，图 12-6 为计算原理图，图 12-7 为展开图。

（1）衬里所对半圆心角　$Q=\arccos\dfrac{e}{r}=\arccos\dfrac{162.5}{400}=66°$

（2）衬里展开长　$S=\pi r\dfrac{Q}{90°}=\pi\times400\times\dfrac{66°}{90°}=922$（mm）

（3）将衬里投影圆弧分为 10 等分，每等分圆心角　$Q_1=\dfrac{66°}{5}=13.2°$

（4）各等分点弦心距　$y_n=r\cos(nQ_1)$

$y_2=400\times\cos13.2°=389$（mm）

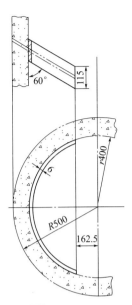

图 12-5 倾斜衬里挡板

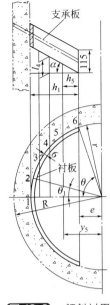

图 12-6 倾斜衬里
挡板计算原理图

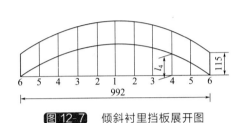

图 12-7 倾斜衬里挡板展开图

同理

$y_1 = 400\text{mm}$，$y_3 = 358\text{mm}$，$y_4 = 308\text{mm}$，$y_5 = 242\text{mm}$，$y_6 = 162.5\text{mm}$。

（5）各等分点至衬里下端头距离 $h_n = y_n - e$

$h_2 = 389 - 162.5 = 227(\text{mm})$

同理

$h_1 = 237.5\text{mm}$，$h_3 = 195.5\text{mm}$，$h_4 = 145.5\text{mm}$，$h_5 = 79.5\text{mm}$

（6）各点起拱高 $l_n = h_n \tan\alpha$

$l_2 = 227 \times \tan30° = 131(\text{mm})$

同理

$l_1 = 137\text{mm}$，$l_3 = 113\text{mm}$，$l_4 = 84\text{mm}$，$l_5 = 46\text{mm}$，$l_6 = 0$。

式中 r——衬里挡板所处半径；e——衬里下端偏心距。

（二）垂直人字挡板

1. 支承板

如图 12-2 之 B—B 为汽油沉降器垂直人字挡板施工图，图 12-8 为部件图，图 12-9 为支承板计算原理图（挡板相同），图 12-10 为支承板展开图。

（1）支承板半宽 $B = \dfrac{e}{\sin\dfrac{\alpha}{2}} = \dfrac{150}{\sin60°} = 173(\text{mm})$

（2）棱长 $l = R - r = 500 - 320 = 180(\text{mm})$

（3）外端所对半圆心角 $Q = \arcsin\dfrac{e}{R} = \arcsin\dfrac{150}{500} = 17.46°$

（4）外端一侧弦高 $h = R\left(1 - \cos\dfrac{Q}{2}\right) = 500 \times \left(1 - \cos\dfrac{17.46°}{2}\right) = 5.8(\text{mm})$

（5）外端展开半径 $P_1 = \dfrac{B^2 + 4h^2}{8h} = \dfrac{173^2 + 4 \times 5.8^2}{8 \times 5.8} = 648(\text{mm})$

（6）内侧展开半径 $P_2 = P_1 - l = 648 - 180 = 468(\text{mm})$

2. 挡板

挡板展开图见图 12-11。

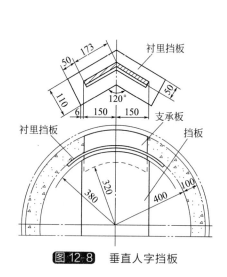

图 12-8　垂直人字挡板

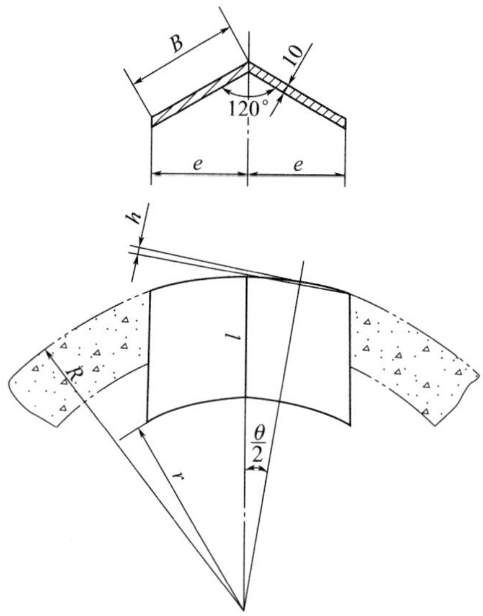

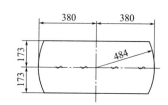

图 12-9　垂直支承板计算原理图

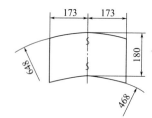

图 12-10　垂直支承板展开图

图 12-11　垂直挡板展开图

（1）挡板棱全长　$l_1 = 2r_1 = 2 \times 380 = 760$（mm）

（2）外端所对半圆心角　$Q_1 = \arcsin \dfrac{e}{r_1} = \arcsin \dfrac{150}{380} = 23.25°$

（3）外侧一端弦高　$h_1 = r_1 \left(1 - \cos \dfrac{Q_1}{2}\right) = 380 \times \left(1 - \cos \dfrac{23.25°}{2}\right) = 7.8$（mm）

（4）外端展开半径　$P_3 = \dfrac{B^2 + 4h_1^2}{8h_1} = \dfrac{173^2 + 4 \times 7.8^2}{8 \times 7.8} = 484$（mm）

式中　e——支承板、挡板半宽投影长；α——人字夹角；R——筒内半径；r——支承板内端投影半径；r_1——挡板外端投影半径。

3. 衬里挡板

图 12-12 为计算原理图，图 12-13 为展开图。

（1）素线长　$l = \dfrac{B}{\sin \dfrac{\alpha}{2}} = \dfrac{110}{\sin 60°} = 127$（mm）

（2）下角点所对半圆心角　$Q = \arcsin \dfrac{e}{r^2} = \arcsin \dfrac{156}{400} = 22.94°$

（3）每等分点所对圆心角　$Q_1 = \dfrac{Q}{2} = 11.47°$

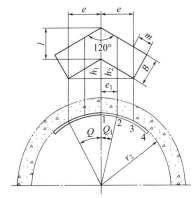

图 12-12　垂直衬里挡板计算原理图

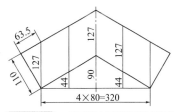

图 12-13　垂直衬里挡板展开图

（4）下角点间弧长　$S = \pi r_2 \dfrac{Q}{90°} = \pi \times 400 \times \dfrac{22.94°}{90°} = 320(\text{mm})$

（5）一等分横向距离　$e_1 = r_2 \sin Q_1 = 400 \times \sin 11.47° = 79.5(\text{mm})$

（6）下角点范围高　$h_n = \dfrac{e}{\tan \alpha}$

$$h_1 = \dfrac{156}{\tan 60°} = 90(\text{mm})$$

$$h_2 = \dfrac{156 - 79.5}{\tan 60°} = 44(\text{mm})$$

（7）外角点长　$m = \sqrt{l^2 - B^2} = \sqrt{127^2 - 110^2} = 63.5(\text{mm})$

式中　B——衬里挡板宽；r_2——衬里挡板所处半径；e——下角点间半投影长。

二、圆筒体上斜置托板料计算

圆筒体上斜置托板见图 12-14。如图 12-15 所示，为一圆筒体上斜置托板施工图，图 12-16 为计算原理图。

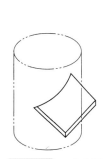

图 12-14　立体图

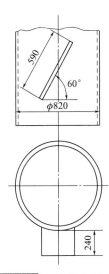

图 12-15　管体上斜托板

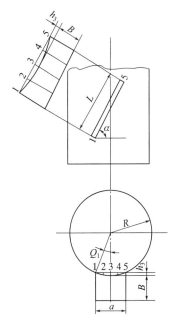

图 12-16　管体上斜托板展开原理图

1. 托板投影宽 $a = L\cos\alpha = 590 \times \cos 60° = 295$ （mm）

2. 将 a 分为四等分，每等分 $a_1 = \dfrac{a}{4} = \dfrac{295}{4} = 73.75$ （mm）

3. 每等分所对圆心角 $Q_n = \arcsin\dfrac{na_1}{R}$

$Q_1 = \arcsin\dfrac{2 \times 73.75}{410} = 21.08°$

$Q_2 = \arcsin\dfrac{73.75}{410} = 10.36°$

4. 各等分点弦高

$h_n = R（1 - \cos Q_n）$

$h_3 = 410 \times （1 - \cos 21.08°） = 27（\text{mm}）$

$h_2 = 410 \times （1 - \cos 10.36°） = 20（\text{mm}）$

5. 作展开图的方法

展开图见图 12-17 作展开图的方法有二：

（1）弦高法   以 590mm 和 $240 + 27$（mm）作矩形，在其上减去各点高差，用圆滑曲线相连，即得展开实形；

（2）展开半径法   根据相交弦定理，用已算出的弦长和弦高即可求得展开半径 P，并用其在基础矩形上划弧，即得展开实形。

$$P = \dfrac{B^2 + 4h^2}{8h} = \dfrac{590^2 + 4 \times 27^2}{8 \times 27} = 1625 （\text{mm}）$$

三、夹套筒体料计算

夹套筒体有整体夹套和半筒体夹套之分，主要是计算堵板的料尺寸，前者堵板为锥台型式；后者堵板分两种，一是半锥台，二是矩形板。下面列举常见的两种夹套型式。夹套筒体见图 12-17、图 12-18。

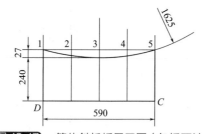

图 12-17   管体斜托板展开图（包括两法）

图 12-18   立体图

1. 整夹套

如图 12-19 所示，为整夹套筒体施工图，这里只计算堵板的展开料尺寸，筒体从略。从 A 放大可看出：

$$BC = ED = \dfrac{\delta}{2}\sin\alpha = 5 \times \sin 45° = 3.5 （\text{mm}）$$

故可得出锥台实形，见图 12-20（a）。

锥台展开料的计算［见图 12-20（b）］。

（1）大端展开半径 $R = \dfrac{D}{2\cos\alpha} = \dfrac{1158.5}{\cos 45°} = 1638 （\text{mm}）$

（2）小端展开半径　$r = \dfrac{d}{2\cos\alpha} = \dfrac{1115.5}{\cos 45°} = 1578$（mm）

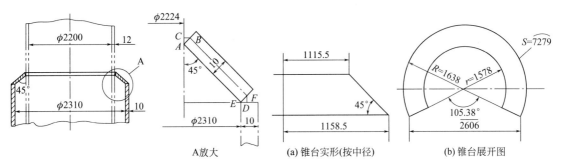

| 图 12-19 | 整夹套施工图 | 图 12-20 | 锥台实形及展开图 |

（3）大端展开长　$S = \pi D = \pi \times 2 \times 1158.5 = 7279$（mm）

（4）展开料包角　$\beta = \dfrac{7279 \times 180°}{\pi \times 1638} = 254.62°$

（5）缺口外端弦长　$B = 2R\sin\dfrac{360° - \beta}{2} = 2 \times 1638 \times \sin\dfrac{105.38°}{2} = 2606$（mm）

式中　δ——堵板板厚；α——堵板倾角；D——大端中径；d——小端中径。

2. 半夹套

如图 12-21 所示，为半夹套筒体施工图，下面进行各数据计算。

（1）矩形堵板料计算

图 12-21 之 I 放大，为堵板计算原理图。

① 矩形板仰角

已知角 $\angle DAB = 20°$，那么 $\angle DAO = 110°$。

$\because \dfrac{1670}{\sin 110°} = \dfrac{1528}{\sin\angle ADO}$

$\therefore \angle ADO = 59.3°$

$\therefore \angle AOD = 180° - 110° - 59.3° = 10.7°$

② 矩形板宽度

$\because \dfrac{1670}{\sin 110°} = \dfrac{AD}{\sin 10.7°}$

$\therefore AD = 330 \text{mm}$

③ 板厚处理

$\because AC = \dfrac{30}{\tan 20°} = 82$（mm）

$DF = 20 \times \cos 59.3° = 10$（mm）

$\therefore$ 矩形板宽度为 $330 - 82 - 10 = 238$（mm）

矩形板规格　$30 \times 238 \times 4600$（mm）

（2）锥台半堵板料计算

图 12-21 之 II 放大，为锥台半堵板计算原理图。

① 锥台实形［见图 12-22（a）］

设计锥台堵板半顶角为 20°

$\because BC = DE = 15 \times \cos 20° = 14$（mm）

$\therefore$ 大端中直径　$D = 2 \times 1664 = 3328$（mm）

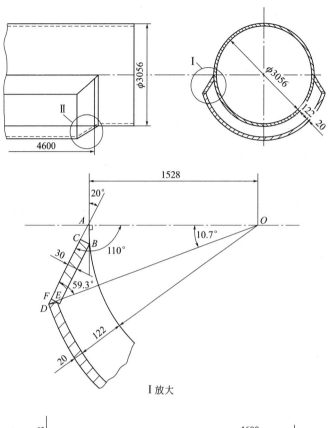

Ⅰ放大

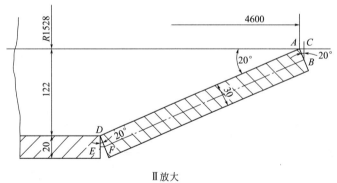

Ⅱ放大

图 12-21   夹套施工图

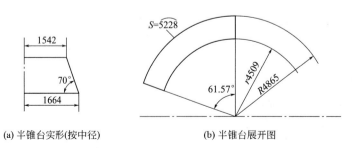

(a) 半锥台实形(按中径)

(b) 半锥台展开图

图 12-22   锥台半堵板

小端中直径　$d=2\times1542=3084$（mm）

② 半锥台展开料计算［见图 12-22（b）］

a. 大端展开半径　$R=\dfrac{D}{2\times\cos\alpha}=\dfrac{1664}{\cos70°}=4865$（mm）

b. 小端展开半径　$r=\dfrac{d}{2\times\cos\alpha}=\dfrac{1542}{\cos70°}=4509$（mm）

c. 半锥台大端弧长　$S=\pi\times1664=5228$（mm）

d. 半锥台展开料包角　$\alpha_1=\dfrac{5228\times180°}{\pi\times4865}=61.57°$

式中　D、d——锥台大小端中直径；α——锥台底角（设计给出）。

3. 半夹套筒体料计算

（1）夹套筒体包角　$Q=180°-2\times10.7°=158.6°$（见图 12-21 之 Ⅰ 放大）

（2）夹套筒体展开长　$S=\pi\times1664\times\dfrac{158.6°}{180°}=4604$（mm）

（3）夹套宽度　$B=4600-2\times\dfrac{122}{\tan20°}=3930$（mm）（见图 12-21 之 Ⅱ 放大）。

（4）夹套规格　$-20\times3930\times4603$。

四、斜扁钢圈和带孔椭圆板料计算

斜扁钢圈和带孔椭圆板见图 12-23。图 12-24 为斜扁钢圈和带孔椭圆板施工图，此例主要计算斜扁钢圈和内外沿椭圆实形，下面分别计算。

图 12-23　立体图

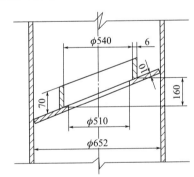

图 12-24　椭圆板和斜扁钢圈施工图

1. 斜扁钢圈计算

如图 12-25 所示，为斜扁钢圈计算原理和展开图，现计算如下。

（1）斜角　$\alpha=\arctan\dfrac{H}{D}=\arctan\dfrac{160}{546}=16.33°$

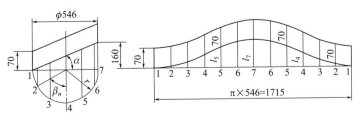

图 12-25　斜扁钢圈计算原理和展开图

（2）任一点起高　$h_n = \tan\alpha\ (r \pm r\sin\beta_n)$

$h_2 = \tan 16.33° \times (273 - 273 \times \sin 60°) = 11$ （mm）

同理得：

$h_1 = 0$，$h_3 = 40mm$，$h_4 = 80mm$，$h_5 = 120mm$，$h_6 = 149mm$。

（3）展开长　$S = \pi D = \pi \times 546 = 1715$ （mm）

式中　H——斜高；D——扁钢圈投影中直径；r——中半径；β_n——圆周各等分点与同一纵向直径夹角；"$\pm$"——h_n 左侧用"$-$"，h_n 右侧用"$+$"。

2. 带孔椭圆板计算

如图 12-26 所示，为椭圆板计算原理图，图 12-27 为展开图。

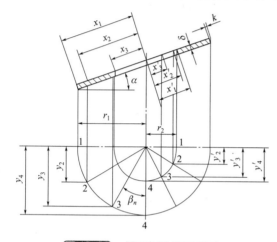

图 12-26　椭圆板计算原理图　　　　图 12-27　椭圆板展开图

（1）外椭圆

① 横坐标　$x_n = \dfrac{r_1 \sin\beta_n}{\cos\alpha}$

$x_1 = \dfrac{326 \times \sin 90°}{\cos 16.33°} = 340$ （mm）

同理得：

$x_2 = 294mm$，$x_3 = 170mm$。

② 纵坐标　$y_n = r_1 \cos\beta_n$

$y_3 = 326 \times \cos 30° = 282$ （mm）

同理得：

$y_1 = 0$，$y_2 = 163mm$，$y_4 = 326mm$。

③ 上端 $K = \delta\tan\alpha = 10 \times \tan 16.33° = 3$ （mm）

（2）内椭圆

① 横坐标　$x'_n = \dfrac{r_2 \sin\beta_n}{\cos\alpha}$

$x'_1 = \dfrac{255 \times \sin 90°}{\cos 16.33°} = 266$ （mm）

同理得：

$x'_2 = 230mm$，$x'_3 = 133mm$。

② 纵坐标　$y'_n = r_2 \cos\beta_n$

$y'_3 = 255 \times \cos 30° = 221$ （mm）

同理得：

$y'_1 = 0$，$y'_2 = 127.5$（mm），$y'_4 = 255$mm。

式中 r_1、r_2——分别为外、内投影半径；β_n——圆周各等分点与同一纵向直径夹角；δ——板厚。

五、管口挡板料计算

如图 12-29 所示，为管口挡板施工图，此例的计算关键是角度。图 12-30 为计算原理图。计算方法有二，如下述。管口挡板料见图 12-28。

1. 用直角三角形求角度法

连 O_1O_2、O_1C、O_2C 构成等腰三角形 O_2O_1C，取 O_1C 的中点 D 并与 O_2 相连，O_2D 必垂直 O_1C，在直角三角形 O_2DO_1 中：

（1）$\alpha = \arccos \dfrac{O_1D}{O_1O_2} = \arccos \dfrac{133.5}{600} = 77°$

（2）筒体展开长 $S = \pi r \dfrac{\alpha}{90°} = \pi \times 267 \times \dfrac{77°}{90°} = 718$（mm）

（3）筒体下料尺寸－$4 \times 500 \times 718$（mm）

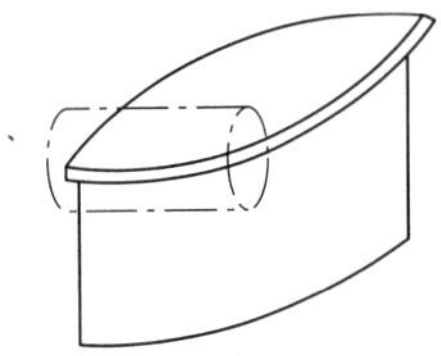

2. 用余弦定理求角度法

（1）$\alpha = \arccos \dfrac{R^2 + r^2 - R^2}{2Rr} = \arccos \dfrac{600^2 + 267^2 - 600^2}{2 \times 600 \times 267} = 77°$

（2）$S = 718$mm

（3）筒体下料尺寸同前法 －$4 \times 500 \times 718$（mm）

式中 R——主筒体内半径；r——挡板筒体中半径。

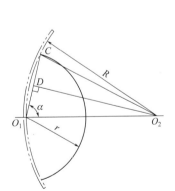

图 12-28 立体图

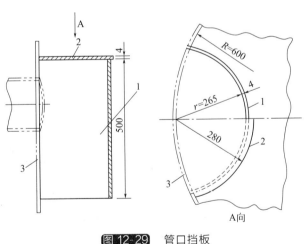

图 12-29 管口挡板

1—小半圆筒；2—盖板；3—主筒体

图 12-30 计算原理图

第十三章 支 座

随结构所处位置和形状的不同,支座的形式也不一样,各按各的标准。根据标准给定的数据计算出实际下料尺寸。本节将各种型式的支座料计算全部作详尽叙述。同时将裙体螺栓座也在本章叙述。

一、鞍式支座(JB 1167—2000)料计算

鞍式支座见图 13-1。下面以 $D_g 3000 \times 30$mm 电脱盐罐鞍式支座为例计算之。制作时执行 JB 1167—2000—B 型标准,标准见图 13-2。

查标准得知如下数据(单位:mm):

$l=1145$,$l_1=2290$,$L=2650$,$H=200$,$C=160$,$b=400$,$m=500$,$R=1544$。

1. 立弧板实际下料尺寸(见图 13-3)

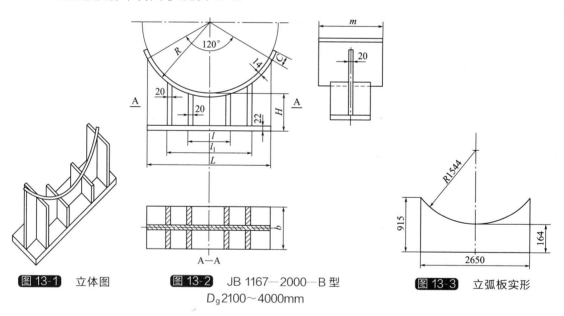

图 13-1 立体图

图 13-2 JB 1167—2000—B 型
$D_g 2100 \sim 4000$mm

图 13-3 立弧板实形

(1)立弧板中间高度 $H_1=200-22-14=164$(mm)

(2)立弧板外沿高度 $H_2=R-\sqrt{R^2-\left(\dfrac{L}{2}\right)^2}+H_1=1544-\sqrt{1544^2-1325^2}+164=915$(mm)

2. 筋板实际下料尺寸

(1)中筋板 $H_2=R-\sqrt{R^2-\left(\dfrac{L}{2}\right)^2}+H_1=1544-\sqrt{1544^2-752.5^2}+164=359.8$(mm)

下料尺寸:$-20 \times 190 \times 359.8$(mm)

（2）侧筋板　$H_3 = R - \sqrt{R^2 - \left(\dfrac{L_1}{2}\right)^2} + H_1 = 1544 - \sqrt{1544^2 - 1145^2} + 164 = 672$（mm）

下料尺寸：$-20 \times 190 \times 672$（mm）

3. 垫板展开长

$$S = \pi R' \dfrac{\sin^{-1}\dfrac{L}{2R'}}{180°} + 2C = \pi \times 1537 \times \dfrac{\sin^{-1}\dfrac{2650}{2 \times 1537}}{180°} + 320 = 1917 \text{（mm）}$$

式中　R'——垫板中心半径。

垫板下料尺寸：$-14 \times 500 \times 1917$（mm）

二、倾斜鞍式支座(JB 1167—2000)料计算

倾斜鞍式支座见图 13-4。如图 13-5 所示，为常压蒸馏釜支座施工图，制作时执行 JB 1167—2000—B 型标准，标准图见图 13-6。

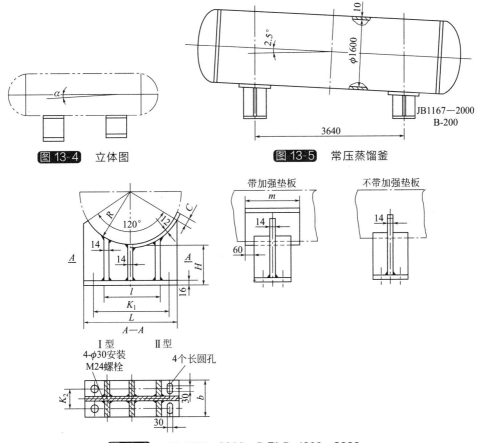

图 13-4　立体图

图 13-5　常压蒸馏釜

图 13-6　JB 1167—2000—B 型 D_g1300～2000mm

查标准得知如下数据（单位：mm）：

$L = 1430$，$l = 1040$，$H = 200$，$C = 85$，$b = 250$，$m = 350$。

1. 高低端各筋板宽度上的高差

$$e_1 = \dfrac{b - \delta}{2} \times \tan\alpha = \dfrac{250 - 14}{2} \times \tan 2.5° = 5 \text{（mm）}$$

式中　α——支座倾斜角。

2. 低端各数据计算

（1）立弧板中间高度　$H_1 = 200 - 16 - 12 = 172$（mm）。从而得知低端中筋板的实际下料尺寸（见图 13-7）。

（2）侧筋板高度　$H_2 = R - \sqrt{R^2 - \left(\dfrac{l}{2}\right)^2} + H_1 = 822 - \sqrt{822^2 - 520^2} + 172 = 357$（mm），从而得知低端侧筋板的实际下料尺寸（见图 13-8）。

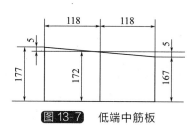

图 13-7　低端中筋板

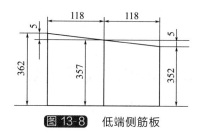

图 13-8　低端侧筋板

（3）立弧板外沿高度　$H_3 = R - \sqrt{R^2 - \left(\dfrac{L}{2}\right)^2} + H_1 = 822 - \sqrt{822^2 - 715^2} + 172 = 588$（mm），从而得知低端立弧板的实际下料尺寸（见图 13-9）。

3. 两支座的高差

$$e_2 = B\tan\alpha = 3640 \times \tan2.5° = 159 \text{（mm）}$$

4. 高端各数据计算

（1）立弧板中间高度　$H_1' = H_1 + e_2 = 172 + 159 = 331$（mm）。从而得知高端中筋板实际下料尺寸（见图 13-10）。

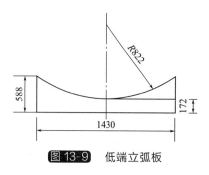

图 13-9　低端立弧板

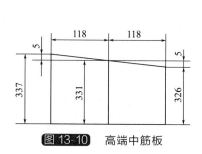

图 13-10　高端中筋板

（2）侧筋板高度　$H_2' = H_2 + e_2 = 357 + 159 = 516$（mm），从而得知高端侧筋板实际下料尺寸（见图 13-11）。

（3）立弧板外沿高度　$H_3' = H_3 + e_2 = 588 + 159 = 747$（mm），从而得知高端立弧板实际下料尺寸（见图 13-12）。

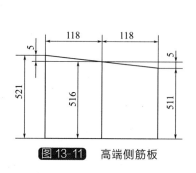

图 13-11　高端侧筋板

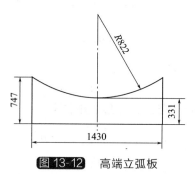

图 13-12　高端立弧板

三、直支承式支座(JB／T 4724—2000)料计算

直支承式支座见图 13-13。如图 13-14 所示为氮气贮罐支座施工图，制作时执行 JB/T 4724—2000—A 型标准，标准图见图 13-15。查标准得知如下数据（单位：mm）：

图 13-13　立体图

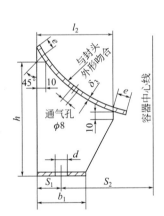

图 13-14　氮气贮罐支承式支座

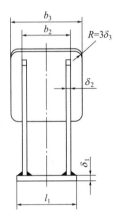

图 13-15　JB/T 4724—2000 1～4 号 A 型支承式支座

$b_1=160$，$S_2=675$，$S_1=80$，$h=370$（设计给定），$\delta_3=12$，$e=60$，$\delta_1=14$，$l_2=240$，$l_1=210$，$b_3=300$。

计算椭圆曲线上各点坐标。本例设将同心圆周分为 16 等份，每等分角为 22.5°。大圆半径 $R=908\mathrm{mm}$，小圆半径 $r=458\mathrm{mm}$。

1. 各点的横坐标

$$x_n=R\sin\beta_n$$

式中　　β_n——同心圆等分角。

$$x_1=908\times\sin22.5°=347.5\ （\mathrm{mm}）$$

同理得：

$$x_2=642\mathrm{mm}，x_3=839\mathrm{mm}，x_4=908\mathrm{mm}。$$

2. 各点的纵坐标

$$y_n=r\cos\beta_n。$$

$$y_1=458\times\cos22.5°=423\ （\mathrm{mm}）。$$

同理得：

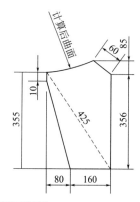

图 13-16　过样后筋板实形

$y_2=324mm$，$y_3=175mm$，$y_4=0$。

3. 下料尺寸

在平台上利用上述数据划出支座部位的部分椭圆线，再根据标准中数据划出支板、垫板和底板实形，支板实形见图 13-16。

（1）垫板实际下料尺寸：　（封头与支板结合长度＋120mm）×300mm

（2）底板实际下料尺寸：160mm×210mm。

四、斜支承式支座料计算

如图 13-18 所示，为 $D_g2400×22$ 空气贮罐支座施工图，上与碟形封头相连，本例主要求立支板实际形状，其他各板从略。斜支承式支座见图 13-17。

本例求立支板的方法很简单，但因为这也是支座的一种型式，也就将其纳入了。

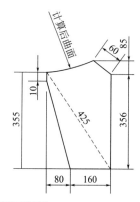

图 13-17　立体图

1. 放样、计算步骤（参见图 13-19）。

（1）在平台上按碟形封头的实际尺寸划出支座部位部分碟形封头曲线。

图 13-18　空气贮罐斜支承式支座

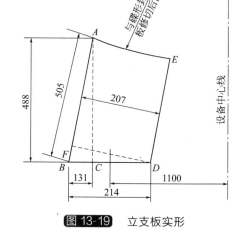

图 13-19　立支板实形

（2）根据设计给定的支座位置各数据，划出立支板实形。

2. 不放样的立支板实形数据计算

不放实样用计算方法求得立支板实形各数据，其计算步骤如下。

（1）$BC=505×\cos75°=131$（mm）；

（2）$AC=505×\sin75°=488$（mm）；

（3）$BD=230-16=214$（mm）；

（4）$DF=214×\sin75°=207$（mm）；

（5）作直角三角形 ACB，使 $BC=131mm$，$AC=488mm$，连 AB，以 A 为基点作 AB 的垂线 AE，使 $AE=207mm$，延长 BC 得 D 点，使 $BD=214mm$，连 DE 得四边形 $ABDE$。

将支座组焊完毕，置于组焊完毕的垫板上进行修切，使跨距等于 1100mm。

五、放射状鞍式支座(JB／T 4712—2000)料计算

放射状鞍式支座见图 13-20。下面以 $D_g 1600 \times 6$ 纺丝热媒储槽鞍式支座为例计算之。制作时执行 JB/T 4712—2000，$D_g 1000 \sim 2000$、120°包角轻型带垫板鞍式支座标准，标准图见图 13-21。

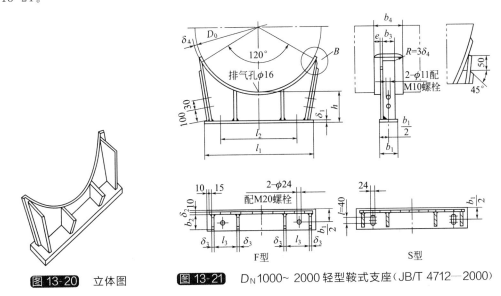

图 13-20　立体图　　图 13-21　$D_N 1000 \sim 2000$ 轻型鞍式支座(JB/T 4712—2000)

查标准得知如下数据（单位：mm）：

$D_g = 1600$，$l_1 = 1120$，$b_1 = 200$，$\delta_1 = 12$，$\delta_2 = 8$，$h = 250$，$\delta_3 = 8$，$\delta_4 = 8$，$l_3 = 257$，$b_2 = 170$，$b_3 = 230$，$R = 814$。

1. 立弧板（见图 13-22）

（1）中间高度 $h_1 = h - \delta_1 - \delta_4 = 250 - 12 - 8 = 230$（mm）。

（2）关键点 A 的横坐标 $x = R\sin 60° = 814 \times \sin 60° = 705$（mm）。

（3）关键点 A 的纵坐标 $y = R(1 - \cos 60°) + h_1 = 814 \times (1 - \cos 60°) + 230 = 637$（mm）。

（4）关键点 A 也可以 C 点为圆心、$R = 814$mm 为半径划弧与前划弧得出。

2. 直筋板〔见图 13-23(a)〕

（1）直筋板与中心线距离　$l_4 = \dfrac{l_1}{2} - l_3 - \delta_3 - 25 = 560 - 257 - 8 - 25 = 270$（mm）

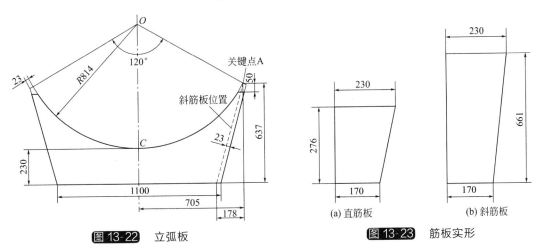

图 13-22　立弧板　　图 13-23　筋板实形

（2）直筋板的包角 $\alpha_4 = \sin^{-1}\dfrac{l_4}{R} = \sin^{-1}\dfrac{270}{814} = 19.37°$

（3）直筋板的高度 $h_4 = R(1-\cos\alpha_4)+h_1 = 814 \times (1-\cos 19.37°)+230 = 276$（mm）。

（4）直筋板实际下料尺寸 $170 \times 230 \times 276$（mm），170mm 和 230mm 为标准中给定尺寸。

3. 斜筋板[见图 13-22 和图 13-23(b)]

（1）斜筋板实长

$$l_4 = \sqrt{\left(x-\dfrac{l_1}{2}+15+\delta_3\right)^2+y^2} = \sqrt{(705-560+15+8)^2+637^2} = 658.8 \text{（mm）}.$$

（2）斜筋板实际下料尺寸 $170 \times 230 \times 661$（mm）。

六、带倾斜、折弯鞍式支座料计算

带折弯的鞍式支座，有等高式和倾斜式两种，为节约版面，本文只就带倾斜、折弯鞍式支座料计算叙述之。

带倾斜、折弯鞍式支座见图 13-24。如图 13-25 所示，为 1# 塔冷凝器鞍式支座施工图，由于卧式筒体呈倾斜状，所以本例的焦点是计算立弧板，其他各板从略。

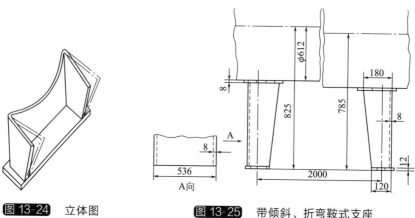

图 13-24 立体图   图 13-25 带倾斜、折弯鞍式支座

1. 高端立弧板的计算

如图 13-26 所示，为高端立弧板实形，计算原理如图 13-27 所示。

（1）弧部分半径 $R = 306+8 = 314$（mm）；

（2）下折边宽 $b_1 = 120-8 = 112$（mm）；

（3）弧部分宽 $b_2 = 536-16 = 520$（mm）；

（4）上折边宽 $b_3 = 180-8 = 172$（mm）；

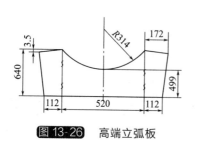

图 13-26 高端立弧板

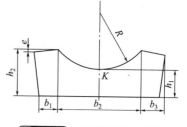

图 13-27 高端计算原理图

（5）最低点高度 $h_1 = 825 - 314 - 12 = 499 (\text{mm})$；

（6）最高点高度 $h_2 = R - \sqrt{R^2 - \left(\dfrac{b_2}{2}\right)^2} + h_1 = 314 - \sqrt{314^2 - 260^2} + 499 = 640 (\text{mm})$；

（7）高低点高差 e 的计算

① 筒体倾角 $\alpha = \arctan \dfrac{825 - 785}{2000} = 1.146°$

② 高差 $e = 172 \times \tan 1.146° = 3.5 (\text{mm})$。

2. 低端立弧板的计算

低端立弧板的计算原理和方法完全同高端，只是高低端的倾斜方向不同而已，具体下料尺寸见图 13-28。

七、角钢腿式支座（JB／T 4713—2000)料计算

角钢腿式支座见图 13-29。如图 13-30 所示，为角钢腿式支座施工图，主要计算盖板实形和角钢切口实形，下料时执行 JB/T 4713—2000、AN 型腿式支座，其标准见图 13-31。

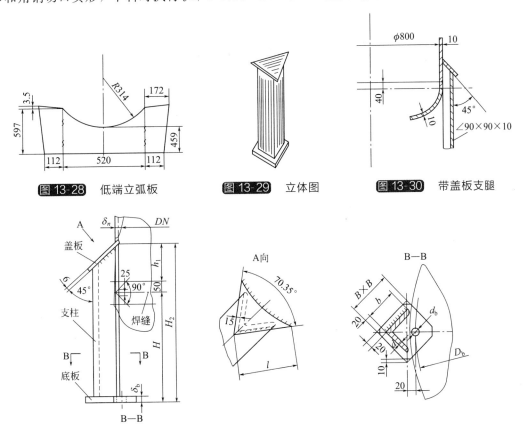

图 13-28 低端立弧板　　　图 13-29 立体图　　　图 13-30 带盖板支腿

图 13-31 JB/T 4713—2000AN 型腿式支座

1. 盖板实形的计算

如图 13-32 为盖板实形，图 13-33 为盖板计算原理。

（1）$CD = BD = 90 \times \sin 45° = 63.64 (\text{mm})$

（2）$CD' = \dfrac{63.64}{\sin 45°} = 90 (\text{mm})$

（3）$AB=2\times63.64=127(\text{mm})$

（4）CC' 的投影长（等于 AA'）$\dfrac{15}{\sin45°}=21(\text{mm})$

（5）CC' 实长 $\dfrac{21}{\cos45°}=30(\text{mm})$

（6）$A'B'=127+21\times2=169(\text{mm})$

（7）盖板全高 $h=90+30=120(\text{mm})$

（8）盖板夹角 $\alpha_1=2\arctan\dfrac{169}{2\times120}=70.3°$（结合"结论和下料最简方法"）

2. 角钢缺口计算

如图 13-34 所示，为角钢缺口样板展开图，图 13-35 为计算原理图。

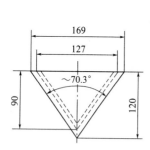

图 13-32　盖板实形

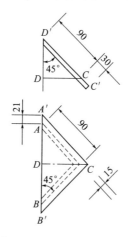

图 13-33　盖板计算原理图

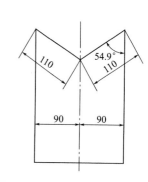

图 13-34　角钢缺口样板展开图

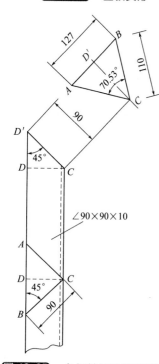

图 13-35　角钢缺口计算原理图

（1）$CD=BD=90\times\sin45°=63.64(\text{mm})$

（2）$CD'=\dfrac{63.64}{\sin45°}=90(\text{mm})$

（3）$AB=2\times63.64=127(\text{mm})$

（4）缺口实形夹角　$\alpha_2=2\arctan\dfrac{63.64}{90}=70.53°$

（5）缺口斜边长　$l=\dfrac{63.64}{\sin35.265°}=110(\text{mm})$

（6）角钢尖部顶角　$\alpha_3=\arcsin\dfrac{90}{110}=54.9°$

3. 结论和下料最简方法

（1）对 $\angle63$、$\angle90$、$\angle100$、$\angle200$ 四种规格角钢进行了各数据的计算，得出如下结论。

① 盖板夹角约为 70.35°，盖板宽度上加 15mm 的遮盖量后，贴近筒体的遮盖量必为 21mm，盖板高度必为角钢边宽加 30mm（见图 13-32 和图 13-33）；

② 角钢的角度（见图 13-34 和图 13-35）

a. 角钢尖部的角度约为 54.9°；

b. 切去部分的角度约为 70.53°。

（2）最简下料方法

① 盖板下料　盖板夹角约为 70.35°，高度为角钢边宽加 30mm，用上两数据便可划出盖板实形；

② 角钢下料　量定角钢支腿长度后，在每个面上用 54.9° 的样板划线切割，即得角钢缺口实形。

八、钢管腿式支座(JB／T 4713—2000)料计算

钢管腿式支座见图 13-36。如图 13-37 所示为立式标准椭圆封头钢管支腿的施工图，展开料的计算，主要是求钢管切去部分实形和盖板实形。制作时执行 JB/T 4713—2000 腿式支座标准，标准图见图 13-38。

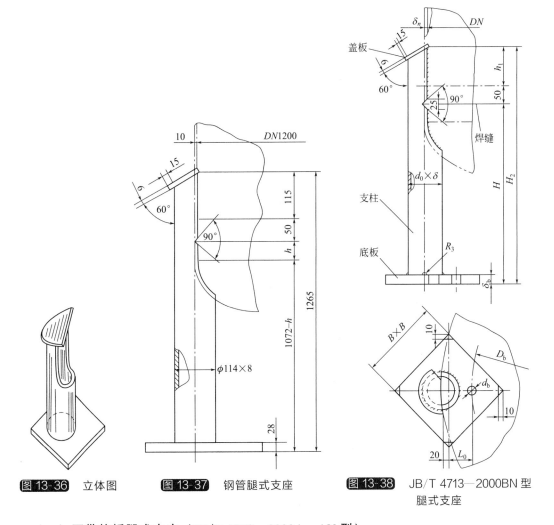

图 13-36　立体图

图 13-37　钢管腿式支座

图 13-38　JB/T 4713—2000BN 型腿式支座

（一）不带垫板腿式支座（JB/T 4713—2000A、AN 型）

1. 管体切去封头部分计算

（1）计算原理　如图 13-39 所示，为计算公式原理图。图 13-40 所示为切去部分展开图。

图中 R_1——封头（或筒体）外表半径，即椭圆封头的外表半长轴，本例 $R_1 = 610mm$；$R_2 \sim R_4$——封头结合部分高度等分点处所对应纬圆半径；n——曲面切去部分垂直高的等

分数，本例 $n=3$；h——切去部分垂直高的 $\dfrac{1}{n}$；H——切去部分总垂直高；r_1——椭圆封头外皮短轴，本例 $r_1=310\text{mm}$；r——管支腿外皮半径，本例 $r=57\text{mm}$；α_n——任一截圆在支柱切去部分所对应的圆心角；S_n——任一截圆在支柱切去部分所对应的半弧长。

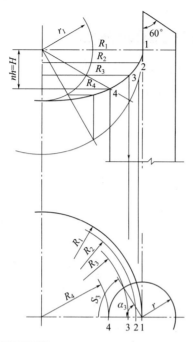

图 13-39 曲面切去部分计算原理图

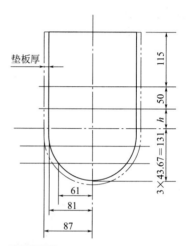

图 13-40 支腿切去部分展开图
（双点划范围为带垫板切去部分展开图）

（2）计算公式

① 封头曲面上切去部分垂直高度 H

a. 最低点 4 的横坐标　$x=R_1-r=610-57=553$（mm）；

b. 最低点 4 的纵坐标 H，计算器手工计算程序是：553 $\div$ 610 $=$ $\boxed{\text{INV}}$ $\boxed{\sin}$ $\boxed{\cos}$ $\boxed{\times}$ 310 $\boxed{=}$ 131（mm）。

② 各截圆半径 R_n　计算器手工计算程序是：

$R_1=610\text{mm}$；

$R_2=$（131$-$2$\times$43.67）$\boxed{\div}$ 310 $\boxed{=}$ $\boxed{\text{INV}}$ $\boxed{\cos}$ $\boxed{\sin}$ $\boxed{\times}$ 610 $\boxed{=}$ 604（mm）；

$R_3=$（131$-$43.67）$\boxed{\div}$ 310 $\boxed{=}$ $\boxed{\text{INV}}$ $\boxed{\cos}$ $\boxed{\sin}$ $\boxed{\times}$ 610 $\boxed{=}$ 585（mm）；

$R_4=610-57=553$（mm）。

③ 曲面切去部分各纬圆所对应的半弧长 S_n

$$S_n=\frac{\pi r}{180°}\times\arccos\frac{R_1^2+r^2-R_n^2}{2R_1 r}\quad（余弦定理）$$

$$S_1=\frac{\pi\times57}{180°}\times\arccos\frac{610^2+57^2-610^2}{2\times610\times57}=87\ （\text{mm}）$$

同理：

$S_2=81\text{mm}$，$S_3=61\text{mm}$，$S_4=0$。

2. 管体上端盖板缺口及盖板计算（见图 13-41）

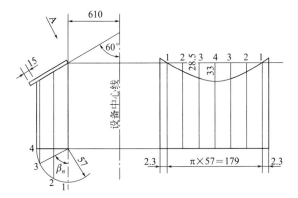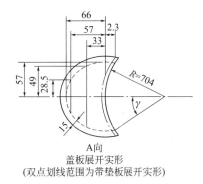

A向
盖板展开实形
（双点划线范围为带垫板展开实形）

图 13-41 上端缺口及盖板计算原理图

（1）上端各点高度　$h_n = \dfrac{r\sin\beta_n}{\tan\alpha}$

$h_1 = 0$，$h_2 = \dfrac{57 \times \sin 30°}{\tan 60°} = 16.5$（mm）

同理：$h_3 = 28.5$mm，$h_4 = 33$mm。

（2）半管外皮展开长　$S = \pi \times 57 = 179$（mm）

（3）盖板上各点长度　$l_n = \dfrac{r\sin\beta_n}{\sin\alpha}$

式中　r——支腿管外半径；β_n——各分点与纵向中心线夹角；α——盖板倾角。

$l_1 = \dfrac{57 \times \sin 30°}{\sin 60°} = 33$（mm）

同理：$l_2 = 57$mm，$l_3 = 66$mm

（4）盖板宽度　$B_n = r\cos\beta_n$

$B_1 = 57$mm，$B_2 = 57 \times \cos 30° = 49$（mm）

同理：$B_3 = 28.5$mm，$B_4 = 0$

（5）盖板上侧展开半径　$P = \dfrac{R_1}{\sin\alpha} = \dfrac{610}{\sin 60°} = 704$（mm）

（6）盖板上侧弧端起拱高 h

① 弧端半夹角 $\gamma = \arcsin\dfrac{57}{704} = 4.64°$；

② 起拱高 $h = P(1 - \cos\gamma) = 704 \times (1 - \cos 4.64°) = 2.3$（mm）。

（二）带垫板腿式支座（JB/T 4713—2000B、BN 型）

遇到带垫板的腿式支座时，可先按不带垫板计算各数据，然后按有关图示处理：

曲面切去部分展开图，按图 13-40 中双点划线范围切割；

盖板按图 13-41A 向展开实形中的双点划线范围切割，即上端多切去一个垫板厚度。

九、球罐支柱缺口及托板料计算

球罐支柱缺口及托板见图 13-42。如图 13-43 所示，为球罐支柱及托板施工图，展开计算的关键是求结合部位的截圆半径和支柱在截圆部位被切去的弧长。下面分别叙述支柱切去部分的展开实形和托板展开实形。

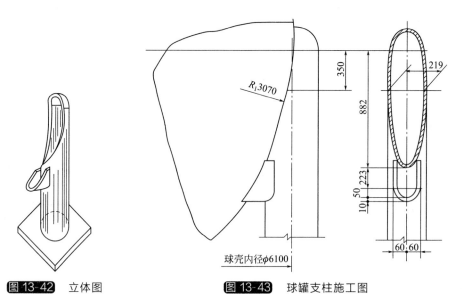

图 13-42　立体图　　　　　图 13-43　球罐支柱施工图

（一）支柱被切去部分料计算

1. 计算原理

如图 13-44 所示，为计算切去部分原理图。

图中　R_1——球外皮半径；$R_2 \sim R_5$——其余截圆半径；n——切去部分垂直高的等分数；h——切去部分垂直高的 $\frac{1}{n}$；H——切去部分总垂直高；e——等分后的剩余部分，即 $H-nh$；r——支柱外皮半径；α_n——任一截圆在支柱切去部分所对应圆心角；S_n——任一截圆在支柱切去部分所对应弧长。

2. 计算公式

（1）截圆半径　$R_n = \sqrt{R_1^2 - (nh)^2}$

（2）切去部分所对应圆心角　$\alpha_n = \arccos \dfrac{R_1^2 + r^2 - R_n^2}{2R_1 r}$（余弦定理）

（3）切去部分所对应弧长　$S_n = \pi r \times \dfrac{\alpha_n}{180°}$

本例中公式符号所代表的数据

$R_1 = 3070$mm，$n = 17$ 等分，$h = 50$mm，$r = 109.5$mm，$H = 882$mm，$e = 32$mm。

3. 切去部分展开数据（见图 13-45）

通过利用上述公式计算，列出部分数据如下：

$R_1 = 3070$mm　$\alpha_1 = 99.51°$　$S_1 = 190$mm

$R_5 = 3063.5$mm　$\alpha_5 = 96.06°$　$S_5 = 183.6$mm

$R_9 = 3044$mm　$\alpha_9 = 85.83°$　$S_9 = 164$mm

$R_{13} = 3011$mm　$\alpha_{13} = 68.17°$　$S_{13} = 130$mm

$R_{18} = 2950$mm　$\alpha_{18} = 23.62°$　$S_{18} = 45$mm

（二）托板料计算

托板为支柱与球体相连部位的加强板，图 13-46 为托板施工图，图 13-47 为展开图。

1. 曲面部分展开长　$S = \pi \times 55 = 173$（mm）

2. 球面接触弧的弦高 h_1

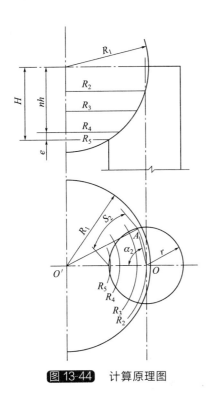

图 13-44　计算原理图

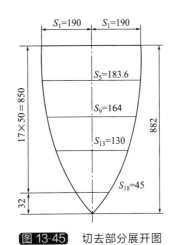

图 13-45　切去部分展开图

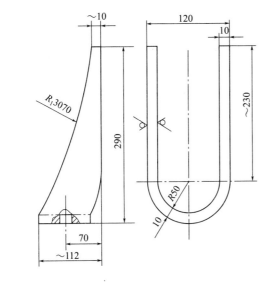

图 13-46　托板

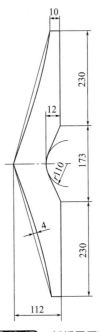

图 13-47　托板展开图

(1) 托板所在球心角　$Q = \arcsin \dfrac{1165}{3070} - \arcsin \dfrac{875}{3070} = 5.74°$

式中　$1165 = 882 + 223 + 60$

$875 = 1165 - 290$

(2) 弦高　$h_1 = R_1 \left(1 - \cos \dfrac{Q}{2}\right) = 3070 \times \left(1 - \cos \dfrac{5.74°}{2}\right) = 4 \,(\text{mm})$

3. 底部弧的起拱高 h_2

(1) 半弦长所对应的角　$\alpha = \arcsin \dfrac{50}{110} = 27°$

(2) 弦高　$h_2 = r(1 - \cos\alpha) = 110 \times (1 - \cos 27°) = 12 \,(\text{mm})$

十、裙体螺栓座料计算

图 13-48　立体图

裙座分正圆筒和正锥台两种型式，正圆筒又分垂直式和倒锥式两种。这里主要叙述筋板和盖板料计算。

1. 垂直式正圆筒裙座

裙体螺栓座见图 13-48。如图 13-49 所示为吸收塔裙座，从图中可看出，为垂直式裙座。

下面进行固定部分的计算。

(1) 立筋实形　尺寸：$100 \times 300 \,(\text{mm})$。

(2) 盖板实形（见图 13-50）。

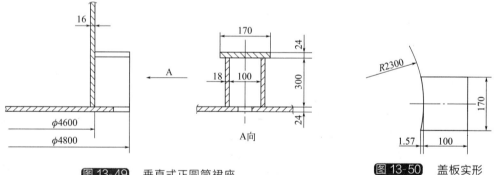

图 13-49　垂直式正圆筒裙座　　　　**图 13-50**　盖板实形

(3) 半圆心角　$Q = \arcsin \dfrac{170}{2 \times 2300} = 2.118°$

(4) 弦高　$h = 2300 \times (1 - \cos 2.118°) = 1.57 \,(\text{mm})$

2. 倒锥式正圆筒裙座

如图 13-51 所示，为碱处理反应器的裙座，从图中可看出为倒锥式。

下面进行固定部分的计算。

(1) 立板实形（见图 13-52）

(2) 盖板实形（见图 13-53）

(3) 半圆心角　$Q = \arcsin \dfrac{160}{2 \times 1114} = 4.118°$

(4) 弦高　$h = 1114 \times (1 - \cos 4.118°) = 3 \,(\text{mm})$

3. 正锥台式裙座

如图 13-54 所示，为解吸塔裙座。

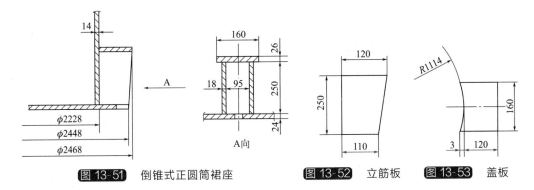

图 13-51 倒锥式正圆筒裙座　图 13-52 立筋板　图 13-53 盖板

下面进行固定部分的计算。

（1）底角　$\alpha = \arctan \dfrac{2 \times 2388}{1600 - 1276} = 86.11904668°$

（2）筋板处半径差　$e = \dfrac{328}{\tan\alpha} = 22\,(\mathrm{mm})$

（3）盖板下平面半径　$r = 800 - 22 = 778\,(\mathrm{mm})$

（4）半圆心角　$Q = \arcsin \dfrac{156}{2 \times 778} = 5.75°$

（5）弦高　$h = 778 \times (1 - \cos 5.75°) = 4\,(\mathrm{mm})$

图 13-55 为立板实形，图 13-56 为盖板实形。

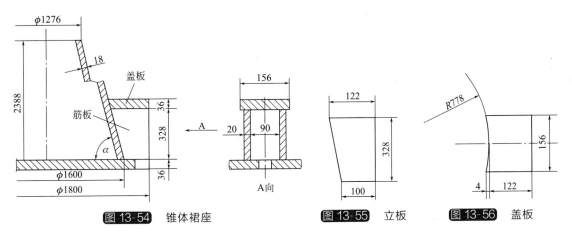

图 13-54 锥体裙座　图 13-55 立板　图 13-56 盖板

4. 说明

计算盖板弦高的目的

（1）若弦高值较小时，可不用切弧的方法断料，划成直线，直接用剪板机断料，如弦高 4mm 以下时，可采用此法，可大大提高工效；

（2）由于盖板宽度较小，知道弦高后可不用地规划弧线，可直接徒手描出，既省事，也较准确。

第十四章　淋降装置

本章所指淋降装置包括：受液盘、降液板、液体分布盘、支承圈、隔板等，换热器内的隔板也属降液板类型，所以也在本章叙述。

一、受液盘料计算

图 14-1　立体图

在塔内的受液盘主要有两种型式，一是来回弯型式，二是单折弯型式。来回弯型式又分与支承圈相连和与筒体相连两种。前者可下成毛料，也可下成净料，后者下成净料就可以了。微带折弯的单折弯弓形板，也属于后者，故可下成净料。下面分别叙述其料计算方法。受液盘料见图14-1。

（一）来回弯受液盘

1. 下成毛料

根据多年来的实践经验，下列两种情况要下成毛料，这是因为在压制过程中会出现两种情况：一是置料时，上胎不一定准确地压在折弯线上；二是压制过程中的跑偏，故要下成毛料以补之。根据经验，料宽度计算的原则是：按里皮计算宽度后，再加 8～10mm 即为毛料宽度。请看下列两例。

例 1　如图 14-2 所示，为受液盘与筒体相连的情况，图 14-3 为展开图，下面计算各有关数据。

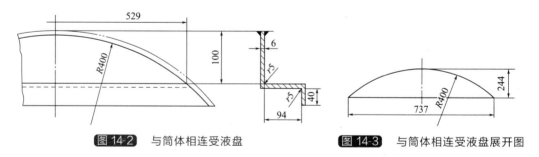

图 14-2　与筒体相连受液盘　　　　**图 14-3　与筒体相连受液盘展开图**

起拱高　$h = 100 + 94 + 40 + 10 = 244$（mm）（10mm 为余量）

弦长　　$B = 2 \times \sqrt{400^2 - (400 - 244)^2} = 737$（mm）

例 2　如图 14-4 所示，为一塔体受液盘施工图，此例既与筒体相连又与支承圈相连，为了能准确地与二者相连，所以应下成毛料。图 14-5 为展开图。

起拱高　$h = 52 + 46 + 130 + 12 = 240$（mm）（12mm 为余量）

展开料弦长　$B_1 = 2 \times \sqrt{500^2 - (500 - 240)^2} = 854$（mm）

成型后与支承圈相连弦长　$B_2 = 2 \times \sqrt{460^2 - (500 - 186)^2} = 672$（mm）

2. 下成净料

如图 14-6 所示，为再吸收塔搁置在支承圈上的来回弯受液盘，不与筒体相连。通过实

践，这种情况可下成净料，这是因为筒体与受液盘有 25mm
的间隙，这个间隙稍大稍小皆可，图 14-7 为展开图。

料的计算原则基本同下成毛料的原则，即按里皮计，不
加余量。下这种料的关键是同半径的两个圆心，圆心距等于
翘头段的里皮高，即图中的 44mm。

（1）平面段的弦长

$B_1 = 2 \times \sqrt{875^2 - (875-434)^2} = 1511$（mm）

（2）翘头平面的弦长

$B_2 = 2 \times \sqrt{875^2 - (875-434-44-50+44)^2} = 1566$（mm）

3. 平面弧部分为净料，折角局部为毛料

为了更确切地说明方法并便于比较，仍以图 14-6 为例说
明。图 14-8 所示为其展开图，角部实线为前法所说的净料
线，阴影部分为所加的余料。净料的弦长同上例，这里只计
算毛料的弦长。

毛料弦长　$B_3 = 2 \times \sqrt{875^2 - (875-434-44-50)^2} = 1606.5$（mm）

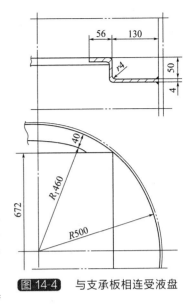

图 14-4　与支承板相连受液盘

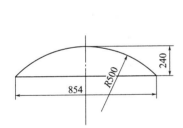

图 14-5　与支承板相连
受液盘展开图

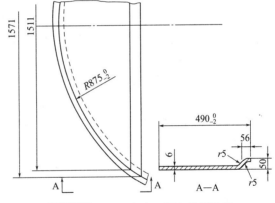

图 14-6　搁置在支承圈上的受液盘

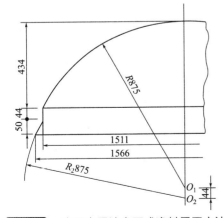

图 14-7　来回弯受液盘下成净料展开方法

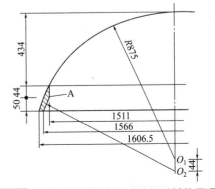

图 14-8　来回弯受液盘下成局部毛料的原理图

（二）单折弯受液盘

单折弯受液盘包括受液盘和弓形板。根据实践经验，这类受液盘宽度应下成净料，其计

算方法是按里皮计。这是因为：这类受液盘一般为薄板 3～6mm，且折弯 r 较小，约等于板厚，压制时在上下胎的强力挤压下会变薄拉长，所以按里皮计算料宽是不会短的。

1. 受液盘

如图 14-9 所示，为一塔底层封液盘，图 14-10 为展开图。

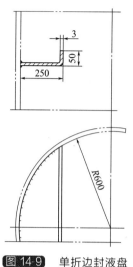

图 14-9　单折边封液盘

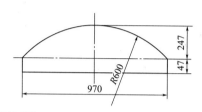

图 14-10　单折边封液盘展开图（净料）

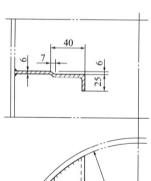

（1）起拱高　$h=250-3=247$（mm）

（2）直边高　$h_1=50-3=47$（mm）

（3）折弯边弦长　$B=2\times\sqrt{600^2-(600-247)^2}=970$（mm）

2. 弓形板

例 1　如图 14-11 所示，为承接塔盘板的弓形板施工图，为了保持上平面平齐，辅加了一个小的折弯，与折成纯直角差别不大，所以也归在单折弯里叙述。

宽度净料计算方法是：按里皮计，另加一小折弯加长值。图 14-12 为展开图。

小折弯加长值　$e=\sqrt{7^2+6^2}-7=2$（mm）

起拱高　$h=190-6+2=186$（mm）（2 为加长值）

折弯直段高　$h_1=25-6=19$（mm）

折弯边弦长　$B=2\times\sqrt{500^2-(500-186)^2}=778$（mm）

例 2　如图 14-13 所示，也为承接塔盘板的弓形板施工图，本例与上例基本相同，所以计算方法也相同。图 14-14 为展开图。

小折弯加长值　$e=\sqrt{8^2+4^2}-8=1$（mm）

板总宽　$h=307+60-8+1=360$（mm）

起拱高　$h_1=482-\sqrt{482^2-\left(\dfrac{658}{2}\right)^2}=130$（mm）

直段高　$h_2=360-130=230$（mm）

压制成型后，再按弦长 624mm 切出切口即成。

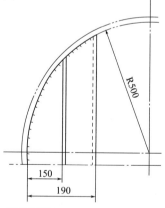

图 14-11　承接塔盘板弓形板

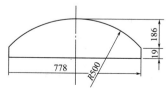

图 14-12　承接塔盘板单折弯受液盘展开图（净料）

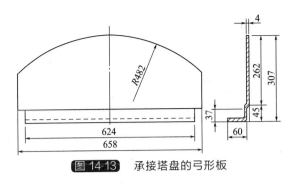

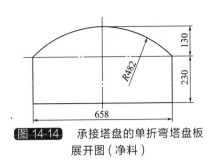

图 14-13　承接塔盘的弓形板

图 14-14　承接塔盘的单折弯塔盘板展开图（净料）

二、降液板料计算

塔体内的降液板大致有三种，一是侧面降液板，二是中间降液板，三是过锥台降液板。经实践证明，下成净料是完全可行的。下面分别叙述其计算方法。降液板见图 14-15。

（一）侧面降液板

1. 例

图 14-16 为汽提塔内降液板施工图，图 14-17 为计算原理图，图 14-18 为展开图。现依此计算如下。

图 14-15　立体图

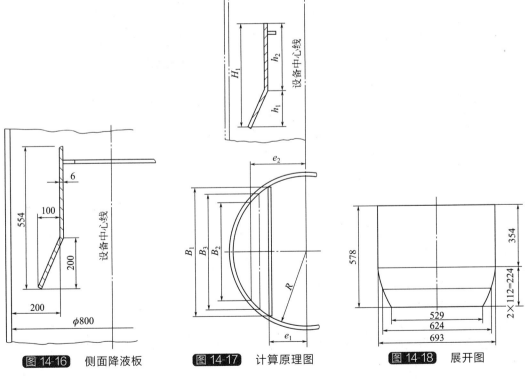

图 14-16　侧面降液板　　图 14-17　计算原理图　　图 14-18　展开图

（1）上端弦长　$B_1 = 2\sqrt{R^2 - e_1^2} = 2 \times \sqrt{400^2 - 200^2} = 693$（mm）

（2）下端弦长　$B_2 = 2\sqrt{R^2 - e_2^2} = 2 \times \sqrt{400^2 - 300^2} = 529$（mm）

（3）折弯段中间弦长　$B_3 = \sqrt[2]{R^2 - \left(e_1 + \dfrac{e_2 - e_1}{2}\right)^2} = 2 \times \sqrt{400^2 - 250^2} = 624$（mm）

（4）折弯段实长　$l = \sqrt{h_1^2 + (e_2 - e_1)^2} = \sqrt{200^2 + 100^2} = 224$（mm）

（5）降液板全高　$H = H_1 + (l - h_1) = 554 + 24 = 578$（mm）

（6）降液板直段高　$h_2 = H_1 - h_1 = 554 - 200 = 354$（mm）

式中　R——筒内半径；e_1、e_2——上下端偏心距；H_1——降液板投影高；h_1——折边部分投影高。

2. 例

图 14-19 为精制塔降液板，图 14-20 为其展开图，此例基本同上例，只是折弯幅度用角度来表示，具体计算如下（计算原理见图 14-17）。

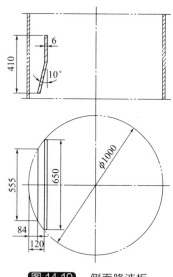

图 14-19　侧面降液板　　　　　图 14-20　展开图

（1）上端弦长　$B_1 = 2\sqrt{R^2 - e_1^2} = 2 \times \sqrt{500^2 - 380^2} = 650$（mm）

（2）下端弦长　$B_2 = 2\sqrt{R^2 - e_2^2} = 2 \times \sqrt{500^2 - 416^2} = 555$（mm）

（3）折弯段中部弦长　$B_3 = 2\sqrt{R^2 - \left(e_1 + \dfrac{e_2 - e_1}{2}\right)^2} = 2 \times \sqrt{500^2 - 398^2} = 605$（mm）

（4）折弯段实长　$l = \dfrac{120 - 84}{\sin 10°} = 207$（mm）

（5）折弯段垂直高　$h_1 = \dfrac{120 - 84}{\tan 10°} = 204$（mm）

（6）降液板直段高　$h_2 = H_1 - h_1 = 410 - 204 = 206$（mm）

（7）降液板全高　$H = l + h_2 = 207 + 206 = 413$（mm）

式中　R——筒体内径；e_1——大端偏心距；e_2——小端偏心距。

（二）中间降液板

例

图 14-21 所示为碳四塔中间降液板施工图，其计算方法同侧面降液板，图 14-22 为计算原理图，图 14-23 为展开图。具体计算如下。

（1）上端弦长　$B_1 = 2\sqrt{R^2 - e_1^2} = 2 \times \sqrt{1500^2 - 206^2} = 2972$（mm）

（2）下端弦长　$B_2 = 2\sqrt{R^2 - e_2^2} = 2 \times \sqrt{1500^2 - 156^2} = 2984$（mm）

（3）折弯段中部弦长　$B_3 = 2\sqrt{R^2 - \left(e_2 + \dfrac{e_1 - e_2}{2}\right)^2} = 2 \times \sqrt{1500^2 - 181^2} = 2978$（mm）

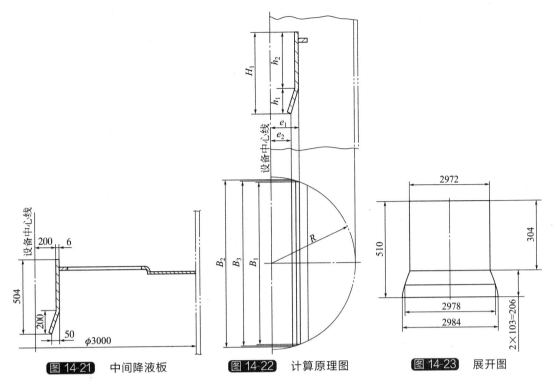

图 14-21　中间降液板　　图 14-22　计算原理图　　图 14-23　展开图

（4）折弯段实长　$l=\sqrt{h_1^2+(e_1-e_2)^2}=\sqrt{200^2+50^2}=206(\mathrm{mm})$

（5）降液板全高　$H=H_1+(l-h_1)=504+6=510(\mathrm{mm})$

（6）降液板直段高　$h_2=H_1-h_1=504-200=304(\mathrm{mm})$

式中　R——筒体内径；e_1、e_2——上、下端偏心距；H_1——降液板投影高；h_1——折弯段投影高。

（三）过渡锥降液板

1. 例

图 14-24 为戊烷塔过渡锥的降液板，图 14-25 为计算原理图，图 14-26 为展开图。现计算如下。

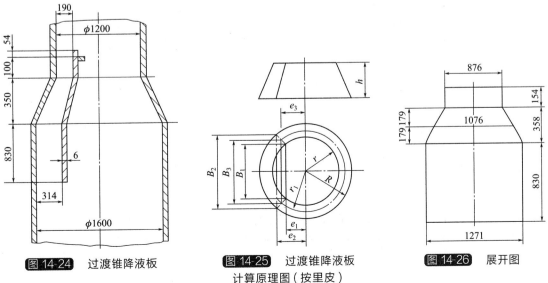

图 14-24　过渡锥降液板　　图 14-25　过渡锥降液板　　图 14-26　展开图
　　　　　　　　　　　　　　　　　　计算原理图（按里皮）

（1）小端弦长　$B_1 = 2\sqrt{r^2 - e_1^2} = 2 \times \sqrt{600^2 - 410^2} = 876 (\text{mm})$

（2）大端弦长　$B_2 = 2\sqrt{R^2 - e_2^2} = 2 \times \sqrt{800^2 - 486^2} = 1271 (\text{mm})$

（3）中点偏心距　$e_3 = \dfrac{e_1 + e_2}{2} = \dfrac{410 + 486}{2} = 448 (\text{mm})$

（4）降液板中段所处截圆半径　$r_1 = \dfrac{R + r}{2} = \dfrac{800 + 600}{2} = 700 (\text{mm})$

（5）降液板锥内段实长　$l = \sqrt{h^2 + (e_1 - e_2)^2} = \sqrt{350^2 + (410 - 486)^2} = 358 (\text{mm})$

（6）中段弦长　$B_3 = 2\sqrt{r_1^2 - e_3^2} = 2 \times \sqrt{700^2 - 448^2} = 1076 (\text{mm})$

式中　R、r——锥台大小端内半径；e_1、e_2——大小端偏心距；h——锥段降液板高。

2. 例

图 14-27 为脱丁烷塔降液板施工图，图 14-28 为计算原理图，图 14-29 为展开图。上例为锥台上下折弯，本例为平板，两例的计算方法大同小异。现计算各数据如下。

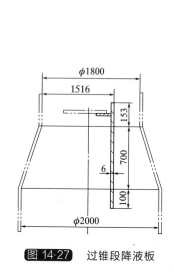

图 14-27　过锥段降液板

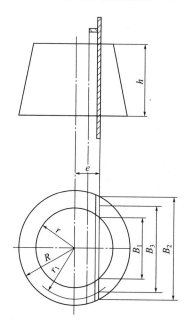

图 14-28　过锥段降液板
计算原理图（按里皮）

（1）小端弦长　$B_1 = 2\sqrt{r^2 - e^2} = 2 \times \sqrt{900^2 - 616^2} = 1312 (\text{mm})$

（2）大端弦长　$B_2 = 2\sqrt{R^2 - e^2} = 2 \times \sqrt{1000^2 - 616^2} = 1575 (\text{mm})$

（3）中段截圆半径　$r_1 = \dfrac{R + r}{2} = \dfrac{1000 + 900}{2} = 950 (\text{mm})$

（4）中段弦长　$B_3 = 2\sqrt{r_1^2 - e^2} = 2 \times \sqrt{950^2 - 616^2} = 1446 (\text{mm})$

式中　R、r——大小端内半径；e——偏心距。

3. 例

图 14-30 为分馏塔过锥台异形降液板施工图，图 14-31 为计算原理图，图 14-32 为展开图。本例较上两例稍复杂些，计算方法相似。现计算各数据如下。

（1）锥台内任一截圆半径　$r_n = r_6 - \dfrac{nh_n}{\tan\alpha}$

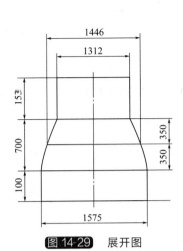

图 14-29 展开图

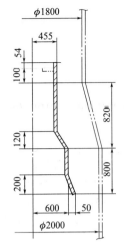

图 14-30 过锥段异型降液板

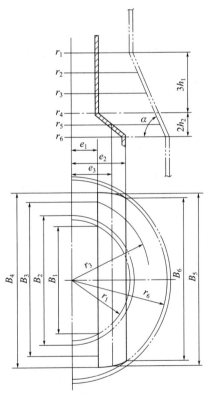

图 14-31 过锥段计算原理图

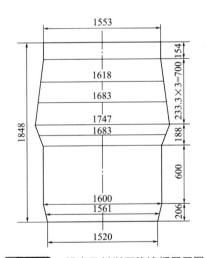

图 14-32 锥台及其以下降液板展开图

① 底角　$\alpha=\arctan\dfrac{H}{r_6-r_1}=\arctan\dfrac{820}{1000-900}=83°$

② $r_5=1000-\dfrac{60}{\tan83°}=993$（mm）

同理得：

$r_6=1000\text{mm}$，$r_4=985\text{mm}$，$r_3=957\text{mm}$，$r_2=928\text{mm}$，$r_1=900\text{mm}$。

（2）锥台内折弯段中点偏心距　$e_3=\dfrac{e_1+e_2}{2}=\dfrac{455+600}{2}=527.5$（mm）

（3）降液板在任一截圆上的弦长　$B_n = 2\sqrt{r_n^2 - e_n^2}$

$B_6 = 2 \times \sqrt{1000^2 - 600^2} = 1600 (\text{mm})$

$B_5 = 2 \times \sqrt{993^2 - 527.5^2} = 1683 (\text{mm})$

同理得：

$B_4 = 1747\text{mm}$，$B_3 = 1682\text{mm}$，$B_2 = 1618\text{mm}$，$B_1 = 1553\text{mm}$。

（4）锥台内折弯段实长　$l = \sqrt{(e_2 - e_1)^2 + (2h_2)^2} = \sqrt{(600 - 455)^2 + 120^2} = 188 (\text{mm})$

式中　H——锥台高；r_6、r_1——锥台大小端内半径；e_2、e_1——锥台大小端偏心距；h_1、h_2——锥台段上下等分的高。

（5）下段正圆筒内降液板计算

正圆筒内的降液板在本文开头已叙述过，这里就不详细叙述了，计算原理见图 14-17，展开图从略。

① 上端弦长　$B_1 = 2\sqrt{r_6^2 - e_2^2} = 2 \times \sqrt{1000^2 - 600^2} = 1600 (\text{mm})$

② 下端弦长　$B_2 = 2\sqrt{r_6^2 - e_3^2} = 2 \times \sqrt{1000^2 - 650^2} = 1520 (\text{mm})$

③ 折弯段中点弦长　$B_3 = 2\sqrt{r_6^2 - \left(e_2 + \dfrac{e_3 - e_2}{2}\right)^2} = 2 \times \sqrt{1000^2 - 625^2} = 1561 (\text{mm})$

④ 折弯段实长　$l = \sqrt{h_1^2 + (e_3 - e_2)^2} = \sqrt{200^2 + 50^2} = 206 (\text{mm})$

⑤ 降液板全高　$H = H_1 + (l - h_1) = 800 + 6 = 806 (\text{mm})$

⑥ 降液板直段高　$h_2 = H_1 - h_1 = 800 - 200 = 600 (\text{mm})$

式中　r_6——筒体内径；e_2、e_3——上下端偏心距；H_1——降液板投影高；h_1——折弯部分投影高。

4. 例

图 14-33 为丁烷塔锥台内降液板施工图，图 14-34 为展开图，计算原理见图 14-25。分析计算如下。

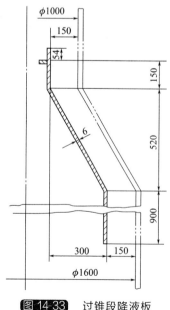

图 14-33　过锥段降液板

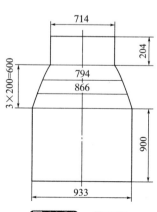

图 14-34　展开图

（1）截圆半径 r_n

若将锥台分三等份，将出现四个等距的截圆，其截圆半径的渐缩差必为一定值，即 100mm，各截圆半径分别是：

$r_4 = 800mm$，$r_3 = 700mm$，$r_2 = 600mm$，$r_1 = 500mm$。

（2）偏心距 e_n

因降液板与锥台素线平行，被等距的截圆截切后，偏心距的渐缩差也为一定值，此值也为 100mm，各偏心距分别是：

$e_4 = 650mm$，$e_3 = 550mm$，$e_2 = 450mm$，$e_1 = 350mm$。

（3）锥台内降液板实长 $l = \sqrt{(e_4 - e_1)^2 + H_1^2} = \sqrt{(650 - 350)^2 + 520^2} = 600(mm)$

（4）弦长 $B_n = 2\sqrt{r_n^2 - e_n^2}$

$B_4 = 2 \times \sqrt{800^2 - 650^2} = 933(mm)$

同理得：

$B_3 = 866mm$，$B_2 = 794mm$，$B_1 = 714mm$。

三、液体分布盘料计算和直接划线的最简方法

塔内的液体分布盘下料的关键环节有二，一是按里皮计算料宽度，二是直接在板上划线。下面介绍下料计算和直接在板上划线的最简方法。

（一）料计算

液体分布盘见图 14-35。如图 14-36 所示为闪蒸洗涤塔液体分布盘施工图，图 14-37 为整体计算直观图。料计算的原则是按里皮，压制时由于产生了拉伸作用，定能保证设计的几何尺寸。下面计算 $1^\#$ 板和 $3^\#$ 板，以示计算方法。图 14-38 为 $1^\#$ 板展开图，图 14-39 为 $3^\#$ 板展开图。

图 14-35 立体图

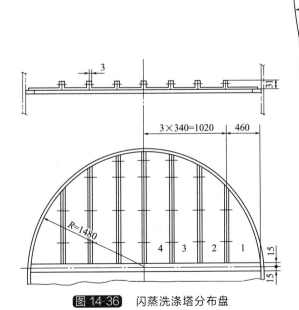

图 14-36 闪蒸洗涤塔分布盘

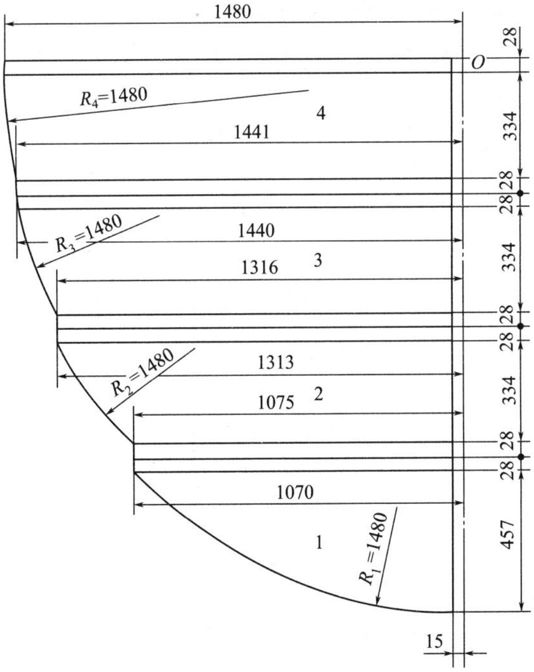

图 14-37 分布盘整体计算直观图

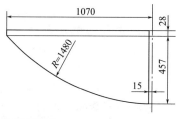

图 14-38 1# 板展开图（净料）

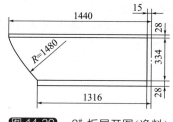

图 14-39 3# 板展开图（净料）

1. 1# 板的计算

（1）弧段起拱高 $h_1 = 460 - 3 = 457$（mm）

（2）直边高 $h_2 = 31 - 3 = 28$（mm）

（3）上弦长 $B_1 = \sqrt{1480^2 - (3 \times 340 + 3)^2} = 1070$（mm）

2. 3# 板的计算

（1）板宽 $b_3 = 340 - 6 = 334$（mm）

（2）直边高 $h = 31 - 3 = 28$（mm）

（3）下弦长 $B_3 = \sqrt{1480^2 - (340 \times 2 - 3)^2} = 1316$（mm）

（4）上弦长 $B_4 = \sqrt{1480^2 - (340 + 3)^2} = 1440$（mm）

（二）在板上划线方法

如图 14-40 所示，在板上划出若干宽为 390mm 的长条，两侧往内各量取 28mm，以 3# 板为例，分别使长度为 1301mm 和 1425mm，得 A、B 两点，将预先作好的 $R = 1480$mm 的弧样板，覆盖于 A、B 两点划弧，即得 3# 展开图。

其他板划线方法相同，此略。

四、支承圈料计算

这里叙述的是塔内降液板上的支承圈、弓形塔盘板的支承圈和受液盘的支承圈三种型式。

（一）降液板上的支承圈

1. 一般支承板

支承圈见图 14-41。如图 14-42 所示，为支承板施工图，图 14-43 为展开图。

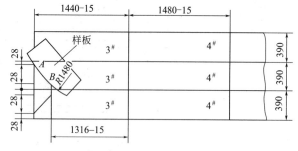

图 14-40 长条直接划线方法

图 14-41 立体图

（1）小弦长 $B_1 = 2 \times \sqrt{500^2 - 346^2} = 722$（mm）

（2）大弦长 $B_2 = 2 \times \sqrt{500^2 - 296^2} = 806$（mm）

2. 内嵌式支承板

图 14-44 为施工图，图 14-45 为展开图。

（1）小弦长　$B_1 = 2 \times \sqrt{850^2 - 439^2} = 1456(\text{mm})$

（2）大弦长　$B_2 = 2 \times \sqrt{850^2 - 389^2} = 1512(\text{mm})$

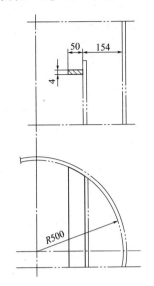

图 14-42　降液板上的支承板

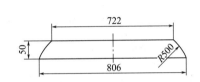

图 14-43　降液板上的支承板展开图

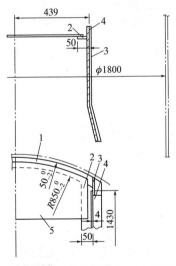

图 14-44　内嵌式降液板支承板
1—塔盘支承圈；2—降液板支承板；
3—连接板；4—降液板；5—弓形板

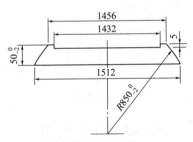

图 14-45　内嵌式支承板
展开图（件号 2）

（二）弓形塔盘板的支承圈

弓形塔盘板支承圈分两种型式，一是端头平行横轴式，二是端头平行纵轴式。这两种型式中又分正心和偏心两种。

1. 端头平行横轴式

图 14-46 为施工图，图 14-47 为展开图。

（1）内弦长：$B_1 = 2 \times \sqrt{460^2 - 336^2} = 628(\text{mm})$

（2）外弦长　$B_2 = 2 \times \sqrt{500^2 - 336^2} = 741(\text{mm})$

2. 端头平行纵轴式

（1）正心 如图 14-48 所示，为正心平行纵轴式支承圈施工图，图 14-49 为展开图。此例仅代表一种支承圈型式，计算从略。

（2）偏心 如图 14-50 所示，为偏心支承圈施工图，图 14-51 为展开图。

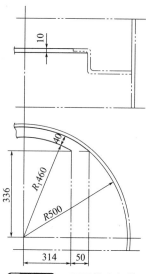

图 14-46 弓形塔盘板的
支承圈（平行横轴式）

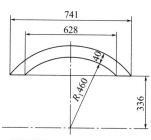

图 14-47 弓形塔盘板的
支承圈展开图（平行横轴式）

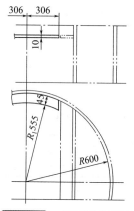

图 14-48 弓形塔盘板的
支承圈（平行纵轴式）

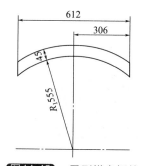

图 14-49 弓形塔盘板的
支承圈展开图（平行纵轴式）

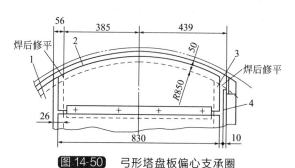

图 14-50 弓形塔盘板偏心支承圈

1—受液盘；2—弓形塔盘支承圈；

3—降液板支承板；4—降液板

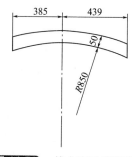

图 14-51 偏心支承圈展开图

此例也是作为一种支承圈型式，提醒读者不要将偏心误为正心，以免酿成质量事故。计算从略。

（三）受液盘支承圈

1. 依例图的数据计算

图 14-52 为施工图，图 14-53 为展开图。

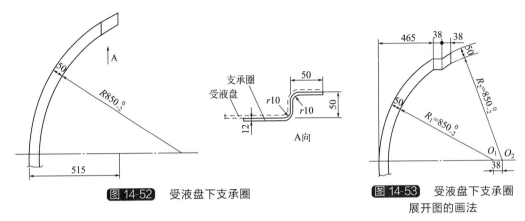

图 14-52　受液盘下支承圈

图 14-53　受液盘下支承圈展开图的画法

各数据计算如下：

（1）弓形段里皮宽　$C_1 = 515 - 50 = 465$（mm）

（2）翘头段里皮宽　$C_2 = 50 - 12 = 38$（mm）

（3）翘头平面段里皮宽　$C_3 = 50 - 12 = 38$（mm）

计算原则：按里皮计算。虽然本例板较厚，但在压力机的强大压力下，发生了较大的拉伸变薄，所以按里皮计算是不会短的。

2. 下料方法与计算

这种料的下料方法，既不要呆料，又要便于压制，又要保证质量，如图 14-54 安排效果较好。

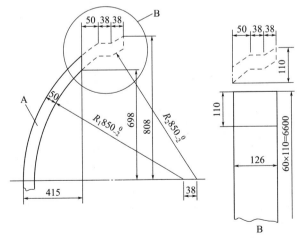

图 14-54　受液盘下支承圈下料方法

A—平板支承圈；B—端头展开料

从折弯段往外 50mm 出现一道焊缝，分两段下料，如图中的 A 和 B，A 的下料按图即可，这里主要说一下 B 部分的下料。用一个 12mm×126mm×6600mm 的长板条在压力机上压成图 14-52 的尺寸，然后用地规划线切出端头，并将其点焊于筒体所在位置，最后与 A 部分相连。

(1) 内角点半弦长 $B_1 = \sqrt{850^2 - (850 - 415)^2} = 730 \text{(mm)}$

(2) 外角点半弦长 $B_2 = \sqrt{900^2 - (900 + 38 - 415 - 50 - 2 \times 38)^2} = 808 \text{(mm)}$

(3) 一个端头所用的料长 $l = 808 - 698 = 110 \text{(mm)}$

(4) 一个端头所用的料宽 $b = 50 + 2 \times 38 = 126 \text{(mm)}$

本例共用 30 个支承圈, 即 60 个端头, 那么所用料规格为: $-12 \times 126 \times 6600 \text{(mm)}$

五、换热器隔板料计算(球缺封头型)

在换热器的浮头盖内, 常设有隔板 (图 14-55), 以形成多管程换热器, 如图 14-56 所示, 为六管程换热器浮头盖隔板施工图, 图 14-57 为展开图, 下面介绍其计算方法。

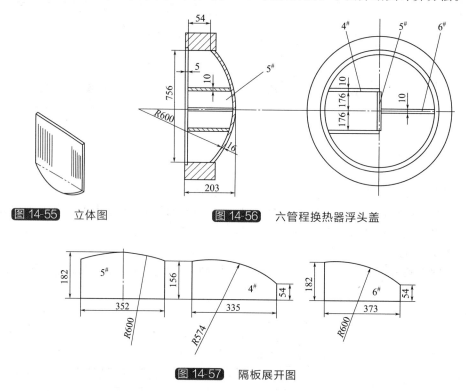

图 14-55   立体图   图 14-56   六管程换热器浮头盖

图 14-57   隔板展开图

1. 5# 板的计算

(1) 中间高 $203 - 16 - 5 = 182 \text{(mm)}$

(2) 侧边高 $182 - R_1 (1 - \cos\alpha)$ (令 $\alpha = \arcsin \dfrac{176}{600} = 17.06°$) $= 182 - 600 \times (1 - \cos 17.06°) = 156 \text{(mm)}$

(3) 底边长 $2 \times 176 = 352 \text{(mm)}$

2. 4# 板的计算

(1) 底边长 $\sqrt{(\dfrac{756}{2})^2 - 176^2} = 335 \text{(mm)}$

(2) 截圆半径 $R_2 = 600 \times \cos\alpha$ (令 $\alpha = 17.06°$, 同上) $= 600 \times \cos 17.06° = 574 \text{(mm)}$

(3) 高侧边长   同 5# 板为 156mm

(4) 低侧边长   设计定 54mm

3. 6# 板的计算

（1）底边长　$\dfrac{756}{2}-5=373$（mm）

（2）高侧边长　与 5# 板的高点相连为 182mm

（3）低侧边长　设计定 54mm

六、圆筒内隔板料计算(标准椭圆型)

在塔体内部常设隔板（图 14-58）相间，以控制介质的流动方向。本文以标准椭圆封头内的隔板叙述之，主要有正心型、偏心型、跨心型、换热器隔板等几种，不论哪种型式隔板计算，基本原理是一样的，其原理见图 14-59。

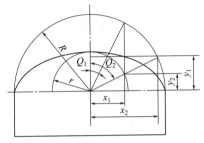

图 14-58　立体图　　图 14-59　标准椭圆隔板计算原理图

计算方法必须遵守以下计算原理和规律：

- 任一位置隔板整弦长为拱高的 4 倍；
- 任一位置隔板的截圆半径为拱高的 2 倍；
- 同一个封头的任一位置隔板的直段相等；
- 椭圆弧部位纵横坐标的计算公式是：

$$x_n = R\sin Q_n \qquad y_n = r\cos Q_n;$$

- 横坐标可任意确定，为计算方便尽量取整数，设为 x_n；
- 纵坐标 y_n 的计算器手工计算程序是：

$$y_n = x_n \;\boxed{\div}\; R \;\boxed{=}\; \boxed{\text{INV}}\;\boxed{\sin}\;\boxed{\cos}\;\boxed{\times}\; r \;\boxed{=} \qquad 。$$

式中　Q_n——同心圆上任一点与同一纵向直径夹角；R、r——同心圆的大小圆半径，对于标准椭圆封头 $R=2r$。

各种型式的隔板计算方法叙述如下。

(一) 正心型封头隔板

如图 14-60 所示，为戊烷塔封头隔板施工图，图 14-61 为计算原理图，图 14-62 为展开图。

1. 上折弯段的计算

（1）折弯部分实长　$l=\sqrt{h_2^2+(2e)^2}=\sqrt{500^2+505^2}=711$（mm）

（2）半偏心距　$e=505\div2=252.5$（mm）

（3）弦长　$B_1=2\sqrt{R^2-(2e)^2}=2\times\sqrt{1000^2-505^2}=1726$（mm）

（4）弦长　$B_2=2000$mm

（5）弦长　$B_3=2\sqrt{R^2-e^2}=2\times\sqrt{1000^2-252.5^2}=1935$（mm）

式中　R——筒内半径；h_2——折弯部分投影高。

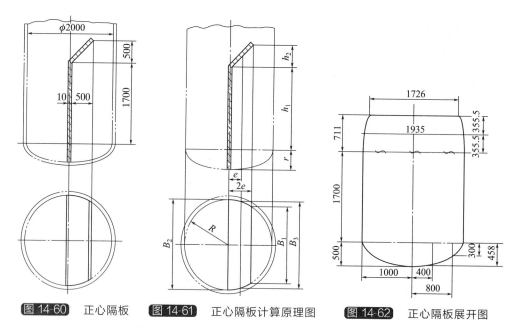

图 14-60　正心隔板　　图 14-61　正心隔板计算原理图　　图 14-62　正心隔板展开图

2. 封头内曲面部分的计算

计算原理见图 14-59。

设 $x_1 = 400$mm，$x_2 = 800$mm（为了图面清晰起见取此两值，实际计算时取 $150 \sim 200$mm 为合适，越靠边沿应越小，以便准确连线。以下各例同理，计算时就不再另加说明了）。

y_n 值计算器手工操作程序如下：

$y_1 = 400$ $\div$ 1000 $=$ $\boxed{\text{INV}}$ $\boxed{\text{sin}}$ $\boxed{\text{cos}}$ $\times$ 500 $=$ 458(mm)

同理得：

$y_2 = 300$mm。

（二）偏心型封头隔板

1. 例

图 14-63 为丁烷塔封头隔板施工图，图 14-64 为计算原理图，图 14-65 为展开图，计算如下。

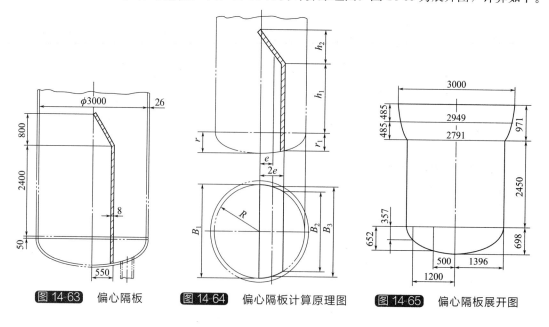

图 14-63　偏心隔板　　图 14-64　偏心隔板计算原理图　　图 14-65　偏心隔板展开图

（1）上折弯段的计算

① 折弯部分实长 $l = \sqrt{h_2^2 + (2e)^2} = \sqrt{800^2 + 550^2} = 971（\text{mm}）$

② 半偏心距 $e = 550 \div 2 = 275（\text{mm}）$

③ 弦长 $B_1 = 3000\text{mm}$

④ 弦长 $B_2 = 2\sqrt{R^2 - (2e)^2} = 2 \times \sqrt{1500^2 - 550^2} = 2791（\text{mm}）$

⑤ 弦长 $B_3 = 2\sqrt{R^2 - e^2} = 2 \times \sqrt{1500^2 - 275^2} = 2949（\text{mm}）$

式中 R——筒内半径；h_2——折弯段投影高。

（2）封头内曲面部分的计算

计算原理图见图 14-59。

① 封头隔板所处截圆半径 $R_1 = \sqrt{R^2 - (2e)^2} = \sqrt{1500^2 - 550^2} = 1396（\text{mm}）$

② 封头内的曲面高度 $r_1 = \dfrac{R_1}{2} = \dfrac{1396}{2} = 698（\text{mm}）$

设 $x_1 = 500\text{mm}$，$x_2 = 1200\text{mm}$

y_n 值计算器手工操作程序如下：

$y_1 = 500 \boxed{\div} 1396 \boxed{=} \boxed{\text{INV}}\ \boxed{\sin}\ \boxed{\cos}\ \boxed{\times}\ 698 \boxed{=} 652（\text{mm}）$

同理得：

$y_2 = 357（\text{mm}）$

2. 例

图 14-66 为电脱盐罐电极板托板施工图，图 14-67 为展开图，计算原理见图 14-59，计算如下。

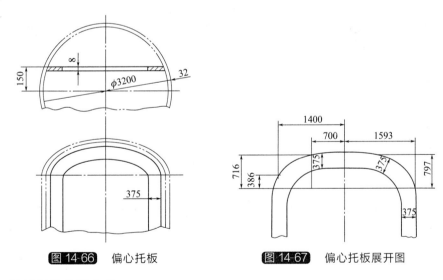

图 14-66 偏心托板　　　**图 14-67** 偏心托板展开图

（1）托板所处截圆半径

$$R_1 = \sqrt{R^2 - h^2} = \sqrt{1600^2 - 150^2} = 1593（\text{mm}）$$

（2）封头内曲面高度

$$r_1 = \frac{R_1}{2} = \frac{1593}{2} = 797（\text{mm}）$$

设 $x_1 = 700\text{mm}$，$x_2 = 1400\text{mm}$

y_n 值的计算器手工操作程序如下：

$$y_1 = 700 \div 1593 = |\sin| |\cos| \times 797 = 716(\text{mm})$$

同理得：

$$y_2 = 386\text{mm}$$

（3）说明

此托板的外轮廓线用各点的纵横坐标划出，而内轮廓线就不能用坐标划出，只能用外轮廓线的平行曲线划出。

（三）跨心型封头隔板

图14-68为戊烷塔跨心型封头隔板施工图，图14-69为计算原理图，图14-70为展开图，计算如下。

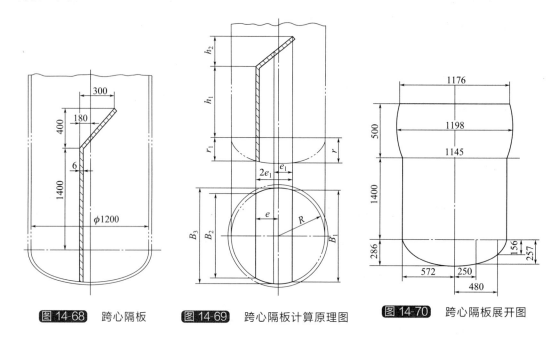

图 14-68 跨心隔板　　图 14-69 跨心隔板计算原理图　　图 14-70 跨心隔板展开图

1. 上折弯段的计算

（1）折弯部分实长　$l = \sqrt{h_2^2 + (2e_1)^2} = \sqrt{400^2 + 300^2} = 500(\text{mm})$

（2）偏心距　$e = 180\text{mm}$

（3）弦长　$B_1 = 2\sqrt{R^2 - (2e_1 - e)^2} = 2 \times \sqrt{600^2 - 120^2} = 1176(\text{mm})$

（4）弦长　$B_2 = 2\sqrt{R^2 - e^2} = 2 \times \sqrt{600^2 - 180^2} = 1145(\text{mm})$

（5）弦长　$B_3 = 2\sqrt{R^2 - (e - e_1)^2} = 2 \times \sqrt{600^2 - 30^2} = 1198(\text{mm})$

式中　R——筒内半径；h_2——折弯段投影高；e_1——折弯段$\frac{1}{2}$水平投影长。

2. 封头内曲面部分的计算

计算原理见图14-59。

（1）封头隔板所处的截圆半径　$R_1 = \sqrt{R^2 - e^2} = \sqrt{600^2 - 180^2} = 572(\text{mm})$

（2）封头内曲面高度　$r_1 = \dfrac{R_1}{2} = \dfrac{572}{2} = 286(\text{mm})$

设 $x_1 = 250\text{mm}$，$x_2 = 480\text{mm}$

y_n 值的计算器手工计算程序如下：

$$y_1 = 250 \boxed{\div} 572 \boxed{=} \boxed{\sin}\boxed{\cos} \boxed{\times} 286 \boxed{=} 257 \text{（mm）}$$

同理得：

$$y_2 = 156\text{mm}。$$

（四）换热器封头管箱隔板

在换热器的左管箱和右管箱内，常有隔板相间，以形成多管程换热器。图 14-71 为左管箱，图 14-72 为右管箱，隔板的排列型式不同，但计算方法相同，下面叙述其计算方法。

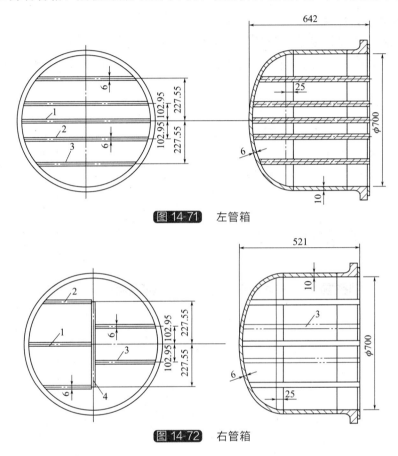

图 14-71 左管箱

图 14-72 右管箱

1. 左管箱隔板料计算

左管箱共 5 块隔板，归纳起来为 3 种型式，展开图见图 14-73、图 14-74、图 14-75。为了简化叙述过程，下面仅以图 14-71 之 $3^{\#}$ 板为例说明其计算方法。

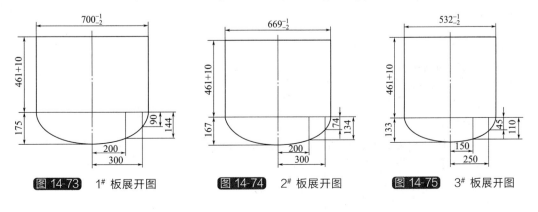

图 14-73 $1^{\#}$ 板展开图 图 14-74 $2^{\#}$ 板展开图 图 14-75 $3^{\#}$ 板展开图

（1）隔板宽　$2\times\sqrt{350^2-227.55^2}=532(\text{mm})$

（2）封头内曲面拱高　$532\div4=133(\text{mm})$

（3）直边高　$642-6-700\div4=461(\text{mm})$

（4）设横坐标分别为 150mm、250mm，那么纵坐标 y_n 的计算器手工计算程序是：

$$150\ \boxed{\div}\ 266\ \boxed{=}\ \boxed{\text{INV}}\ \boxed{\sin}\ \boxed{\cos}\ \boxed{\times}\ 133\ \boxed{=}\ 110(\text{mm})$$

$$250\ \boxed{\div}\ 266\ \boxed{=}\ \boxed{\text{INV}}\ \boxed{\sin}\ \boxed{\cos}\ \boxed{\times}\ 133\ \boxed{=}\ 45(\text{mm})$$

2. 右管箱隔板料计算

右管箱的隔板型式较复杂，但计算方法是相同的，图 14-76、图 14-77、图 14-78、图 14-79 分别为 $1^{\#}$、$2^{\#}$、$3^{\#}$、$4^{\#}$ 板的展开实形，下面仅以图 14-72 之 $3^{\#}$ 板为例计算之，说明其计算方法。

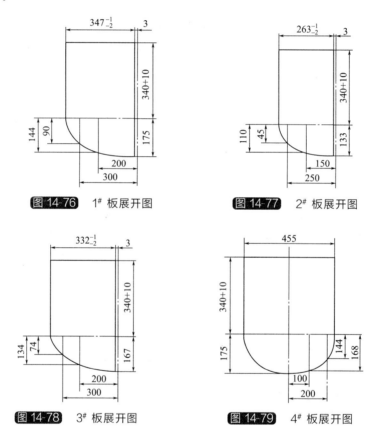

图 14-76　$1^{\#}$ 板展开图　　　　图 14-77　$2^{\#}$ 板展开图

图 14-78　$3^{\#}$ 板展开图　　　　图 14-79　$4^{\#}$ 板展开图

（1）隔板宽

$$\sqrt{350^2-102.95^2}-3=332(\text{mm})$$

（2）封头内曲面拱高

$$335\div2=168(\text{mm})$$

（3）直边高

$$521-6-700\div4=340(\text{mm})$$

（4）设横坐标分别为 200mm、300mm，那么纵坐标 y_n 的计算器手工计算程序是：

$$200\ \boxed{\div}\ 335\ \boxed{=}\ \boxed{\text{INV}}\ \boxed{\sin}\ \boxed{\cos}\ \boxed{\times}\ 167\ \boxed{=}\ 134(\text{mm})$$

$$300\ \boxed{\div}\ 335\ \boxed{=}\ \boxed{\text{INV}}\ \boxed{\sin}\ \boxed{\cos}\ \boxed{\times}\ 167\ \boxed{=}\ 74(\text{mm})$$

七、蒸汽分水器料计算

蒸汽分水器见图 14-80。图 14-81 为常减压塔蒸汽分水器施工图，下面分别计算各板展开数据。

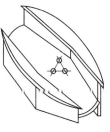

图 14-80 立体图

1. 盖板的计算

展开图见图 14-82。

（1）两角点与中心线距离 $e_1 = 140$mm

（2）中角点与中心线距离 $e_2 = 230 - 15 = 215$（mm）

2. 孔板的计算

展开图见图 14-83。

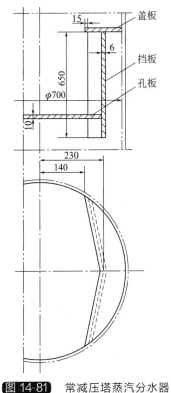

图 14-81 常减压塔蒸汽分水器

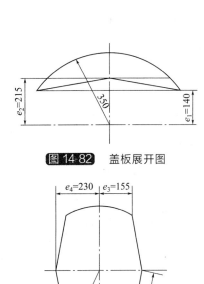

图 14-82 盖板展开图

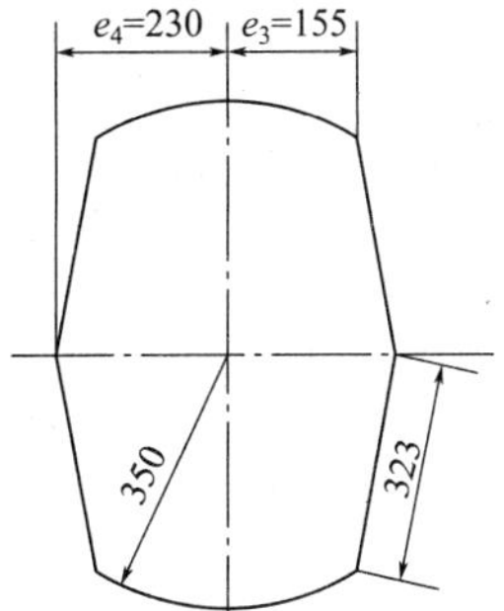

图 14-83 孔板展开图

（1）端角点与中心线的距离 $e_3 = 140 + 15 = 155$（mm）

（2）中角点与中心线的距离 $e_4 = 230$（mm）

（3）棱边长 $l = \sqrt{350^2 - 155^2 + (230 - 155)^2} = 323$（mm）（此值的计算是为挡板的展开所用）

3. 挡板的计算

展开图见图 14-84。图中的 323mm 由图 14-83 得知。

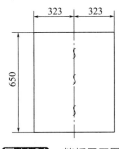

图 14-84 挡板展开图

第十五章　补强圈和椭圆

补强圈按形状分，有正圆、椭圆和鸡蛋圆等；按位置分，有内有外。在本章中都作了详尽的叙述。

除在制作补强圈时遇到椭圆外，在设备的制造中还经常遇到要划椭圆板，如封头内隔板、圆筒体内斜挡板、作椭圆封头样板等，故在本章中单独介绍椭圆的各种计算方法。

一、直交支管补强圈计算下料

补强圈的计算下料，一般根据 JB 1207—2000 标准下成内外正圆（有时也按化工部标准），但在实践中发现，一味按此标准下成正圆会有一定出入，甚至会造成废品（由于内径椭圆度较大，而外径不变，致使补强圈宽度变小而报废）。直交支管补强圈见图 15-1。

解决的方法是：不管支管和主管的直径如何，在下补强圈前应先算一下半长短轴的差值，如差在 10mm 以内时，可下成内外正圆，如差为 20～30mm 时，可用加大外径的方法使补强圈的宽度不变处理之，如差大于 30mm 以上时，就要考虑下成椭圆，而保证宽度不变。

计算半长短轴差的公式是：

$$a-b=\pi R_n \times \frac{\arcsin \dfrac{r}{R_n}}{180°}-r$$

式中　a、b——半长、短轴；R_n——主筒体外半径；r——支管外半径。

下面以图 15-2 为例，计算半长、短轴差。

• 当　$R_n=1622$mm 时

$$a-b=\pi \times 1622 \times \frac{\arcsin \dfrac{265}{1622}}{180°}-265=1(\text{mm})，此时应下成正圆；$$

• 当　$R_n=522$mm 时

$$a-b=\pi \times 522 \times \frac{\arcsin \dfrac{265}{522}}{180°}-265=13(\text{mm})，此时应将外径加大 13mm 内径不变的方法$$

处理。

• 当 $R_n=322$mm 时

$$a-b=\pi \times 322 \times \frac{\arcsin \dfrac{265}{322}}{180°}-265=46(\text{mm})，此时应下成椭圆。$$

下面以图 15-3 为例，说明补强圈下成椭圆的种种方法。

1. 移心法

如图 15-4 所示，为用移心法划出的椭圆补强圈。

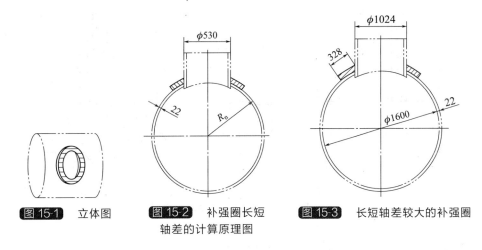

图 15-1　立体图　　图 15-2　补强圈长短轴差的计算原理图　　图 15-3　长短轴差较大的补强圈

(1) 半长短轴差　$a-b=\pi\times822\times\dfrac{\arcsin\dfrac{512}{822}}{180°}-512=41(\mathrm{mm})$

(2) 作十字线定出圆心 O；

(3) 以 O 为基点向左右量取 41mm，定出移心 O_1；

(4) 短轴方向以 O 为圆心，长轴方向以 O_1 为圆心，分别以 $r=512\mathrm{mm}$ 和 $R=840\mathrm{mm}$ 为半径画弧，即得椭圆补强圈。

2. 计算法

(1) 异径计算法　如图 15-5 所示，(a) 为计算原理图，(b) 为只计算纵坐标便可划补强圈的方法。

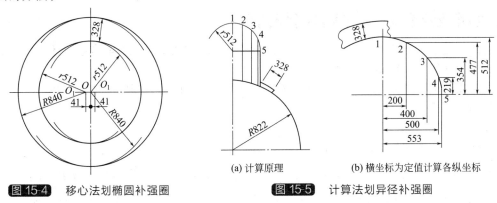

(a) 计算原理　　(b) 横坐标为定值计算各纵坐标

图 15-4　移心法划椭圆补强圈　　图 15-5　计算法划异径补强圈

下面计算坐标。

假设定横坐标为：200mm，400mm，500mm，那么，纵坐标 y_n 的计算器手工计算程序是：

$y_n=x_n\div a=\boxed{\text{INV}}\ \boxed{\sin}\ \boxed{\cos}\times b=$

如　$y_3=400\div553=\boxed{\text{INV}}\ \boxed{\sin}\ \boxed{\cos}\times512=354(\mathrm{mm})$

同理得：

$y_1=512\mathrm{mm}$，$y_2=477\mathrm{mm}$，$y_4=219\mathrm{mm}$，$y_5=0$。

(2) 等径计算法　等径支管的补强圈，更不能根据 JB 1207—2000（或化工部标准）下成正圆，应用计算法画成枣核形，如图 15-6 所示，(a) 为施工图和计算原理，(b) 为补强圈实形，现将计算方法叙述如下。

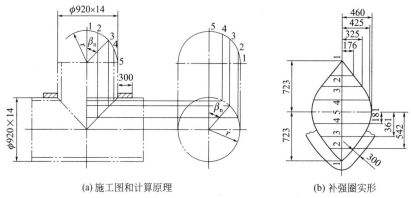

(a) 施工图和计算原理　　　　　　(b) 补强圈实形

图 15-6 　计算法划等径补强圈

① 各分点的纵坐标 $\quad y_n = \pi r \times \dfrac{\beta_n}{180°}$ （左视图）

$$y_4 = \pi \times 460 \times \dfrac{22.5°}{180°} = 181(\text{mm})$$

同理得：

$y_3 = 361\text{mm}$，$y_2 = 542\text{mm}$，$y_1 = 723\text{mm}$。

② 各分点的横坐标 $\quad x_n = r \sin\beta_n$ （主视图）

$x_4 = 460 \times \sin67.5° = 425(\text{mm})$

同理得：

$x_1 = 0$，$x_2 = 176\text{mm}$，$x_3 = 325\text{mm}$，$x_5 = 460\text{mm}$

③ 用坐标法画出内封闭曲线后，往外平移 300mm，即得外封闭曲线。

二、四心法精确计算椭圆周长方法

椭圆体是不规则曲线围成的几何体，其计算周长的方法很多，但都是近似计算，本文所讲四心法划的椭圆可精确地计算出周长。

此法能精确计算周长，一是因为有固定的包角，二是因为有固定的划弧半径。

1. 计算原理

计算原理见图 15-7。

根据几何作图划椭圆的基本作图法已经知道：

$AO = a$，$OC = b$，$AC = \sqrt{a^2 + b^2}$，$CE = a - b$，$EF = AF = \dfrac{AC - CE}{2}$，$CF = EF + CE$。

并且知道，AE 的垂直平分线共交出三点，O_1、O_2 和 K 点，通过作图已证明 K 点必是两弧的固定交点，且此处的弧是圆滑过渡的。

（1）在直角三角形 AOC 中

$\alpha = \arctan\dfrac{b}{a}$，$\beta = 90° - \alpha$。

（2）在直角三角形 AFO_1 中

小半径 $\quad r_1 = AO_1 = \dfrac{AF}{\cos\alpha}$

（3）在直角三角形 O_2FC 中

大半径 $\quad r_2 = \dfrac{CF}{\cos\beta}$

（4）椭圆周长 $P = 2\pi r_1 \dfrac{2\beta}{180°} + 2\pi r_2 \dfrac{2\alpha}{180°}$

简化得：

$$P = \pi \dfrac{r_1\beta + r_2\alpha}{45°}$$

2. 实际计算

如图 15-8 所示，为一椭圆贮罐封头施工图，设计要求按四心法划椭圆。

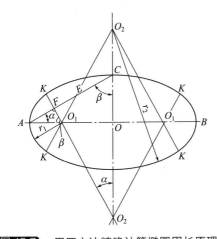

图 15-7 用四心法精确计算椭圆周长原理图

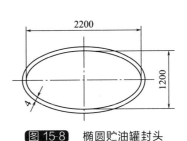

图 15-8 椭圆贮油罐封头

（1）$AC = \sqrt{1100^2 + 600^2} = 1253 \text{（mm）}$

（2）$CE = 1100 - 600 = 500 \text{（mm）}$

（3）$EF = AF = \dfrac{1253 - 500}{2} = 376 \text{（mm）}$

（4）$CF = 376 + 500 = 876 \text{（mm）}$

（5）$\alpha = \arctan \dfrac{600}{1100} = 28.61°$，$\beta = 90° - 28.61° = 61.39°$

（6）小半径 $r_1 = \dfrac{376}{\cos 28.61°} = 428 \text{（mm）}$

（7）大半径 $r_2 \dfrac{876}{\cos 61.39°} = 1830 \text{（mm）}$

（8）椭圆周长 $P = \pi \times \dfrac{428 \times 61.39° + 1830 \times 28.61°}{45°} = 5489 \text{（mm）}$

三、用计算法划椭圆的三大方法

在实际工作中，常遇到椭圆形构件，如椭圆形平板封头，椭圆形挡板，椭圆封头内挡板等，以前的划线方法是用几何作图法，误差较大，后来改用计算法，大大简化了作图步骤和图面，且提高了划线精度。

为了说明各种椭圆的划线方法，下面以图 15-9 为例，分别叙述用四心法、同心圆法和轨迹法计算划椭圆的原理与方法。图中半长轴 $a = 1100\text{mm}$，半短轴 $b = 600\text{mm}$。

椭圆周上任意一点到各焦点的距离之和等于长轴 $2a$。

（一）用四心法划椭圆

此法的关键是求两个划弧半径 r_1 和 r_2，其计算原理如图 15-10 所示。

1. 计算原理

根据此法几何作图画椭圆的基本方法已经知道：

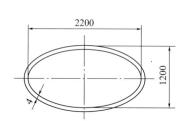

图 15-9   椭圆贮油罐平板封头

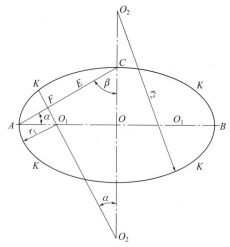

图 15-10   用四心法划椭圆计算原理图

$AO=a$，$OC=b$，$AC=\sqrt{a^2+b^2}$，$CE=a-b$，$EF=AF=\dfrac{AC-CE}{2}$，$CF=EF+CE$。

（1）在直角三角形 AOC 中

$\alpha=\arctan\dfrac{b}{a}$，$\beta=90°-\alpha$。

（2）在直角三角形 AFO_1 中

$r_1=AO_1=\dfrac{AF}{\cos\alpha}$

（3）在直角三角形 O_2FC 中

$r_2=\dfrac{CF}{\cos\beta}$

弦长 $CK=2r_2\sin\dfrac{\alpha}{2}$（两弧必交于 K 点）

2. 实际计算

（1）$AC=\sqrt{1100^2+600^2}=1253(\text{mm})$

（2）$CE=1100-600=500(\text{mm})$

（3）$EF=AF=\dfrac{1253-500}{2}=376(\text{mm})$

（4）$CF=376+500=876(\text{mm})$

（5）$\alpha=\arctan\dfrac{600}{1100}=28.61°$

（6）$\beta=90°-28.61°=61.39°$

（7）$r_1=\dfrac{376}{\cos28.61°}=428(\text{mm})$

（8）$r_2=\dfrac{876.5}{\cos61.39°}=1830.45(\text{mm})$

（9）$CK=2\times1830.45\times\sin\dfrac{28.61°}{2}=904.55(\text{mm})$

3. 作图步骤（见图 15-11）

（1）划十字线交于 O 点，使长轴等于 2200mm，短轴等于 1200mm。

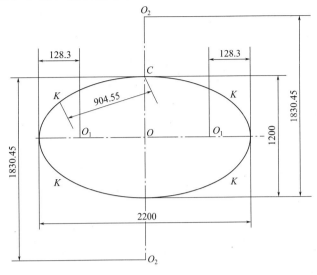

图 15-11 用四心法画椭圆方法

（2）从长轴的两端点往内取 $r_1=428.3$ mm，得交点 O_1，从短轴的两端点往对侧量取 $r_2=1830.5$ mm 得交点 O_2。

（3）分别以 O_1、O_2 为圆心，以 $r_1=428.3$ mm、$r_2=1830.45$ mm 为半径划弧得交点 K，并以 C 为圆心，以 904.55mm 为半径划弧，三个圆心和三个半径所划的弧必交于 K 点，两弧在 K 点圆滑过渡。

（二）用同心圆法画椭圆

1. 计算原理

如图 15-12 所示，此法的计算原理是求椭圆周上任意点的坐标，以前的计算方法是：以椭圆圆心为圆心，以半长、短轴为半径画圆，并将其分成相等等份，按等份算其横坐标，由此再算其纵坐标。此法受等分数限制，且算出的数不一定是整数，用起来不方便，后来改进了计算方法，省去算横坐标的过程，直接定横坐标为整数，再算纵坐标，大大简化了计算程序，且一目了然。

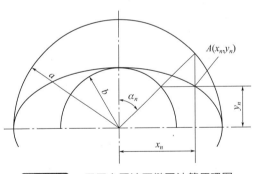

图 15-12 用同心圆法画椭圆计算原理图

2. 实际计算（见图 15-13）

在任意给定的各横坐标值的情况下（越往外侧分点应密一些，以适应曲率变小的需要），用计算器计算各对应点的纵坐标最方便，其计算器手工计算程序是：

$$y_n=x_n \boxed{\div} R \boxed{=} \boxed{\text{INV}}\boxed{\sin}\boxed{\cos} \boxed{\times} r \boxed{=}$$

式中 x_n——预先给定的横坐标；y_n——各对应点纵坐标；R——半长轴；r——半短轴。

如 $x=800$ mm 的纵坐标

$$800 \boxed{\div} 1100 \boxed{=} \boxed{\text{INV}}\boxed{\sin}\boxed{\cos} \boxed{\times} 600 \boxed{=} 412(\text{mm})$$

同理得出其他各点的纵坐标。

需注意一点，如作半椭圆时，不要到端点为止，要在对侧也得出一点，这样连出来的曲线才圆滑无直段。

由各横坐标点作短轴平行线，在平行线上分别截取对应的 y 值，即得椭圆周上的各点，圆滑连接即得椭圆。

（三）用轨迹法划椭圆

1. 椭圆的定义

现在我们来做一个实验，考查一个事实，取两只小钉子把它钉在平板上（平板上放一张纸），用一条定长的绳子并把它结成一个圈套在这两个钉子上，然后把一支铅笔插入圈内并轻轻地拉紧，使铅笔尖顺势在平板上移动一圈，笔尖在纸上所划出的图形，就是一个椭圆（图 15-14）。

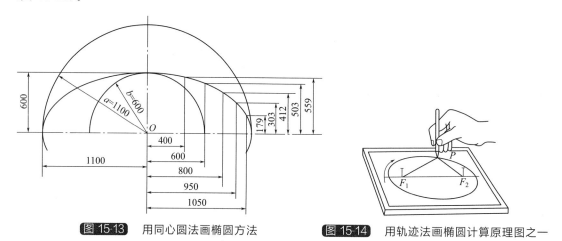

图 15-13　用同心圆法画椭圆方法　　　图 15-14　用轨迹法画椭圆计算原理图之一

如果把两只小钉的位置看成是定点 F_1 和 F_2，笔尖看成是一个动点 P，那么这个实验的结果就告诉我们一个事实，不论动点 P 移到什么地方，它到两定点 F_1 和 F_2 的距离的和总是等于一个定长，这是因为 $|PF_1|+|PF_2|+|F_1F_2|=$ 绳子的长，所以 $|PF_1|+|PF_2|=$ 绳子的长 $-|F_1F_2|$。由于 $|F_1F_2|$ 是定长，所以 $|PF_1|+|PF_2|$ 是定长。

根据椭圆的这一个几何性质，可以给椭圆下一个定义。

定义：如果平面内一个动点到两个定点的距离的和等于定长，那么这个动点的轨迹叫做椭圆。这两个定点叫做焦点，两个焦点间的距离叫做焦距。

此法的关键有二：一是求出焦点，二是计算各点所用半径，其计算原理见图 15-15。

2. 计算原理

（1）半焦距的计算　焦点的作用是划弧时作圆心，在三角形 AO_1O_2 中，根据椭圆定义，$AO_1=AO_2=a$，由此得出半焦距

$$OO_1=OO_2=\sqrt{a^2-b^2}$$

（2）划弧半径的计算　根据椭圆定义，两划弧半径的和等于长轴 $2a$，若一个半径减一个定值，则另一个半径必加同一定值，其和仍为 $2a$。

如：

在三角形 $B_1O_1O_2$ 中

$$B_1O_1-K \tag{15-1}$$

$$B_1O_2+K \tag{15-2}$$

将两式相加　　　　$B_1O_1+B_1O_2=2a$

式中　K——半长轴 a 加减的定值，可任意取，为了适应长轴两端曲率小的需要，划端头两点时 K 值可适当缩小。

3. 实际计算

（1）半焦距 $OO_1 = OO_2 = \sqrt{1100^2 - 600^2} = 922$(mm)

（2）划弧半径　假设 $K = 200$mm，那么：

$B_1O_1 = 1100 - 200 = 900$（mm），$B_1O_2 = 1100 + 200 = 1300$(mm)

4. 作图步骤（见图 15-16）

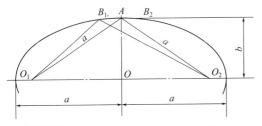

图 15-15　用轨迹法画椭圆计算原理图之二　　　　图 15-16　用轨迹法画椭圆方法

（1）划十字线交于 O 点，使长轴等于 2200mm，短轴等于 1200mm。

（2）以 O 为基点，向两端量取 922mm，得 O_1 和 O_2 两个焦点。

（3）分别以 O_1 和 O_2 为圆心，分别以 900mm 和 1300mm 为半径划弧交于 B_1 点（换半径换圆心即得 B_2 点）。

（4）同法可得出椭圆周上所有点，圆滑连接各点即得椭圆。

用以上三法划出的椭圆，从精确度和圆滑度看，第一法最差，第三法最好，第二法和第三法相近。

四、接管衬里挡圈料计算

衬里挡圈（图 15-17）的实形，实际是一个环形椭圆圈，外沿与接管内皮点焊，内沿与衬里平齐。下面按直交和斜交分别叙述。

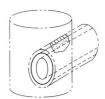

图 15-17　立体图

（一）直交管挡圈

如图 15-18 所示，为混合室挡圈施工图，图 15-19 为计算原理图，图 15-20 为展开图。

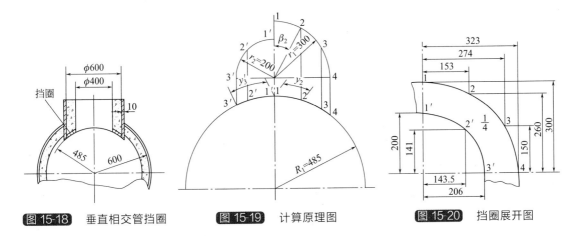

图 15-18　垂直相交管挡圈　　　图 15-19　计算原理图　　　图 15-20　挡圈展开图

现计算内外圈各点坐标如下：

（1）外圈纵坐标　$y_n = r_1 \cos\beta_n$

$y_2 = 300 \times \cos30° = 260$(mm)

同理得：

$y_1 = 300mm$，$y_3 = 150mm$，$y_4 = 0$。

（2）外圈横坐标　　$x_n = \pi R \times \dfrac{\arcsin \dfrac{r_1 \sin\beta_n}{R}}{180°}$

$x_2 = \pi \times 485 \times \dfrac{\arcsin \dfrac{300 \times \sin30°}{485}}{180°} = 153$（mm）

同理得：

$x_1 = 0$，$x_3 = 274mm$，$x_4 = 323mm$。

（3）内圈纵坐标　　$y'_n = r_2 \cos\beta_n$

$y'_2 = 200 \times \cos45° = 141$（mm）

同理得：

$y'_1 = 200mm$，$y'_3 = 0$

（4）内圈横坐标　　$x'_n = \pi R_1 \times \dfrac{\arcsin \dfrac{r_2 \sin\beta_n}{R}}{180°}$

$x'_2 = \pi \times 485 \times \dfrac{\arcsin \dfrac{200 \times \sin45°}{485}}{180°} = 143.5$（mm）

同理得：

$x'_1 = 0$，$x'_3 = 206mm$

式中　r_1、r_2——分别为接管内半径和衬里内半径；R_1——挡圈所处半径；β_n——支管内皮和衬里断面各等分点与同一纵向直径的夹角。

（二）正心斜交管挡圈

如图 15-21 所示，为斜交管挡圈施工图，图 15-22 为计算原理图。

1. 纵坐标的计算

（1）外圈纵坐标　　$y_n = \pi R_1 \dfrac{\arcsin \dfrac{r_1 \sin\beta_n}{R_1}}{180°}$

$y_2 = \pi \times 400 \times \dfrac{\arcsin \dfrac{275 \times \sin30°}{400}}{180°} = 140$（mm）

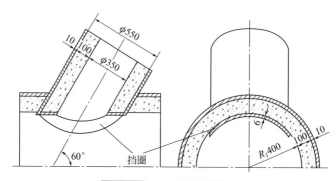

图 15-21　正心斜交管挡圈

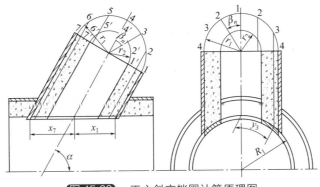

图 15-22 正心斜交挡圈计算原理图

同理得：

$y_3 = 255mm$，$y_4 = 303mm$。

（2）内圈纵坐标 $y_n' = \pi R_1 \dfrac{\arcsin \dfrac{r_2 \sin\beta_n}{R_1}}{180°}$

$y_2' = \pi \times 400 \times \dfrac{\arcsin \dfrac{175 \times \sin30°}{400}}{180°} = 88(mm)$

同理得：

$y_3' = 155mm$，$y_4' = 181mm$。

2. 横坐标的计算（表达式推导见"导径正心斜交三通管料计算"）

（1）外圈横坐标 $x_n = \dfrac{r_1 \sin\beta_n}{\sin\alpha}$（主视图）$\pm \left[R_1 - \sqrt{R_1^2 - (r_1 \sin\beta_n)^2} \right] \cot\alpha$（左视图）

$x_3 = \dfrac{275 \times \sin30°}{\sin60°} - \left[400 - \sqrt{400^2 - (275 \times \sin60°)^2} \right] \times \cot60° = 114(mm)$

$x_5 = 204(mm)$（此式用"+"）。

同理得：

$x_2 = 261mm$，$x_6 = 289mm$；$x_1 = x_7 = 317.5mm$；$x_4 = 63mm$。

（2）内圈横坐标 $x_n' = \dfrac{r_2 \sin\beta_n}{\sin\alpha}$（主视图）$\pm \left[R_1 - \sqrt{R_1^2 - (r_2 \sin\beta_n)^2} \right] \cot\alpha$（左视图）

$x_3' = \dfrac{175 \times \sin30°}{\sin60°} - \left[400 - \sqrt{400^2 - (175 \times \sin60°)^2} \right] \times \cot60° = 84(mm)$

$x_5' = 118(mm)$（此式用"+"）

同理得：

$x_2' = 169mm$，$x_6' = 181mm$；$x_1' = x_7' = 202mm$；$x_4' = 23mm$。

式中 r_1、r_2——分别为接管内半径和衬里内半径；R_1——挡圈所处半径；β_n——支管内皮和衬里内皮断面各等分点与同一纵向直径夹角；"$\pm$"——左 x_n（或 x_n'）用"+"，右 x_n（或 x_n'）用"-"。

挡圈展开图见图 15-23。

五、正圆筒上开孔划线计算方法

如图 15-24 所示，为一直交人孔的开孔划线，一般方法是割成正圆再二次修切，而此方法可一次划成椭圆状，划线质量较高，划线时可用一般等高脚划规划出。此法叫作弧长三心法。

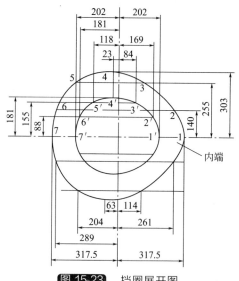

图 15-23　挡圈展开图

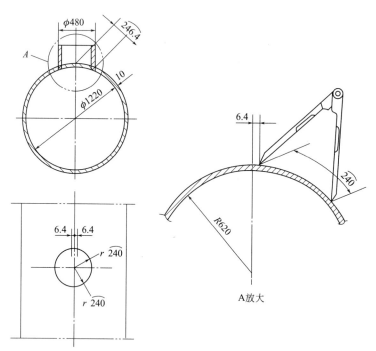

图 15-24　用弧长三心法划直交孔方法

偏心距的计算器手工计算程序是：

$e = 240 \div 620 = \text{INV} \sin \div 180° \times \pi \times 620 - 240 = 6.4$（mm）

六、内插外套椭圆板料计算

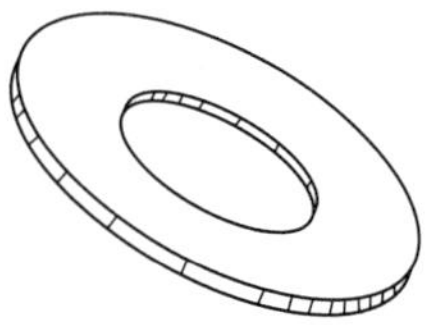

本例是三通内椭圆板（图 15-25），中间插入带孔筒体，作成网状过滤器，厚板可考虑坡口（即 K 值），薄板 K 值很小，可不计算。

图 15-26 为计算原理图，并设：$r_1 = 70$mm，$r_2 = 37$mm，$\delta = 10$mm，$\alpha = 45°$，图 15-27 为展开图。

图 15-25　立体图

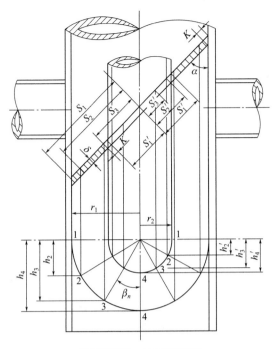

图 15-26　计算原理图

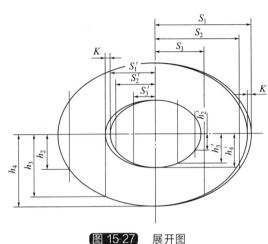

图 15-27　展开图

1. 外椭圆

（1）横坐标　$S_n = \dfrac{r_1 \sin\beta_n}{\sin\alpha}$

$S_1 = \dfrac{70 \times \sin 90°}{\sin 45°} = 99$（mm）

同理：$S_2 = 86\text{mm}$，$S_3 = 49.5\text{mm}$

（2）纵坐标　$h_n = r_1 \cos\beta_n$

$h_2 = r_1 \cos\beta_n = 70 \times \cos 60° = 35$(mm)

同理：$h_3 = 61\text{mm}$，$h_4 = 70\text{mm}$。

（3）样板上端去掉量　$K = \delta \text{ctan}\alpha = 10 \text{ctan} 45° = 10$（mm）

2. 内椭圆

（1）横坐标　$S_n' = \dfrac{r_2 \sin\beta_n}{\sin\alpha}$

$S_1' = \dfrac{r_2 \sin\beta_n}{\sin\alpha} = \dfrac{37 \times \sin 90°}{\sin 45°} = 52$(mm)

同理：$S_2' = 45\text{mm}$，$S_3' = 26\text{mm}$。

（2）纵坐标　$h_n' = r_2 \cos\beta_n$

$h_2' = r_2 \cos\beta_n = 37 \times \cos 60° = 18.5$(mm)

同理：$h_3' = 32\text{mm}$，$h_4' = 37\text{mm}$。

（3）样板下端去掉量　$K = \delta \text{ctan}\alpha = 10 \times \text{ctan} 45° = 10$(mm)

式中　r_1——外套管内半径；β_n——圆周各等分点与纵向直径夹角；α——斜角；r_2——内插管外半径。

第十六章　绝热工程

工厂、矿山的管道和设备约有 90% 需要绝热，以保证管道和设备贮存和输送介质时保持在设计温度，保持和发挥生产能力，减少冷（热）损失，节约能源，防止表面凝露或烫伤，改善工作环境。

一、绝热工程概述

1. 绝热概念

绝，即隔断的意思，热量总是自发的由高温处传到低温处，即产生热流，就像水流一样，总是从高处流向低处。管道和设备的内外部之间会发生热量的传递、对流和辐射。介质温度低于环境温度时，所采取的各种不同的绝热类型和结构，使高温体系经对流、传递和辐射到低温体系的热量减少到尽可能低的程度所采取的一系列措施叫保冷，如贮液氮球罐的绝热；反之，叫保温，如取暖锅炉及管道的绝热。

保冷、保温总称绝热。

举一个最常见的例子：市面上卖冰糕的冰糕箱，四周有绝热层，夏天最热的时候店主常给冰糕箱盖上一床棉被，就是利用棉被作为绝热层，阻止外部的热量尽可能少地传到内部去，以保证冰糕需要的零下几度；卖馒头的大簸箩，将刚出锅的热馒头盖上一床棉被子，就是利用棉被子作为绝热层，使内部的热量尽可能少地传到外边去，以保证馒头几小时也不会变凉。以上两例，都属于绝热，前者叫保冷，后者叫保温，管道和设备的绝热就是这个道理。

2. 绝热层的工作原理和选用原则

上面举的例子中，绝热层是棉被，棉被的材质是絮状的纤维，中间的充填物是空气，热量的传递、对流和辐射就是通过空气而实施的，棉花纤维之间这些无数的小空间，空气不发生流动，其内外的热量也就不会得到传递。这些小空间越小、越多，空气的对流程度就越差，更加棉花纤维的密度小、导热率低，故能起到绝热的效果，保温瓶工作原理就是这个道理，工人将夹层的空气抽出来，没有空气就没有对流，所以就起到保温的作用。为什么有的保温瓶保温时间长，有的保温时间短就与真空的程度有绝对的关系。

管道和设备的绝热材料基本同上所分析，但还要考虑到其他因素，如导热率、密度、抗压、抗折、线收缩率、最高使用温度、最低使用温度、吸水率、可燃性、抗冻、抗腐蚀性和耐酸碱的程度等，使用时应根据介质的种类进行分析选用。

如硬质聚氨酯泡沫塑料，常用于保冷设备上，用 A、B 两种料混合均匀，喷涂在设备上，使用温度为 -100~90℃，故常用在保冷设备上；如硅酸铝棉，使用温度 <1000~1200℃，单从不起火一项说，当介质温度不超过 1200℃ 时，不会引起燃烧故常用在保温上；如玻璃棉，因其具有密度小、导热率低、耐酸、抗腐蚀、吸湿性小、不燃、化学性能稳定等特点，使用温度在 -250~300℃，在保冷保温的绝热中都可以选用。

3. 绝热层与管道和设备的连接方法

（1）保冷

① 喷涂法，如前述的 A、B 硬质聚氨酯塑料泡沫；

② 用粘接剂直接在设备壁上粘接塑料钉；

③ 设备不允许粘接塑料钉，也不允许焊接绝热钉时，可在上下人孔套入用 $\phi 6\sim16\text{mm}$，制作的圆钢圈，中间焊连－30mm×3mm 或－50mm×3mm 的扁钢条，上焊绝热钉以连之。

（2）保温

① 常压容器允许在设备上焊保温钉，可在设备上焊保温钉或保温钩钉以连接绝热层。

② 属于高压容器，不允许焊钉时，可在上下人孔周套入用 $\phi 6\sim16\text{mm}$ 制作的圆钢圈，其间连－30mm×3mm 或－50mm×3mm 的扁钢条，上焊保温钉或保温钩钉以连接。

4. 绝热层的固定方法

绝热层与管道或设备连接完毕后，还要使其紧贴，一是提高其绝热效果，二是防止脱落，三是保证保护层的安装精度，如贮罐，周向使用 20mm×1mm 的钢带，用打包机紧固其上；如球罐，可在上下人孔（大直径在赤道带也可加圆钢圈，在支柱上在热处理前焊以 $\phi 16\text{mm}\times100\text{mm}$ 的短圆钢，以连断开的圆钢圈）周套入用 $\phi 16\text{mm}$ 焊的圆钢圈，以圆钢圈为节点用打包机连以 20×1mm 的钢带，便可将绝热层紧紧地固定在球罐上了；如封头，也可用上法兰固定之；如管道，可用 16# 镀锌铁丝捆绑固定之。

5. 保护层的使用和固定方法

（1）保护层的作用　安装保护层，主要是保护绝热层使之性能稳定，防止雨雪水、蒸汽的侵入，延长绝热层的使用寿命，并可使整个绝热层圆滑、整齐、美观。下面列出常用镀锌板见表 16-1。常用铝板见表 16-2。

表 16-1　镀锌薄钢板尺寸

钢板厚度/mm	0.35,0.40,0.45,0.50,0.55,0.60,0.65,0.70,0.75,0.80,0.90,1.00,1.10,1.20,1.30,1.40,1.50
宽度×长度 /mm×mm	710×1420,750×750,750×1500,750×1800,800×800,800×1200,800×1600,850×1700,900×900,900×1800,900×2000,1000×2000

表 16-2　铝及铝合金板尺寸

板宽度/mm	400～600,800,1000,1200,1500,1600,1800,2000,2200,2400,2500
板长度/mm	2000,2500,3000,3500,4000,4500,5000,5500,6000,7000,8000,9000,10000

（2）接缝位置和上钉

① 弯头　环缝压鼓相互扣合不上钉，纵缝一端压鼓另端平板搭接 50mm 用自攻螺钉或抽芯铆钉连接，在一侧或分居两侧皆可。

② 水平管　环缝一端压鼓另端平板搭接 50mm 不上钉，以利于热胀冷缩，纵缝一端压鼓另端平板搭接 50mm 用自攻螺钉或抽芯铆钉固定之，纵缝的安排可在水平方向 90° 范围选择，但最好还是在上 45° 范围，因此范围便于钻孔上钉，施工方便，两纵缝之间错开 100mm 即可。

③ 垂直管　纵、环缝皆一端压鼓一端平板，环缝不上钉，以利于热胀冷缩，纵缝用自攻螺钉或抽芯铆钉连之；两纵缝间错开 50～100mm。

④ 球罐　用矩形板，环缝上为平板，下压鼓，纵缝一端压鼓一端平板，周边皆上自攻螺钉或抽芯铆钉，纵环缝错开 100mm 即可。

⑤ 贮罐筒体　用矩形板，其他完全同球罐。

⑥ 拱形顶板　拱形顶板实际就是球罐封头，为保证其圆滑度，尽量不用大板，完全同球罐。

⑦ 锥形顶板，锥形顶板是单向曲面，不同于球面，故可以用较大的板，但考虑到安装

的方便，还是不必太大了，纵环缝的压鼓和上钉完全同球罐。

（3）料的型式　常用的保护层有 0.5×2000×1000（mm）的镀锌板和 0.5×2000×1000（或 800mm）（mm）的铝板，除大型贮罐可考虑用原板外，其他如封头、拱顶罐顶盖、锥形罐顶盖、球罐，尽量不用原板，这是因为：如球罐，属于双曲面，保护层与球面接触后，横向吻合了，纵向不一定吻合，其角部就更不一定吻合了，板面积越大，这种缺陷就越明显，造成整个保护层不圆滑过渡，出现棱角，如直径在 10m 以上的球罐，赤道带还可以考虑用原板，其他部位一律用 1000×1000（mm²）左右的梯形板；另外，保护层的安装属高空作业，在高空的脚手架上操作很不方便，应尽量用小规格的板，又因板较小，使用的连接螺钉就多，不但增强了整个保护层的刚性，还增多了钉与保护层的连接点（特指保温用的自攻螺钉），增强了保护层的强度。

拱形顶盖、锥形顶盖的料型式完全同球罐用料型式。弯头、封头，为了增加整体的圆滑度减少棱角，更是用长条料，如封头，2000mm 长的瓣片，大端 200mm，小端只有 40mm 左右。

（4）压鼓原理　球罐、贮罐、封头、弯头、管道的保护层都设计要压出一定形状的鼓状，这个鼓要求不大，不一定要达到半圆，只要起点鼓就满足使用要求了，压鼓的原理是增加了板端的断面积（原来是平面被压后成曲面），因而增加了板端的刚性，两板搭接上钉后会不起皱，贴合严密，对防水有利。

6. 常用工具

绝热常用工具大致如下：

（1）手钳，以备断铁丝用。

（2）手动和电动梅花螺丝刀，以备紧自攻螺钉用。

螺钉规格 ST4×16(mm) 或 ST4×20(mm)，钻孔 φ3.2mm。

（3）抽芯铆钉枪，以备紧固抽芯铆钉用，抽芯铆钉 φ4mm，钻 φ3.2mm 孔。

（4）车轮内胎和棕绳，两者形成弹力绳，绝热层初围拢罐体时使用。

（5）丁字绳，在绳的一端系结一短木棍，扭结后使保护层紧贴绝热层，然后上钉。

（6）紧线器，将棕绳围拢于绝热层或保护层外圈，用紧线器通过棘爪缩短绳长度而紧围之。

（7）打包机，在绝热层的外围紧固时，用 20×1（mm）钢带，通过打包机将钢带紧紧地围拢于绝热层外表面，并两端回折紧紧地固定在圆钢圈上。

（8）S 钩，其用途常用在贮罐保护层的立式正装上，也可用在球罐的上半球的保护层正装上，如图 16-1 所示，用 0.5mm 厚的镀锌板，两端各弯回 25mm，其空间要大于 3mm，以能容下压鼓后的保护层。它有两个作用：一是起承托作用将上板承托住，以便后序再工作；二是起限位作用，因两折棱间的距离为 50mm，正是两板的搭接量，放入上板后，只是调整一下上板的左右搭接量就可以钻孔上钉了。

退出 S 钩的方法：有人将 S 钩留在缝中，这很不美观，用完后应退掉，其方法是，将下端扳折的 25mm，插入砸扁的短管腔内，用力下扳，扳至接近平直时，用木棍将其捣入缝内即可。

（9）连接绝热层的钉族，绝热层和器壁连接的方式，除了上述的喷涂和粘结塑料保冷钉外，主要是依靠钉族连接的，图 16-2 列出钉族的型式。

如图中（a），叫绝热钩钉，将绝热层压入钩钉并有一定紧度后，用内径稍大于 6mm 的扁管子，将钉端折至 90°，便将绝热层压住了，此钉适于硬质的板状绝热层，如图中（b），将绝热层压入钉端并有一定紧度后，上端用 16# 镀锌铁丝连于其他保温钉端而起到防止绝热层脱离器壁的可能，此钉适于板状较松散的矿碴棉和岩棉等；如图中（c），叫销钉，与图中（e）叫自锁紧板配套使用，当将绝热层压入销钉并有一定紧度后，将自锁紧板套入尖部，用力往下击打，因其厚度只有 0.5mm 厚，击打后便有翻边出现，便紧紧地抱在销钉杆上了。

因而起到压住绝热层的作用，此钉适于憎水膨胀珍珠岩之类的绝热层，如图中（d），叫丝扣钉，即在端部套上 M6 的丝扣，当将绝热层压入钉中并有一定紧度后，套入垫板（f），并用 M6 的螺母拧紧；如图中（g），叫门形钉，钉端焊在抱箍的角钢边缘，利用钉之横梁连铁丝于另门形钉，便起到保护绝热层的作用，如图中（h），叫双头螺栓绝热钉，此钉适于石棉水泥板之类的绝热层，热处理前点焊上罐壁的内螺母，绝热层施工前拧上螺杆，再施工绝热层，外面罩上镀锌铁丝网，垫好垫圈，拧上外螺母即可。

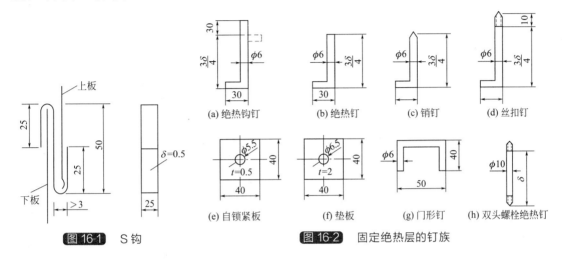

图 16-1　S 钩

图 16-2　固定绝热层的钉族

二、绝热工程举例

1. 方圆短节管的绝热

图 16-3 所示为锅炉烟道上的方圆连接管的施工图，绝热层为厚度 100mm 的岩棉，上下端口采用法兰间对压 10mm 的翻边连接；采用 0.75mm 的镀锌板，由于规格较大，可根据如何节约料的原则，下成 $\frac{1}{2}$ 或 $\frac{1}{4}$ 皆可，本例下成了 $\frac{1}{2}$；为便于保护层纵缝的连接，本例采用了搭接的形式，用自攻螺钉或抽芯铆钉连接。

（1）下料计算

图 16-4 为计算原理图。

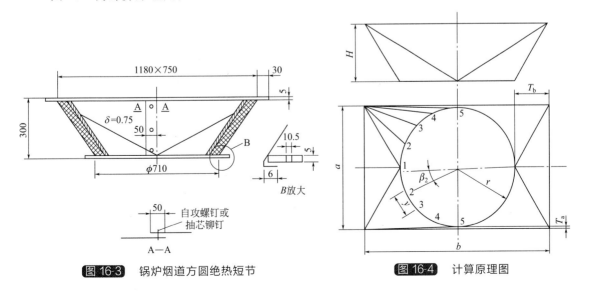

图 16-3　锅炉烟道方圆绝热短节

图 16-4　计算原理图

① 任一实长过渡线 $l_n = \sqrt{\left(\dfrac{a}{2} - r\sin\beta_n\right)^2 + \left(\dfrac{b}{2} - r\cos\beta_n\right)^2 + H^2}$

如 $l_2 = \sqrt{\left(\dfrac{750}{2} - 355\times\sin 22.5°\right)^2 + \left(\dfrac{1180}{2} - 355\times\cos 22.5°\right)^2 + 300^2}\ \text{mm} = 465\text{mm}$

同理得：$l_1 = 535\text{mm}$，$l_3 = 469\text{mm}$，$l_4 = 546\text{mm}$，$l_5 = 662\text{mm}$。

② 任一平面三角形的实长 $T_a = \sqrt{\left(\dfrac{a}{2} - r\right)^2 + H^2}$，$T_b = \sqrt{\left(\dfrac{b}{2} - r\right)^2 + H^2}$

$T_a = \sqrt{\left(\dfrac{750}{2} - 355\right)^2 + 300^2}\ \text{mm} = 301\text{mm}$。

$T_b = \sqrt{\left(\dfrac{1180}{2} - 355\right)^2 + 300^2}\ \text{mm} = 381\text{mm}$。

③ 圆端展开长 $s = 2\pi r = 2\times\pi\times 355\ \text{mm} = 2231\text{mm}$。

④ 圆端每等分弦长 $y = 2r\sin\dfrac{180°}{m} = 2\times 355\ \text{mm}\times\sin\dfrac{180°}{16} = 138.5\text{mm}$。

式中　a、b——分别为方端短边和长边，mm；r——圆端半径，mm；β_n——圆周各等分点与同一横向直径的夹角，(°)；H——方圆短节的垂直高，mm；m——圆周等分数。

$\dfrac{1}{2}$ 展开图如图 16-5 所示。

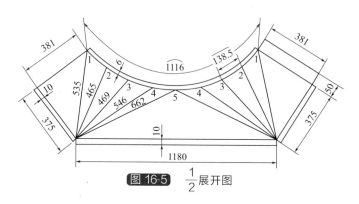

图 16-5　$\dfrac{1}{2}$ 展开图

（2）加工方法

① 扁钢法兰的加工。

a. 根据设计尺寸，点焊出方扁钢法兰和圆扁钢法兰各一对，并将对应的一对用点焊的方法连接在一起；

b. 根据设计尺寸，钻出每一对的螺栓孔；

c. 将每对中的一个满焊为整方扁钢法兰和整圆扁钢法兰，另一个为单片方扁钢法兰和圆扁钢法兰，对应位置必须作出记号，以方便使用。

② 绝热层的加工。

a. 在折边机上，将各过渡线扳折至一定的曲率，这个曲率只能凭经验压出、扳折的顺序必须是由外向内进行；

b. 将两扇料置于平台上，观察各过渡线的扳折深度，过或欠都应进行调整至符合设计要求；

c. 将 $\dfrac{1}{2}$ 料移于平台的边沿，平台边沿即是铁砧，用拍板将 10mm 直边扳折至大于 90°；

d. 继续换向移动上述料于平台边沿，呈悬臂状，用无齿手钳将圆端 6mm 扳折至小于 90°。

③ 将待绝热的碳钢方圆短节管进行绝热层的安装，保冷的用黏结剂粘结，保温的用保温钉固定。

④ 保护层的安装方法。

a. 将两扇 $\frac{1}{2}$ 镀锌板围拢于绝热层外；

b. 为了使保护层与绝热层紧贴，可用丁字绳围拢之，因方端粗、圆端细容易下滑，可在方端螺栓孔与丁字绳之间用铁丝周向连 4～5 处，可防止丁字绳下滑；

c. 保护层与绝热层紧贴后，其搭接缝可用自攻螺钉或抽芯铆钉固定之；

d. 方端 10mm，圆端 16mm 翻边，可用对应的单片法兰片与对应的整法兰用 M10 的螺栓压紧固定之；

e. 单片法兰片之间，焊与不焊皆可，只要能将 10mm 的翻边压住，就达到固定保护层的目的了。

至此，保护层的制作和安装便完成了。

2. 三通管的绝热

三通管包括直交、斜交、偏心交等形式，按接触形式分有插入式和骑马式，按规格分有异径相交和等径相交，下面分别叙述之。

从防水浸入的角度看，可分为上三通管、下三通管和水平三通管。

（1）异径三通管

如图 16-6 所示为异径三通管的施工图，绝热后的三通支管 $\phi 1500$mm，主管 $\phi 1800$mm，原钢管板厚 $\delta = 10$mm，绝热层厚 100mm。绝热铁皮用 0.5mm 镀锌板。

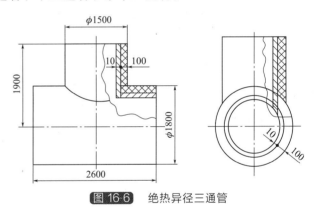

图 16-6　绝热异径三通管

① 上异径三通管　如图 16-7 所示为上异径三通管绝热铁皮计算原理图，从防水浸入的需要，应先包主管，后包支管，与下述的下异径三通管完全相反，故有分别叙述的必要。

a. 支管各素线长 $l_n = H - \sqrt{r^2 - (r_1 \sin\beta_n)^2}$（左视图）

如 $l_3 = [1900 - \sqrt{900^2 - (750 \times \sin 45°)^2}]$mm $= 1173$mm

同理得：$l_5 = 1000$mm，$l_4 = 1047$mm，$l_2 = 1326$mm，$l_1 = 1403$mm。

b. 支管各等分点与主管纵轴的夹角 $\omega_n = \arcsin \dfrac{r_1 \sin\beta_n}{r}$

如 $\omega_3 = \arcsin \dfrac{750 \times \sin 45°}{900} = 36.1°$

同理得：$\omega_5 = 0$，$\omega_4 = 18.6°$，$\omega_2 = 50.34°$，$l_1 = 54.44°$。

c. 孔定形各纵向分点的弧点 $s_n = \pi r \dfrac{\omega_n}{180°}$（左视图）

如 $s_3 = \pi \times 900$mm $\times \dfrac{36.1°}{180°} = 567$mm

同理得：$s_5 = 0$，$s_4 = 292$mm，$s_2 = 791$mm，$s_1 = 887$mm，$s_{中} = 1414$mm。

d. 孔实形各横向实长 $P_n = r_2 \sin\lambda_n$（主视图）

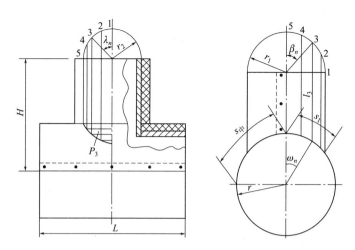

图 16-7　上异径三通管绝热铁皮计算原理图

如 $P_3 = 650\text{mm} \times \sin45° = 460\text{mm}$

同理得：$P_5 = 650\text{mm}$，$P_4 = 600.5\text{mm}$，$P_2 = 249\text{mm}$，$P_1 = 0$。

e. 支管展开长 $s = 2\pi r_1 = 2\pi \times 750\text{mm} = 4712\text{mm}$。

f. 主管展开长 $s = 2\pi r = 2\pi \times 900\text{mm} = 5655\text{mm}$。

支、主管展开图如图 16-8 所示。

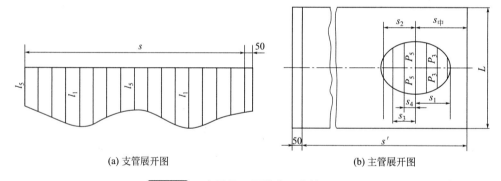

(a) 支管展开图　　　　　　　　　(b) 主管展开图

图 16-8　上异径三通管支、主管展开图

式中　H——支管端口至主管中心距离，mm；r——主管绝热铁皮的半径，mm；r_1——支管绝热铁皮的半径，mm；β_n——支管绝热铁皮端面各分点与同一纵向直径的夹角，(°)；r_2——支钢管外皮半径，mm。

② 下异径三通管　如图 16-9 所示为下异径三通管绝热铁皮计算原理图，为节约篇幅，仍利用上异径三通的施工图说明之。为防水，应先包支后包主。

a. 支管各素线长

$$l_n = H - \sqrt{r_2^2 - (r_1 \sin\beta_n)^2}$$

如 $l_3 = 1900 - \sqrt{650^2 - (750 \times \sin45°)^2} = 1524$（mm）

同理得：$l_5 = (1900 - 650)\text{mm} = 1250\text{mm}$，$l_4 = 1317\text{mm}$，$l_1$、$l_2$ 与主钢管外皮无交点，只能按最长 1900mm，安装时根据情况圆滑剪掉。

b. 支管各分点与主管纵轴的夹角 $\omega_n = \arcsin\dfrac{r_1 \sin\beta_n}{r_2}$

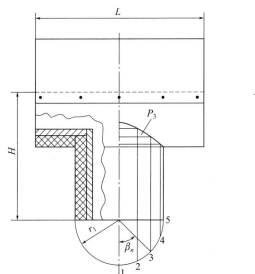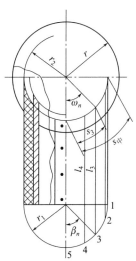

图 16-9 下异径三通管绝热铁皮计算原理图

如 $\omega_3 = \arcsin \dfrac{750 \times \sin 45°}{650} = 54.676°$

同理得：$\omega_5 = 0$，$\omega_4 = 26.2°$，l_1、l_2 与主钢管外皮无交点，故无角。

c. 孔实形各纵向分点的弧长 $s_n = \pi r_2 \dfrac{\omega_n}{180°}$（左视图）

如 $s_3 = \pi \times 650\text{mm} \times \dfrac{54.676°}{180°} = 620\text{mm}$

同理得：$s_5 = 0$，$s_4 = 297\text{mm}$，$s_1 = \pi \times 650\text{mm} \times \dfrac{90°}{180°} = 1021\text{mm}$，$s_{中} = 1414\text{mm}$。

d. 孔实形各横向实长 $P_n = r_1 \sin\beta_n$（主视图）

如 $P_3 = 750\text{mm} \times \sin 45° = 530\text{mm}$

同理得：$P_5 = 750\text{mm}$，$P_4 = 693\text{mm}$，$P_2 = 287\text{mm}$，$P_1 = 0$。

e. 支管展开长 $s = 2\pi r_1 = 2\pi \times 750\text{mm} = 4712\text{mm}$。

f. 主管展开长 $s' = 2\pi r = 2 \times \pi \times 900\text{mm} = 5655\text{mm}$。

支、主管的展开图如图 16-10 所示。

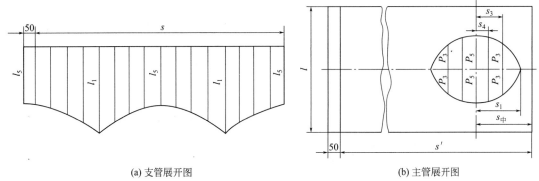

(a) 支管展开图   (b) 主管展开图

图 16-10 下异径三通管支、主管展开图

式中 H——支管端口至主管中心距离，mm；r_1——支管绝热铁皮外半径，mm；r_2——原主钢管外皮半径，mm；r——主管绝热铁皮外半径，mm；β_n——支管绝热铁皮端

面各分点与同一纵向直径的夹角，(°)。

③ 水平异径三通管　水平异径三通管与下异径三通管完全相同，此略。

④ 异径三通管的安装方法　异径上与下三通管的支主管的绝热铁皮下料有明显的差异，这是因为防水的原因，因而也产生了施工顺序的差异，上面已叙述过，上三通管应先主后支，下三通管应先支后主，其施工方法如下。

a. 绝热层的固定方法

用铁丝或钢带（20mm×1mm）配打包机将矩形绝热层按应在位置捆扎固定。

不规则的位置或死角位置，据具体形状锯切后用玻璃胶粘接，至全面积覆盖。

b. 绝热铁皮的固定方法

一是将绝热铁皮用人工围拢，再用棕绳交叉围拢，两人用力各拉一个绳头，便将铁皮紧紧地围在绝热层上，先从一端开始，位置、松紧度符合要求后，可先固定一个自攻螺钉，然后将棕绳上移，用棕绳拉紧、再上钉，但这第二次的上钉不同于第一次，第一次是一个钉，可以转动板端，待上第二个钉时，必须全部符合位置、松紧度后才能进行，之后全部上完钉。

二是用 ST 4mm 的自攻螺钉，钻底孔用 3.2mm 的麻花钻头，用手工或电动螺丝刀拧紧之，其原理是底孔直径比自攻螺钉直径小，自攻螺钉还带锥度，利用自攻螺钉的攻入且翻边，便自动形成丝扣，板与自攻螺钉便形成了丝扣连接，两板便紧紧地连接在一起了。

三是安装铁皮时，要做到灵活运用，如上异径三通，应先主后支，为防水的需要，支管展开图最长的 1 线范围，可灵活地圆滑加长一点，如认为不太紧固，也可加个自攻螺钉以助之，如下异径三通，应先支后主，从原理图上看，支管绝热铁皮的 1 线与原主钢管的外皮因有绝热层的原因根本就无交点，这不要紧，就按最长的 1900mm 下料，安装时圆滑过渡，以达到防水为目的就行，这就是理论与实践的差异。

（2）等径三通管

如图 16-11 所示为等径三通管的绝热施工图，从图中可看出，原钢支管插入钢主管，在主管中径处相交，绝热层厚 100mm，绝热铁皮采用 0.5mm 镀锌板。

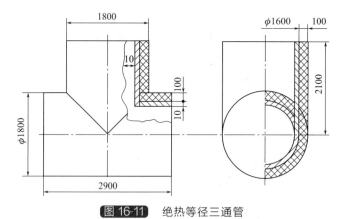

图 16-11 　绝热等径三通管

① 上等径三通管（计算原理图见图 16-12）

a. 支管各素线长 $l_n = H - \sqrt{r^2 - (r\sin\beta_n)^2}$ （左视图）

如 $l_3 = [2100 - \sqrt{900^2 - (900 \times \sin45°)^2}]mm = 1464mm$

同理得：$l_1 = 2100mm$，$l_2 = 1756mm$，$l_4 = 1269mm$，$l_5 = 1200mm$。

b. 主管孔实形任一点至纵轴弧长 $s_n = \pi r \dfrac{\beta_n}{180°}$

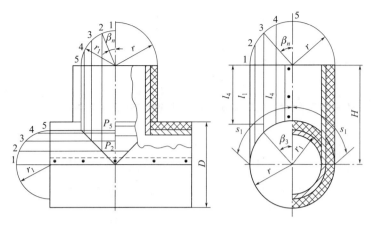

图 16-12 上等径三通管绝热铁皮计算原理图

如 $l_3 = \pi \times 900\text{mm} \times \dfrac{45°}{180°} = 707\text{mm}$

同理得：$s_5 = 0$，$s_4 = 353\text{mm}$，$s_2 = 1060.3\text{mm}$，$s_1 = 1414\text{mm}$。

c. 主管孔实形半素线长 $P_n = r_1 \sin\beta_n$（主视图）

如 $P_3 = 800\text{mm} \times \sin45° = 566\text{mm}$

同理得：$P_5 = 800\text{mm}$，$P_4 = 739\text{mm}$，$P_2 = 306\text{mm}$，$P_1 = 0$。

d. 支主管绝热铁皮展开长 $s = 2\pi r = 2\pi \times 900\text{mm} = 5655\text{mm}$。

支、主管绝热铁皮展开图如图 16-13 所示。

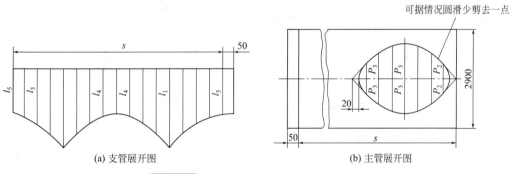

（a）支管展开图   （b）主管展开图

图 16-13 上等径三通管绝热铁皮展开图

式中 H——支管端面至主管中心距离，mm；r——主管绝热铁皮半径，mm；r_1——支管原钢管外皮半径，mm；β_n——支管绝热铁皮端口各分点与同一纵向直径的夹角，(°)。

② 下等径三通管 下等径三通管与上等径三通管从下料到安装完全不同，其原理图如图 16-14 所示，不同处是先支后主，下面叙述计算方法。

a. 各素线长 $l_n = H - \sqrt{r_1^2 - (r\sin\beta_n)^2}$

如 $l_4 = \left[2100 - \sqrt{800^2 - (900 \times \sin22.5°)^2}\right]\text{mm} = 1268\text{mm}$

$l_5 = (2100 - 800)\text{mm} = 1300\text{mm}$

$l_1 = 2100\text{mm}$

其他素线因有绝热层的原因，无固定的断面半径，所以无法计算长度，因为支管插在主管孔实形内部，宁长勿短，最长素线 $l_1 = 2100\text{mm}$，有了这三点便可画出此端口的人为断面线，有了此断面线，便可画出支管的展开曲线，故可画出支管展开图，支管主管组对时，支管 l_1 线可能长一点，剪掉即可。

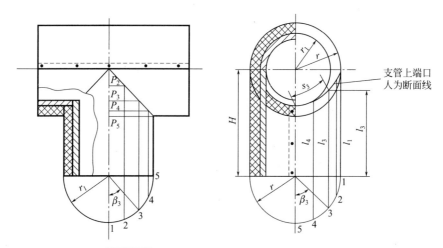

图 16-14　下等径三通管绝热铁皮计算原理图

　　b. 主管孔实形任一点至纵轴弧长 s_n。从原理图中可看出，支管上端口人为断面线各交点之间的弧长即为弧长 s_n，画展开孔实形时可直接量取即可。支、主管展开图如图 16-15 所示。

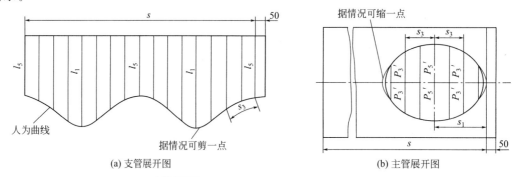

　　(a) 支管展开图　　　　　　　　　　　　(b) 主管展开图

图 16-15　下等径三通管绝热铁皮展开图

　　c. 主管孔实形半素线长 $P_n = r\sin\beta_n$（主视图）

　　如 $P_3 = 900\text{mm} \times \sin45° = 636\text{mm}$

　　同理得：$P_1 = 0$，$P_2 = 344\text{mm}$，$P_4 = 831\text{mm}$，$P_5 = 900\text{mm}$。

　　d. 支、主管展开长 $s = 2\pi r = \pi \times 1800\text{mm} = 5655\text{mm}$。

　　式中　H——支管端面至主管中心距离，mm；r——支、主管绝热铁皮半径，mm；r_1——主钢管外皮半径，mm；β_n——支管绝热铁端口各等分点与同一纵向直径的夹角，(°)。

　　③ 水平等径三通管　等径水平三通管完全同下等径三通管，此略。

　　④ 等径三通管的安装方法　等径三通管的安装方法完全同异径三通管的安装方法，此略。

　　(3) 三通管绝热铁皮的下料安装经验

　　不论是异径还是等径，不论是上三通、下三通还是水平三通，下料和安装的规律如下。

　　① 支管的最短素线按计算数据，最长素线可以长一点，安装时据情可以圆滑地剪掉一部分，视紧固程度还可以加一自攻螺钉。

　　② 主管孔实形的纵向长度可以适当短一点，安装时据情再扩大一点亦可，有调节的余地。

③ 孔实形的横向长度按计算数据即可。

3. 方圆连接管和方弯管组合件的绝热

图 16-16 所示为锅炉房绝热排烟管的施工图，其中有直圆管、方圆连接管和方弯管，直圆管的绝热操作较简单，此略。本节主要叙述方圆连接管和方弯管，保温材料为岩棉板，厚度 100mm。

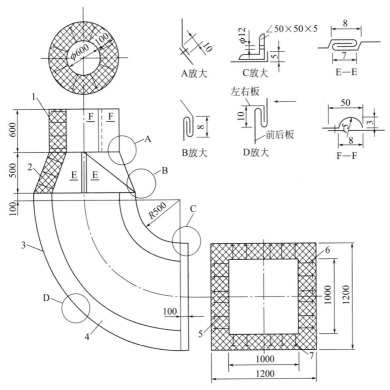

图 16-16　锅炉房绝热排烟管

1—直圆管；2—方圆连接管；3—方弯管；4—绝热层；5—销钉；6—自锁紧板；7—镀锌钢板

（1）直圆管

直圆管的绝热操作较简单，此略。

（2）方圆连接管

图 16-17 所示为方圆连接管的镀锌钢板的计算原理图。

① 下料计算

a. 任一实长过渡线 $l_n = \sqrt{\left(\dfrac{a}{2} - r\sin\beta_n\right)^2 + \left(\dfrac{a}{2} - r\cos\beta_n\right)^2 + h^2}$

如 $l_3 = \sqrt{\left(\dfrac{1200}{2} - 400\times\sin45°\right)^2 + \left(\dfrac{1200}{2} - 400\times\cos45°\right)^2 + 500^2}\,\text{mm} = 672\text{mm}$

同理得：$l_1 = l_5 = 806\text{mm}$，$l_2 = l_4 = 709\text{mm}$。

b. 任一平面三角形高的实长 $T = \sqrt{\left(\dfrac{a}{2} - r\right)^2 + h^2} = \sqrt{(600-400)^2 + 500^2}\,\text{mm} = 539\text{mm}$。

c. 圆端展开长 $s = \pi D = \pi\times800\text{mm} = 2513\text{mm}$。

d. 圆端每等分弦长 $y = D\sin\dfrac{180°}{m} = 800\text{mm}\times\sin\dfrac{180°}{16} = 156\text{mm}$。

式中　D——圆端直径，mm；r——圆端半径，mm；a——方端长，mm；β_n——圆周各等分点与同一横向直径的夹角；m——圆周等分数；h——方圆连接管的高，mm。

图 16-18 为方圆连接管 $\frac{1}{4}$ 展开图。

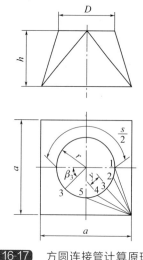

图 16-17　方圆连接管计算原理图

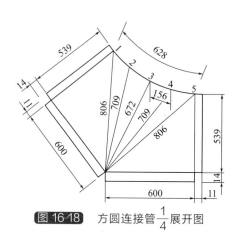

图 16-18　方圆连接管 $\frac{1}{4}$ 展开图

② 展开料规格分析　由于本例的规格较大，根据镀锌钢板的规格一般最大是 2000mm×1000mm 和 3000mm×1000mm 两种，故按 $\frac{1}{4}$ 下料较为合理，这样安排的好处是接缝在平面处，不在过渡线处也不在棱角处，对咬缝很有利。

a. 上端采用搭接缝，如图 16-16 中 A 放大所示，上搭接量 10mm，不用压箍，顺势而下便于防水，故上端未加咬接量。

b. 下端采用单平咬缝，如图 16-16 中 B 放大所示，接缝外观宽 8mm，按 6、7、8mm 分配，故方圆连接管的大端咬接量为（8+6）mm＝14mm，弯管上端的咬接量为 7mm。

c. 纵缝外观宽 8mm，按 8mm、6.5mm、6.5mm 分配，将咬接量分居两端则应该是 $\frac{8+6.5+6.5}{2}$mm＝11mm。

③ 绝热层的安装方法

a. 将绝热层按平面整三角形和过渡区整三角形或按平面半三角形和过渡区整三角形下料，本例按后者。

b. 在钢板外壁焊接销钉。

c. 将绝热层压入销钉并套入自锁紧板。

d. 用内直径大于 6mm 的短钢管配手锤将自锁紧板往下击打，利用自锁紧板的翻边便将绝热层紧紧地固定在钢板外壁上了。

④ 保护层的安装方法

a. 将 $\frac{1}{4}$ 展开料的大端的 14mm，在平板状态时扳折至如图 16-16 中 B 放大所示的形状。

b. 在平板状态下，将两个 $\frac{1}{4}$ 展开料咬接为 $\frac{1}{2}$ 展开料。

c. 在平板状态下，将 $\frac{1}{2}$ 展开料的两个纵缝扳折至如图 16-16 中 E—E 所示的形状，以备在绝热层外围咬合。

d. 在平板状态下，将 $\frac{1}{2}$ 展开料的过渡区间弯折至设计的曲率。

e. 将两个 $\frac{1}{2}$ 展开料分别扣合于绝热层的表面，并同时安排 2～4 人用力压紧保护层，使之达到紧贴绝热层的状态。

f. 在绝热层外保护层内插入厚度 10mm 的扁钢条，以此为铁砧，用斩口锤将纵缝咬接至如图 16-16 中 E—E 所示的形状。

g. 抽出扁钢条，便完成了保护层的安装。

（3）方弯管

图 16-16 中的 3 所示为排烟管中的方弯管，图 16-19 为方弯管展开图。

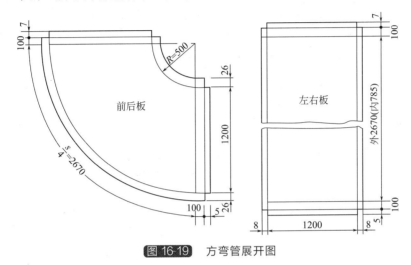

图 16-19　方弯管展开图

① 展开料的计算

a. 前后板的画法：分别以 $R_2=500$mm 和 $R_1=1700$mm 画 $\frac{1}{4}$ 同心圆，并上下端各加长 100mm，分别与方圆连接管和方直管相连。

b. 左板展开长 $l_1=\frac{\pi R_1}{2}+100\times2=\left(\frac{\pi\times1700}{2}+100\times2\right)mm=2870$mm。

c. 右板展开长 $l_2=\frac{\pi R_2}{2}+100\times2=\left(\frac{\pi\times500}{2}+100\times2\right)mm=985$mm。

② 展开料的分析

a. 方弯管的上端与方圆连接管相连，下端用角钢与方直管相连，两端口带有一定的曲率，为了增加整排烟管的美观，故增设两个直段为合理。

b. 前后板与左右板的连接，采用联合角咬缝形式，如图 16-16 中 D 放大所示，N 形安排在前后板，直角形安排在左右板上，很便于扳折加工。

c. 前后板和左右板的上端与方圆连接管相连，采用单平咬缝连接，如图 16-16 中 B 放大所示，按 6mm、7mm、8mm 分配，方圆连接管咬接量为（8+6）mm=14mm，方弯管按 7mm。

d. 前后板与左右板的咬接缝为联合角咬缝，如图 16-16 中 D 放大所示，前后板按 10mm、10mm、6mm 分配，故扳折量为（10+10+6）mm=26mm，左右板按 8mm 分配，故扳折量为 8mm。

e. 方弯管下端与方直管用角钢法兰连接，将保护层外扳折 5mm，扣住角钢法兰而牢固连接，故扳折量为 5mm。

③ 展开料的预加工

a. 在平板状态下，将前后板的上端口 7mm 和下端口 5mm 在规铁上用拍板扳折至 90°。

b. 在平板状态下，将前后板的内外弧侧的 26mm 加工成 N 形状，如图 16-16 中 D 放大所示。

c. 在平板状态下，将左右板的上端口 7mm 和下端口的 5mm 及两侧的 8mm，在规铁上用拍板扳折至 90°。

④ 绝热层的安装方法

a. 前后板绝热层的下料：根据绝热层料的规格，将料下成扇形，遇有死角或缺角处可用碎料以补之。

b. 左右板绝热层的下料：根据绝热层料的规格，锯切成矩形料。

c. 在方弯管上点焊销钉，并将绝热层压入销钉中。

d. 将自锁紧板套入销钉，用内直径大于 6mm 的短钢管穿入销钉，用锤子击打之，利用自锁紧板内孔的翻边，便将绝热层紧紧地固定在钢板上了。

⑤ 保护层的安装方法

a. 用边角料焊制三个高 1200mm、宽 500mm 的临时支架，以备承托前后板用。

b. 将一扇前后板平放于平台上，将上述的三个支架立于其上，并将另一扇前后板置于其上。

c. 将两扇左右板分别放于各自的内外侧。

d. 由于规格较大，镀锌钢板又较薄，刚性小，操作时应多加几个人，用拍板将左右板和前后板咬合在一起。

e. 由于规格大，板薄刚性小，方弯管在平台上原位不动，先与方圆连接管的大端连为一体，咬缝形式如图 16-16 中 B 放大所示。

f. 将上述连体垫高 60mm，将角钢法兰套于应的端头，以角钢法兰为铁砧，用拍板翻 5mm 的边，角钢法兰和弯管便紧紧地连在一起了。

g. 上述连体仍是前后板平放于平台上，将直圆管推于方圆连接管的圆端，找定位置和咬接量后用自攻螺钉或抽芯铆钉固定之。

至此，排烟管的安装便完成了。

4. 保温火烧桶的绝热

图 16-20 所示为保温火烧桶的施工图，图 16-21 所示为局视图和放大图。此例的特点是：为了加强桶盖和桶体的刚性，分别在端口加设了外卷丝，这两个卷丝又要相互套接，又要相互吻合，给桶体的扳折又增加了一个工步；为了保温的需要，盖体上也要设保温层，因而出现了盖内衬板。下面分别叙述之。

（1）板厚处理

① 为实现盖与桶体的松动配合，桶体为设计尺度，盖体扩大 2mm，故尺度为 502mm×502mm。

② 纵缝的外观宽 8mm，其第一次扳折量为 7mm，最好为 6.5mm，若大于这个值，两者咬合后，便超过了抗弧，即抗弧不起抗弧的作用，容易脱扣，故纵缝每边的咬接余量安排为 $\dfrac{6.5 \times 2 + 8}{2}$ mm = 10.5mm

③ 为了实现桶抓手的松动配合，抓手绞链板应为 $\phi 6$mm，抓手圆钢应为 5mm。

（2）计算下料

① 桶体［展开图见图 16-22（a）］

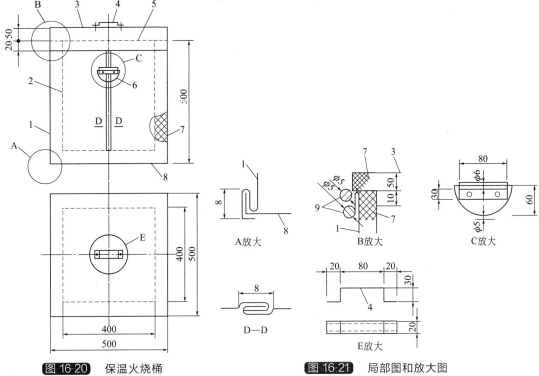

图 16-20 保温火烧桶
1—外桶；2—内胆；3—桶盖；4—盖抓手；
5—盖内衬板；6—桶抓手；7—保温层；8—封底

图 16-21 局部图和放大图

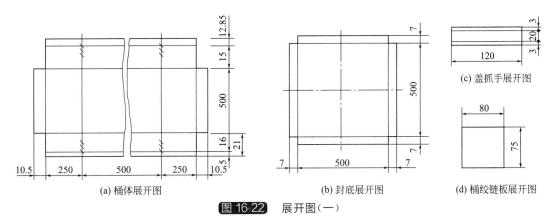

(a) 桶体展开图 (b) 封底展开图 (d) 桶绞链板展开图

(c) 盖抓手展开图

图 16-22 展开图（一）

a. $\dfrac{1}{2}$ 桶体展开长 $s_1 = (250 \times 2 + 500)\text{mm} = 1000\text{mm}$。

b. 上端口卷丝宽 $B_1 = 5\text{mm} \times \left(\dfrac{\pi}{2} + 1\right) = 12.85\text{mm}$。

c. 上端口往下折边宽 $B_2 = (10 + 5)\text{mm} = 15\text{mm}$。

d. 下端口联合角咬接余量 $B_3 = (8 + 8 + 5)\text{mm} = 21\text{mm}$。

e. 纵缝每边折边量 $B_4 = \dfrac{6.5 \times 2 + 8}{2}\text{mm} = 10.5\text{mm}$。

② 封底［展开图见图 16-22（b）］

a. 净尺寸为 500mm×500mm。

b. 联合咬缝折边宽 $B_5 = 7\text{mm}$。

③ 盖抓手［展开图见图 16-22（c）］

a. 展开长 $s_2 = 120mm$。

b. 两长边平折边量 $B_6 = 3mm$。

④ 桶铰链板［展开图见图 16-22（d）］

a. 铰链板宽 $B_7 = 80mm$。

b. 铰链板长 $B_8 = \left[6 \times \left(\dfrac{\pi}{2} + 1\right) + 30 \times 2\right]mm = 75mm$。

c. 抓手圆钢长 $s_3 = \left(\dfrac{\pi \times 120}{2} + 120\right)mm = 308mm$。

⑤ 桶盖

a. 桶盖［展开图见图 16-23（a）］

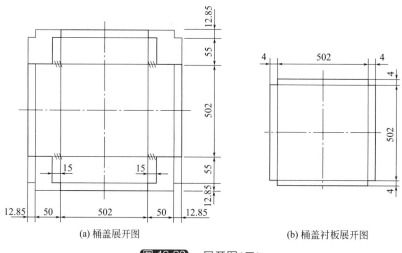

(a) 桶盖展开图　　　　　　　(b) 桶盖衬板展开图

图 16-23　展开图（二）

- 桶盖净尺寸为 $502mm \times 502mm$。
- 往下折边宽 $B_9 = (50 + 5)mm = 55mm$。
- 下端卷丝宽 $B_{10} = 5mm \times \left(\dfrac{\pi}{2} + 1\right) = 12.85mm$。

b. 桶盖内衬板［展开图见图 12-23（b）］。

- 净尺寸为 $502mm \times 502mm$。
- 密封用垂直折边量 $B_{11} = 4mm$。

⑥ 内胆　内胆采用 0.5mm 不锈钢板，纵缝宽 6mm，采用单平双抗弧咬缝，封底环缝采用单平角咬缝，缝外观宽 7mm。

（3）加工方法

① 盖抓手和桶抓手

a. 两者的加工方法为在台虎钳上，配以方木、衬铁和铁锤等，便可撼制到设计的形状。

b. 用台钻钻出铰链板上的孔。

② 桶体

a. 在平板状态下，在角钢砧上将 10.5mm 的纵缝折边量用拍板扳折至设计的形状。

b. 在折边机上折出纵向棱线。

c. 在折边机上折出上端的 $(15 + 12.85)mm = 27.85mm$、下端的 21mm，并将两者砸至平折。

d. 将两半桶体在角钢砧上用拍板咬合纵缝成形。

e. 在成形状态下，将上端口的 12.85mm 卷丝完毕，将下端口的 21mm 联合角咬缝余量扳折完毕。

f. 以桶体抓手为模板，在桶体上号出并套钻出桶体上的孔，并两者铆接相连。

③ 封底　在角钢砧上用拍板将 7mm 的边扳折至 90°，以备与桶体相连。

④ 桶体与封底的咬合方法　将桶底下端口朝上置于平台上，将封底的 7mm 直角边插入桶体的联合角缝中，调整无误后用拍板将桶体上的 5mm 折边扳倒，压住封底，两者便紧紧地咬合在一起了。

⑤ 桶盖

a. 桶盖板。

• 先将四角的 15mm 连接板扳折至小于 90°。

• 将左右的 55mm 和 12.85mm 扳至 90°。

• 将前后的 55mm 和 12.85mm 扳折至 90°。

• 将四角的 15mm 连接板微调至 90°，用电阻焊连接为盒形。

• 将 12.85mm 外卷丝完毕。

• 以盖抓手为模板，在盖板的设计位置套钻出孔，并铆接相连。

b. 桶盖衬板：在角钢铁砧上将四边的 4mm 扳折至 90°；并微调至外皮尺寸为 502mm。

c. 桶盖板、衬板和保温层的组装方法。

• 在桶盖板内侧均匀抹上胶粘剂，如聚醋酸乙烯或天然胶乳等。

• 将 50mm 厚的保温材料，如硅酸钙棉或硅酸铝棉，压入桶盖板内侧空间。

• 将衬板压住保温层，四周在 4mm 直边上用锡焊点焊固定。

d. 桶内保温层的安装方法。

• 在底部铺以 500mm×500mm×50mm 厚的保温材料。

• 将制作完毕的内胆放入桶内，基本调至中间位置。

• 将 50mm 厚的保温材料塞入其间隙，内胆便自动居中。

• 将保温层的上表面同法覆盖、锡焊。

最后，将桶盖覆于桶体上，视两卷丝的吻合情况再作适当微调。至此，保温火烧桶即制作完毕。

5. 圆形弯管的绝热

圆形弯管的绝热铁皮的下料方法完全同前述的多节弯管的下料方法，只是在节与节的连接方法上有不同。另外，由于弯管所处空间位置的不同，如上升弯管、下降弯管、水平弯管，下料方法相同，但压鼓方向、搭接方位却不同、安装方法也各异。下面分别叙述之。

（1）上升弯管

图 16-24 所示为锅炉房排烟弯管绝热铁皮的施工图，采用 0.5mm 镀锌铁板，岩棉厚 150mm，分 26 节下料，仍按中国弯管规范，即端节为中间节之半。断面圆周分 28 等份。

① 计算原理　瓣片计算原理图如图 16-25 所示，整断面圆周按 16 等分，即 16 条素线计算。

② 下料计算

a. 端节角度 $\alpha_1 = \dfrac{90°}{2(n-1)} = \dfrac{90°}{2 \times (26-1)} = 1.8°$

b. 端节任一素线长 $l_n = \tan\alpha_1 (R \pm r\sin\beta_n)$

$l_1 = \tan1.8° \times (2700 - 900 \times \sin90°)\text{mm} = 56.57\text{mm}$

$l_{15} = \tan1.8° \times (2700 + 900 \times \sin90°)\text{mm} = 113\text{mm}$

同理得：$l_2 = 57.28\text{mm}$，$l_{14} = 112.43\text{mm}$；

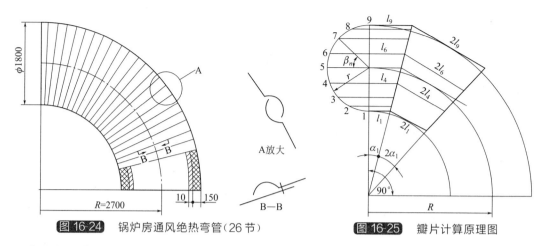

图 16-24　锅炉房通风绝热弯管（26 节）　　　　**图 16-25**　瓣片计算原理图

$l_3 = 59.37mm$，$l_{13} = 110.33mm$；$l_4 = 62.74mm$，；$l_{12} = 106.96mm$；$l_5 = 67.22mm$；$l_{11} = 102.49mm$；$l_6 = 72.58mm$；$l_{10} = 97.12mm$；$l_7 = 78.56mm$；$l_9 = 91.14mm$；$l_8 = 84.9mm$。

c. 展开料长 $s = \pi D = \pi \times 1800mm = 5655mm$。

式中　n——弯管节数；r——断面半径，mm；D——断面直径，mm；β_n——圆周各等分点与同一横向直径的夹角，（°）；R——弯管弯曲半径，按 1.5 倍，mm；±——内侧素线用"－"，外侧素线用"＋"。

③ 展开图　如图 16-26 所示为各种空间位置的展开图，这都是从防水的角度考虑安排的，从图 16-26（a）可看出此弯管即为上升弯管，从图 16-24 中 $B-B$ 剖视图可看出，平面端必在下面，曲面端必在上面，曲面端压鼓，平面端加 40mm 余量，在纵向直边处用自攻螺钉固定即成；如图 16-26（b）所示为下降弯管用的展开图，压鼓端必在上，平面加 40mm 端必在下；如图 16-26（e）所示是两端皆加 20mm 余量，适用于上升下降弯管，只是压鼓的位置不同而已；如图 16-26（c）、（d）所示为水平弯管用的展开图，由于是水平状态，对口只能安排在内或外侧，也就是说，安排在最短素线或最长素线都行，绝不能安排在中长素线 l_8 上，那样对防水不利。

以上各种空间位置的弯管，纵缝按平板搭接也完全可以，只是要注意搭接方位。

④ 铁皮瓣片加工方法

a. 不管哪种空间位置的弯管，环缝的压鼓必为一反一正，纵缝的压鼓只压一端，另端为平板，或两端皆为平板。

b. 在平板状态下，用压鼓机压出鼓，可推荐用陕西省安装机械厂出的 YG-100A 型压鼓机，效率高、质量好。

c. 端节的加工方法：上面叙述过，端节为中间节之半，一侧为直边，一侧为曲边，下面仅以本文的施工图上升弯管为例说明之。其他弯管同理，据情决定。

（a）环缝

上端节，直边加长 100mm（长度随意定）不压鼓，与其直管段的压外鼓铁皮外搭用自攻螺钉周向固定之；环缝边压外鼓与弯管中节的内鼓环向扣合，不用自攻螺钉。

下端节，直边加长 100mm 压外鼓，与其直管道的不压鼓外搭连接，用自攻螺钉周向固定之；曲边环缝压内鼓与弯管中节的外鼓环向扣合，不用自攻螺钉。

（b）纵缝

纵缝的连接是一端压鼓在外（或不压鼓），另一端为加长 40mm 的平板在内，纵向自攻螺钉固定。

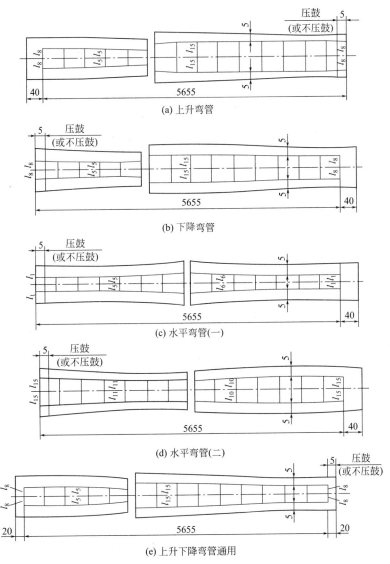

(a) 上升弯管

(b) 下降弯管

(c) 水平弯管(一)

(d) 水平弯管(二)

(e) 上升下降弯管通用

图 16-26 各种空间位置弯管的展开图

⑤ 绝热层的加工和固定

a. 按原始的弯管节实形下料，缺角缺棱可用碎片以补之，用胶黏剂相连为整瓣片。

b. 小片用铁丝周向固定，大片以钢带（20mm×1mm）用打包机周向固定于原弯管上。

⑥ 外包铁皮的安装方法　为了叙述方便，仍按本文的施工图上升弯管为例叙述之，其他方位的弯管同理，据情况决定。

a. 接缝的位置：接缝的位置，不管哪种方法的弯管，必须从防水浸入的角度考虑，如上升弯管和下降弯管，接缝必在中长素线上；如水平弯管，接缝必在最长或最短素线上。至于在一侧或分居两侧要视设计定、据实践现场看，大部分都在一侧，其好处是便于操作，尤其是高空作业，只在一侧操作就可以了，免得两侧来回跑。

b. 施工方向：从纵管道的直段开始，从下往上，将铁皮围拢，用麻绳或棕绳勒紧，松紧度合适后，先在下端固定一自攻螺钉，往上再勒紧再钉钉，到了弯管部位，除了找定长短素线的正确位置外，还要找定上下端曲面的扣合，最后才能用麻绳或棕绳勒紧，松紧度合适后在纵缝的直边上用自攻螺钉定位，一般用两个就够了。

c. 自攻螺钉：标准螺栓用 M 表示，而自攻螺钉用 ST 表示，常用的自攻螺钉为 ST4×10 或 ST4×16，钻孔用 $\phi 3.2mm$ 的钻头，用手动或电动十字形螺丝刀紧固之。

（2）下降弯管

如图 16-26（b）所示，纵缝的压鼓端与平面端正好与上升弯管搭接相反。其他事宜完全同上升弯管。

如图 16-26（e）所示是两端皆加余量，这种加余量的方法是上升、下降弯管通用的方法，只是压鼓的端头据情决定而已，灵活性很强。

（3）水平弯管

如图 16-26（c）、（d）所示，对接缝必须安排在最短或最长素线上，才能达到防水的目的，其他事宜完全同上升管，此不重述。

6. 大型圆锥台的绝热

在设备的绝热工程中，常遇到各种锥台的绝热，其难度有三：一是保护层的下料，二是绝热层的固定，三是与上下管的连接，难度较大。本文为正锥台，上下直管在其他节中叙述过，不再重复，只叙述正锥台的绝热。

图 16-27 所示为一正锥台的绝热施工图，为保温绝热、绝热材料为岩棉板，厚 80mm，用销钉与自锁紧板固定。

（1）保护层铁皮下料计算

锥台的下料完全可以用原板，即用 0.5mm×1000mm×2000mm 的镀锌板，竖着用，左端压鼓覆盖另板，上端被上直管覆盖，搭接量 10mm，用自攻螺钉固定，右端被另板覆盖，下端覆盖下直管，搭接量 10mm，用自攻螺钉或抽芯铆钉固定。

通过反复计算，最后找定横向搭接量 63mm，外覆盖板长为 937mm，下料块数为 13119÷937＝14（块）。

下面进行有关数据的计算。

① 下上端半径：$r_1 = 2088mm$，$r_2 = 1238mm$。

② 下上端口周长 $s = 2\pi r_n$

$s_1 = 2\pi \times 2088mm = 13119mm$，$s_2 = 2\pi \times 1238mm = 7779mm$。

③ 锥台半顶角 $\alpha = \arctan \dfrac{2088-1238}{1750} = 25.9°$

④ 下、上端展开半径 $P_n = \dfrac{r_n}{\sin\alpha}$

$P_1 = \dfrac{2088}{\sin 25.9°}mm = 4780mm$，$P_2 = \dfrac{1238}{\sin 25.9°}mm = 2834mm$。

锥台绝热带板展开图如图 16-28 所示。

⑤ 大端占据的块数，通过试算以 14 块为合理。

⑥ 大端弧长 $s_3 = 13119mm \div 14 = 937mm$。

⑦ 大端半弧长 $\dfrac{s_3}{2} = 937mm \div 2 = 469mm$。

⑧ 半弧长所对圆心角 $\alpha_1 = \dfrac{180° \times 469}{\pi \times 4780} = 5.62°$

⑨ 半弧长所对弦长 $B_1 = P_1 \sin\alpha_1 = 4780mm \times \sin 5.62° = 468mm$。

⑩ 大端弦高 $h_1 = P_1(1 - \cos\alpha_1) = 4780mm \times (1 - \cos 5.62°) = 23mm$。

⑪ 小端弧长 $s_4 = 7779mm \div 14 = 556mm$。

⑫ 小端半弧长 $\dfrac{s_4}{2} = 556mm \div 2 = 278mm$。

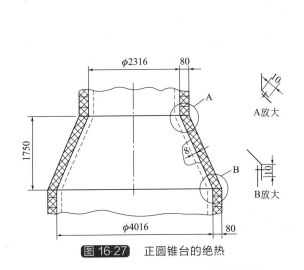

图 16-27 正圆锥台的绝热

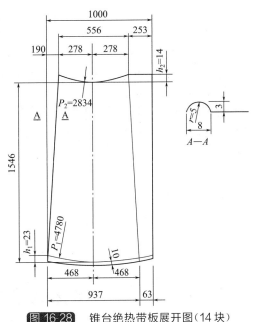

图 16-28 锥台绝热带板展开图（14 块）

⑬ 半弧长所对圆心角 $\alpha_2 = \dfrac{180° \times 278}{\pi \times 2.834} = 5.62°$。

⑭ 半弧长所对半弦长 $B_2 = P_2 \sin\alpha_2 = 2834\text{mm} \times \sin 5.62° = 278\text{mm}$。

⑮ 小端弦高 $h_2 = P_2(1 - \cos\alpha_2) = 2834\text{mm} \times (1 - \cos 5.62°) = 14\text{mm}$。

⑯ 左上端渐缩量为 $(468 - 278)\text{mm} = 190\text{mm}$。

⑰ 右上端被覆盖量为 $(468 + 63 - 278)\text{mm} = 253\text{mm}$。

⑱ 右下端被覆盖量为 $(1000 - 937)\text{mm} = 63\text{mm}$。

从图 16-28 可看出，带板的下端起拱高 23mm，必须切成弧状，整弧才能圆滑过渡，上端口与上直管搭接相连，搭接量 10mm；右端被另板左端所覆盖，覆盖量上为 253mm，下为 63mm，左端压鼓可用电动压鼓机压出，形式如图 16-28 中 $A—A$ 所示。下端扳折 10mm，形式如图 16-28 中 $B—B$ 所示。

（2）保护层的加工方法

从防水的角度出发，一律采用上搭下结构，左端压鼓覆盖另板，再用自攻螺钉连接，上下皆采用搭接上钉连接，很有实用价值，压鼓形式如图 16-28 中 $A—A$ 所示。

（3）绝热层的固定方法

此锥台为保温绝热，用 80mm 厚的岩棉板，可在锥台钢板上焊接保温销钉，销钉的位置和间距可根据绝热板的外形尺寸灵活掌握，将绝热板固定于绝热销钉后，再套入自锁紧板，用内径大于 6mm 的短管配锤子将自锁紧板击打至设计的紧度，便将绝热层紧紧地固定在锥台上了。

（4）保护层的安装方法

① 将下直管的保护层安装完毕。

② 将上直管保护层的 10mm 在地面扳折至设计的角度，并在中线下端往上 5mm 钻出 $\phi 3.2\text{mm}$ 的孔，以备与锥台保护层板上钉相连，并压鼓。

③ 将锥台保护层板的 10mm 在地面扳折至设计的角度，并在中线上端往下 5mm 钻出 $\phi 3.2\text{mm}$ 的孔，以备与上直管保护层板上钉相连，并压鼓。

④ 将上直管保护层板按前述的安装方法安装完毕。

⑤ 将锥台保护层板的小端一扇一扇地塞入上直管的 10mm 下面,同时用自攻螺钉连接,直至全周。

⑥ 调正纵缝的搭接量后,从上往下上钉连接固定。

⑦ 压贴锥台保护层板下端的 10mm,上钉连接直至全周。

7. 大型锥顶罐的绝热

所谓锥顶罐,即罐顶为正圆锥形,筒体为圆筒形,锥顶的底角一般为 10°~15°,比起球罐和拱顶罐都较好制作。锥顶和筒体的连接采用联合角咬缝,顶端圆管周向使用脖领。下面叙述其制作安装工艺。

如图 16-29 所示为甲醛贮罐的绝热施工图,为常温、常压贮存容器,保温材质为硅酸铝,厚度 80mm。

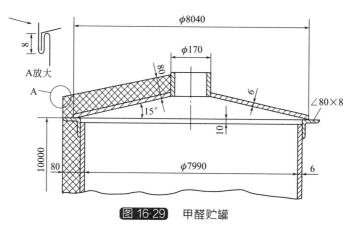

图 16-29 甲醛贮罐

(1) 保护层铁皮料计算

① 筒体　筒体的下料完全可以用原板,即用 0.5mm×2000mm×1000mm 的镀锌板制作,左、下端压鼓,上端、右端为平板被覆盖,然后上钉连接;筒体板与锥顶板的连接采用联合角咬缝,筒体上端为承接端呈 N 形,较难加工,故设计筒体最上带时尽量使板宽窄一些,但不能低于 500mm。

a. 筒体带板分析(展开图见图 16-30)。

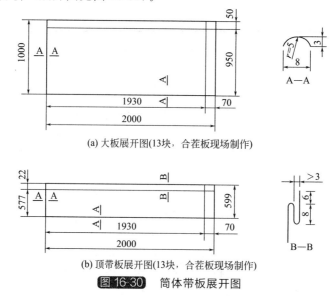

(a) 大板展开图(13块,合茬板现场制作)

(b) 顶带板展开图(13块,合茬板现场制作)

图 16-30 筒体带板展开图

b. 筒体外周长 $s = (7990 + 86 \times 2)mm \times \pi = 25642mm$。

c. 周向布置的块数（用试算法）：通过反复计算搭接量按 70mm，外露板长为 1930mm，即下料块数为 $25642 \div 1930 = 13.2858$（块）。因为 $0.2858 \times 1930mm = 552mm$，所以合茬时这 552mm 现场量取制作即可。

d. 纵向布置的带数（用试算法）：按搭接 50mm 计算，外露板宽为 950mm、下料带数为 $(10000 + 77) \div 950 = 10.6$（带），因为 $0.6 \times 950mm = 570mm$，这 570mm 安排在最上带为最合适。

e. 保护层筒体增加的高度：如图 16-31 所示为保护层带板增加高度计算原理图，在直角三角形 ABC 中，$\angle BAC = 15°$，故 $AC = 80mm \times \cos15° = 77mm$。

② 锥形顶盖 本例的锥形顶盖底角为 15°，坡度不大，比较便于安装，故采用 $0.5mm \times 1000mm \times 2000mm$ 的板。图 16-32 为锥顶带板的分析图。

a. 第一带布置的块数。

第一带下端周长 $s_1 = (86 \times 2 + 7990)mm \times \pi = 25642mm$。

第一带布置的块数（试算法）：通过反复计算，最后找定按搭接 50mm，外露板长为 950mm，下料块数为 $25642 \div 950 = 27$（块）。

b. 纵向布置的带数（见图 16-32）。

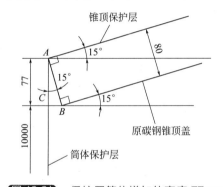

图 16-31 保护层筒体增加的高度 77mm

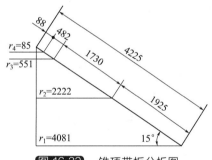

图 16-32 锥顶带板分析图

- 锥顶斜边长 $l = \dfrac{4081mm}{\cos15°} = 4225mm$。

- 支管半斜长 $l' = \dfrac{85mm}{\cos15°} = 88mm$。

- 带板分配：经过 n 次的试算，考虑到弧端的起拱高和对应的搭接量是否符合设计要求，最后定出分配尺寸为 $(1925 + 1730 + 482 + 88)mm = 4225mm$。

各点的纬圆半径 r_n

如 $r_2 = (4081 - 1925 \times \cos15°)mm = 2222mm$

同理得：$r_3 = 551mm$，$r_4 = 85mm$，$r_1 = 4081mm$；

- 各点的整纬圆周长 $S_n = 2\pi r_n$

如 $S_2 = 2\pi \times 2222mm = 13961mm$。

同理得：$S_3 = 3462mm$，$S_1 = 25642mm$，$S_4 = 534mm$；

- 各点的展开半径 $P_n = \dfrac{r_n}{\cos15°}$

如 $P_3 = \dfrac{551mm}{\cos15°} = 570mm$

同理得：$P_2 = 2300mm$，$P_1 = 4225mm$，$P_4 = 88mm$

c. 锥顶各带板的计算。

ⓐ 第一带板（展开图见图 16-33）

大端占据的块数，通过试算以 27 块为合理。

大端弧长 $s_1 = 25642\text{mm} \div 27 = 950\text{mm}$。

大端半弧长 $\dfrac{s_1}{2} = 950\text{mm} \div 2 = 475\text{mm}$。

半弧长所对圆心角 $\alpha_1 = \dfrac{180° \times 475}{\pi \times 4225} = 6.44°$。

半弧长所对弦长 $B_1 = P_1 \sin\alpha_1 = 4225\text{mm} \times \sin6.44° = 474\text{mm}$。

大端弦高 $h_1 = P_1(1 - \cos\alpha_1) = 4225\text{mm} \times (1 - \cos6.44°) = 27\text{mm}$。

小端弧长 $s_1' = 13961\text{mm} \div 27 = 517\text{mm}$。

小端半弧长 $\dfrac{s_1'}{2} = 517\text{mm} \div 2 = 259\text{mm}$。

半弧长所对半弦长 $B_1' = P_2 \sin\alpha_1 = 2300\text{mm} \times \sin6.44° = 258\text{mm}$。

小端弦高 $h_1' = P_2 \cdot (1 - \cos\alpha_1) = 2300\text{mm} \times (1 - \cos6.44°) = 15\text{mm}$。

左上端渐缩量为 $(474 - 258)\text{mm} = 216\text{mm}$。

右上端被覆盖量为 $(474 + 50 - 258)\text{mm} = 266\text{mm}$。

右下端被覆盖量为 $(1000 - 950)\text{mm} = 50\text{mm}$。

从图 16-33 中可看出，第一带板的下端起拱高 27mm，必须切成弧状，整弧才能圆滑过渡，上端口被第二带所覆盖，直线曲线皆可；右端被右板所覆盖，覆盖量上为 266mm，下为 50mm，左、下端压鼓和折边，可用电动压鼓机压出，如图 16-33 中 $A—A$ 和 $B—B$ 所示。

ⓑ 第二带板（展开图见图 16-34）

大端占据的块数，通过试算以 15 块为合理。

大端弧长 $s_2 = 13961\text{mm} \div 15 = 931\text{mm}$。

大端半弧长 $\dfrac{s_2}{2} = 931\text{mm} \div 2 = 465.5\text{mm}$。

半弧长所对圆心角 $\alpha_2 = \dfrac{180° \times 465}{\pi \times 2300} = 11.58°$。

半弧长所对弦长 $B_2 = P_2 \sin\alpha_2 = 2300\text{mm} \times \sin11.58° = 462\text{mm}$。

大端弦高 $h_2 = P_2(1 - \cos\alpha_2) = 2300\text{mm} \times (1 - \cos11.58°) = 47\text{mm}$。

小端弧长 $s_2' = 3462\text{mm} \div 15 = 231\text{mm}$。

小端半弧长 $\dfrac{s_2'}{2} = 231\text{mm} \div 2 = 115.5\text{mm}$。

半弧长所对半弦长 $B_2' = P_3 \sin\alpha_2 = 570\text{mm} \times \sin11.58° = 114\text{mm}$。

小端弦高 $h_2' = P_3(1 - \cos\alpha_2) = 570\text{mm} \times (1 - \cos11.58°) = 12\text{mm}$。

左上端渐缩量为 $(462 - 114)\text{mm} = 348\text{mm}$。

右上端被覆盖量为 $(462 + 69 - 114)\text{mm} = 417\text{mm}$。

右下端被覆盖量为 $(1000 - 931)\text{mm} = 69\text{mm}$。

从图 16-34 中可看出，第二带板的下端起拱高 47mm，必须切成弧状，整弧才能圆滑过渡，上端口被第三带所覆盖，直线曲线皆可；右端被右板所覆盖，覆盖量上为 417mm，下为 69mm，左、下端压鼓，可用电动压鼓机压出，形式如图 16-34 中 $A—A$ 所示。

ⓒ 第三带板（展开图见图 16-35）。

大端占据的块数，通过试算以 4 块为合理。

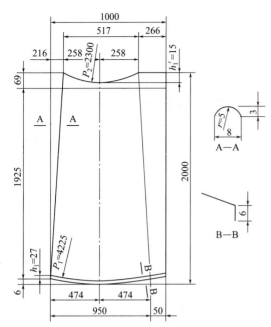

图 16-33　锥顶第一带板展开图（27 块）

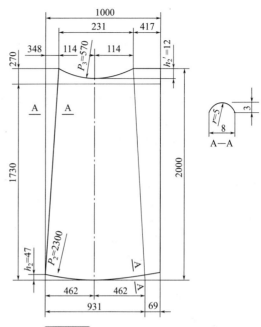

图 16-34　第二带板展开图（15 块）

大端弧长 $s_3 = 3462\text{mm} \div 4 = 866\text{mm}$。

大端半弧长 $\dfrac{s_3}{2} = 866\text{mm} \div 2 = 433\text{mm}$。

半弧长所对圆心角 $\alpha_3 = \dfrac{180° \times 433}{\pi \times 570} = 43.5°$。

半弧长所对弦长 $B_3 = P_3 \sin\alpha_3 = 570\text{mm} \times \sin 43.5° = 393\text{mm}$。

大端弦高 $h_3 = P_3(1 - \cos\alpha_3) = 570\text{mm} \times (1 - \cos 43.5°) = 157\text{mm}$。

小端弧长 $s_3' = 534\text{mm} \div 4 = 134\text{mm}$。

小端半弧长 $\dfrac{s_3'}{2} = 134\text{mm} \div 2 = 67\text{mm}$。

半弧长所对半弦长 $B_3' = P_4 \sin\alpha_3 = 88\text{mm} \times \sin 43.5° = 61\text{mm}$。

小端弦高 $h_3' = P_4(1 - \cos\alpha_3) = 88\text{mm} \times (1 - \cos 43.5°) = 24\text{mm}$。

左上端渐缩量为 $(393 - 61)\text{mm} = 332\text{mm}$。

右上端被覆盖量为 $(393 + 134 - 61)\text{mm} = 466\text{mm}$。

右下端被覆盖量为 $(1000 - 866)\text{mm} = 134\text{mm}$。

从图 16-35 中可看出，第三带板的下端起拱高 157mm，必须切成弧状，整弧才能圆滑过渡，上端与直管相吻合；右端被右板所覆盖，覆盖量上为 466mm，下为 134mm，左、下端压鼓，可用电动压鼓机压出，形式如图 16-35

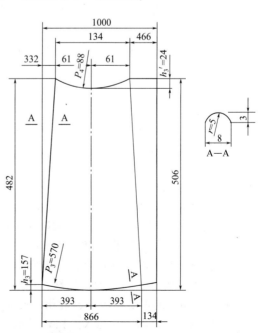

图 16-35　第三带板展开图（4 块）

中 $A—A$ 所示。

（2）保护层的加工方法

① 为了防水的需要，不论筒体还是锥顶盖，皆为上覆盖下的结构，左、下压鼓，以覆盖另板，再上钉连接，上、右为被覆盖端，不用压鼓、压鼓时推荐使用陕西省安装机械厂制造的 YG-100A 型压鼓机，如图 16-35 中 $A—A$ 所示。

② 锥顶与筒体保护层的连接可采用联合角咬缝，推荐使用陕西省安装机械厂制造的 YZL-12 和 YZL-16C 联合角咬口机；若采用手工扳折时，可参见本书有关章节。

（3）绝热层的固定方法

此锥顶罐为保温绝热，用 80mm 厚的玻璃棉板，可在筒体上和锥顶上焊接保温销钉，销钉的位置和间距可根据保温板的外形尺寸灵活掌握。将保温板压入保温销钉后，再套入自锁紧板，用内径大于 6mm 的短管配手锤将自锁紧板击打至一定的紧度，便将保温层紧紧地固定在筒体和锥顶上了。

（4）保护层的安装方法

① 筒体

a. 将棕绳围拢于基础以上 800mm 处，以松动状态为合适。

b. 将第一带所有板塞围于棕绳以内，并按预先用记号笔所作的搭接记号用钉连接之，最后一道纵缝不要连。

c. 用棕绳配紧线器将棕绳拉紧，以使保护层紧贴绝热层，直径大时可多设置几个紧线器，以利于板的移动，约隔 7~8 块板应设置一个紧线器。

d. 紧线器配棕绳拉紧后，会出现三种情况：

一是合茬板偏小，应另外量取实际空间的大小更换新板；二是合茬板偏大，这是好事，多搭接些上钉即可；三是合茬板正好，这种情况的概率很小很小。

e. 第二带板的安装。

将棕绳围于第二带上端位置，保持有一定的松动状态。

将 S 钩挂于第一带板的上端口于全周。

将第二带所有板都立于 S 钩中，下端有 S 钩以承托，上端有棕绳以围揽，第二带所有板就基本定位了。

按所作的搭接记号纵缝上钉，合茬缝暂不上钉。

用棕绳配紧线器将第二带保护层围拢并拉紧，最后合茬纵缝上钉，合茬缝的处理同第一带。

f. 其他各带同第二带，此略。

g. 安装最后一带时，应注意与锥顶第一带的联合角咬缝的密切吻合，若偏高或偏低时应用搭接量以微调之。

② 锥顶

a. 吊运锥顶板，仍使用吊装小车，结构形式同拱顶罐顶小车，此略。当然应是在安装绝热层之前吊置于锥顶板上。

b. 将第一带联合角咬缝的插入端（当然包括筒体最上带的承接端）在地面预制完毕。

c. 将第一带的所有板的联合角咬缝的插入端插入筒体上带的承接端，并将覆盖的 6mm 微微往下砸一点，以取得活动连接和定位作用。

d. 由两人操作，一人调搭接量，一人钻孔上钉，将一周板连为一体。

e. 将 6mm 的覆盖端砸牢、砸死，便完成了第一带板的安装。

f. 将第一带板的上端挂入 S 钩，以承托第二带板，每板至少应挂两个。

g. 将第二带板全部放入 S 钩中，周向调正搭接量，合茬板空间或大或小时，可用周向搭接量微调之，合格后上钉固定之。

h. 同上法完第三带板。

i. 直管与第三带的接缝应抹以玛琋脂以密封。

8. 标准椭圆封头的绝热

化工企业 80% 的设备和管道都要进行绝热（保温，保冷），本节就标准椭圆封头的绝热铁皮的下料、制作和安装方法介绍如下。

立式封头和卧式封头，从防水的角度考虑，瓣片的制作和安装稍有不同，故分立式封头和卧式封头分别叙述。

（1）立式封头

图 16-36 所示为标准椭圆封头外包镀锌铁皮的施工图和瓣片展开图，绝热采用岩棉硅酸铝，厚度 160mm，分 48 片下料。

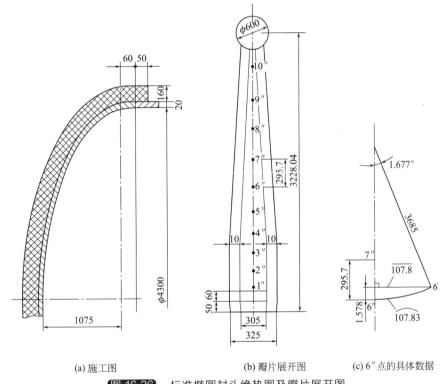

(a) 施工图 (b) 瓣片展开图 (c) 6″点的具体数据

图 16-36 标准椭圆封头绝热图及瓣片展开图

① 计算公式 图 16-37 所示为计算原理图。

a. 任一点纬圆半径 $r_n = R\sin\beta_n$。

在直角三角形 OO_26 中可证得。

b. 任一点至横轴的距离 $f_n = h\cos\beta_n$

在直角三角形 OO_16' 中可证得。

c. 任一点至圆心的距离 $l_n = \sqrt{f_n^2 + r_n^2}$

在直角三角形 OO_16'' 中可证得。

d. 任一点的展开半径所对的圆心角 $\omega_n = \arcsin\dfrac{r_n}{l_n}$

在直角三角形 OO_16'' 中可证得。

e. 任一点的展开半径 $P_n = l_n\tan\omega_n$

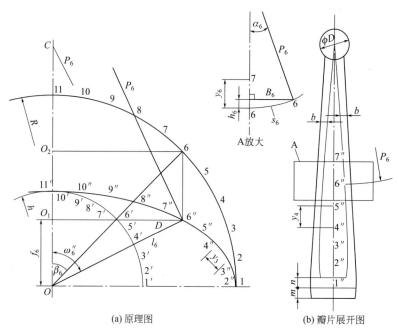

(a) 原理图　　　　　　　(b) 瓣片展开图

图 16-37　绝热瓣片计算原理图（用同心圆法画出）

在直角三角形 $C6''O$ 中可证得。

f. 瓜瓣中线上任两点间的弦长

$$y_n = \sqrt{[r_n - r_{(n+1)}]^2 + [f_{(n+1)} - f_n]^2}$$

在直角三角形 $6''D7''$ 中可证得。

② 各数据计算　以 $6''$ 点为例计算，施工图如图 16-36（c）所示。

a. 纬圆半径 $r_6 = R\sin\beta_n = 2330\text{mm} \times \sin45° = 1647.56\text{mm}$

同理得：$r_1 = 2330\text{mm}$，$r_2 = 2301.31\text{mm}$，$r_3 = 2215.96\text{mm}$，$r_4 = 2076.05\text{mm}$，$r_5 = 1885\text{mm}$，$r_7 = 1369.54\text{mm}$，$r_8 = 1057.8\text{mm}$，$r_9 = 720\text{mm}$，$r_{10} = 364.5\text{mm}$，$r_{11} = 0$。

b. 展开料半弧长 $s_6 = 2\pi r_6/96 = 2\pi \times 1647.56/96\text{mm} = 107.83\text{mm}$

同理得：$s_1 = 152.5\text{mm}$，$s_2 = 150.62\text{mm}$，$s_3 = 145.03\text{mm}$，$s_4 = 135.88\text{mm}$，$s_5 = 123.37\text{mm}$，$s_7 = 89.64\text{mm}$，$s_8 = 69.23\text{mm}$，$s_9 = 47\text{mm}$，$s_{10} = 39\text{mm}$。

c. $6''$ 点至横轴的距离 $f_6 = h\cos\beta_6 = 1165\text{mm} \times \cos45° = 823.78\text{mm}$

同理得：$f_1 = 0$，$f_2 = 182.25\text{mm}$，$f_3 = 360\text{mm}$，$f_4 = 529\text{mm}$，$f_5 = 684.77\text{mm}$，$f_7 = 924.5\text{mm}$，$f_8 = 1038\text{mm}$，$f_9 = 1108\text{mm}$，$f_{10} = 1150.66\text{mm}$。

d. $6''$ 点至圆心的距离 $l_6 = \sqrt{f_6^2 + r_6^2} = \sqrt{823.78^2 + 1647.56^2}\text{mm} = 1842\text{mm}$

同理得：$l_1 = 2330\text{mm}$，$l_2 = 2308.5\text{mm}$，$l_3 = 2245\text{mm}$，$l_4 = 2142.39\text{mm}$，$l_5 = 2005.53\text{mm}$，$l_7 = 1652.37\text{mm}$，$l_8 = 1482\text{mm}$，$l_9 = 1321.44\text{mm}$，$l_{10} = 1220.7\text{mm}$。

e. $6''$ 点的展开半径所对的圆心角 $\omega_6 = \arcsin\dfrac{r_6}{l_6} = \arcsin\dfrac{1647.56}{1842} = 63.44°$

同理得：$\omega_2 = 85.48°$，$\omega_2 = 80.77°$，$\omega_4 = 75.72°$，$\omega_5 = 70.03°$，$\omega_7 = 55.98°$，$\omega_8 = 45.54°$，$\omega_9 = 33°$，$\omega_{10} = 17.37°$。

f. $6''$ 的展开半径 $P_6 = l_6\tan\omega_6 = 1842\text{mm} \times \tan63.44° = 3685\text{mm}$

同理得：$P_2 = 29201.95\text{mm}$，$P_3 = 13815.21\text{mm}$，$P_4 = 8417.2\text{mm}$，$P_5 = 5519.14\text{mm}$，$P_7 = 2447.9\text{mm}$，$P_8 = 1510.2\text{mm}$，$P_9 = 858.13\text{mm}$，$P_{10} = 381.84\text{mm}$。

g. 展开图上 $6''$ 点所对应的半顶角 $\alpha_6 = 180°s_6/(\pi P_6) = 180° \times 107.83/(\pi \times 3685) = 1.677°$。

同理得：$\alpha_2 = 0.295°$，$\alpha_3 = 0.602°$，$\alpha_4 = 0.925°$，$\alpha_5 = 1.281°$，$\alpha_7 = 2.098°$，$\alpha_8 = 2.627°$，$\alpha_9 = 3.138°$，$\alpha_{10} = 5.85°$。

h. 展开图上 $6''$ 点的半弦长 $B_6 = P_6\sin\alpha_6 = 3685\text{mm} \times \sin1.677° = 107.8\text{mm}$

同理得：$B_1 = (4300 + 40 + 320)\text{mm} \times \pi \div 96 = 152.498\text{mm}$，$B_2 = 150.61\text{mm}$，$B_3 = 145.03\text{mm}$，$B_4 = 135.88\text{mm}$，$B_5 = 123.36\text{mm}$，$B_7 = 89.61\text{mm}$，$B_8 = 69.22\text{mm}$，$B_9 = 46.97\text{mm}$，$B_{10} = 38.93\text{mm}$。

i. 展开图上 $6''$ 点的弦高 $h_6 = P_6(1 - \cos\alpha_6) = 3685\text{mm} \times (1 - \cos1.677°) = 1.578\text{mm}$，即从 $6''$ 点往上截取的数值。

同理得：$h_2 = 0.387\text{mm}$，$h_3 = 0.761\text{mm}$，$h_4 = 1.097\text{mm}$，$h_5 = 1.379\text{mm}$，$h_7 = 1.64\text{mm}$，$h_8 = 1.587\text{mm}$，$h_9 = 1.287\text{mm}$，$h_{10} = 2\text{mm}$。

j. 展开图上相邻两点的弦长 $y_n = \sqrt{[r_n - r_{(n+1)}]^2 + [f_{(n+1)} - f_n]^2}$

如：$y_6 = \sqrt{(r_6 - r_7)^2 + (f_7 - f_6)^2} = \sqrt{(1647.56 - 1369.54)^2 + (924.5 - 823.78)^2}\ \text{mm} = 295.7\text{mm}$

同理得：$y_1 = 184.5\text{mm}$，$y_2 = 197.18\text{mm}$，$y_3 = 219.4\text{mm}$，$y_4 = 246.5\text{mm}$，$y_5 = 275\text{mm}$，$y_7 = 331.76\text{mm}$，$y_8 = 345\text{mm}$，$y_9 = 358\text{mm}$，$y_{10} = 365\text{mm}$。

③ 瓣片压制形状分析　为了防止雨水的浸入，瓣片与瓣片间的结合是通过凸面弧互相搭盖而实施的，类似屋面陶土瓦的结构，为了防止移动，在凸起的近处用自攻螺钉以定位，其瓣片的断面图如图 16-38 所示，图 16-38（a）所示为搭接量加在一起，图 16-38（b）为搭接量加在两边，图 16-38（c）所示为顶圆。为什么要压成弧状呢？主要是从防水的角度考虑，不管是立式还是卧式，假设只用平板搭接的方式连接，一是由于水表面存在有表面胀力，即使是平面，也会产生液体的位移，二是毛细现象，即使有一定的高差，也会产生液体的流动。特别是雨水暴降的时候更明显，所以应变平面搭接为曲面搭接。其搭接量是放在一边还是分居两边好呢？其实都可以，根据实践经验还是安排在两边好，放在一边整体看容易斜，不美观，安排在两边不容易斜，凸状搭接量可用电动起线机压出，从搭接缝的断面图看，凸起与平面可能有很大差距，由于弧状断面起弧很小而又是近半圆，所以凸起比平面差不了多少。瓣片的起鼓推荐使用陕西省安装机械厂制造的 YG-100A 型压鼓机、顶圆也可使用手动压鼓机压出。

④ 岩棉的安装方法

a. 在封头的直边部位，用棕绳配自行车内胎围成一个松动有弹性的圈。

b. 将矩形岩棉塞入圈中至全周，然后用打包机将钢带（20mm×1mm）紧固其外，据松动情况，在其上边还可以再捆扎一圈。

c. 往上铺设矩形岩棉，其间隙及角部可根据具体形状锯出塞入其中，直至铺设全封头，不用设保温钉或用胶粘。

d. 在顶圆处设圆钢圈（约 $\phi16\text{mm}$ 圆钢，$\phi500\text{mm}$）。

e. 最下钢带圈与最上圆钢圈用打包机以钢带相连，至此，整个封头的岩棉保温层便紧紧地固定在封头上了。

⑤ 外绝热铁皮的安装方法

a. 在地面几瓣用自攻螺钉组对成一大瓣（本例为 8 小片）。

b. 将各大瓣覆于已安装好岩棉的封头上，搭接位置、搭接量全部定位后，用细铁丝配瓣片上的孔与上圆钢圈相连定位。

c. 在直边处用棕绳配紧线器将直边处的绝热铁皮固定至设计的松紧度。

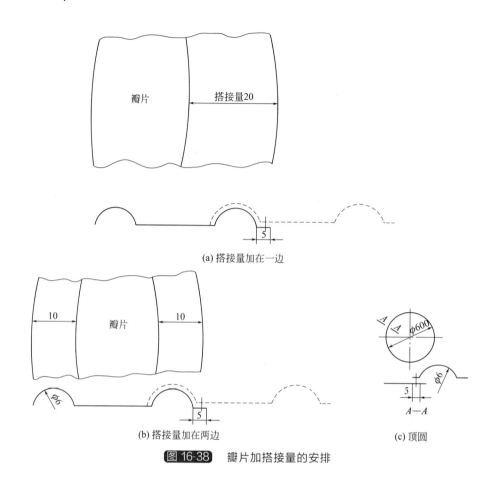

(a) 搭接量加在一边

(b) 搭接量加在两边

(c) 顶圆

图 16-38　瓣片加搭接量的安排

d. 以 200mm 左右的间距，在下端及各大瓣纵缝的直边上穿以自攻螺钉以固定。

e. 各大瓣定位后，盖上顶圆，用自攻螺钉固定，至此，全封头的绝热铁皮安装完毕。

f. 说明一点，在安装瓣片时，或由于下料误差，或由于保温层厚度误差，最后合茬时，不一定正好纵缝相搭，这不用担心，可根据剩余空间的大小，量体裁衣，定作一瓣安装即可。

（2）卧式封头

卧式封头的绝热基本同立式封头，只是从防水的角度和因空间位置的不同有点差别，现叙述如下。

① 上下瓣片的起鼓不同，如图 16-39 所示，最上瓣片两边起鼓不带直边，最下瓣片两边起鼓带 8mm 直边，其他瓣片谐与立式封头同，即两边起鼓一边带直边。

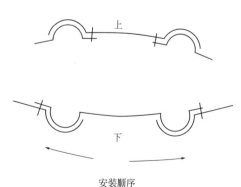

安装顺序

图 16-39　卧式封头起鼓和安装方向

② 安装顺序不同，从图 16-39 可看出，必须先从下往上安装（当然也是先组对成大片）。

③ 立式封头的顶圆周向起鼓后，压在各瓣片的小端头上，完全可起到防水的作用，但卧式则不然，由于顶圆仍是盖在瓣片的小端外侧，有雨水时会流入内部，浸湿绝热层，解决的方法是，在顶圆的边缘周向抹以密封胶。

④ 绝热层的固定方法不同。由于立式封头的空间位置的优势，在直边处用棕绳和车内胎定位后，绝热层从下至上安装不会下滑，所以不管是保温还是保冷，都不需要设保温钉或保冷钉；而卧式封头，

由于空间位置的特殊性，属保温的，要设保温钉，属保冷的，要设塑料保冷钉或玻璃胶粘接，这里只就保温钉的设置方法叙述之。

a. 在大端直边处和顶圆处各设一扁钢圈（30mm×3mm），不能与封头点焊。

b. 在两圈之间用电焊连接同样规格的扁钢。

c. 在扁钢上点焊保温钉，至此，保温钉结构便罩在了整个封头上。

d. 将绝热层压入保温钉中，高出的部分用空心管扳倒即成。

e. 铁皮的安装基本同立式封头，此不重复。

9. 管道的绝热

管道的绝热，即分管道的保温和保冷。下面分别叙述之。

（1）保温

如图 16-40 所示，为水平管道的保温结构图。

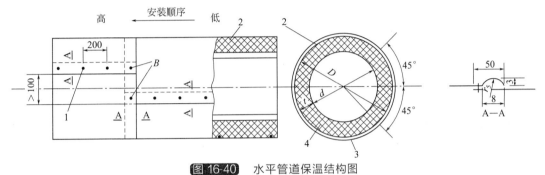

图 16-40 水平管道保温结构图

D—保护层直径；d—原钢管外直径；t—保温层厚度
1—自攻螺钉或抽芯铆钉；2—镀锌铁丝；3—镀锌钢板；4—保温层

① 施工程序

a. 当有坡度时，应由低端向高端进行，高端覆盖低端；

b. 纵环缝的覆盖端应压鼓，被覆盖端为平板，见 A—A；搭接量在 50mm 左右；

c. 相邻两节的纵缝距离在 100mm 以上；

d. 环缝不上钉，以利其热胀冷缩，实际上这就是伸缩缝，但从图中可看出弊端即 B 点，此 B 点是纵缝上的钉，但也是环缝上的钉，不上钉实际上是上了钉，环缝根本不能伸缩，其解决办法是：纵缝上钉时，B 点照样出现，但相隔 3～4m 时，此 B 点不上钉，这道环缝就是伸缩缝满足了设计要求；

e. 纵缝上钉，其间距 200mm 左右，但每条纵缝不得少于 4 个钉。

② 施工方法

a. 先包上管壳保温板，再用 14#～16# 镀锌铁丝捆扎，每条管壳不得少于两道；

b. 围拢保护层，先在右端将丁字绳拧紧使其紧贴保温层，松紧程度合适并基本保证搭接量后先上一钉，往左移丁字绳，拧紧至全部合格后全部上钉（丁字绳，在麻绳的一端系结 $\phi20mm$，长 200mm 的短木棍，使用时横木棍与绳纠缠在一起用力拧之，利用绳体的缩短，使保护层紧贴保温层）；

c. 为防雨水的侵入，纵缝的位置可安排在横中心线的上下 45° 范围内；为方便施工的操作，尽量安排在上 45°。

如图 16-41 所示，为垂直管道的保温结构图，图 16-42 为放大图。

③ 施工程序

a. 以水泥基础为平台，由下往上施工；上节覆盖下节，以利防水；

b. 纵、环缝的搭接同水平管道；

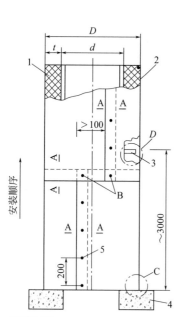

图 16-41   垂直管道保温结构图

D—保护层直径；d—原钢管外直径；
t—保温层厚度

1—镀锌铁丝；2—镀锌钢板；3—托板；
4—基础；5—自攻螺钉或抽芯铆钉

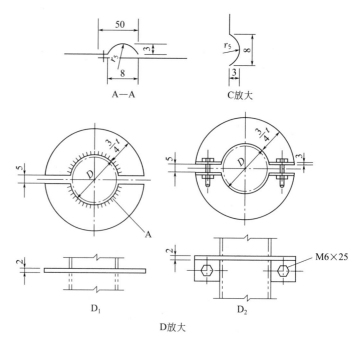

图 16-42   垂直管道保温结构图之放大图

c. 相邻两节纵缝距离大于 100mm 即可；

d. 环缝不上钉，以利伸缩……，完全同水平管道；纵缝上钉间距完全同水平管道；

e. 为防止绝热层的下坠，约距 3000mm 应设一支承圈，允许焊接时采用 D_1 型，不允许焊接时采用 D_2 型。

④ 施工方法

a. 保温层的施工方法完全同水平管道；

b. 围拢保护层的方法：先从下端围拢保护层，用丁字绳将保护层的下端拧至设计的松紧度、并上钉；再往上移丁字绳于近上端，拧绳的松紧度合适后一次性上钉，一块板不要出现三次围拢。

（2）保冷

如图 16-43 所示，为水平管道的保冷结构图。

水平管道的保冷，其施工程序和施工方法完全同水平管道的保温，只是保冷在绝热层外沿增加了防潮层而已，为什么要设防潮层呢？概括地说，保冷结构和地沟的保温结构都要设防潮层，其原理如下。

a. 保冷结构，是内部冷，外部热，其热量的传递原理总是热处向冷处传递，含水汽的热汽遇冷后便会结露，因而会将保冷层浸湿，使含水量增加。

b. 地沟的保温结构，因地沟在地平面以下，所以其湿度就大，因而会将保温层浸湿，使含水量增加。

总结以上两种情况，绝热层受潮后，开始时，导热率变化缓慢，但当含湿量大于 5%～10% 时，孔隙中的水滴或冰晶彼此相连，因而导热率急速增大，降低了绝热层的绝热效果，故保冷结构或地沟的保温结构应设置防潮层。

如图 16-44 和图 16-45 所示，为垂直管道的保冷结构图和放大图。其施工程序和施工方法完全同垂直管道的保温，只是增加了防潮层，防潮层已在本文"水平管道的保冷"中叙述过，请参阅。

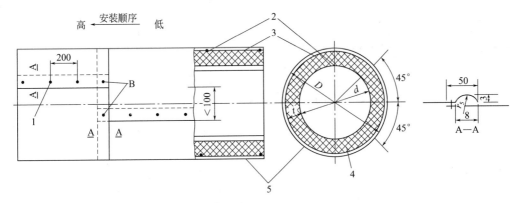

图 16-43 水平管道保冷结构图

D—保护层直径；d—原钢管外直径；t—绝热层厚度

1—自攻螺钉或抽芯铆钉；2—镀锌铁丝；3—防潮层；4—保冷层；5—镀锌钢板

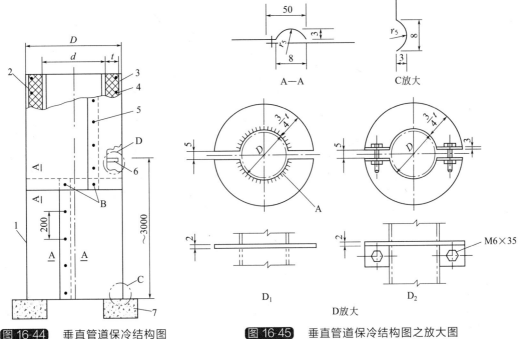

图 16-44 垂直管道保冷结构图

D—保护层直径；d—原钢管外直径；

t—绝热层厚度

1—镀锌钢板；2—防潮层；3—保冷层；

4—镀锌铁丝；5—自攻螺钉或抽芯铆钉；

6—托板；7—基础

图 16-45 垂直管道保冷结构图之放大图

10. 立卧式设备的绝热

立卧式设备的绝热，也分保温和保冷，下面分别叙述之。

（1）保温

如图 16-46 所示，为卧式设备保温结构图。

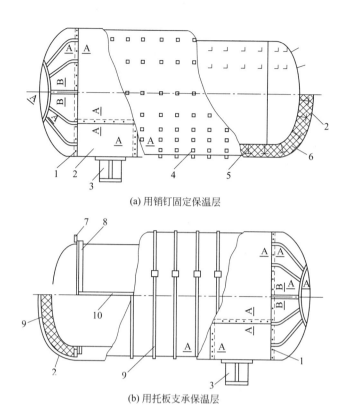

(a) 用销钉固定保温层

(b) 用托板支承保温层

图 16-46 卧式设备保温结构图

1—抽芯铆钉或自攻螺钉；2—镀锌钢板；3—支座；4—自锁紧板；5—销钉；
6—保温层；7—抱箍托板；8—抱箍；9—钢带；10—纵向托板

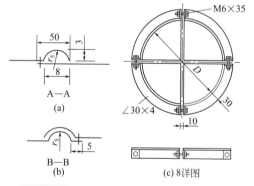

A—A
(a)

B—B
(b)

(c) 8详图

图 16-47 卧式设备保温结构图之放大图

图 16-47 为放大图。（a）为用销钉固定保温层的施工方法；（b）为用托板支承保温层的施工方法，前者属于允许焊接的情况，后者属于不允许焊接的情况，下面分别叙述之。

① 用销钉固定保温层

a. 在筒体和封头上点焊销钉，硬质保温层应点焊在保温层的缝隙上，间距在 $300 \sim 600$mm，软质保温层，间距不宜大于 350mm；

b. 将保温板压入销钉，封头上的瓣片要裁成原钢板瓣片型式，如有死角或缺角部位应以碎保温层以补之；

c. 将自锁紧板压入销钉，并用内直径大于 6mm 的钢管配手锤以击之，利用自锁紧板的翻边，两者便紧紧地结合在一起了，使其紧紧地压住保温层；

d. 先围拢筒体上的保护层，接缝型式见 A—A；

e. 为了使保护层紧紧地围拢保温层，应利用棕绳围拢、交叉、反方向施力而紧贴之，然后上钉；

f. 后安装封头上的保护层，其操作方法是：在地面预组装成几大片，覆盖于上半周的保温层；在瓣片的大端围拢一弹力绳；将下半周的瓣片塞于弹力绳内；为了使保护层大端紧贴保温层，可用钢带替代弹力绳；将顶圆覆于应在的位置，并用向上钉固定之；调节纵、环缝的搭接量后全封头上钉固定之；拆除大端钢带；顶圆保护层应周向抹以玛琋脂以密封。

② 用托板支承保温层

a. 在原封头直边处紧固抱箍 8，若两抱箍的距离超过 3000mm 时，可在筒体上紧固抱箍；

b. 在筒体的水平位置点焊抱箍间的纵向托板 10，为便于下半周的保温层固定，在最下侧也可以点焊纵向托板；

c. 以水平方位的托板为基面，将上半周的保温层铺设完毕；

d. 利用水平托板和最下托板上的预钻孔用 16# 铁丝将下半周的保温层兜托定位；

e. 用打包机配钢带将筒体上的保温层紧紧地固定在筒体上；

f. 抱箍上焊否托板 7，要视保温层的厚度定，托板在抱箍上的高度约等于保温层厚度的 $\frac{3}{4}$；

g. 利用抱箍托板上的预焊的 $\phi6mm$ 圆钢的门形架用 16# 铁丝将保温层暂且固定在封头上；

h. 利用抱箍托板上预焊的 $\phi6mm$ 圆钢的门形架用钢带固定封头保温层；

i. 先在筒体上安装保护层，型式见 A—A，同样用交叉绳勒紧之，然后上钉；

j. 后安装封头之保护层，接缝型式：大端和顶圆见 A—A，纵缝见 B—B；

k. 顶圆与瓣片的接缝，要用玛琋脂密封以防水浸入。

如图 16-48 所示，为立式设备保温结构图，图 16-49 为放大图。图 16-48（a）为用销钉固定保温层的施工方法；图 16-48（b）为用托板支承保温层的施工方法。

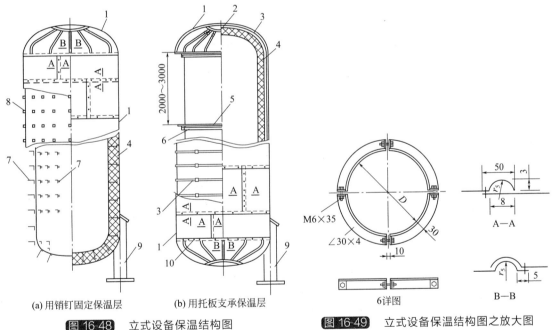

(a) 用销钉固定保温层　　(b) 用托板支承保温层

图 16-48　立式设备保温结构图

1—镀锌钢板；2—$\phi6mm$ 圆钢圈；3—固定保温层钢带；
4—保温层；5—抱箍托板；6—抱箍；7—销钉；8—自锁紧板；
9—支座；10—自攻螺钉或抽芯铆钉

6详图

A—A

B—B

图 16-49　立式设备保温结构图之放大图

③ 用销钉固定保温层

此立式用销钉固定保温层的方法，大致同卧式用销钉固定保温层的方法，只有三点不同。

a. 下封头保护层的安装方法难度较大，其方法是：

• 利用下封头离基础较近的优势，用直径小于顶圆直径的短圆管，将顶圆托起紧紧地贴近顶圆应处的封头位置；

- 在封头的直边处围紧弹力绳（棕绳和车内胎系结的绳）；
- 将瓣片上塞入弹力绳，下插入顶圆，便组建成一个非正规封头保护层；
- 在封头瓣片大端设置交叉绳，使保护层紧贴保温层；
- 调整瓣片和顶圆的覆盖量符合要求后，上钉固定，并在顶圆周向抹以玛琋脂以密封。

　　b. 下封头保护层瓣片大端和筒体保护层下端与卧式用销钉固定保温层的压箍方向不同，前者应为平板在内侧，后者应为压箍在外侧；

　　c. 上封头不必抹密封胶密封，而下封头必抹密封胶密封。

　　④ 用托板支承保温层

　　a. 在原钢板封头直边处紧固抱箍 6，若两抱箍的距离超过 2000mm 时，可在筒体上紧固抱箍；

　　b. 在抱箍上是否点焊托板，要视保温层的厚度定，托板在抱箍上的高度等于保温层厚度的 $\frac{3}{4}$；

　　c. 从最下抱箍开始，在筒体上系结弹力绳，将保温层塞入弹力绳中，每塞完一带保温层，就用钢带紧固之，每带不少于两道钢带；

　　同法完成全筒体的保温层固定；

　　d. 用常规的操作方法将保护层安装完毕，纵、环缝型式见 A—A；

　　e. 上封头的操作方法

- 在抱箍托板上焊接 ϕ6mm 圆钢的门形架。
- 以托板上平面为基面，往上砌排保温层，直至覆盖满全封头；
- 以门形架和用 ϕ6mm 的圆钢焊制的圆钢环为固定点，径向打钢带，将保温层固定牢固；
- 用常规的操作方法将保护层安装完毕，接缝型式：大端和顶圆见 A—A，纵缝见 B—B；

　　f. 下封头的操作方法　其方法完全同本文用销钉固定保温层的方法，此不重述。

　　(2) 保冷

　　保冷设备的特点，主要表现在不能在设备上焊接固定保冷层的设施，因而出现了用黏合剂粘贴塑料钉固定保冷层、用黏合剂粘贴保冷层、用抱箍承托保冷层、用喷涂法在设备上喷涂保冷层等固定保冷层的措施和手段。对于立卧式设备常用的方法是粘贴法和承托法。下面分别叙述之。

　　如图 16-50 所示，为卧式设备保冷结构图。

　　① 在封头和筒体上涂刷一排排黏合剂，宽 100mm，间隔 250mm，将保冷层粘贴在设备上，筒体上为矩形，封头上为扇形，接缝端也应涂黏合剂；

　　② 在封头上和筒体上用打包机配钢带（1mm×20mm）将保冷层固定，封头上的钢带节点，上为圆钢环（ϕ6mm），下为直边处钢带；

　　③ 在保冷层外设置防潮层，或涂抹法或捆扎法依设计定；

　　④ 先围拢筒体上的保护层，用交叉绳紧贴保冷层后上钉固定，接缝型式见 A—A；

　　⑤ 后围拢封头上的保护层，其操作方法完全同文"卧式设备保温"之（1）中的⑥。

　　如图 16-51 所示，为立式设备保冷结构图。

　　a. 在钢板封头的直边处紧固抱箍 2，并在筒体上按 2000～3000mm 的间距紧固托箍。

　　b. 托板的高度约等于保冷层厚度的 $\frac{3}{4}$；

　　c. 在筒体上以抱箍及托板为基面，自下往上砌筑保冷层，并用弹力绳临时固定，合格

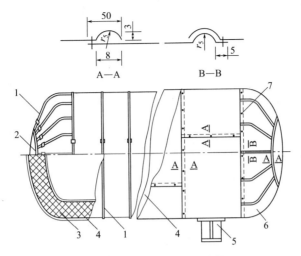

图 16-50 卧式设备保冷结构图

1—固定保冷层钢带；2—ϕ6mm 圆钢环；3—保冷层；4—防潮层；
5—支座；6—镀锌钢板；7—自攻螺钉或抽芯铆钉

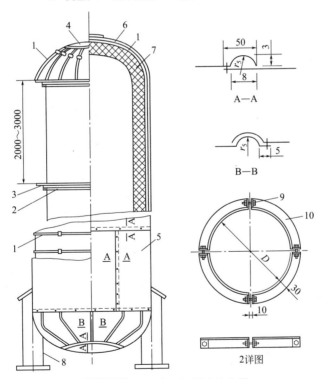

图 16-51 立式设备保冷结构图

1—固定保冷层钢带；2—抱箍；3—托板；4—ϕ6mm 圆钢环；5—镀锌钢板；
6—防潮层；7—保冷层；8—钢管支腿；9—M6×35；10—∠30×4

后再用钢带永久固定；

　　d. 在保冷层外涂刷或捆扎防潮层；

　　e. 用交叉绳紧贴后上钉，将筒体的保护层安装完毕，型式见 A—A；

　　f. 上封头的操作方法：

　　• 以抱箍及托板为基面，往上砌筑扇形保冷层，缺角和死角处用软质保冷层填充之；

- 在保冷层外打钢带固定，上节点为 $\phi6mm$ 的圆钢圈，下节点为抱箍托板上预焊的门形架（$\phi6mm$ 的圆钢）；
- 在保冷层外设置防潮层，或涂抹或捆扎由设计定；
- 在防潮层外安装保护层，纵缝型式见 B—B，顶圆缝型式见 A—A，瓣片下端压箍见 A—A。

g. 下封头的操作方法：
- 在钢板封头直边处紧固抱箍和托板，并在托板上点焊门形架（$\phi6mm$ 圆钢）；
- 利用门形架，径向系结弹力绳（麻绳和车内胎系结的绳）若干条，以备兜托保冷层；
- 将扇形保冷层塞于弹力绳内侧，死角和缺角处用软质保冷层填充之；
- 用钢带固定保冷层，上节点为抱箍上的门形架，下节点为 $\phi6mm$ 圆钢焊制的圈；
- 在保冷层外设置防潮层；
- 在防潮层外安装保护层，保护层的安装方法已在本文"立式设备保温"中（1）中之 ①中作了详细叙述，请参阅。

11. 大型拱顶罐的绝热

此类贮罐的结构型式，上为拱形顶，即球缺顶，下为圆柱形，拱形的绝热完全同球罐的绝热，由于球缺的底角一般都不大，在 20°左右，比球罐的安装要省劲得多；而圆形筒体呢？那就更好安装了。下面叙述其制作安装过程。

这里要说明一点，不论是筒体绝热铁皮还是拱顶绝热铁皮带板块数的计算，是用试算法计算的，块数为 n，因安装时勒紧程度的不同、绝热层疏松程度的差异，最后一块合茬板不一定合适，故在计算绝热铁皮块数时，应采用 $n-1$ 的方法下料，最后一块应根据合茬空间的实际几何尺寸下出，既省料又能保证质量。

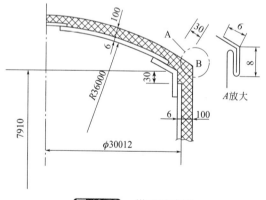

图 16-52 拱顶贮油罐

如图 16-52 所示，为一贮油拱顶罐的绝热施工图。钢板筒体外径 $\phi_{外}$ 30012mm，拱顶的钢板外皮半径 $R_{外}=36006mm$，为常压、常温贮藏容器，保温材质为硅酸铝板，厚度为 100mm，下面叙述该罐的保温工艺。

（1）保护层铁皮料计算

① 筒体

筒体的下料完全可以用原板，即用 $0.5\times2000\times1000（mm）$ 的镀锌板，两端压鼓两端被覆盖，然后上钉连接；

筒体板与拱顶板的连接，采用联合角咬缝，为了加工的方便，保温筒体上端的 N 形扣较难扳折，故设计保温筒体最上带板高在 500mm 左右为好。

② 绝热筒体带板分析

a. 筒体外周长 $S=(30012+200)\times\pi=94914（mm）$

b. 周向布置的块数 n（用试算法）

ⓐ 按搭接 62mm 计算，外露板长为 1938mm，下料块数为 $94914\div1938=48.98$（块）；

ⓑ 按搭接量 63mm 计算，外露板长为 1937mm，下料块数为 $94914\div1937=49$（块）

通过分析，按搭接 63mm 为合理，每带下 49 块，带板展开图见图 16-53。

c. 纵向布置的带数（用试算法）

ⓐ 按搭 60mm 计算，外露板宽为 940mm，下料带数为 $7500\div940=7.98$（带）；

ⓑ 按搭接量 63mm 计算，外露板宽为 937mm，下料带数为 $7500\div937=8$（带）

d. 保护层筒体增加的高度 如图 16-54 所示，为计算保护层增加的高度的示意图，计算过程如下：

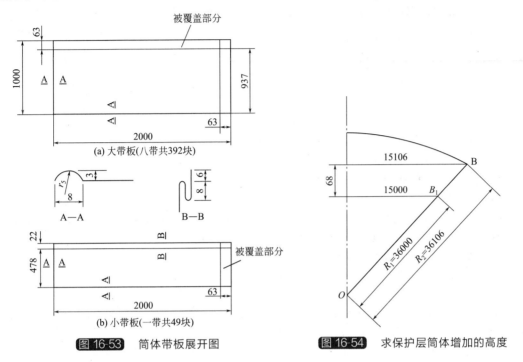

图 16-53 筒体带板展开图

图 16-54 求保护层筒体增加的高度

增加的高度 $h=\sqrt{36106^2-15106^2}-\sqrt{36000^2-15000^2}=68$(mm)。

通过分析，以搭接 63mm 为合理，大带八带，外露板宽 937mm；小带一带，共板宽 $410+68+22=500$(mm)

③ 拱顶

拱顶的底角都不大，一般在 20°左右，安装起来比球罐省劲得多，故常用 $2000\times1000\times0.5$(mm) 的板使用时，因横向使用，引起拱高过大，很浪费料，所以本文采用竖向使用，可大大节约用料。图 16-55 为拱顶带板分析图。

a. 第一带布置的块数

（a）第一带下端周长 $S_1=(30012+100\times2)\times\pi=94914$(mm)

（b）第一带周向占据的块数 n_1（用试算法）

• 按搭接 50mm 计算，外露板宽为 950mm，下料块数为 $94914\div950=99.9$（块）；

• 按搭接 51mm 计算，外露板宽为 949mm，下料块数为 $94914\div949=100$（块）。

通过分析，按搭接量 51mm 为合适，即第一带板下 100 块，外露板宽为 949mm。

b. 半纵向布置的带数

（a）半纵向弧所对的球心角 $\omega=\arcsin\dfrac{15106}{36106}=24.73230289°$；

（b）半纵向弧长 $S_1=\pi\times36106\times\dfrac{24.73°}{180°}-1300+50=14334$(mm) （1300mm 为顶圆半径；50mm 为被覆盖量）；

（c）半纵向占据的带数

根据实践经验，大端的起拱高越往上越大，覆盖下板的小端量越来越小，故安排搭接量越往上越大。

按排 864mm 的目的有二，一是为凑数 14334mm，二是为了与筒体绝热板的插接便于扳折而为。

c. 计算各带板数据如下：

（a）各纬圆所对的球心角 $\omega_n = \dfrac{180°S}{\pi R}$

如 $\omega_5 = \dfrac{180° \times 8880}{\pi \times 36106} = 14.09°$。

同理：

$\omega_9 = 1.98°$；$\omega_8 = 4.98°$；$\omega_7 = 8°$；$\omega_6 = 11.01°$；$\omega_4 = 17.17°$；$\omega_3 = 20.26°$；$\omega_2 = 23.36°$；$\omega_1 = 24.73°$。

（b）各点的纬圆半径 $r_n = R \cdot \sin\omega_n$

如 $r_5 = 36106 \times \sin14.09° = 8790(\text{mm})$；

同理：

$r_9 = 1248\text{mm}$；$r_8 = 3134\text{mm}$；$r_7 = 5025\text{mm}$；$r_6 = 6896\text{mm}$；$r_4 = 10659\text{mm}$；$r_3 = 12503\text{mm}$；$r_2 = 14316\text{mm}$；$r_1 = 15106\text{mm}$。

（c）各点的纬圆周长 $S_n = 2\pi r_n$

如 $S_5 = 2\pi \times r_5 = 2\pi \times 8790 = 55229(\text{mm})$；

同理：

$S_9 - 7841\text{mm}$；$S_8 = 19692\text{mm}$；$S_7 = 31573\text{mm}$；$S_6 = 43329\text{mm}$；$S_4 = 66972\text{mm}$；$S_3 = 78559\text{mm}$；$S_2 = 89950\text{mm}$；$S_1 = 94914\text{mm}$。

（d）各点的展开半径 $P_n = R \cdot \tan\omega_n$

如 $P_5 = 36106 \times \tan14.09° = 9063(\text{mm})$；

同理：

$P_9 = 1248\text{mm}$；$P_8 = 3146\text{mm}$；$P_7 = 5074\text{mm}$；$P_6 = 7025\text{mm}$；$P_4 = 11156\text{mm}$；$P_3 = 13327\text{mm}$；$P_2 = 15595\text{mm}$；$P_1 = 16630\text{mm}$。

d. 各带板的计算

（a）第一带板展开图（见图 16-56）

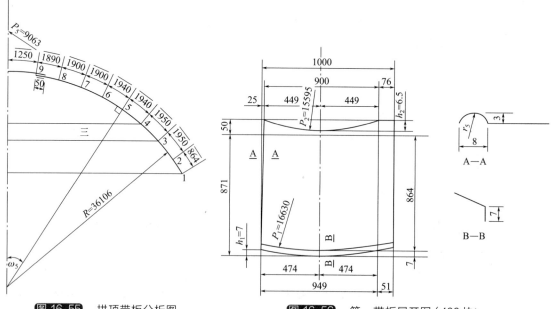

图 16-55　拱顶带板分析图　　　图 16-56　第一带板展开图（100 块）

ⓐ 大端占据的块数，通过试算以 100 块为合理；

ⓑ 大端弧长 $S=94914\div 100\approx 949(mm)$；

ⓒ 小端半弧长 $\dfrac{S}{2}=949\div 2\approx 475(mm)$；

ⓓ 半弧长所对圆心角 $\alpha=\dfrac{180°\times 475}{\pi\times 16630}=1.64°$；

ⓔ 半弧长所对弦长 $B=P\cdot\sin\alpha=16630\times\sin 1.64°=474(mm)$；

ⓕ 大端弦高 $h=P\cdot(1-\cos\alpha)=16630\times(1-\cos 1.64°)=7(mm)$；

ⓖ 小端弧长 $S=89950\div 100=900(mm)$；

ⓗ 小端半弧长 $\dfrac{S}{2}=900\div 2=450(mm)$；

ⓘ 半弧长所对圆心角 $\alpha=\dfrac{180°\times 450}{\pi\times 15595}=1.65°$；

ⓙ 半弧长所对半弦长 $B=P\cdot\sin\alpha=15595\times\sin 1.65°=449(mm)$；

ⓚ 小端弦高 $h=P\cdot(1-\cos\alpha)=15595\times(1-\cos 1.65°)=6.5(mm)$；

ⓛ 左上端渐缩量 $474-449=25(mm)$；

ⓜ 右上端被覆盖量 $474+51-449=76(mm)$；

ⓝ 右下端被覆盖量 $1000-949=51(mm)$。

从图中可看出，第一带板的下端起拱高 7mm，无需切成弧状，整弧也算圆滑过渡，上端口被第二带所覆盖，为直线也无妨；右端被右板所覆盖，覆盖量上为 76mm，下为 51mm，左、下端压鼓，可用电动压鼓机压出，型式参见 A—A 和 B—B。

（b）第二带板展开图（见图 16-57）

ⓐ 大端占据的块数，通过试算以 95 块为合理；

ⓑ 大端弧长 $S=89950\div 95=947(mm)$；

ⓒ 小端半弧长 $\dfrac{S}{2}=947\div 2=473(mm)$；

ⓓ 半弧长所对圆心角 $\alpha_2=\dfrac{180°\times 473}{\pi\times 15595}=1.74°$；

ⓔ 半弧长所对弦长 $B=P_2\sin\alpha_2=15595\times\sin 1.74°=473(mm)$；

ⓕ 大端弦高 $h_2=P_2\cdot(1-\cos\alpha_2)=15595\times(1-\cos 1.74°)=7(mm)$；

ⓖ 小端弧长 $S=78559\div 95=827(mm)$；

ⓗ 小弧半弧长 $\dfrac{S}{2}=827\div 2=414(mm)$；

ⓘ 半弧长所对圆心角 $\alpha_3=\dfrac{180°\times 414}{\pi\times 13327}=1.78°$；

ⓙ 半弧长所对半弦长 $B=P\sin\alpha=13327\times\sin 1.78°=413(mm)$；

ⓚ 小端弦高 $h=P(1-\cos\alpha)=13327\times(1-\cos 1.78°)=6.4(mm)$；

ⓛ 左上端渐缩量 $473-413=60(mm)$；

ⓜ 右上端被覆盖量 $473+53-413=113(mm)$；

ⓝ 右下端被覆盖量 $1000-947=53(mm)$。

从图中可看出，第二带板的下端起拱高 7mm，无需切成弧状，整弧也算圆滑过渡，上端口被第三带所覆盖，为直线也无妨；右端被右板所覆盖，覆盖量上为 113mm，下为 53mm，左、下端压鼓，可用电动压鼓机压出，型式参见 A—A。

（c）第三带板展开图（见图 16-58）

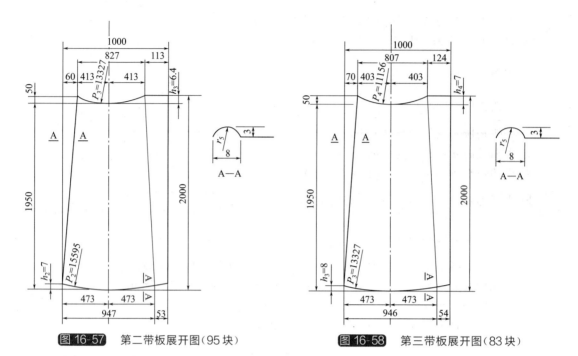

图 16-57 第二带板展开图（95块）   **图 16-58** 第三带板展开图（83块）

ⓐ 大端占据的块数，通过试算以 83 块为合理；

ⓑ 大端弧长 $S = 78559 \div 83 = 946$（mm）；

ⓒ 小端半弧长 $\dfrac{S}{2} = 946 \div 2 = 473$（mm）；

ⓓ 半弧长所对圆心角 $\alpha_3 = \dfrac{180° \times 473}{\pi \times 13327} = 2.034°$；

ⓔ 半弧长所对弦长 $B = P_3 \sin\alpha_3 = 13327 \times \sin 2.034° = 473$（mm）；

ⓕ 大端弦高 $h_3 = P_3(1 - \cos\alpha_3) = 13327 \times (1 - \cos 2.034°) = 8$（mm）；

ⓖ 小端弧长 $S = 66972 \div 83 = 807$（mm）；

ⓗ 小端半弧长 $\dfrac{S}{2} = 807 \div 2 = 403.5$（mm）；

ⓘ 半弧长所对圆心角 $\alpha = \dfrac{180° \times 403.5}{\pi \times 11156} = 2.072°$

ⓙ 半弧长所对半弦长 $B = P \sin\alpha = 11156 \times \sin 2.072° = 403$（mm）；

ⓚ 小端弦高 $h_4 = P_4(1 - \cos\alpha_4) = 11156 \times (1 - \cos 2.072°) = 7$（mm）；

ⓛ 左上端渐缩量 $473 - 403 = 70$（mm）；

ⓜ 右上端被覆盖量 $473 + 54 - 403 = 124$（mm）；

ⓝ 右下端被覆盖量 $1000 - 946 = 54$（mm）。

从图中可看出，第三带板的下端起拱高 8mm，无需切成弧状，整弧才能圆滑过渡，上端口被第四带所覆盖，为直线也无妨；右端被右板所覆盖，覆盖量上为 124mm，下为 54mm，左、下端压鼓，可用电动压鼓机压出，型式参见 A—A。

（d）第四带板展开图（见图 16-59）

ⓐ 大端占据的块数，通过试算以 71 块为合理；

ⓑ 大端弧长 $S = 66972 \div 71 = 943$（mm）；

ⓒ 小端半弧长 $\dfrac{S}{2} = 943 \div 2 = 471$（mm）；

ⓓ 半弧长所对圆心角 $\alpha_4 = \dfrac{180° \times 471}{\pi \times 11156} = 2.42°$；

ⓔ 半弧长所对弦长 $B = P_4 \sin\alpha_4 = 11156 \times \sin 2.42° = 471(\mathrm{mm})$；

ⓕ 大端弦高 $h_4 = P_4(1 - \cos\alpha_4) = 11156 \times (1 - \cos 2.42°) = 10(\mathrm{mm})$；

ⓖ 小端弧长 $S = 55229 \div 71 = 778(\mathrm{mm})$；

ⓗ 小端半弧长 $\dfrac{S}{2} = 778 \div 2 = 389(\mathrm{mm})$；

ⓘ 半弧长所对圆心角 $\alpha_5 = \dfrac{180° \times 389}{\pi \times 9063} = 2.46°$；

ⓙ 半弧长所对半弦长 $B = P_5 \sin\alpha_5 = 9063 \times \sin 2.46° = 389(\mathrm{mm})$；

ⓚ 小端弦高 $h_5 = P_5(1 - \cos\alpha_5) = 9063 \times (1 - \cos 2.46°) = 8(\mathrm{mm})$；

ⓛ 左上端渐缩量 $471 - 389 = 82(\mathrm{mm})$；

ⓜ 右上端被覆盖量 $471 + 57 - 389 = 139(\mathrm{mm})$；

ⓝ 右下端被覆盖量 $1000 - 943 = 57(\mathrm{mm})$。

从图中可看出，第四带板的下端起拱高 10mm，必须切成弧状，整弧才能圆滑过渡，上端口被第五带所覆盖，为直线也无妨；右端被右板所覆盖，覆盖量上为 139mm，下为 57mm，左、下端压鼓，可用电动压鼓机压出，型式参见 A—A。

（e）第五带板展开图（见图 16-60）

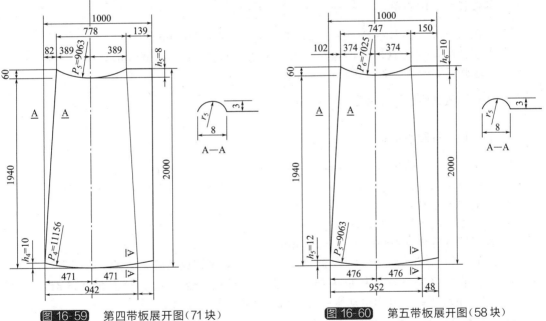

图 16-59　第四带板展开图（71块）　　　图 16-60　第五带板展开图（58块）

ⓐ 大端占据的块数，通过试算以 58 块为合理；

ⓑ 大端弧长 $S = 55229 \div 58 = 952(\mathrm{mm})$；

ⓒ 小端半弧长 $\dfrac{S}{2} = 952 \div 2 = 476(\mathrm{mm})$；

ⓓ 半弧长所对圆心角 $\alpha_5 = \dfrac{180° \times 476}{\pi \times 9063} = 3°$；

ⓔ 半弧长所对弦长 $B = P_5 \sin\alpha = 9063 \times \sin 3° = 476(\mathrm{mm})$；

ⓕ 大端弦高 $h_5 = P_5(1 - \cos\alpha_5) = 9063 \times (1 - \cos 3°) = 12(\mathrm{mm})$；

ⓖ 小端弧长 $S = 43329 \div 58 = 747 (\text{mm})$;

ⓗ 小端半弧长 $\dfrac{S}{2} = 747 \div 2 = 374 (\text{mm})$;

ⓘ 半弧长所对圆心角 $\alpha_6 = \dfrac{180° \times 374}{\pi \times 7025} = 3.05°$

ⓙ 半弧长所对半弦长 $B = P_6 \sin\alpha_6 = 7025 \times \sin 3.05° = 374 (\text{mm})$;

ⓚ 小端弦高 $h_6 = P_6(1 - \cos\alpha_6) = 7025 \times (1 - \cos 3.05°) = 10 (\text{mm})$;

ⓛ 左上端渐缩量 $476 - 374 = 102 (\text{mm})$;

ⓜ 右上端被覆盖量 $476 + 48 - 374 = 150 (\text{mm})$;

ⓝ 右下端被覆盖量 $1000 - 952 = 48 (\text{mm})$。

从图中可看出，第五带板的下端起拱高 12mm，必须切成弧状，整弧才能圆滑过渡，上端口被第六带所覆盖，为直线也无妨；右端被右板所覆盖，覆盖量上为 150mm，下为 48mm，左、下端压鼓，可用电动压鼓机压出，型式参见 A—A。

(f) 第六带板展开图（见图 16-61）

ⓐ 大端占据的块数，通过试算以 46 块为合理;

ⓑ 大端弧长 $S = 43329 \div 46 = 942 (\text{mm})$;

ⓒ 小端半弧长 $\dfrac{S}{2} = 942 \div 2 = 471 (\text{mm})$;

ⓓ 半弧长所对圆心角 $\alpha_6 = \dfrac{180° \times 471}{\pi \times 7025} = 3.84°$;

ⓔ 半弧长所对弦长 $B = P_6 \sin\alpha_6 = 7025 \times \sin 3.84° = 470 (\text{mm})$;

ⓕ 大端弦高 $h_6 = P_6(1 - \cos\alpha_6) = 7025 \times (1 - \cos 3.84°) = 16 (\text{mm})$;

ⓖ 小端弧长 $S = 31573 \div 46 = 686 (\text{mm})$;

ⓗ 小端半弧长 $\dfrac{S}{2} = 686 \div 2 = 343 (\text{mm})$;

ⓘ 半弧长所对圆心角 $\alpha_7 = \dfrac{180° \times 343}{\pi \times 5074} = 3.87°$

ⓙ 半弧长所对半弦长 $B = P_7 \sin\alpha_7 = 5074 \times \sin 3.87° = 343 (\text{mm})$;

ⓚ 小端弦高 $h = P_7(1 - \cos\alpha) = 5074 \times (1 - \cos 3.87°) = 12 (\text{mm})$;

ⓛ 左上端渐缩量 $471 - 343 = 128 (\text{mm})$;

ⓜ 右上端被覆盖量 $471 + 58 - 343 = 186 (\text{mm})$;

ⓝ 右下端被覆盖量 $1000 - 942 = 58 (\text{mm})$。

从图中可看出，第六带板的下端起拱高 16mm，必须切成弧状，整弧才能圆滑过渡，上端口被第七带所覆盖，为直线也无妨；右端被右板所覆盖，覆盖量上为 186mm，下为 58mm，左、下端压鼓，可用电动压鼓机压出，型式参见 A—A。

(g) 第七带板展开图（见图 16-62）

ⓐ 大端占据的块数，通过试算以 34 块为合理;

ⓑ 大端弧长 $S = 31573 \div 34 = 929 (\text{mm})$;

ⓒ 小端半弧长 $\dfrac{S}{2} = 929 \div 2 = 464.5 (\text{mm})$;

ⓓ 半弧长所对圆心角 $\alpha_7 = \dfrac{180° \times 464.5}{\pi \times 5074} = 5.24°$;

ⓔ 半弧长所对弦长 $B = P_7 \sin\alpha_7 = 5074 \times \sin 5.24° = 463 (\text{mm})$;

ⓕ 大端弦高 $h_7 = P_7(1 - \cos\alpha_7) = 5024 \times (1 - \cos 5.24°) = 21 (\text{mm})$;

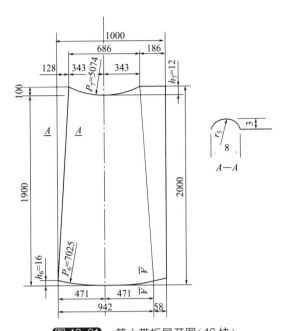

图 16-61　第六带板展开图（46 块）

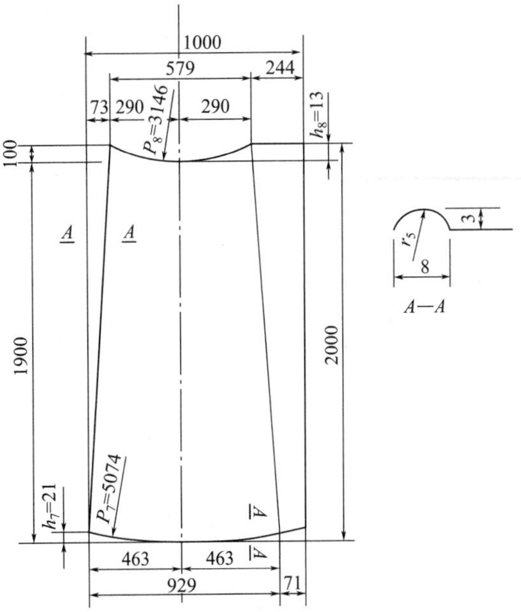

图 16-62　第七带板展开图（34 块）

ⓖ 小端弧长 $S=19692\div34=579(\text{mm})$；

ⓗ 小端半弧长 $\dfrac{S}{2}=579\div2=290(\text{mm})$；

ⓘ 半弧长所对圆心角 $\alpha_8=\dfrac{180°\times290}{\pi\times3146}=5.28°$

ⓙ 半弧长所对半弦长 $B=P_8\sin\alpha_8=3146\times\sin5.28°=290(\text{mm})$；

ⓚ 小端弦高 $h_8=P_8(1-\cos\alpha_8)=3146\times(1-\cos5.28°)=13(\text{mm})$；

ⓛ 左上端渐缩量 $463-290=173(\text{mm})$；

ⓜ 右上端被覆盖量 $463+71-290=244(\text{mm})$；

ⓝ 右下端被覆盖量 $1000-929=71(\text{mm})$。

从图中可看出，第七带板的下端起拱高 21mm，必须切成弧状，整弧才能圆滑过渡，上端口被第八带所覆盖，为直线也无妨；右端被右板所覆盖，覆盖量上为 244mm，下为 71mm，左、下端压鼓，可用电动压鼓机压出，型式参见 A—A。

（h）第八带板展开图（见图 16-63）

ⓐ 大端占据的块数，通过试算以 21 块为合理；

ⓑ 大端弧长 $S=19692\div21=938(\text{mm})$；

ⓒ 小端半弧长 $\dfrac{S}{2}=938\div2=469(\text{mm})$；

ⓓ 半弧长所对圆心角 $\alpha_8=\dfrac{180°\times469}{\pi\times3146}=8.54°$；

ⓔ 半弧长所对弦长 $B=P_8\sin\alpha_8=3146\times\sin8.54°=467(\text{mm})$；

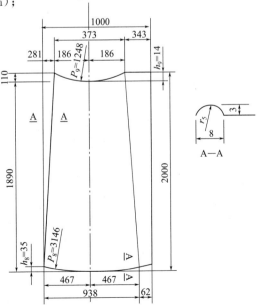

图 16-63　第八带板展开图（21 块）

ⓕ 大端弦高 $h_8 = P_8(1 - \cos\alpha_8) = 3146 \times (1 - \cos 8.54°) = 35$（mm）；

ⓖ 小端弧长 $S = 7841 \div 21 = 373$（mm）；

ⓗ 小端半弧长 $\dfrac{S}{2} = 373 \div 2 = 187$（mm）；

ⓘ 半弧长所对圆心角 $\alpha_9 = \dfrac{180° \times 187}{\pi \times 1248} = 8.59°$

ⓙ 半弧长所对半弦长 $B = P_9 \sin\alpha = 1248 \times \sin 8.59° = 186$（mm）；

ⓚ 小端弦高 $h_9 = P_9(1 - \cos\alpha_9) = 1248 \times (1 - \cos 8.59°) = 14$（mm）；

ⓛ 左上端渐缩量 $467 - 186 = 281$（mm）；

ⓜ 右上端被覆盖量 $467 + 62 - 186 = 343$（mm）；

ⓝ 右下端被覆盖量 $1000 - 938 = 62$（mm）。

从图中可看出，第八带板的下端起拱高35mm，必须切成弧状，整弧才能圆滑过渡，上端口被顶圆所覆盖，为直线也无妨；右端被右板所覆盖，覆盖量上为343mm，下为62mm，左、下端压鼓，可用电动压鼓机压出，型式参见 A—A。

(i) 顶圆展开图（见图16-64）

从图中可看出，周边压鼓，型式见 A—A，可用手摇压鼓机压出。

（2）保护层的加工方法

① 不论筒体还是拱顶，端边为直线可用电动压鼓机压出，端边为曲线可用手摇压鼓机压出，建议推荐使用陕西省安装机械厂制造的 YG-100A 型压鼓机。型式参见 A—A；

② 拱顶与筒体保护层的连接，可采用联合角咬扣，可用陕西省安装机械厂出的 YZL-12 和 YZL-16C 联合角咬口机；若用手工扳折，可参见本书中叙述过的扳折方法

（3）绝热层的固定方法

此罐为保温绝热，用100mm厚的硅酸铝保温板，可在筒壁和拱顶上焊接保温销钉，其位置和间距可根据贮罐的规格及保温板的外形尺寸灵活掌握。将保温板压入保温销钉后，用 $16^{\#}$ 镀锌铁丝缠绕于各钉上端，套入自锁紧板，用内径大于6mm的短管配手锤将自锁紧板击打至一定的紧度，既保证了自锁紧板的压紧作用，又保证了镀锌铁丝的包揽作用，这样，便将保温层牢牢地固定在罐壁和拱顶上了。

（4）保护层的安装方法

① 筒体

a. 从基础往上约700mm处，围拢一弹力绳（即棕绳和自行车内胎组系的绳），以备围拢和临时固定保护层板；

b. 以下端水泥基础为承托，将第一带的任两块板围拢于保温层外，按照预先用记号笔作好的搭接记号保证搭接量后用自攻螺钉或抽芯铆钉固定之；

c. 同法将第一带的所有板都围拢并上钉，只剩最后一条纵缝不要上钉；

d. 用紧线器配棕绳围拢于保护层外，视规格大小或180°安排一个，或90°安排一个，距离过长时会绳走板不走，也就是说，保护层与保温层的摩擦力大于保护层与棕绳的摩擦力，此时应视具体情况增加紧线器解决之。

紧线器配棕绳拉紧后，会出现两种情况，一是有搭接量和过多搭接量，二是无搭接量。出现前者时，应上钉，搭接过多无妨；出现后者时，应量取最后一块的实际空间重新换板，最后上钉；安装其他各带时，不要忘了使用S钩，在每带的上端挂S钩，将上带的板放入S钩中以承托并限位，调好搭接量后便可上钉，退掉S钩的方法是：将钩的外露部分扳直，再用木板类物往上捣去，便可将S钩捣入了板内。同法安装完所有的保护层板。最上一带板应预制好联合角咬缝的承接端，方法本章有叙述。

② 拱顶

a. 安装完拱顶上的转动小车，以备往拱顶上吊运拱顶保护层板，吊装小车如图 16-65 所示。

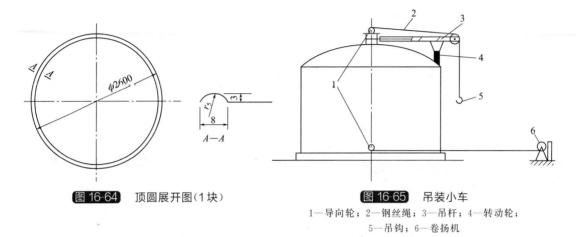

图 16-64 顶圆展开图(1块)

图 16-65 吊装小车

1—导向轮；2—钢丝绳；3—吊杆；4—转动轮；
5—吊钩；6—卷扬机

b. 先将第一带板的联合角咬缝的插入端在地面预制完毕，其方法见本章的介绍。

c. 将第一带的两块板的联合角咬缝的插入端放入筒体上带的联合角咬缝的承接端，为了便于调节两板的搭接量，承接端的 6mm 的封板稍往下砸一点，以取得活动连接，待将两板的搭接量调好后，再用力砸死，以牢牢固定之，继而纵缝上钉连接。

d. 同法，将第一带的所有板都围拢并上钉，同法将其它带也安装完毕，同罐壁一样，不要忘了使 S 钩，这是一个限位承托的好工具。

e. 将顶圆与带板上钉连接，并涂玛琋脂以密封。

12. 大型球罐的绝热

在设备的绝热中，以球罐的绝热难度最大，一是保护层铁皮的下料，必须算出每带上下端的展开半径，二是绝热层的固定，三是下半球所处空间位置的特殊性，施工难度大，下面分别叙述之。

如图 16-66 所示，为乙烯贮罐绝热施工图，球罐的外径 $\phi_外$ 14886mm，设计温度$-35℃$，设计压力 2.16MPa，保冷材质为聚氨酯，厚度为 140mm，支柱管 $\phi_外$ 458.2×10 (mm) 共 8 根，下面叙述该罐的保冷工艺。

（1）保护层铁皮料计算方法

保护铁皮的下料，一般用 2000mm×1000mm，0.5mm 厚的镀锌板，很少用铝板，为了适应球罐高空作业的需要，尽量不用原板，故常将原板一分为二，变成 1000mm×1000mm 的方板，高空用两个人便可轻松地进行安装操作。

为了便于赤道带板的固定，赤道带板骑于赤道线上是不合理的，应将赤道带板跨于赤道线的两侧下沿开缺口后插入支柱顶端以支托赤道带板为合理。

这里要说明一点，绝热铁皮带板块数的计算，是用试算法算出的，块数为 n，但因安装时勒紧程度的不同、绝热层疏松程度的差异，最后一块不一定合适，或大或小，故计算绝热铁皮块数时，应采用 $n-1$ 的方法下料，最后一块根据合茬空间的实际几何尺寸下出，既省料又能保证质量。

根据已设计定型的 1000mm×1000mm 的板，划出了如图 16-67 所示的带板分析图。

① 赤道带布置的块数（纵横皆搭接 50mm 左右）

a. 赤道线的周长 S_1 =（14886＋280）×π＝47645(mm)；

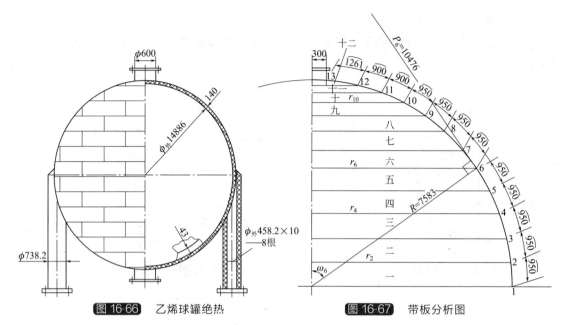

图 16-66   乙烯球罐绝热

图 16-67   带板分析图

b. 周向布置的块数 n_1（用试算法）

（a）按搭接 46mm 计算，外露板宽为 954mm，下料块数为 $47645 \div 954 = 49.9$（块）；

（b）按搭接 47mm 计算，外露板宽为 953mm，下料块数为 49.99（块）≈ 50（块）。

通过分析，按搭接 47mm 为合理，全赤道带用 50 块宽 1000×板长（mm）（板长后算出）。

② 半纵向布置的带数

a. 半纵向长 $S_2 = (14886 + 280) \times \dfrac{\pi}{4} - 300 = 11611$（mm）（300mm 为人孔筒体所占据的半外皮直径）；

b. 半纵向布置的带数 n_2（用试算法）

（a）按搭接量 48mm 计算，外露板长为 952mm，下料带数为 $11611 \div 952 = 12.196$（带）；

$1.196 \times 952 = 1139$（mm）；即下 11 块板长为 952mm，最上一块板长为 1139mm；

（b）按搭接 50mm 计算，外露板长为 950mm，下料带数为 $11611 \div 950 = 12.222$（带）；

$1.222 \times 950 = 1161$（mm），即下 11 块板长为 950mm，最上一带板长为 1161mm。

经分析，按搭接 50mm 为合理。

在以下计算带板尺寸的过程中，发现第一带板的起拱高 h_1 为零，第十带时 h_1 为 30mm，且越往上 h_n 越大，对原设计的搭接量 50mm，其近角部的覆盖量就偏小了，对防水不利，故变更以上粗估计，将十带和十一带的板长改为 900mm，搭接量便成了 100mm，那么十二带的板长便成了 1261mm。

③ 为了计算各带板的数据，必先计算如下数据

a. 各纬圆所对的球心角 $\omega_n = \dfrac{180° \times S}{\pi R}$

如 13 线所对的球心角 $\omega_{13} = \dfrac{180° \times 300}{\pi \times 7583} = 2.267°$

12 线所对的球心角 $\omega_{12} = \dfrac{180° \times (1261 + 300)}{\pi \times 7583} = 11.79°$

弧长 900mm 所对的球心角 $\omega = \dfrac{180° \times 900}{\pi \times 7583} = 6.8°$

弧长 950mm 所对球心角 $\omega = \dfrac{180° \times 950}{\pi \times 7583} = 7.178°$

同理：

$\omega_{11} = 11.79° + 6.8° = 18.59°$；$\omega_{10} = 18.59° + 6.8° = 25.39°$；$\omega_9 = 25.39° + 7.178° = 32.568°$；$\omega_8 = 32.568° + 7.178° = 39.746°$；$\omega_7 = 39.746° + 7.178° = 46.924°$；$\omega_{6.5} = 50.513°$；$\omega_6 = 54.102°$；$\omega_5 = 61.28°$；$\omega_4 = 68.458°$；$\omega_3 = 75.636°$；$\omega_2 = 82.814°$；$\omega_1 = 89.992°$。

式中　S——每一带板长，不包括纵向搭接量；R——绝热层的外半径，本例为 7583mm。

b. 各点的纬圆半径 $r_n = R \cdot \sin\omega_n$

如 $r_6 = R \cdot \sin\omega_6 = 7583 \times \sin54.102° = 6143$（mm）；

同理得：

$r_{13} = 300mm$；$r_{12} = 1549mm$；$r_{11} = 2417mm$；$r_{10} = 3251mm$；$r_9 = 4082mm$；$r_8 = 4848mm$；$r_7 = 5539mm$；$r_{6.5} = 5852mm$；$r_6 = 6143mm$；$r_5 = 6650mm$；$r_4 = 7053mm$；$r_3 = 7346mm$；$r_2 = 7523mm$；$r_1 = 7583mm$。

c. 各点的纬圆周长 $S_n = 2\pi r_n$

如 $S_6 = 2\pi \times 6143 = 38598$（mm）；

同理得：

$S_{13} = 1885mm$；$S_{12} = 9733mm$；$S_{11} = 15186mm$；$S_{10} = 20427mm$；$S_9 = 25648mm$；$S_8 = 30461mm$；$S_7 = 34803mm$；$S_{6.5} = 36769mm$；$S_6 = 38598mm$；$S_5 = 41783mm$；$S_4 = 44315mm$；$S_3 = 46156mm$；$S_2 = 47268mm$；$S_1 = 47645mm$。

d. 各点展开半径 $P_n = R \cdot \tan\omega_n$

如 $P_6 = R \cdot \tan\omega_6 = 7583 \times \tan54.102° = 10476$（mm）；

同理得：

$P_{13} = 300$；$P_{12} = 1583mm$；$P_{11} = 2550mm$；$P_{10} = 3599mm$；$P_9 = 4844mm$；$P_8 = 6306mm$；$P_7 = 8110mm$；$P_{6.5} = 9203mm$；$P_6 = 10476mm$；$P_5 = 13839mm$；$P_4 = 19209mm$；$P_3 = 29611mm$；$P_2 = 60144mm$；$P_1 = $无穷大。

④ 各带板的计算

a. 赤道带板（展开图见图 16-68）

前已分析出，赤道带为方形板 1000×1000（mm）上下共 100 块，右和上端分别被覆盖 47mm 和 50mm。

下端的缺口由现场量取定最准确，以备支柱承托。

b. 各带板的计算原理图（见图 16-69）

这儿示出原理图的目的有三个：一是说明各带板的起拱高，越往上越大，角部的搭接量会变小，不能满足设计的 50mm；二是各带板的左右边线不是直线而是曲线，但相差甚微；三是大、小端的弧长和弦长也相差甚微。明白了这三点以后，其他各带板下料时不按球带板下料，而按锥体下成扇形板，因为有 50mm 的搭接量作保证，可大大简化了下料程序、提高工效。

（a）大端半弧长 $S_6 = \pi r_6 / n = \pi \times 6143/41 = 470.5$（mm）；

（b）大端半弧长所对半顶角 $\alpha_6 = \dfrac{180° \cdot S_6}{\pi P_6} = \dfrac{180° \times 470.5}{\pi \times 10476} = 2.5735°$；

（c）大端半弧长所对半弦长 $B_6 = P_6 \cdot \sin\alpha_6 = 10476 \times \sin2.5735° = 470.34$（mm）；

（d）大端起拱高 $h_6 = P_6 \cdot (1 - \cos\alpha_6) = 10476 \times (1 - \cos2.5735°) = 10.6$（mm）。

（e）中部半弧长 $S_{6.5} = \pi r_{6.5} / n = \pi \times 5852/41 = 448.4$（mm）；

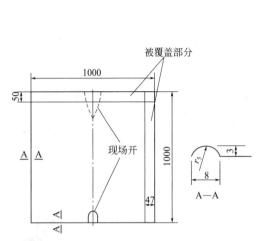

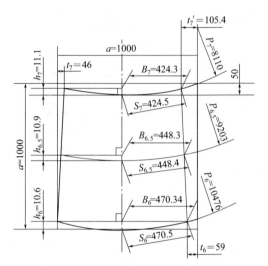

图 16-68　赤道带板展开图(上下共 100 块)　　图 16-69　各带板的计算原理图(以第六带板为例)

（实线为上赤道带板，虚线为下赤道带板）

（f）中部半弧长所对半顶角 $\alpha_{6.5} = \dfrac{180° \cdot S_{6.5}}{\pi P_{6.5}} = \dfrac{180° \times 448.4}{\pi \times 9203} = 2.79°$；

（g）中部半弧长所对半弦长 $B_{6.5} = P_{6.5} \times \sin\alpha_{6.5} = 9203 \times \sin2.79° = 448.3 (\text{mm})$；

（h）中部起拱高 $h_{6.5} = P_{6.5} \times (1 - \cos\alpha_{6.5})$；

$9203 \times (1 - \cos2.79°) = 10.9 (\text{mm})$

（i）小端半弧长 $S_7 = \pi r_7 / n = \pi \times 5539/41 = 424.5 (\text{mm})$；

（j）小端半弧长所对半顶角 $\alpha_7 = \dfrac{180° \times S_7}{\pi \cdot P_7} = \dfrac{180° \times 424.5}{\pi \times 8110} = 2.999°$；

（k）小端半弧长所对半弦长 $B_7 = P_7 \cdot \sin\alpha_7 = 8110 \times \sin2.999° = 424.3 (\text{mm})$；

（l）小端起拱高 $h_7 = P_7 \cdot (1 - \cos\alpha_7) = 8110 \times (1 - \cos2.999°) = 11.1 (\text{mm})$。

从图中可看出

• 起拱高 h_n，从下往上分别是 10.6mm、10.9mm；11.1mm，越往上越大，为了保证设计的 50mm 搭接量，故在第十带和第十一带，板宽由 950mm 改为 900mm，搭接量则变为 100mm；

• 弦长和弧长相差不大，如大端弦长 470.34mm，弧长 470.5mm，差只有 0.16mm，故计算时或按弧长或按弦长皆可，可大大减少计算工作量；

• 边线是曲线而不是直线，按球体算弦长 $B_{6.5} = 448.3\text{mm}$，按扇形算弦长 $B_{6.5} = (424.3 + 470.34) \div 2 = 447.32 (\text{mm})$，差为 $448.3 - 447.32 = 0.98 (\text{mm})$，所以大小端连为直线即可，不必起拱，也可省去很多计算工作量。

c. 第二带板的块数和展开图

如图 16-70 所示，为第二带的展开图。

大端占据的块数（试算法）：

ⓐ 按 49 块，每块外露部分长为 $47268 \div 49 = 965 (\text{mm})$，用 $1000 \times 1000 (\text{mm})$ 的板，搭接量只有 35mm，不能满足设计要求，不行；

ⓑ 按 50 块算，每块外露部分宽为 $47268 \div 50 = 945 (\text{mm})$，用 $1000 \times 1000 (\text{mm})$ 的板，搭接量为 54mm，能满足设计要求，可采用。

ⓒ 大端弧长 $S = S_2 \div n = 47268 \div 50 = 945 (\text{mm})$；

ⓓ 大端半弧长 $\dfrac{S}{2}=\dfrac{945}{2}=472.5(\text{mm})$；

ⓔ 大端半弧长所对的圆心角 $\alpha_2=\dfrac{180°\times472.5}{\pi\times60144}=0.45°$

ⓕ 大端弦高 $h_2=P_2(1-\cos\alpha_2)=60144\times(1-\cos0.45°)=1.9(\text{mm})$；

ⓖ 小端弧长 $S=S_3\div n=46156\div50=923(\text{mm})$；

ⓗ 小端半弧长 $\dfrac{S}{2}=923\div2=461.5(\text{mm})$；

ⓘ 上左侧渐缩宽 $472.5-461.6=11(\text{mm})$；

ⓙ 下右侧渐缩宽 $1000-945=55(\text{mm})$；

ⓚ 上右侧渐缩宽 $472.5+55-461.6=66(\text{mm})$。

从图中可看出，二带板的下端起拱高 1.9mm，无必要加工成弧状，上端的 50mm 被第三带板覆盖，为直线也无妨；右端为右板所覆盖，覆盖量上为 66mm，下为 55mm；左、下端压鼓，型式见 A—A，可用电动压鼓机压出。

d. 第三带板的块数和展开图（见图 16-71）

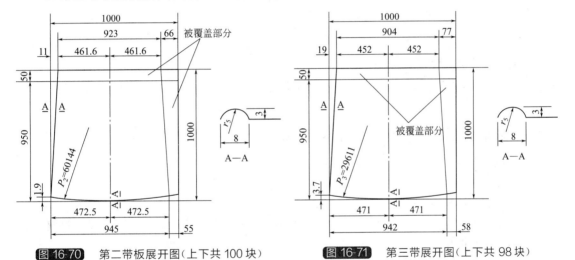

图 16-70　第二带板展开图（上下共 100 块）　　　图 16-71　第三带展开图（上下共 98 块）

（a）大端应占据的块数（试算法）

ⓐ 按 49 块算，每块外露部分宽为 $46156\div49=942(\text{mm})$；用 $1000\times1000(\text{mm})$ 的板，搭接量为 48mm；

ⓑ 按 50 块算，每块外露部分宽为 $46156\div50=923(\text{mm})$；用 $1000\times1000(\text{mm})$ 的板，搭接量为 77mm。

通过分析应按 49 块下料为合理。

（b）大端整弧长 $S=S_3\div n=46156\div49=942(\text{mm})$；

（c）大端半弧长 $\dfrac{S}{2}=942\div2=471(\text{mm})$；

（d）半弧长所对圆心角 $\alpha_3=\dfrac{180°\times471}{\pi\times29611}=0.911°$；

（e）大端弦高 $h_3=P_3(1-\cos\alpha_3)=29611\times(1-\cos0.911°)=3.7(\text{mm})$；

（f）小端弧长 $S=S_4\div n=44315\div49=904(\text{mm})$；

（g）小端半弧长 $\dfrac{S}{2}=904\div2=452(\text{mm})$；

（h）左上侧渐缩宽 $471-452=19$（mm）；

（i）右下侧渐缩宽 $1000-942=58$（mm）；

（j）右上侧渐缩宽 $471+58-452=77$（mm）。

从图中可看出，第三带的下端起拱高 3.7mm，必须将其划成弧状，否则第三根纬圆线便不圆滑过渡，不美观；上端的 50mm 被第四带板所覆盖，若划成弧状，便是画蛇添足；右端为右板所覆盖，覆盖量上为 77mm，下为 58mm；左、下端压鼓，压鼓型式见 $A—A$，可用电动压鼓机压出。

e. 第四带的块数和展开图（见图 16-72）

（a）大端占据的块数（试算法）

ⓐ 按 48 块算，每块外露部分宽为 $44315÷48=923$（mm）；用 $1000×1000$（mm）板，搭接量为 77mm，偏大；

ⓑ 47 块算，每块外露部分宽为 $44315÷47=943$（mm）；

用 $1000×1000$（mm）板，搭接量为 57mm，可行：

通过分析应按 47 块下料为合理。

（b）大端弧长 $S=S_4÷n=44315÷47=943$（mm）；

（c）大端半弧长 $\dfrac{S}{2}=943÷2=471.5$（mm）；

（d）半弧长所对的圆心角 $\alpha_4=\dfrac{180°×471.5}{\pi×19209}=1.406°$

（e）大端弦高 $h_4=P_4·(1-\cos\alpha_4)=19209×(1-\cos1.406°)=5.8$（mm）；

（f）小端弧长 $S=S_5÷n=41783÷47=889$（mm）；

（g）小端半弧长 $\dfrac{S}{2}=889÷2=444.5$（mm）；

（h）左上侧渐缩宽 $471.5-444.5=27$（mm）；

（i）右下侧渐缩宽 $1000-943=57$（mm）；

（j）右上侧渐缩宽 $471.5+57-444.5=84$（mm）。

从图中可看出，第四带的下端起拱高 5.8mm，必须将其划成弧状，使其圆滑过渡；上端的 50mm 被第五带覆盖，不用切弧；右端为右板所覆盖，覆盖量上为 84mm，下为 57mm；左、下端压鼓，可用电动压鼓机压出。型式参见 $A—A$。

f. 第五带的块数和展开图（见图 16-73）

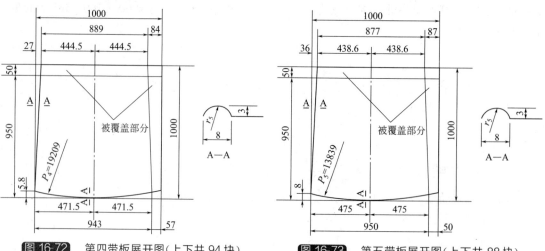

图 16-72　第四带板展开图（上下共 94 块）　　图 16-73　第五带板展开图（上下共 88 块）

（a）大端占据的块数，通过试算以 44 块为最合理；

（b）大端弧长 $S = S_5 \div n = 41783 \div 44 = 950(mm)$；

（c）大端半弧长 $\dfrac{S}{2} = 950 \div 2 = 475(mm)$；

（d）半弧长所对的圆心角 $\alpha_5 = \dfrac{180° \times 475}{\pi \times 13839} = 1.967°$；

（e）大端弦高 $h_5 = P_5 \cdot (1 - \cos\alpha_5) = 13839 \times (1 - \cos 1.967°) = 8(mm)$；

（f）小端弧长 $S = S_6 \div n = 38598 \div 44 = 877(mm)$；

（g）小端半弧长 $\dfrac{S}{2} = 877 \div 2 = 438.6(mm)$；

（h）左上侧渐缩宽 $475 - 438.6 - 36(mm)$；

（i）右下侧渐缩宽 $1000 - 950 = 50(mm)$；

（j）右上侧渐缩宽 $475 + 50 - 438.6 = 87(mm)$。

从图中可看出，第五带的下端起拱高 8mm，必切成弧状，以保证圆滑过渡；上端的 50mm 被第六带所覆盖，不需切成弧状；右端为右板所覆盖，覆盖量上为 87mm，下为 50mm；左、下端压鼓，可用电动压鼓机压出，型式参见 A—A 放大。

g. 第六带板的块数和展开图。（见图 16-74）

（a）大端占据的块数，通过试算，以 41 块为最合理；

（b）大端弧长 $S = S_6 \div n = 38598 \div 41 = 941(mm)$；

（c）大端半弧长 $\dfrac{S}{2} = 941 \div 2 = 471(mm)$；

（d）半弧长所对的圆心角 $\alpha_6 = \dfrac{180° \times 471}{\pi \times 10476} = 2.58°$；

（e）大端弦高 $h_6 = P_6 \cdot (1 - \cos\alpha_6) = 10476 \times (1 - \cos 2.58°) = 10.6(mm)$；

（f）小端弧长 $S = S_7 \div n = 34803 \div 41 = 849(mm)$；

（g）小端半弧长 $\dfrac{S}{2} = 849 \div 2 = 424.4(mm)$；

（h）左上侧渐缩宽 $471 - 424.4 = 47(mm)$；

（i）右下侧渐缩宽 $1000 - 941 = 59(mm)$；

（j）右上侧渐缩宽 $471 + 59 - 424.4 = 106(mm)$；

从图中可看出，第六带的下端起拱高 10.6mm，必须将其切成弧状，使其圆滑过渡；上端的 50mm 被第七带所覆盖，不必切成弧状；右端为右板所覆盖，覆盖量上为 104mm，下为 59mm；左、下端压鼓型式见 A—A，可用电动压鼓机压出。

h. 第七带板的块数和展开图（见图 16-75）

（a）大端占据的块数，通过试算以 37 块为合适；

（b）大端弧长 $S = S_7 \div n = 34803 \div 37 = 941(mm)$；

（c）大端半弧长 $\dfrac{S}{2} = 941 \div 2 = 470.5(mm)$；

（d）大端半弧长所对圆心角 $\alpha_7 = \dfrac{180° \times 470}{\pi \times 8110} = 3.32°$

（e）大端弦高 $h_7 = P_7 \cdot (1 - \cos\alpha_7) = 8110 \times (1 - \cos 3.32°) = 13.64°$；

（f）小端弧长 $S = S_8 \div n = 30461 \div 37 = 823(mm)$；

（g）小端半弧长 $\dfrac{S}{2} = 823 \div 2 = 411.5(mm)$。

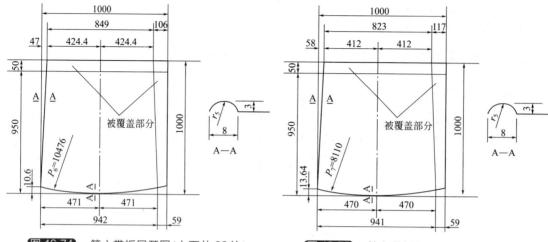

图 16-74   第六带板展开图(上下共 82 块)   图 16-75   第七带板展开图(上下共 74 块)

(h) 左上侧渐缩宽 $470 - 412 = 58$(mm);

(i) 右下侧渐缩宽 $1000 - 941 = 59$(mm);

(j) 右上侧渐缩宽 $470 + 59 - 412 = 117$(mm)。

从图中可看出,第七带的下端起拱高 13.64mm,必将其切成弧状,使其圆滑过渡;上端的 50mm 被第八带的下端所覆盖,其覆盖量上为 117mm,下为 59mm;左、下端压鼓型式请参见 A—A 所示,可用电动压鼓机压出。

i. 第八带的块数和展开图 (见图 16-76)

(a) 大端应占据的块数,通过试算,以 32 块为合理;

(b) 大端弧长 $S = S_8 \div n = 30461 \div 32 = 952$(mm);

(c) 大端半弧长 $\dfrac{S}{2} = 952 \div 2 = 476$(mm);

(d) 大端半弧长所对圆心角 $\alpha_8 = \dfrac{180° \times 476}{\pi \times 6306} = 4.325°$;

(e) 大端弦高 $h_8 = P_8 \cdot (1 - \cos\alpha_8) = 6306 \times (1 - \cos 4.325°) = 18$(mm);

(f) 小端弧长 $S = S_9 \div n = 25648 \div 32 = 802$(mm);

(g) 小端半弧长 $\dfrac{S}{2} = 802 \div 2 = 401$(mm);

(h) 左上侧渐缩宽 $476 - 401 = 75$(mm);

(i) 右下侧渐缩宽 $1000 - 952 = 48$(mm);

(j) 右上侧渐缩宽 $476 + 48 - 401 = 123$(mm)。

从图中可看出,第八带的下端起拱高 18mm,必将其切成弧状,才能圆滑过渡;上端的 50mm 被第九带下端所覆盖,不用切弧;右端为右板所覆盖,其覆盖量上为 123mm,下为 48mm;左、下端压鼓,型式见 A—A,可用电动压鼓机压出。

j. 第九带的块数和展开图 (见图 16-77)

(a) 大端应占据的块数,通过试算,以 27 块为最合理;

(b) 大端弧长 $S = S_9 \div n = 25648 \div 27 = 950$(mm);

(c) 大端半弧长 $\dfrac{S}{2} = 950 \div 2 = 475$(mm);

(d) 大端所对的半圆心角 $\alpha_9 = \dfrac{180° \times 475}{\pi \times 4844} = 5.62°$;

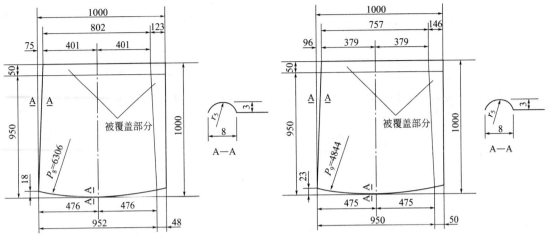

图 16-76 第八带板展开图（上下共 64 块）   **图 16-77** 第九带板展开图（上下共 54 块）

(e) 大端弦高 $h_9 = P_9 \cdot (1 - \cos\alpha_9) = 4844 \times (1 - \cos 5.62°) = 23(\text{mm})$；

(f) 小端弧长 $S = S_{10} \div n = 20427 \div 27 = 757(\text{mm})$；

(g) 小端半弧长 $\dfrac{S}{2} = 757 \div 2 = 379(\text{mm})$；

(h) 左上侧渐缩宽 $475 - 379 = 96(\text{mm})$；

(i) 右下侧渐缩宽 $1000 - 950 = 50(\text{mm})$；

(j) 右上侧渐缩宽 $475 + 50 - 379 = 146(\text{mm})$。

从图中可看出，第九带板的下端起拱高 23mm，应切成应有的弧状，以便整纬圆圆滑过渡；上端的 50mm 被第十带板所覆盖，可以为直线；右端为右板所覆盖，其覆盖量上为 146mm，下为 50mm；左、下端压鼓，型式参见 A—A，可用电动压鼓机压出。

k. 第十带板的块数和展开图（见图 16-78）

(a) 大端应占据的块数，通过试算，以 22 块为最合适；

(b) 大端弧长 $S = S_{10} \div n = 20427 \div 22 = 929(\text{mm})$；

(c) 大端半弧长 $\dfrac{S}{2} = 929 \div 2 = 465(\text{mm})$；

(d) 大端半弧长所对的圆心角 $\alpha_{10} = \dfrac{180° \times 465}{\pi \times 3599} = 7.4°$；

(e) 大端弦高 $h_{10} = P_{10} \cdot (1 - \cos\alpha_{10}) = 3599 \times (1 - \cos 7.4°) = 30(\text{mm})$；

(f) 小端弧长 $S = S_{11} \div n = 15186 \div 22 = 690(\text{mm})$；

(g) 小端半弧长 $\dfrac{S}{2} = 690 \div 2 = 345(\text{mm})$；

(h) 左上侧渐缩宽 $465 - 345 = 120(\text{mm})$；

(i) 右下侧渐缩宽 $1000 - 929 = 71(\text{mm})$；

(j) 右上侧渐缩宽 $465 + 71 - 345 = 191(\text{mm})$。

从图中可看出，第十带板下端起拱高 30mm，应切出应有的弧度，以便整纬圆圆滑过渡；上端的 100mm 被第十一带板所覆盖，可以为直线；右端被右板所覆盖，其覆盖量上为 191mm，下为 71mm；左、下端压鼓，型式见 A—A，可用机械压鼓机压出。

l. 第十一带板的块数和展开图（见图 16-79）

(a) 大端占据的块数，通过试算以 16 块为合适；

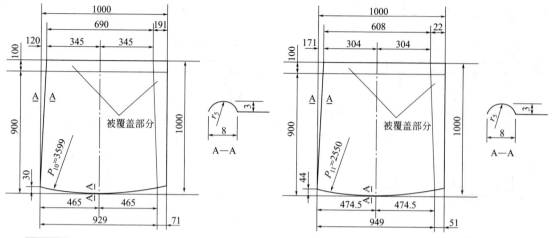

图 16-78 第十带板展开图（上下共 44 块）   **图 16-79** 第十一带板展开图（上下共 32 块）

（b）大端弧长 $S = S_{11} \div n = 15186 \div 16 = 949(\text{mm})$；

（c）大端半弧长 $\dfrac{S}{2} = 949 \div 2 = 474.5(\text{mm})$；

（d）大端半弧长所对圆心角 $\alpha_{11} = \dfrac{180° \times 474.5}{\pi \times 2550} = 10.67°$；

（e）大端弦高 $h_{11} = P_{11}(1 - \cos\alpha_{11}) = 2550 \times (1 - \cos10.67°) = 44(\text{mm})$；

（f）小端弧长 $S = S_{11} \div n = 9733 \div 16 = 608(\text{mm})$；

（g）小端半弧长 $\dfrac{S}{2} = 608 \div 2 = 304(\text{mm})$；

（h）左上侧渐缩宽 $474.5 - 304 = 171(\text{mm})$；

（i）右下侧渐缩宽 $1000 - 949 = 51(\text{mm})$；

（j）右上侧渐缩宽 $474.5 + 51 - 304 = 222(\text{mm})$。

从图中可看出，第十一带板下端起拱高 44mm，应切出其弧度，以便整纬圆圆滑过渡；上端的 100mm 被第十二带板所覆盖，可以为直线；右端被右板所覆盖，其覆盖量上为 222mm，下为 51mm。左、下端压鼓，可用电动压鼓机压出，型式见 A—A。

m. 第十二带板的块数和展开图（见图 16-80）

（a）大端占据的块数，通过试算，以 11 块为合适；

（b）大端弧长 $S = S_{12} \div n = 9733 \div 11 = 885(\text{mm})$；

（c）大端半弧长 $\dfrac{S}{2} = 885 \div 2 = 442.4(\text{mm})$；

（d）大端弧所对半圆心角 $\alpha_{12} = \dfrac{180° \times 442.4}{\pi \times 1583} = 16°$；

（e）大端弦高 $h_{12} = P_{12}(1 - \cos16°) = 1583 \times (1 - \cos16°) = 61(\text{mm})$；

（f）小端弧长 $S = S_{13} \div n = 1885 \div 11 = 171(\text{mm})$。

从图中可看出，十二带板的下端起拱高 61mm，应切出应有的弧度，以便整纬圆圆滑过渡；下角部的 61mm 起拱被第十一带板上端多加的 100mm 所承托，仍可保证不漏水，右端的 50mm 被右板所覆盖，上端直接与人孔筒体相接触，为了防水，可以制作一脖领覆盖之，如图 16-81 所示，对口处和外周边应压鼓，可用手工压鼓器压出，型式见 A—A。为了便于放入，可从中间对开，与人孔接触环缝及外周环缝应抹玛琋脂以密封，特别是下人孔。

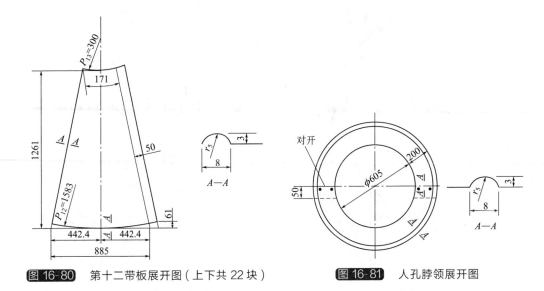

图 16-80　第十二带板展开图（上下共 22 块）　　　**图 16-81**　人孔脖领展开图

⑤ 支柱绝热保护层的计算

按道理来讲，球罐的绝热应先包支柱后包球体，这样做对防水有利，可在实际工作中却没有这样做。但也可以，接触处只能用玛琍脂密封之。

如图 16-82 所示，为绝热后的节点图，这里要说明一点，从图中可看出，设计定支柱的中心与球体的内皮相交，我认为应为外皮相交。这样可便于视图也便于计算，且对受力也不会受到影响。下面的计算还是按设计进行。

a. 支柱切去部分所对球心角 Q（参见直角三角形 OAB）

$$\because OA = 7583 - 140 - 43 - \frac{458.2}{2} - 140 = 7031(\text{mm});$$

$$\therefore Q = \arccos\frac{7031}{7583} = 22°;$$

b. Q 角所对的垂直高 $H = 7031 \times \tan22° = 2841(\text{mm})$；

c. 支柱铁皮切去部分的纵向弧长 $S = \pi \times 7583 \times \dfrac{22°}{180°} = 2912(\text{mm})$；

d. 球绝热层外皮截圆半径 $R_n = \sqrt{R_1^2 - (nh)^2}$（参见图 16-83）

通过计算，$S = 2912\text{mm}$；按 $h = 290\text{mm}$；可分 10 等份，还剩 12mm；

如 $R_2 = \sqrt{7583^2 - 290^2} = 7577(\text{mm})$；

同理得：

$R_1 = 7583\text{mm}$；$R_3 = 7561\text{mm}$；$R_4 = 7533\text{mm}$；$R_5 = 7494\text{mm}$；$R_6 = 7443\text{mm}$；$R_7 = 7381\text{mm}$；$R_8 = 7306\text{mm}$；$R_9 = 7219\text{mm}$；$R_{10} = 7120\text{mm}$；$R_{11} = 7035\text{mm}$；$R_{12} = 7002\text{mm}$。

e. 支柱绝热后铁皮切去部分所对应的圆心角 α_n

$$\alpha_n = \arccos\frac{R_{内}^2 + r^2 - R_n^2}{2R_{内}\,r}\quad（余弦定理）$$

如 $\alpha_3 = \arccos\dfrac{7400^2 + 369.1^2 - 7561^2}{2 \times 7400 \times 369.1} = 114.6°$；

同理得：

$\alpha_1 = 118.5°$；$\alpha_2 = 117.4°$；$\alpha_4 = 109.8°$；$\alpha_5 = 103.4°$；$\alpha_6 = 95.27°$；$\alpha_7 = 85.62°$；$\alpha_8 = 73.86°$；$\alpha_9 = 59.38°$；$\alpha_{10} = 39.72°$；$\alpha_{11} = 8.33°$；$\alpha_{12} = 0°$。

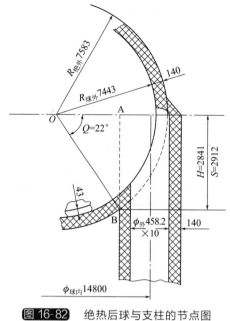

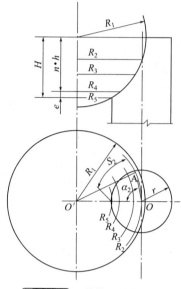

图 16-82 绝热后球与支柱的节点图

图 16-83 绝热后支柱绝热
铁皮切去部分计算原理图

f. 绝热后支柱切去部分所对应弧长 $S = \pi r \times \dfrac{\alpha_n}{180°}$

如 α_1 所对应的弧长 $S = \pi \times 369.1 \times \dfrac{118.5°}{180°} = 763(\text{mm})$

同理得：

$S_2 = 756\text{mm}$；$S_3 = 738\text{mm}$；$S_4 = 707\text{mm}$；$S_5 = 666\text{mm}$；$S_6 = 614\text{mm}$；$S_7 = 552\text{mm}$；$S_8 = 476\text{mm}$；$S_9 = 383\text{mm}$；$S_{10} = 256\text{mm}$；$S_{11} = 54\text{mm}$；$S_{12} = 0$。

缺口展开图见图 16-84。

式中 R_1——球体绝热后外半径，本例为 7583mm；$R_内$——球体内半径，本例为 7400mm；r——支柱绝热后外半径，本例为 369.1mm；n——缺口展开纵向长的等分数，本例为 10 等份，还剩 12mm；h——每等份的高，本例为 290mm。

g. 支柱缺口部位绝热后展开图（见图 16-85）

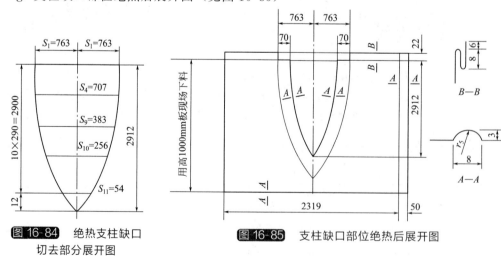

图 16-84 绝热支柱缺口
切去部分展开图

图 16-85 支柱缺口部位绝热后展开图

如图 16-85 所示，为绝热后展开图，从图中可看出，上端的 22mm 为联合角咬缝的承接端，见 B—B，右、下端为压鼓端，型式见 A—A，可用电动压鼓器压出，右端的 50mm 为覆盖部分，中部的 70mm 为压鼓后并扳折用钉与球绝热铁皮相连，展开长 $S = \pi \times (458.2 + 280) = 2319$(mm)

加工程序是：

首先在平板状态下，先滚出右、下端的鼓；

其次卷制成型并用钉连接后，再加工上、中、下的压鼓和折边，并特别注意方向。

h. 支柱顶端绝热铁皮

如图 16-86 所示，为支柱顶端绝热保护层展开图，下料方法基本有两种，一种是球形，一种是锥形面，前法要抛出球状，费点事，故常用后法，下料和加工方法如下：

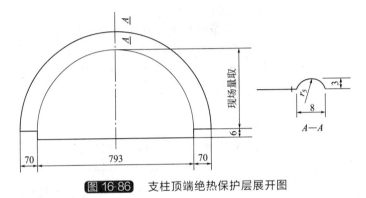

图 16-86　支柱顶端绝热保护层展开图

（a）大端展开长 $S = 2319 - 763 \times 2 = 793$(mm)；

（b）锥台中心线 l，以现场量取为准；

（c）下端的 6mm 为联合角咬缝的插入端；

（d）在平板状态下，先钻出 70mm 宽上的连接孔；

（e）用手工压出锥形面，最后进行上、下端的扳折。

（2）保护层的加工方法

前已述及，保护层一般用 $0.5 \times 2000 \times 1000$(mm) 的镀锌板，为了合理用料，常将原板裁成 1000×1000(mm) 的方板，上、右为被覆盖端，左、下为压鼓端，建议推荐使用陕西省安装机械厂制造的 YG-100A 型压鼓机，曲面可用手动压鼓机压出。

（3）绝热层的固定方法

① 扁钢上焊钩钉法

此罐为保冷绝热，用 140mm 厚的聚氨酯板，设计不能在球壁上焊接钩钉，其方法如下：

a. 在上下人孔周对开套入 $-50\text{mm} \times 3$(mm) 的扁钢圈；

b. 在赤道也设扁钢圈，球罐热处理前在赤道线与支柱交点的支柱上焊以 $-50\text{mm} \times 100 \times 3$(mm) 的短扁钢，此短扁钢与断开的扁钢圈连成整扁钢圈；

c. 上、中、下的三扁钢圈间连以同规格的扁钢，据间隔的大小，纵横方向可任意加之；

d. 在扁钢上焊以保冷销钉，将裁成方块的聚氨酯板压入销钉，缺角和死角处用碎板粘贴以补之；直至全部覆盖上聚氨酯板；

e. 左手压紧聚氨酯板，在各销钉端部连以 16$^{\#}$ 铁丝，以形成网络结构；

f. 套入自销紧板，用内径大于 6mm 的短管配手锤将自销紧板击打至一定的紧度（销钉端部带锥度），保冷层便牢牢地固定在球壁上了。

② 塑料钉法

a. 根据保冷层板的规格，在球壁上粘贴塑料销钉，每块板上至少有四个销钉；

b. 首先在赤道带上粘贴一圈作为定位板，然后再由上往下顺序粘贴，直至全球；

c. 缺角或拐角处可用碎板粘贴以补之；

d. 在上、下人孔周和赤道带设置用 $\phi16mm$ 圆钢煨制的活动环，以备连钢带。赤道带的圆钢圈，可在球罐热处理前在支柱上焊以 $\phi16mm$，100mm 长的短圆钢，然后再将圆钢圈与短圆钢连成圆钢圈；

e. 在三圆钢圈之间，用打包机配钢带连接之，保冷层便紧紧地固定在球壁上了。

（4）保护层的安装方法

① 上赤道带板

因是跨心式安排，故出现上赤道带板和下赤道带板。

a. 仍利用球罐组装、焊接时的脚手架，进行绝热施工；

b. 在球的原始状态时，将赤道线引至支柱上，并作出明显记号，不论赤道带保护层跨心还是同心，以备安装保护层时作基准，以保证保护层的正确位置；

c. 由两人操作一块板，将上赤道带板的上两角点各钻孔一个，其位置离上沿小于 50mm，以备以后安装上带板时能完全覆盖；

d. 用 16# 铁丝将板吊起，挂在脚手架上，并大致找正位置，同法挂满全周；

e. 支柱上的板，现场量取实际尺寸后开缺口；

f. 为了使保护层紧贴绝热层，应在周向用紧线器配棕绳将保护层捆紧，为防止板不走动，可隔 7～8 块板设置一个紧线器，或 180°或 90°施一个，以绳受力后板能移动为准。周向被捆紧后，合茬板小时，可实际量取空间尺寸另换之，若板大时，那就多覆盖点，无妨；

同理：下赤道带板的保护层也这样捆扎。

g. 将各板纵缝钻眼并上钉以固定，直至全周。

② 上半球

a. 在上赤道带的上沿适当位置按每块板两个 S 钩挂上，直至全周；

b. 将第二带板放入 S 钩上以承托，纵缝错开 100mm 以上；

c. 同上法，用紧线器配棕绳将第二带板围拢捆扎并上钉连接；

d. 同法安装完上半球的其他带板；

e. 一、二带板处于近垂直状态，可以用紧线器配棕绳捆紧之。从第三带往上，由于坡度的增大，棕绳一受力便往上滚，故第三带以后就不必捆扎了；

f. 最后安装上人孔周的对开的脖领，周向上钉并涂以玛琋脂以密封。

上述的操作过程叫正装法。

③ 下半球

a. 在上人孔周设置两个小型定滑轮，分别穿入细棕绳，利用其捆扎、吊运和调节板的位置，全下半球皆使用这两根绳；

b. 下赤道带的安装：在前工序使用的脚手架上由两人操作，分别用棕绳捆扎住板的两端，提升至下赤道带的位置，松开棕绳，将预先用记号笔作好搭接量的上端插入上赤道带的内侧，找定搭接量后钻眼固定此板；同法安装完全周的下赤道带板。在支柱位置的板，应实际量取尺寸后剪出缺口，保护层的捆扎同上赤道带板；

c. 同法安装完下半球的其他各带板；

d. 最后安装下人孔周的对开的脖领圈，周向上钉并涂以玛琋脂以密封；

上述的操作过程叫倒装法。

参 考 文 献

翟洪绪. 实用钣金展开计算法. 北京：化学工业出版社，2000.